Zoologischer Hand-Atlas

zum

Schulgebrauch und Selbstunterricht,

mit besonderer Rücksicht

auf

seinen *„Grundriss"* und sein *„Lehrbuch der Naturgeschichte"*

entworfen

von

Dr. Hermann Burmeister,
Professor an der Universität zu Halle.

Berlin.
Verlag von G. Reimer.
1843.

Ueber

Plan und Einrichtung des Hand-Atlasses.

Das Studium der Naturgeschichte ist auf Anschauung der Naturkörper gegründet, und nur wo eine solche Anschauung dem Lernenden geboten wird, darf man hoffen, dafs die Gegenstände seiner Beschäftigung von ihm in ihrer Wahrheit erkannt und begriffen werden. Wie wenige Schulen aber dürften in dem Falle sein, ja noch mehr, wie wenige dürften jemals in den Fall kommen, eine Sammlung von Naturkörpern zu besitzen, die dem nur mäfsig ausgestatteten Vortrage der Zoologie entspräche; und dann, selbst wenn eine genügende Sammlung vorhanden wäre, würde doch durch die oft nur aus der Ferne mögliche Betrachtung der Präparate nicht das erreicht werden, was ein sorgfältiger Unterricht erzielen will. Es schien mir daher zweckmäfsig, eine Sammlung von Abbildungen zu veranstalten, die mit einer passenden Auswahl auch die möglichste Treue der Zeichnung, Schönheit der Ausführung, und durch Darbieten analytischer Detailzeichnungen die Möglichkeit einer klaren Vergegenwärtigung des fraglichen Gegenstandes in sich verbände. Die Zwecke also, welche bei Anfertigung gegenwärtigen Atlasses dem Verfasser vorschwebten, sind die eben genannten. Die Sammlung sollte so eingerichtet sein, dafs keine eigenthümliche charakteristische Form des Thierreiches fehle, damit ein Jeder, beim Durchlaufen derselben, von der allmäligen und fortschreitenden Umbildung, welche die thierische Organisation in den verschiedenen Gruppen des Thierreichs erleidet, eine klare und deutliche Vorstellung gewinne. Diese Aufgabe schien mir gelöst, wenn bei den niederen Thieren wenigstens aus jeder Familie eine Art, bei den höheren aber aus jeder Familie mehrere Gattungen in einer besonders charakteristischen ächt typischen Art abgebildet würden. Den nächsten Zwecken, Treue der Zeichnung und Schönheit der Ausführung, glaube ich dadurch nachgekommen zu sein, dafs ich ein anerkanntes Meisterwerk, nehmlich *Guérin's iconographie du régne animal,* als Muster mir vorlegte, und oft geradezu nach den dort gegebenen Abbildungen die Künstler arbeiten liefs. Aber nur ein Theil der Abbildungen, nicht alle, sind aus diesem Werke entlehnt, manche wurden nach von mir selbst angefertigten Originalzeichnungen gearbeitet, andere nach gröfseren vortrefflichen Abbildungen hier im verkleinerten Mafsstabe wiedergegeben. So darf sich dieser kleine Atlas einer seltenen Treue und Natürlichkeit seiner Darstellungen rühmen, und wird daher bei allen denen, die das Bild mit der Natur zu vergleichen Gelegenheit haben, eine genügende Anerkennung finden müssen. — Aus dem gewählten Format wird man schon abnehmen, dafs unser Unternehmen weniger zum blofsen Vorzeigen, als vielmehr zur Anschaffung und Benutzung der Schüler selbst bestimmt ist, und ein Mittel sein soll, wodurch der Schüler während des Vortrages seine Aufmerksamkeit gefesselt und seine Phantasie geleitet sieht. Deshalb mufste vornehmlich ein billiger Preis wünschenswerth erscheinen, welchen Wunsch die Verlagshandlung ganz besonders zu erfüllen bemüht gewesen ist. Eine thätige Theilnahme an dem gemeinsamen Unternehmen würde die Gewährung dieses Wunsches am erspriefslichsten belohnen.

Burmeister.

Uebersicht der Tafeln.

Druckfehler im Text.

Taf. I.	Seite 3	Zeile	29	v. o.	lies Siebbein (os ethmoideum) statt Pflugscharbein (vomer).
— II.	— 3	—	17	v. u.	l. variegatus st. variagatus.
— VI.	— 3	—	16	v. u.	l. Fodientia st. Fodentia.
— —	— 5	—	3	v. o.	l. Ameisenfr. st. Amessenfr.
— VIII.	— 1	—	3	v. o.	l. zehnte Zunft st. zehnte Familie.
— XI.	— 4	—	5	v. o.	l. 16 st. 17.
— —	— 5	—	10	v. u.	l. Emberiza st. Embeniza.
— —	— 12	—	13	v. o.	l. Nectarisugae st. Netarisuga.
— XII.	— 1	—	13	v. o.	l. 3. Zunft st. 3. Ordnung.
— XIII.	— 3	—	24	v. o.	l. cristatus st. cistatus.
— XVI.	— 1	—	3	v. o.	l. 8. Zunft st. 8. Ordnung.
— XX.	— 1	—	9	v. o.	l. Hinterfüfse st. Vorderfüfse.
— —	— 1	—	23	v. u.	l. versehener st. versehene.
— —	— 3	—	3	v. o.	l. sichtbar st. dicht.
— XXI.	— 3	—	25	v. u.	l. Zwischenkiefer st. übrigen Kopfknochen.
— XXIII.	— 1	—	3	v. o.	l. 5. Ordnung. st. 6. Ordnung.
— XXVI.	— 3	—	14	v. o.	l. Fig. 6. st. Fig. 8.
— XXVIII.	— 4	—	22	v. u.	l. Psocus st. Pscocus.
— XXIX.	— 2	—	12	v. v.	l. Fig. 8. st. Fig. 1.
— —	— 8	—	11	v. u.	l. Fühler st. Flügel.
— XXX.	— 4	—	18	v. u.	l. 208 st. 108.
— XXXIV.	— 1	—	6	v. o.	l. 1. Zunft. st. 6. Zunft.
— —	— 5	—	23	v. o.	l. Rostellaria st. Postellaria.
— —	— 7	—	25	v. o.	l. Fig. 24. st. Fig. 22.
— XXXVI.	— 1	—	5	v. o.	l. 2. Zunft. st. 1. Zunft.
— XXXVII.	— 3	—	17	v. u.	l. Asterias st. Astferias.
— XXXVIII.	— 4	—	10.	v. u.	l. denselben st. derselben.

TAFEL 1.

Skelete der Rückgratthiere.

Fig. 1. Skelet des Elephanten, 25 mal verkleinert.

An diesem Skelet stellt sich der Typus der Säugethiere in so fern vollendet dar, als der quadrupede Gang deutlich ausgesprochen ist, und alle Knochen, mit Ausnahme des Schlüsselbeines, vorhanden sind. Dennoch ist die Darstellung zu klein, um eine Schilderung des Skeletes im Einzelnen zu versuchen, es kommt ja auch nur darauf an, von dem Verhältnisse des Knochengerüstes zum äusseren Umfange eine Vorstellung zu gewinnen, und dazu wird die Betrachtung dieses Skeletes im Vergleich mit dem auf Taf. 8. Fig. 6. dargestellten Thiere genügen. Als besonders auffallende Eigenheiten des Elephantenskeletes, die indess theilweis auch bei anderen, zumal Hufthieren, vorkommen, sind zu erwähnen: die sehr weiten nach hinten völlig offenen Augenhöhlen, der lange schmale Jochbogen, an dessen hinterem Ende die kleine Ohröffnung sichtbar ist; und die röhrenförmig verlängerten Zwischenkiefer, aus denen der, beim indischen Elephanten immer sehr kleine, Stosszahn hervorragt. Hinter dem Schädel folgen dann 7 nicht Rippen tragende Wirbel, die Halswirbel, von denen der zweite oder *Epistropheus* sich durch seine besondere Grösse auszeichnet. Hieran schliessen sich die Rippen tragenden Rückenwirbel, deren Zahl aus der Anzahl der Rippen sich also leicht erkennen lässt, und beim Elephanten 20 ist. Jeder dieser Rückenwirbel hat einen geneigten hohen Dornfortsatz, und es ist auffallend, dass beim Elephanten nicht bloss die über dem Schulterblatt stehenden sehr hoch sind, und das sogenannte Widerrüst bilden, sondern auch die mittleren des Rückens (der 13te bis 15te), so dass dadurch ein zweites kleineres Widerrüst entsteht. Hinter den Rückenwirbeln folgen dann beim Elephanten noch 3 Lendenwirbel, ein Zahlenverhältniss, das gewöhnlich grösser ist, und z. B. beim Pferd 6 beträgt, beim Menschen 5. Die dann folgenden Beckenwirbel sind inniger unter sich zum Kreuzbein verwachsen, und hier, des vorragenden Beckens wegen, nicht sichtbar. Wohl aber bemerkt man hinter diesem die zahlreichen, allmälig kleineren Schwanzwirbel. Zwischen den vordersten 8 Rippenpaaren liegt das beim Elephanten kurze aber dicke, aus Wirbelkörpern bestehende, Brustbein; das Schlüsselbein aber, welches vom Brustbein zum Schulterblatt hinüber geht, fehlt hier wie bei allen Hufthieren, den fleischfressenden Raubthieren und einigen Nagern. Das Schulterblatt selbst hat einen beträchtlichen Umfang, eine trapezoidale Form, und auf der äussern Fläche einen starken Kamm, welcher von der oberen Ecke diagonal zur untern herabläuft. An dieser unteren Ecke ist die Gelenkgrube zur Aufnahme des Oberarmknochens. Uebrigens verdeckt das Schulterblatt 4 Rippen (die 3 — 6te) ganz, und von den nächst folgenden 4 die obere Hälfte. Die Form des Beckens ist aus der Seitenansicht eines Skelets nicht gut zu erkennen, wir sehen nur den senkrecht vorspringenden Kammm des Darmbeines und die Protuberanz des Sitzbeines, vor welcher die Gelenkgrube zur Aufnahme des Oberschenkelknochens angebracht ist. Beide Gliedmafsen haben im ersten Abschnitt einen Knochen, im zweiten aber zwei; an den vorderen heisst der äussere Elle (*ulna*), der innere Speiche (*radius*); jener trägt das grosse hakig verlängerte *olecranon*, welches den Hauptheil des Ellenbogens bildet; dieser ist nach unten schwächer, spitzer, und öfters ganz verkümmert. An den Hintergliedern liegen beide Knochen mehr hintereinander, und ist alsdann der vordere, das Schienbein (*tibia*), grösser als der hintere, das Wadenbein (*fibula*). Auch dieses pflegt nach unten kleiner und schmächtiger zu werden, ist jedoch beim Elephanten ebenso wie beim Menschen auffallend gross. An die Enden dieser Knochen gelenkt der eigentliche Fuss, dessen Bildung in der Reihe der Säugethiere sehr verschieden ist, beim Elephanten aber der menschlichen Bildung sich einigermafsen nähert, obwohl der Elephant weder ein Sohlengänger ist, noch vorn Hände hat. Zunächst an die genannten Knochen des Unterarms und Unterschenkels stossen dort 8, hier 7 kleine Knochen, welche in 2 Reihen hintereinander liegen und die Fusswurzel bilden. Hinten liegen in der ersten Reihe nur 3 Knochen, von denen der hinterste der längste ist und mit seinem stumpfen Vorsprunge den Hacken bildet. Denn folgen auf die zweite Reihe so viele kurze Röhrenknochen, als wie viele Zehen das Thier hat, beim Elephanten also an jedem Fuss 5. Sie sind untereinander durch Sehnen und Muskeln innig verbunden und bilden bei den Sohlengängern den Plattfuss, beim Menschen vorn die flache Hand. An jedem dieser 5 Knochen sitzt alsdann eine Zehe, und jede Zehe besteht wieder aus 3 Knochen, nur der Daumen nicht, welcher bloss 2 enthält. Noch ist die Kniescheibe zu erwähnen, ein kleiner dicker halbkugeliger Knochen, welcher vorn auf dem Kniegelenk liegt, und durch eine dicke Sehne mit dem oberen Ende des Schienbeins verbunden ist. Unsere Figur zeigt ihn schwebend vor den Kniegelenken.

Fig. 2. Skelet des Sperbers (Falco *nisus*), ¼ der natürlichen Grösse.

Am Skelet des Vogels finden sich manche sehr wesentliche Abweichungen von dem der Säugethiere, wie aller übrigen Rückgratthiere. Zu denselben gehören vorzugsweise die Gelenkung und eigenthümliche Beweglichkeit des Oberkiefers, welche aus der grösseren Figur 12. besser ersehen werden kann, und daher hier nicht näher erörtert werden soll; ich will nur darauf aufmerksam machen, dass der mit a bezeichnete Knochen das Quadratbein ist, welches ganz besonders bei dieser Bewegung mitwirkt. Eine zweite wichtige Eigenthümlichkeit ist die Verwachsung der die Schädelhöhle umgebenden Kopfknochen; eine dritte der einfache, schwach halbirte Gelenkkopf unter dem Hinterhauptsloch (Fig. 12.*). Das Rumpfskelet zeigt immer eine auffallend grosse Menge von Halswirbeln, hier scheinbar 12 *), viel weniger Rückenwirbel, nehmlich 8, und theils ebensoviele, wie beim Sperber, theils weniger, selten mehr Schwanzwirbel. Was die Lenden- und Kreuzbein-Wirbel betrifft, so ist es auffallend, dass nicht bloss die letzteren, sondern gewöhnlich auch die ersteren, miteinander, wie mit dem schmalen unten offenen Becken, verwachsen und so einen einzigen sehr grossen Knochen darstellen, von dem nach vorn die Rückenwirbel, nach hinten die Schwanzwirbel, an den Seiten die Hintergliedmafsen ausgehen. Die Anzahl dieser verwachsenen, doch in der erstern Jugend getrennten Wirbel beläuft sich beim Sperber auf 9 oder 10, ist aber bei anderen Vögeln, z. B. Hühnern, viel grösser. Auch die Rückenwirbel neigen sehr zu Verwachsungen, und hängen alsdann mit dem obengenannten grossen Beckenknochengerüst so innig zusammen, dass sie als besondere Knochen nur noch an den Rippen, die sie tragen, erkannt werden können. Deren Anzahl harmonirt immer mit der Zahl der Rückenwirbel, und ist beim Sperber also 8, in anderen Fällen auch 9. Immer haben die (5—6) mittleren Rippen, die kräftigsten von allen, einen nach hinten gewendeten hakenförmigen Fortsatz, welcher bis zur nächstfolgenden Rippe reicht, und mit dieser durch Sehnen verbunden ist. Nach unten stossen die Rippen an das breite, mit einem hohen Mittelkiel versehene Brustbein (d), dessen hintere abgestutzte Kante 2—4 Ausschnitte oder Löcher hat (Fig. 6. e, e), welche bei den verschiedenen Vögeln zwar sehr verschieden sind, bei einer und derselben Art aber sehr genau übereinstimmen. An dieses Brustbein stossen die Rippen nicht unmittelbar, sondern vermittelst eines dünnen mit der Rippe unter einem Winkel zusammentreffenden Verbindungsbeines, welches beim Säugethier ein blosser Knorpel ist. Ferner stehen mit dem vorderen Ende des Brustbeines die vorderen Gliedmafsen in eine sehr innige Verbindung. Dies zeigt zumal Fig. 6., am Brustbein des grauen Geyers (Vultur *cinereus*). Wir sehen daselbst vom Vorderrande des breiten Brustbeines jederseits neben dem Kamm desselben einen Knochen ausgehen, der mit breitem aber flachem Grunde entspringt, und sich nach oben kolbig verdickt. Dieser Knochen (b, b) ist das Schlüsselbein, das keinem Vogel fehlt. An sein verdicktes Ende stösst ein anderer schmaler säbelförmiger Knochen, welcher neben der Wirbelsäule äusserlich auf den Rippen liegt (Fig. 2. b, b), und sich ebenfalls an der Verbindungsstelle mit dem Schlüsselbein kolbig verdickt; er ist das Schulterblatt. Beide bilden am Verbindungspunkte eine Gelenkgrube (Fig. 6.*) zur Aufnahme des Gelenkkopfes des Oberarmknochens. Ausserdem ist aber noch ein dritter Knochen vorhanden (Fig. 2. c, Fig. 6. a), welcher wegen seiner Form Gabelbein *(furcula)* genannt wird, und so vor den anderen liegt, dass der kurze oft ganz fehlende Stiel der Gabel an das äusserste Ende des Brustbeinkammes stösst, die beiden Spitzen der divergirenden Schenkel mit dem Schlüsselbein und Schulterblatt an deren Verbindungsstelle zusammentreffen. — Im Bau der Gliedmafsen herrscht nicht die bei den Säugethieren bemerkbare Einheit des Typus, vielmehr eine bei allen Vögeln ziemlich gleiche Differenz desselben. An den Vordergliedmafsen enthält der Oberarm einen Knochen, der Unterarm zwei, welche die schon früher bemerkten Namen führen. An das

*) Der erste Halswirbel, der Träger oder Atlas, hat keinen Dornfortsatz und wird leicht übersehen, um so mehr, da der Epistropheus (S. zu Fig. 1.) sehr entwickelt ist. Die wahre Anzahl Halswirbel (der Atlas mitgerechnet und der erste, frei bewegliche, aber Rippen tragende Rückenwirbel ausgeschlossen) ist beim Sperber 13.

Ende dieser stossen zwei kleine Handwurzelknochen, wie man sie als Analoga derselben 8 Knochen des Menschen genannt hat, und darauf folgen die 2 langen Knochen der Mittelhand, gewöhnlich nicht bloss oben und unten verwachsen, sondern auch in der Mitte noch durch Knochenbogen verbunden. An den Enden beider Knochen sitzen Finger; am grösseren vorderen ein zweigliedriger, am kleineren hinteren ein eingliedriger. Ausserdem trägt der grössere noch einen zweiten eingliedrigen Finger, der auf einem nach aussen gewendeten Höcker seines Grundtheiles angebracht ist. Diesen kleinen Finger pflegt man Daumen zu nennen. An den Hintergliedmafsen befindet sich im Oberschenkel ein Knochen, im Unterschenkel wohl immer zwei, aber der äussere ist oft nur oben sichtbar, und häufig ganz mit dem inneren grössern Schienbein verwachsen. Eine Kniescheibe, die auf dem Gelenk zwischen Ober- und Unterschenkel liegt, kommt den meisten Vögeln zu. Ganz eigenthümlich aber ist es, dass an das untere Ende des Unterschenkelgerüstes nur ein langer Knochen, der Laufknochen *(tarsus)* stösst, welcher einen sehr zarten, mitunter beständig sehnigen Knochen neben sich hat, mit dem er mehr oder weniger innig verbunden ist. Er trägt die hintere Zehe, und fehlt ganz, wenn diese Zehe nicht vorhanden ist. Der Laufknochen trägt dagegen 3 Zehen, von denen nur beim Strauss eine (die innere) fehlt. Sehr allgemein enthält die hintere dieser 4 Zehen 2 Knochen, die innere vordere 3, die mittlere vordere 4, die äussere vordere 5, von denen der letzte ganz im Nagel zu stecken pflegt. Diese Zahlenverhältnisse erleiden nur einige wenige Ausnahmen.

Das unter Fig. 12. dargestellte Schädelgerüst ist von einem jungen Huhn entnommen. Ich bemerke aber im Voraus, dass die Nähte, welche der Schädel zwischen den Knochenplatten zeigt, nicht mehr ganz sichtbar waren, und nach anderen noch jüngeren Schädeln eingetragen wurden. Ferner ist sowohl der Unterkiefer, als auch der Bewegungsapparat des Oberkiefers aus seiner natürlichen Lage entfernt, und sind beide nur in der vorderen rechten Hälfte dargestellt. — Die einzelnen Knochenstücke wurden folgendermafsen bezeichnet. 1 Der obere Zwischenkiefer, dessen Fortsatz (1, b) über die Nasengrube sich erstreckt, dieselbe von oben bedeckt, und an das Nasenbein (4) stösst. In ähnlicher Weise geht ein zweiter Fortsatz unter der Nasengrube fort, und bildet den ganzen oberen Mundrand. Hinter diesem Fortsatze liegt der kleine, nur mit seiner hinteren Spitze (17) sichtbare Oberkieferknochen. Ausserhalb neben dem Nasenbein 4, welches die hintere Seite der Nasengrube bildet, liegt das schuppenförmige Thränenbein 5, und zwischen beiden Augenhöhlen das dünne Pflugscharbein *(vomer)* 3. Den oberen Rand der Augenhöhle bildet das Stirnbein 6, den hinteren Rand derselben Höhle das Schläfenbein 11. — Am unteren Rande dieses Beines bemerkt man 3 tiefe Ausschnitte. Der vordere, zunächst hinter der Augenhöhle befindliche, ist zur Aufnahme eines Muskels bestimmt, welcher das Quadratbein bewegen hilft; der zweite mittlere und kleinste Ausschnitt ist eine Gelenkgrube, welche die hintere verlängerte Ecke des Quadratbeines aufnimmt, und so die Hauptstütze der ganzen Kiefergelenkung bildet; der dritte hinterste und grösste Ausschnitt ist der obere Rand der Paukenhöhle, und hält das Trommelfell zum Theil mit fest. Diese Höhle wird nach hinten vom Hinterhauptsbein 21 nach unten vom hinteren Keilbein 20, a, und nach vorn vom vorderen Keilbein 20, b begrenzt, und enthält in ihrer Tiefe das Felsenbein, welches die eigentlichen Gehörsorgane in sich aufnimmt. Nur der Eingang zu den letzteren, das *foramen ovale*, in dem das untere Ende des Gehörsäulchens (*columella*) steckt, ist als schwarzer Fleck (o) in der Mitte der Paukenhöhle sichtbar. Am Hinterhauptsbein bemerkt man noch die Zerfallung desselben in mehrere Stücke, und bezeichnet 21, a den Körper, 21, b den Bogen und 21, c die Schuppe. Zwischen beiden ist das Hinterhauptsloch der Eingang in die Schädelhöhle, und unter diesem der durch eine Furche halbirte Gelenkkopf (*) sichtbar. — Der Bewegungsapparat der Kiefer besteht aus 4 Knochen. Zuerst das Quadratbein (12), der hinterste von diesen 4 Knochen, welcher eigentlich nur 3 Hauptecken hat; die obere hintere, welche mit dem Schläfenbein gelenkt; die obere vordere, an die sich Muskeln setzen; und die untere, womit 2 Knochen verbunden sind, der eine auf der äusseren Seite, der andere auf der inneren. Letzterer (14) ist das sogenannte Flügelbein *(os pterygoideum)*, welches sich schief nach innen gegen das vordere Keilbein wendet, und mit diesem in einer Gelenkung, deren Fläche am Keilbein bei (**) sichtbar ist, zusammenhängt Die Fortsetzung dieses zweiten Knochens ist der dritte Knochen und heisst Gaumenbein *(os palatinum)*, geht vom vorigen gleich neben dessen vorderer Gelenkfläche aus, und stösst mit seiner äussersten Spitze an die untere Fläche des Oberkieferknochens (17). Den vierten Knochen nennt man Jochbein *(os zygomaticum)*. Er (15) ist eine lange dünne Gräte, die wenigstens aus 2, öfters aus 3 Stücken (a, b, c) besteht, und hinten an die äussere Fläche der unteren Ecke des Quadratbeines gelenkt, so wie vorn an das unterste Ende des Nasenbeines, da wo dasselbe an den unteren Ast des Zwischenkiefers stösst (bei ***). Vom Unterkiefer ist bloss zu erwähnen, dass derselbe, wie immer aus 2 Knochen besteht, dem unteren Zwischenkiefer 18, und dem eigentlichen Unterkiefer 19, von denen der letztere nach hinten in 2 Fortsätze ausläuft, zwischen denen die Gelenkstelle liegt, an welcher er mit der unteren Ecke des Quadratbeines in Verbindung steht.

Fig. 3. Skelet von SCINCUS *officinalis*, in natürlicher Grösse.

Das Skelet der Amphibien zeigt grössere Verschiedenheiten bei den Mitgliedern dieser Klasse, als bei den Säugethieren und Vögeln, daher hier mehrere Repräsentanten dargestellt werden mussten. Unter diesen nähern sich die Eidechsen bei weitem am meisten den Säugethieren, ja differiren von ihnen nur in den Zahlenverhältnissen, so wie im Bau des Schädels und des Brustbeines. Ersterer schliesst sich an den Typus der Schlangen (siehe Fig. 8.), weicht aber besonders darin ab, dass der Oberkieferapparat innig mit den übrigen Kopfknochen durch Nähte verbunden ist, und dass ebenso die beiden Hälften des Unterkiefers vorn zusammenhängen. Auch hier ist übrigens ein sehr deutliches Quadratbein vorhanden. Am Brustbein, das keiner Eidechse, wohl aber allen Schlangen fehlt, findet sich der Typus der Vögel in so fern wieder, als bei Allen, doch nicht bei den Krokodilen, das Gabelbein vorhanden ist. In beiden Fällen ist das Brustbein zumal nach vorn sehr breit und ganz wie das des Strausses, der bekanntlich keinen Kamm darauf besitzt, gestaltet. Dies zeigt auch Fig. 14. in der Abbildung des Schultergerüstes des Krokodils, und ist a das Brustbein, mit dem vorderen spatelförmigen Fortsatze und den 4 Gelenkgruben für die ersten Rippen, b, b sind die Schlüsselbeine, c, c die oberen Enden der Oberarmknochen, und d, d die Schulterblätter. Die Zahlenverhältnisse der Wirbel sind nicht konstant, in unserer Abbildung von SCINCUS finden sich 29 Wirbel bis zum Becken, 2 Wirbel im Kreuzbein und gegen 20 im Schwanz. Von den 29 Wirbeln vor dem Becken tragen nur die 4 ersten keine Rippen, dann folgen 5 Wirbel, deren kurze breite Rippen noch nicht an das Brustbein stossen, und hierauf wieder 5, deren Rippen unmittelbar mit dem Brustbein verbunden sind. Die noch übrigen 15 tragen zwar Rippen, allein dieselben sind am Ende frei, und nehmen zusehends an Grösse ab. Das Becken ist nur klein, doch dem der Säugethiere ähnlich, und nach unten geschlossen; das Schulterblatt hat ebenfalls grössere Aehnlichkeit mit dem der Säugethiere, und steht senkrecht wie bei diesen. Ganz denselben Bau mit den Säugethieren zeigen die Gliedmafsen, und ist in Bezug auf die Zehen nur der Unterschied merkwürdig, dass dieselbe, wie bei den Vögeln, von innen nach aussen an Gliederzahl zunehmen. Gewöhnlich hat die innerste Zehe, den Knochen für die Hand- und Fussfläche abgerechnet, 2 Glieder, die nachstfolgende 3, die mittlere 4, die folgende sogar 5, allein in der äussersten und letzten sind immer 1—2 Glieder weniger.

Fig. 4. Skelet des Grasfrosches (RANA *temporaria*), in natürlicher Grösse.

Die Frösche und die übrigen nackten Amphibien unterscheiden sich von den beschuppten in vielen wesentlichen Eigenheiten des Skeletes. So hat ihr Schädel 2 Gelenkköpfe neben dem Hinterhauptsloch, während die beschuppten Amphibien, gleich den Vögeln, nur einen besitzen. Fernere Eigenheiten der Schädelbildung sind, wie die genannte, zu versteckt, als dass sie an dieser Zeichnung erkannt werden könnten, ich bemerke daher nur, dass c den Quadratknochen bezeichnet, welcher den Jochbogen und den Unterkiefer trägt, und am Grunde eine Ausbiegung hat, welche das Trommelfell in sich aufnimmt. a und b bezeichnen das bei den Fröschen merkwürdiger Weise aus 2 Stücken bestehende Schulterblatt, d dagegen das Brustbein. Die Wirbel sind äusserst gering an Zahl, gewöhnlich nur 10, davon 1 Halswirbel, 7 Rücken- und Lendenwirbel, 1 Kreuzbeinwirbel, 1 Schwanzwirbel. Keiner von diesen Wirbeln trägt Rippen, daher der Unterschied zwischen Rücken- und Lendenwirbel wegfällt, und der Schwanzwirbel ist ein langer gerader griffelförmiger Knochen (f) ohne alle Fortsätze. An den Gliedmafsen zeigt sich eine grössere Uebereinstimmung mit dem Typus der Saurier wie Landsäugethiere, und ist die Hauptdifferenz der Umstand, dass der Unterarm und Unterschenkel nur einen Knochen enthält, und dass die 2 Fusswurzelknochen der ersten Reihe auffallend lang sind. Merkwürdig ist es auch, dass vorn wie hinten die 1ste und 2te Zehe gleichviel Glieder haben, nehmlich nur 2; in demselben Fall befinden sich vorn die 3te und 4te Zehe, so wie hinten die 3te und 5te, alle haben 3 Glieder; dagegen hat die 4te hintere Zehe auch 4 Glieder und die 5te vordere fehlt. —

Fig. 5. Siehe weiter unten am Schluss.

Fig. 6. Siehe unter Fig. 2.

Fig. 7. Schädel der Seeschildkröte (CHELONIA *Midas*), $\frac{1}{6}$ der natürlichen Grösse.

Die Schildkröten, deren höchst eigenthümliches Skelet schon auf Taf. 18. Fig. 3. a, abgebildet ist, zeigen auch in der Bildung des Schädels wichtige Unterschiede von den übrigen Amphibien. Mit den Eidechsen dadurch näher verwandt, dass ihr Oberkiefer unbeweglich ist, unterscheiden sie sich doch von ihnen nicht bloss durch die auffallende Kürze desselben, sondern auch durch die Unbeweglichkeit des Quadratknochens, welcher, wie indess schon bei den Krokodilen, durch Nähte mit den übrigen Kopfknochen zusammenhängt. Was die Lage der einzelnen Kopfknochen betrifft, so bezeichnet 1 den oberen Zwischenkiefer, 17 den Oberkieferknochen, 4 das rechte Nasenbein, 6 das Stirnbein, 8 die vordere Hälfte des Schläfenbeines, 11 die hintere Hälfte des Schläfenbeines, 9 das Scheitelbein, 21, c die in einen langen Fortsatz nach oben erweiterte Deckplatte des Hinterhauptsbeines, 12 den Quadratknochen, 13 das Gaumenbein, 15, a und b die beiden Hälften des Jochbogens, 18 den untern Zwischenkiefer und 19 den eigentlichen Unterkieferknochen. Der völlige Mangel der Zähne in diesen Kieferknochen erinnert wieder an den Typus der Vögel.

Fig. 8. Schädel von BOA *canina*, in natürlicher Grösse.

Zu den merkwürdigsten Eigenthümlichkeiten des Schädels der Schlangen gehören die freibeweglichen Oberkiefer, die vorn nicht verbundenen Unterkiefer, und die zurückgezogene Stellung des Quadratknochens. Die einzelnen Kopfknochen sind ebenso, wie in Fig. 5. 7. und 12. bezeichnet, können daher leicht auf einander reduzirt werden. Es ist also 1 der obere Zwischenkiefer, dessen unteren Seitentheile (3, 3) allein getrennt bleiben und die Duplizität desselben noch verrathen; 2, 2 sind die oberen Vorsprünge der unten neben dem Zwischenkiefer gelegenen Siebbeine; 4, 4 die Nasenbeine, 5, 5 die vorderen und 6, 6 die hinteren Stirnbeine, 7, 7 und 8, 8 die Superorbitalknochen, 9 die verwachsenen Scheitelbeine, 11, 11 die weit nach hinten gerückten Schuppen der Schläfenbeine, 12, 12 die Quadratknochen, 14, 14 die an das untere Ende des Quadratbeines stossenden, bei allen Schlangen mit Zähnen besetzten Gaumenbeine; 15, 15 die von letzteren ausgehenden Jochbogen; 16, 16 die zum Gehörorgane gehörige Columella, welche merkwürdiger Weise mit dem Quadratknochen in enger Verbindung steht; 17, 17 die mit Zähnen besetzten Oberkieferknochen, deren äusserste Spitze an die oberen Zwischenkiefer stösst; 18, 18 die vorn getrennten unteren Zwischenkiefer und 19, 19 die eigentlichen Unterkiefer. —

Fig. 5. Skelet des Karpfen (CYPRINUS *carpio*), $\frac{1}{6}$ der natürlichen Grösse.

Die Fische haben ein sehr zusammengesetztes Kopfskelett, aber ein desto einfacheres Rumpfskelet. Ersteres besteht aus der eigentlichen Schädelhöhle, aus dem Kieferapparat, und aus dem Kiemengerüst, welche 3 Haupttheile durch Sehnen und Muskeln zu einem Ganzen verbunden sind. Vom eigentlichen Schädel sieht man in dieser Figur nur die obere Seite, und ist No. 1 ein kleiner wirbelförmiger Knochen, welcher zwischen dem Oberkieferapparat und dem eigentlichen Schädel liegt, und beide mit einander verbindet. Er hilft besonders die Bewegung des Oberkiefers mit ausführen. No. 2 ist das Siebbein, hier ein einfacher Knochen, der nach vorn die Wirbelreihe des Schädels schliesst; 6 das Stirnbein, 9 das Scheitelbein, 11 Schuppe des Schläfenbeines. Andere Knochen des Schädels sind nicht sichtbar. — Zum Kieferapparat gehören folgende Knochen: 12 das Quadratbein, bei den Fischen gewöhnlich Schläfenbein genannt, allein durchaus missbräuchlich, indem das Schläfenbein ein Theil des Schädelgerüstes ist, der Quadratknochen aber zum Kiefergerüst gehört; 13 das vordere Gaumenbein, welches von den benachbarten Knochen zum grössten Theile bedeckt ist; 14 und 15 Verbindungsbeine zwischen Gaumenbein, Quadratknochen und Unterkiefer, deren es 4 giebt, und von denen die 2 anderen unter 14 und 15 liegen, aber keine Zahlen erhalten haben. Man könnte sie für Jochbogenstücke erklären und sie mit No. 15 der anderen Schädel parallelisiren; 17 der Oberkieferknochen, 3 der linke obere Zwischenkiefer; 18 der untere Zwischenkiefer, 19 der eigentliche Unterkieferknochen. — Das Kiemengerüst ist von aussen nicht sichtbar, da es von überragenden Knochenplatten bedeckt wird. Diese Knochenplatten gehören ursprünglich der Haut an, und sind also eigentlich Schuppen, man nennt sie jedoch mit dem gemeinschaftlichen Namen Kiemendeckel. Derselbe besteht aus 3 Knochen (α, β, γ), wozu als vierter noch der Vorderdeckel (δ) gezogen werden kann, wenngleich dieser wohl eigentlich ein Theil des Quadratknochens ist. Aehnliche modifizirte Schuppen sind die mit ε bezeichneten, rund um das Auge herumliegenden Orbitalknochen, deren der Karpfen 6 hat; 1 über dem Auge, die anderen 5 darunter. Ersterer sitzt fest am Schädel, und hat hier keine Bezeichnung bekommen.

Das herausgenommene Kiemengerüst erscheint in seiner rechten Hälfte bei Fig. 13. Die kleinen stielförmigen Knochen a, b, c, d und e entsprechen dem Brustbein, die vorderen 2 jedoch dem Zungenbein, da an ihnen die Zunge haftet. Neben dem zweiten Knochen b liegt das grosse Zungenbeinhorn, aus 5 Knochen (f, g, h, i, k) gebildet, von denen der letzte mit seiner äussersten Spitze an das unterste Ende des Quadratknochens angeheftet ist, und dadurch den ganzen Apparat schwebend erhält. An den äusseren freien Rand des Zungenbeinhornes setzen sich die zur Ausspannung der *membrana branchiostega* bestimmten Kiemenhautstrahlen, deren der Karpfen drei hat (α, β, γ). Hinter dem Zungenbeinhorn folgen dann die eigentlichen Träger der Kiemen, deren es in der Regel 4 Paare giebt (1, 2, 3, 4). Jede Hälfte derselben besteht wieder aus 2 (bei anderen Fischen 3 oder 4) Knochen (1 und 1, a etc.), die den beiden Knochen der Vogelrippen analog sind. Aeusserlich tragen diese Knochen die Kiemen. Nach oben sich wendend, nähern sie sich einander dadurch, dass die hinteren in dem Maasse sich verkürzen, wie die vorderen länger werden, und stossen hier an eine Reihe kleiner Knochen (1, b, 3, b), welche am Boden des Mundes neben den Körpern des Keilbeines und Hinterhauptsbeines aufgehängt sind, und bei vielen Fischen Zähne tragen. Man hat sie obere Schlundknochen genannt. Der eigentliche Schlundknochen (*os pharyngeum*) ist ein den Kiemenbogen in der Lage analoger, den Eingang des Oesophagus umfassender Knochen (5), welcher gewöhnlich sehr kräftig ist, und Zähne (5, a) auf seiner Kante trägt. Die Cyprinen haben daselbst 3—5 sehr dicke starke mit Schmelz bekleidete Zähne, die einzigen Zähne, welche bei ihnen wahrgenommen werden.

Am Rumpfskelet des Karpfen (Fig. 5.) erscheint zunächst hinter dem Kiemendeckel das Schultergerüst, welches die Brustflossen trägt, dann kommen Rippen tragende Wirbel, zwischen deren Dornfortsätzen oben die Knochen eingeschoben sind, welche die Rückenstrahlen tragen. Auf die Rippen tragenden Rückenwirbel folgen die nach oben und unten Dornfortsätze ausschickenden Schwanzwirbel, und daran haften hinten wie unten die Spitzen der Knochen, welche der Schwanz- und Afterflosse zur Stütze dienen. Das Becken dagegen (B), welches denjenigen Fischen fehlt, die keine Hinterglieder haben, liegt frei im Fleische des Bauches, höchstens durch eine Sehne oder einen Knorpelstreif mit dem Ende der benachbarten Rippen verbunden. — Noch bemerkt man die seitlich und schief von den Wirbelkörpern ausgehenden, sehr dünnen Intermuskulargräten, deren jede nach unten sich gabelförmig spaltet, um zugleich an den Wirbel und dessen Dornfortsatz sich anzuheften.

Fig. 9. Ansicht eines Schwanzwirbels von der Verbindungsfläche, um die Durchbohrung der Dornfortsätze, so wie die Vertiefung der Verbindungsfläche zu zeigen.

Fig. 10. Derselbe von der Seite.

Fig. 11. Längsdurchschnitt zweier Wirbelkörper, woraus die Vertiefung an der Verbindungsfläche, welche mit einer weichen Knorpelmasse ausgefüllt ist, noch mehr ersehen werden kann.

Fig. 12. Siehe unter Fig. 2.

Fig. 13. Siehe unter Fig. 5.

Fig. 14. Siehe unter Fig. 3.

TAFEL 2.

1. Klasse. Säugethiere. Mammalia.

2. Zunft. VIERHÄNDER. *Quadrumana.*

Wesentlicher Charakter. Sie haben alle 3 Zahnarten in ununterbrochener Reihenfolge, stumpfhöckerige Backzähne, Schlüsselbeine und vorn wie hinten Hände mit 5 Fingern, doch fehlt bisweilen der Daumen an den vordern. 2 Zitzen an der Brust.

1. Familie. AFFEN DER ALTEN WELT. *Simiae catarrhinae.*

Wesentlicher Charakter. Sie haben $\frac{4}{4}$ Schneidzähne, $\frac{5,5}{5,5}$ Backzähne, eine schmale Nasenscheidewand und Plattnägel an allen Fingern.

Fig. 1. Der Orangutang (PITHECUS *satyrus*), 16mal verkleinert.

Unter allen Affen nähert sich dieser am meisten dem Menschen in seiner Bildung. Er hat einen ziemlich rundlichen Kopf, dessen nacktes Gesicht nur wenig hervorragt, und einen Gesichtswinkel von 65° zeigt; indess ist die Nase kurz, platt und am Grunde breit, wodurch sie mit der Negernase einige Aehnlichkeit bekommt. Sein Gebiss ist viel stärker als das des Menschen, namentlich ragen die Eckzähne mehr hervor. Der Körperbau ist unbeholfen, der Rumpf dick, die Gliedmassen schwach, aber die Hände sehr gross, die Zehen lang. Der ganze Leib ist, besonders an der Aussenseite und auf dem Rücken, von rothbraunnen, ziemlich langen Haaren bedeckt, doch sind die Brust, die Innenseite der Hände und die Zehen nackt. Letztere haben eine bläuliche Färbung. Die Haare des Vorderarms stehen rückwärts, wodurch am Ellbogengelenk ein Kamm entsteht. Einen Schwanz bemerkt man nicht, eben so wenig Backentaschen und Gesässschwielen, welche bei den meisten Affen der alten Welt vorkommen. — Die wenigen Exemplare dieses Affen, von welchen wir bisher Nachricht erhalten haben, waren junge Thiere, deren Höhe nur $2\frac{1}{2}$—$3\frac{1}{2}$ Fuss betrug. Sie zeigten in ihrem Betragen viel Klugheit, waren aufmerksam auf ihre Umgebung, und lernten menschliche Verrichtungen mit grosser Schnelligkeit nachmachen; ja aus eigenem Antriebe erfanden sie für ihre Bedürfnisse denen der Menschen ähnliche Befriedigungsmitttel, namentlich machten sie weiche, bequeme Lager, und hüllten sich in Tücher und Kleidungsstücke, welche sie erhalten konnten. Ihre Nahrung waren besonders saftige Baumfrüchte, durch deren Darbietung sie sich leicht herbeilocken liessen; sie frassen diese sitzend, sich mit den Vorderhänden dieselben vorhaltend. Allein ihr gewöhnlicher Gang war nicht der aufrechte, vielmehr gingen sie auf vieren, wie die übrigen Affen, doch auf ebener Erde sehr ungeschickt, aber sehr gewandt verstanden sie auf Bäume, an Masten und Schiffstakelwerk zu klettern. Die Gefangenschaft ertrugen alle nicht lange, sondern starben durchweg in 1—2 Jahren. Man kennt daher den alten Orangutang noch nicht genau, vermuthet jedoch, dass ein sehr grosser, 6—7′ hoher Affe, welcher manche Aehnlichkeit mit den jungen Orangs besitzt, und einmal an der Küste von Sumatra erlegt wurde (Vergl. *asiatic. researches* Vol. XV. p. 941), der ausgewachsene Orang sey. Die Jungen erhielt man an vershiedenen Punkten, an den Küsten der Inseln Borneo, Sumatra, so wie der Halbinsel Malakka, und glaubt dass sie die unzugänglichen Wälder im Innern dieser Länder bewohnen. Mit dem Pongo, welchen *Cuvier* für den alten Orang ausgiebt, hatte der erwähnte ausgewachsene Affe Sumatra's wenig Aehnlichkeit.

Fig. 2. Der Chakma-Pavian (CYNOCEPHALUS *comatus Kuhl.*, SIMIA *Sphingiola Herm.*, CYN. *porcarius Geoffr. Fr. Cuv. Desm.*), 16mal verkleinert.

Die Paviane zeichnen sich sich aus durch den länglichen Kopf, die hundeartige, hervorragende Schnautze, das sehr starke Gebiss (vergleiche den Schädel des Mandrill, Fig. 2 a), die Anwesenheit der Backentaschen, den lang und dicht behaarten Leib, den nicht sehr langen, oft ganz kurzen Schwanz, die nackten, grossen Gesässschwielen und die verhältnissmässig kürzeren Gliedmassen. Sie bewohnen das mittlere und südliche Afrika, leben auf Bäumen und gehen auch ziemlich geschickt auf vieren, bisweilen mit Hülfe eines Stabes auf zweien; sie sind wild und unbändig, sehr beissig, Feinde des Menschen, die ihn auch ungereizt anfallen und ihm durch ihre grosse Muskelkraft, so wie durch ihre heftigen Bisse, gefährlich werden. Die abgebildete Art hat einen grünlich-grauen Pelz, indem auch bei ihr, wie bei den meisten Arten, die Haare abwechselnd gelbgrün und braun geringelt sind; nur die Bart- und Stirnhaare sind heller, weisslich; dass nackte Gesicht und die nackten Pfoten haben eine bläuliche Färbung, aber die Augengegend und die Gesässschwielen sind fleischroth; der Schwanz ist etwas länger als die Hinterglieder, ziemlich lang behaart, am Ende zottig, eben so haben der Nacken, Hals und Vorderleib längere Haare. Der Chakma findet sich im südlichen Afrika, und erreicht eine Höhe von 2¾ Fuss, er kommt in Menagerien bisweilen vor, da er am Kap gemein ist, viel häufiger indess sieht man den rothnasigen Mandrill (*Cynocephalus Maimon* und *Mormon*) mit blauen gefurchten Backen, welcher unter den Pavianen der gemeinste ist.

Fig. 3. Der türkische Affe (Inuus *sylvanus*), 10mal verkleinert.

Unter den Makaken, zu welchen dieser Affe gehört, zeichnet er sich besonders durch den völligen Mangel des Schwanzes aus. Die Makaken haben einen zierlichen rundlichen Kopf, eine nur wenig hervorragende Schnautze mit nach oben gerichteten Nasenlöchern, deutliche Backentaschen an den Wangen, und 5 Höcker am letzten unteren Backzahn jeder Seite. Ihre Augen liegen tief, indem die Augenbraunenränder sehr stark hervorragen. Alle sind verschlagene, kluge, sehr bewegliche Thierchen, die sich in der Jugend durch besondere Gelehrigkeit auszeichnen, mit zunehmendem Alter aber stumpfer, boshaft werden, daher man den Alten nicht mehr trauen darf. Sie bewohnen fast alle das südliche Asien, die abgebildete Art dagegen das nördliche Afrika, und hat sich seit langer Zeit auch in Spanien angesiedelt, besonders an der Westseite des Felsens von Gibraltar, woselbst man sie schaarenweis mit den Jungen auf dem Rücken die unzugänglichsten Felsenspitzen erkletternd beobachten kann. Er erreicht die Grösse eines kleinen Pudels, ist gelbgrau von Farbe, doch am Bauch wie an der Innenseite der Glieder weisslich; das Gesicht ist fleischroth; Scheitel, Schultern und Rükkenseite der Hände dunkler rothgelb; Zehen fleischfarben. Die Gesässschwielen eben so gefärbt, aber klein. Gewöhnlich sieht man diesen Affen bei Bärenführern, da er sich wegen seiner grossen Gelehrigkeit besonders zu deren Kunststücken eignet; in der Gefangenschaft schliesst er sich gern an andere Thiere, z. B. Hunde, und lebt mit ihnen in freundlichem Verhältnisse.

Fig. 4. Die Mona-Meerkatze (Cercopithecus *Mona*), 8mal verkleinert.

Die Meerkatzen sind unter den Affen der alten Welt die zierlichsten und behendesten. Sie haben einen kleinen, runden Kopf, einen Gesichtswinkel von 50 — 52°, eine wenig hervorragende Schnautze, nach oben gerichtete Nasenlöcher, sehr grosse und weite Backentaschen, und 4 Höcker am hintersten, unteren Backzahn. Alle besitzen einen zierlichen, schlanken Körperbau, sehr lange Gliedmassen, mit 5 Fingern, vorn wie hinten, und einen sehr langen, gleichmässig behaarten Schwanz. Durch die Mannichfaltigkeit ihres Kolorits sind sie besonders geeignet zur Ergötzung zu dienen, zumal da die Farben oft gleich Kleidungsstücken am Leibe vertheilt sind (daher Kleideraffen), auch macht sie ihr sanftes, wenngleich etwas dreistes und zudringliches Naturell, verbunden mit ihrer Klugheit und Gelehrigkeit, besonders zu Possenreissern geschickt. Sie sind entweder in Indien oder im tropischen Afrika zu Hause. — Die abgebildete Art ist auf dem Rücken und an den Seiten braun, am Bauch und der Innenseite der Gliedmassen weiss, das Gesicht ist fleischfarben, der Scheitel goldgelb, die Backen strohgelb, die Aussenseite der Glieder dagegen und der Schwanz sind schwarz, doch liegt am Grunde des letzteren und der Schenkel unter den Gesässschwielen jederseits ein weisser Fleck. Das Vaterland ist Afrika. Unter allen Meerkatzen besitzt der Mona die lieblichsten Eigenschaften, und man rühmt seine zierliche Gestalt, sein gefälliges Betragen, sein sanftes Naturell, und die Klugheit seines Ausdrucks ganz besonders. An das europäische Klima pflegt er sich leicht zu gewöhnen.

2. Familie. Affen der neuen Welt. *S. platyrrhinae.*

Wesentlicher Charakter. Sie haben $\frac{4}{4}$ Schneidezähne, $\frac{6,6}{6,6}$ Backzähne, eine breite Nasenscheidewand, seitlich gewendete Nasenlöcher, keine Backentaschen und Gesässschwielen und Plattnägel an allen Zehen.

Fig. 5. Der Araguato oder bärenartige Brüllaffe (Mycetes *ursinus*), 8mal verkleinert.

Die Brüllaffen bilden eine höchst merkwürdige leicht kenntliche Affenform, welche die Gipfel der Wälder Südamerikas bewohnt. Sie haben einen ziemlich rundlichen Kopf (Fig. 5 a), dessen Gesichtswinkel etwas über 30 Grad beträgt; das Gebiss zeigt nichts Eigenthümliches, dagegen fällt am

Unterkiefer seine bedeutende Breite, besonders des aufsteigenden Theiles, sehr in die Augen. Dieser breite Knochenfortsatz dient zum Schutz einer dahinter gelegenen knöchernen Höhle, welche vor dem ebenfalls sehr grossen Kehlkopf am Zungenbein sitzt, und in der Zeichnung über den unteren Rand des Kiefers hervortritt. In dieser Knochenhöhle liegen Hautsäcke, welche mit der Höhle des Kehlkopfes in Verbindung stehen, und zur Hervorbringung des lauten, bisweilen klagenden Geschreies benutzt werden, welches diese Affen von Zeit zu Zeit hören lassen. Aeusserlich ist die Knochenhöhle bloss von der Haut bedeckt, welche am Halse einen weiten, meistens nackten Sack bildet. Im Uebrigen haben die Brüllaffen wenig Eigenthümliches. Ihre Hände haben vorn und hinten 5 Zehen, und der lange Schwanz ist kurz behaart, unten aber an der Spitze nackt, schwielig und wickelt. Sie fühlen mit dieser nackten Stelle sehr gut, und halten sich damit fest, wenn sie sitzen (Greifschwanz). Die abgebildete Art hat überall eine rothgelbe, ins Braune spielende Färbung ihres dichten und langen Haarkleides, nur der untere Theil des nackten Gesichtes ist schwarz, und von einem sehr starken Barte überall umgürtet; die Brust ist leichter und kürzer behaart, und die Innenseite aller vier Hände nackt. Der Leib vom Scheitel bis zum Anfange des Schwanzes misst 20 Zoll, der Schwanz allein 21. Der Araguato bewohnt ganz Südamerika und hat in den nördlichen Gegenden eine mehr rothbraune, in den südlicheren eine dunklere fast braune Färbung.

Fig. 6. Der grossköpfige Sapajou (Cebus *monachus Fr. Cuv.*), 6mal verkleinert.

Zu den Sapajous oder Winselaffen (Cebus) gehören die gemeinsten südamerikanischen Affen; sie besitzen einen kleineren, runden Kopf, einen Unterkiefer von gewöhnlicher Form, ziemlich grosse Augen und Ohren, aber keine hervorstehende Schnautze. In ihrem schlanken, allermeist sehr behenden Körperbau gleichen sie den Meerkatzen, und haben, wie diese, einen langen, ziemlich kurz behaarten Schwanz, dessen eingekrummtes Ende nicht nackt ist, aber ebenfalls zum Wickeln und Festhalten benutzt wird (Wickelschwanz). Ihre Hände haben beständig 5 Zehen. Die Lebensweise unterscheidet sie ebenfalls von den Brüllaffen, in so fern sie, freilich wie jene gesellig auf hohen Bäumen sich aufhaltend, ein munteres, bewegliches Naturell verrathen, und statt der lauten Stimme jener, nur flötende oder weinerliche, schwache Töne von sich geben. Ihre Nahrung sind ebenfalls Baumfrüchte, doch besuchen sie gern die Kornfelder der Pflanzer, vorsichtig Wachen vorausschickend, und lassen sich den Reiss gut schmecken. Die abgebildete Art unterscheidet sich auffallend durch die kurzen, fast wie geschoren aussehenden Kopfhaare von weisslicher Färbung und das von einem schwarzen Saume eingefasste fleischfarbene Gesicht. Hals, Schläfen, Brust und Oberarme sind hell gelbroth; der Bauch und die Innenseite der Gliedmassen weisslich, die Unterarme, Beine, der Schwanz und die Bauchseiten schwarz, nur der Rücken schwarzbraun und rothbraun gescheckt. Die Heimath dieses Affen ist Südamerika, woselbst er an den Ufern der grossen Ströme gefunden wird, und nach dem Alter in der Farbe und Zeichnung verschieden zu sein scheint, so dass die von *Spix* als *Cebus xanthocephalus* und dem Prinzen *Max v. Neuwied* als *C. xanthosternus (S. variegata Humb., Ceb. variagatus Geoffr.)* beschriebenen Affen wohl mit diesem einerlei Art sein dürften.

3. Familie. Eichhornaffen. *Arctopitheci.*

Wesentlicher Charakter. Sie haben $\frac{4}{4}$ Schneidez., $\frac{5,5}{5,5}$ Backz., keine Backentaschen und Gesässschwielen, stets 5 Finger, aber Krallnägel an allen, nur nicht am Daumen der hinteren, welche allein Hände sind, die vorderen mehr Pfoten. Sie leben bloss in Südamerika.

Fig. 7. Der gemeine Titi (Hapale *Jacchus*), 4mal verkleinert.

Er hat die Grösse eines Eichkätzchens, einen kleinen runden Kopf, ein fast nacktes Gesicht, vor jedem Ohre einen Büschel langer, weisslicher Haare und einen dichten, wolligen, ziemlich langen Pelz, der auch den langen, schlaffen, hängenden Schwanz bekleidet, aber die Pfoten und Hände nicht, diese haben kürzere, kleinere, dicht anliegende Haare. Die Farbe ist am Kopf, Halse und Nacken ein dunkles Rothbraun, mit Ausnahme der weisslichen Ohrbüschel, der übrige Körper ist schwarzgrau, auf dem Rücken und an den Schenkeln mit dunkleren Querstreifen, am Schwanz mit schwarzen Querringen, nur die Pfoten und Hände haben eine hellere weissgraue Färbung. Der Titi ist einer der kleinsten Affen, und lebt, wie die übrigen Affen, gesellig in den Urwäldern Brasiliens, sich von Baumfrüchten ernährend, doch frisst er auch Insekten gern. Man sieht sie diese sitzend verzehren, wobei sie den Bauch fest an die Zweige andrücken, aber den Schwanz schlaff herabhängen lassen. Das Junge trägt die Mutter, gleich den übrigen Affen, so lange mit sich, als es sich noch nicht selbst ernähren kann; gewöhnlich sitzt es der Alten auf dem Rücken, oder hängt ihr vorn an der Brust, letzteres besonders dann, wenn die Mutter ruht. In ihren Bewegungen sind die Eichhörnchenaffen eben so munter und lebhaft als die Winselaffen, zeigen aber wenig Gelehrigkeit. Dennoch hält man sie gerne zum Vergnügen in Häusern, da ihre lustigen mannigfachen Bewegungen sich recht gut ausnehmen, besonders wenn sie sich im Laube verstecken und, gleich Spechten, hinter den Zweigen oder zwischen den Blättern ihren zierlichen, beständig beweglichen Kopf hervorstrecken. Gegen Abend stellen sie diese Munterkeit ein, rollen sich zusammen und schlagen den Schwanz um sich, zum Schutz gegen die oft empfindliche Kälte der Nächte. Daher können sie auch das europäische Klima nicht gut ertragen und sterben gewöhnlich schon während der Ueberfahrt.

4. Familie. Makis. *Prosimiae.*

Wesentlicher Charakter. Schneidz. unbestimmt, Backz. $\frac{5,5}{4,4}$, oder $\frac{5,5}{5,5}$, oder $\frac{6,6}{5,5}$, oder $\frac{6,6}{6,6}$, mit spitzeren Höckern. Vorn und hinten Hände mit Plattnägeln, nur am Zeigefinger der hinteren ein Krallnagel. Sie bewohnen Afrika und Südasien.

Fig. 8. Der weissköpfige Maki (Lemur *albifrons*), 8mal verkleinert.

Die Gattung der ächten Makis oder Lemuren hat in ihrer Gesammtform etwas Katzenartiges, wiewohl die Schnautze mehr hervorragt. Die Mitglieder derselben haben $\frac{4}{6}$ Schneidezähne (8 a), von welchen die oberen senkrecht stehen und in der Mitte durch eine Lücke getrennt sind; die unteren viel längeren und spitzeren (8 b) dagegen stehen fast horizontal, und ragen über die oberen ein wenig hervor. Die Eckzähne sind zugespitzt, kegelförmig und die Backzähne ($\frac{6,6}{5,5}$) sind ungleich, die vorderen schmäler, mit einer Spitze versehen, die hinteren breiter mit 2 stumpfen Höckern. Die Ohren haben noch die Form wie bei den ächten Affen und sind nackt, aber das Gesicht ist, wenngleich kurz, behaart. Die Gliedmassen sind schlank, die Hände zierlich, der Schwanz hat bei allen eine bedeutende Länge, ist gleichmässig behaart und schlaff. Sie bewohnen fast alle die Insel Madagaskar, leben gesellig auf Bäumen, sind wie die Eichhörnchenaffen sehr beweglich, behende und scheu, ernähren sich auch, wie diese, von Insekten und Früchten unterschiedlich. Die abgebildete Art hat ganz die Grösse einer Katze, nur einen schlankeren Rumpf und längere Beine; ihr dichtes, leicht gekräuseltes Wollhaar besitzt eine rothbraune Färbung, allein Hinterhaupt, Schultern und Nacken spielen ins Graue. Gesicht, Hände und Schwanzspitze sind schwarz, aber der Vorderkopf bis zu den Ohren rein weiss beim Männchen, weisslich beim Weibchen; der ganze Bauch hat eine hellere Färbung.

Fig. 9. Der faule Lori (Stenops *tardigradus*), 4mal verkleinert.

Ein sehr merkwürdiges Thierchen, welches durch sein Betragen an die Faulthiere erinnert. Der Kopf ist rundlich und hat eine nur wenig hervorragende Schnautze, allein sehr grosse, katzenartige Augen mit runder Pupille, welche mehr als bei den Makis nach vorn gerichtet sind; dagegen sind die Ohren unter den stärker behaarten Backen fast ganz versteckt. Das Gebiss weicht von dem der Makis dadurch ab, dass im Oberkiefer nur 2 Schneidezähne vorkommen (9. a), sonst aber hat es dieselbe Bildung. Eben so wenig zeigt der Rumpf auffallende Unterschiede, als nur in dem Mangel des Schwanzes. Die Loris überhaupt sind Nachtthiere, welche sich durch die Langsamkeit ihrer Bewegungen auszeichnen, welcher Umstand darin seinen Grund zu haben scheint, dass die Armschlagader sich bald in viele Aeste theilt, welche mit einander ein dichtes Gefässnetz bilden. Dadurch scheint die schnelle Zirkulation des Blutes im Arm gehindert zu werden. Aehnlich, doch weniger entwickelt, ist der Bau an den Beinschlagadern. (Vergl. *Heusingers* Zeitschr. f. d. org. Physik II. 452.) Sie finden sich bloss in Ostindien und auf den benachbarten Inseln, leben auf Bäumen, und beschleichen kleine Vögel und Insekten, von welchen, wie auch von Baumfrüchten, sie sich ernähren. Die abgebildete Art ist ziemlich die grösste, erreicht 13 Zoll Länge und hat eine gelbbraune Färbung, welche in der Mitte des Rückens und um die Augen dunkler ist, namentlich auf dem Rücken selbst einen Längststreif bildet.

TAFEL 3.

1. Klasse. Säugethiere. Mammalia.

3. Zunft. FLATTERER. *Chiroptera.*

Wesentlicher Charakter. Alle 3 Zahnarten, 2 Zitzen an der Brust, Vorder- und Hinterglieder durch eine grosse Flughaut verbunden.

1. Familie. KURZZEHER. *Dermatoptera.*

Wesentlicher Charakter. Alle Zehen von gewöhnlicher Länge und mit Krallen versehen, stecken mit in der dicht behaarten Flughaut.

Fig. 1. Der fliegende Maki oder Pelzflatterer (GALEOPITHECUS *rufus*), 6mal verkleinert.

Ist die einzige bekannte Art der ganzen Familie: hat $\frac{4}{4}$ Schneidezähne, von denen die unteren breit, kammförmig und bis auf die Wurzel in schmale Blätter gespalten, die mittleren oberen aber sehr kurz sind, kurze Eckzähne, und $\frac{5,5}{5,5}$ spitzzackige Backzähne (Fig. 1. a. stellt die unteren Schneidezähne dar). Ohren kurz abgerundet. Vorder- und Hinterglieder von ziemlicher Länge, durch die Flughaut verbunden, worin sich auch der lange Schwanz befindet. Die Krallen gross, hakig und stark zusammengedrückt. Der fliegende Maki ist oben dunkel bräunlichgrau, unten rostfarben, hat die Grösse eines Kaninchens, und bewohnt die Inseln der Südsee. Er klettert gern auf Bäume, und bedient sich der Flughaut nur als Fallschirm beim Springen; fliegen kann er nicht. Seine Nahrung besteht in Insekten, saftigen Früchten, und auch wohl kleinen Vögeln. Die auf dem Rücken weisslich gefleckten Jungen sind oft für eigene Arten ausgegeben worden.

2. Familie. FLEDERMÄUSE. *Vespertilionea.*

Wesentlicher Charakter. Schneidezähne klein, oft ungleich; Eckzähne mässig, sehr spitz. Vorderglieder sehr verlängert, besonders die Zehen, welche, mit Ausnahme des kurzen Daumens, in der fast nackten Flughaut stecken und dieselbe spannen. Hinterzehen gleich lang, ausserhalb der Flughaut.

Die Fledermäuse sind in der Regel kleine Thiere, welche die Finsterniss lieben, sich daher am Tage in allerhand Schlupfwinkeln verstecken und erst in der Abenddämmrung hervorkommen, um ihrer Nahrung nachzugehen. Diese besteht allermeist in Insekten, doch auch im Blut der warmblütigen Rückgratthiere und in Baumfrüchten. Die Bewohner der gemässigten und kalten Zonen fallen daher in einen Winterschlaf, welchen sie in grossen Gesellschaften ausführen, und sich zu diesem Endzweck an den Hinterbeinen aufhängen. Viele haben grosse Ohren oder häutige Nasenaufsätze, welche sehr empfindlich sind, und als Tastorgan dienen. Eben diesen Zweck hat auch mit die Flughaut, obwohl sie eigentlich zum Flattern bestimmt ist. Zu diesem Geschäft spannen sie dieselbe gleich Flügeln mit Hülfe der 4 Vorderzehen, beim Gehen aber wird sie wie ein Vogelflügel angeklappt, und liegt dann so am Leibe, dass die Handwurzel den Boden berührt, wobei der freie Daumen allein auftritt.

A. Ohne blattartigen Nasenaufsatz.

a. Mit stumpfhöckerigen Backzähnen.

Fig. 2. Der langzüngige Vampyr (PTEROPUS *minimus*), 4mal verkleinert.

Die Gattung der Vampyre hat einen Nagel am Zeigefinger, $\frac{4}{4}$ konische Schneidezähne, 4—6 Backzähne jederseits in jedem Kiefer, kurze, behaarte Ohren, und eine weite, grosse, ziemlich behaarte Flughaut, die am Schwanz ausgeschnitten ist oder ganz fehlt. Die Arten erreichen eine für Fledermäuse sehr bedeutende Grösse, bewohnen die Tropenzone der östlichen Hemisphäre, saugen aber kein Blut, sondern nähren sich von saftigen Früchten und Insekten, verfolgen jedoch auch kleine Vögel. Der Kiodot unterscheidet sich von den übrigen Mitgliedern seiner Gattung durch einen stark verlängerten Kopf und eine ziemlich lange, etwas ausstreckbare Zunge; sonst steht er den ungeschwänzten Vampyren am nächsten. Er wird gegen $3\frac{1}{2}$ Zoll lang, hat bis 10 Zoll Flugweite, und ist von Farbe lebhaft rothbraun, mit gräulich isabellfarbenem Anflug. Sein Pelz ist wollig, seine Ohren sind mässig lang, die Augen gross mit gelber Iris, und die vorschiessbare Zunge erreicht eine Länge von 2 Zoll. Er pfeift sehr grell, trägt nur ein Junges, lebt auf Java und in Ostindien, und wird gegessen.

Fig. 10. Kopf von Harpyia *Pallasii*.

Diese auf den Molucken lebende Fledermaus ist dadurch ausgezeichnet, dass sie gleich den Vampyren am Zeigefinger einen Nagel und Backzähne mit breiter fast glatter Krone hat; sie unterscheidet sich von Pteropus dadurch, dass sie im Oberkiefer nur 2 Schneidezähne hat, und von Cephalotes, welcher Gattung man sie früher beizählte, dadurch, dass die beiden Schneidezähne des Unterkiefers bald ausfallen. Auch fehlt bei Ceph. der Nagel am Zeigefinger. Sie hat ferner einen grossen Kopf mit kurzen ovalen Ohrmuscheln, grossen Augen, röhrenförmigen, durch die Scheidewand deutlich getrennten Nasenlöchern, verlängerten, abgestutzten Kiefern und dicken Lippen. Fig. 10. a. stellt die Vorderzähne dar.

b. Mit spitzzackigen Backzähnen. Allen fehlt der Nagel am Zeigefinger.

Fig. 3. Das Langohr (Vespertilio *auritus*), 4mal verkleinert.

Die ächten Fledermäuse (Vespertilio) haben $\frac{2 \text{ oder } 4}{6}$ Schneidezähne, deutliche Eckzähne, und 4—6 Backzähne, von denen die vorderen meist kleine einzackige Lückenzähne sind. Oberlippe ungetheilt, Ohren gross, mit grosser Deckelklappe und ziemlich langem Schwanz, der mit der Flughaut ganz zusammengewachsen ist. Die zahlreichen Arten sind über den ganzen Erdboden verbreitet, und nähren sich von Kerfen. Nach der Grösse der Ohren theilt man die ächten Fledermäuse in 2 Gruppen, nehmlich 1) mit mässigen, und 2) mit sehr grossen am Grunde verwachsenen Ohren (Plecotus *Geoffr.*). Zu letzterer Abth. gehört das gemeine Langohr, welches sich in ganz Europa, und selbst in den Pyramiden Aegyptens findet, bei uns sehr häufig in Häusern und alten Mauern verweilt, und noch später als die übrigen Fledermäuse umherflattert. Es wird $1\frac{3}{4}$—$3\frac{1}{2}$ Zoll lang, seine Flugweite beträgt 8—$10\frac{1}{2}$″; seine Ohren sind beinahe so lang als der Leib und vorn 2 Linien hoch mit einander verwachsen; sein Pelz ist braungrau, unten grau. Es kann auf allen Vieren gehen, und wird so zahm, dass es die Fliegen aus der Hand holt.

Da alle Fledermäuse ziemlich dieselbe Körperform haben, und die Gattungsunterschiede lediglich im Bau des Kopfes und des Gebisses ausgedrückt sind, so schien es hinreichend, bloss die Köpfe einiger Hauptgattungen darzustellen. Wir wählten die folgenden:

Fig. 8. Kopf von Taphozous *mauritianus*.

Die Gattung der Grabhüter (Taphozous) hat im Oberkiefer keine, im unteren 4 dreilappige Schneidezähne, längere, konische Eckzähne und 5 Backzähne, von denen die 2 vorderen Lückenzähne, die übrigen spitzzackige Fleischzähne sind. Fernere Auszeichnungen sind die ungetheilte Nasenspitze, eine Grube im Gesicht vor den Augen, und mässige Ohren mit kleiner Deckelklappe. Die abgebildete Art lebt auf der Insel Moritz (Isle de Françe), wird bis zur Schwanzspitze $3\frac{1}{2}$ Zoll lang, und ist oberhalb kastanienbraun, unten rothbraun. Fig. 8. a. zeigt die Seitenansicht.

Fig. 9. Kopf von Nycteris *Geoffroyi*.

Die Gatt. Nycteris hat $\frac{4}{6}$ Schneidezähne, oben stets 4, unten 4 oder 5 Backzähne und eine merkwürdige Nase mit einer Längsrinne, so wie in den Nasenlöchern eine Klappe, wodurch sie geschlossen werden können; endlich grosse, am Grunde verbundene Ohren mit einer Deckelklappe. Durch die hinten geöffneten Backentaschen kann zwischen Haut und Muskeln Luft eingepresst werden, vermittelst welcher die Thiere sich aufblähen, um sich das Flattern zu erleichtern. Die Klappen in der Nase dienen zum Schliessen derselben während des Blähens, damit die Luft nicht durch die Nase entweiche. Die abgebildete Art lebt in Aegypten, erreicht eine Länge von 1 Zoll 10 Linien, und ist oberhalb braun, unten weissgrau. Sie hat von allen Gattungsverwandten die grössten Ohren.

B. Mit blattartigem Nasenaufsatz und spitzzackigen Backzähnen.

Fig. 5. Kopf von Phyllostoma *crenulatum*.

Die Blattnasen sind die so übel berüchtigten Blutsauger Südamerikas, welche man gewöhnlich mit dem Namen Vampyre zu bezeichnen pflegt. Sie haben $\frac{2 \text{ oder } 4}{4}$ Schneidezähne, von denen die oberen mittleren viel grösser als die übrigen sind, deutliche konische Eckzähne, grösser als die Vorderzähne, und jederseits oben und unten 4—6 Backzähne, von denen die 2 oder 3 ersten einzackige Lückenzähne bilden. Die Nasenflügel bilden halbkreisförmige Muscheln, und die Nasenscheidewand ist zu einem aufrechtstehenden, lanzettförmigen Blatt ausgewachsen. Die mässigen Ohren sitzen seitlich, und haben einen gezackten Ohrdeckel. Die rundliche Zunge ist vorstreckbar, und wie bei den Katzen, mit scharfen aber mehrspitzigen Warzen besetzt. Die Blattnasen fressen Insekten, kleine Vögel und Säugthiere, und saugen in Ermangelung dieser Nahrung mit Hülfe ihrer stacheligen Zunge das Blut schlafender warmblütiger Thiere. Sie haben entweder keinen Schwanz, wie PH. *spectrum*, dessen Gebiss in der Fig. 5. b. dargestellt ist; oder der Schwanz ist kurz und steckt ganz in der Flughaut, wie bei PH. *hastatum*, dessen Gebiss die Fig. 5. a. zeigt, oder endlich der Schwanz ist am Ende frei, wie der von PH. *crenulatum*.

Fig. 4. Kopf des Lowo (MEGADERMA *trifolium*).

Die Gattung der Klappnasen, zu welcher der Lowo gehört, hat $\frac{0}{4}$ Schnz. und oben 4, unten 5 Backzähne. Ihre Ohren sind gross, die Vorderränder auf der Stirn zusammengewachsen, Ohrdeckel mehrspitzig; Nasenlöcher in trichterförmiger Vertiefung. Auf der Nase befinden sich drei Lappen hinter einander, von denen der vordere hufeisenförmig, der mittlere geneigt und der hintere aufrecht ist. Die Mitglieder dieser Gattung bewohnen die alte Welt. Der Lowo (M. *trifolium s. spasma*) zeichnet sich durch seine grosse Nasenklappe aus, hat einen mausgrauen Pelz, wird fast 3 Zoll lang, und lebt auf Java.

Fig. 6. Kopf der ägyptischen Hufeisennase (RHINOLOPHUS *tridens*).

Die Hufeisennasen haben ihren Namen von einem gefalteten hufeisenförmigen Nasenaufsatz erhalten. Sie besitzen $\frac{2}{4}$ Schneidezähne, und oben stets 5 unten 5—6 Bckz., grosse Ohrmuscheln ohne Deckelklappe, und leben in der alten Welt. Die ägyptische Hufeisennase ist an ihrem dreispitzigen Nasenblatt leicht zu erkennen; sie wird 2 Zoll lang, und hält sich in den Berghöhlen und den Gewölben der Königsgräber Aegyptens auf.

4. Zunft. RAUBTHIERE. *Ferae.* (Siehe Tafel 4.)

A. *Fleischfresser*, *CARNIVORAE*. (Siehe ebenda.)

B. *Kerffresser*, *INSECTIVORAE*.

Wesentlicher Charakter. Kleinere Raubthiere mit spitzer, hervorstehender Schnautze, ungleichen Schneidezähnen, Schlüsselbeinen und meist nackten, 5zehigen Pfoten, deren ganze schwielige Sohle den Boden beruhrt.

a. Vorderzehen ganz frei, wie die hinteren bloss zum Gehen geschickt.

Fig. 11. Der gemeine Igel (ERINACEUS *europaeus*), 3mal verkleinert.

Er hat $\frac{6}{4}$ Schneidezähne, von denen die mittleren oberen gross und durch eine weite Lücke getrennt sind, undeutliche Eckzähne, und $\frac{7,7}{6,6}$ Backzähne, von denen oben 3, unten 2 Lückenzähne sind; eine hundartige nackte, am Rande gekerbte Schnautze, kleine gerundete Ohren, und ziemlich grosse Augen. Besondere Auszeichnungen sind der kurze Schwanz und die unregelmässig gestellten, kurzen Stacheln seines Rückens, welche aber nicht, wie beim Stachelschwein, aufgerichtet werden können. Dafür hat das Thier unter der Rückenhaut einen grossen scheibenförmigen Muskel, vermittelst welches, wenn es sich zusammenkugelt, die Rückenhaut über den ganzen Leib weggezogen werden kann. Will man den Igel dann fangen, so muss man Wasser von unten auf ihn giessen, wodurch er zur Flucht gereizt und genöthigt wird, sich wieder auszudehnen. Der Igel war schon den Alten als ein halb unterirdisches Thier bekannt; er gräbt zwar selbst keine Höhlen, lebt aber in Erdlöchern, Felsenklüften, auch wohl in dichten Gebüschen und Hecken, und ist in Europa überall gemein. Er hält keinen Winterschlaf, obgleich er öfters lethargisch wird; nie aber sammelt er Wintervorräthe ein, wie man wohl behauptet hat. Er ist träge, sanft, schläft bei Tage, hat ein sehr schlechtes Gesicht, aber einen feinen Geruch, vielleicht weil seine Nase mit 6 Reihen franzenartiger Kämmchen besetzt ist. Er frisst zwar Obst, gehört aber dessenungeachtet zu den nützlichsten Thieren; denn seine Lieblingsnahrung besteht aus Mäusen, Fröschen, Insekten und anderem Ungeziefer. Besonders vertilgt er Heuschrecken und Schaben (BLATTA *orientalis*), weshalb er von vielen Leuten in Wohnungen gehalten wird. Er wirft im Juli oder August 3 bis 6 Junge, die gleich anfangs keine Stacheln haben, und füttert sie gern, wenn sie etwas grösser geworden sind, mit Weinbeeren. Er erreicht eine Länge von einem Fuss und eine Höhe von 5 Zoll. Von Farbe ist er röthlich graugelb, mit schwarzer Augeneinfassung und schwarzem Fleck auf der Brust. Die Stachelbedeckung fängt in der Mitte der Stirn an, und bedeckt die ganze Oberseite bis zum kahlen Schwanz. Die Stacheln sind ungefähr $\frac{2}{3}$ Zoll lang, schwarzbraun mit weissen Spitzen.

Der Schädel (Fig. 11. a.) ist kegelförmig, niedergedrückt, breit, mit kleinen Hinterhauptshöckern und ganzen Jochbogen, so wie auch Jochbeinen; im Uebrigen fast ohne alle Leisten.

Fig. 12. Kopf und Nase des Desmans (MYOGALEA *moschata*).

Der Desman hat $\frac{2}{8}$ Schneidezähne und $\frac{10,10}{7,7}$ Backzähne, von denen nur die 3 hintersten Mahlzähne sind. Seine Oberlippe und Nase sind in einen langen, knorpeligen, zusammengedrückten, sehr beweglichen Rüssel verlängert. Die Augen sind klein und die Ohrmuscheln nicht vorhanden. Der Leib ist mit langen Haaren besetzt; der Schwanz von den Seiten zusammengedrückt, hoch, beschuppt und sparsam behaart, an seiner Wurzel finden sich Drüsen, die Zibeth absondern; die fünfzehigen Füsse haben Schwimmhäute. Der Desman bewohnt Südrussland, wo man ihn Wuchuchel nennt, gräbt sich Löcher an den Ufern der Seen, sucht mit seinem Rüssel im Schlamm Blutegel und Insektenlarven auf, und riecht stark nach Zibeth. Er ist etwas grösser, besonders plumper, als eine Ratte.

Fig. 13. Die gemeine Spitzmaus (SOREX *araneus*), in natürlicher Grösse.

Die Gattung der Spitzmäuse hat $\frac{2}{2}$ Vorderzähne, die oberen zweispitzig, die unteren denen der Nager ähnlich, sehr gross, horizontal geneigt, oben gekerbt, und $\frac{8,8}{5,5}$ Backzähne, von denen oben 4, unten 3 Mahlzähne sind, eine rüsselartig verlängerte Nase, sehr kleine Augen, an jeder Seite eine Reihe borstiger Haare, zwischen welchen eine Drüsenöffnung ist; einen langen kurzhaarigen Schwanz mit nach unten hervorstehendem Haarkiel; fünfzehige Füsse und 6—10 Zitzen an Brust und Bauch. Die Gestalt aller Arten ist mausähnlich. Sie sind über dem ganzen Erdboden verbreitet, und unter ihnen finden sich die kleinsten Säugethiere. Sie leben in selbst gegrabenen Erdlöchern, gehen nur des Nachts hervor, und nähren sich von Würmern und Kerfen. Die gemeine Spitzmaus ist etwas kleiner als die Hausmaus, $2\frac{1}{2}$ Zoll lang, auf Rücken und Schwanz röthlichgrau, am Bauche gelblichweiss. Sie hat kahle Füsse und starke Schnurrhaare, findet sich in Europa, Nordasien in Feldern, Wäldern, Ställen, Steinhaufen, auf Wiesen u. s. w. und liebt feuchte Gegenden. Sie läuft geschwind, ist lustig, zwitschert und pfeift viel, erstarret nicht, frisst Gewürm, benagt Baumwurzeln, tödtet sogar kleine Vögel und schleppt sie fort. In den Häusern liebt sie Mehl, Brod, Getreide, Fleisch, vorzüglich Fett, Lampenöl u. s. w., und kann 8 Jahre alt werden. Mit Unrecht ist sie für giftig verschrieen worden, denn die Katzen fressen sie nur deshalb nicht, weil sie sehr stark nach Moschus riecht. Bei Fig. 13. a. ist die Seitendrüse abgebildet.

b. Vorderzehen etwas verwachsen, bilden Pfoten zum Graben.

Fig. 14. Der gemeine Maulwurf (TALPA *europaea*), 2mal verkleinert.

Die Maulwürfe haben $\frac{6}{8}$ Schneidezähne, grosse, hakige Eckzähne, von denen die oberen längeren die unteren einschliessen, und $\frac{7,7}{6,6}$ Backzähne, darunter die 3 ersten oben und unten Lückenzähne. Ohrmuscheln sind nicht vorhanden und die Augen sehr klein; die Nase ist spitz und knorpelig, der Schwanz kurz; die nach aussen gewendeten Vorderfüsse haben 5 Krallen. Der gemeine Maulwurf ist die einzige genau bekannte Art seiner Gattung, denn alle andre sind noch nicht hinreichend unterschieden. Sein weiches Haar ist blauschwarz, die kleinen Füsse fleischfarben; doch variirt er sehr, und es giebt Albinos, Schecken u. dgl. m. Er ist durch ganz Europa und sehr weit durch Asien verbreitet, findet sich auch in Amerika, legt überall weite und tiefe Gänge in der Erde an, wirft aus denselben grosse Haufen loser Erde an die Oberfläche, zerstört dabei viele zarte Pflanzen, und wird daher in Wiesen und Gärten lästig. Er stellt aber den schädlichen Insekten und Würmern nach, und richtet grosse Verheerungen unter den Regenwürmern, Maulwurfsgrillen und Engerlingen an, so dass er auf diese Weise den Schaden wieder aufhebt. Seinen künstlichen Bau verlässt er nicht ohne Noth, und kehrt jedesmal nach seinen Streifereien in der Nachbarschaft, die er der Nahrung wegen unternimmt, dahin zurück. Selten verirrt er sich bis über die Erde, nur zur Begattungszeit verfolgt ein Männchen das andere oft so sehr, dass dies irgendwo anders Schutz suchen muss. Aber auch dann wird ihm oft noch von Menschen nachgestellt, die sich aber vor seinen Bissen in Acht nehmen müssen. Ausserdem sind Schlangen, Igel, Wiesel, Hunde und Katzen seine Feinde, doch sein grösster ist die Wasserfluth. Am Schlusse des Winters, den er grösstentheils unthätig zubringt, paaret er sich, und im Mai wirft das Weibchen auf ein Lager von Moos und Blättern 4—5 nackte und blinde Jungen, die es an den Bauchzitzen säugt und die nach etlichen Tagen wie junge Katzen spielen. Fig. 14. a. stellt seinen Schädel und Fig. 14. b. die Schneidezähne dar.

Fig. 15. Nase von RHINASTER *cristatus*.

Der Sternmaulwurf hat $\frac{2}{4}$ grosse Schneidezähne, oben grosse, unten lückenzahnähnliche Eckzähne, $\frac{8,8}{8,8}$ Backzähne, die 4 vorderen Lückenzähne, die oberen mit einer, die unteren mit 3 Zacken. Seine Nasenspitze trägt einen merkwürdigen, sternförmigen Knorpelaufsatz, welcher aus 2 Reihen besteht, und wohl beim Wühlen in der Erde ihm behülflich ist; Ohrmuscheln fehlen, Augen sehr klein. Gestalt, Grösse und Lebensweise hat er mit dem Maulwurf gemein; sein Vaterland ist Nordamerika.

5. Zunft. BEUTELTHIERE. *Marsupialia.*

Wesentlicher Charakter. Gebiss verschieden, schwankt zwischen dem der Raubthiere und Nager. Die Zitzen am Bauch nicht frei, sondern in einem Beutel oder hinter seitlichen Hautfalten verborgen. Schlüsselbeine nicht vorhanden. Die Jungen kommen in sehr unvollkommenem Zustande zur Welt, und erhalten erst ihre vollkommene Ausbildung im Zitzensack. Alle leben in heissen Gegenden ausserhalb Europa und Afrika.

1. Familie. FLEISCHFRESSER. *Creatophaga.*

Wesentlicher Charakter. Gebiss wie das der Raubthiere, mit starken Eckzähnen, spitzhöckerigen Backzähnen und oben mehr Schneidezähnen als unten. Nahrung besteht in Kerfen, kleinen Vögeln, Säugethieren und Aas.

Fig. 16. Das Opossum (DIDELPHYS *virginiana*), 10mal verkleinert.

Die Beutelratten, zu denen auch das Opossum gerechnet wird, haben $\frac{10}{8}$ Schneidezähne, $\frac{7,7}{7,7}$ spitzzackige Backzähne, von denen der erste ein Lückenzahn ist, die drei ersten kegelförmig sind; eine hervorragende rüsselförmige, spitzige Nase, nackte Ohren und Pfoten, einen dünn behaarten, schuppigen Wickelschwanz und unverbundene Zehen mit einem freiabstehenden, nagellosen Daumen an den Hinterfüssen. Sie leben in Wäldern Amerikas, klettern auf Bäume, würgen Federvieh, plündern Vogelnester und fressen auch Früchte. Das Opossum hat einen wirklichen Beutel um die Zitzen, nackte schwarze Ohren mit gelblich weissen Spitzen, weissen Kopf und Hals, und langes weisses Borstenhaar in den dunkelbraunen Pelz eingemischt. Es bewohnt Virginien, Luisiana, Kanada, und schleicht sich des Nachts in die Häuser, um Hühnerblut zu trinken und Hühnereier zu essen. Es geht sehr langsam, so dass man es bei gewöhnlichem Schritt einholen kann, klettert aber schnell, lässt sich zähmen und folgt dann wie ein Hund, stinkt aber sehr und sieht immer beschmutzt aus. Gefangene Weibchen stellen sich todt, und lassen sich am Schwanz, der von selbst einen Zweig fasst, aufhängen und so todt quälen, ohne den Beutel zu öffnen. Die ungleich entwickelten Jungen, oft 16 an der Zahl, hangen schon an den Zitzen, wenn sie nicht grösser als ein Taubenei sind, und lassen sie erst los, wenn sie die Grösse einer neugebohrnen Katze erreicht haben und die Augen öffnen, welches am 50sten Tage nach ihrer Geburt geschieht. Aber auch dann noch, bis sie halb erwachsen sind, suchen sie bei drohender Gefahr Schutz in dem Zitzenbeutel der Mutter. Das Gebiss ist in der Fig. 16. a. abgebildet.

Fig. 17. Die schwimmende Beutelratte (CHIRONECTES *palmata*), 4mal verkleinert.

Sie unterscheidet sich von der vorigen Gattung durch ganze Schwimmhäute der Hinterbeine und den noch längeren, runden, schuppigen, leicht behaarten Schwanz, hat aber im Uebrigen mit dem Opossum alle Merkmahle gemein. Von Farbe ist sie oben dunkelbraun mit 4 grauen, in der Mitte unterbrochenen Querbinden auf dem Rücken, unten weisslich. Sie wohnt an den Ufern der Flüsse von Guyana und Brasilien, kann gut schwimmen, und ist etwa so gross als eine Ratte.

Alle übrigen Gattungen dieser Familie leben in Neuholland, haben keinen deutlichen frei abstehenden Daumen an den Hinterfüssen, und ähneln Füchsen, Wieseln, Beutelratten und fliegenden Eichhörnchen in Gestalt und Lebensweise.

2. Familie. Pflanzenfresser. *Phytophaga.*

Wesentlicher Charakter. Sie haben im Unterkiefer keine Eckzähne und nur 2 lange, schief nach vorn gerichtete Schneidezähne, im oberen 2—6, von denen im letztern Falle die 2 mittleren grösser sind. Sie nähern sich im Typus den Nagern und selbst den Wiederkäuern. Ihre Nahrung besteht in Früchten und Blättern. Alle leben in Neu-Holland und auf den benachbarten Inseln.

Fig. 18. Das Riesenkänguruh (Halmaturus *giganteus*), 24mal verkleinert.

Die Gattung der Känguruh hat $\frac{6}{2}$ Schneidezähne, gar keine Eckzähne, 4—5 schmelzfaltige, höckrige Backzähne, daumenlose 4zehige Hinterfüsse, deren beide innersten Zehen verwachsen sind, an verlängerten Springbeinen, und einen ziemlich stark behaarten, bisweilen schuppigen, sehr starken Schwanz.

Das Riesenkänguruh gehört zu denen Arten mit 4 Backz. (Macropus *Cuv.*) und sehr starkem dicht behaartem Schwanz. Es hat die Grösse eines Schaafs, kann aber, wegen der langen Hinterbeine, sich höher als ein Mensch aufrichten. Auf diesen Beinen sitzt es allein, und bedient sich der sehr kleinen Vorderpfoten nur, um beim Grasen darauf zu ruhen, oder zur Vertheidigung. Sieht bräunlichgrau aus, hat eine schwarze Rückenlinie, ebensolche Schwanzspitze und einen hasenähnlichen Kopf. Es ist schüchtern, lebt heerdenweise zu 30 bis 40 Stück mit einer Wache, hüpft geschickt auf den Hinterbeinen, macht 12′ lange Sätze, geht aber mit grosser Beschwerde auf allen Vieren. Es findet sich in Neuholland, woselbst es das grösste Säugethier ist, und kommt oft bis an die brittischen Niederlassungen. Das Gebiss ist Figur 18. a. abgebildet.

Fig. 7. Kopf von Plecotus *timoriensis.*

Diese auf der Insel Timor lebende Art ist von Farbe schwarzbraun und hat breite, mit einander verwachsene, Ohren von der Länge des Kopfs und halbherzförmige Deckel. Fig. 7. a. giebt die Seitenansicht des Kopfs und Fig. 7. b. zeigt das Gebiss. (S. den Text zu Fig. 3.)

TAFEL 4.

1. Klasse. Säugethiere. Mammalia.

4. Zunft. RAUBTHIERE. *Ferae.*

Wesentlicher Charakter. Sie haben alle 3 Zahnarten, besonders hakige Eckzähne und mit spitzen Höckern versehene Backzähne; ihre Zehen (4 oder 5) sind mit hakigen Krallen bewaffnet.

a. *Fleischfresser. F. carnivorae.*

Wesentlicher Charakter. Sie haben $\frac{6}{6}$ Schneidezähne, unregelmässige Backzähne, und keine Schlüsselbeine.

a. Zehengänger. Sie treten nur mit den Zehen auf. *Digitigrada.*

Familie Hunde. *Caninae.*

Die Vorderfüsse haben fünf Zehen, die hinteren nur vier, alle mit unbeweglichen Krallen bewaffnet. Hinter dem Eckzahn zwei Höckerzähne (1 a. 1 b). Zunge glatt. Keine Drüsentaschen neben dem After.

Fig. 1. Der gemeine Fuchs (Canis *vulpes*), 10mal verkleinert.

Er hat, wie die übrigen Hunde-Arten, eine spitze nach vorn stark verlängerte Schnautze, und darin ein sehr ausgebildetes Geruchsorgan. Die Schneidezähne sind klein (1 a 1 b), die Eckzähne hoch, aber nicht dick, und rückwärts gebogen; die Backzähne anfangs klein, kugelig (Lückenzähne), dann folgen zwei dreikantige, spitze, von beiden Seiten scharf zusammengedrückte Höckerzähne, und zuletzt mehrere, grosse, mit Mahlkronen versehene, aber noch immer sehr spitzhöckerige Backzähne, im Ganzen $\frac{6.6.}{7.7.}$ (1 a Oberkiefer, 1 b Unterkiefer). Eine besondere Eigenthümlichkeit, wodurch er sich den Katzen nähert, ist die senkrechte, elliptische Pupille, sonst zeichnet ihn der lange, überall dicht behaarte, buschige Schwanz vor anderen Hunde-Arten aus. Er hat eine gelblich rothe Rückenfarbe, die am Bauch, der Kehle, und der inneren Seite der Gliedmassen in die weisse übergeht; die äussere Seite der Füsse, sowie der grossen Ohren, ist schwarz. Er erreicht ohne den Schwanz fast 2 Fuss Länge, kommt noch jetzt überall bei uns vor, bewohnt Erdlöcher, die er gegraben hat, und ist wegen seiner List, womit er den kleineren, ihm als Nahrung dienenden, Thieren, besonders Haasen, nachstellt, berühmt. Das Weibchen wirft mehrere Junge, die halb erwachsen einen sehr stumpfen Kopf und ein einfarbig schmutzig braunes Haarkleid haben.

Es giebt übrigens Füchse in allen Gegenden, doch am meisten in der nördlichen Hälfte beider Erdtheile; die übrigen Hunde mit runder Pupille und kürzerem Schwanz, wohin der Wolf, bewohnen z. Th. die heissen Gegenden, besonders Afrika.

Familie Katzen. *Felinae.*

Sie haben eine rauhe mit fast hornigen Stacheln besetzte Zunge, und keinen Höckerzahn hinter dem Reisszahn des Unterkiefers, dagegen einen kleinen im Oberkiefer.

Fig. 2. Die gestreifte Hyäne (Hyaena *striata*), 20mal verkleinert.

Die Hyänen haben einen stumpferen Kopf als die Hunde, woran ziemlich grosse aber nackte Ohren. Das Gebiss ähnelt am meisten dem der Katzen, man bemerkt $\frac{5.5.}{4.4.}$ Backzähne (2 a Oberkiefer, 2 b Unterkiefer), von welchen der erste Zahn des Oberkiefers ein Höckerzahn ist, während die folgenden eine breitere Krone haben, aber der letzte kleinste in die Quere steht. Vorzüglich unterscheidet sie die Anwesenheit einer Drüsentasche unter dem After, und die Zahl der Zehen, welche vier ist an beiden Füssen. Die Krallen sind unbeweglich, die vorderen Gliedmassen länger als die hinteren, daher der Leib vorn höher steht als hinten. Bei der gestreiften Hyäne ist der Leib überall lang behaart, nur nicht am Kopf und den Beinen, und die Haare bilden auf dem Rücken einen Kamm, welchen das Thier sträuben und senken kann, wenn es gereizt wird oder in Furcht geräth. Die Grundfarbe ist ein schmutziges Grau, worüber dunkel schwarzbraune Querstreifen laufen; der Schwanz kurz aber buschig. Sie bewohnt Nord-Afrika und das westliche Asien, besonders aber Habessynien, wo sie das gefährlichste Raubthier ist. Ihre Gefrässigkeit und Gier sind bekannt, ja sie scharrt Leichname aus der Erde und verzehrt sie. Dabei ist sie jedoch furchtsam, und flieht den Menschen. Sie erreicht mit dem Schwanz eine Länge von fast 4 Fuss.

Fig. 3. Der bengalische Tiger (FELIS *Tigris*), 20mal verkleinert.

Die Gattung der Katzen (*Felis*), zu welcher der Tiger gehört, besitzt einen runden Kopf mit wenig hervorragender ziemlich platter Schnautze, kleine runde behaarte Ohren, und $\frac{4.4.}{3.3.}$ Backzähne, von welchen der erste des Oberkiefers ein Höckerzahn ist, und der letzte sehr kleine quer steht (3 a Oberkiefer, 3 b Unterkiefer). Ferner zeichnet diese Gattung aus der lange nicht stark behaarte Schwanz, die Zahl der Zehen, nehmlich vorn fünf hinten vier, deren Krallen in eigenen Hauttaschen zurückgeschlagen liegen, den Boden beim Gange nicht berühren, aber beim Erpacken der Beute, deren sie sich von einem Hinterhalte aus im Sprunge bemächtigen, kräftig herausgeschlagen werden. — Der Tiger unterscheidet sich von den übrigen Arten schon durch seine bedeutende Grösse, worin ihm nur der Löwe gleichkommt. Er hat einen schlanken, ziemlich gestreckten, besonders von beiden Seiten zusammengedrückten Körper, welcher überall von kurzen angedrückten Haaren bedeckt ist, die indessen am Bauch und am Kopf, von den Ohren bis zur Kehle, etwas länger sind, und hier einen buschigen Halskragen bilden. Die Grundfarbe seines Körpers ist das schönste Orange, welches am Bauch, der Kehle und der inneren Seite der Beine weiss wird. Rücken, Kopf, Gliedmassen und Schwanz sind mit ½ Zoll breiten, ziemlich regelmässigen, dunkel schwarzbraunen Querstreifen bedeckt, welche zumal am Kopf sehr symmetrisch vertheilt sind. Der Tiger bewohnt die Wälder Bengalens, und nährt sich nur vom Fleische frisch gefangener Säugethiere, besonders Hufthiere, die er während des Wechsels überrascht und zu Boden schlägt. Oft legt er sich auch an Landstrassen in einen Hinterhalt, und bemächtigt sich der Reisenden, ja man hat Beispiele, dass er Soldaten auf dem Marsch in der Mitte ihrer zahlreichen Kameraden angefallen und erwürgt hat. Schon deshalb stellt man ihm sehr nach, jagt ihn, auf Elephanten reitend, und schiesst nach ihm mit vergifteten Pfeilen.

Familie VIVERREN. *Viverrinae.*

Sie haben einen spitzeren Kopf, eine gleiche Zehenzahl an beiden Füssen, und Drüsentaschen in der Gegend des Afters, welche eine schmierige stark riechende Feuchtigkeit absondern. Heimath die wärmeren Himmelsstriche.

Fig. 4. Die afrikanische Zibethkatze (VIVERRA *civetta*), 12mal verkleinert.

Die eigentlichen Viverren haben 5 Zehen an allen Füssen, deren Krallen ein wenig zurückgezogen werden können, und eine sehr grosse Drüsentasche unter dem After. Bei Fig. 4 a ist die Aftergegend dargestellt, und man bemerkt bei A die Afteröffnung und daneben die Ausgänge (b b) zweier kleiner Drüsen (c); darunter ist der weite, von zwei wulstförmigen Klappen (d d) verschlossene Eingang der grossen zweitheiligen Drüsentasche (e), in welcher der Zibeth abgesondert wird. Die abgebildete Art wird ohne den Schwanz 2 — 3 Fuss lang, ist lang behaart, besonders auf dem Rücken, wo die Behaarung eine Mähne bildet, und hat eine grauliche Färbung, die am Kopf und an den Seiten heller ist, aber hier, an der Kehle und an den Beinen mit dunklen grossen unregelmässigen schwarzen Flecken geziert; der Schwanz geringelt, die Spitze der Beine und die Augengegend schwarz. Bewohnt das mittlere Afrika von der Westküste bis zur Ostküste.

Fig. 5. Das Ichneumon (HERPESTES s. MANGUSTA *Ichneumon*).

Im Gebiss wenig verschieden von den Viverren, nur der zweite untere Schneidezahn etwas zurückgezogen, wie beim Marder (8 b), sonst $\frac{6.6.}{6.6.}$ Backzähne, wovon der erste sehr klein ist und gewöhnlich ausfällt, die 2 folgenden oben und die 3 ersten unten Lückenzähne. Im übrigen Körperbau noch schlanker, besonders der Kopf, die Nase mehr hervorragend; Ohren klein, abgerundet; der Schwanz lang, buschig behaart; alle Füsse 5-zehig mit etwas beweglichen Krallen. Unter dem Schwanz, zwischen ihm und dem After, ein kleiner Schmierbeutel. Farbe braun-grau, jedes Haar mit abwechselnden braunen und weissen Ringen, die Spitzen meist weiss, besonders die der letzten Schwanzhaare; diese Haare besonders lang und fächerförmig ausgebreitet, die mittleren die längsten. Länge des Leibes 20 Zoll, die des Schwanzes 1¼ Fuss. Lebt in Gebirgsgegenden von Aegypten, Nubien und Habessynien nach Art der Wiesel; stellt dem Geflügel und besonders den Eiern der Krokodile nach, daher von den Einwohnern geschont.

Familie MARDERARTIGE RAUBTHIERE. *Mustelinae.*

Sie haben einen sehr langgestreckten, schlanken Körperbau, kürzere Beine, mit 5 Zehen an allen Füssen. Hinter dem Eckzahn ein kleiner Höckerzahn in jedem Kiefer.

dem Munde nach aussen. Backz. $\frac{4 \cdot 4}{4 \cdot 4}$, abgerieben, gefaltet, von vorn nach hinten an Grösse zunehmend. Ohren gross, elliptisch, mit aufgeworfenem Rande, ziemlich nackt. Der ganze Leib kurz und gedrungen, mit grossen fast nackten Pfoten, vorn 4 Zehen und eine Daumenwarze, hinten 5 Zehen, deren Krallen zusammengedrückt und spitzig sind. Schwanz so lang als der Leib, mit Wirtelschuppen und einzeln stehenden Haaren bekleidet. — Die Beutelmaus lebt in Nordamerika, wahrscheinlich in Erdlöchern, und gehört zu den Seltenheiten in Sammlungen.

5. Familie. Mäuse. *Murini.*

Wesentlicher Charakter. Untere Schneidezähne spitz; Backzähne $\frac{3-3}{3-3}$, deren jeder von einer Schmelzschicht eingefasst ist, die 2—4 weite Falten ins Innere sendet, der vorderste ist allemal der grösste. Die kleinen abgerundeten Ohren sind fast nackt, der drehrunde Schwanz ist dünn, beschuppt, mit zerstreuten steifen Haaren, hat keine Quaste und erreicht oft eine bedeutende Länge. Vorderfüsse 4zehig mit zuweilen nagelloser Daumenwarze, Hinterfüsse 5zehig.

a. Zähne mit deutlichen Wurzelzacken, Blinddarm klein; Nahrung besteht ausser vegetabilischen Stoffen, noch aus allem Essbaren.

Fig. 8. *a.* Backzahn der Wanderratte, von der Kaufläche, 8. *b.* von der Seite.

Es gehören in diese Gruppe die Gattungen Mus, Otomys, Cricetus (der Hamster); deren Formen hinlänglich bekannt sind, daher Abbildungen unnöthig schienen.

b. Zähne ohne Wurzeln; der Blinddarm gross; die Nahrung besteht nur in Vegetabilien. Wühlmäuse.

Fig. 9. *a.* Letzter oberer Backzahn von Hypudaeus *arvalis*, von der Kaufläche gesehen; 9. *b.* derselbe von der Seite.

In diese Gruppe gehören die Gattungen Hypudaeus, und die folgende.

Fig. 7. Der Lemming (Lemmus *norwegicus*), um die Hälfte verkleinert.

Die Lemminge haben ein abgerundetes Maul, kleine Augen, ganz versteckte Ohren, sehr kurzen Schwanz und 4 starke Krallen zum Graben, nebst einem breiten, abgestutzten Daumen an den Vorderfüssen. Sie wohnen auf Gebirgen, wandern zu vielen Tausenden in gewissen Jahren, vorzüglich bei bevorstehendem kaltem Winter, von den Gebirgen herunter in die Ebene, immer in gerader Richtung, einer dem andern folgend, passiren Flüsse und andere Gewässer, wobei viele umkommen, und lassen sich überhaupt durch Nichts hindern, die gerade Richtung zu verfolgen. Der gemeine Lemming, von dem man jene erwähnten Wanderungen ammeisten beobachtet hat, ist 5″ lang, von der Grösse eines Maulwurfs und hat einen rostgelben Pelz mit schwarzbraunen Flecken auf Kopf, Schultern und Lenden, aber gelblich weissen Anstrich am Bauch; er lebt in Norwegen und Nordrussland, nährt sich von Gras, Rennthierflechten und andern Vegetabilien, die er oft unter dem Schnee hervorsucht; wirft mehrere Male des Jahres 4—8 Junge und hat zahlreiche Feinde, da er selbst von Menschen gegessen wird.

6. Familie. Springmäuse. *Salientes.*

Wesentlicher Charakter. Hinterbeine unverhältnifsmässig lang, dienen zum Hüpfen, welches die eigentliche Bewegung dieser Thiere ist, wobei sie der ebenfalls lange buschige Schwanz unterstützt. Vorderfüsse kurz mit scharfen Grabnägeln und unvollkommenem oder gar keinem Daumen. Backzähne $\frac{3-3}{3-3}$ oder $\frac{4-4}{3-3}$ mit Wurzeln. Ohren ziemlich kurz, fast nackt.

Fig. 12. Die rauhfüssige Springmaus (Dipus *hirtipes*), 3mal verkleinert.

Zu der Abtheilung derjenigen Springmäuse, welche glatte Schneidezähne und $\frac{4-4}{3-3}$ schmelzhaftige Backenzähne haben, gehört die Gattung Dipus, oder die der wahren Springmäuse. Der erste obere Backzahn ist bei ihnen nur ein kleiner hervorragender Höcker (Lückenzahn Fig. 12. *a.*) der im höheren Alter ausfällt; die übrigen haben höchst merkwürdige, unregelmässige Schmelzfalten. Statt der Mittelfussknochen der langen Hinterbeine haben sie, wie die Vögel, nur einen Laufknochen, welcher am untern Ende mehre Gelenkköpfe für die Zehen hat. Die Anzahl der Zehen des Hinterfusses ist bald 3, bald 4, bald 5, aber immer nur sind die 3 mittleren auftretend. Sie leben von Wurzeln und Körnern, trinken wenig, graben Höhlen wie die Kaninchen, worin sie ein Lager von Moos und Laub bereiten, bringen den Winter in Lethargie zu, fliehen das Tageslicht, verrichten ihre Geschäfte des Nachts im Mondschein und sollen, da sie nicht gehen, sondern sich hüpfend fortbewegen, und gern in Gesellschaft sind, sehr possirlich anzusehen sein; ihre Nahrung bringen sie mit den Vorderfüssen nach dem Munde und in der Gefahr machen sie Sprünge von 10 und mehren Fuss Weite. Die hier abgebildete Art: Dipus *hirtipes,* gehört zu den mit dreizehigen Hinterbeinen, ist 5 Zoll lang, und hat mässige Ohren, von etwas über halber Kopflänge; der Schwanz ist wenig länger als der Körper, mit deutlicher Pfeilzeichnung oben und unten, die weisse Spitze $\frac{3}{4}$″ lang, vor derselben heissesten Tagesstunden in Erdlöchern oder hohlen Bäumen versteckt. Zur Nahrung dienen ihm die kleinen wehrlosen Säugethiere aus den Familien der Nager und Wiederkäuer, und hühnerartige Vögel. Er ist blutdürstig und tödtet mehr Thiere, als er zur Nahrung nöthig hat.

Fig. 10. Der Waschbär (PROCYON *lotor*), 10mal verkleinert.

Er hat einen nach hinten breiteren, nach vorn spitzeren Kopf, eine hervorragende Schnautze, grössere mehr hervorragende Ohren, einen ziemlich schlanken Körperbau, besonders höhere zierlichere Beine und einen langen, gleichmässig behaarten Schwanz. Das Gebiss unterscheidet sich von dem des Vielfrasses durch $\frac{6.6.}{6.6.}$ Backzähne, wovon die 3-4 ersten Lückenzähne. Die Tasche am After fehlt ganz. Die Grundfarbe des Leibes ist grau, mehr oder weniger ins Schwarze übergehend, Ohren und Füsse heller. Gesicht weiss, um jedes Auge ein breiter schwarzer Fleck. Schwanz röthlich grau, mit 4-5 dunklen Binden. Bewohnt die Wälder Nordamerikas, wird fast 2 Fuss lang, und frisst kleine Säugethiere und Vögel. Die Bissen taucht er vor dem Genuss ins Wasser, und daher stammt sein Name.

Fig. 11. Der Dachs (MELES *vulgaris*), 12mal verkleinert.

Er hat einen etwas schlankeren Kopf, eine stumpfe hervorragende Schnautze, kleine kurze abgerundete Ohren, und einen plumperen länger behaarten Körper, welcher von sehr kurzen Beinen getragen wird. Das Gebiss zeigt $\frac{4.4.}{6.6.}$ Backzähne (11 a Oberkiefer, 11 b Unterkiefer) wovon $\frac{2.2.}{4.4.}$ Lückenzähne sind; die Zunge ist glatt. Die Füsse haben starke Krallen zum Graben; über dem After und dicht unter dem Schwanz findet sich eine Grube, in welcher eine schmierige Feuchtigkeit abgesondert wird. Schwanz kurz, ragt als Haarbüschel hervor. Farbe grauweiss, mit undeutlichen dunkleren Querbinden; Kopf weiss, ein Längsstreif durch jedes Auge und die Füsse schwarz. Lebt in Erdlöchern, frisst kleine Säugethiere und Vögel; fällt in einen Winterschlaf.

Fig, 12. Der braune Bär (URSUS *arctos*), 25mal verkleinert.

Hat einen breiten dicken Kopf, eine gewölbte Stirn und eine Schnautze, die plötzlich verengt ist und ziemlich grade hervorragt. Ohren von mittlerer Grösse, aufrecht. Zunge glatt. Backzähne $\frac{6.6.}{7.7.}$, davon $\frac{3.3.}{3.3.}$ Lückenzähne (12 a Oberkiefer. 12 b Unterkiefer). Leib lang und dicht behaart, Beine hoch, kräftig, mit grossen Füssen und nackter Sohle (12 c Vorderfuss, 12 d Hinterfuss). Schwanz sehr kurz, fast versteckt; in seiner Nähe keine Tasche oder Hautfalte. Der braune Bär hat eine tief schwarzbraune Grundfarbe, welche bei Jungen mehr ins Rothbraune, bei Alten mehr ins Graubraune übergeht; der Kopf und Vorderleib überhaupt heller. Er bewohnte früher die Wälder von ganz Europa, ist jetzt aber auf Polen, Russland, Finnland und Vorderasien beschränkt. Er nährt sich vom Fleisch der Hirsche und Rehe, frisst aber auch saftige Früchte und Honig gern. Er fällt in einen Winterschlaf, welcher jedoch nur so leise ist, dass er an sonnigen Wintertagen daraus erwachen kann. Man benutzt besonders seinen Pelz, und isst selbst sein Fleisch.

TAFEL 5.

1. Klasse. Säugethiere. Mammalia.

6. Zunft. NAGER. *Glires.*

Wesentlicher Charakter. Zehengänger mit gebogenen abgenutzten Krallen, doppeltem Haarkleide und schmelzfaltigen Zähnen. Schneidezähne $\frac{2}{2}$ oder $\frac{4}{2}$, keine Eckzähne. Kein Zitzensack.

1. Familie. EICHHÖRNCHEN. *Sciurei.*

Wesentlicher Charakter. Backzähne $\frac{4-4}{4-4}$ oder $\frac{5-5}{4-4}$ mit stumpfen Querhökern und Wurzeln. Vorderfüsse 4zehig mit einer Daumenwarze, Hinterfüsse 5zehig. Ohren, Pfoten und besonders der Schwanz dicht behaart.

Fig. 1. Das Maskeneichhorn (SCIURUS *capistratus*), 4mal verkleinert.

Die Gattung der EICHHÖRNER zeichnet sich durch ziemlich lange, am Ende häufig mit spitzem Haarschopf versehene Ohren, langen, zweizeilig behaarten Schwanz, einen Nagel am Daumenstummel, und einen kleinen, früh ausfallenden, akzessorischen Backzahn im Oberkiefer wesentlich aus. Sie enthält nicht sehr grosse, aber gewandte, reinliche, kluge Thiere von lebhaftem Naturell, die meist auf Bäumen wohnen, schnell von einem Zweige auf den andern springen, und von harten Baumfrüchten leben. Sie legen Wintervorräthe an, brunsten im Anfange des Frühjahrs, wobei sie viel lärmen und pfeifen, bauen Nester auf Astgabeln oder in Baumlöcher, werfen 3—7 Junge, die 8 Tage blind sind, und 4 Wochen gesäugt werden. Das Masken-Eichhorn lebt in Südkarolina, bewohnt Fichtenwälder, nährt sich von deren Samen und ist von Farbe verschieden, weissgrau bis schwarz, hat aber stets einen schwarzen Kopf und weisse Ohren, Mund und Bauch. Fig. 1. *a.* stellt den Oberkiefer und Fig. 1. *b.* den Unterkiefer des gemeinen Eichhorns mit Ausnahme der Vorderzähne dar.

Fig. 3. Der Zischer (ARCTOMYS *empetra*), 6mal verkleinert.

Der Zischer oder das kanadische Murmelthier gehört ebenfalls, wie alle Murmelthiere und Ziesel (SPERMOPHILUS), zu der Familie der Eichhörnchen, obgleich sie sich von diesen in der Lebensart wesentlich unterscheiden. Sie leben nehmlich in Erdlöchern, werden lethargisch und nähren sich von Gras, haben daher grosse Krallen zum Graben, kurze Ohren und einen kurzen Schwanz. Alle Murmelthiere haben $\frac{5-5}{4-4}$ mit starken Querhöckern versehene Backzähne, von denen der erste noch ziemlich bemerkbar ist, keine Backentaschen, einen breiten flachen Kopf, plumpen Körper, und einen kurzen buschig behaarten Schwanz. Das kanadische Murmelthier ist röthlich schwarzbraun, stark weiss gesprenkelt; Unterleib und die innere Seite der Gliedmassen lebhaft rostroth; Scheitel, Füsse und Schwanz dunkelbraun, fast schwarz; Wangen und Kinnlade fahlgelb. Es lebt in Nordamerika und kommt oft in von der Beschreibung abweichender Färbung vor, die vielleicht Geschlechts- und Altersverschiedenheit charakterisirt.

Fig. 2. Der Siebenschläfer (MYOXUS *glis*), um die Hälfte verkleinert.

Die Billiche oder Siebenschläfer haben $\frac{4-4}{4-4}$ gleich grosse, querwülstige mit Vförmigen Schmelzfalten versehene Backzähne, kurze, fast nackte Ohren, einen runden, gleichmässig nach allen Seiten behaarten Schwanz und keinen Nagel am Daumenstummel; sie leben auf Bäumen und fallen in einen Winterschlaf. Der gemeine Siebenschläfer (gemeiner Ratz, Rellmaus, Rasselmaus) ist das grösste Mitglied dieser Gattung, wird 6″ lang, hat einen weichen, schöngrauen Pelz mit weissem Bauch, weissen Backen und braunem Streif um die Augen; findet sich in Mittel- und Südeuropa, Mittelasien, lebt in Laubwäldern, hüpft behend auf Zweigen umher, springt selbst von Baum zu Baum, nährt sich von Buchenkernen, Haselnüssen, Früchten, Vogeleiern, schläft bei Tage in hohlen Bäumen, erstarrt im Winter, ist dann sehr fett, lebt ungefähr 6 Jahre, wirft im Juni 3—6 Junge, und ist schwer zu zähmen, wurde aber von den Römern in den Glirarien gemästet und verspeiset.

2. Familie. BIBER oder SCHWIMMFÜSSER. *Palmipedes sive Castorini.*

Wesentlicher Charakter. Schwimmhäute zwischen allen oder den hinteren Zehen; Schwanz nackt, von Schuppen bedeckt. Ohren kurz, Leib behaart mit verstecktem Wollpelz. Backzähne meist $\frac{4-4}{4-4}$, wurzellos.

Fig. 4. Der Biber (CASTOR *Fiber*), 10mal verkleinert.

Er hat $\frac{4-4}{4-4}$ Backzähne mit tief gefaltetem Schmelzsaum und freien Schmelzinseln (S. Fig. 4. *a.* die oberen, Fig. 4. *b.* die unteren Backz.), einen kurzen, ovalen, plattgedrückten Schwanz mit grossen Schuppen, die mittleren Hinterzehen durch ganze Schwimmhaut verbunden, an der zweiten einen doppelten Nagel, und am Bauch zwei Drüsensäcke, die das Bibergeil, ein stark riechendes, als Medikament benutzbares Oel absondern. Er ist von Farbe röthlich-, gelblich-, gräulichbraun, findet sich in der ganzen nördlichen Hemisphäre, wird aber wegen der vielen Nachstellungen immer seltener, daher Biberfell und Bibergeil häufig verfälscht sind. Er liebt die Gesellschaft seines Gleichen und führt, wenn er ungestört am Ufer der Flüsse bleibt, künstliche Bauten aus; doch ist in den Erzählungen von ihm Manches übertrieben und fabelhaft.

3. Familie. STACHELRATTEN. *Aculeati.*

Wesentlicher Charakter. Leib statt der Grannenhaare mit Stacheln von verschiedener Grösse und Bildung; Backzähne $\frac{4-4}{4-4}$; Vorderfüsse meist mit 4 Zehen, Ohren klein.

a. Hinterbeine 4zehig. Bewohnen Südamerika und haben Backzähne mit Wurzeln (Fig. 5. *b.*).

Fig. 3. Der Kujy (SYNETHERES *insidiosa*), 6mal verkleinert.

Die Gattung der Koandu, wozu auch der Kujy gehört, hat einen aufgetriebenen Scheitel, kurze Schnautze, drehrunde Stacheln, und theilweis lange Borstenhaare, kleine Krallen, und einen langen Wickelschwanz. Der Kujy lebt in Südamerika, hat eine breite, runde Nase, einen an der Spitze unterhalb nackten Schwanz, und ziemlich zerstreute Stacheln, die meist schwarz, an der Spitze hochgelb oder weisslich sind und dem Thiere eine etwas unbestimmte Farbe geben. Er klettert auf Bäume, und hält sich beim Heruntersteigen mit seinem Greifschwanz fest. Die Backzähne sind anfangs querhöckerig, ganz von Schmelz bekleidet, kauen sich nach und nach ab, und bekommen dann Schmelzfiguren wie Fig. 5. *a.*

b. Hinterfüsse 5zehig.

α. Backzähne mit Wurzeln, wie bei den Vorigen, hat die nordamerikanische Gatt. ERETHIZON. Der Schwanz ist lang, aber wickelt nicht.

β. Backzähne ohne Wurzeln. Bewohnen die alte Welt.

Fig. 6. Das Stachelschwein (HYSTRIX *aculeata*), 10mal verkleinert.

Sein Leib ist mit grossen, starken Stacheln dicht bedeckt, die Füsse haben grosse Krallen zum Graben, die Backzähne (S. Fig. 6. *a.* die Kaufläche, 6. *b.* die Seitenansicht) haben gefalteten Schmelzsaum und freie Schmelzinseln, aber keine abgesonderte Wurzelzacken; der Schwanz ist kurz und stachelig. Im Nacken eine Mähne von langen Borsten. Stacheln schwarz und weiss geringelt $1\frac{1}{2}'''$—$4'''$ dick und 6—$15''$ lang mit zweischneidiger Spitze, innen schwammig und daher etwas biegsam. Das Stachelschwein hat seinen unpassenden Namen von einer grunzenden Stimme, lebt in Südeuropa, aber selten, Nordafrika und Westasien, wird in Rom gern gegessen, wohnt in selbst gebauten Höhlen, geht nur des Nachts aus, nährt sich von Früchten und Wurzeln, ist sanftmüthig, duckt sich in der Gefahr nieder, und zeigt dem Feinde die überall klaffenden Stacheln. Es ist leicht zu zähmen, zernagt aber Alles und schadet dadurch; hat keinen Winterschlaf, schläft aber gern bei Tage.

4. Familie. MAULWURFSMÄUSE. *Cunicularii.*

Wesentlicher Charakter. Leib plump, maulwurfsähnlich, Kopf dick, Nase stumpf, Füsse stets 5zehig, Backzähne 3—5, jeder mit 2 stumpfen Schmelzfalten, Schneidezähne glatt oder gefurcht, oft ungeheuer gross; äusseres Ohr und Schwanz fehlen oft.

a. Die Zehen der Vorderfüsse haben grosse Krallen zum Graben.

Fig. 11. Die Taschenmaus (ASCOMYS *bursarius*), 4mal verkleinert.

Sie hat $\frac{5-5}{4-4}$ Backzähne, und die Schneidezähne des Oberkiefers mit tiefer Furche; an jeder Wange befindet sich eine grosse Backentasche, die sich neben dem Maule nach aussen öffnet. Der Schwanz ist nackt, rattenartig und fast halb so lang als der Leib. Die Ohren und die Beine sind ziemlich kurz, dagegen die Zehen der Vorderfüsse, besonders die mittlere, sehr lang und zum Graben geschickt. Die Taschenmaus bewohnt tiefe Höhlen im Innern Nordamerikas, findet sich ziemlich selten, hat ungefähr die Grösse der gemeinen Hausratte und ist von Farbe schmutzig dunkelbraungrün.

b. Die Vorderpfoten haben kleine Nägel wie die Ratten.

Fig. 10. Die Beutelmaus (SACCOMYS *anthophilus*), um die Hälfte verkleinert.

Etwas grösser als eine Maus, gelbbraun, Schnautze und Wangen heller; Bauch und Brust weisslich; alle Haare seidenartig glänzend. Kopf ziemlich stumpf mit etwas hervortretender Nase, Oberlippe gespalten, seitlich mit 4 Reihen langer Schnurrhaare. Backentaschen vorhanden, weit, öffnen sich neben dem Munde nach aussen. Backz. $\frac{4,4}{4,4}$, abgerieben, gefaltet, von vorn nach hinten an Grösse zunehmend. Ohren gross, elliptisch, mit aufgeworfenem Rande, ziemlich nackt. Der ganze Leib kurz und gedrungen, mit grossen fast nackten Pfoten, vorn 4 Zehen und eine Daumenwarze, hinten 5 Zehen, deren Krallen zusammengedrückt und spitzig sind. Schwanz so lang als der Leib, mit Wirtelschuppen und einzeln stehenden Haaren bekleidet. — Die Beutelmaus lebt in Nordamerika, wahrscheinlich in Erdlöchern, und gehört zu den Seltenheiten in Sammlungen.

5. Familie. MÄUSE. *Murini.*

Wesentlicher Charakter. Untere Schneidezähne spitz; Backzähne $\frac{3-3}{3-3}$, deren jeder von einer Schmelzschicht eingefasst ist, die 2—4 weite Falten ins Innere sendet, der vorderste ist allemal der grösste. Die kleinen abgerundeten Ohren sind fast nackt, der drehrunde Schwanz ist dünn, beschuppt, mit zerstreuten steifen Haaren, hat keine Quaste und erreicht oft eine bedeutende Länge. Vorderfüsse 4zehig mit zuweilen nagelloser Daumenwarze, Hinterfüsse 5zehig.

a. Zähne mit deutlichen Wurzelzacken, Blinddarm klein; Nahrung besteht ausser vegetabilischen Stoffen, noch aus allem Essbaren.

Fig. 8. *a.* Backzahn der Wanderratte, von der Kaufläche, 8. *b.* von der Seite.

Es gehören in diese Gruppe die Gattungen Mus, Otomys, Cricetus (der Hamster); deren Formen hinlänglich bekannt sind, daher Abbildungen unnöthig schienen.

b. Zähne ohne Wurzeln; der Blinddarm gross; die Nahrung besteht nur in Vegetabilien. Wühlmäuse.

Fig. 9. *a.* Letzter oberer Backzahn von Hypudaeus *arvalis*, von der Kaufläche gesehen; 9. *b.* derselbe von der Seite.

In diese Gruppe gehören die Gattungen Hypudaeus, und die folgende.

Fig. 7. Der Lemming (Lemmus *norwegicus*), um die Hälfte verkleinert.

Die Lemminge haben ein abgerundetes Maul, kleine Augen, ganz versteckte Ohren, sehr kurzen Schwanz und 4 starke Krallen zum Graben, nebst einem breiten, abgestutzten Daumen an den Vorderfüssen. Sie wohnen auf Gebirgen, wandern zu vielen Tausenden in gewissen Jahren, vorzüglich bei bevorstehendem kaltem Winter, von den Gebirgen herunter in die Ebene, immer in gerader Richtung, einer dem andern folgend, passiren Flüsse und andere Gewässer, wobei viele umkommen, und lassen sich überhaupt durch Nichts hindern, die gerade Richtung zu verfolgen. Der gemeine Lemming, von dem man jene erwähnten Wanderungen ammeisten beobachtet hat, ist 5″ lang, von der Grösse eines Maulwurfs und hat einen rostgelben Pelz mit schwarzbraunen Flecken auf Kopf, Schultern und Lenden, aber gelblich weissen Anstrich am Bauch; er lebt in Norwegen und Nordrussland, nährt sich von Gras, Rennthierflechten und andern Vegetabilien, die er oft unter dem Schnee hervorsucht; wirft mehrere Male des Jahres 4—8 Junge und hat zahlreiche Feinde, da er selbst von Menschen gegessen wird.

6. Familie. SPRINGMÄUSE. *Salientes.*

Wesentlicher Charakter. Hinterbeine unverhältnifsmässig lang, dienen zum Hüpfen, welches die eigentliche Bewegung dieser Thiere ist, wobei sie der ebenfalls lange buschige Schwanz unterstützt. Vorderfüsse kurz mit scharfen Grabnägeln und unvollkommenem oder gar keinem Daumen. Backzähne $\frac{3-3}{3-3}$ oder $\frac{4-4}{3-3}$ mit Wurzeln. Ohren ziemlich kurz, fast nackt.

Fig. 12. Die rauhfüssige Springmaus (Dipus *hirtipes*), 3mal verkleinert.

Zu der Abtheilung derjenigen Springmäuse, welche glatte Schneidezähne und $\frac{4-4}{3-3}$ schmelzhaftige Backenzähne haben, gehört die Gattung Dipus, oder die der wahren Springmäuse. Der erste obere Backzahn ist bei ihnen nur ein kleiner hervorragender Höcker (Lückenzahn Fig. 12. *a.*) der im höheren Alter ausfällt; die übrigen haben höchst merkwürdige, unregelmässige Schmelzfalten. Statt der Mittelfussknochen der langen Hinterbeine haben sie, wie die Vögel, nur einen Laufknochen, welcher am untern Ende mehre Gelenkköpfe für die Zehen hat. Die Anzahl der Zehen des Hinterfusses ist bald 3, bald 4, bald 5, aber immer nur sind die 3 mittleren auftretend. Sie leben von Wurzeln und Körnern, trinken wenig, graben Höhlen wie die Kaninchen, worin sie ein Lager von Moos und Laub bereiten, bringen den Winter in Lethargie zu, fliehen das Tageslicht, verrichten ihre Geschäfte des Nachts im Mondschein und sollen, da sie nicht gehen, sondern sich hüpfend fortbewegen, und gern in Gesellschaft sind, sehr possirlich anzusehen sein; ihre Nahrung bringen sie mit den Vorderfüssen nach dem Munde und in der Gefahr machen sie Sprünge von 10 und mehren Fuss Weite. Die hier abgebildete Art: Dipus *hirtipes,* gehört zu den mit dreizehigen Hinterbeinen, ist 5 Zoll lang, und hat mässige Ohren, von etwas über halber Kopflänge; der Schwanz ist wenig länger als der Körper, mit deutlicher Pfeilzeichnung oben und unten, die weisse Spitze $\frac{3}{4}$″ lang, vor derselben eine $1\frac{1}{2}''$ breite braune Binde. Die 3 Zehen der Hinterfüsse mässig lang, die mittlere die längste, am Rande stark borstig behaart, die Borsten besonders lang unter dem Nagelglied und hier einen weissen Haarbüschel bildend, welcher weit über die kurze aufrechte Kralle hervorragt. Unterseite der Tarsen mit schmaler, brauner Längslinie. Besonders auszeichnend für sie sind noch die schwarze Nasenspitze und die sehr langen Schnurrhaare der Lippen, welche bis an den After reichen. Die Rückenseite ist gelbgrau und hat dunkle Wellenlinien, die Bauchseite fast weiss. Bewohnt Syrien und Dongola.

Fig. 13. Das Alagtaga (Dipus *jaculus*), 6mal verkleinert.

Diese Art ist die grösste von allen, wird $7''$ lang, und hat an den Hinterfüssen 5 Zehen. Die Ohren sind von der Länge des Kopfes, Schwanz mit sehr entwickelter Pfeilzeichnung, schwarzer Quaste und weisser Spitze, anderthalb mal so lang als der Körper. Die Rückenseite stark graugelb, nach dem Kreuz zu dunkler werdend, nach dem Bauche zu gräulich, der Bauch selbst weiss; Maul oben bräunlich, unten weiss; auf dem Gesäss jederseits ein mondförmiger weisser Fleck; Seiten der Schenkel hellgelb, Fuss mit schwärzlicher Sohle. — Die Alagtaga graben mit der grössten Leichtigkeit unterirdische Gänge, die sie im Winter und bei zu grosser Hitze verschliessen, um im lethargischen Zustande fort zu leben. Sie bewohnen Südrussland und die Tatarei, lieben einen festen Boden, sind sehr furchtsam, laufen schneller als ein Pferd, nähren sich von Kohl, Tulpenzwiebeln und Baumsprösslingen, werfen mehrere Mal des Jahrs, und lassen sich zähmen, wenn man sie an dunklen Orten hält, sonst aber sterben sie. Gerne halten sie sich in der Nähe von Schaafheerden auf und fressen in der Gefangenschaft auch Fleisch.

7. Familie. Hasenmäuse. *Lagostomi.*

Wesentlicher Charakter. Schneidezähne $\frac{2}{2}$, die unteren abgestutzt, mit breiter Schneide, Backzähne $\frac{4-4}{4-4}$, wurzellos, lamellirt wie beim Hasen (S. Fig. 16., die Kaufläche der oberen Backzähne von Lagostomus). Hinterbeine verlängert, haben mit Ausnahme einer Gattung (Lagidium) weniger Zehen als die Vorderfüsse. Ohren ziemlich lang und behaart; Schwanz meist lang, behaart, oft gegen das Ende buschig. Grosse Nagethiere von der Grösse der Hasen und Kaninchen, von welchen sie den Übergang zu den Springmäusen bilden, und wie diese in Erdlöchern leben.

a. Afrikanische, mit stark verlängerten Hinterbeinen.

Fig. 14. Der Kapsche Springhase (Pedetes *caffer*), 8mal verkleinert.

Die einzige bekannte Art dieser Gattung hat die Ohren von der Länge des Kopfes, die Vorderfüsse mit 5 gleichen, mit starken gekrümmten Krallen versehenen Zehen, die Hinterfüsse 4zehig mit stumpfen, dreikantigen, hufartigen Nägeln, die zweite Zehe die längste; alle Backzähne aus zwei verwachsenen Lamellen gebildet, Schwanz lang und dicht behaart. Der Springhase wird grösser als ein Kaninchen, 14 Zoll lang, der Schwanz allein $15''$, die Ohren $3''$; seine Rückenseite ist dunkel rostgelb, der Bauch hell gelblich grau, das Schwanzende schwarzbraun. Das Weibchen hat 4 Brustzitzen und einen Bauchsack ohne Zitzen. Er findet sich nördlich vom Vorgebirge der guten Hoffnung in den Gebirgen, hüpft in weiten Sprüngen von 20—30 Fuss, grunzt, gräbt sich sehr schnell ein, frisst aufrecht, wie die Springmäuse, Gras und Getreide, wirft meist 4 Junge, hält einen Winterschlaf, und kann gezähmt werden. Sein Fleisch wird gegessen.

b. Südamerikanische, mit bedeutend kürzeren Hinterbeinen.

Fig. 15. Die Wollmaus, Chinchilla (Eriomys *laniger*), 5mal verkleinert.

Alle Backzähne aus drei Lamellen gebildet, aber der vorderste untere nur aus 2, die unteren gleich gross, ihre Fläche schief von aussen nach innen gerichtet, die oberen ebenso, doch der hinterste grösser (Fig. 15. *a.* stellt die oberen Backzähne dar). Vorn 5 Zehen, der Daumen kurz und klein, Hinterfüsse 4zehig. Kopf dick, mit gewölbten Backen, Schnurrhaare lang, Ohren häutig und weich, Schwanz etwa halb so lang als der Rumpf, am Ende und nach unten buschig. Haar äusserst weich, überall hellgrau, schwarzgrau gemischt. Zitzen an der Brust, aber etwas seitlich und so hoch, dass sie mehr an der Oberseite derselben stehen (wie bei Fledermäusen). Vaterland die Gebirge von Peru und Chile, dort familienweise in selbst gegrabenen Höhlen. Diese Thiere sollen die eigene Gewohnheit haben, alles was sie Einzelnes finden, als Steine, Knochen, Holz u. dgl. m. vor den Eingang ihrer Höhlen zu schleppen, so dass Jemand, der etwas in ihrer Nähe verlohren hat, sich nur nach ihren Wohnplätzen hinbemühen darf, um es dort wieder aufzufinden. Das schöne silbergraue Pelzwerk wird wegen seines seidenartigen dichten Gefüges sehr geschätzt, und ist schon lange von den Kürschnern verarbeitet worden; das Thier selbst aber hat man erst in der neuesten Zeit genauer und richtig kennen gelernt. Frühere Beschreibungen und Abbildungen waren nach verstümmelten Exemplaren gemacht und daher unrichtig.

TAFEL 6.

1. Klasse. Säugethiere. Mammalia.

6. Zunft. NAGER. *Glires.*

Wesentlicher Charakter. Sie besitzen nur zwei Zahnarten, nehmlich $\frac{2}{2}$ oder $\frac{4}{2}$ Schneidezähne und mehrere (3 — 6) Backzähne in beiden Kiefern. Ihre Füsse haben 3 — 5 Zehen mit abgenutzten Krallnägeln.

Familie HAASEN. *Leporini.*

Wesentlicher Charakter. Schneidezähne $\frac{4}{2}$, Backzähne aus 2 geschlossenen verwachsenen Lamellen gebildet. Unvollkommene Schlüsselbeine; vorn 5 hinten 4 Zehen, Hinterbeine verlängert.

Fig. 1. Der gemeine Haase (LEPUS *timidus*), 10mal verkleinert.

Die Gattung der Haasen ist über die ganze Erdoberfläche verbreitet, hat jedoch in Europa ausser dem diesen ganzen Welttheil bewohnenden gemeinen Haasen nur noch das Kaninchen (LEP. *cuniculus*) und den im Winter weiss werdenden Polarhaasen (LEP. *variabilis*) aufzuweisen. Der gemeine Haase besitzt, wie die übrigen Haasen, lange löffelförmige besonders vorn und am Rande stark behaarte Ohren, zwei grosse durch eine Längsfurche ausgehöhlte obere Schneidezähne, hinter welchen die beiden anderen sehr kleinen Zähnchen sitzen, $\frac{6.6}{5.5}$ Backzähne, einen schlanken gestreckten Leib, sehr lange Hinterbeine und einen kurzen gebogenen dicht behaarten Schwanz als Gattungsmerkmahle; er unterscheidet sich jedoch von allen durch seine gelbgraue mit braun gemischte Farbe, die am Bauch ganz in weiss übergeht, so wie durch seine langen, die Länge des Kopfes um $\frac{1}{6}$ übertreffenden, an der Spitze schwarzen, hinten grauen Ohren, und endlich durch seinen weissen, oben schwarzen Schwanz, welcher so lang ist wie der Oberschenkel. Der Haase bewohnt die Felder und Heiden, zieht sich aber im Sommer mehr auf die Aecker und Wiesen, im Herbste in Gebüsche und Wälder zurück. In jenen legt er, zumal in den Getreidefeldern, seinen Bau an, eine kesselförmige Vertiefung, worin das Weibchen jährlich 3 — 4 mal vom März bis August 2 — 5 Junge wirft, anfangs oft nur eins, zuletzt gewöhnlich zwei oder eins; diese werden drei Wochen gesäugt und suchen sich nach dieser Zeit selbst ihre Nahrung, welche in frischen Kräutern aller Art besteht. Im Winter kommt der Haase gern in die Gärten und frisst Kohl und Rüben, oder er zieht sich in die Wälder und benagt die Rinden und Knospen junger Bäume. Auf beide Arten richtet er dann ziemlichen Schaden an. Er kann 10 Jahre alt werden.

Fig. 2. Der Alpen-Pfeifhaase (LAGOMYS *alpinus*), 4mal verkleinert.

Durch die kürzeren Ohren und den Mangel des Schwanzes kann man die Pfeifhaasen von den wahren Haasen, mit denen sie im Körperbau sehr übereinstimmen, am besten unterscheiden; doch haben sie überall 5 Backzähne, von denen der hintere untere nur sehr klein und dicht an den vorhergehenden angerückt ist. Auch sind die Hinterbeine verhältnissmässig kürzer als bei den Haasen, und die langen Sohlen, mit welchen sie nur sitzend auftreten (man vergleiche die Abbildung des laufenden Haasen mit der des sitzenden Pfeifhaasen), sind ebenfalls dicht behaart. Die Pfeifhaasen bewohnen das südliche Sibirien vom Ural bis hinter dem Baikalsee, und scheinen gebirgige oder hüglige Gegenden am liebsten zu ihren Aufenthaltsorten zu wählen; in ihrer Lebensweise stimmen sie besonders mit den wilden Kaninchen überein. Der Alpen-Pfeifhaase hat eine röthlich braungraue Farbe, doch zeichnen sich die Ohren und Pfoten durch dunkleres Kolorit besonders aus; erstere sind noch ziemlich gross, länglichrund und nach unten trichterförmig. Statt des Schwanzes hat er einen kurzen Fetthöcker von der Grösse einer Haselnuss, und er selbst wird nur 6 — 7 Zoll lang. Er hält sich besonders gern in gebirgigen Gegenden auf, frisst Gras, das er abschneidet, trocknen lässt und zur Winterkost in Felslöchern aufbewahrt. —

Familie MEERSCHWEINCHEN. *Subungulati.*

Wesentlicher Charakter. Schndz. $\frac{2}{2}$; Backz. $\frac{4,4}{4,4}$. Ohren klein und rund. Beine mit grossen hufenartigen Nägeln und ungleichen Zehen. Schlüsselbeine verkümmert. Schwanz kaum bemerkbar. Leben bloss in Südamerika.

Fig. 3. Der Akuti (DASYPROCTA *acuti*), 6mal verkleinert.

Der Akuti oder Aguti hat die Grösse eines Kaninchens und stimmt auch ziemlich mit diesem im Körperbau, nur dass die Füsse viel zierlicher und schlanker sind und die kurzen Ohren keine Haarbedeckung haben. Sein Haarkleid ist struppig anzufühlen, besonders auf dem Rücken, wo die fast 2 Zoll langen Grannenhaare ganz steifen Borsten gleichen. Ihre Farbe ist braungelb, doch so, dass an den Seiten und hinten die gelbliche, am Kopf und auf der Mitte des Rückens mehr die braune Farbe hervorleuchtet. Die Beine sind ganz kurz behaart, sie haben 4 auftretende Zehen und einen kleinen mit einem Nagel versehenen höher gestellten Daumen; hinten finden sich nur drei gleich grosse Zehen mit langen hufenartigen Nägeln. Der Schwanz ist ein kurzer, gerader fast haarloser Fettzapfen. Besonders merkwürdig sind die grossen, über 3 Zoll langen schwarzen Borsten, welche an den Lippen und über den Augen sitzen. Der Akuti hat jederseits 4 Backzähne (3. a.) von gleicher Grösse mit Wurzeln, deren Krone einen Schmelzsaum hat, der an jeder Seite des Zahnes eine schmale Falte nach innen sendet, wodurch die Kronenfläche in eine vordere und hintere oft ungleiche Hälfte getrennt wird; in jeder dieser Hälften liegen 1 — 2 runde von Schmelz eingefasste Grübchen. Er bewohnt die Ebenen von ganz Südamerika, besonders aber Brasilien und Paraguay, hält sich vorzüglich in trocknen und hochgelegenen Wäldern auf und bleibt am Tage im Lager versteckt, da er ein sehr scheues und flüchtiges Thier ist. Er geht seiner Nahrung besonders in der Dämmerung nach, und hat, ausser dem Menschen, noch alle grösseren Raubthiere zu Feinden.

Fig. 4. Der Kapiygua oder das Wasserschwein (HYDROCHOERUS *Capybara*), 16mal verkleinert.

Ist das grösste aller Nagethiere und erreicht eine Länge von 3½ Fuss. Nur in der steifen, zerstreut stehenden, borstigen Behaarung hat es einige Aehnlichkeit mit dem Schwein, aber die kurzen plumpen Beine, die übrigens dieselbe Zehenzahl mit dem südamerikanischen Bisamschweinchen besitzen, nehmlich vorn 4 und hinten 3, und das ganz abweichende Gebiss unterscheiden ihn hinlänglich. Er hat nehmlich, gleich dem Aguti, 4 Backzähne an jeder Seite, oben wie unten, allein sie sind ganz anders gebaut und bestehen aus Schmelzlamellen, die durch Zement, wie beim Elephanten, verbunden sind. Jede Lamelle ist gleichschenkelig 3seitig, und zwar steht die kleine Grundseite nach aussen und hat wieder eine winkelige Falte. Unten besteht jeder Zahn aus 3 bis 4 solchen Lamellen, oben zeigen die drei ersten Zähne jeder nur 2 Lamellen, der vierte dagegen 10 bis 11. Der Kapiygua hat nur wenige kürzere Bartborsten, kleine durch eine Klappe verschliessbare Nasenlöcher, etwas grössere und behaarte Ohren und statt des Schwanzes eine kleine hornartige Hervorragung; die Zehen sind durch Schwimmhaut verbunden und haben sehr grosse, kegelförmige, stumpfe Nägel. Er ist ein stilles, träges Thier, dass sich nur im Schritt bewegt, ausser wenn ihn Gefahr zum Laufen zwingt, und sich an den Ufern der Flüsse aufhält, doch nur bei besonderen Veranlassungen ins Wasser geht und sehr gut schwimmt, daher er sich auch nie weit vom Ufer entfernt. Er frisst Wasserpflanzen und die Rinde junger Bäume, kommt auch in die Plantagen nach Reiss und Früchten. Seine Farbe ist braun mit röthlichem Anflug. —

7. Zunft. ZAHNARME. *Edentata.*

Wesentlicher Charakter. Sie haben entweder gar keine Zähne oder bloss Backzähne in beiden Kiefern, doch haben Einige auch Eckzähne oder Schneidezähne, nie beide zugleich, letztere zumal finden sich nur bei einem Gürtelthier im Oberkiefer.

1. Familie. FAULTHIERE. *Tardigrada.*

Wesentlicher Charakter. Wenige ungleiche Backzähne, bisweilen Eckzähne. Gliedmassen sehr lang, mit grossen gebogenen Krallen. 2 Zitzen an der Brust. Nur in Sudamerika.

Fig. 5. Das Halsbandfaulthier (BRADYPUS *torquatus*), 16mal verkleinert.

Es hat keine Eckzähne, aber oben fünf und unten vier von Schmelz bekleidete, zylindrische Backzähne mit dachartig zugeschärfter Kaufläche. Der Kopf ist verhältnissmässig klein, fast kugelförmig, im Gesicht von kurzen, dicht anliegenden Haaren bedeckt; Stirn, Scheitel und Hinterhaupt tragen längere steifere borstenartige Haare, welche die Ohren ganz verstecken. Mit demselben langen, zottigen Haarkleide ist der ganze übrige Leib, besonders an der oberen und äusseren Seite bedeckt, so dass die auffallende Dürre der langen Gliedmassen und des sehr gestreckten Rumpfes dadurch ziemlich verhüllt wird. Ein Schwanz wird nicht bemerkt. An den Gliedmassen sieht man, weder vorn noch hinten, eine auftretende Sohle, sondern nur an beiden 3 lange Krallen, welche in gerader Richtung aus dem dichten Haarkleide hervorstehen und ziemlich gebogen sind. Diese Krallen sind für das Faulthier das Hauptbewegungsmittel, dadurch hängt es sich an Zweige, klammert sich an den Stamm, und klettert so mühsam und langsam am Baume umher. Bäume, besonders verschiedene Arten der Gattung *Cecropia*, sind seine eigentlichen Aufenthaltsorte, und nicht bloss Tage, sondern Wochen und Monate, bringt das Faulthier auf demselben Baume zu, sich von dessen Blättern ernährend; nur der Hunger veranlasst dasselbe, seinen einmaligen Wohnsitz mit einem anderen zu vertauschen. Muss es alsdann den Baum hinabklettern und über dem Boden fort sich einen neuen suchen, so hat es grosse Mühe am Boden langsam und mehr rutschend als kriechend sich fortzubewegen, und lieber benutzt es die dichten Lianen, welche die Bäume der südamerikanischen Urwälder verbinden, als den Erdboden selbst, um sein Ziel zu erreichen. Die abgebildete Art steht dem Ai (BR. *tridactylus*) sehr nahe, hat dasselbe Gebiss und dieselbe Krallenzahl, allein beide unterscheiden sich durch die Färbung, welche beim Halsbandfaulthier dunkler, gelbbrauner ist, hie und da mehr ins Gelbe fällt und um den Nacken einen dunklen rothbraunschwarzen Ring bildet. Ausser diesen beiden, welche in Brasilien gefunden werden, beherbergt Guyana noch eine dritte Art, den Unau (CHOLOEPUS *didactylus*), welcher Eckzähne hat, $\frac{4-4}{3-3}$ Backzähne und vorn bloss 2 Krallen.

2. Familie. ERDWÜHLER. *Fodentia.*

Wesentlicher Charakter. Sie haben Backzähne in beiden Kiefern von zylindrischer Form und unbestimmter Zahl, eine Art auch oben 2 Schneidezähne. Alle haben 5 Zehen, vorn mit 4 — 5, hinten mit 5 grossen abstehenden Krallen zum Graben, und wohnen in Erdlöchern.

A. Sie haben einen Panzer und bewohnen bloss Südamerika.

a. Der ganze Panzer besteht aus Gürteln; keine sichtbaren Ohrmuscheln.

Fig. 6. Der Pichiciago (CHLAMYPHORUS *truncatus*), um die Hälfte verkleinert.

Dieses merkwürdige Thier wird etwas grösser als ein Maulwurf, nehmlich gegen ½ Fuss lang, und findet sich im Innern von Chili bei der Stadt Mendoza. Es lebt wie ein Maulwurf unter der Erde in selbst gegrabenen Höhlen, und hat zu diesem Endzwecke 5 grosse starke Krallen an den 5 Vorderzehen, dagegen eben so viele kleinere stumpfe an den hintern. Sein Leib ist oberhalb dicht von quadratischen Knochenschildern bedeckt, welche in Quergürteln aneinander gereiht sind, auf dem Kopf aber ein zusammenhängendes Schild bilden. Das Hinterende ist grade abgestumpft (Fig. 6. a.), am Rande von einem Haarsaum umfasst und auf der Fläche mit bogenförmig gestellten Platten gepanzert. Im Mittelpunkt dieser konzentrischen Halbkreise entspringt der gegen den Bauch gekrümmte, gleichfalls an der freien Seite gepanzerte Schwanz. Die Unterseite des Kopfes, Halses und Rumpfes ist mit weissen, dichten, seidenartigen Haaren bedeckt, und von den ebenso behaarten Gliedmassen sind die Fusssohlen allein nackt. Schneidezähne finden sich nicht, die Anzahl der Backzähne ist an jeder Seite unten wie oben acht. Ueber die Lebensweise dieses sehr seltenen Thieres ist Nichts weiter bekannt, wahrscheinlich lebt es, gleich den Gürtelthieren, von Insekten und Würmern.

b. Der Panzer besteht nur in der Mitte aus Gürteln, vorn und hinten aus einem zusammenhängenden Stück. Tatus oder Gürtelthiere.

Fig. 7. Der sechsgürtelige Tatu (Dasypus *6-cinctus Linn.* D. *Encoubert Desm.* D. *setosus Pr. Mx.*), 5mal verkleinert.

Dieses Gürtelthier ist durch die Anwesenheit zweier Schneidezähne im Oberkiefer besonders merkwürdig, indess stehen dieselben ganz seitlich an der Naht, wodurch der Zwischenkiefer mit dem eigentlichen Kiefer zusammenhängt, und das Vorderende des Kiefers hinter der Lippe ist auch hier zahnleer. Ausserdem hat diese Art oben noch 8 und unten noch 10 kleine zylindrische Zähne an jeder Seite in jedem Kiefer. Der Leib dieses Tatus ist eigentlich haarlos, nur hie und da mit zerstreut stehenden steifen Borstenhaaren bedeckt, allein auf der Oberseite von einem Panzer geschützt. Auf dem Kopf bildet dieser Panzer eine zusammenhängende, aus sechsseitigen Schildern gebildete Platte. Ohren, Lippen, Wangen, Kehle und Ohren sind nackt. Der Rückenpanzer besteht aus drei Abtheilungen, nemlich dem vordern Schulterpanzer, der aus 5 — 7 Reihen ähnlicher sechseckiger Schildchen gebildet wird, den 6—7 mittleren, aus 4-eckigen Schildern zusammengesetzten gegen einander beweglichen Gürteln, und dem Hüftpanzer, welcher dem Schulterpanzer ähnelt, aber grösser ist. Auch der Schwanz hat seinen Panzer, nehmlich am Grunde 5 Ringe eckiger Schilder, hernach Schuppen. Aehnliche Schuppen bedecken auch die Aussen- und Rückenfläche der Beine; dagegen sind die Sohlen und Zehen nackt, und bei dieser Art fleischröthlichgelb gefärbt, während der Panzer eine bräunlichgelbe ins Grüne spielende Färbung hat. Das Thier wird mit dem Schwanz $2\frac{1}{4}$ Fuss lang und $\frac{2}{3}$ Fuss hoch; es bewohnt das Innere Südamerikas, lebt wie alle Tatus in Erdlöchern, die es selbst gräbt und von Zeit zu Zeit mit einem neuen in einer andern Gegend angelegten vertauscht. In dieses flieht der Tatu bei jeder Gefahr, und zu seiner Anlage dienen ihm die grossen Krallen, womit seine Zehen bewehrt sind; ihre Zahl ist bei dieser Art vorn und hinten fünf. Insekten aller Art und Würmer, die er am und im Boden aufsucht, bilden seine Nahrung.

B. Sie haben keinen Panzer, sondern ein dichtes etwas borstiges Haarkleid. Heimath Südafrica.

Fig. 8. Der kapsche Ameisenfresser (Orycteropus *capensis*), 20mal verkleinert.

Obwohl man dieses Thier gewöhnlich zu den Ameisenfressern zu stellen pflegt, so gehört es doch richtiger seiner Lebensweise nach zu den Gürtelthieren, und vertritt diese amerikanische Thierform auf der östlichen Halbkugel. Die einzige Aehnlichkeit mit den Ameisenfressern liegt in der langen weit ausstreckbaren Zunge, die aber nicht rund ist, wie bei diesen, sondern flach, bandförmig und zugespitzt. Mit dieser Zunge fängt er, wie der Ameisenfresser, seine Nahrung, die ebenfalls besonders in Ameisen besteht. Der Kopf ist länglich, mit hervorragender, abgerundeter Schnautze und ziemlicher Mundspalte; die Augen gross, die Ohren noch grösser, $\frac{1}{2}$ Fuss lang, dünn, aber aufrecht, ganz nackt, aber der übrige Kopf behaart. Hals kurz und stark, der Leib äusserst dick und feist, ziemlich plump, seitlich etwas zusammengedrückt, überall mit 1 Zoll langen ziemlich steifen Haaren bedeckt; der Schwanz halb so lang als der Rumpf, am Grunde stark, gegen das Ende zugespitzt, mit helleren und weicheren Haaren bedeckt. Beine stark und niedrig, mit etwas freien Zehen, woran vorn 4, hinten 5 grosse starke vom Graben abgenutzte Krallen; die äusserste der Vorderfüsse höher hinaufgerückt, und fast senkrecht gestellt. Das Maul klafft ziemlich stark und zeigt Backzähne in beiden Kiefern von zylindrischer Form mit platter Kaufläche, oben jederseits 7, unten an jeder Seite 6. Dieser Ameisenfresser findet sich am Cap, und zwar nicht selten, hält sich aber bei Tage gewöhnlich in seiner Höhle auf, und wird daher nur selten gesehen.

3. Familie. Wurmzüngler. *Vermilinguia* (Lipodonta *alior.*)

Wesentlicher Charakter. Sie besitzen gar keine Zähne, eine lange wurmförmige Zunge, aber keine Kloake.

A. Behaarte. Ameissenfresser. Bewohnen die westliche Halbkugel.

Fig. 9. Der Yurumi (Myrmecophaga *jubata*), 20mal verkleinert.

Unter den Ameisenfressern Südamerikas ist dieser der grösste, und unterscheidet sich ausserdem von allen durch sein langes zottiges Haarkleid, und seinen lang behaarten buschigen Schwanz. Der Kopf ist sehr langgestreckt, hat eine kleine wenig gespaltete Mundöffnung, woraus die runde Zunge fast $1\frac{1}{2}$ Fuss weit hervorgestreckt werden kann. Die Ohren sind klein und zum Theil unter dem Haarkleide bedeckt. Dieses bildet auf dem Rücken eine Art Mähne, da die Haare hier 5 bis 9 Zoll lang werden, und setzt sich so über den Schwanz fort; am Kopf und an den Beinen sind die Haare kürzer und liegen dicht an; die Fusssohlen und die Lippen sind nackt. An den Vorderfüssen finden sich vier grosse gebogene Krallen, welche das Thier beim Gehen gegen die Sohle klappt, und daher mit der Aussenkante des Fusses auftritt; an den Hinterfüssen sind 5 kurze grade abgenutzte Krallen bemerkbar, welche wie die ganze Sohle, den Boden berühren. Die Farbe ist schwarzbraun, doch haben die Haare feine gelbgrüne Ringel, die auf dem Rücken mehr vorherrschen, und hinter dem Halse von der Brust bis zum Rücken eine schiefe Querbinde bilden. Der Yurumi lebt in den Wäldern Südamerikas, hält sich nur am Boden auf, schaart mit seinen Vorderpfoten die Ameisen- und Termiten-Haufen auseinander, und frisst diese Thiere, indem er sie an seine Zunge sich festbeissen lässt, worauf er diese, mit vielen hundert Ameisen bedeckt, in den Mund zurückzieht. Seine Länge beträgt mit dem Schwanz 3—4 Fuss.

B. Beschuppte. Schuppenthiere. Bewohnen die östliche Halbkugel.

Fig. 10. Manis *tetradactyla* s. M. *macrura*, 10mal verkleinert.

Die Schuppenthiere haben den Körperbau und die Lebensweise der Ameisenfresser, indess fehlen ihnen die Ohrmuscheln ganz, und der Körper ist nicht behaart, sondern oberhalb von grossen, freien, hornigen Schuppen bedeckt. Sie halten sich theils in Erdlöchern auf, theils klettern sie etwas auf Baumstämme nach Ameisen, und haben grosse, gebogene Krallen, besonders an den Vorderbeinen, die sie stets ausstrecken. Die abgebildete Art findet sich in Guinea und Senegambien, ist, wie die anderen, hell kastanienbraun, am Bauch mit einzeln stehenden steifen Borsten bedeckt (Fig. 10. a.) und hat 4 Krallen an allen Füssen (10. b. c.). Auf dem Rücken liegen 11 Reihen von Schuppen, und der Schwanz ist doppelt so lang als der Rumpf.

Man kennt, ausser dieser, noch 3 Arten, davon lebt 1 am Cap (M. *Temminckii Smuts*), 1 in Ostindien (M. *pentadactyla* s. M. *brachyra*), 1 auf Java (M. *javanica Desm.*). Unter den Namen Pangolin, formosanische Teufelchen sind sie bekannt.

4. Familie. Schnabelthiere. *Monotremata.*

Wesentlicher Character. Sie haben schnabelförmige, bloss von nackter Haut bedeckte Kiefer, keine Ohrmuscheln, 5 Zehen an allen Füssen und eine Kloake. Bewohnen Neu-Holland.

Fig. 11. Das Stachelschnabelthier (Echidna *hystrix*), 5mal verkleinert.

Durch die hornige Bedeckung, d. h. die spitzen drehrunden über 1 Zoll langen Stacheln, welche die ganze Oberseite des Thieres bekleiden und überall mit borstigen Haaren untermischt sind, so wie auch durch die grossen gebogenen, zum Graben geschickten Krallen, schliesst sich dies Schnabelthier den Schuppenthieren an, zumal da es gleich diesen gar keine Zähne hat, aber eine lange drehrunde Zunge, vermittelst welcher es ebenfalls Insekten zur Nahrung fängt. Trotz dieser grossen Verwandtschaft mit den Ameisenfressern und Schuppenthieren ist es ein ächtes Schnabelthier, da seine langen runden schmalen Kiefer bloss von Haut bekleidet sind, die Mundspalte sehr weit klafft und die Afteröffnung mit der Genitalienöffnung in eine grosse Höhle (Kloake) mündet, welche nur einen einzigen Ausweg hat. Auch besitzt das Männchen, wie das des anderen Schnabelthieres, einen durchbohrten

Sporn an der Innenseite der Hinterbeine, mit welchem eine Giftdrüse in Verbindung stehen soll. Das Thier hat eine ganz gelbbraune Farbe, überall ein dichteres langes Haarkleid, grosse abgenutzte Krallen, unter denen die zweite der Hinterfüsse die längste ist, und weder Ohrmuscheln noch einen äusserlich sichtbaren Schwanz. Es hält sich in Wäldern und Gebüschen Neu-Hollands auf, und gräbt Erdlöcher, worin es sich bei jeder Gefahr zurückzieht. Seine Länge beträgt etwa 1 Fuss. —

Fig. 12. Das Flossenschnabelthier (ORNITHORRHYNCHUS *paradoxus*), 6mal verkleinert.

Von dem vorigen Thier, mit welchem dieses in allen wesentlichen Punkten seines Baues übereinkommt, unterscheidet es sich zunächst durch die Bildung des Kopfes. Die Kiefer haben nehmlich das Ansehn eines Entenschnabels, sind ganz von weicher Haut bedeckt und am Grunde von einem aufgeworfenen Hautsaum eingefasst. Inwendig trägt jeder an jeder Seite 2 Backzähne (12. a. b.), einen kleinen elliptischen hinten, einen langen schmalen leistenförmigen vorn. Die Zunge ist kurz und flach. Im Uebrigen ist der Leib dicht behaart. Die Grannenhaare sind aber nicht rund, sondern schmal lanzettförmig, von brauner Farbe, am Bauch aber heller, weisslich gelb. Die Füsse sind kleiner, zierlicher, die Zehen durch eine breite, besonders vorn sehr grosse Schwimmhaut verbunden, die Nägel kurz, spitz, ragen kaum über die Schwimmhaut hervor. Der Schwanz ist deutlich sichtbar, über 2 Zoll lang, und flach gedrückt wie ein Biberschwanz, doch ebenfalls ganz behaart. Beim Männchen findet sich derselbe Sporn an den Hinterbeinen, und beim Weibchen an derselben Stelle ein Loch, worin er zu passen scheint. Das Thier findet sich im Innern Neu-Hollands und hält sich in Teichen und Seen auf, an deren Ufern es Löcher gräbt, zu welchen der Eingang unter dem Wasserspiegel liegt, während die Höhle selbst sich über diesem im Ufer befindet. Dahin flieht es bei jeder Gefahr, schwimmt übrigens im Wasser und taucht geschickt. Dass es Eier lege, wie Einige erzählen, scheint nicht richtig zu sein; gewiss werden die Jungen gesäugt, denn das Weibchen hat 2 grosse Milchdrüsen mitten am Unterleibe. —

TAFEL 7.

1. Klasse. Säugethiere. Mammalia.

9. Zunft. WIEDERKÄUER. *Ruminantia s. Bisulca.*

Wesentlicher Charakter Sie haben keine oder nur 2 Schneidezähne im Oberkiefer, aber 6 — 8 im Unterkiefer. Alle sind Nagelgänger, deren Zehenspitze vom Huf bekleidet ist; sie besitzen 2 Zehen und keine oder 2 Afterklauen.

Familie Tylopoda. *Illig.*

Wesentlicher Charakter. Sie haben $\frac{2}{6}$ Schneidezähne, $\frac{1,1}{1,1}$ Eckz. und ungleiche Backzähne in beiden Kiefern. Hörner und Afterklauen fehlen.

Fig. 1. Das Dromedar (Camelus *dromedarius*), 30mal verkleinert.

Die Gattung der Kameele findet sich bloss in den heissen Gegenden von Asien und Afrika; sie ist charakterisirt durch $\frac{2}{6}$ Schneidezähne, von welchen die beiden oberen entfernt von einander neben den Eckzähnen stehen (Fig. 1. a), die 6 unteren dagegen ungleich sind, nehmlich die mittleren grösser, die seitlichen Paare kleiner (Fig. 1. b). Eckzähne finden sich in beiden Kiefern, aber die des Oberkiefers sind etwas grösser; dicht hinter den Eckzähnen findet sich ein kleiner kegelförmiger Lückenzahn, oben wie unten, und darauf eine ziemliche Lücke, nach welcher die $\frac{5,5}{4,4}$ Backzähne kommen, jeder von undeutlich 4eckiger Gestalt, (Fig. 1. c) mit einer Längswulst an der Aussenseite, abgerundeter Innenseite und flacher Kaufläche, worin 2 mondförmige, ebenso wie der Aussenrand von Schmelz eingefasste Grübchen, welche sich mit zunehmendem Alter des Thieres immer mehr verflachen. Ausserdem zeichnen sich die Kameele aus durch kurze, nicht über die Scheitelhaare hervorstehende Ohren, eine grosse etwas gespaltene Oberlippe, einen langen, gebogenen mit Nacken- und Kehlmähne versehenen Hals, einen gewölbten, noch mit grossen Fetthöckern gepolsterten Rücken, einen nicht langen, aber zottig behaarten Schwanz, und ziemlich hohe Beine, deren beide Zehen nur an der Spitze jeder einen kleinen Huf haben, unten aber mit einer schwieligen Sohle versehen sind, vermittelst welcher sie bis an die Hufe zusammenhängen. Ausserdem haben die Kameele noch am Ellenbogen- und Kniegelenk eine nackte schwielige Hautstelle. Die abgebildete Art, das Dromedar, zeichnet sich durch seinen schlankeren Bau, seinen einfachen grösseren Rückenhöcker, seine hohen Beine und sein etwas kürzeres Haarkleid vor der andern Art, dem mit 2 Höckern versehenen eigentlichen Kameel (*C. bactrianus*) besonders aus. Das Dromedar hat eine graubraune oder graugelbliche Farbe, doch sind gewöhnlich die längeren Mähnenhaare dunkler; es findet sich besonders in Nordafrika, Arabien, Persien, wird allgemein als Hausthier gehalten und vorzugsweise zum Lasttragen, aber auch zum Reiten (Maherri) benutzt. Seine Höhe beträgt 8 — 9' und seine Länge ziemlich ebensoviel, sein mittleres Alter 40 — 50 Jahre, doch erst im 5ten Jahre ist es erwachsen und zur Benutzung geeignet. Man rühmt seine Stärke, seine Ausdauer und seine grosse Genügsamkeit, Eigenschaften, welche dieses Thier für die Bewohner der Wüsten und Steppen unschätzbar machen. Ein beladenes Dromedar trägt 600 — 800 Pfd., und legt gegen 20 Stunden täglich zurück, ein zum Reiten abgerichtetes 30 — 60 Stunden, je nachdem es angetrieben wird. Sein gewöhnlicher Gang ist der Trapp. Die eigentliche Nahrung der Kameele ist frisches Gras der Weiden, das es jedoch auf der Reise nur selten bekommt; hier füttert man es mit Gerste, Brod, Datteln oder Mehlkugeln, ja selbst mit alten Weidenruthen, wenn nichts Anderes zu haben ist. Dabei braucht es nur wenig Getränk, und kann 12 — 20 Tage ohne Wasser aushalten, trinkt aber nach so langem Dursten an 100 Quart Wasser auf einmal. Dieses Wasser sammelt sich in den Zellen seines ersten Magens (Pansen) an, und bleibt daselbst Wochen lang, so dass die Karawanenführer bisweilen, in Ermangelung eines anderen Getränkes, ein Kameel schlachten, um mit diesem Wasser ihren brennenden Durst zu stillen. Hat das Kameel lange gedurstet, so wittert es das Wasser in der Wüste Meilen weit, ebenso weiss es das Ende der Wüste Tage lang vorher, und verdoppelt alsdann seine Schritte, um das ersehnte Ziel zu erreichen. Uebrigens ist die Reise auf Kameelen beschwerlich, indem der beständige Trapp des Thiers den Körper so zusammenrüttelt, dass man sich wie zerschlagen fühlt, geschwollene Beine bekommt, so wie an anhaltenden Kopfschmerzen und Schwindel leidet, und dadurch nicht selten in Gefahr geräth, von der Höhe des Rückens herabzustürzen.

Fig. 2. Das Llama (Auchenia *lama*), 14mal verkleinert.

Dieses Thier vertritt die Stelle der Kameele in der neuen Welt, und findet sich, wie diese, daselbst als Hausthier, seit Jahrhunderten gezähmt, aber auch noch wild in Heerden auf den Hochgebirgen Perus und Chiles, in welchem Zustande es den Namen Guanako führt.

In der äusseren Form den Kameelen etwas ähnlich, unterscheidet es sich von ihnen durch die längeren aufrecht stehenden Ohren, durch den Mangel der Lückenzähne in beiden Kiefern, den Mangel des Fetthöckers auf dem Rücken, so wie durch die etwas grösseren, spitzen Hufe und die völlig getrennten, aber mit Sohlen versehenen Zehen. Der Kopf, die Ohren, der Bauch, die Innenseite der Schenkel, die Vorderbeine und die untere Hälfte der hinteren sind mit kurzen anliegenden weisslichen oder grauen Haaren bedeckt, der übrige Leib dagegen von langer, zottiger rothbrauner, etwas krauser Wolle, welche bis über die Seiten, an den Schultern und Schenkeln herabhängt, hier etwas heller gefärbt. Das Llama erreicht eine Höhe von 4′ und wird $3\frac{1}{2}'$ lang; es ernährt sich im wilden Zustande ebenfalls von Wiesenkräutern, welche es in der Nahe von Flussufern gewöhnlich aufsucht. Selbst in seinem ungezähmten Zustande ist es wenig scheu, und kommt oft und ohne Furcht in die Nähe des Menschen. Aufgescheucht sucht es im Galopp zu entfliehen, kann jedoch von einem Pferde eingeholt werden, schwieriger von Hunden, denen es besonders auf den Gebirgswegen stets, aber nur wenige Schritte, vorauf bleibt. In der Gefangenschaft ist es friedlich und lässt sich ausser mit Gras auch mit allerlei Früchten ernähren; gereitzt und geneckt vertheidiget es sich theils durch Stossen mit dem Kopf oder Schlagen mit den Beinen, theils dadurch dass es seinem Gegner den Geifer des Mundes entgegenspritzet, welcher oft einen sehr widerlichen Geruch hat. Man benutzt vom Llama besonders die Milch als Getränk, so wie zu Butter und Käse, dann sein wohlschmeckendes Fleisch, und endlich seine Wolle, woraus schon die alten Peruaner dichte Zeuge verfertigten. Zum Lasttragen lässt es sich auch anwenden, besonders das Männchen, trägt aber nur **60 — 100** Pfd., und geht täglich kaum **2 — 3** Meilen.

Familie Cervina.

Wesentlicher Charakter. Schneidez. $\frac{0}{8}$, bisweilen $\frac{1,1}{0,0}$ Eckz. Backz. $\frac{6,6}{6,6}$. Die Männchen der Meisten, selten die Weibchen, besitzen Stirnfortsätze ohne hornigen Ueberzug.

Fig. 3. Die Giraffe (Camelopardalis *giraffa*), 24mal verkleinert.

Eins der merkwürdigen und in seiner Art einzigen Thiere, deren das wärmere Afrika mehrere aufzuweisen hat (z. B. das Nilpferd, den Strauss, den kapschen Ameisenfresser, die Hyänen, u. a.); folgende Merkmahle zeichnen es vor allen Verwandten aus. Auf dem Scheitel stehen 2 kurze, grade, von Haut bekleidete Hörner und ein dritter kleinerer Höcker sitzt beim Männchen davor, zwischen den Augen; der lange Hals hat eine ? formige Biegung; der hohe aber kurze Rücken ist sehr abschüssig, weil die Vorderbeine höher sind als die Hinterbeine, der Fuss hat 2 gleiche Zehen, aber keine Afterklauen; der ganze Leib ist mit kurzen, dicht anliegenden Haaren bedeckt, nur auf der Spitze der Hörner, am Nacken und am Ende des Schwanzes sind die Haare länger. Die Farbe ist ein lichtes Gelb, das am Bauch, der Innenseite der Schenkel und den Wangen ganz weiss wird, aber auf dem Rücken dunklerer ist; überall liegen auf diesem Grunde unregelmässige, scharf begränzte, eckige braune Flecke von ungleicher Grösse. Die Giraffe bewohnt ganz Afrika von Aegypten bis zum Kap und ernährt sich von Wiesenkräutern, die sie gleich den übrigen Hufthieren langsam gehend aufnimmt; sie liegt auch wie diese mit eingeschlagenen Beinen und aufgerichtetem Vorderleibe (3. a), und geht nur langsam. In Furcht gesetzt, läuft sie im Galopp, doch nicht behende, bewegt sich aber dennoch schnell genug, da jeder Sprung **12 — 16** Fuss misst. Sie biegt dabei die Vorderbeine nicht, schwingt aber mit dem langen Halse nach vorn und hinten beständig hin und her, um die Fortbewegung zu befördern. Sie erreicht eine Höhe von **14 — 18** Fuss, ist aber im Rücken nur **7 — 10** Fuss hoch, die Vorderbeine allein messen an 6 Fuss. Sie war schon den Römern bekannt unter dem Namen, den sie noch jetzt als Gattungsnamen führt, wurde zuerst unter Cäsar nach Rom gebracht und blieb lange in Europa eine grosse Seltenheit, bis der Pascha von Aegypten neuerdings einige nach Paris, London, Konstantinopel und Wien sandte, welche jedoch bald starben. Gegenwärtig (Oktober 1836) befinden sich in London sieben lebende Giraffen in verschiedenen öffentlichen Gärten, namentlich mehrere im Garten der zoologischen Gesellschaft.

Fig. 10. Das Reh (Cervus *capreolus*), 12mal verkleinert.

Das Reh gehört zur Gattung der Hirsche, welche sich ausser der zierlichen Form, besonders der Beine, durch die Anwesenheit eines ästigen, alljährlich neu gebildeten und dann nackten Geweihes, so wie durch die Anwesenheit von Afterklauen hinter den 2 Zehen kenntlich macht. Die meisten Hirsche haben noch vor jedem Auge eine längliche Vertiefung, worin eine Schmiere abgesondert wird; diese Vertiefung, Thränengrube genannt, fehlt jedoch dem Reh. Mit zunehmendem Alter wird die Schmiere ganz hart, wohlriechend, und bildet dann den Hirschbezoar, welchen der Hirsch durch Reiben an Bäumen ausstösst. —

Das **Reh** bewohnt die lichten Waldungen des mittleren Europas bis nach Russland, und erreicht eine Höhe von $2\frac{1}{2}$ Fuss im Rücken, so wie ein Alter von 14 Jahren. In der Jugend hat es einen rothbraunen Rücken, worauf viele kleine in Reihen gestellte weisse Flecke sich befinden; der Kopf, der Bauch und die Beine sind gelbbraun. Mit zunehmendem Alter wird der Rücken immer gelbbrauner und die weissen Flecke verlieren sich schon nach 2 Monaten, nur in der Aftergegend und unter dem kurzen Schwanz bleibt eine grosse weissliche Stelle, welche Spiegel heisst, dagegen werden Stirn und Nase fast schwarz; bisweilen findet man auch ganz schwarze oder ganz weisse, selbst gefleckte Rehe. Das Männchen, der **Rehbock**, hat auf dem Scheitel ein kurzes Geweih, welches dem Weibchen, **Ricke** genannt, fehlt. Es besteht aus einem kurzen, von Haut bekleideten Stirnzapfen (**Rosenstock**), einem darauf sitzenden, erweiterten, höckerigen (Perlen) Ringe (Rose), und dem nun folgenden anfangs einfachen, später mit 3 Zacken versehenen **Gehörn**. Dieses Geweih wirft das Männchen im Januar ab, indem bald nach der Brunstzeit die Gefässe des Rosenstocks sehr anschwellen, und den Rosenstiel nach und nach von der Rose abtrennen; ist dies geschehen, so stösst der Bock das Gehörn herunter, worauf sich die blutige Wunde bald mit einem Schorf bedeckt. Unter diesem bildet sich junge behaarte Haut und nun erhebt sich der Stirnzapfen zusehends, theilt sich später in Aeste, erst in zwei und dann der hintere nach einiger Zeit wieder, worauf bis in den März die Bildung des Geweihs beendet ist. Alsdann wird die trockne leblose Haut, welche den Knochen noch bekleidet, und die früher höchst empfindlich und blutreich war, an Baumstämmen abgerieben (gefegt). Beim **Edelhirsch** (CERVUS *elaphus*) ist der Hergang bei der Bildung des Geweihes ziemlich derselbe, doch wird das Geweih später abgeworfen (die alten Hirsche werfen Ende Februar, die jungen erst Ende März, Anfang April) und, da es grösser ist, langsamer gebildet, nehmlich erst im Verlauf von 4 Monaten. Doch wächst es im Ganzen sehr schnell, denn schon nach 14 Tagen ist der junge Zapfen $\frac{1}{2}$ Fuss hoch. Ein wichtiger Unterschied des **Edelhirsches** vom Reh liegt in der Anwesenheit von Eckzähnen im Oberkiefer, die dem letzteren, so wie den **Damhirschen** und dem **Elen** fehlen, dagegen den mit grossen langzäckigem Geweih versehenen Hirschen, so wie dem Rennthier, zukommen.

Fig. 11. Das **Moschusthier** (MOSCHUS *moschifer*), 12mal verkleinert.

Es ist etwas kleiner als das Reh, sonst von sehr ähnlicher Statur, aber ganz rothbrauner Farbe, welche an der Brust und am Bauch ins Weissliche übergeht. Die Moschusthiere finden sich bloss im mittleren Asien und haben, wie die Hirsche, 2 Afterklauen hinter den Hufen, aber kein Geweih. Dagegen besitzen sie viel grössere Eckzähne, von welchen die des Männchens hakenförmig aus dem Maule hervorragen. Auch besitzen die Männchen am Bauch hinter dem Nabel einen drüsigen, mit einer kleinen Oeffnung versehenen Sack, in welchem eine stark riechende Feuchtigkeit abgesondert wird, welche unter dem Namen **Moschus** bekannt ist. Da dieselbe in der Arzneikunde eine sehr wichtige Rolle spielt, so stellt man den männlichen Moschusthieren sehr nach und jägt sie, gleich Hirschen und Gemsen, auf den Hochebenen des Altai, woselbst sie vorzugsweise angetroffen werden.

Familie CAVICORNIA.

Wesentlicher Charakter. Sie haben $\frac{0}{8}$ Schneidez., keine Eckz., $\frac{6,6}{6,6}$ Backz. (4. b) und unverästelte von einer dicken Hornhülle bedeckte Stirnfortsätze (Hörner), welche nicht abgeworfen werden, aber beständig an Grösse zunehmen.

Fig. 6. Die **Hakaba** oder **Abu-harb-Antilope** (ANTILOPE *leucoryx*), 14mal verleinert.

Das an Arten sehr zahlreiche Geschlecht der Antilopen bewohnt die wärmeren Gegenden von Afrika, Asien und Amerika, und hat im mittleren Europa nur eine Art, nehmlich die **Gemse** (ANTILOPE *rupicapra*) aufzuweisen. Die Gattungsmerkmahle sind sehr unbestimmt, und es scheint, als wenn alle Antilopen mit den **Ziegen** und **Schaafen** eine gemeinsame Gattung bilden, oder, falls man diese als besondere Gattungen abtrennen will, auch die Antilopen wieder in viele Gattungen aufgelöst werden müssen, was denn auch von **Hamilton Smith** schon unternommen worden ist. (Vergl. **Griffith** anim. kingd. Vol. 4. & 5. Lond. 8.). Man kann daher die Antilopen nur an ihrer allermeist schlanken, hirschähnlichen Form, und an ihren gewöhnlich langen, zierlichen, aber sehr verschieden gestalteten Hörnern erkennen. Einige haben, wie die ächten Hirsche, eine Thränengrube, Andere besitzen sie nicht, gleich den Rehen. Ebenso finden sich die Hörner bald nur beim Männchen, bald auch beim Weibchen. Zwei ostindische Arten haben sogar 4, aber kurze grade Hörner. Sie leben gewöhnlich in Heerden, und sind äusserst schnell und gewandt. — Die abgebildete Art war schon den Griechen und Römern bekannt. **Herodot** und **Oppian** beschreiben sie unter dem Namen *Oryx,* und **Aristoteles** wie **Plinius** reden ebenfalls von ihr, auch findet sie sich nicht selten auf den aegyptischen Baudenkmahlen abgebildet. Sie hat die Grösse und Gestalt eines Hirsches, aber etwas kürzere Beine;

ihre Hörner sind über 2′ lang, und am Grunde kaum $1\frac{1}{2}$ Zoll dick, dabei sanft nach unten gebogen, sehr nach hinten gerichtet, und bis gegen die Mitte mit schiefen, hervorragenden Ringen geziert. Die Haare sind sehr kurz und liegen dicht an, stehen aber auf der Rückenkante, an den Seiten und am Nacken nach vorn gerichtet. Ihre Farbe ist milchweiss, aber der ganze Hals, ein Streif auf der Nase, der Kopf hinter den Hörnern, die Wangen und ein Strich durch das Auge, welcher beide Stellen verbindet, sind gelblichbraun. Die Thränengruben fehlen, aber die Hörner kommen beiden Geschlechtern zu. Sie findet sich in Dongola beim Flecken Ambukohl.

Fig. 7. Kopf von ANTILOPE *dama*, 10mal verkleinert.

Lebt gleichfalls im südlichen Dongola und steht der vorigen Art an Grösse wenig nach, ist aber zierlicher gebaut, hat längere Beine und einen höheren Rücken. Die Hörner finden sich bei beiden Geschlechtern, sind 𝔖förmig gebogen, zahlreich geringelt und so lang als der Kopf. Vor dem Auge ist die Thränengrube deutlich zu bemerken. Farbe weiss, Hals und Rücken bis auf die Mitte der Seiten rothbraun, an der Kehle ein weisser Fleck.

Fig. 8. Kopf von ANTILOPE *Addax*, 10mal verkleinert.

Auch diese Antilope bewohnt die Provinz Dongola, südlich von Ambukohl. Sie hat ganz die Grösse von A. *leucoryx*, aber einen etwas plumperen Bau. Die Hörner kommen beiden Geschlechtern zu, sind einmal spiralig gewunden und geringelt; Thränengruben fehlen. Farbe weiss, Hals, Schnautze und Wangen gelbbraun, der Busch längerer Haare auf der Stirn schwarzbraun. —

Fig. 9. Der Steinbock vom Sinai (CAPRA *sinaitica*), 16mal verkleinert.

Die Gattung *Capra* unterscheidet sich von den Antilopen durch den gedrungenen Körperbau, die dickeren einfach gebogenen Hörner und den langen Bart am Kinn. Letzteres Merkmahl unterscheidet sie auch von den Schaafen, mit welchen sie übrigens, wie mit den Antilopen, die gespaltene Oberlippe gemein haben. Die Thränengruben fehlen den Ziegen, wie den Schaafen. Sie leben am liebsten in Gebirgen und klettern mit Muth und Verwegenheit auf die steilsten Felsenspitzen. Die abgebildete Art hat die Grösse der gemeinen Ziege, breite knotige Hörner, einen langen Bart, sonst kurze Haare von gelblich rothbrauner Farbe, doch sind der Bauch, die Innenseite der Beine und die Fussspitzen weiss; auf der Vorderseite der letzteren ist ein dunkelbrauner Gabelfleck, welcher die Art vom Sinai vor denen vom Kaukasus (C. *caucasica*) und der Schweiz (C. *ibex*) besonders auszeichnet.

Fig. 5. Der südeuropäische Muflon (OVIS *Musimon*, var. *occidentalis*), 14mal verkleinert

Durch den Mangel des Barts vom Steinbock verschieden, sonst ihm in allen Verhältnissen sehr nahe kommend; nur der Kopf ist dicker, die Nase mehr gewölbt, wie beim gemeinen Schaaf, vor den Augen schwach angedeutete Thränengruben. Hörner stark zusammengedrückt, mit scharfer Kante und unregelmässigen Querrunzeln, stark nach hinten und unten gebogen, aber die Spitze wieder nach oben, doch die ganze Windung ziemlich in derselben Ebene, nicht spiralig, wie beim Hausschaaf. Ohren mässig, zugespitzt, aufrecht. Körperbau sehr gedrungen, Beine kräftig, Schwanz kurz, unten nakt. Haarkleid dicht, ziemlich weich, nur einzelne lange, steifere Haare stehen hervor. Farbe auf der ganzen Oberseite rothbraun, der Kopf mehr gelbgrau, Bauch, Brust, Gesäss und untere Hälfte der Beine weiss; im Winter ist die braune Rückenfarbe etwas dunkler. Der Muflon ist scheu und furchtsam, gesellig, sehr gewandt im Klettern und bewohnt die höchsten Felsengipfel der Gebirge im Innern von Sardinien und Korsika, und scheint früher auch in Spanien einheimisch gewesen zu sein. Man hält ihn für die Stammart des gemeinen Schaafs, oder dieses auch für einen Bastard vom Muflon und Argali, welcher die Gebirge von Mittelasien bewohnt.

Fig. 4. Der Schädel vom Kapschen Büffel (Bos *caffer*), 16mal verkleinert.

Die Gattung der Ochsen (Bos) ist in der gesammten Körperform bekannt genug, daher es genügt, durch eine Detailzeichnung ihre besonderen Charaktere hervorzuheben. Diese bestehen in der breiten flachen Stirn, den starken runden oder flachrunden nach innen, vorn oder oben gebogenen Hörnern, dem Mangel der Thränengruben, der breiten ungespaltenen Oberlippe, dem hohen an der Kehle mit einer hängenden Wamme versehenen Halse, und dem langen am Ende buschigen Schwanz. Der Kapsche Büffel ist besonders ausgezeichnet durch seine grossen, am Grunde runzeligen und dicken Hörner, welche auf der Stirn fast zusammenstossen, dann aber nach hinten und wieder nach vorn gebogen sind. Einen ähnlichen Bau der Hörner zeigt auch der nordamerikanische Bisamochs (B. *moschatus*), aber die Hörner sind kleiner und der ganze Leib ist von langen fast zottigen Haaren bedeckt, welche beim Büffel nur den Vorderleib bekleiden. Auch hat der Büffel, wie die anderen Ochsenarten, eine nackte Schnautze, der Bisamochs eine behaarte.

TAFEL 8.

1. Classe. Säugethiere. Mammalia.

Zehnte Familie. VIELHUFER *Multungula*, oder DICKHÄUTER *Pachyderma*.

Wesentlicher Charackter. Mehr als zwei von Hufen bekleidete Zehen. Zähne mit Schmelzleisten, bald alle drei Zahnarten vorhanden, bald fehlen die Eckzähne, selten die Schneidezähne im Unterkiefer. Fressen Vegetabilien.

Fig. 1. Die Schweinegattung (SUS).

Hat vier Zehen, von welchen die beiden mittleren auftreten. Der Leib ist von steifen Borsten bedeckt, im Kiefer alle drei Zahnarten, und zwar Schneidezähne $\frac{2}{6}$, $\frac{4}{6}$, $\frac{6}{6}$, Eckzähne $\frac{1.1.}{1.1.}$, Backzähne $\frac{7.7.}{7.7.}$ oder $\frac{6.6.}{4.4.}$. Die Nase rüsselförmig verlängert, am Ende breit abgestutzt, mit besonders nach oben stark aufgeworfenem beweglichem Rande.

Die hier dargestellte Art gehört zu der Abtheilung der Larvenschweine (PHACOCHAERUS), welche sich durch stark hervorragende Eckzähne, nackte schwielige Wangen und das Zahlenverhältniss der Zähne (Schneidezähne $\frac{2}{6}$, Backzähne $\frac{6.6.}{4.4.}$) vor den Uebrigen auszeichnet. Sie findet sich in Habessinien (PH. *Aeliani Cretzschm.* PH. *Haroia Ehrenb.*) und erreicht nicht ganz die Grösse des gemeinen Schweines, hat einen schmalen Kopf, eine flache Stirn, kleine nach oben gerichtete Augen, nicht sehr grosse schwielige Warzen an den Wangen, eine leicht behaarte Haut, einen starken Rückenkamm und einen doppelten Haar-Wirbel auf der Stirn. An jeder Seite des Kopfes sitzen zwei Warzen, eine grössere dicht vor und unter dem Auge, die zweite kleinere in der Nähe der grossen Eckzähne; diese selbst ragen stark hervor, besonders die des Oberkiefers, sind bogenförmig gekrümmt, und stehen grade nach aussen. Die Ohren ziemlich gross. Die Haare an den Seiten des Körpers stehen ziemlich zerstreut und sind von braungrauer Färbung; auf dem Rücken aber sind sie länger, stehen dichter und bilden einen hohen Kamm von gelblich grauer Farbe. Auf dem Scheitel bilden die längeren Haare einen Wirbel zwischen den Ohren; ein zweiter Wirbel wird vor diesen von kleineren kastanienbraunen Haaren zwischen den Augen gebildet. Das Naturell dieses Thieres ist wild und unbändig; es lässt, wie das europäische Schwein, einen grunzenden Ton hören. Von den Eingebohrnen wird es in seinem Vaterlande sehr gefürchtet. Seine Nahrung besteht in Waldfrüchten, Wurzeln, welche es nach Art der einheimischen Schweine durch Aufwühlen des Erdreiches mit dem Rüssel sich verschafft. — Fig. 1.a. giebt eine Darstellung des Schädels vom gemeinen Schwein, dessen Zahnbau ist: Schneidezähne $\frac{6}{6}$, Backzähne $\frac{7.7.}{7.7.}$.

Fig. 2. Das Nil- oder Flusspferd (HIPPOPOTAMUS *amphibius*), 30mal verkleinert.

Es hat vier gleich grosse Zehen an allen Füssen, alle drei Zahnarten in folgendem Zahlenverhältniss: Schneidezähne $\frac{4}{4}$, Eckzähne $\frac{1.1.}{1.1.}$, Backzähne $\frac{7.7.}{7.7.}$. (Siehe die Darstellung des Schädels Fig. 2.a. b.c.). Die Schneidezähne sind getrennt von einander, zylindrisch, am Ende zugespitzt und stehen, besonders die unteren, fast wagerecht; die Eckzähne sind wie beim Schwein sehr gross, hakenförmig gekrümmt, ragen aber nicht aus dem Maule hervor. Der Kopf verhältnissmässig sehr gross, besonders das vordere Ende, welches abgeplattet hervortritt und an den Lippen mit kurzen steifen Borsten besetzt ist, im Uebrigen ist der Leib nackt. Die kleinen Augen ragen aus dem Kopf hervor; die Ohrmuscheln sind nicht grösser als beim Schaaf, und stehen fast an der höchsten Stelle des Kopfes. Der ganze Leib ist äusserst plump und dick, der Hals fast wagerecht, noch ziemlich lang; die Beine kurz und dick, besonders die hinteren; der Schwanz kurz. Es lebt an den grösseren Flüssen des östlichen und südlichen

Afrikas, besonders am Nil oberhalb der Katarakten von Syene, kaum noch in Aegypten; auch an den Ufern grösserer Seen; wälzt sich wie ein Schwein im Schlamm, entfernt sich nur bei Nacht rudelweise von den Flussufern, um zu grasen. Seine Nahrung besteht in Hirse-, Mais-, Reis- und Zuckerrohrpflanzen, doch frisst es auch andere Grasarten, und besonders saftige Wurzeln. In den Plantagen, welche es bei Nacht aufsucht, richtet es bedeutenden Schaden an, da es mit seinem dicken plumpen Leibe viel mehr Pflanzen zerbricht und niedertritt, als es verzehrt. Bei Gefahr zieht es sich ins Wasser zurück, schwimmt gut und taucht unter, steckt aber von Zeit zu Zeit die Nase hervor, und bläst dann, wie ein Walfisch, das Wasser von sich. Auf dem Lande ist es furchtsam und greift den Menschen nicht an, im Wasser dagegen angegriffen, vertheidigt es sich nachdrücklich, greift die Böte an, zerbricht sie mit seinem ungeheuren Gebiss, reisst Menschen heraus, und zerquetscht sie mit einem Biss. Es brüllt wie ein Ochs, giebt aber auch einen wiehernden Ton von sich. Das Weibchen wirft ein Junges, am liebsten auf Inseln. Man erlegt das Nilpferd durch Feuergewehre, die aber mit eisernen Kugeln geladen sein müssen, da die bleiernen seine dicke Haut nicht durchdringen, oder fängt es in Gruben, oder legt ihm Fussangeln. Sein Fleisch ist schmackhaft und wird auf mancherlei Weise zubereitet und verspeist, seine Haut dient zu Schildern, Peitschen, Bogen; die Zähne sind härter als Elfenbein und werden zu feinen Drechslerarbeiten sehr geschätzt. Das Thier kannten schon die Alten, in der Bibel heisst es Bahemoth, die Römer brachten es nach Rom und führten es bei Triumpfen auf.

Fig. 3. Das indische Nashorn (RHINOCERUS *indicus*), 45mal verkleinert.

Die Gattung der Nashörner besitzt als charakterische Merkmahle folgende Eigenschaften: drei Zehen an allen Füssen, hornartige Fortsätze auf der Nase, eine haarlose schwielige Haut, keine Eckzähne und schwankende Zahlenverhältnisse in den Schneide- und Backzähnen. Man kennt vier noch lebende Arten, zwei mit einem Horn, beide in Ostindien einheimisch, zwei andere mit zwei Hörnern, wovon das eine Sumatra, das zweite Südafrika bewohnt. Alle leben in feuchten schattigen Wäldern und nähren sich von Vegetabilien.

Das hier dargestellte Nashorn (RHINOC. *indicus* sive *unicornis*) ist am längsten bekannt. Es hat eine ziemlich glatte aber grosse Querfalten am Halse und in den Gelenkungen der Beine bildende, dunkel rothbraun gefärbte, Haut, ein kleines stumpf kegelförmiges Horn auf der Nase, $\frac{2}{2}$ oder $\frac{4}{4}$ Schneidezähne und $\frac{6.6.}{6.6.}$ oder $\frac{8.8.}{8.8.}$ Backzähne (Fig. 3.a.). Seine Länge beträgt 12 Fuss, die Höhe 6′. Der Kopf steht fast wagerecht, die Oberlippe hängt herab, die Augen klein, die Ohrmuscheln gross und aufrecht; der Hals kurz und eng, von dicken Hautfalten umgeben. Der dicke Leib etwas gesenkt, Bauch hängend, die Beine nicht so plump als beim Nilpferd, aber die Hufe grösser. Lebt in Bengalen, Cochinchina, China in grossen sumpfigen Wäldern meistens paarweis, wälzt sich im Sumpf. Oefters stehen sie am heissen Mittage stundenlang unbeweglich da, sind überhaupt ruhig und greifen den Menschen nur an, wenn sie gereizt werden; dann stürzen sie blindlings auf ihren Feind los, packen ihn mit dem Horn, reissen ihm den Bauch auf, schleudern ihn fort und eilen davon. Man stellt dem Nashorn nach, theils wegen seiner Haut, woraus Kantschuhe gemacht werden zur Ertheilung der Bastonnade, theils des Fleisches wegen, das wohlschmeckend sein soll; auch benutzt man die Zähne zu Drechslerarbeit. Es frisst Gras und saftige Sumpfpflanzen; jung eingefangen, lässt es sich etwas zähmen und mit Heu, Hafer und Kartoffeln ernähren; es frisst dreimal so viel als ein Pferd. Auch dieses Thier kommt schon in der Bibel unter dem Namen Reem vor.

Fig. 4. Der Daman oder Klippdachs (HYRAX *ruficeps Ehrenb.*), 9mal verkleinert.

Dieses merkwürdige Thierchen gleicht in Gestalt und Grösse einem Nagethier, besonders dem Aguti (wohin es auch Linné stellte), im Bau der Zähne dem Nashorn, in der Behaarung und im Fussbau dem amerikanischen Tapir. Es hat nehmlich Schneidezähne $\frac{2}{4}$, Eckzähne $\frac{1.1.}{0.0.}$, Backzähne $\frac{7.7.}{7.7.}$, eine etwas hervorragende Schnautze, eine gespaltene Oberlippe, kleine abgerundete Ohren, kurze Gangfüsse mit kleinen breiten Hufen, und vorn vier hinten drei Zehen. Der Leib ist von kurzen steifen Haaren dicht bedeckt; einzelne längere Borsten ragen weiter hervor. Die Arten, deren vier bekannt sind, (1 am Kap, 1 in Dongola, 1 in Habessinien, 1 am Sinai), leben in gebirgigen felsigen Gegenden und nähren sich von Kräutern. Die abgebildete Art wurde von *Ehrenberg* in Dongola entdeckt. Er wird etwas über 1′ lang, hat ziemlich starre borstenartige Haare, oben von gelbbrauner Farbe, ohne dunklen Rückenstreif, aber mit röthlich braunem Scheitel; der Bauch weisslich. Der Kopf ist bei dieser Art schlanker als bei der kapschen, die Kiefer schmäler und der Raum zwischen Schneide- und Backzähnen breiter; der Hinterkopf breit, die Vorderbeine verlängert. Er findet sich an felsreichen Ufern Dongolas, meistens in kleinen Rudeln, von welchen ein Individuum entfernt auf erhabenen Felsblöcken sitzt, gleichsam als Wache sich umschauend; bei herannahender Gefahr ergreifen dann alle, von diesem gewarnt, die Flucht. Er schleicht einzeln vorsichtig umher, und duckt sich im ersten Augenblicke der Furcht, wie ein Hase. Eingefangen wird er zahm und zutraulich, und frisst dann alle möglichen pflanzlichen Nahrungsmittel. Im Hause gehalten soll er Mäuse und Ratten vertreiben, im leichten Boden gräbt er Löcher. Die Araber essen sein Fleisch.

Fig. 5. Der ostindische Tapir (Tapirus *indicus*), 19mal verkleinert.

Die Tapire haben, wie die Schweine, eine rüsselförmig verlängerte Nase. Schneidezähne $\frac{6}{6}$, Eckzähne $\frac{1.1.}{1.1.}$, Backzähne $\frac{7.7.}{6.6.}$ (Siehe Fig. 5.a Unterkiefer, b Oberkiefer), vorn vier hinten drei Zehen und einen von kurzen steifen Haaren weitläufig bedeckten Körper. Sie sind Pflanzenfresser, welche die heisse Zone beider Erdhälften bewohnen. Man kennt 3 Arten, 1 auf den Anden in Süd-Amerika, 1 in den Ebenen Brasiliens, die dritte in den Wäldern Sumatras; letztere ist hier abgebildet. Er hat eine Länge von 6′ 10″ und eine Höhe von 3′. Sein Rüssel ist 6 — 8″ lang, die Ohren sind gross und aufrecht, die Haut ist dick und von wenigen Haaren leicht bedeckt, die Beine ziemlich kurz. Seine Farbe ist am Vorderleibe bis hinter den Schultern schwarz, nur die Spitze der Ohren weiss, ebenso der Rücken und Bauch, dagegen ist der Schwanz, die untere Hälfte der Schenkel und das Uebrige der Hinterbeine schwarz. Er findet sich in der Gesellschaft von Elephanten und Nashörnern, eben nicht seltener als diese, in den feuchten Waldungen der inneren Theile Sumatras, und wurde erst vor wenigen Jahren von dem französischen Naturforscher *Diard* entdeckt.

Fig. 6. Der ostindische Elephant (Elephas *indicus*), jung, 35mal verkleinert.

Die Gattung der Elephanten zeichnet sich aus durch 2 grosse, gekrümmte Schneidezähne (Stosszähne) im Oberkiefer, keine Schneidezähne im untern und keine Eckzähne in beiden Kiefern, aber Backzähne in beiden, nehmlich $\frac{1.1.}{1.1.}$ oder $\frac{2.2.}{2.2.}$. Der Kopf ist gross und erhaben, die breiten Ohrmuscheln hängen herab, die Nase ist in einen langen Rüssel verlängert. Die Füsse haben sämmtlich fünf Zehen, von welchen aber nur die kleinen Hufe sichtbar sind.

Man kennt 2 noch lebende Arten, die eine in Afrika (El. *africanus*) besonders am Kap, ist kleiner, hat aber viel grössere Ohren, rautenförmige Schmelzleisten in den Backzähnen (Fig. 6.b.) und vier Hufe an allen Füssen; die andere hier abgebildete (El. *indicus*) lebt in Ostindien, hat kleinere Ohren, schmale parallele Schmelzleisten in den Backzähnen (Fig. 6.b.) und vorn fünf, hinten vier Hufe. Er erreicht eine Höhe von 8 — 15′, ist überall leicht behaart, doch so, dass man ihn eher für nackt halten möchte, hat einen langen hängenden Schwanz, kürzere Hinter-, längere Vorderbeine, kleine Augen, kleinere am Rande lappige Ohrmuscheln, kleine nicht stark hervorragende Stosszähne, und einen im Vergleich mit dem afrikanischen kürzeren, auf der Unterseite nicht knotigen, aber schwach in die Quere gereiften, an der Spitze breiten Rüssel. Hier an der Spitze bemerkt man deutlich 2 Nasenlöcher, und zwischen diesen an der vorderen Kante des Rüssels einen kurzen, sehr beweglichen, fleischigen Zapfen, dessen er sich zum Fassen und Ergreifen von allerlei Gegenständen bedient. Seine Beine sind verhältnissmässig hoch, aber das Hackengelenk nur wenig erhaben (Fig. 6.d.), daher die fünf Plattfussknochen, welche übrigens den Boden nicht berühren, sondern bloss das letzte Zehenglied, sehr kurz und dick sind.

Der indische Elephant ist das grösste und zugleich eins der klügsten Landsäugethiere. Jung eingefangen lässt er sich leicht zähmen, wird dann als Hausthier zum Lasttragen, Reiten u.d.gl. benutzt, und pflanzt sich in der Gefangenschaft fort. Trotz seines plumpen Körperbaues ist er schnell und gewandt in seinen Bewegungen, und bedient sich des Rüssels überall bei seinen mannigfachen Verrichtungen statt der Hand. So führt er damit die Nahrungsmittel zum Munde, reisst Pflanzen aus, die er fressen will, zieht Wasser ein und spritzt es in den Mund, um zu trinken, auch über den Leib, um sich abzukühlen, verjagt dadurch Fliegen und anderes Ungeziefer, und stösst damit einen trompetenartigen Ton aus, indem er ihn senkrecht in die Höhe richtet. Er kann ferner mit dem Rüssel bedeutende Lasten heben, z. B. einen Menschen sich damit auf den Nacken setzen, und sich desselben als Waffe bedienen, indem er seinen Feind packt, zu Boden wirft, oder durch Schläge das Rückgrat zerbricht. Nichts desto weniger ist der Rüssel sehr empfindlich und leicht verletzlich, daher er ihn bei allen Bewegungen schont und im Kampfe mit Tigern, Nashörnern u.d.gl. besonders vor Verletzungen zu schützen sucht. Er lebt gesellig in grossen Heerden in den feuchten Waldungen im Innern von Vorder- und Hinter-Indien, am liebsten in der Nähe grosser Ströme, in welchen er sich gern badet und durch Schwimmen belustigt, wobei nur die Spitze des Rüssels aus dem Wasser hervorragt. Er schläft liegend, steht auf und legt sich wie eine Kuh, beides mit grosser Leichtigkeit ausführend, streckt aber die Hinterbeine nach hinten von sich. Gewöhnlich halten sie sich paarweis, ein Männchen und ein Weibchen, selbst in dem grossen Rudel. Man fängt die Elephanten am liebsten jung, theils in Gruben, theils durch Anlocken vermittelst gezähmter und bindet ihnen dann die Füsse. Die indischen Grossen stellen Treibjagden mit gezähmten auf wilde an, die in die Enge getrieben und daselbst gebunden oder erlegt werden. Man benutzt ihn weniger, als man ihn zum Vergnügen und zum Luxus hält; einer trägt über 3000 Pfund, gewöhnlich Thronhimmel, kleine Thürme, Sänften, in welchen die Indier reisen. Die alten Perser benutzten ihn im Kriege, und so abgerichtete kamen selbst nach Griechenland und Rom. Sein Fleisch ist wohlschmeckend, besonders das der Beine. Es giebt auch Albinos unter ihnen von weisser Farbe mit rothen Augen.

ZU TAFEL 8. *)

Anmerkung. Da die wichtige, freilich auch ebenso allgemein bekannte, Gruppe des Pferdes noch durch keinen Repräsentanten im Atlas dargestellt war, so habe ich auf dieser Tafel die Figuren des Elephanten- (6. a.), Rhinoceros- (3. a.) und Schweineschädels (1. a.) entfernt, und dafür eine Art der Gattung *Equus* hinzugefügt. Der Schädel und der Fufsbau des Elephanten kann aus der ersten Figur der ersten Tafel erkannt werden, dagegen fielen der Rhinoceros- und Schweineschädel fort, weil kein Platz auf der Tafel an einer anderen Stelle zu finden war. Hier folgt also noch die Charakteristik des Pferdes.

8. Zunft. EINHUFER. *Solidungula.*

Wesentlicher Charakter. Mit 6 Schneidezähnen und 6 Backzähnen im Ober- wie Unterkiefer, und Eckzähnen, wenigstens beim Männchen. Jeder Fuss mit einfacher vom Huf bekleideter Zehe.

Einzige Familie PFERDE. *Equina.*

Fig. 7. Das Onagga. EQUUS *Burchelii,* 24 Mal verkleinert.

Die Pferde gehören zu den schönsten Säugethieren und zeichnen sich ebenso sehr durch die glücklichen Proportionen ihrer Theile, wie durch die klaren Farben und reinen Zeichnungen ihrer Oberfläche aus. Am Kopfe ist die Nasen- und Mundgegend fein und zerstreuter behaart, stets im wilden Zustande schwarz gefärbt und mit einzelnen längeren Borsten besetzt; hinter den Nasenlöchern beginnt dann ein dichteres, hellfarbiges, anliegendes kurzes Haarkleid, welches den ganzen Leib gleichmäfsig bedeckt, aber an den Rückenkanten des Halses und am Schwanz eine gröfsere Länge und Stärke erreicht. Die vorn kreisrunden Hufe sind ebenfalls schwarz, und eine ähnliche Farbe haben schwielig-hornige Stellen an der Innenseite der Beine, welche zu den besonderen Gruppencharakteren gehören. Das Gebifs zeichnet sich durch kräftige Zähne ohne besondere Gröfse aus, und führt auf der Kaufläche aller Schneide- und Backenzähne Gruben, welche mit zunehmendem Alter abgenutzt werden, daher Kenner nach ihrer Gröfse und Tiefe das Alter des Pferdes bestimmen können. — Die sechs bekannten Pferde-Arten bewohnen sämmtlich die alte Welt, 3 ursprünglich Asien, 3 Süd-Afrika; sie leben in Heerden unter Anführung alter Hengste in Steppen und nähren sich vom Graswuchs dieser Fluren. Amerika besitzt keine ursprünglich wilden Pferde, die daselbst verwilderten stammen von eingeführten Europäischen Raçen ab. Man kann die sechs erwähnten Arten folgendermafsen unterscheiden:

*) Im Text dieser Tafel setze man Seite 1 Zeile 3 von oben Zehnte Zunft, statt zehnte Familie.

I. Aechte Pferde. Mit vier Schwielen, zwei an den Vorderbeinen in der Mitte des Unterarms, zwei an den Hinterbeinen unmittelbar unter dem Hackengelenk.

1. *E. caballus;* wild braun, mit schwarzem gleichmäfsig lang behaartem Schwanz und langen Mähnen. Ursprünglich wild im Innern Asiens, wo noch jetzt wilde Pferde sich finden; übrigens gezähmt in der ganzen Welt.

II. Mit zwei Schwielen an den Vorderbeinen, aber keine an den hinteren. (Siehe die Abbildung.)

A. Esel. Einfarbige Arten mit sehr langen Ohren, kurzen Mähnen und Quast am Ende des kurz behaarten Schwanzes.

2. *E. hemionius,* der Dschiggetai, hellgelb, die Mitte der Seiten etwas röthlicher, der Bauch weifs; am Rücken ein dunklerer Längsstreif. Etwas länger gebaut als der Esel, einem Maulesel in Gestalt ähnlich. Heerdenweis im Innern Asiens.

3. *E. asinus,* der Esel; aschgrau, die Rückenlinie und ein Querstreif hinter den Schultern, nebst den Ohren an der Spitze und vorn schwarz; gezähmt oft ganz schwarzbraun. Noch wild als Kulan oder Gurkhur im Innern Asiens, gezähmt in den wärmeren Gegenden der gemäfsigten Zone, besonders in Gebirgen brauchbar.

B. Zebra's. Gestreifte Arten, mit dunklern Querbinden auf hellem Grunde, relativ kleinern Ohren, zierlichen Hufen, aber beträchtlich grofsem Kopf. Mähne und Schwanz kurz, letzterer mit einem Quast. Alle 3 in Süd-Asien.

4. *E. hippotigris,* das eigentliche Zebra; weifs mit schwarzbraunen Querstreifen auf der ganzen Oberfläche.

5. *E. Quagga,* das Quagga; gelblichbraun, der Hals und der vordere Theil des Rückens dunkler gestreift; der hintere, die Beine und der Bauch weifs.

6. *E. Onagga* (*E. Burchelii, E. montanus, E. festivus*), das Onagga; weifslich, Kopf und Hals schwarz gestreift, der Rücken mit abwechselnden helleren und dunkleren Streifen. Beine und Schwanz weifs.

TAFEL 9.

1. Klasse. Säugethiere. Mammalia.

II. Zunft. NAGELFLOSSER. *Pinnipedia.*

Wesentlicher Charakter. Sie haben vier vollkommen flossenförmige Gliedmafsen, mit 5 ziemlich versteckten Zehen, aber allermeist deutlichen Krallen; die hinteren sehr nach hinten gerichtet und mit dem Schwanz verwachsen. Leib behaart. Alle Zahnarten.

Familie Robben. *Phocina.*

Wesentlicher Charakter. Gebiss dem der Raubthiere ähnlich, die Eckzähne gross, hakig, die Backzahne mit zackiger Krone. Am Bauch neben dem After 2 — 4 Zitzen. Fressen Fische.

Fig. 2. Der gemeine Seehund (Phoca *vitulina Linn.* Ph. *variegata Nils.* Ph. *littorea Thien.*), 10mal verkleinert.

Die ächten Seehunde haben keine Ohrmuscheln, ein einfaches aber dichtes, straffes anliegendes Haarkleid und keine freien Hautlappen hinter den Zehen, vielmehr einen nur kurzen zusammenhängenden Saum am Ende der Flossen unter den Nägeln. Diese sind gewöhnlich gross, ziemlich krallenartig und ragen frei hervor. Das Gebiss ist etwas verschieden, sowohl in der Anzahl als auch in der Form der Zähne. Die abgebildete Art, die gemeinste von allen, hat $\frac{6}{4}$ Schneidezähne, von welchen die oberen ungleich sind und die kleineren in der Mitte stehen, die unteren aber gleich gross, jedoch in der Mitte eine Lücke lassen. Einige Exemplare haben auch unten 6 Schneidezähne, indem hinter den äusseren noch zwei kleinere, offenbar die stehengebliebenen Milchzähne, bemerkt werden. Die Eckzähne sind ziemlich gross, spitz und stark. Backzähne finden sich $\frac{5,5}{5,5}$, jeder stark seitlich zusammengedrückt und auf der dadurch gebildeten Firste mit 4 Zacken versehen, von denen die 2te die stärkste ist. Im übrigen unterscheidet sich unser gemeine Seehund durch seine langen perlschnurförmigen, starken Bartborsten, so wie durch sein Kolorit von den Verwandten. Er ist auf dem Rücken dunkelgraugrün, mit einigen helleren grösseren und kleineren Flecken, aber der Bauch, der Vorderhals, der Unterkiefer und die Beine sind hell gefärbt, fleckenlos. Es bewohnt diese Art die Küsten aller nordischen Länder, von Deutschland bis Grönland, entfernt sich ungern weit vom Ufer, eine Gewohnheit, welche er mit keinem anderen Gattungsverwandten gemein hat, und verlässt sogar das Meer, um sich auf dem Ufersande, auf Steinen und Klippen zu sonnen. In Gegenden, wo man ihm nicht nachstellt, ist er wenig oder gar nicht scheu, lässt sich auf Schussweite nahe kommen, ja selbst so überraschen, dass er das Wasser nicht mehr erreichen kann, indem er sich am Ufer nur höchst unbeholfen bewegt. Das Weibchen wirft im Juli ein, selten zwei Junge, und säugt sie gleich den andern Säugethieren, anfangs sogar in einer Art Nest. Der erwachsene Seehund ist gewöhnlich $3\frac{3}{4}'$ lang; er schwimmt und taucht vortrefflich, und sucht sich durch letzteres vor dem nachstellenden Feinde zu sichern. Seine Nahrung, Fische, fängt er schwimmend, indem er dieselben haufenweis zwischen Steine und Klippen treibt. Hat er sich gesättigt, so ruht er gern auf besonderen Lieblingsplätzen mit seines Gleichen; schwimmend trifft man ihn nur einzeln oder paarweise an.

Familie Morsen. *Trichechoidea.*

Wesentlicher Charakter. Gebiss dem der Dickhäuter ähnlich, mit grossen lang hervorragenden gebogenen Eckzähnen im Oberkiefer, kleinen zylindrischen im Unterkiefer und $\frac{3,3}{3,3}$ zylindrischen Backzähnen. Fressen Mollusken und Tange.

Fig. 1. Das Wallross. (Trichechus *rosmarus*), 50mal verkleinert.

Dieses merkwürdige Thier, der einzige Repräsentant seiner Gattung und Familie, bildet eine hübsche Zwischenstufe zwischen den Seehunden und sirenenförmigen Wallfischen, welchen letzteren es, zumal in der Bildung des Gebisses, verwandt ist, dagegen in allen übrigen Organisationsverhältnissen sich am meisten an die Seehunde anschliesst. Es hat, wie diese, einen nur kleinen Kopf, dessen dicke aufgeworfene Oberlippen mit kurzen steifen Bartborsten regelmässig besetzt sind. Ueber den Lippen liegen die Nasenlöcher einander sehr nahe, seitlich am Kopf die sehr kleinen Augen, und hinter diesen die noch kleineren Ohröffnungen, aber die Ohrmuscheln fehlen. Der Hals ist kurz und geht allmählig in den dicken plumpen Rumpf über. Dessen grösster Durchmesser liegt vorn hinter den Vorderflossen, und von hier verjüngt er sich nach und nach bis zum kurzen, kegelförmigen, aber zwischen den Hinterflossen frei hervorragenden Schwanz. Die Flossen sind ebenso gestellt wie beim Seehund, jedoch die hinteren viel mehr nach aussen gerichtet und daher zum Gehen geeigneter. Alle 4 haben eine sehr deutliche schwielige Sohle, und werden daher nicht bloss zum Rudern, sondern auch zum Kriechen benutzt. Dennoch sind sie viel grössere und brauchbarere Flossen, als die des Seehundes, in denen man die 5 Zehen als blosse Wülste noch erkennt, so wie daran, dass am Ende jeder Zehe vor dem ausgebuchteten Rande der Flosse ein kleiner kurzer kegelförmiger Nagel hervorragt, welche Nägel an den Hinterflossen deutlicher und grösser sind. Das Wallross erreicht eine Länge von 12 bis 14 Fuss, und fast einen ebenso grossen Umfang; es ist überall von kurzen aber zerstreut stehenden Haaren bedeckt, und hat in der Jugend eine braune, im reifen Lebensalter eine gelbliche und im hohen Alter eine fast weisse Farbe. Es findet sich an den Küsten von Grönland, so wie am Rande der grossen Eisfelder der Nordpolarmeere, und nährt sich besonders von Miesmuscheln (*Mytilus*), aber auch von andern Mollusken und von Seetang. Es schwimmt und taucht, jedoch unbeholfner als die Seehunde, und ruht häufig am Ufer der Eischollen, auf denen es auch mit Hülfe seiner grossen herabhängenden Eckzähne des Oberkiefers umherkriechen kann. Man jagt es seines Fettes wegen, und erlegt es mit langen Spiessen.

12. Zunft. ZWEIFLOSSER. *Bipinnata.*

Wesentlicher Charakter. Sie haben bloss 2, den Vordergliedmassen entsprechende, 5zehige Flossen, an denen man in der Regel die Zehen gar nicht mehr erkennen kann. Der Leib ist nackt oder zerstreut behaart; das Gebiss verschieden.

Familie Sirenen. *Sireniformia.*

Wesentlicher Charakter. Hals deutlich abgesetzt, Kopf klein, Nasenlöcher nach vorn gerichtet; im Maule Zähne; 2 Zitzen an der Brust.

Fig. 3. Der Duyong (Halicore *indica*), 40mal verkleinert.

Der Kopf dieses Thieres ähnelt, vermöge der dicken aufgeworfenen mit kurzen steifen Borsten dichtbedeckten Lippen, sehr dem des Wallrosses, indess fehlen ihm die grossen Hauzähne, wenngleich die beiden im Oberkiefer befindlichen Schneidezähne bei alten Thieren eine ziemliche Grösse haben. Eckzähne sind nicht vorhanden, aber oben wie unten anfangs 5, später 3 Backzähne jederseits. Auch darin ähnelt es dem Wallross, dass die Schneidezähne des Unterkiefers, so wie die mittleren des Oberkiefers bald ausfallen, und nur an ganz jungen Thieren vollzählig sind. Uebrigens sind die Augen noch kleiner, und der Hals ist kürzer, der Leib länger, gestreckter, und zerstreut behaart. Statt der Hintergliedmassen findet sich eine grosse halbmondförmige Schwanzflosse; die Vordergliedmassen dagegen bilden eine länglich elliptische Flosse, an der durchaus keine Zehen und Nägel sich unterscheiden lassen. Der Duyong bewohnt die Südküsten Asiens, von den Philippinen bis zum rothen Meer, und hält sich gern an den Mündungen grosser Binnenmeere oder Ströme auf. Er kann bloss schwimmen, nicht kriechen, kommt daher nicht ans Ufer, und nährt sich von Tangen und den daran haftenden kleineren Seethieren. Er wird 7—8′ lang und hat eine dunkel schwarzgraue Färbung. Da beim säugenden Weibchen die zwischen den Brustflossen befindlichen Zitzen sehr gross sind, und beim Auftauchen aus dem Meere völlig sichtbar werden, so meint man, dass dieses den Alten gewiss bekannte Thier (es ist im südlichen Theile des rothen Meeres nicht selten) zu der Fabel von den Sirenen und Meerjungfern Veranlassung gegeben habe.

Fig. 4. Der Manati oder Lamantin (Manatus *australis*), 80mal verkleinert.

Dieses Thier ist der Stellvertreter des vorigen auf der westlichen Halbkugel, und findet sich ganz wie jenes in der Nähe grosser Strommündungen und Baien an der ganzen Ostküste des tropischen Amerikas, von Florida bis nach Brasilien herunter, doch sind seine Lieblingsplätze die Küsten der westindischen Inseln und Südamerikas bis zur Mündung des Amazonenstromes. Es hat einen dickeren plumperen Kopf, aber grössere Augen; Schneidezähne und Eckzähne fehlen im Alter ganz, doch bleiben oben wie unten jederseits 8 Backzähne. Der Hals ist kürzer und dicker, der Leib plumper, am Ende mit einer grossen aber senkrechten abgerundeten Schwanzflosse versehen. Die Brustflossen sind kleiner, merklicher gestielt, abgestutzt, und am Rande mit 4 Nägeln versehen. Der Rücken trägt einzelne bemerkbare Borsten, der übrige Leib ist nackt; die Farbe wie beim Vorigen grauschwarz. Auch die Nahrung stimmt beim Manati ganz mit der des Duyong überein.

Familie Wallfische. *Cetacea.*

Wesentlicher Charakter. Kopf sehr gross, durch keinen Hals vom Rumpfe gesondert; Nasenlöcher nach oben gerichtet. 2 Zitzen am Bauch neben dem After. Schwanzflosse gespalten, wagerecht. Leib ganz haarlos.

A. Mit mehreren Zähnen in einem oder beiden Kiefern. *Delphinodea.*

Fig. 5. Der Narval (Monodon *monoceros*), 66mal verkleinert.

Unter den Wallfischen ist der Narval nächst den Delphinen der kleinste, denn er erreicht nur eine Länge von 12—16′. Im ganzen hat er einen verhältnissmässig kleinen Kopf von 1½—2′ Länge.

Derselbe ist ziemlich flach, hat oben in der Mitte ein halbmondförmiges Nasenloch mit nach vorn gerichteten Hörnern, und fällt am Munde plötzlich ab, so dass der Kopf stumpf ist. Der Mund ist sehr klein, doch ragen aus ihm ein, selten zwei lange, spiralig auf der Oberfläche gestreifte, gerade Stosszähne hervor, welche vorn im Oberkiefer sitzen, also eigentlich Eckzähne sind. Jeder derselben ist 6—8′ lang, am Grunde 2 Zoll dick, und vollkommen grade; fehlt der eine, so ist es gewöhnlich der rechte. Der Narval bewohnt das nördliche Eismeer und nähert sich nur selten den Küsten; er hat, wie alle Wallfische, unter seiner dicken schwieligen Haut eine bedeutende Fettschicht, in welchem das Fett beständig flüssig bleibt, bloss von den Zellgewebsmaschen umschlossen. Dieses Fett, Thran genannt, macht die sonst unbeholfenen Thiere leichter, und unterstützt ihnen dadurch ihre Bewegungen im Wasser; für den Menschen aber ist es zu vielen Zwecken benutzbar, daher man den Wallfischen nachstellt, was ihre Anzahl sehr vermindert hat, da sie immer nur 1 Junges werfen.

Fig. 6. Der Delphin ohne Rückenflosse (DELPHINAPTERUS *leucorrhamphus*), 20mal verkleinert.

Die Dephine sind von allen Wallfischen die zierlichsten, behendesten und kleinsten; sie haben einen schlanken spindelförmigen Leib, einen mehr weniger zugespitzten Kopf mit einfachem halbmondförmigem Nasenloch oben auf der Mitte, und ziemlich kleiner Mundöffnung, deren beide Kiefern mit zahlreichen, oder in einem Falle (bei DELPH. *Dalei*) nur sehr wenigen Zähnen, von kegelförmiger Gestalt bewaffnet sind. Das Auge liegt seitlich am Kopf über dem Mundwinkel, und ist verhältnissmässig gross, die Ohröffnung dagegen sehr klein und versteckt. Die Flossen haben nichts ausgezeichnetes, als dass sie schlank sind und die Schwanzflosse zwar nicht grosss, aber ziemlich breit ist. Nach dem Mangel oder der Anwesenheit der Rückenflosse zerfallen die Delphine in zwei Gattungen, von welchen die erstere, ohne Rückenflosse, den Namen DELPHINAPTERUS führt. Man kennt davon nur 2 Arten, eine aus dem Eismeer, die andere hier dargestellte aus der Südsee, welche der französische Reisende Péron beobachtete. Dieser Delphin wird 5—6 Fuss lang, hat einen wenig gewölbten Kopf, dessen Kiefertheil durch keine Furche vom übrigen Schädel gesondert ist, obwohl die Kiefer ziemlich lang und flach hervortreten; beide haben auf jeder Seite 38—42 Zähne. Seine Farbe ist am Rücken schwarzblau, an den Kiefern, der Unterseite und den Brustflossen schön weiss, und überall scharf begrenzt. Seine Nahrung bilden, wie bei allen Delphinen, Fische und Seethiere aller Art.

Fig. 7. Der blau und weiss gestreifte Delphin (DELPHINUS *coeruleo-albus*), 22mal verkleinert.

Dieser Delphin gehört zur Gattung der ächten mit einer Rückenflosse versehenen Delphine, und zwar zu derjenigen Abtheilung, bei welcher der flache Oberkiefer durch eine tiefe bogenförmige Querfurche vom übrigen Kopf gesondert ist. Der gemeine, besonders im Mittelmeer häufige, und von den Alten der Venus geweihte Delphin (D. *delphis*) gehört eben dieser Gruppe an. Die übrigen Arten ohne Furche haben theils einen langen flachen Kopf mit langen schnabelförmigen Kiefern (DELPHINORRHYNCHUS), theils einen gewölbten Kopf mit ganz kurzen, kaum hervorragenden Kiefern (PHOCAENA); zu den letzteren gehören die unter dem Namen Meerschwein und Braunfisch bekannten Delphine der Ost- und Nordsee. Die hier abgebildete Art bewohnt die Ostküste Süd-Amerikas, wird 5—6′ lang und ist in ihrer ganzen Gestalt dem eigentlichen Delphin höchst ähnlich, aber die Kiefer sind länger, und haben an jeder Seite 48—50 sehr spitze etwas nach innen gebogene Zähne. Die Hauptabweichung besteht in der Zeichnung, denn nur die Mitte des Rückens vom Kopf bis zum Schwanz ist dunkel stahlblau, die ganze Unterseite blendend weiss. In der Gegend des Auges entspringt ein dunklerer Streif, welcher seitlich bis zum Schwanz hinabläuft, in der Mitte aber breiter wird. Ein zweiter ähnlicher Streif entspringt vor diesem, und zieht sich gegen die Brustflosse hinab.

Fig. 7. a. stellt den Schädel vom gemeinen Delphin (DELPHINUS *delphis*) dar.

Fig. 8. Der Caschalot oder Pottfisch (PHYSETER *macrocephalus*), 100mal verkleinert.

Unter den Wallfischen einer der grössten, vielleicht der allergrösste, ausgezeichnet besonders durch den dicken, hohen, vorn abgerundeten Kopf, und die am Vorderrande desselben angebrachten Nasenlöcher. Der übrige Leib verjüngt sich allmählig nach hinten, trägt auf der Mitte oben eine sehr niedrige Rückenflosse und endet in eine grosse breite Schwanzflosse. Besondere Gattungsmerkmahle liegen im Bau des Mundes. Dieser befindet sich ganz an der Unterseite des Kopfes, ist ziemlich tief gespalten , aber äusserst schmal, wegen der sehr geringen Breite des Unterkiefers, so dass die Oberlippen über die unteren hervorragen. Dennoch trägt dieser schmale Unterkiefer allein Zähne, nehmlich 20—25 dicke, kegelförmige, zugespitzte, welche in ebenso viele Gruben am schwieligen Rande des Oberkiefers hineinpassen und von denselben aufgenommen werden, wenn das Thier den Mund schliesst. Der Pottfisch bewohnt die nördlichen Meere bis zum Aequator, und wird ebenfalls in den südlichen Meeren wieder angetroffen; doch bilden die hier einheimischen Pottfische vielleicht eine andere Art. Er erreicht eine Länge von 50 — 60 Fuss, ist oben schwarzgrau, unten allmälig immer heller, am Bauch selbst weiss. Er nährt sich von Fischen, besonders Haien und Meerhasen. Man fängt ihn des Wallrathes oder *Sperma ceti* wegen, einer im Leben vollkommen flüssigen Fettmasse, welche oben auf dem Schädel in zahlreichen, von fibrosen Häuten umgebenen Höhlen enthalten ist, und ohne Frage die ungeheure Dicke des Kopfes veranlasst. Ein einziger Fisch liefert 5000, grosse Exemplare sogar 10,000 Pfd. dieses Fettes, welches man besonders zu den feinsten Kerzen benutzt. Die Zähne liefern Elfenbein. Auch die Ambra, eine harzige Masse, welche man in faustgrossen Stücken auf dem Meere schwimmend findet, scheint im Darmkanal dieses Thieres gebildet zu sein, gleich den steinigen und harzigen Konkrementen anderer Thiere in anderen Höhlen der Eingeweide.

B. Ohne Zähne im Maul, statt deren hornige, am Rande gefaserte Platten, Barten. *Balaenodea.*

Fig. 9. Der grönländische Wallfisch (BALAENA *mysticetus*), 100mal verkleinert.

Der grönländische Wallfisch, nächst dem Pottfisch das grösste aller lebendigen Thiere, erreicht eine Länge von 60′, und hat dabei einen entsprechenden Umfang. Sein Kopf ist grösser als der des Pottfisches, d. h. länger und auch nach hinten ebenso dick, aber nach vorn mehr zugespitzt und abgeplattet. Die Nasenlöcher liegen getrennt von einander hinten auf dem Scheitel in einer besonderen Erhöhung, unter dieser seitlich neben dem Mundwinkel bemerkt man das sehr kleine Auge, und bald hinter diesem die noch kleinere Ohröffnung. Das Maul ist ungeheuer gross, am Rande Sförmig gebogen, mit stark nach oben gekrümmtem Unterkiefer, auf welchem der ganze Kopf gleichsam ruht. Beide Kiefer sind völlig zahnlos; dagegen bemerkt man am Boden des Mundes mehrere hundert dreiseitige ½ Zoll dicke Hornplatten, welche an dem nach aussen und unten gewendeten freien Rande ausgefasert sind. Diese Platten stehen in geringer Entfernung von einander an der Decke des Mundes, und bilden, zumal mit ihren ausgefaserten Rändern, ein Sieb, durch welches das Wasser freilich leicht hindurch kann, aber nicht Thiere, die in ihm schwimmen. Indem nun der Wallfisch das mit zahlreichen oft sehr kleinen Meerbewohnern angefüllte Wasser in den Mund nimmt, den Mund schliesst, und durch Blasen aus der Lunge das Wasser aus den Nasenlöchern hervortreibt, bleiben die kleinen Thiere an den Barten hängen, und werden dann vermittelst der dicken, aus einem grossen Fettpolster gebildeten Zunge des Wallfisches abgeleckt und hinuntergeschlürft; denn so klein ist die Schlundöffnung dieses ungeheuren Thieres, dass kaum eine starke Mannsfaust hindurch geht. Daher nährt sich der Wallfisch bloss von kleinen Schnecken und Krebsen, die noch dazu so weich sein müssen, dass er sie ungekauet verschlucken kann. Er bewohnt die nordischen Meere, doch wird er auch in der Südsee angetroffen, gleichfalls in der Nähe der eisigen Regionen. Früher häufig, hat er durch die vielen Nachstellungen, welchen er wegen seines Thranes und seiner Barten (Fischbein) ausgesetzt ist, so sehr abgenommen, dass sein Fang nur noch wenigen Wallfischjägern gelingt und für einen Glücksfall angesehen wird.

Fig. 10. Der Schnabelfinnfisch (BALAENOPTERA *rostrata*), 80mal verkleinert.

Die Finnfische (BALAENOPTERA) haben alle Kennzeichen der ächten Wallfische, und unterscheiden sich von ihnen bloss durch einen schlankeren Körperbau und durch die Anwesenheit einer kleinen dreieckigen Rückenflosse auf der hinteren Hälfte des Körpers. Diejenigen Arten, welche man genauer kennt, besitzen einen kleineren sehr zugespitzten Kopf, einen viel weniger gebogenen, aber ebenfalls hervorragenden Unterkiefer, und tiefe 1—2 Zoll breite, schwielige Hautfalten auf der vorderen Seite der Brust und des Bauches, bis in die Gegend des Nabels. Unter diesen Arten zeichnet sich die abgebildete durch ihre besonders schlanke Statur, ihren sehr stark hervorragenden Unterkiefer, und durch ihre kurze, am Rande nicht gekerbte Brustflosse vor den übrigen aus. Auch sind die Schwanzflossen viel kleiner und kürzer als bei den übrigen Finnfischen. Alle bewohnen die nordischen Meere, kommen aber bisweilen an die mittel-europäischen Küsten, und werden dann gewöhnlich bei grossen Stürmen ans Ufer geworfen. Dies war auch der Fall mit dem hier dargestellten Finnfisch, welcher im April 1825 beim Dorfe Lischow an der westlichen Küste der Insel Rügen strandete, und den ich selbst zu sehen Gelegenheit hatte. Seine ganze Länge betrug 44′ 10″, die Farbe seines Rückens war dunkel bleigrau, wurde aber an den Seiten heller, bis sie am Bauch in weiss überging.

TAFEL 10.

2. Klasse. Vögel. Aves.

1. Ordnung. *Luftvögel. Av. aëreae.*

Wesentlicher Charakter. Sie besitzen ein sehr vollkommenes Flugvermögen und fliegen Alle mit an die Brust gezogenen Beinen. Ihre Jungen sind Nesthocker und werden von den Alten gefüttert.

1. Zunft. RAUBVÖGEL. *Rapaces.*

Wesentlicher Charakter. Sie haben kurze starke hakige Schnäbel und starke Füsse mit vier allermeist langen Zehen und spitzen gebogenen Krallen. Ihre Nahrung besteht im Fleisch der Rückgratthiere.

Familie Geier. *Vulturinae.*

Wesentlicher Charakter. Kopf und Hals theils ganz nackt, theils unvollkommen befiedert; Schnabel am Grunde zusammengeschnürt. Krallen minder gebogen und kräftig. Fressen Aas.

Fig. 1. Der Kondor (Sarcorrhamphus *Gryphus*), 13mal verkleinert.

Der grösste von allen Raubvögeln, bewohnt die Hochgebirge Südamerikas und nährt sich vom Fleisch gefallener Llamas, Pferde und Rindvieh, deren Aeser er, vermöge seines ausnehmend scharfen Gesichtes, aus bedeutenden Höhen erkennen kann. Der sitzende Vogel hat eine Höhe von 3 — 4 Fuss, und seine Flugweite beträgt je nach seinem Alter 8 bis 14 Fuss. Sein Kopf ist ziemlich gross und ganz nackt, aber in viele feine Falten gelegt, und durch einen ziemlich dicken Hautsaum vom Halse gesondert. Das Männchen hat ausserdem einen hohen, aufrechten dicken Fleischkamm auf der Stirn, welcher sich über die weiten durchgehenden Nasenlöcher bis auf die Mitte des Schnabels hin fortsetzt, so wie unter der Kehle, gleich dem Hahn, einen abgerundeten Fleischlappen; dem Weibchen fehlen beide Auszeichnungen. Der Schnabel ist am Grunde von der schwarzen Wachshaut überzogen, aus welcher nach oben die Nasenlöcher hervorragen; die gewölbte, kurze, wenig hakige, von Horn bekleidete Spitze ist weiss. Von dem Gefieder hat der sehr zarte, daunige, vorn offene Halskragen dieselbe Farbe, das ganze übrige Federnkleid ist dunkel schwarzbraun, mit schwachem Anflug von Blau auf den Flügeln. Diese sind ausserdem durch eine weissliche Binde in der Mitte geziert, welche von den unteren grösseren Armdeckfedern gebildet wird. Der Schwanz, von mässiger Länge, ist abgestutzt und die grossen Schwungfedern reichen bis ans Ende desselben. Die etwas plumpen Beine haben eine warzige getäfelte Oberfläche, eigentlich kurze Zehen, aber ziemlich lange wenngleich wenig gebogene Krallen. Auf hohen, einsamen Felsenspitzen hat das Weibchen sein Nest, welches kunstlos aus Reisig zusammengefügt ist, es legt darin grosse weisse Eier. — Interessant ist es, diesen Vogel in seiner Heimath zu beobachten, wie er über den höchsten Gipfeln der Berge schwebt, selbst darüber so hoch erhaben, wie diese über der Meeresfläche; so dass er dem menschlichen Auge nur noch als ein Punkt erscheint. Aus dieser ungeheuren, auf mehr als 48,000 Fuss anzuschlagenden Höhe, in welcher der Vogel einen Flächenraum überschaut, der so gross ist wie ganz Deutschland, schiesst er pfeilschnell selbst bis zum Spiegel des Meeres hinab, und durchfliegt innerhalb einiger Stunden, nicht bloss alle Klimate, sondern auch alle so verschieden ausgedehnten Luftschichten. Während dem Menschen schon in einer Höhe von 20,000 Fuss das Blut die kleineren Gefässe sprengt und aus der Nase wie aus den Fingerspitzen hervorträufelt, bewegt sich der Kondor in mehr als doppelter Höhe scheinbar ungezwungen mit grosser Leichtigkeit. Niedergekommen auf den Kamm des Gebirges, schlingt er mit gewaltiger Gier die Eingeweide der frisch gefallenen Hausthiere, und wird nun, wo ihn die Fresslust unachtsam gegen seine Umgebung macht, leicht ein Opfer derselben. Denn nur in solchen Momenten kann ihn der Jäger überraschen, oder sich vermittelst des Wurfriemens seiner sogar lebendig bemächtigen, sonst ist bloss List im Stande, ihn in die Gewalt des Menschen zu bringen. Die Peruaner pflegen zu diesem Ende eine Thierhaut auszubreiten, unter welcher sich ein Mensch versteckt hat; auf diese stürzt der Kondor hinab, und wird alsbald statt dass er das todte Vieh zu verschlingen wähnte, von dem lebendigen Schützen erlegt. Noch jetzt schiessen ihn die Indianer mit vergifteten Bolzen aus Blaseröhren, welche Art vor der durch Feuergewehre den Vorzug hat, weil die nicht getroffenen Vögel durch keinen Knall aufgescheucht werden, und so einer nach dem anderen sich erlegen lässt.

Fig. 2. Der Geierkönig (SARCORRHAMPHUS *papa*), 6mal verkleinert.

Er hat mit dem Kondor dieselben Charaktere, gleichfalls durchgehende Nasenlöcher, welche mit dem Schnabel in gleicher Richtung liegen, und das Männchen besitzt darüber am Grunde des Schnabels einen freien aufrechten Hautlappen. Kopf und Hals sind feuerroth und nackt, nur die Stirn, die Zügel und ein Streif um das Hinterhaupt sind von weichen kurzen grauen Federn bedeckt; die Halskrause ist gleichfalls grau, der übrige Rumpf weiss, nur der Rücken und die Deckfedern sind schön röthlich gelb bei alten Vögeln, die Schwungfedern und der Schwanz schwarz. Die jüngeren Vögel haben ein ganz braungraues Rückengefieder, und wie die alten, graue, getäfelte weiss gepuderte Beine. Der Geierkönig ist kaum $1\frac{1}{2}$ Fuss hoch und findet sich in Brasilien; in seiner Lebensweise harmonirt er mit dem Kondor, ist aber weniger scheu und kräftig.

Fig. 3. Der weissköpfige Geier (VULTUR *fulvus*), 12mal verkleinert.

Unter den Geiern der alten Welt, welche sich durch schmale, spaltenförmige, nicht durchgehende und senkrecht gegen die Haupt-Richtung des Schnabels gestellte Nasenlöcher von denen der neuen Welt am auffallendsten unterscheiden, ist der abgebildete einer der grössten und stärksten. Er wird sitzend 3 — 4 Fuss hoch, und misst mit ausgespannten Flügeln 9 — 12 Fuss. Kopf und Hals sind von weissen weichen Daunen dicht bedeckt, die braune Halskrause steht ab. Der Rumpf ist besser aber doch sehr leicht befiedert, und gelbbraun gefärbt. Die grossen Flügel sind fast röthlich braun, aber die Schwungfedern und der Schwanz sind schwarz. Die Beine zeigen gleichfalls Täfelung, und haben, wie auch der Schnabel, eine bläulich schwarze Farbe. Die eigentliche Heimath dieses Geiers ist Nord-Afrika und Vorderasien, woselbst er sich an einsamen Orten aufhält, auf hohen Bäumen oder Felsen nistet, und gleichfalls nur vom Aase sich nährt. Er kann, wie alle Geier, lange hungern, gelegentlich aber, wo ihm reichliche Nahrung vorkommt, so viel fressen, dass er ganz unbeholfen wird und sogar mit einem Stock sich erreichen und todt schlagen lässt. Mehrmals ist er nach Deutschland gekommen und von Jägern erlegt worden; zu den einheimischen Vögeln kann man ihn aber deshalb nicht rechnen.

Fig. 4. Der Lämmergeier (GYPAETOS *barbatus*), 10mal verkleinert.

Dieser Geier ist der einzige, welcher wirklich im mittleren Europa sich aufhält, indem er die Schweizer und Tyroler Alpen bewohnt. Auch unterscheidet er sich von den übrigen Geiern leicht durch seinen von Federn bekleideten Kopf und Hals, wenngleich diese Federn noch sehr klein sind, und namentlich gegen die Stirn hin fast fehlen. Durch seinen grösseren, stärkeren, mehr hakigen Schnabel wird er dem Adler ähnlich, ebenso durch seine bis zu den Zehen gefiederten Füsse und seine mehr gebogenen Krallen; von allen Raubvögeln endlich unterscheidet er sich durch seinen den Grund des Schnabels umgürtenden Bart, welcher an der Kehle frei absteht. Sein Gefieder ist am Kopfe, Halse und Rumpfe rothgelb, nur der Bart und die Zügel sind schwarz, der Rücken, die Flügel und der Schwanz sind schwarzbraun, und die Deckfedern der Flügel haben rothe oder weissliche Längslinien und Flecken; in der Jugend hat der ganze Vogel ein braunes Gefieder. Der Lämmergeier frisst Ziegen, Schaafe, Gemsen, Rehe, welche er, wenn sie gross sind, nicht selbst erlegt, sondern von steilen Gipfeln in den Abgrund hinabstösst, und dann verzehrt; selbst Gemsenjäger hat er so zu bezwingen versucht, und Kinder statt Lämmer entführt. Er wird 4 — $4\frac{1}{2}$ Fuss lang, und klaftert gegen 10 Fuss.

Familie FALKEN. *Accipitrinae.*

Wesentlicher Charakter. Kopf und Hals dicht befiedert, Schnabel am Grunde nicht zusammengeschnürt, Krallen sehr hakig und spitz. Stossen auf lebende Thiere.

Fig. 5. Der Königsadler (FALCO *imperialis*), 9mal verkleinert.

Die Adler unterscheiden sich von den übrigen Falken durch den am Grunde graden, an der Spitze plötzlich kakigen Schnabel, durch die langen bis zur Spitze des Schwanzes reichenden Flügel, und durch die starken kräftig gebauten Füsse. Die abgebildete Art gehört zu der besonderen Gruppe, deren Lauf bis zu den Zehen befiedert ist, und unterscheidet sich von ihren Verwandten durch den hellen rostgelben Nacken und Hinterhals, während das übrige Gefieder ganz dunkelbraun ist; nur einige Rückenfedern haben hellere Ränder und der Schwanz aschgraue Querbinden. Schnabel blaugrau, Wachshaut und Zehen gelb. Der Königsadler bewohnt die hohen Gebirge Süddeutschlands und Südeuropas überhaupt, und nistet auf einsamen unzugänglichen Felsspitzen oder hohen Bäumen; seine Eier sind weiss mit braunen Punkten und Flecken. Er ist einer der kräftigsten, kühnsten, aber auch vorsichtigsten Raubvögel, welcher besonders dem Rothwild nachstellt, doch in Ermangelung dessen sich auch mit Hasen, Gänsen, Hühnern und anderem grösseren Geflügel begnügt. Er schiesst auf seine Beute aus der Luft herab, und greift besonders ruhig stehende oder liegende Thiere an, aber keine schnellfliegenden Vögel, weil er diese vermöge seines majestätischen Fluges nicht erreichen kann. Auch die traurigen Fälle, wo Kinder von grossen Raubvögeln entführt wurden, sind wohl mehr diesem Vogel, als dem Lämmergeier zuzuschreiben. Er hat ein lautes aber tiefes, dem des Kolkraben nicht unähnliches Geschrei, welches das bei allen Raubvögeln grössere Weibchen öfter hören lässt, als das Männchen, dessen Ton auch weniger laut ist. Man kann die Adler jung einfangen aufziehen und lange halten, ohne dass sie ihre natürliche Raublust verlören; sie erreichen selbst in der Gefangenschaft ein bedeutendes Alter.

Fig. 6. Der Wanderfalk (FALCO *peregrinus*), 6mal verkleinert.

Er gehört zur Gruppe der Edelfalken, welche an dem kurzen, vom Grunde aus gebogenen Schnabel, hinter dessen hakiger Spitze jederseits ein Zahn hervorragt, der wieder in einen Ausschnitt des Unterschnabels eingreift, erkannt werden; ihre runden Nasenlöcher haben in der Mitte einen freien Zapfen, und die Zehen sind ausnehmend schlank, mit dicken Ballen unter den Gelenken. Der Wanderfalk bewohnt ganz Europa, so wie die angrenzenden Gegenden Afrikas, von Asien die nördliche Hälfte, und denselben Landtheil Amerikas; er wird $1\frac{1}{2}$ bis $1\frac{3}{4}$ Fuss hoch und klaftert gegen 4 Fuss. Der alte Vogel ist oben blaugrau, auf dem Rücken fast schwarz, unten weiss, an der Brust, den Seiten des Halses und am Bauch röthlich, jede Feder mit mehreren zierlichen schwarzen Querwellenlinien, die Deckfedern des Flügels in der Mitte dunkler, die grösseren wie der Schwanz gebändert; Schnabel und Beine gelb. Er nistet auf hohen Felsen oder Tannenbäumen, seine Eier sind röthlich, mit braunen Flecken. Er stösst besonders auf Tauben und Drosseln, und zeichnet sich durch Muth, Stärke, Schnelligkeit und Klugheit aus; auch war es besonders dieser Vogel, welcher früher zur Jagd abgerichtet wurde, und selbst Kraniche, Reiher und Störche, die er sonst nicht anfällt, überwand.

Fig. 7. Der rothe Milan oder die Gabelweihe (FALCO *milvus*), 7mal verkleinert.

Bei diesem Falken findet sich der Schnabel des Vorigen seiner Gesammtform nach wieder, aber Zahn und Ausschnitt fehlen, ebensowenig hat das Nasenloch einen Zapfen. Wesentliche Unterschiede liegen hier in den kurzen eben nicht sehr kräftigen Zehen, und in dem langen gabelförmigen Schwanz. Das Gefieder ist überall rostroth, jede Feder mit dunklerer Mitte und der Bauch heller als der Rücken; Schwanzfedern braun; Kopf weisslich gelb. Die Gabelweihe ist ein bei uns recht häufiger Raubvogel, welcher besonders auf Weiden und Feldern sich aufhält, und dem jungen Hausgeflügel nachstellt; indess ist sie feige und kraftlos, ja lässt sich sogar von einer alten Henne, die ihre Jungen gegen sie vertheidigt, zurückscheuchen. Ihr Nest findet sich auf hohen Bäumen, und enthält 2 — 3 weisse röthlich punktirte und gefleckte Eier.

Fig. 8. Der Taubenhabicht (FALCO *palumbarius*), 7mal verkleinert.

Auch dieser Raubvogel ist bei uns nicht selten, wird aber viel schädlicher, als jener. Er hat freilich nur die Grösse des Vorigen, auch ganz denselben Schnabel, aber viel höhere Beine, mit langen schlanken Zehen, wie die Edelfalken. Sein Schwanz reicht weit über die Flügelspitzen hinaus und ist abgerundet. Der alte, hier abgebildete Vogel ist oben schön blaugrau, unten weiss, jede Feder mit vielen feinen Querwellenlinien, und der Schwanz auf der Rückenseite mit dunkleren Querbinden. Schnabel blaugrau, Wachshaut und Beine gelb. Der Taubenhabicht ist einer der schlausten, schnellsten, und gefrässigsten Raubvögel, welcher fast den ganzen Tag auf Hühner, Tauben, Drosseln, Hasen etc. Jagd macht, und zu diesem Ende sich gern in der Nähe menschlicher Wohnungen aufhält, um seine Mordlust an dem Hausgeflügel zu kühlen. Dieses verfolgt er bis in die Schläge, und nimmt nicht selten sitzende Tauben von den Dächern; gewöhnlich packt er sie im Fluge, indem er sich über sie erhebt und schnell auf den fliegenden Vogel hinabstösst, ihn mit den Krallen packend und mit dem Schnabel das Genick umdrehend. Häufig hat man selbst auf den Strassen der Städte Gelegenheit, Zeuge solchen Schauspieles zu sein. Daher stellt man diesem Vogel überall sehr nach, kann ihm jedoch wegen seiner Klugheit nicht leicht beikommen; auch horstet er bloss auf den höchsten Spitzen der Thürme und Felsen.

Familie Eulen. *Rapaces nocturnae.*

Wesentlicher Charakter. Sie haben sehr grosse, nach vorn gerichtete, von einem Federnkranze (Schleier) umgebene Augen und allermeist befiederte Füsse, deren Innenzehe eine Wendezehe ist. Sie rauben bei Nacht und in der Dämmerung.

Fig. 9. Der Uhu (Strix *bubo*), 9mal verkleinert.

Unter den einheimischen Eulen ist der Uhu die grösste und stärkste; er wird gegen 2 Fuss hoch und klaftert etwa $5\frac{1}{2}$ — $5\frac{3}{4}$ Fuss. Sein Gefieder ist hell rostgelb, mit dunkler gefärbtem Rücken, jede Feder hat einen schwarzen Schaft und viele feine wellenförmige, schwarzbraune Querlinien. Die Füsse sind ganz und dicht befiedert, aber der Schleier hat nur einen mässigen Umfang; über ihm sitzt an jeder Seite des Scheitels ein beweglicher aufrichtbarer Federbusch, welchen man Ohr genannt hat, und die damit versehenen Eulen deshalb Ohreulen. Der Uhu bewohnt waldige und am liebsten zugleich gebirgige Gegenden, und jägt Hasen, Hühner, selbst junge Hirsche und Rehe, aber in der Noth auch Mäuse und Ratten. Er hält sich, wie alle Eulen, am Tage meistens an dunklen schattigen Stellen versteckt und kommt erst gegend Abend hervor, doch kann er auch am Tage recht gut sehen. Leicht erkennt ihn der Jäger in der Dunkelheit an seinen grossen, wie die Katzenaugen funkelnden Augen, und an dem eigenthümlichen Geräusch, welches er vor dem Auffliegen durch Klappen der Flügel auf den Schwanz verursacht; sein eigentlicher Flug ist leise und gern fliegt er in der Nähe des Bodens hin, um hier Thiere aller Art wahrzunehmen und zu erhaschen. Er nistet auf hohen Bäumen, und das Weibchen legt 2 — 3 weisse fast kugelige Eier.

Fig. 10. Die Schleiereule (Strix *flammea*), 6mal verkleinert.

Sie hat den grössten Schleier von allen Eulen, und daher scheinbar den grössten Kopf, indem der Durchmesser desselben zwischen den Schleiern dem des Rumpfes gleichkommt; die Ohrbüschel fehlen, an den Beinen ist nur der Lauf dicht befiedert und die Zehen sind bloss behaart. Die Schleiereule wird 1′ hoch und klaftert $3\frac{1}{4}$ Fuss; sie ist oben gräulich mit Reihen weisser schwarz eingefasster Flecken, unten gelblich mit kleinen braunen Punkten. Sie bewohnt Kirchthürme, Ruinen, hohle Bäume und nährt sich von Mäusen, Ratten, Maulwürfen und Insekten, frisst letztere jedoch mehr aus Noth. Sie ist überall gemein, und wird durch Vertilgung der genannten Thiere recht nützlich.

TAFEL 11.

2. Klasse. Vögel. Aves.

1. Ordnung. *Luftvögel. Aves aëreae.* (Siehe Taf. 10.)

2. Zunft. SINGVÖGEL. *Passerinae.*

Wesentlicher Charakter Sie haben zwar verschiedene aber gewöhnlich kleine Schnäbel, meistens Gang-, selten Schreitfüsse und stets 12 Schwanzfedern. Am unteren Kehlkopf finden sich fünf Muskelpaare, welche die Modulation der Stimme bedingen und Singmuskeln genannt werden.

Familie ZAHNSCHNÄBLER. *Dentirostres s. Uncirostres.*

Wesentlicher Charakter. Schnabel zusammengedrückt, Spitze hakig, davor jederseits ein Ausschnitt, dessen Hinterecke zahnartig vorspringt (Fig. 1.); am Grunde des Schnabels steife Borsten. 10 Handschwingen, die erste sehr verkürzt.

A. Schnabel von der Seite zusammengedrückt. *Laniadae.*

Fig. 1. Der graue Würger (LANIUS *minor*), um die Hälfte verkleinert.

Er hat, wie alle Würger, einen zwar kurzen, aber starken, recht merklich zusammengedrückten Schnabel, welcher an der Wurzel grade ist, bald sich krümmt und mit einer hakigen Spitze endet; neben dieser Spitze der Ausschnitt und der Zahn. Die rundlichen Nasenlöcher liegen am Grunde, und werden von steifen Borstenfedern bedeckt. Kopf gross und etwas dick (daher die provinzielle Benennung Dickkopf für Würger); Leib ziemlich schlank; Flügel lang, zugespitzt, reichen bis auf $\frac{1}{3}$ des Schwanzes, 10 Handschwingen, die 1ste $\frac{1}{4}$ so lang als die 2te, die 3te die längste. Schwanz abgerundet, die beiden äusseren Federn merklich verkürzt. Farbe des Körpers unten weiss, an der Brust mit röthlichem Anflug, Rücken schön bläulich grau; Vorderkopf, Zügel, Wangen, Flügel, die 4 mittleren Schwanzfedern, Füsse und Schnabel schwarz, die Handschwingen am Grunde weiss, daher ein weisser Fleck auf der Mitte der Flügel. Der graue Würger wird $8\frac{3}{4}$ Zoll lang und findet sich bei uns bloss im Sommer, vom Mai bis August; er nistet an einsamen Stellen im Walde, 10 oder mehr Fuss über dem Boden, legt 6 — 7 grünlich weisse Eier, die am stumpfen Ende mit einem Kranze bräunlicher Punkte umgürtet sind, und nährt sich bloss von Insekten, die er auch bisweilen auf Dornen spiesst, aber seltener als sein Verwandter, der rothe Würger (L. *collurio*).

Fig. 2. Der ruderschwänzige Drongo (EDOLIUS *remifer Tem.*), 4mal verkleinert.

Die Gattung der Drongos (EDOLIUS) bewohnt die südliche Hälfte der alten Welt, und scheint, zumal im südlichen Afrika, recht zahlreich zu sein. Sie bildet gewissermassen das Uebergangsglied von den Würgern zu den Fliegenschnäppern, steht jedoch ersteren durch die Grösse ihres Körpers und den Bau ihres Schnabels etwas näher. Letzterer ist am Grunde ziemlich breit (2. a.), aber gegen die Spitze sehr stark zusammengedrückt, mit fast scharf abgesetzter gebogener Rückenfirste, hakiger Spitze, aber weniger bemerkbarem Ausschnitt dahinter. Nasenlöcher oben am Grunde, unter vielen, langen, steifen Bartborsten fast versteckt. Flügel zugespitzt, reichen bis auf $\frac{1}{3}$ des Schwanzes, dieser bei fast allen Arten eigenthümlich gestaltet, selten abgerundet, oft gabelförmig, oder, wie bei der abgebildeten Art, mit 2 sehr langen Federn, deren Schaft in der Mitte fast nackt ist und an der Spitze wieder eine lanzettliche Fahne trägt. Beine äusserst klein und zierlich, die beiden äussern Zehen am Grunde verwachsen. Gefieder bei allen tief schwarz, metallisch glänzend, theils blau, theils violett schillernd. Die Drongos haben die Grösse der Drosseln und leben von Insekten, besonders Bienen, mit deren Fang sie den ganzen Tag beschäftigt sind. Man trifft sie schon am Morgen in grossen Schaaren im Walde an, woselbst sie sich durch lautes Schreien verrathen; doch sollen die Männchen Einiger auch gut singen. Das Nest bauen sie auf hohe Bäume, und legen darin grosse, weisslich gelbe, schwarz besprengte Eier. Alle sind unruhige, in beständiger Bewegung begriffene Vögel, welche am Kap Bienenräuber oder Teufel genannt werden.

B. Schnabel von oben flach gedrückt, platt. *Muscicapidae.*

Fig. 3. Der schwarze Fliegenschnäpper (Muscicapa *atricapilla Lath.* M. *luctuosa Temm.*), um die Halfte verkleinert.

Ein munterer und zierlicher Vogel, welcher in Laubholzwäldern nicht selten ist, in Höhlungen der Baumzweige nistet, hellgrüne rundliche Eier legt, und im September unsere Gegend schon verlasst, obwohl er erst im Juni sich einzustellen pflegt. Sein kurzer flacher dreiseitiger Schnabel hat einen kurzen Haken an der Spitze, dahinter eine kleine Kerbe und am Grunde steife Bartborsten, worunter die Nasenlöcher. Flugel ziemlich lang, reichen bis auf die Mitte des Schwanzes, mit 10 Handschwingen, wovon die erste sehr klein und die dritte die langste ist. Schwanz nicht lang, in der Mitte schwach ausgeschnitten, die äusseren Federn die längsten. Die Farbe des Korpers ist beim Mannchen im Sommer unten weiss, oben tiefschwarz, so auch Schnabel und Beine, aber die Stirn, die Spitzen der grossen Flügeldeckfedern und die letzten Armschwingen weiss, diese mit schwarzem Fleck vor der Spitze. Aeussere Schwanzfedern weiss, die nachsten nur am Grunde. Weibchen, Junge und Männchen im Winter am Bauch gelblich, oben schmutzig braungrau, Flügel und Schwanz wie im Sommer. Lebt von Insekten, besonders Fliegen, die er bestandig fangt, überhaupt sehr beweglich ist, und noch sitzend, gleich den Bachstelzen, mit dem Schwanze wippt.

Familie Pfriemenschnäbler. *Subulirostres s. Oscines.*

Wesentlicher Charakter. Schnabel fein, gerade, ziemlich rund, hochstens etwas von der Seite zusammengedruckt, mit gerader oder sanft gebogener Spitze ohne merklichen Ausschnitt. Nasenlöcher sichtbar, dahinter einige Bartborsten. Laufe verlangert, fein.

A. Neun Handschwingen, die erste fehlt ganz (Fig. 4. a.). *Motacillidae.*

Fig. 4. Die gelbe Bachstelze (Motacilla *flava*), um die Halfte verkleinert.

Die Bachstelzen zeichnen sich aus durch ihren schlanken zierlichen Körperbau, ihren geraden Schnabel, ihren verhältnissmässig kleinen Kopf, und vor allen durch den Bau der Flügel, indem an diesen die drittletzte Armschwinge so lang ist, als die letzte Handschwinge, die beiden letzten aber in gleichem Verhältniss verkürzt, doch sehr gross und alle drei sehr spitz sind. Die Füsse sind nicht sehr lang, die Zehen ebenfalls kurz, die beiden äusseren am Grunde verwachsen, der Nagel der Hinterzehe sehr lang und fast grade. Schwanz sehr lang, wohl am langsten unter allen Mitgliedern dieser Familie, meistens abgestutzt, bisweilen stufig, die einzelnen Federn schmal und etwas zugespitzt. Gefieder zwar bunt, aber nicht gesprenkelt, die Unterseite einfarbig weiss oder gelb. Durch diese Farbung unterscheiden sie sich am auffallendsten von der ganz ahnlich gebauten, lerchenfarbenen Gattung der Pieper (Anthus). Die gelbe Bachstelze lebt, wie alle Arten, gern in der Nahe des Wassers, besonders in Brüchen, ist ein munteres bewegliches Thierchen, das auch gern auf dem Boden umherläuft, dabei mit dem Schwanze wippt und auf kleinen Erhöhungen, Steinen, Erdschollen, sich ausruht. Sie frisst bloss Insekten und ist daher ein strenger Zugvogel, der anfangs April eintrifft, und anfangs Oktober wieder abzieht. Von den Verwandten unterscheidet sie sich durch die ganz gelbe Unterseite, die weissliche Kehle und den geraden abgestutzten, nicht sehr langen Schwanz, dessen mittlere Federn braunschwarz gefärbt sind, die 2 äusseren jeder Seite aber weiss; Rücken grünlich grau, Scheitel und Nacken aschgrau, uber dem Auge ein weisser Streif; Deckfedern braun mit gelbgrünen Randern, Schwungfedern schwarzbraun, die 3 letzten bräunlich mit gelblichgrünem Rande. Am Weibchen alle Farben nicht so rein. Die jungen Vögel gelbgraubraun, ähnlich die Alten im Winter.

B. Zehn Handschwingen, von welchen die erste die kürzeste ist.

a. Flügel zugespitzt, die erste Schwinge kaum $\frac{1}{4}$ — $\frac{1}{2}$ so lang als die zweite, die 3te die längste (Fig. 5. a.). *Sylviadae.*

Fig. 5. Das gelbköpfige Goldhähnchen (Regulus *flavicapillus*), um die Halfte verkleinert.

Ist der kleinste europäische Vogel und wird nur von den Kolibris noch in der Kleinheit ubertroffen. Er besitzt den feinen, noch mehr pfriemenförmigen Schnabel der Vorigen, einen zierlichen Kopf, dessen Scheitelfedern sehr spitz sind und eine Art Holle bilden, einen kurzen Hals, und kurze, aber doch spitze Flügel, welche etwas über den Anfang des Schwanzes hinausreichen; Schwanz sehr zierlich, schmal, sichtbar ausgeschnitten. Beine sehr schwach, aber der Lauf ziemlich lang, mit einfacher vorderer Hornschiene (gestiefelt), woran unten 2 kleine Schildchen stossen. Die abgebildete Art hat einen röthlichgrauen Kopf, dessen gelber, in der Mitte orangenfarbener Scheitel beiderseits schwarz eingefasst ist; Backen ohne Auszeichnung, grünlichgrau, eben so die Flügel und die Schwanzfedern auf der Oberseite. Alle Flügeldeckfedern und Schwingen mit weisser Spitze, die Handschwingen auch am Grunde weiss, aber die Armschwingen ebenda und die kleinen Vorderrandfedern schwarz. Die Goldhähnchen lieben besonders Nadelwälder, und fressen ausser Insekten auch Sämereien von Zapfenbäumen sehr gern; sie nisten auf diesen Bäumen an der Spitze langer horizontaler Zweige, und legen 6 bis 11 sehr kleine gelbröthlichweisse, am stumpfen Ende grau gewässerte Eier. Es sind Zugvögel, die aber ganz Europa bewohnen, so dass die nordischen im Winter zu uns kommen, während die bei uns im Sommer vorhandenen eine wärmere Winterheimath suchen. Beide Geschlechter sind gleich gefärbt, aber die Weibchen blässer, besonders am Scheitel, der bloss gelblich ist.

Fig. 6. Die Nachtigall (SYLVIA *luscinia*), um die Hälfte verkleinert.

Dieser allbekannte und mit Recht hochgeschätzte Vogel bildet einen der Hauptrepräsentanten seiner an Arten so zahlreichen Gattung, deren Kennzeichen besonders in dem graden, rundlichen, nur gegen die Spitze etwas zusammengedrückten Schnabel, den spitzen, bis auf den Anfang des Schwanzes reichenden Flügeln, dem ziemlich langen, etwas abgerundeten Schwanz und den langen feinen hohen Läufen ausgedrückt sind. Indess gränzen sie in allen diesen Merkmahlen so sehr an die Drosseln (*Turdi*), dass man die Sänger (*Sylviae*) fast nur durch die geringere Grösse von ihnen unterscheiden kann. Die Nachtigall wird 6¾ Zoll lang und hat eine gelblich rothbraune Färbung, welche an der Brust mehr ins Gelbe, an den Flügeln aber und am Schwanz völlig in die rothbraune Farbe übergeht; der Schnabel und die Beine sind fleischroth; ersterer mehr hornfarben, letzterer am Lauf fast gestiefelt, indem nur 3 einzelne feine Querfurchen die untere Hälfte in Schilder theilen. Feuchte Laubhölzer bilden den Lieblingsaufenthalt dieses Vogels, hier legt das Weibchen nahe am Boden zwischen aufgeschossenem Buschwerk sein Nest an, und ebendaher lässt das Männchen seine schöne laute, klangreiche Stimme, zumal Abends und in der Nacht, erschallen. Mitte April treffen die Nachtigallen bei uns ein und verrathen sich alsbald durch ihren Gesang, der bis Ende Juni gehört wird; dann verstummen sie und verlassen schon Mitte August unsere Gegenden. Ihre Nahrung sind bloss Insekten, und bekannt ist es, dass man sie in Zimmern mit Ameisenpuppen und Mehlwürmern zu ernähren pflegt, und dass sie dabei mehrere Jahre recht gut ausdauern.

Da die Drosseln (*Turdi*), wie schon erwähnt wurde, sich vorzugsweise nur durch den grösseren Körperbau und die etwas stärkeren Schnäbel von den Sängern unterscheiden, so habe ich zu deren Bezeichnung bloss den Schnabel der Amsel (T. *merula*) unter Fig. 17. in natürlicher Grösse darstellen lassen. Besonders characteristisch sind auch die längeren und steiferen Bartborsten.

Fig. 7. Der Wasserstaar (CINCLUS *aquaticus*), um die Hälfte verkleinert.

Dieser Vogel steht wieder im Körperbau den Drosseln nahe, unterscheidet sich aber durch seinen Schnabel recht merklich, indem derselbe am Grunde etwas niedergedrückt, gegen das Ende mehr gewölbt und mit einer überragenden niedergebogenen Spitze versehen ist, neben welcher eine kleine Kerbe bemerkt wird. Besonders eigenthümlich sind die Nasenlöcher, die als quere Spalten am Grunde des Schnabels liegen und von innen verschlossen werden können, so wie die hier ganz von dichten, anliegenden, sehr kleinen feinen Federn bedeckten Nasengruben; endlich fehlen die Bartborsten am Mundwinkel ganz. Die Flügel sind etwas breiter, reichen nur bis zu Anfange des Schwanzes, und dieser ist sehr kurz, abgestumpft, etwas aufgerichtet. Die ziemlich starken, hohen Füsse sind am Hackengelenk kahl und ihre Läufe gestiefelt. Die Farbe des Wasserstaars ist ein tiefes Schwarzbraun, das am Kopf ins Gelbbraune, an der Brust ins Rothbraune übergeht; Kehle, Vorderhals und Vorderbrust sind weiss. Unter den Singvögeln zeichnet sich dieser durch seine merkwürdige Lebensweise aus, indem er seinem Betragen nach ein wahrer Wasservogel zu sein scheint. Er findet sich nehmlich nur in der Nähe von Bächen und kleinen Flüssen, am liebsten in gebirgigen Gegenden, und fliegt nicht bloss gern dicht über dem Wasser, hier nach Insekten schnappend, sondern er taucht sogar unter, läuft auf dem Boden unter dem Wasser fort, und kommt an entfernten Stellen wieder zum Vorschein, alsbald seinen Weg im Fluge weiter fortsetzend. Alle diese Bewegungen macht er theils um Insekten zu fangen, theils aus Furcht, um sich vor Feinden zu sichern. Sein Gefieder ist zu diesem Endzwecke sehr dicht, und gleich dem der Schwimmvögel, stark eingeölt. Das Nest legt der Wasserstaar gern an rauschenden Stellen an, bei Wasserfällen, Wehren, in Höhlen am Ufer oder zwischen Steinen, sogar in den grossen Mühlrädern; man findet darin 4—6 ganz weisse Eier. Der alte Vogel wird 7—8 Zoll lang, und gehört zu den Standvögeln; an offenen Bächen pflegt er zu überwintern.

Fig. 17. Der Schnabel des Pirols (ORIOLUS *galbula*), in natürlicher Grösse.

Da der Pirol zu dieser Abtheilung der Singvögel gehört, und mit den Drosseln nahe verwandt ist, sich aber besonders durch seinen stärkeren längeren Schnabel von ihnen unterscheidet, so habe ich nur diesen in natürlicher Grösse neben dem Drosselschnabel abbilden lassen. Ein zweiter Unterschied liegt im Bau der Flügel, deren erste Schwinge über halb so lang ist, als die zweite; ein dritter in der Länge der mittleren Schwanzfedern, welche etwas grösser ist, als die der äusseren, während bei den Drosseln der umgekehrte Fall herrscht.

b. Flügel abgerundet, die erste Schwinge über halb so lang als die zweite, die 4te und 5te die längsten (Fig. 8. a.). *Myotheridae.*

Fig. 8. Der Zaunkönig (TROGLODYTES *parvulus*), um die Hälfte verkleinert.

Nächst dem Goldhähnchen der kleinste europäische Vogel, aber in vielen Punkten auffallend von diesem verschieden. Zuerst ist der Schnabel etwas länger, wenig gebogen und ziemlich zusammengedrückt; dann sind die Nasenlöcher schmal, spaltenförmig, schief, mit kleiner Deckelhaut; endlich unterscheidet die eigene Bildung der Flügel, welche eine besondere Gruppe unter den Singvögeln bezeichnet, unsern Zaunkönig, den einzigen einheimischen Vogel dieser Gruppe, sehr auffallend. Auch sind die Beine länger, die Läufe mit 4 gleichen Schildern belegt, und der Schwanz ist zugespitzt, keilförmig, aufrichtbar, die Federn paarig gleich lang (stufig). Alle Arten dieser, besonders in Nordamerika einheimischen, Gattung zeichnen sich durch eine geringe Grösse und eine rothbraune, schwarz gewellte Färbung aus; der europäische Zaunkönig unterscheidet sich jedoch leicht von den übrigen durch die hell weissen Flecken an der Spitze der mittleren Flügeldeckfedern und seitlichen Schwanzdeckfedern. Auch sind die schwarzen Querbinden der Schwungfedern sehr deutlich. Er wird 3¾—4 Zoll lang, findet sich überall in Deutschland als Standvogel, lebt besonders in schattigen Wäldern, kommt aber im Winter auch in die Gärten und nährt sich von Insekten. Er ist ein munterer behender Vogel, welcher gern in Löcher kriecht, daher besonders an alten Zäunen sich aufhält, und auch an solchen Stellen, doch am liebsten nahe beim Wasser, sein Nest anlegt. Dieses ist sehr hoch (7 Zoll) und höchst künstlich aus allerlei weichen Stoffen angefertigt; es enthält 6—8 meistens weisse, sehr klare, und verhältnissmässig grosse Eier.

Fig. 9. Der Leierschwanz (MAENURA *superba*), 7mal verkleinert.

Dieser merkwürdige Vogel wurde früher ziemlich allgemein zu den Hühnern gerechnet, gehört indess, nach Cuviers richtigem Ausspruch, zu den Singvögeln. In der Flügelbildung stimmt er ganz mit dem Zaunkönig und man kann von ihm sagen, er sei ein Riese unter seinen Verwandten, wie dieser unter ihnen ein Zwerg ist. Er hat einen etwas gebogenen, am Grunde ziemlich breiten, gegen die Spitze zusammengedrückten Schnabel, mit tiefer langer Nasengrube, grossen häutigen Nasenlöchern und Bartborsten, welche sie zum Theil bedecken. Der Hals ist ziemlich lang und dünn, länger als bei den übrigen Singvögeln; die Flügel kurz abgerundet, die drittletzte Armschwinge so lang als die längsten Handschwingen, aber ebenfalls abgerundet, nicht spitz, wie bei MOTACILLA. Beine hoch, stark, besonders die Hinterzehen; Krallen gross, die beiden äusseren Zehen am Grunde verwachsen. Der Schwanz eigenthümlich, beim Weibchen aus 12 Federn von gewöhnlicher Form und Grösse gebildet; beim Männchen dagegen sehr lang, 12 Federn von gleichem Bau mit langen zerstreuten Fahnenstrahlen bilden den Hauptheil, neben diesen stehen äusserlich 2 grosse Sförmig gekrümmte Federn, deren innere Fahnenhälfte sehr breit und schön orange im Zickzack gezeichnet ist; über den 12 Federn in der Mitte ragen wieder 2 lange dünne, nach aussen gekrümmte Federn hervor, deren Schaft bloss an der Innenseite kurze aber gedrängte Fahnenstrahlen besitzt. Beide Geschlechter haben eine dunkele, braunrothe Farbe, welche auf den Flügeln ins Kirschrothe spielt. Sie erreichen die Grösse eines Huhns, und finden sich im Innern Neu-Hollands, in den lichten Waldungen der Casuarinen, gleich merkwürdig wie diese und wie sie abweichend von allen verwandten Geschlechtern.

Fig. 10. PITTA *superciliosa*, 4mal verkleinert.

Die Gattung **Pitta** bildet das Uebergangsglied von der vorigen zu den südamerikanischen Ameisen-Drosseln (MYOTHERA), und unterscheidet sich von *Maenura* zumal durch den stärkeren, seitlich mehr zusammengedrückten Schnabel, durch den kurzen, zugespitzten stufigen Schwanz (der sehr an *Troglodytes* erinnert), und durch die langen, hohen Läufe, durch welche sie in *Myothera* übergeht. Diese haben wieder den feineren aber noch längeren Schnabel von *Troglodytes* und *Maenura*, und theils einen kurzen abgerundeten (M. *grallaria*), theils einen langen stufigen (Gatt. FORMICIVORA *Swains.*) Schwanz. Zu den bekanntesten Arten der Gattung *Pitta*, welche also die *Myotheren* in der alten Welt vertritt, gehört der TURDUS *cyanurus Lath.*, mit welcher die abgebildete Art am meisten übereinstimmt. Sie hat die Grösse einer Drossel, aber einen stärkeren Schnabel, einen grösseren Kopf, einen kürzeren Schwanz, viel längere Läufe und stärkere Zehen. Gefieder bunt, auf dem hellgelben Kopfe nach hinten eine orangefarbene Holle, der Scheitel mit schwarzem Längstreif, ebenso die Zügel und Backen. Rücken einfarbig gelbbraun, Brust weisslich gelb, die Seiten dunkler, überall mit schwarzen Querwellenlinien gezeichnet. Flügel schwarzbraun, die grösseren Deckfedern zur Hälfte weiss, Schwanz schön himmelblau. Vaterland Java; die Lebensweise nicht näher bekannt.

Familie KEGELSCHNÄBLER. *Conirostres.*

Wesentlicher Charakter. Schnabel meistens noch kürzer, aber viel dicker, härter, kegelförmig mit schwach hakiger oder gerader Spitze, neben welcher, besonders im ersteren Falle, jederseits eine kleine Kerbe bemerkt wird. Nasenlöcher z. Thl. versteckt. Fressen Körner und Beeren, in der Jugend auch Insekten.

A. Schnabelspitze nicht hakig und ohne Kerbe. *Granivorae.*

a. Zehn Handschwingen, aber die erste kleine fehlt bisweilen.

Fig. 11. Die Haubenlerche (ALAUDA *cristata*), um die Hälfte verkleinert.

Die Lerchen verhalten sich gleichfalls als ein Uebergangsglied, wofür theils die Schnabel-, theils die Flügelbildung spricht, theils endlich die Lebensweise. Ihr Schnabel ist länglich kegelförmig, bisweilen sogar etwas gebogen, oder in anderen Fällen wieder ziemlich dick; Mundwinkel grade. Flügel eigenthümlich, die erste Schwungfeder sehr klein oder fehlt bisweilen ganz, die folgenden anfangs breit, hinter der Mitte plötzlich verschmälert, die letzten lanzettförmig, lang, besonders die drittletzte, welche den vordersten an Länge fast gleichkommt. Füsse stark, der Lauf ziemlich hoch; Zehen ganz fein, der Nagel der hinteren so lang als die Zehe selbst und ziemlich grade. Die Lerchen haben ein gelblich graues Gefieder, dessen Federn in der Gegend des Schaftes braun sind, daher die Zeichnung gesprenkelt ist. Sie nisten auf dem Boden in Erdlöchern, legen graue Eier, und nähren sich von Körnern und Insekten. Ihr langer Sporn zeigt, wie bei den Bachstelzen und Spornammern, den Aufenthalt auf dem Boden an, den sie ihrer Nahrung halber lieben. Die abgebildete Art findet sich besonders im südlichen Europa häufig, und unterscheidet sich leicht durch ihren aufrichtbaren Federschopf von den übrigen; sie ist übrigens eine der grössten, misst 7—7½ Zoll, und hat eine vollkommen lerchengelbgraue Farbe. Als Standvogel, der unsere Gegenden im Winter nicht verlässt, wird sie in dieser Jahreszeit auf Fahrwegen in Dörfern, ja selbst in Städten auf der Strasse, angetroffen.

b. Neun Handschwingen, die erste kleine fehlt ganz. *Fringillidae.*

Fig. 12. Der Rohrammer (EMBENIZA *schoeniclus*), um die Hälfte verkleinert.

Die **Ammergattung** steht sehr deutlich zwischen den Lerchen und Finken in der Mitte, und verbindet diese beiden ziemlich verschiedenartigen Formen aufs engste. In der allgemeinen Form den Finken verwandter, unterscheiden sich die Ammern auffallend von ihnen durch den winkeligen Schnabelrand, den hohen am Mundwinkel herabgezogenen Unterkiefer und den am Gaumen bemerkbaren Höcker des Oberkiefers; sonst ist der kurze, dicke, kegelförmige Schnabel äusserlich ganz dem der Finken ähnlich. Dagegen schliessen sich die Ammern mehr an die Lerchen durch ihre Lebensweise am Boden, und durch den bei mehreren Arten sehr langen, ziemlich graden Sporn an der Hinterzehe. Die abgebildete Art hat diesen Charakter nicht, sondern bei ihr ist die hintere Kralle kurz, krummgebogen, und ganz wie bei den Finken gestaltet. Ebenso findet man sie bei dem **Goldammer**, Grauammer, Fichtenammer und beim Ortolan, welche zusammen die Gruppe der Buschammern bilden; dagegen haben der Schneeammer und der Lerchenammer, welche beide im hohen Norden von Europa sich aufhalten, im Winter aber unsere Gegenden besuchen, den längeren Sporn, und heissen daher, als eigene Gruppe, Spornammern. Beide Gruppen leben vorzüglich von Sämereien, welche sie, wie die Finken ausschälen, und mausern nur einmal, nehmlich im Herbst. Indess reiben sie sich die anders gefärbten Spitzen der Fahnenstrahlen nach und nach ganz ab, und bekommen so zum Sommer eine völlig veränderte Farbe und Zeichnung, zumal am Kopf, der Kehle und der Brust, wodurch eine sehr grosse Verschiedenheit des Winter- und Sommerkleides bedingt wird. Unser Rohrammer erscheint hier im Sommerkleide, mit schwarzem Kopf, ebensolcher Kehle und grauer Brust; im Winter sind alle diese Stellen gelbbraun, nur die Flügel bleiben sich gleich, nehmlich rothbraun mit dunkleren Schaftflecken. Er ist ein überall häufiger Vogel, welcher im Schilf am liebsten sich aufhält, dort Samen und Insekten sucht, auch darin nistet, aber gegen den Herbst nach Süden wandert.

Fig. 13. Der Leinzeisig (FRINGILLA *linaria*), um die Hälfte verkleinert.

Die Zeisige bilden mit den Hänflingen eine Unterabtheilung der Finken (FRINGILLAE), und unterscheiden sich durch den kleineren zierlichen Schnabel mit gradem Rücken, gradem Mundwinkel und zusammengedrückter Spitze. Wie die Finken überhaupt mit den Ammern verwandt sind, und doch im Schnabelbau sich charakteristisch von ihnen unterscheiden, wurde so eben bei der Beschreibung des Rohrammers bemerkt. Die Grundfarbe der abgebildeten Art ist ein lichtes Braun, doch haben die meisten Federn, besonders die des Rückens und der Bauchseiten, einen dunkleren schwarzbraunen Schaftfleck; die Stirn, die Zügel und der Anfang der Kehle sind fast schwarz. Beim alten Vogel ist der Scheitel glänzend karminroth, und beim Männchen die ganze Brust mit dunkleren, karminrothen verflossenen Flecken bedeckt. Der Schnabel, welcher in seiner Grösse sehr abändert, ist gelb, mit brauner Spitze; die Füsse ganz braun. Der Leinzeisig ist ein nordischer Vogel, welcher in Island, Lappland, Kanada brütet, alljährlich aber im November und Dezember bei uns sich einfindet, um bei zunehmender Winterkälte seine Reise noch weiter nach Süden fortzusetzen. Er nistet in Waldungen, legt 4 blassbläuliche braunrothpunktirte Eier, und nährt sich besonders von dem Samen der Birken, daher er in Birkenwäldern am häufigsten angetroffen wird. In der Grösse steht er dem Kanarienvogel wenig nach.

Fig. 14. Der Kernbeisser (FRINGILLA *coccothraustes*), um die Hälfte verkleinert.

Dieser Vogel ist gleichfalls ein Mitglied der Finkengattung, aber ein sehr eigenthümliches, das sich von allen übrigen durch den ungewöhnlich grossen, auf dem Rücken etwas gewölbten Schnabel unterscheidet, mit welchem ein ebenfalls grosser Kopf in naher Beziehung steht. In ähnlichem Maasse erscheint der ganze Vorderleib vergrössert. Die zweite merkwürdigste Eigenthümlichkeit liegt in der Form der hinteren Handschwingen (der 5ten bis 9ten), welche an der Spitze der vorderen Fahnenhälfte eine vorspringende Zacke, und ebenda an der hinteren einen ziemlich tiefen Ausschnitt haben, welche beide Auszeichnungen keinem andern Finken zukommen. Auch in der Farbe zeichnet sich der Kernbeisser vor allen Finken aus: sein Kopf ist gelb, der Nacken aschgrau, der Rücken leberbraun, die Brust röthlich grau; auf den Flügeln sind die grossen Deckfedern weiss, die Schwungfedern tief stahlblau, die 3 letzten braun. Schwanzspitze und Aftergegend weiss, Schnabel eisengrau, Beine hell fleischroth. Der Kernbeisser, ein im Sommer überall gemeiner Vogel, nährt sich von den Körnern der Kirschen, und später im Jahr von allerlei Sämereien; gegen den Winter pflegt er unsere Gegenden zu verlassen, und bis zum Mittelmeer hinabzuziehen; auch in Nordasien ist er zu Hause.

Fig. 15. Der Kiefernkreuzschnabel (LOXIA *pityopsittacus*), um die Hälfte verkleinert.

Die merkwürdige asymmetrische Bildung des Schnabels unterscheidet die Kreuzschnäbel leicht von den Finken, denen sie im gesammten Bau, zumal dem Kernbeisser, nahe verwandt sind. Sie nähern sich diesem in der Grösse des Kopfes, in dem starken aber hoch gewölbten Schnabel, den verlängerten Flügeln, dem längeren Schwanz und den kräftigeren Beinen; indess sind sie durch die am Ende hakenförmige Krümmung beider Kiefer auffallend verschieden. Diese Krümmung veranlasst eine Kreuzung der Schnabelspitzen, welche bei der abgebildeten Art nur unbedeutend ist, weil der Oberschnabel eine beträchtliche Höhe hat, und deshalb die Spitze des untern sich gewöhnlich nicht über ihn erhebt. Die Kreuzung der Kieferspitzen hat übrigens eine sehr bestimmte Beziehung zur

Nahrungs- und Lebensweise der Vögel, indem sich dieselben nur in Nadelholzwäldern aufhalten, und sich von deren Samen nähren. Um nun die harten holzigen Schuppen der Zapfen losbiegen zu können, ist der Schnabel so eigenthümlich geformt, und dient ihnen, indem sie die Spitze unter die Schuppen schieben und den Schnabel alsdann öffnen, statt eines Brecheisens. Mit der Zunge holen sie dann unter der aufgehobenen Schuppe den geflügelten Samen hervor, schälen ihn wie die Finken und verzehren den Kern. Manche fressen auch Birken-, Erlen-Samen und die Beeren von *Sorbus*. So merkwürdig, wie der Schnabel, ist auch das Gefieder der Kreuzschnäbel wegen der grossen Verschiedenheit seiner Färbung je nach Alter und Geschlecht. Unser Bild stellt ein recht altes Männchen dar, von fast völlig blutrother Farbe, mit graulichem Anflug und braunen Flügel- wie Schwanzfedern; in jüngeren Jahren sind die Männchen gelblich, gelblichgrau und ganz jung, wie die Weibchen, überall grau, hie und da mit grünlichem Anflug, besonders an der Brust. Der Fichtenkernbeisser wird $8\frac{1}{2}$ Zoll lang, lebt nur in Nadelwäldern, nistet auf Fichten an der Spitze der Zweige, brütet schon im Dezember und Januar, aber auch später im Mai und Juni, so wie in der ganzen Zwischenzeit, und bewohnt besonders die nördlichen Gegenden Europas. Wegen seines nicht unangenehmen Gesanges wird er als Stubenvogel gehalten, wo er dann nicht bloss dadurch, sondern auch durch sein possirliches Betragen, welches an das der Papageien erinnert, seinen Besitzer belustigt.

TAFEL 11. a.

Fortsetzung der Singvögel.

NB. Die Meisen gehören nicht in die Sektion b. mit 9, sondern in die Sektion a. mit 10 Handschwingen.

Fig. 1. Die Sumpfmeise (PARUS *palustris*), in $\frac{2}{3}$ der natürlichen Grösse.

Die Meisen bilden eine eigenthümliche, besonders in der gemässigten Zone einheimische Vogelgattung, deren Arten sich durch ihr munteres gewandtes Betragen ebenso sehr, als auch durch die geringe Grösse ihres kegelförmigen graden, ziemlich runden Schnabels, vorzugsweise aber durch die mit 4 je 2 und 2 gleichen Spitzen endende Zunge auszeichnen. Von den Finken sind sie besonders durch die Anwesenheit der ersten, sehr kurzen Schwungfeder verschieden, wodurch sie sich einigermassen den Lerchen nähern, obwohl sie weder den langen Sporn, noch die langen Achselschwingen dieser besitzen; auch nicht am Boden, sondern meistens kletternd und hüpfend auf Bäumen leben, doch wie diese gleich gern Sämereien und Insekten verzehren. Unter den einheimischen Vögeln sind sie bekannt als die kunstreichsten im Nestbau, weniger aber pflegt sie ihr Gesang zu empfehlen. Die abgebildete Art hat, wie einige verwandte, ein sehr einfarbiges Gefieder, während dagegen andere Arten nicht bloss bunt, sondern sogar schön gefärbt sind; ihr Rücken ist bräunlich grau, Schwanz und Flügel mehr graulich, die Unterseite schmutzig weiss, der Scheitel und ein kleiner Kehlfleck sind schwarz; durch letzteren besonders, und die etwas geringere Grösse, unterscheidet sie sich von der ganz ähnlichen Trauermeise (P. *lugubris*). Beide haben, wie die meisten Arten, einen zierlichen, schwach ausgeschnittenen Schwanz, andere, wie die Schwanzmeise (P. *caudatus*) und die Bartmeise (P. *biarmicus*), einen keilförmigen sehr langen. Die Sumpfmeise ist bei uns grade nicht häufig, hält sich gern in Weidenbüschen neben dem Wasser auf, nistet auch in hohlen Weiden, und brütet jährlich 2mal. Ihre Eier, 8—12, sind weiss mit dunkelrothen Flecken.

NB. Die folgenden Gattungen gehören wieder der Sektion b. an, und bilden die eigenthümliche Unterabtheilung:

B. Neben der Schnabelspitze eine kleine Kerbe (Fig. 2. a.). *Baccivorae.*

a. Nasenlöcher unbedeckt. *Tanagridae.*

Fig. 2. Der geschwänzte Manakin (PIPRA *caudata Lath.*), $\frac{2}{3}$ der natürlichen Grösse.

Die Manakins bilden eine den tropischen Gegenden Südamerikas angehörige Vogelgattung, welche sich durch den kurzen, am Grunde ziemlich breiten Schnabel, dessen Rückenfirste ziemlich deutlich abgesetzt, und dessen Spitze hakenförmig übergebogen ist, auszeichnen. Die Nasengrube ist mit kleinen Federn bedeckt, aber das Nasenloch selbst frei; hinter ihm stehen am Schnabelrande mehrere feine kurze Borsten. Ausserdem erkennt man die Manakins an dem langen fast seidenartigen Gefieder, besonders des Rückens, und an den Füssen, indem die beiden äusseren, ziemlich gleich langen Zehen bis ans Ende des zweiten Gliedes mit einander verwachsen sind. Sie leben am liebsten in feuchten schattigen Gebüschen, doch weder in Sümpfen noch an Flussufern, haben einen schnellen aber kurzen Flug, halten sich gern auf den mittleren Baumzweigen auf, und versammeln sich morgens zu kleinen Gesellschaften von 8 — 10, die den Tag über bei einander bleiben, gegen Abend aber sich wieder zerstreuen, um ein passendes Nachtquartier aufzusuchen. Sie fressen kleine Früchte und zum Theil auch Insekten. Die abgebildete Art hat die Grösse eines Sperlings und ist im Alter schön lasurblau gefärbt, besonders das Männchen, jüngere Vögel und Weibchen erscheinen grünlich grau; der Kopf, Vorderhals, Nacken, die Flügel und Schwanzfedern sind schwarz, die beiden mittleren längeren mit bläulichem Anflug; auf dem Scheitel steht eine grosse, schön feuerrothe Federnholle. Schnabel und Beine sind röthlich hornfarben. Das Vaterland ist Brasilien bei Para und Rio.

Fig. 3. Die goldköpfige Tanagra (Tanagra *auricapilla Spix.*), um die Hälfte verkleinert.

Die Gattung Tanagra unterscheidet sich von der vorigen besonders durch den längeren, stärkeren, gegen die Spitze zusammengedrückten Schnabel, dessen Nasengruben mehr hervorragen, aber gleichfalls befiedert und am Rande mit Borsten besetzt sind. Dabei ist die allgemeine Form anders, besonders viel mehr gestreckt, der Schwanz länger, die Beine stärker und die Zehen nur am Grunde etwas verwachsen, die äussere viel kürzer als die mittlere. Das Gefieder ist kürzer, steifer, liegt dichter an, besonders auf dem Rücken, wo es die Flügel nicht versteckt. Auch in der Lebensweise weichen die Tanagra-Arten von den Manakins ab, denn sie entfernen sich grade von feuchten Orten, lieben das offene Feld und kommen häufig in die Pflanzungen; auch fressen sie mehr Insekten als Beeren. Ihre eigentliche Heimath ist indess ebenfalls das warme Amerika in seiner ganzen Erstreckung. Die abgebildete Art gehört zu den grösseren, und wird $6\frac{1}{2}$ Zoll lang; ihre Hauptfarbe ist oben ein schmutziges braungrün, das an den Flügeln und am Schwanz ganz in schwarzbraun übergeht; der Scheitel hat verlängerte Federn mit vereinzelten Fahnenstrahlen und ist schön dottergelb gefärbt. Stirn, Zügel und Augengegend sind schwarz; die Kehle, die Brust und der Bauch lehmgelb, erstere mehr ausgefärbt als die anderen, und diese an den Seiten ganz graugelb. Schnabel und Beine hornfarben, braun mit bläulichem Anflug. Vaterland Brasilien in der Gegend von Rio.

b. Nasenlöcher unter Federn versteckt, im Alter die Nasengrube bisweilen nackt. Schnabel am Grunde sehr breit. *Ampelidae.*

Die Mitglieder dieser Gruppe finden sich, gleich den vorigen, gewöhnlich in der heissen Zone, und gehören den Gattungen Rupicola, Ampelis, Procnias, Eurylaimus an, welche zu den Raben hinüber führen; in der kalten und gemässigten Zone findet sich bloss:

Fig. 8. Der Seidenschwanz (Bombycilla *garrula*), um die Hälfte verkleinert.

Er hat einen kurzen graden etwas dicken Schnabel, der nach vorn etwas höher nnd gewölbter ist, so dass der Oberkiefer an der Spitze einen merklichen Hacken bildet, neben dem die recht sichtbare Kerbe liegt; von der Nasengrube bemerkt man nichts. Der Kopf ist ziemlich gross und mit einer aufrichtbaren Federnholle geziert; der ganze Leib von einem dichten, weichen, langfahnigem Gefieder bedeckt, welches bei allen Arten eine röthliche braungraue Farbe hat, und in seiner Bildung ziemlich mit dem der Manakins übereinkommt; nur die Flügel und Schwarzfedern ragen aus diesem gleichmässigen Federnkleide hervor. Die Flügel sind etwas spitz, ziemlich lang, reichen bis auf die Mitte des Schwanzes, und haben, mit Ausnahme der oberen Deckfedern, eine schmutzig graue Farbe, worauf weisse Zeichnungen, welche durch die weissen Spitzen der grossen Deckfedern gebildet werden; dagegen sind die 4 — 9te Handschwinge an der ganzen Spitze gelbgesäumt, und die 9 Armschwingen am Ende des Schaftes mit einem schön scharlachrothen Hornblättchen geziert. Schwanzfedern ebenfalls schwarzgrau, am Ende zitronengelb, im hohen Alter mit ähnlichen aber kleineren rothen Schaftblättchen. Schnabel bläulich hornfarben, das Gefieder am Grunde, an den Zügeln, der Kehle und hinter den Augen tief sammetschwarz. Der Seidenschwanz hat die Grösse des Dompfaffen und nährt sich von saftigen Früchten aller Art. Er bewohnt im Sommer den hohen Norden Europas, kommt aber in vielen Wintern schaarenweise bis nach Deutschland, woselbst er dann mitunter sehr häufig gesehen wird, da ihn sein zutrauliches Naturell bis dicht an die menschlichen Wohnungen führt. Schon im Februar schickt er sich zur Abreise an.

Familie Grossschnäbler. *Magnirostres s. Corvinae.*

Wesentlicher Character. Schnabel stark, so lang als der Kopf, grade; Nasengruben nicht sichtbar, befiedert oder von Federn bedeckt; starke kräftige Gangfüsse.

A. Nasengruben dicht befiedert, aber die Nasenlöcher sichtbar.

a. Unterkiefer am Grunde höher als der Oberkiefer, Mundwinkel herabgezogen. *Merulidae.*

Fig. 4. Der gemeine Staar (Sturnus *vulgaris*), 3mal verkleinert.

Schnabel von mässiger Länge, ganz grade, oben flach, besonders gegen die abgerundete Spitze hin, woselbst ziemlich breit und am äussersten Rande scharf, der Mundwinkel besonders stark herabgezogen; Nasenlöcher zur Hälfte von einer Hornschuppe bedeckt, dicht vor der in den Schnabel hineinreichenden Befiederung der Nasengrube. Kopf ziemlich klein, Hals mässig, der Leib ziemlich schlank. Flügel schmal, zugespitzt, reichen bis auf die Mitte des Schwanzes; erste Handschwinge sehr verkürzt, die zweite etwas kürzer als die dritte, längste. Schwanz kurz, breit, am Ende leicht ausgeschnitten. Beine ziemlich stark, Krallen lang, ziemlich gebogen und spitz. Der Staar ist ein Strichvogel, welcher selbst in seiner Heimath häufig hin und her zieht, und fast nie allein angetroffen wird. Zur Heckzeit sieht man ihn paarweis, nachher in grossen Schwärmen, welche hier und dort niederfallen und gern auf Viehweiden und Feldern eine Zeit lang verweilen, um daselbst nach Insekten zu suchen. Diese, besonders Ungeziefer der Hufthiere, bilden seine Hauptnahrung, doch frist er auch Beeren. Der junge Vogel ist gelblich braungrau, mit hornfarbenem Schnabel und Beinen, und Federn von gewöhnlicher Form; nach der ersten Mauser wird die Farbe dunkler und die Federn bekommen eine zugespitzte lanzettliche Form, die mit jedem Jahr immer mehr hervortritt; ganz alt ist der Staar dunkel violett, mit grünlichem Metallschimmer, Schnabel und Beine schön gelb, ersterer im Herbste schwarz; ebendann jede Feder mit weisser Spitze, die beim Weibchen grösser ist als beim Männchen und gegen den Frühling nach und nach abgerieben wird, so dass er im Sommer fast einfarbig erscheint, doch weniger das Weibchen als das Männchen. Der Staar nistet in Baumhöhlen, besonders der Eichen, und heckt jeden Sommer 2mal; die 4—7 Eier sind meergrün und die Jungen werden bloss vom Weibchen gefüttert. Sein Gesang ist sehr mannigfach, aber nicht angenehm; dennoch hält man ihn in Wohnungen, da er sich zum Sprechen abrichten lässt. Er wird $8\frac{1}{2}$—9 Zoll lang.

b. Unterkiefer nicht höher als der obere, Mundwinkel grade. Federn der Nasengrube dicht gedrängt, sammetartig. *Paradisidae*

Fig. 6. Der gemeine Paradisvogel (Paradisea *apoda*), 6mal verkleinert.

Die eigenthümliche Vogelgattung Paradisea, von deren Arten die abgebildete noch am häufigsten vorkommt, findet sich bloss in Neu-Guinea oder auf den benachbarten Inseln, und besteht gegenwärtig aus 8—10 Arten, welche sich alle durch eine höchst eigenthümliche Form oder Grösse gewisser Federn auszeichnen. Im Schnabelbau bieten sie wenig Besonderes dar, derselbe ist von mässiger Grösse, grade, vierseitig, ein wenig gebogen und auf die Stirn hin ausgedehnt, gegen die Spitze zusammengedrückt, aber nicht hakig; die Befiederung der Nasengrube zeichnet ihn besonders aus. Der Körperbau ist eher plump als zierlich, dohlenförmig, die Flügel sind nicht sehr lang, der Schwanz meistens kurz, abgestumpft; die Beine plump, gross, ganz wie bei den Raben. Bei Einigen sind die Bürzelfedern, bei Anderen die Tragfedern der Flügel, bei noch Anderen die Ohrfedern abweichend geformt und sehr gross. Die abgebildete Art ist im Körper kaum so gross wie eine Dohle, namentlich ist der Kopf kleiner, und der Leib schlanker, aber die sehr entwickelten Bürzel- und Steissfedern machen sie über doppelt so lang. Die Hauptfarbe des Gefieders ist braun, besonders am Rücken und an den Flügeln; Stirn, Zügelrand, Kehle und Vorderhals haben eine prachtvolle, grüne, metallisch glänzende Befiederung; aber Scheitel, Nacken und der übrige Hals sind lehmgelb. Der Schwanz hat beim Männchen zehn gleich lange Federn von gewöhnlicher Bildung, und 2 mittlere fahnenlose feine Schäfte von 28—30 Zoll Länge; beim Weibchen, das überhaupt viel schlechter gefärbt ist, auch den metallischen Glanz der Federn nicht hat, sind die 12 Schwanzfedern ganz gleich. Ausserdem hat das Männchen jederseits am Bauch 2 Büschel grosser, sehr langer und zarter Federn mit zerstreuten Fahnenstrahlen, welche nach hinten gerichtet sind, den Schwanz bedecken, und weit über ihn hinabhängen; sie sind die Hauptzierde des Vogels. Er findet sich in Truppen von 20—30 Stück auf Neu-Guinea, und wandert in der heissen Jahreszeit auch auf die benachbarten Inseln; zur Zeit des Sturms wird er wegen seines langen Gefieders vom Winde mit fortgerissen und theils hoch in die Luft entführt, theils zu Boden geworfen. Daraus erklärt sich die alte Fabel, dass der Paradisvogel keine Füsse habe. Von seiner Lebensweise ist wenig bekannt, nach Einigen frisst er Früchte, nach Anderen Insekten, besonders Schmetterlinge.

Fig. 5. Der Mino oder Atzel (GRACULA *religiosa Linn.*), 4mal verkleinert.

Dieser Vogel ist das einzige Glied seiner Gattung, und unterscheidet sich von den Paradisvögeln, denen er in der Befiederung der Nasengruben sehr ähnlich ist, besonders durch den starken nach oben mehr gewölbten, kegelförmigen Schnabel, dessen Oberkiefer neben der Spitze eine kleine Kerbe hat, während der Unterkiefer kürzer ist und seitlich etwas zusammengedrückt. Ganz eigenthümlich sind die nackten Hautlappen am Kopfe jederseits unter dem Auge, welche nach hinten gegen den Nacken hin vorragen und daselbst breiter werden. Die Zunge ist knorpelig und an der Spitze gespalten. Der übrige Körper hat nichts Ausgezeichnetes. Der Kopf ist ziemlich gross, der Hals kurz, der Leib plump, mehr rabenartig; die Flügel reichen bis auf die Mitte des Schwanzes, die erste Schwungfeder ist sehr verkürzt und die dritte die längste; der Schwanz breit, nicht sehr lang, abgerundet; die Füsse ohne Auszeichnung, rabenartig. Der Vogel hat die Grösse einer Drossel, ist ganz dunkel blauschwarz, metallisch glänzend, aber der Schnabel, die nackten Hautlappen und die Füsse sind gelb. Die Kopffedern sind kurz, rund, dicht angedrückt, sammetartig, mit Ausnahme eines Streifens längerer spitzer Federn, welcher am Schnabelgrunde entspringt und bis zum Nacken sich fortsetzt. Auf den Flügeln findet sich ein weisser Fleck, welcher dadurch entsteht, dass jede Handschwinge in der Mitte eine weisse Querbinde hat. Die Atzel findet sich in Ostindien sehr häufig, und wird daselbst in Käfigen fast allgemein gehalten, da sie, wie der Staar, sprechen lernt, und sogar besser als der Staar, die Papageien und alle anderen Vögel. Sie hält sich gleich dem Staar nur in Gesellschaften auf und ist, wie dieser, ein Strichvogel, der sich von Insekten, besonders Larven, nährt, sich aber in der Gefangenschaft am Besten mit gehacktem Fleisch futtern lässt.

B. Nasengrube von borstigen Federn bedeckt, welche sich im Alter bisweilen abreiben. *Corvinae.*

Fig. 7. Die Mantelkrähe (CORVUS *cornix*), 6mal verkleinert.

Unter den Raben ist die Mantel- oder gemeine Krähe offenbar die allergemeinste Art, da sie sich in der ganzen gemässigten und kalten Zone aufhält, in Amerika aber nicht so weit nach Norden vordringt, als in Europa und Asien. Sie hat den grossen starken, länglich kegelförmigen, etwas zusammengedrückten Schnabel der Raben, dessen weite Nasengrube ganz von langen, zerstreutstrahligen Federn bekleidet ist. Bei der abgebildeten Art bleiben diese Federn, wie gewöhnlich, zeitlebens, nur bei der Saatkrähe (*C. frugilegus*) gehen sie im Alter verlohren, ohne wieder zu kehren, weil sich die Wachshaut schwielig verdickt. Die Krähe ist in ihrer gewöhnlichen Färbung aschgrau, aber der Kopf, der Vorderhals, die Flügel und der Schwanz sind dann schwarz, ebenso Schnabel und Beine; allein es giebt auch ganz schwarze, völlig rabenfarbene Varietäten, welche in manchen Gegenden ganz besonders häufig, ja häufiger als die gewöhnliche Färbung, vorkommen, und mit dem Namen Rabenkrähen (*C. corone*) belegt werden. Viele Naturforscher hielten sie lange für eine eigene Art. Die Krähe ist ein Standvogel, welcher auch den Winter bei uns zubringt, im Herbste sich schaarenweise versammelt, um vom Lande in die Städte zu ziehen und hier, der grösseren Wärme wegen, auf Haus- und Kirchendächern zu übernachten. Ihre gewöhnliche Nahrung ist Aas, doch nimmt sie auch mit Insekten und im Winter zumal mit dem Abfall der menschlichen Nahrungsmittel vorlieb. Sie nistet gesellig auf hohen Nadelbäumen, baut ein grosses kunstloses Nest aus Reisig, und legt darin 4—5 grüne, schmutzig braun besprengte Eier.

Familie Dünnschnäbler. *Tenuirostres s. Certhiaceae.*

Wesentlicher Charakter. Schnabel allermeist länger als der Kopf, und dann sehr dünn und gebogen. Nasengrube frei sichtbar, verlängert. Betragen kletternd; Nahrung Insekten oder Blumenhonig.

A. Mit gradem, schwach seitlich zusammengedrücktem Schnabel. *Sittaceae.*

Fig. 12. Der Blauspecht oder Kleiber (Sitta *europaea*), um die Hälfte verkleinert.

Dieser Vogel ist keineswegs ein Specht, wie der Name anzudeuten scheint, obwohl er die Lebensweise der Spechte hat. Sein Schnabel ist kürzer, mehr pfriemenförmig, aber sehr hart und gegen die Spitze keilförmig; die Nasenlöcher liegen dem Grunde sehr nahe, und sind zum Theil unter steifen Borsten verstekt. Die Flügel sind kurz, stumpf, mit 10 Handschwingen, von denen die erste nur sehr klein ist. Der Schwanz ist sehr kurz, abgestutzt, die Federn am Ende weich und abgerundet. Das ganze Gefieder überhaupt weich, langfahnig, und daher das äussere Ansehn des Vogels plump. Die Hauptfarbe desselben ist auf der ganzen Obenseite bläulich grau, an Bauch und Brust fleischroth, beim Männchen dunkler, fast rostfarben, Kehle weiss. Zügel schwarz, setzen sich bis hinter das Auge fort, und bilden einen breiten, am ganzen Halse bis zum Anfange der Flügel herablaufenden Streif. Flügel und Schwanzfedern mit weissen Flecken, bei ersteren mehr am Rande. Der Kleiber bewohnt ganz Europa, hält sich meist paarweise in Gärten und Gebüschen auf, hüpft an den Zweigen nach Insekten, welche er in den Spalten der Rinde aufsucht, und nistet in Baumlöchern, deren Oeffnung er bis zum engen Flugloch vermauert; er legt 6—8 weisslich grüne, braun besprengte Eier. In der Grösse kommt er dem Kernbeisser nahe.

B. Mit gebogenem, längerem, pfriemenförmigem Schnabel.

a. Zunge flach, knorpelig, an sich kurz. Fressen Insekten. *Certhiaceae.*

α. Schwanzfedern steif, dienen zum Anstemmen.

Fig. 13. Der gemeine Baumläufer (Certhia *familiaris*), ⅔ der natürlichen Grösse.

Er hat ganz die Lebensweise des Vorigen und kommt namentlich durch die Schwanzbildung noch mehr mit den Spechten überein. Es haben nehmlich die Schwanzfedern einen sehr steifen, gegen die Spitze flachen, etwas erweiterten und dann stark zugespitzten Schaft, dessen Ende nach unten gebogen ist; dabei sind die Fahnenstrahlen kurz, ebenfalls steif, und nehmen gegen die Spitze des Schaftes allmälig an Länge ab, so dass die Feder lanzettförmig ist. Am auffallendsten unterscheiden sich die Baumläufer von den Kleibern durch den Schnabel, welcher etwa so lang ist als der Kopf, sanft gebogen, fein zugespitzt, zusammengedrückt mit scharfem Rücken. Die Nasenlöcher liegen dicht vor der Stirn, sind spaltenförmig und von kleinen in der Wachshaut liegenden schmalen Nasendecken verengt. Die Zunge ist ziemlich lang, schmal, zugespitzt, kann aber nicht herausgeschnellt werden. Die Füsse haben eine passende Grösse, aber starke gebogene Krallen, und die Aussenzehe ist merklich kürzer als die mittlere. Gefieder oben grau, mit rostfarbenem Anflug, jede Feder mit grossem, weissem, tropfenartigem Schaftfleck; unten ganz weiss, eine ebensolche Binde quer über die Stirn; Schnabel braun, Füsse gelblicher. Der Baumläufer, auch Baumklette genannt, findet sich in ganz Europa und Nord-Amerika bis Mexiko als Standvogel, lebt im Sommer in Wäldern, im Winter in Gärten, nistet ebenfalls in Baumlöchern, und legt 3—5 weisse, rostroth und hell violett besprengte Eier. Er ist der einzige Repräsentant seiner Gattung.

In den tropischen Gegenden Südamerikas findet sich die an Arten zahlreiche Gattung *Dendrocolaptes*, welche alle Kennzeichen von *Certhia*, doch einen längeren mehr gebogenen Schnabel, hat, und besonders dadurch abweicht, dass die Aussenzehe genau so lang ist, als die mittlere. **Fig. 14.** giebt ein Bild von dem Fuss des D. *tenuirostris* in natürlicher Grösse.

β. Schwanzfedern weich, dienen nicht zum Anstemmen.

Fig. 10. Der Mauerspecht (Tichodroma *muraria*), um die Hälfte verkleinert.

Der Schnabel dieser Gattung ist länger als der von *Certhia*, noch feiner, sanft gebogen, rundlich, am Grunde breiter und flach gedrückt; Nasengrube länger, sonst die Nasenlöcher wie bei *Certhia*, aber schief gestellt. Zunge eigenthümlich, lang, zugespitzt, mit harter stechender Spitze und verlängerten Zungenbeinhörnern, daher ziemlich weit ausstreckbar. Der übrige Bau ziemlich wie bei *Certhia*, aber die Flügel breiter und der Schwanz kurz abgestutzt, mit weichen abgerundeten Federn. Gefieder grau, Schnabel, Brust und Beine schwarz, Flügel und Schwanz ebenso, aber die grossen Deckfedern der ersteren mit karminrothem Grunde und schwarzem Spitzenfleck, desgleichen die untere Randhälfte der Aussenfahne aller Schwungfedern. Der Mauerspecht bewohnt die Gebirge des südlichen Deutschlands, hüpft an kahlen Felswänden und zerfallenem Gemäuer auf und nieder, beständig in den Ritzen und Fugen Insekten aufsuchend; an geeigneten Stellen legt er in Spalten sein Nest an, und bebrütet daselbst seine 5—6 weissen Eier. Auch im Winter findet er sich bei uns, steigt in dieser Jahreszeit in die tiefer gelegenen Thäler hinab, und kommt so bis nach Thüringen, Böhmen und Schlesien, aber nie in die Ebene.

b. Zunge rund, fadenförmig, am Ende gespalten, weit ausstreckbar, zum Honigsaugen brauchbar. *Netarisugae.*

Fig. 11. Der Pelzhonigsänger (NECTARINEA (DREPANIS *Temm.*) *vestiaria*), um die Hälfte verkleinert.

Die Gruppe der Honigsänger (NECTARINEA *Ill.*) ist über die Tropenzone beider Erdhälften verbreitet und kommt noch in den angrenzenden Gegenden in mehreren Repräsentanten, aber nirgends in der gemässigten Zone, vor. Sie zeigt in der Grösse des gebogenen, seitlich zusammengedrückten Schnabels bedeutende Verschiedenheiten, welche zur Eintheilung in Untergattungen benutzt werden. Bei Allen sind die Füsse zarter gebaut als bei den Vorigen, die Zehen, zumal die hintere, kürzer und die Krallen kleiner. Sie können daher nicht klettern, fressen aber dennoch Insekten, und saugen zugleich, nach Art der Kolibris, den Honigsaft aus den Blumen. Die abgebildete Art bildet mit einigen Verwandten die Gattung DREPANIS *Temm.* (MELITHREPTUS *Vieill.*) und zeichnet sich durch den grossen sehr stark gebogenen Schnabel und die kürzere, an der Spitze pinselförmig gefaserte Zunge aus. Sie bewohnen die Sandwichinseln. Das Gefieder von DR. *vestiaria* ist schön scharlach roth, aber die Flügel und der Schwanz sind schwarzbraun; der Schnabel roth, die Beine schwarz. Die Bewohner jener Inseln benutzen die Körperhaut dieses Vogels zur Fabrikation der schönen Mäntel, welche die Vornehmeren tragen; den Vogel selbst nennen sie *Heoro-taire.*

Familie LANGHÄNDER. *Longimanae.*

Wesentlicher Charakter. Schnabel ganz kurz, flach, an der Spitze hackig, am Grunde sehr breit, mit tiefer Mundspalte und weiter Mundöffnung. Handschwingen sehr lang, die erste die längste. Füsse sehr zart. Nahrung Insekten.

Fig. 9. Die Rauchschwalbe (HIRUNDO *rustica*), $\frac{2}{3}$ der natürlichen Grösse.

Die Schwalben stehen unter den Singvögeln sehr vereinzelt da und haben ihre nächsten Formverwandten unter den Spechtvögeln (vergl. die folgende Tafel) namentlich in den Seglern (CYPSELIS) und den Nachtschwalben (CAPRIMULGIS); auch stehen sie im Flügelbau und in der geringen Grösse der Beine den Kolibris nahe. Dennoch sind sie wahre Singvögel, da sie den Singmuskelapparat besitzen, und einen eben nicht unangenehmen Gesang hören lassen. Ausser den als Familiencharakter angegebenen Merkmahlen, welche, da nur die einzige Gattung HIRUNDO dieser Familie angehört, zugleich Gattungscharaktere sind, zeichnen sich die Schwalben durch ihren grossen, breiten, oben flachen Kopf, ihren kurzen Hals, und den langgestreckten Körper aus; besonders verlängert sind die Armschwingen und äusseren Schwanzfedern, daher der Schwanz gabelig ist. Die geringe Grösse der Füsse deutet schon an, dass sie weder gehen noch klettern, nur schwach hüpfen können, mithin ihre Nahrung im Fluge fangen müssen. Diese besteht ausschliesslich in Insekten. Die Rauchschwalbe ist oberhalb ganz stahlblau, Stirn und Kehle sind rostfarben, Wangen und eine Binde über die Brust schwarz, der Bauch röthlich gelb, besonders an den Seiten. Schnabel und Füsse schwarz, letztere nicht befiedert. Sie ist bekanntlich, wie alle Schwalben bei uns, ein strenger Zugvogel, der im April kommt und Ende Septembers wieder abzieht. Ihr Nest baut sie aus Koth ins Innere von Gebäuden aller Art, doch so, dass es von oben geschützt ist, da es nur den vierten Theil einer Kugelzone bildet, mithin oben offen bleibt. Sie brütet 2mal, und legt 4—6 weisse, rothbesprengte Eier.

TAFEL 12.

2. Klasse. Vögel. Aves.

3. Ordnung. *Spechtvögel. Aves picariae.*

Wesentlicher Charakter. Sie haben allermeist grosse Schnäbel, häufig Schreit- oder Kletterfüsse, niemals einen Singmuskelapparat, aber stets eine befiederte Bürzeldrüse.

Familie LONGIMANAE.

Sie haben kleine kurze und breite, oder feine pfriemenförmige, und dann wohl sehr lange, Schnäbel; sehr lange, gebogene Schwungfedern, und kleine zart gebaute Gangfüsse.

Fig. 1. TROCHILUS *magnificus Less.* (TR. *decorus Lichtenst.*), in natürlicher Grösse.

Die Gattung der Kolibris hat einen langen, dünnen, drehrunden, graden oder sanft gebogenen Schnabel, eine lange aus 2 Fäden gebildete, hohle Zunge, welche weit ausgestreckt werden kann, und sehr kleine, äusserst zarte Füsse. Flügel sehr lang in dem Theil, welcher der Hand entspricht, aber kurz im Oberarm, die Schwungfedern sehr gross und gebogen, oft mit breitem hornigem Vorderrande. Brustbein mit hohem Kamm, hinten abgerundet, ohne Buchten. Die Arten finden sich bloss in Amerika, aber in allen Zonen, mit Ausnahme der kalten; sie fliegen mit grosser Schnelligkeit von Blume zu Blume, und saugen deren Honig. Ihr Nest hat die Grösse einer Wallnussschale und besteht aus Baumwolle; ihre Eier, etwas grösser als Erbsen, sind weiss. Man kennt über 100 Arten, darunter eine der prächtigsten die abgebildete. Der Leib ist schmutzig erzfarben, die Holle kastanienbraun, Stirn- und Kehlfedern glänzend metallisch grün, Seitenfedern des Halses sehr gross, weiss, mit erzfarbenem Rande; Schwanz dunkel kastanienbraun. In Brasilien.

Fig. 2. Der Mauersegler, (CYPSELUS *apus*), 3mal verkleinert.

Schnabel ausserordentlich klein, platt; Nasenlöcher oben auf dem Schnabel, nierenförmig (2.a); der Rachen weit und tief gespalten. Die Flügel ganz wie beim Kolibri, nur noch länger. Die Füsse eigenthümlich, alle vier Zehen nach vorn gerichtet (2.b), doch so, dass die beiden äusseren und beiden inneren einander näher stehen, der innerste (Daumen) zweigliedrig, alle übrigen dreigliedrig. Schwanz gabelig, hat nur 10 Federn; Brustbein wie beim Kolibri mit hohem Kamm aber ohne Buchten. Die Arten dieser Gattung halten sich an Mauern und Felswänden auf, fliegen äusserst schnell, oft schaarenweis mit lautem Geschrei, schnappen dabei Insekten, und setzen sich nie auf den Boden. Die einheimische abgebildete Art ist 7″ lang, russbraun mit weisslicher Kehle, und nistet auf Kirchthürmen oder hohen Häusern. — Nahe verwandt mit ihr ist die Salangane (HEMIPROCNES *fuciphagus Nitzsch.*); sie hat den Daumen nach hinten gerichtet, 4 Glieder an der mittlern, 5 an der äussersten Zehe, und baut ein viertelkugeliges Nest aus dem essbaren Seetang (*Sphaerococcus cartilagineus*), welchen sie verschluckt, im Kropf erweicht und dann wieder ausspeit; dieses Nest wird in Ostindien gegessen. Das Thierchen erreicht eine Länge von $3\frac{1}{2}$″, ist ganz wie der Mauersegler gefärbt, und bewohnt die felsigen Küsten, an welchen es auch sein Nest befestigt.

Familie CUCULINAE.

Schnabel von mittlerer Grösse, so lang als der Kopf, oder etwas länger, meistens etwas gebogen, bisweilen ganz kurz und kegelförmig. Beine theils Schreitfüsse, theils Kletterfüsse. Fressen nur Insekten, welche sie im Fluge fangen.

Fig. 3. Die Nachtschwalbe oder der Ziegenmelker (CAPRIMULGUS *europaeus*), 4mal verkleinert.

Der Schnabel wie bei Cypselus, sehr klein, hakig, aber der Rachen sehr tief bis hinter das Auge gespalten. Nasenlöcher röhrenförmig, Zunge sehr klein; an der Oberlippe starke steife Borsten; die Augen gross. Füsse klein und zart gebaut, die mittelste Zehe der drei vorderen mit am Innenrande gekämmter Kralle (3.a), die äusserste nur viergliedrig. Flügel ziemlich lang. Das Gefieder weich und dicht, dem der Eulen ähnlich, der Schwanz bei manchen gabelförmig. Von den Schwalben haben sie nur die allgemeine Form. Die europäische Art wird 10″ lang, ist schwarzgrau und gelb gesprenkelt, das Männchen mit einem weissen Fleck an der ersten Schwungfeder (siehe die Abbildung). Sie findet sich in ganz Europa, aber nur einzeln, brütet ohne Nest auf blosser Erde in Gebüschen, legt 2 weissliche schwarz marmorirte Eier, und fängt Insekten zur Abend- und Nachtzeit; bei Tage hält sie sich versteckt.

Fig. 5. Die Mandelkrähe oder Blauracke (Coracias *garrula*), 4mal verkleinert.

Sie hat, wie der Ziegenmelker von den Schwalben, so von den Krähen das äussere Ansehn. Der Schnabel ist ziemlich grade, nur der Oberkiefer herab gebogen, die Nasenlöcher am Grunde, schief und unbedeckt; hinter dem Auge ein nackter Fleck. Farbe überall spangrün, der Rücken hell mandelbraun, die Schwungfedern äusserst schön lasurblau, besonders an der inneren Seite. Nur im östlichen Deutschlande und Ost-Europa, nistet in hohlen Bäumen, legt weisse Eier, schreit wie ein Laubfrosch, und frisst Insekten. 12″ lang.

Fig. 8. Der Kukuk (Cuculus *canorus*), 4mal verkleinert.

Schnabel etwas gebogen und etwas schmal gedrückt, kaum kürzer als der Kopf; Nasenlöcher am Grunde, rundlich, mit erhabenem Rande. Füsse kurz, dem Anschein nach wie bei Raubvögeln, aber zwei Zehen nach hinten (die innerste und die äusserste). Der Magen ist häutig, und auf seiner inneren Fläche häufig dicht behaart, welche Haare indess von den verzehrten Bärenraupen herrühren. Farbe in der Jugend braun oder grau, mit schwarzen Querwellenlinien; im Alter der ganze Rücken, Kopf und Kehle einfarbig braungrau, Brust, Bauch und Schenkel weiss mit schwarzen feinen Querwellenlinien, Beine und Schnabel am Grunde wachsgelb. Der Kukuk legt sehr kleine Eier in das Nest Insekten fressender Vögel, brütet aber selbst nicht. Er findet sich überall in Europa, aber gewöhnlich in einer Gegend nur paarweis.

Familie Picinae.

Sie haben grössere grade oder gebogene, meistens sehr starke Schnäbel, nur Kletterfüsse, und nähren sich von Insekten, welche sie in ihren Schlupfwinkeln aufsuchen.

Fig. 9. Der Wendehals (Jynx *torquilla*), um die Hälfte verkleinert.

Der Schnabel (9. a) ist noch kürzer als der Kopf, schwach, nicht kantig, stark zugespitzt, grade; Nasenlöcher am Grunde und unbedeckt, weit; die Zunge kann sehr weit herausgesteckt werden, vermöge der bedeutenden Länge der Zungenbeinhörner. Schwanz ziemlich lang, aber abgerundet, nicht steif an der Spitze oder zum Anstemmen brauchbar. Gefieder graugelb, dunkel gesprenkelt, viele Federn mit schwarzem Dreieck vor der weissen Spitze; Kehle, Brust und Bauch weisslich, mit schwarzen, dreieckigen Flecken; Schwanzfedern gelb und schwarz bandirt, ein Fleck am Halse, am Rücken und drei Querbinden auf dem Schwanz schwarzbraun. Er lebt paarweis, nistet in alten meistens laublosen hohlen Baumstämmen, legt weisse Eier, und klettert wie ein Specht, um Insekten zu suchen. In der Gefangenschaft dreht er den Hals merkwürdig und eigenthümlich, wobei der Kopf oft unbeweglich stehen bleibt, wenn der Leib aus seiner Lage gebracht wird.

Fig. 10. Der Grünspecht (Picus *viridis*), 4mal verkleinert.

Die Gattung der Spechte hat einen graden, starken pyramidalen, kantigen, sehr harten, vorn keilförmig zugeschärften Schnabel, welcher auf der Mitte gewöhnlich eine hervorragende Leiste zeigt; die Nasenlöcher am Grunde, von den Halfterfedern verdeckt. Merkwürdig ist besonders der Bau der Zunge. Sie besteht aus einem kleinen gezackten Knorpelstück, an welches das lange grade, runde, fast gleich dicke Zungenbein stösst, und an dieses gelenken nach hinten die beiden Zungenbeinhörner. Sie sind über 2mal so lang als der übrige Theil der Zunge, und steigen gewunden neben dem Halse vorbei am Hinterhaupt in die Höhe, gehen über den Scheitel fort und reichen bis zur Stirn (10. a), in dieser Lage durch Muskeln gehalten. Ein eigenthümlicher Muskelapparat dient nun dazu, diese Zungenbeinhörner, und somit auch die Zunge, hervorzustecken, bis sie die Länge von 4 — 6″ erreicht hat. Mit dieser drehrunden fleischigen Zunge fangen die Spechte Insekten, welche in den Ritzen und Spalten der Baumstämme sitzen. Um dieselbe aufzuschrecken und aus ihren Schlupfwinkeln hervorzulocken, klopfen sie mit dem Schnabel an die Stämme, und bohren Löcher durch die Rinde. Sie klettern vermittelst ihrer starken Kletterfüsse am Stamm auf und ab, und stämmen sich dabei mit ihren spitzen steifen Schwanzfedern fest. Sie halten sich daher nur in Wäldern auf, nisten in Baumlöchern, und legen weisse Eier. Von den acht in Europa einheimischen Arten ist die abgebildete, der Grünspecht, ziemlich die häufigste.

Er wird 12″ lang, hat eine gelblich grüne Farbe, aber der Scheitel bei beiden Geschlechtern roth; die Wangen und ein Fleck am Mundwinkel schwarz; die Deckfedern der Flügel weisslich gefleckt, die Schwungfedern mit weissen und schwarzen Querbinden. Zunge sehr lang.

Fig. 11. Der grosse Pfefferfresser oder Tukan (RHAMPHASTUS *maximus Cuv.* RH. *erythrosoma Wagl.*), 5mal verkleinert.

Schnabel gross, viel länger als der Kopf, stark seitlich zusammengedrückt mit besonders nach vorn hoher Firste, die Ränder gezähnt, die Nasenlöcher am Grunde des Schnabels; die Wangen und Schläfen nackt. Die Zunge so lang als der Schnabel, hornig, federförmig, schmal (11. a); der Schnabel inwendig markleer und voll Luft, daher sehr leicht. Die Beine sind Kletterfüsse, die äussere der beiden nach vorn gerichteten Zehen die längste. Schwanz grade, von mittlerer Länge, etwas abgerundet, nicht zum Anstemmen, besteht aus 10 Federn. Die Flügel nicht sehr lang, aber ziemlich breit. Die Arten dieser Gattung finden sich nur im tropischen Amerika, haben fast alle ein schwarzes Gefieder, mit gelber oder weisser Kehle und rother Brust, Bürzel und Steiss. Sie halten sich in Wäldern auf, nisten in hohlen Bäumen, nähren sich von saftigen Früchten, aber auch von Vogeleiern und jungen Vögeln, welche sie wie die Falken rupfen. Die abgebildete Art ist eine der grössern, wird ausgestreckt von der Schnabel- bis zur Schwanzspitze 21″ lang, der Schnabel allein 4¾″; dieser ist ganz schwarz, mit Ausnahme einer grünlich grauen Querbinde am Grunde; Wangen, Kehle und der ganze Vorderhals bis zur Brust einfarbig dottergelb, ohne hellere Einfassung; Brust, Seiten des Bauches, Bürzel und Steiss blutroth, alles Uebrige tief sammetschwarz. Kommt aus Peru und gehört zu den seltneren Arten.

Familie PSITTACINAE.

Schnabel äusserst dick, hoch gewölbt, Spitze hakenförmig übergebogen; die Zunge dick, fleischig, vorn abgestutzt; Kletterfüsse.

Fig. 12. Der Helmkakadu (PSITTACUS *galeritus*), 6mal verkleinert.

Die Gattung der Papageien besitzt wohl die stärksten, wenigstens die dicksten, Schnäbel unter allen Vögeln, deren Form durch die stark übergebogene hakige Spitze dem Bau des Raubvogelschnabels ähnlich wird, aber die Wachshaut ist klein, am Grunde versteckt, in ihr die runden Nasenlöcher. Der Kopf ist übrigens gross und dick, der Hals nur kurz, der Leib ziemlich lang gestreckt, die Flügel von ziemlicher Grösse; der Schwanz mannigfach, bald breit und abgerundet, bald sehr verlängert und zugespitzt. — Der Schlund erweitert sich unten in einen grossen Kropf, der Magen ist häutig, seine innere Oberfläche fast zottig; der untere Kehlkopf zeigt drei kleine Muskeln. Der Augenrand am Schädel ist nach unten geschlossen, der Oberkiefer in einer gelenkartigen Einschnürung am Grunde beweglich (12. a). Die Papageien bewohnen ausschliesslich die heisse Zone, leben nur auf Bäumen (die neuholländische Gattung PEZOPORUS geht auf dem Boden), und klettern mit Hülfe des Schnabels ausserordentlich geschickt. Ihre Nahrung besteht in Früchten und Samen, die sie sich mit den Füssen vorhalten. Sie haben eine laute gellende Stimme, und lernen menschliche Laute nachsprechen; ihr Nest in hohlen Bäumen und Felslöchern, die Eier weiss.

Nach der Befiederung der Wangen und Form des Schnabels theilt man sie ein:

A. Mit grosser Federholle auf dem Kopf.
  a. Schnabel sehr gross, stark gebogen; Wangen nackt. Zunge gespalten, ausstreckbar. *Rüsselpapageien.* (In Neuholland und auf den Sunda-Inseln.)
  b. Schnabel kürzer, rundlicher; Wangen befiedert. *Kakadus* (In Ostindien.)

B. Ohne Federholle auf dem Kopf.
  a. Schwanz lang und keilförmig.
    α. Wangen befiedert. *Perruches* (In Ostindien).
    β. Wangen nackt. *Aras.* (In Brasilien).
  b. Schwanz breit, kurz. (In Südamerika und Westafrika).
    α. Schwanz am breitesten, grade abgestutzt. Wangen bald nackt, bald befiedert. *Perroquets.*
    β. Schwanz schmäler, am Ende abgerundet. Wangen befiedert. *Zwergpapageien.*

Die abgebildete Art gehört in die Gruppe A. b., wird mit der aufgerichteten Holle bis 14″ hoch, ist überall weiss, nur die Holle und die Steissfedern schwefelgelb. Ostindien.

Familie Lipoglossae.

Schnabel veränderlich, doch meistens sehr lang, bald dünn sanft gebogen, bald grade, bald sehr gross dick und stark. Zunge sehr klein, verkümmert, knorpelig, kann nicht ausgesteckt werden. Beine niemals Kletterfüsse, meistens Schreit- oder Gangfüsse.

Fig. 6. Buceros *hydrocorax*, 8mal verkleinert.

Die Gattung der Nashornvögel oder Calaos zeichnet sich aus durch die sehr grossen, dicken, gebogenen Schnäbel, welche auf dem Oberkiefer mit einem verschieden gestalteten Aufsatz versehen sind; auch dieser Schnabel ist markleer, inwendig zellig und voll Luft. Sie haben einen langen Hals, dessen beide ersten Wirbel zu einem verschmolzen sind; Flügel breit, Schwanz verlängert mit 10 Federn; Schreitfüsse. Die Arten haben nicht selten eine bedeutende Grösse, und finden sich bloss in der heissen Zone der östlichen Hemisphäre. Die abgebildete Art hat einen cochenillrothen Schnabel, dessen Aufsatz mässig erhaben, oben abgeplattet, nach vorn zugeschärft und nach hinten abgerundet ist; Kopf schwarz, Kehle gelb, Hals und Vorderrücken kastanienbraun, der übrige Rücken schmutzig braun, Schwanzfedern schwarz, ebenso die Brust, Steiss und Bürzel bräunlich, der Schwanz hellisabellfarben. Die ganze Länge des Vogels beträgt 2′ 7″; er bewohnt die Philippinen, und frisst saftige Früchte, deren Samen er unverdaut wieder von sich giebt.

Fig. 7. Der Wiedehopf (Upupa *epops*), 3mal verkleinert.

Diese Gattung hat viel Verwandtes mit der vorigen, aber der Schnabel ist fein dünn, sanft gebogen, die Mundfläche desselben ganz eben. Scheitel mit grosser runder aufrichtbarer Holle; Beine fast Schreitfüsse, die Kralle der hinteren Zehe ziemlich grade. Die abgebildete, in Europa einheimische Art, wird gegen 11″ lang, ist überall röthlichgelbgrau, die Spitzen der Federholle schwarz, ebenso der Schnabel, die Beine und die Flügel; diese mit weissen Querbinden. Der Wiedehopf frisst Insekten und Gewürme, lebt viel auf der Erde, brütet in hohlen Bäumen ohne Nest, und verbreitet zur Brütezeit einen sehr unangenehmen Geruch, besonders das Weibchen.

Fig. 4. Der Eisvogel (Halcedo *ispida*), um die Hälfte verkleinert.

Er hat einen grossen, graden, kantigen, zugespitzten Schnabel, welcher besonders bei ausländischen Arten länger ist als der Kopf; die Nasenlöcher länglich, am Grunde im Schnabel; die Zunge ebenfalls klein, fast verkümmert. Kopf ziemlich gross. Hals kurz, der Leib mässig, eher klein in Bezug auf die Grösse des Kopfes. Das Gefieder an der ganzen Unterseite und ein Fleck hinter dem Auge hell kastanienbraun, obenauf schmutzig grünbraun, der Scheitel und die Deckfedern mit hell himmelblauen Flecken, der Rücken ebenfalls schön himmelblau, glänzend; Schnabel schwarz, Unterkiefer am Grunde roth; ebenso die Beine; Schreitfüsse, die beiden äussersten Zehen bis zum vorletzten Gliede verwachsen. Schwanz kurz mit 12 Federn, bisweilen mehr. Der Eisvogel hält sich an Ufern auf, nistet in Löchern daselbst, legt weisse Eier, sitzt gern auf Steinen und Pfählen mitten im Wasser, und nährt sich von Insekten, selbst kleinen Fischen, die er aus dem Wasser aufschnappt. Es findet sich in Europa nur diese Art; andere in der heissen Zone.

TAFEL 13.

2. Klasse. Vögel. Aves.

1. Ordnung. *Luftvögel. Aves aëreae.* (Siehe Taf. 10.)

4. Zunft. TAUBEN. *Columbinae.*

Wesentlicher Charakter. Sie sind Körnerfresser mit bauchigen Nasenlöchern ohne Singmuskelapparat, und bilden, als Uebergangsglied zu den Hühnern, nur eine Familie und eine Gattung.

Fig. 3. Die wilde Taube (COLUMBA *livia*), 3mal verkleinert.

Sie hat, wie alle Tauben, einen geraden, ziemlich kurzen, zierlichen Schnabel, dessen obere Hälfte an der Spitze überragt, und an seinem Grunde, in der aufgetriebenen Wachshaut, zwei knorpelige Schuppen, welche die Nasengruben bedecken, jedoch am Aussenrande ein spaltenförmiges Nasenloch frei lassen. Der Kopf ist ziemlich klein, völlig befiedert; der Hals kurz, mit grossem Kropf. Flügel lang und zugespitzt; Schwanz abgerundet. Die Beine sind immer roth und Gangfüsse, mit ziemlich kurzem Lauf aber 4 ziemlich langen, bis an die Wurzel gespaltenen Zehen und stark abgenutzten Krallen. Der Magen ist klein und muskulös; Gedärme lang, mit 2 kleinen Blinddärmen. Der ganze Körper hat harte, zum Theil schillernde Federn. Alle Tauben sind behende schnellfliegende Vögel, leben in der strengsten Monogamie, paaren sich zärtlich, nisten auf Bäumen und in Felshöhlen, legen 2 weisse Eier, welche Männchen und Weibchen abwechselnd bebrüten. Die Jungen ganz nackt und blind, werden mit einem käseartigen, im Kropfe der Alten abgesonderten Stoffe geätzt, und verlassen völlig flügge das Nest. Die Alten zeigen zur Brutzeit keinen kahlen Fleck am Bauch, und sind dem Geschlechte nach äusserlich nicht verschieden. Wegen ihrer eheligen Treue, ihres sanften Blickes, und des oft weissen Gefieders, sind sie von allen Völkern als Sinnbild der Unschuld anerkannt. Unsere wilde Taube findet sich in der ganzen alten Welt, scheint jedoch besonders die Nähe des mittelländischen Meeres zu lieben; sie hat, als Hauptstammmutter unserer Haustauben, eine besondere Wichtigkeit. Von ihren zahlreichen Gattungsverwandten unterscheidet sie sich durch zwei breite, schwarze Flügelbinden, schwarze Schwanzspitze und weissen Unterrücken.

2. Ordnung. *Erdvögel. Aves terrestres.* (Siehe Taf. 14.)

5. Zunft. HÜHNER. *Gallinaceae.*

Wesentlicher Charakter. Schnabel gewölbt, ganz von Horn bedeckt, mit heruntergebogener Spitze; Füsse 4zehig, die Zehen am Grunde durch eine Haut vereinigt. Beine kurz, Läufe der Männchen meist mit Sporen. Deckfedern mit doppelter Fahne, Schwungfedern kurz. Am Schlund ein grosser Kropf. Magen muskulös, Blinddärme lang. Die meisten sind Körnerfresser, scharren und leben in Polygamie.

Familie STEPPENHÜHNER. *Syrrhaptidae.*

Wesentlicher Charakter. Sie sind den Tauben sehr ähnlich, haben kurze Schnäbel mit gewölbten, befiederten Nasendecken, kurzen Hals, lange zugespitzte Flügel, kurze befiederte Füsse und abgerundeten Schwanz. Bewohnen die Steppen der alten Welt, fliegen und laufen gut, leben monogamisch, aber füttern die Jungen nicht.

Fig. 2. Das Sandflughuhn (PTEROCLES arenarius), 4mal verkleinert.

Die Gattung der Flughühner (PTEROCLES) zeichnet sich durch kurze, nackte Zehen aus, von denen die hintere sehr klein ist, und nicht auftritt. Der Lauf ist an der Vorderseite mit kurzen Federn bekleidet. Die langen Flügel bedecken den grössten Theil des keilförmig zulaufenden Schwanzes. Der Schnabel ist an den Seiten zusammengedrückt und die Nasenlöcher etwas sichtbar. Die Männchen unterscheiden sich von den Weibchen in der Farbe durch schwarze oder weisse Gürtel. Das Sandhuhn oder **Ganga** ist am Hinterbauche und dem Schenkel dunkelbraun, und hat an der Kehle einen schwarzen oder grauen Fleck, über die Brust aber einen schwarzen Gürtel. Seine Nahrung besteht aus Sämereien und Kerfen, und sein Vaterland sind die Wüsten Afrikas und Südasiens; doch verfliegt es sich auch bis in die dürren Gegenden Spaniens, und kommt zuweilen sogar nach Deutschland. Es fliegt und läuft ungemein schnell, ist nicht sehr scheu, nistet auf der Erde, und ist derselbe Vogel, den die Israeliten auf ihrem Zuge aus Aegypten in der Wüste antrafen und als Nahrung benutzten. In der Bibel wird er Wachtel genannt.

Familie Eigentliche Hühner. (*Gallineae.*)

Wesentlicher Charakter. Schnabel ziemlich kurz, dick und gewölbt. Hinterzehe meist klein, nur mit der Spitze auftretend. Schwanz gross, bemerkbar, kann ein Rad schlagen. Kopf oft mit Hautlappen.

A. Hinterzehe kurz, höher angesetzt als die vorderen, nur mit der Spitze auftretend. Schwanz kann ein Rad schlagen.

a. Ohne nackte Hautstellen am Kopf, Männchen ohne Sporen an den Läufen. Leben meistens monogamisch. (Tetraonidae, *Feldhühner.*)

Fig. 1. Das Schneehuhn (Tetrao *alpinus*), 4mal verkleinert.

Die Mitglieder der Gattung Tetrao haben über den Augen einen kahlen, warzigen, meist rothen Fleck, befiederte Füsse, und die Nasenlöcher unter den Federn der befiederten Wachshaut versteckt. Ihre Weibchen sind kleiner und weniger nackt am Kopf; sie legen gefleckte Eier. Die Schneehühner unterscheiden sich von den übrigen Tetrao-Arten, den sogenannten Waldhühnern, wohin der Auerhahn gehört, durch ganz befiederte Zehen, und ihr im Winter weiss werdendes Kleid. Sie leben in Monogamie, mausern sich jährlich 2mal, fliegen nicht auf Bäume, lieben kalte Gegenden, und nähren sich von Vegetabilien und Insekten. Das Alpenschneehuhn hat die Grösse einer Ringeltaube, und bewohnt die Gebirge des südlichen Deutschlands. Sein Schnabel ist stark, die 3te und 4te Schwungfeder die längsten; das Gefieder im Sommer weiss und grau geschäckt, mit rostfarbigen und weissen Wellenlinien, die Schwanzfedern schwarz; im Winter ganz weiss, mit schwarzem Zügel und Schwungfedernschäften.

b. Mit nackten Hautstellen am Kopf, Männchen mit Sporen an den Läufen. (Phasianidae, *Fasane.*)

Fig. 4. Das Bankiva-Huhn (Gallus *bankiva*), 6mal verkleinert.

Es hat einen mässigen, starken, an der Spitze gekrümmten Schnabel, an dessen Wurzel die seitwärts liegenden, offenstehenden Nasenlöcher sich befinden. Auf dem Scheitel ein vertikaler ausgezackter Fleischkamm, und am Unterkiefer zwei herabhängende fleischige Kehllappen. Schwanz zusammengedrückt, aufgerichtet, besteht aus 14 Federn. Die 4te und 5te Schwungfeder die längsten. Beim Männchen sind die Hals- und Bürzelfedern lang zugespitzt, orangengelb; Vorderrücken, Schultern und kleine Flügeldeckfedern dunkelbraun, in's Röthliche ziehend; Schwanzfedern braunschwarz mit grünem Schimmer, die beiden obersten die längsten und nach hinten gebogen. Das Weibchen ist oberhalb graubraun, mit vielen Wellenzeichnungen, und hat kurze, dunkelbraune, gelbgerandete Halsfedern. Der Hahn zeichnet sich vor der Henne durch grössere und edelere Gestalt, schönes Gefieder und lange Sporen aus; ist kampflustig und leidet in seiner Nähe nicht seines Gleichen. Er gehört, wie die meisten Phasianiden, in Südasien zu Hause, findet sich besonders auf Java und dem Festlande von Indien, und ist der Stammvater unseres Haushuhns, von dem es eine grosse Menge Abarten giebt.

Fig. 5. Das Perlhuhn (Numida *Meleagris*), Kopf in ½ der natürlichen Grösse.

Ein afrikanischer Vogel, der schon den Alten bekannt war, und in der griechischen Mythologie eine grosse Rolle spielt; für uns ein Leckerbissen, wie fast alle Hühner. Sein Kopf und Nacken sind unbefiedert; auf dem Scheitel ein schwieliger Helm, am Mundwinkel jederseits ein Fleischlappen; Schnabel kurz mit lappiger Wachshaut, in welcher die Nasenlöcher; oberes Augenlied mit Wimpern. Hals lang, Leib gerundet, Schwanz kurz und hängend, Lauf ohne Sporn. Das ganze Gefieder dunkelgrau, voll regelmässig gestellter weisser Perldupfel. Beide Geschlechter gleichgross, leben in ihrem Vaterlande in grossen Heerden, lieben Sümpfe, schreien unerträglich, schlafen auf Bäumen und gehören jetzt zu unserm Hofgeflügel.

Fig. 7. Der Pfauputer (Meleagris *ocellata*), 8mal verkleinert.

Die Gattung der Puter oder Truthühner hat einen nackten grosswarzigen Kopf und Vorderhals; offene Nasenlöcher in der Wachshaut; an der Kehle und auf der Stirn einen herabhangenden, ausdehnbaren Fleischzapfen; und einen ziemlich kurzen und breiten Schwanz. Am Lauf ein Sporn, am Hals ein Büschel pferdehaarähnlicher spröder blauer Haare, als Kennzeichen des männlichen Geschlechts. Fruher kannte man nur eine Art, den gemeinen Puter, der ebenfalls auf unsere Hühnerhöfe übergegangen ist, und zwar aus den nordamerikanischen Sümpfen, wo er noch in grossen Heerden wild lebt. Erst kürzlich hat man an der Honduras-Bai eine zweite Art gefunden, den Pfauputer, MELEAGRIS *ocellata*, welcher ein prachtvolles Gefieder hat. Sein Schweif ist mit saphirähnlichen Augen besetzt, die von goldenen und rubinrothen Kreisen umgeben sind; sein ganzer Leib ist schwärzlich schillernd, weiss gewellt und die Schwungfedern goldgrün. In der Grösse kommt er dem gemeinen Puter gleich. Die Puter sind sehr hitzige Thiere, machen, wenn sie gereizt werden, sonderbare Gebärden, breiten in ihren Leidenschaften Schwanz und Flügel aus, lassen die rothen Fleischlappen am Schnabel anschwellen, kullern, können die rothe Farbe und das Pfeifen nicht vertragen, sondern werden darüber zornig; zanken sich unter einander und kämpfen ziemlich lang, wobei ihnen die rothen Lappen zur Zielscheibe dienen, und zerhackt, wegen der vielen darin befindlichen Adern, eine Menge Blut vergiessen. Der Verwundete wird dadurch ermattet und genöthigt, sich aus dem Kampf zurückzuziehen. Solche Streitigkeiten fallen besonders in der Paarungszeit vor. Die Weibchen sind sanfter und sehr ämsig im Brüten, so dass sie bei diesem Geschäft zuweilen verhungern sollen.

Fig. 6. Der gemeine Pfau (PAVO *cristatus*), 9mal verkleinert.

Sein kleiner, mit Ausnahme der Wangen, befiederter Kopf trägt einen Federnbusch, der Lauf einen Sporn; die Füsse sind warzig. Der Schwanz besteht aus 18 Steuerfedern und ist nur kurz, darüber liegen die eigenthümlich gebildeten Bürzelfedern, welche sehr verlängert sind, den Schwanz bedecken und den schönen, mit Augenflecken besetzten, Schweif (*paracercus*) bilden. Es sind nur zwei Arten der Gattung PAVO bekannt, nämlich P. *muticus*, der japanische Pfau, mit einem aus schmalen Federn gebildeten Federnbusch und dunkel metallgrünen Halsfedern (der Sporn fehlt ihm nicht, daher er von Anderen auch P. *spicifer* genannt wird), und P. *cistatus*, der gemeine Pfau, welcher in Ostindien wild lebt, zu Alexanders Zeiten nach Griechenland gebracht wurde und jetzt überall in Europa gezähmt gehalten wird, da er sich sehr leicht an unser Klima gewöhnt hat. Sein Leib ist gegen 1 Fuss lang, Schweif $1\frac{1}{2}$; der goldgrüne Federnbusch ist beweglich, drei Zoll lang, und besteht aus 24 Federn, deren Schäfte weiss sind und nur am Ende Fahnen haben. Das Männchen sieht am Kopf, Hals und Anfang der Brust schillernd goldgrünblau, auf dem Rücken weissgrau und schwarz gefleckt, auf dem Bauch grünlich schwarz aus; der Schweif ist grün mit Diamantglanz, und trägt am Ende die prächtigsten Farbenaugen. Es finden sich auch ganz weisse Albinos oder Kakerlaken. Das Weibchen sieht fast ganz graubraun aus, und hat viel kürzere Bürzelfedern ohne Augen. Im gezähmten Zustande kommen Ausnahmen vor, und zuweilen sollen sich Hennen finden, die ebenso geschmückt sind wie die Hähne. Der männliche Pfau ist gewiss der schönste Vogel; er vereinigt mit seinem edlen Wuchs und der Pracht seines Gefieders einen majestätischen Gang, und stolz auf seinen köstlichen Schmuck, weiss er seinem Kopf eine gewisse würdevolle Haltung zu geben. Kaum merkt er, dass man ihm einige Aufmerksamkeit schenkt, so sucht er schnell, um seinen Glanz zu verstärken, das Sonnenlicht, und breitet dann den schönen Schweif in Gestalt eines Fächers aus, der ihn wie eine zweite Sonne umgiebt. Darin besteht auch die Liebkosung, welche er seinen Gattinnen zu Theil werden lässt, indem er, wie vom Stolz aufgeblasen, um sie umherschreitet. Als Hausvogel ist er ein aufmerksamer Wächter, und lässt bei der geringsten Gelegenheit seine unangenehme, traurig klingende Stimme hören. Er ist sehr hitzig, fällt zur Zeit der Paarung selbst Menschen an, fliegt ihnen ins Gesicht, und zerhackt und schlägt sie mit den Flügeln. Seinen Schweif und Kopfputz bekommt er erst im dritten Jahre, verliert im Herbst seinen Schmuck, und erhält ihn im Frühjahr wieder. Das Weibchen legt auf blosse Erde oder in ein ganz kunstloses Nest 8—12, im wilden Zustande 30, braungelbe, dunkelgefleckte Eier von der Grösse der Gänseeier, brütet sie in einem Monat aus, während welcher Zeit der Hahn von ihr abgesondert werden muss, damit er nicht die Eier zertrete und die Henne störe. Die Jungen der gezähmten müssen sorgfältig mit Semmel und harten Eiern, in Wein angefeuchtet, aufgefüttert werden, bis sie sich an das gewöhnliche Futter, bestehend aus Gerste, Grütze u. dgl. m., gewöhnt haben. Fliederblühte und Brennnesseln sollen ihnen Gift sein. Sie werden gegen 25 Jahr alt, sind zutraulich, lieben die Gesellschaft der gemeinen Hühner nicht, aber wohl die der Truthühner, und werden sammt den Federn gebraten als Schauessen auf die Tafeln der Vornehmen gebracht. Das Fleisch ist eine unverdauliche Speise, und war den alten Römern in der Zeit ihrer Schwelgerei ein theuerer Leckerbissen. Mit den Federn wurde in China ein grosser Handel getrieben, indem dieselben daselbst zum Schmuck der Minister und Höflinge dienen.

B. Die hintere Zehe länger, nicht höher angesetzt als die übrigen und auftretend. Kopf bald mit, bald ohne Hautlappen. Schwanz lang, breit, nicht aufrichtbar. Keine Sporen an den Läufen. Amerika. (PENELOPIDAE, Jakuhühner.)

Fig. 8. Das Hokkohuhn (CRAX *alector*), 8mal verkleinert.

Der Schnabel ist mässig, vorn zusammengedrückt, an der Wurzel mit nackter Wachshaut, worin die Nasenlöcher; Augengegend nackt; auf dem Kopf ein Federnhelm, die Federn am Ende nach vorn gekräuselt. Gefieder schwarz, unten weiss, Halsfedern sammetartig; beim Weibchen Brust und Bauch rostfarbig, weiss im Federbusch und weisse Querstreifen über die Flügeldeckfedern. Schwanz besteht aus 14 Federn. Vaterland Amerika, vorzüglich Brasilien, Guiana. Es sind Waldbewohner, leben von Früchten, paarweise und in Familien, zeigen Anhänglichkeit unter sich, fliegen niedrig, nicht lange, laufen schnell, bauen ihre Nester aus kleinen Reisern auf dichten Bäumen, werden gezähmt und gegessen; heissen Hokko, Kurasso und Powese von ihrem Geschrei.

Familie STEISSHÜHNER. *Crypturidae.*

Wesentlicher Charakter. Schnabel beinahe so lang als der Kopf, dünn und sanft gebogen, an den Seiten etwas zusammengedrückt. Schwanz kurz, kaum bemerkbar, von den Burzelfedern versteckt, zuweilen gar nicht vorhanden. Lauf ohne Sporn, Kopf ohne nackte Hautlappen.

Fig. 10. Der Tataupa (CRYPTURUS *tataupa*), 4mal verkleinert.

Die Gattung der Tinamus oder Ynambus hat einen geraden, zusammengedrückten Schnabel mit stumpfer Spitze, offene, eiförmige Nasenlöcher, eine sehr kurze dreieckige Zunge, einen ziemlich langen und schlanken Hals, abgerundete kurze Flügel, kurze hochgestellte Hinterzehe und sehr kurzen oder gar keinen Schwanz. Alle legen glänzende, grüne oder violette Eier, sind furchtsam und nicht bös, flüchten sich in die Dickichte der Wälder, fliegen schwerfällig, laufen gut, nähren sich von Körnern, Kerfen und Gewürm, und bewohnen Brasilien, Paraguay und Guiana, wo sie die Stelle der Rebhühner vertreten, wie die Arten der Gattung COLINUS die der Wachteln. Die Weibchen unterscheiden sich fast gar nicht von den Männchen, und die verschiedenen Arten haben fast alle dieselbe Färbung. Das Fleisch ist weiss und schmackhaft, die Federn gebrauchen die Wilden zu ihren Pfeilen. Man hat 3 Untergattungen unterschieden: 1. RHYNCHOTUS, ganz ohne Schwanz, dahin RHYNCHOTUS *rufescens*, 14—15½″ lang, mit ziemlich langem, fast geradem Schnabel, grauschwarz mit weisser Kehle und rostfarbenem Hals, Brust und Bauch; 2. TINAMUS oder NOTHURA *Wagl.* mit verstecktem Schwanz, dahin T. *carape* oder *nanus*, T. *maculosus* u. a. m.; 3. PEZUS oder CRYPTURUS im engern Sinne, mit kleinem Schwanze wohin unser Tataupa. Dieser ist 8″ lang, hat einen karminrothen Schnabel und eben solchen Augenring, bräunlichen Lauf, schieferfarbene Scheitel und Hinterhals, weisse Kehle, einen kastanienbraunen Rücken und einen weisslichen Bauch. Auf den Flügeln haben die mittleren Deckfedern vor der weissen Spitze einen schwarzen Fleck, und die Seitenfedern der Unterschenkel sind mit schwarzen Querbinden geziert. Er ist die häufigste Art.

Fig. 9. MEGAPODIUS *Duperreyi*, 5mal verkleinert.

Der schwache Schnabel ist eben so breit als hoch, die etwas gekrümmte Spitze des Oberkiefers ragt über dem geraden Unterkiefer hervor, die ovalen Nasenlöcher liegen in der Mitte des Schnabels und sind von einer Haut bedeckt. Augenkreis nackt; Füsse stark, bis zum Lauf befiedert, die 4 Zehen sehr gross, die vorderen 3 gleich lang, kaum geheftet, die hintere sehr lang (fast eben so lang wie die übrigen), horizontal gestellt, ganz auftretend, mit grossem Nagel. Flügel abgerundet, 3te und 4te Schwungfeder die längsten, reichen fast bis an das Ende des kleinen, keilförmigen Schwanzes, worin 12—14 Federn. Die Arten dieser Gattung sind noch nicht lange bekannt, die ersten wurden auf den Inseln der Papus gefunden; es waren M. *Freycineti* und M. *La Perousi;* nachher entdeckte man noch mehrere auf Neu-Guinea. Alle legen unmässig grosse Eier, und sollen dieselben nicht bebrüten, sondern dies Geschäft der Sonnenhitze überlassen. M. *Duperreyi* hat die Grösse eines Rebhuhns, trägt eine Haube auf dem Kopfe, und legt Eier von der Grösse der Gänseeier.

TAFEL 14.

2. Klasse. Vögel. Aves.

2. Ordnung. *Erdvögel. Aves terrestres.*

Wesentlicher Charakter. Sie haben ein unvollkommenes Flugvermögen und fliegen mit angezogenen Beinen, oder gar nicht. Ihre Jungen werden von den Aeltern nicht gefüttert.

6. Zunft. LAUFVÖGEL. *Aves currentes.*

Wesentlicher Charakter. Sie besitzen keine Schwungfedern an ihren Flügeln, können also nicht fliegen.

Familie Riesenvögel. *Procerae.*

Wesentlicher Charakter. Sie haben lange 2—3 zehige, starke Beine zum Laufen.

Fig. 1. Der afrikanische Strauss (Struthio *camelus*), 20mal verkleinert.

Er ist der grösste von allen Vögeln und erreicht, wenn er ausgewachsen ist, eine Höhe von 7—8 Fuss. Sein Kopf ist klein, der Schnabel kurz, kürzer als der Kopf und ziemlich flach gedrückt, die Nasenlöcher stehen der Spitze des Schnabels etwas näher. Der lange Hals hat bis auf die Mitte keine Federnbedeckung, sondern, wie auch der Kopf, bloss einzelne zerstreut stehende wenig verästelte Federn; der untere Theil des Halses und der Rumpf sind dicht von schwarzen, eigenthümlich gestalteten Federn, den sogenannten Panaschen, bekleidet. Jede Feder hat nehmlich einen verhältnissmässig zarten Schaft, aber eine breite Fahne, deren einzelne Strahlen nur lose in einander greifen, und am Ende gekräuselt sind. Auf den Flügeln und am Schwanz stehen grössere, besonders längere weisse Panaschen, aber die Schwungfedern fehlen; dagegen sitzt an der Spitze des Flügels, (nehmlich an der zweiten Zehe) ein sehr grosser hakiger Nagel, und ein anderer kleinerer davor am Vorderrande (nehmlich am Daumen). Die langen Beine sind bis oben hinauf ganz nackt, und bloss von der Haut bedeckt; unterhalb des Hackengelenkes bilden sich auf ihnen an der Vorderseite des Gliedes Hornschienen, welche auch die Oberseite der Zehen bedecken. Der afrikanische Strauss hat nur zwei ungleiche Zehen, von welchen die längere und innere mit einem Nagel bekleidet, die äussere viel kürzere dagegen nagellos ist. Dennoch hat die letztere ein Zehenglied mehr, nehmlich 5 (In der Abbildung Fig. 1. a fehlt das letzte zugespitzte Glied), und die andere Zehe nur 4. Der Strauss bewohnt ganz Afrika von den Gegenden jenseits der Wüste Sahara bis zum Kap; er hält sich gesellig in Heerden zusammen, und nährt sich von allerhand Kräutern und Saamen. Mehrere Weibchen legen gemeinschaftlich in ein bloss im Sande ausgewühltes Nest gegen 30—40 Eier, und in die Umgebung noch gegen 1 Dutzend. Erstere bebrüten die Weibchen bei Tage abwechselnd, die Männchen nur bei Nacht. Jedes Ei hat etwa 7″ Länge und 4½″ Breite, ist schmutzig weiss, mit tief eingedrückten Punkten von verschiedener Grösse. Die Jungen sind von Daunen bedeckt, grau gefärbt, und behalten dieselbe Färbung, bis sie erwachsen sind. . Nach Einigen haben auch die alten Weibchen eine graue Färbung. Der Strauss bewegt sich auf der Flucht nur laufend, aber ausserordentlich schnell, indem er dabei mit den Flügeln schlägt, aber den Boden nur während des Sprunges verlässt; er holt das schnellste Pferd sehr bald ein, und trägt seinen Reiter mit solcher Gewalt davon, dass diesem die Luft ausbleibt. Er kann freilich gezähmt und dann zum Reiten benutzt werden, allein nur unvollkommen, indem er sich nicht lenken lässt; lieber hält man ihn seiner Federn wegen, von denen man die grösseren 3mal jährlich rupft. Die Federn der wilden Strausse sind meistens verletzt und daher unbrauchbar. Sein Fleisch wird nicht gegessen, aber die gekochten Eier sollen wohlschmeckend sein.

Fig. 2. Der Kasuar (Casuarius *indicus*), 12mal verkleinert.

Er unterscheidet sich vom Strauss schon durch die geringe Grösse, da er nur 4—5 Fuss hoch wird, dann aber auch durch den Kopf, die Federn und die Füsse. Auf dem Kopf, der gleichfalls nackt ist, steht nehmlich ein aufrechter horniger dicker zugeschärfter Kamm, welcher vom Grunde des Schnabels entspringt und bis gegen den Hinterkopf sich fortsetzt. Der Schnabel ist eigentlich stärker als der des Strausses, die Spitze mehr hakig, und die Nasenlöcher liegen mehr nach vorn. Hinter dem Auge sieht man, wie beim Strauss, die freie Ohröffnung. Vom Halse ist nur der obere Theil nackt und, gleich dem des Truthahns, schwielig, welche Schwielen nach hinten eine rothe Farbe haben, nach vorn aber, wie der Kopf eine blaue. Ganz eigenthümlich gestaltet sind die Federn dieses Vogels. Es hat nehmlich die sehr kurze Spuhle zwei gleiche Schäfte mit Fahnen, die bald lang (2. a), bald kurz (2. b) sind, jenachdem die Federn am Halse und der Brust, oder auf dem Rücken sitzen. Die Strahlen der Fahne sitzen entfernt von einander, und zwar um so mehr, je mehr sie sich der Spitze des Schaftes nähern; die unteren sind noch deutlich gefiedert, die oberen kaum. Am Flügel fehlen die Schwungfedern eigentlich nicht, allein sie haben eine ganz eigene Bildung, bestehen nehmlich bloss aus dicken hornigen runden Schäften, ohne alle Fahne, daher sie auch nicht zum Fluge brauchbar sind. Die Farbe aller dieser Federn ist dunkelschwarz. Die hier etwas kürzeren aber plumperen Beine sind gleichfalls bis oben nakt, und haben an der Vorderkante des Laufs wie der Zehen Hornschienen. Zehen finden sich drei, davon die innere sehr kurz ist, aber einen sehr grossen Nagel trägt; sie hat 3, die folgende 4, die dritte 5 Glieder (Fig. 2. c). Der Kasuar bewohnt die Inseln des Indischen Archipels und nährt sich, gleich dem Strauss, von allerhand Gewächsen, aber auch von Insekten und jungen Vögeln. Er läuft ebenfalls sehr schnell, wobei er mit den Flügeln schlägt, und sich vom Boden etwas erhebt. Seine Eier sind viel kleiner als die des Strausses, weniger zahlreich, grau, mit grünen emailartigen Flecken, und mehr länglich gestaltet

3. Ordnung. *Wasservögel. Aves aquaticae.*

Wesentlicher Charakter. Sie lieben die Nähe des Wassers und waden darin, oder schwimmen auf der Oberfläche. Alle können gut fliegen, wobei sie die Beine nach hinten ausstrecken. Ihre Jungen füttern sie entweder gar nicht, oder tragen ihnen die Nahrungsmittel bloss zu.

7. Zunft. SUMPFVÖGEL. *Grallae.*

Wesentlicher Charakter. Sie haben lange Beine, aber gewöhnlich keine Schwimmhaut zwischen den Zehen. Die Befiederung der Beine reicht nur bis auf die Mitte des Schienbeins.

Familie Alectorides.

Wesentlicher Charakter. Schnäbel kürzer oder so lang als der Kopf. Füsse verschieden, bald 3 zehig, bald 4 zehig, Zehen bald kurz, bald lang, stets etwas plumper gebaut.

Fig. 3. Die Trappe (Otis *tarda*), 12mal verkleinert.

Dieser Vogel ist unter den einheimischen sehr leicht an seinen plumpen 3zehigen Beinen zu erkennen, zugleich ist er der einzige in dieser Familie, welcher 3 Zehen besitzt, Schnabel ähnelt dem der Hühner, ist etwas flach gedrückt, die Nasenlöcher sichtbar und durchgehend. Die Männchen haben am Mundwinkel einen Bart längerer Federn. Das Gefieder sonst dicht und stark, nur die Schwungfedern sind nicht sehr lang, aber an den Leib gekrümmt, wodurch der Flügel hohl wird, ebenfalls wie bei den Hühnern. Die Farbe der Federn ist grau, aber der Unterhals, die Vorderbrust der Rücken, die Achsel- und oberen Deckfedern der Flügel, sowie auch die Bürzelfedern sind gelbroth mit schwarzen Querwellenlinien, Die 14 Schwanzfedern sind weiss mit schwarzer Binde vor der Spitze; das Männchen beschreibt damit ein Rad, wie der Truthahn, wenn er balzt. Beine, Schnabel und Schwungfedern schwarz. Der Vogel wird gegen 3′ hoch, und findet sich paarweis im Sommer auf Feldern in ebenen Gegenden; er nährt sich von Getreide und anderen Sämereien. Sein Nest ist ein blosses Loch im Boden, und das Weibchen legt darin 2 — 3 grünlich-graue braun gefleckte Eier. Die Trappe ist übrigens ein scheuer doch dummer Vogel, dem man seines wohlschmeckenden Fleisches wegen sehr nachstellt. Gegen den Winter verlässt er uns und zieht nach Süden.

Fig. 4. Der Trompetenvogel (Psophia *crepitans*), 8mal verkleinert.

Der Agami oder Trompetenvogel hat einen kurzen fast hühnerartigen etwas gebogenen Schnabel, dessen Grund etwas aufgetrieben ist, und davor in einer Vertiefung die durchgehenden Nasenlöcher zeigt. Der Kopf und der Hals sind von weichen fast daunenartigen Federn dicht bedeckt, nur der Augenring ist nackt. Der übrige Körper hat ein gewöhnliches aber sehr lockeres Federnkleid.

Die Beine sind ziemlich hoch, zierlicher als bei der Trappe und vierzehig, aber die Zehen nur kurz, besonders der hoch angeheftete mit der Spitze auftretende Daumen. Die Farbe dieses Vogels ist ziemlich prächtig, besonders haben die Federn des Kopfes, Halses und der Brust eine dunkelviolette Farbe und schönen Metallglanz; die Deckfedern der Flügel glänzen gleichfalls metallisch und spielen ins Purpurrothe, nur die hinteren Schwungfedern sind olivengrün; Schnabel und Beine haben eine gelbliche Färbung. Der Trompetenvogel nährt sich von Sämereien und Früchten, nistet auf dem Boden am Grunde der Bäume und findet sich truppweis in Südamerika, besonders in den Ebenen Brasiliens. Er lässt sich leicht zähmen; in welchem Zustande man ihn auf Hühnerhöfen hält unter anderem Geflügel, zu dessen Herrrn er sich bald aufwirft, und Ordnung und Ruhe unter ihnen geschickt zu erhalten weiss. Er kommt darin, wie auch im Baue, dem Kranich nahe. Seinen Namen hat er wegen eines sonderbaren Tones bekommen, den er von Zeit zu Zeit bei verschlossenem Schnabel hören lässt.

Fig 5. Der Kopf des Kariama (Dicholophus *cristatus*).

In der äusseren Form gleicht der Kariama etwas dem Agami, doch hat er viel längere aber gleichfalls 4zehige Beine, deren Zehen so klein sind, dass der Daumen den Boden nicht berührt; auch ist der Hals länger und der seitlich zusammengedrückte Schnabel gegen die Spitze sehr stark gebogen und hakig, wodurch er dem Schnabel der Raubvögel ähnlich wird. Am Grunde desselben findet sich ein aus langen feinen und schwach gefiederten Federn gebildeter Busch. Das Gefieder ist graubraun, mit feinen braunen Wellenlinien; Schnabel und Beine sind roth. Der Kariama erreicht die Höhe und Grösse des Storches, hat jedoch einen kürzeren dickeren Hals und grösseren Kopf; er findet sich ebenfalls in Brasilien, aber viel seltener als der Trompetenvogel und nährt sich von Eidechsen und Insekten, welche er auf sonnigen Höhen aufsucht. Sein Flug ist schlecht, aber sein Fleisch wird geschätzt und er deshalb schon hie und da als Hausthier gehalten.

Fig. 6. Der gemeine Kranich (Grus *cinerea*), 10mal verkleinert.

Durch den längeren, mehr graden, etwas flachen Schnabel, dessen Spitze wenig gewölbt ist, während die Seiten eine lange Grube zeigen, worin die Nasenlöcher liegen, zeichnet sich diese Gattung vor den beiden vorigen aus; sonst haben die Kraniche die langen 4zehigen Beine, deren Daumen den Boden nur mit der Spitze berührt, mit ihm gemein, doch sind ihre Beine fast noch länger und dünner, und ebenso ist es der Hals. Am Kopfe haben die meisten Kraniche nakte Hautstellen, und manche auch besonders gestaltete Federnschöpfe. Sie leben auf Wiesen zwischen Buschwerk, sind scheue, vorsichtige, kluge, wachsame Vögel, welche den Menschen meiden, ihr Nest an versteckten Orten, z. B. im Schilf anlegen, und grünliche graubraun gefleckte Eier legen. Ihre Nahrung besteht in Samen, Früchten, Würmern und Insekten. Der abgebildete gemeine Kranich wird gegen 4′ hoch, ist überall aschgrau, nur der Kopf, die Schnabelwurzel, der Vorderhals, der Nacken und die Beine sind schwarz; die Spitze des Schnabels so wie das nakte schwielige Hinterhaupt sind roth. Vor dem Auge beginnt ein weisser Streif, der am Halse hinabsteigt, und sich am Ende des Halses mit seinem Gegner nach vorn verbindet, so dass dieser Streif den schwarzen Vorderhals umfasst. Auszeichnend für den gemeinen Kranich sind noch die hinteren, sehr langen, besonders gestalteten, aufrichtbaren Armfedern, deren Farbe gleichfalls schwarz ist. Dieser Kranich ist bei uns Zugvogel, der nicht überall und häufig angetroffen wird; er hält sich auf Wiesen in der Nähe der Saatfelder auf und richtet in diesen nicht selten Schaden an. Auf dem Zuge bilden die fliegenden Kraniche ein Dreieck, dessen Spitze ein recht alter Vogel einnimmt.

Familie Reiher. *Herodiae.*

Wesentlicher Charakter. Schnabel verschieden, am häufigsten messerförmig; Hals lang und dünn, ebenso die stets 4zehigen Beine. Zehen mehr weniger geheftet.

A. Zwischen den Zehen eine halbe oder ganze Schwimmhaut.

Fig. 7. Der Flamingo (Phoenicopterus *ruber*), 10mal verkleinert.

Dieser merkwürdige Vogel hat von allen den längsten Hals und die längsten Beine, deren kurze Zehen durch eine ganze Schwimmhaut verbunden sind. Der kurze dicke Schnabel ist in der Mitte plötzlich nach unten gebogen, gegen die Spitze breiter, und dort etwas hakig; der Unterschnabel (Fig. 7. a) ist höher als der Oberschnabel und nimmt diesen in sich auf; beider Rand ist, wie bei den Gänsen, mit Hautfalten versehen. Will der Vogel seine Nahrung aufnehmen, so biegt er den Kopf so, dass die vordere Fläche des Schnabels nach unten steht, mithin der Unterkiefer über dem Oberkiefer liegt. Der Flamingo bewohnt die Küsten von Italien, Sardinien, Sizilien und Afrika; er nistet daselbst im Schilf, und baut ein hohes kegelförmiges Nest, auf welchem er reitend brütet. Die Jungen sind anfangs grau gefärbt, werden später weiss, mit rothen Beinen und schwarzen Schwungfedern und Schnabelspitze; die alten Vögel sind rosenroth, mit dunkleren Flügeldeckfedern, die ganz alten fast völlig purpurroth. Die Nahrung des Flamingo besteht in Wasserinsekten, Fröschen, und Gewürm aller Art.

Fig. 8. Der Löffelreiher (Platalea *leucorodia*), 8mal verkleinert.

Auch dieser Vogel ist sehr leicht an seinem langen, graden, oben zusammengedrückten, gegen die Spitze aber flachen und scheibenförmig erweiterten Schnabel zu kennen; er hat ferner nackte Zügel, Augenringe und Kehle, aber kürzere Beine mit längeren Zehen, welche durch eine halbe Schwimmhaut am Grunde verbunden sind. Sein Gefieder ist weiss, die längeren Nackenfedern und die Vorderbrust sind gelb; Beine und Schnabel schwarz, letzterer oben gelb. Der Löffelreiher findet sich am schwarzen Meer und der Donau, bis nach Wien, und hat mit dem Flamingo gleiche Lebensweise.

B. Ohne Schwimmhaut, Zehen am Grunde bloss geheftet, besonders die äusseren.

a. Zehen kurz, Mittelkralle ungekämmt. *Störche.*

Da die Störche allgemein bekannt sind, so haben wir keinen abbilden lassen. Den Uebergang von den Störchen zu den Reihern bildet unter andern die Gattung Scopus, von deren Art Sc. *umbretta* unter Fig. 10. der Kopf mit dem eigenthümlich gestalteten Schnabel dargestellt ist.

b. Zehen lang, Mittelkralle an der Innenseite deutlich gekämmt (9. a). *Reiher.*

Fig. 10. Der Rohrdommel (Ardea *stellaris*).

Er hat, wie alle Reiher, einen graden spitzen, zierlichen, ziemlich messerförmigen Schnabel und nackte Zügel. Sein langer Hals ist von breiten frei abstehenden Federn bedeckt, aber die Nackenfedern sind nicht länger. Seine Beine sind kurz, kürzer als bei den meisten Reihern, dafür aber auch die Zehen und besonders die Krallen desto länger. Der Rohrdommel wird $1\frac{2}{3}'$ hoch; sein Gefieder ist schmutzig orange, mit vielen schwarzen Zickzack Querstreifen, der Schnabel und die Beine sind gelbgrün. Er hält sich im Schilfe der Sümpfe auf, und passt auf Kröten und Fische, denen er, gleich allen Reihern, sehr nachstellt. Von Zeit zu Zeit lässt er einen dumpfen Ton hören, der ihm seinen Namen verschafft hat.

Den Kopf eines den Reihern nahe verwandten, durch den abweichenden merkwürdigen Schnabel besonders ausgezeichneten Vogels stellt Fig. 11. vor. Der systematische Name des Vogels ist Cancroma *cochlearia*, und er findet sich in Brasilen.

TAFEL 15.

3. Klasse. Vögel. Aves.

3. Ordnung. *Wasservögel. Aves aquaticae.*

7. Zunft. SUMPFVÖGEL. *Grallae.*

(NB. Die Definitionen siehe Taf. 14., zweite Seite.)

Familie SCHNEPFEN. *Scolopacinae.*

Wesentlicher Charakter. Schnabel feiner, dünner, allermeist rund, grade oder gebogen, von verschiedener Länge, grösstentheils von der Wachshaut bedeckt. Nasenlöcher durchgehend. Beine zierlich, der Unterschenkel mehr verkürzt; Zehen frei, selten mit ganzer oder halber Schwimmhaut. Nisten am Boden.

A. Schnabel bis zur Mitte von Horn bekleidet, ohne Tastapparat.

a. Schnabel so kurz, dass nur der vom hornigen Ueberzuge bekleidete Theil bemerkt werden kann.

Fig. 1. Die Schwalbenschnepfe (GLAREOLA *austrica*), 3mal verkleinert.

Dieser merkwürdige Vogel bewohnt das südliche Europa, besonders Ungarn, wo er Brachschwalbe heisst, und hält sich auf grünen Weideplätzen und tief liegenden Aeckern auf, in denen Wasserpfützen vorkommen; an letzteren nistet er, und legt mehrere, ziemlich rundliche, blasgrüne braun besprengte Eier. Im Betragen sowohl, als auch im Bau, hält die Schwalbenschnepfe genau die Mitte zwischen den beiden Vögeln, deren Namen sie führt; steht also zu den Sumpfvögeln in demselben Verhältnisse, wie die Seeschwalben zu den Schwimmvögeln, die Mauersegler zu den Spechten, und die ächten Schwalben zu den Singvögeln. So ist bei der Schwalbenschnepfe der Schnabel ausnehmend kurz, der Grund erweitert und der Rachen bis hinter das Auge gespalten, wodurch ein sehr weites Maul entsteht; letzteres dadurch bedingt, dass dieser Vögel, ganz abweichend von den anderen Schnepfen, Insekten im Fluge fängt, besonders Heuschrecken, aber sie auch, wie die Schnepfen, am Boden aufsucht. Der Schnabel sieht übrigens, wenn man die Länge abrechnet, dem eines Kiebitz sehr ähnlich, ist am Grunde etwas verengt, daselbst von der Wachshaut bedeckt, in welcher die nicht durchgehenden Nasenlöcher liegen, und ist dahinter ziemlich stark gewölbt, doch dabei zusammengedrückt und am Ende schwach hakig. Mit einem Hühnerschnabel hat er nur wenig Aehnlichkeit. Der Kopf ist ziemlich flach und breit, der Hals kurz, der Rumpf schmal und gestreckt. Ganz eigenthümlich unter den Schnepfen sind die langen Flügel, deren Oberarm, wie bei den Schwalben, sehr kurz ist; und der ebenfalls lange, gabelige Schwanz. Die Beine sind kürzer als bei den meisten Schnepfen, besonders der Unterschenkel, dessen Befiederung bis dicht ans Hackengelenk reicht; der Lauf und die Zehen sind geschildert, die letzteren lang, die mittlere so lang als der Lauf, die hintere ist vorhanden, aber nur mit der Spitze den Boden berührend, die äusseren geheftet, d. h. am Grunde durch eine Hautfalte verbunden. Die Farbe des Vogels ist ein schmutziges Graugrün, das an der Kehle und am Bauch ins Weissgelbe übergeht; Schnabel, Füsse, Schwungfedern und ein Ring um die Kehle, welcher am Zügel beginnt, durch das Auge sich fortsetzt und den ganzen heller gefärbten Theil der Kehle einfasst, sind schwarz. Im Fluge und der Stimme einer Seeschwalbe ähnlich, streift die Schwalbenschnepfe doch mehr über Felder und Wiesen, läuft gern auf ausgetrocknetem Schlammboden, und wippt dabei mit dem Schwanze, wie die Bachstelzen. Ueberall sucht sie bei diesen Bewegungen nach Insekten. Sie wird etwa 9 Zoll lang.

b. Schnabel von der Länge des Kopfes, ziemlich stark.

Fig. 2. Der grosse Brachvogel (OEDICNEMUS *crepitans*), $\frac{1}{4}$ der natürlichen Grösse.

Er bildet gewissermassen das Uebergangsglied zu den gösseren Sumpfvögeln, und kommt in mancher Beziehung der Trappe nahe. Der kurze Schnabel ist seitlich zusammengedrückt, die vordere Hälfte gewölbt, dicker; die hintere weich, nur am Grunde biegsam, mit den grossen durchgehenden Nasenlöchern. Der runde Kopf hat eine ziemliche Grösse, aber der Hals ist nur kurz, der Rumpf stark. Flügel und Schwanz ohne Auszeichnung, letzterer etwas keilförmig. Beine ziemlich hoch und stark, netzartig geschuppt; die Zehen kurz, die äusseren am Grunde geheftet, die hintere fehlt. Der grosse Brachvogel wird 16 Zoll lang, seine Hauptfarbe ist lehmgelb, welches am Rücken ins Braungelbe übergeht, jede Feder mit schmalem dunklerem Schaftfleck, die Grundfarbe der Unterseite ist weiss, ebenso die Backen, welche von einem schwarzbraunen Bogenstreif unterhalb eingefasst sind; Schwungfedern und die Spitzen der äusseren Schwanzfedern braun. Schnabel und Iris schwefelgelb, ersterer mit brauner Spitze, Beine grünlich grau. Er lebt an einsamen Orten auf Feldern, ist sehr scheu und überhaupt selten; seine Eier legt er in eine kleine Grube, ohne ein Nest zu bauen; seine Nahrung sind Würmer und Insektenlarven.

Hierher gehören ferner die Gattungen CURSOR und CHARADRIUS mit 3 Zehen, sowie DROMAS und STREPSILAS mit 4 Zehen; die vorletzte, wie RECURVIROSTRA, mit halber Schwimmhaut und sehr starkem Schnabel.

Fig. 3. Der Kiebitz (VANELLUS *cristatus*), $\frac{1}{4}$ der natürlichen Grösse.

Dieser allgemein bekannte Vogel steht dem vorigen im Bau seines Körpers sehr nahe, und unterscheidet sich von ihm am auffallendsten in der Anwesenheit der kleinen Hinterzehe. Im Allgemeinen ist er kleiner, der Schnabel zierlich, mehr rund, die Flügel sind etwas länger als der abgestutzte Schwanz und die Beine zierlicher und niedriger. Besonders ausgezeichnet ist er durch den langen spitzen Federnschopf am Hinterhaupt. Das Gefieder ist grösstentheils weiss, allein die Mitte des Hinterkopfes mit dem Federnbusch, des Scheitels, die Stirn, der Schnabel, die Kehle und der Hals bis zum Anfange der Flügel sind schwarz, ebenso die hintere Schwanzhälfte. Die Flügel haben eine dunkelgrüne metallische Färbung, und spielen dabei ins Purpurrothe; der Bürzel und Hinterrücken sind orange, die Beine aber fleischroth, Der Kiebitz hält sich auf sumpfigen Wiesen auf, und nistet gleichfalls kunstlos in kleinen Vertiefungen des Bodens; seine sehr länglichen grossen Eier sind leberbraun, mit schwarzen Flecken. Seine Nahrung besteht in Insekten und Würmern aller Art. Er ist bei uns ein Zugvogel, welcher im Mai erscheint, und sich bald durch sein lautes Geschrei, welches wie sein Name klingt, dem Jäger verräth; beständig über seinem Haupte schwebend, um ihn durch seine Richtung von der Stelle seines Nestes abzulenken.

c. Schnabel länger als der Kopf, zierlicher, pfriemenförmig zugespitzt.

Fig. 4. Der Stelzenläufer (HIMANTOPUS *rufipes*), $\frac{1}{4}$ der natürlichen Grösse.

Er zeichnet sich unter den Schnepfen durch die enorme Länge der Beine aus, welche die des Körpers um ein Beträchtliches übertreffen, dabei sind die Zehen kurz, die äusseren am Grunde schwach geheftet, und die hintere fehlt. Der Schnabel ist über 2mal so lang als der Kopf, grade und fein; der Kopf hoch gewölbt, kugelig, der Hals dünn, aber nicht sehr lang; der Rumpf äusserst zierlich; die Flügel lang, zugespitzt, schwalbenartig, wie bei GLAREOLA, reichen weit über den Schwanz hinaus; dieser kurz, grade abgestutzt. Das Gefieder weiss, einige Flecken am Hinterhaupt, Flügel und Rücken sind schwarz; Schnabel und Beine roth. Der Stelzenläufer ist ein Bewohner des südlichen Europas, der nur selten in unsere Gegenden kommt, sich gern an den Ufern grosser Seen aufhält, und sich von Insekten nährt. Er wird 14 Zoll lang.

Fig. 5. Der Säbelschnäbler (RECURVIROSTRA *avocetta*), $\frac{1}{4}$ der natürlichen Grösse.

Ein merkwürdiger Vogel, der sich zu den Schnepfen grade so verhält, wie der Flammingo zu den Störchen; indess bewohnt er den hohen Norden und kommt nur im Herbst an die norddeutschen Küsten, woselbst jedoch auch Manche den Sommer über verweilen und brüten. In seiner Grösse kommt er dem Vorigen nicht bloss gleich, sondern übertrifft ihn etwas, ist aber doch niedriger, weil die Beine kürzer sind; sein Schnabel ist sehr lang, fein zugespitzt, aber ganz eigenthümlich rückwärts mit der Spitze nach oben gebogen; der Kopf ist klein, der Hals ziemlich lang, der Rumpf gestreckt, die Flügel zugespitzt, aber nur so lang als der Schwanz, dieser schwach keilförmig. Beine zwar lang, aber merklich kürzer als die des Vorigen, die Zehen verhältnissmässig länger, die hintere als Sporn vorhanden, die 3 vorderen durch Schwimmhäute verbunden. Das Gefieder einfarbig weiss, Schnabel, Scheitel, Hinterhals, der Vorderrücken, die Deckfedern der Flügel und die Handschwingen schwarz; die Beine graugrün. Der Säbelschnäbler liebt die Meeresküsten, und nährt sich von Meerthieren, besonders kleinen Muscheln, welche er mit seinem Schnabel geschickt zu öffnen weiss.

In diese Abtheilung c. gehören noch die Gattungen: HAEMATOPUS, TOTANUS und PHALAROPUS.

B. Schnabel nur an der Spitze und am Mundrande hornig, sonst ganz von der Wachshaut bedeckt. Von dem der Vorigen dadurch sehr verschieden, dass er vor der Spitze merklich verdickt ist und runzelig erscheint (Fig. 9. a.), indem sich in den Knochen viele Zellen finden, wodurch Nerven bis unter die Wachshaut dringen und sie empfindlich machen. Diesen Tastapparat benutzen sie, um die Würmer in der Erde aufzusuchen. Weil den Vorigen dieser Tastapparat fehlt, ist, zumal in der Abtheilung c., der Schnabel ganz allmälig zugespitzt und über die Hälfte hornig.

Fig. 6. Die schwarzschwänzige Limose (LIMOSA *melanura*), $\frac{1}{4}$ der natürlichen Grösse.

Die Gattung LIMOSA bildet das Uebergangsglied von dieser Abtheilung zur vorigen, insofern bei ihr der Schnabel vor der Spitze nur wenig erweitert und der Tastapparat noch sehr unvollkommen ist. Von der Gattung TRINGA, welcher sie am nächsten kommt, unterscheidet sie sich durch den sehr langen, schwach aufwärts gebogenen Schnabel, welcher nur vor der Spitze etwas biegsam ist. Der Kopf ist nicht sehr gross, kugelig, der Hals ziemlich lang und dünn, die Form des ganzen Rumpfes schlank und gestreckt; die Flügel zwar zugespitzt, aber nicht länger als der ziemlich kurze abgestutzte Schwanz. Die Beine höher wie bei TRINGA, aber niedriger als bei RECURVIROSTRA, die Zehen länger, die Krallen spitzer; Hinterzehe erhöht angesetzt, berührt nur mit der Spitze den Boden, die äusseren Zehen stark geheftet. Die abgebildete Art ist die grösste von allen, wird 15 Zoll lang und ändert ab nach der Jahreszeit in der Färbung, indem sie, wie viele Schnepfen, doppelte Mauser hat. Wie sie hier im Sommerkleide abgebildet ist, erscheinen der Hals und die Brust hell rostfarben mit schwarzen Querlinien, Stirn und Scheitel schwarzbraun, Rücken braun, jede Feder mit dunklerem Schaftfleck; Schwingen und Schwanz schwarz, Bauch weiss; Schnabel und Füsse schwarzbraun. LIM. *melanura* hält sich in mehreren Gegenden Deutschlands, besonders aber in Holland und Ungarn auf sumpfigen Wiesen auf, woselbst sie auch nistet, und ihrer Nahrung, Insekten und Würmern, nachgeht; besonders soll sie Salzboden lieben, daher sie auch an salzigen Seen oder Salzflüsschen, z. B. im Mansfeldschen, sich findet.

Fig. 7. Der Kampfhahn (TRINGA *pugnax*), ¼ der natürlichen Grösse.

Unter den Schnepfenvögeln mit Tastapparat ist die Gattung der Strandläufer (TRINGA) wohl die zahlreichste an Arten, und entspricht in dieser Beziehung, wie auch in manchen anderen, der Gattung der Uferläufer (TOTANUS), welche zu der vorigen Gruppe wegen der Schnabelbildung gestellt wird. Von LIMOSA, womit TRINGA am meisten übereinstimmt, unterscheidet sie sich durch den kürzeren graden oder wenig nach unten gebogenen Schnabel, dessen Biegungsstelle am Oberkiefer vor den Nasenlöchern liegt; dabei ist die ganze Statur gedrungener, der Kopf dicker, der Hals kürzer, die Beine ebenfalls, und die äusseren Zehen sind gewöhnlich nicht geheftet. Bei der abgebildeten Art sind sie es, und darum hat man sie jetzt zu einer eigenen Gattung (MACHETES) erhoben. Sie ist die grösste unter den Tringen, und das Männchen im Sommerkleide merkwürdig durch die grosse frei abstehende Halskrause und die Warzen vor den Augen. Beide Auszeichnungen sind ihm wichtig, indem es dieselben als Vertheidigungswaffe benutzt bei den Kämpfen, welche die Männchen untereinander zur Brunstzeit, gleich den Hähnen, bestehen. Im Winter sind beide Geschlechter gleich und einfarbig grau, mit dunkleren Schaftflecken der Federn, ähnlich ist das Weibchen im Sommer, aber das Männchen zeigt so mannigfache Verschiedenheiten, dass es schwer hält, zwei gleichgefärbte Individuen aufzufinden. Der Schnabel ist immer schwarz, die Beine dagegen rothgelb. Der Kampfhahn wird 9 (Weibchen) — 11 (Männchen) Zoll lang und ist gemein an Meeresküsten, auch an Seen, woselbst die Weibchen in kunstlosen Nestern, kleinen Vertiefungen im Boden, brüten. Seine Nahrung besteht in Insektenlarven und Würmern.

Den Uebergang von TRINGA zur folgenden Gattung bildet die bei uns einheimische Gattung NUMENIUS.

Fig. 8. Der heilige Ibis (IBIS *religiosa*), 6mal verkleinert.

Die Gattung IBIS findet sich nur in wärmeren und meistentheils tropischen Gegenden und ist die einzige diesen Zonen eigenthümliche Schnepfenform, daher sie auch in manchen Punkten von den Uebrigen abweicht. Dies ist der Fall zunächst mit der Grösse, welche durchgehends bedeutender ist, als bei den übrigen Schnepfen; dann hat der Schnabel eine grosse Dicke, besonders am vierkantigen Grunde, ist stark nach unten gekrümmt, und die Spitze, wie bei den ächten Schnepfen, kolbig verdickt, der Oberschnabel länger und stumpf. Der Kopf hat immer nackte Stellen, wenigstens die Zügel, oft der ganze Kopf und Hals. Dieser ist lang, dünn, der Rumpf ziemlich gestreckt, die Flügel reichen bis zur Schwanzspitze, die Beine sind kürzer, plumper, die Zehen lang, am Grunde geheftet, und die hintere so tief angesetzt, dass sie ganz auf den Boden tritt. Die Ibis-Arten leben in Sümpfen und an schilfreichen Ufern, woselbst sie auch nisten, und nähren sich von Wasserthieren, besonders auch kleinen Amphibien. Die abgebildete Art ist die grösste im Rumpf, aber die niedrigste wegen der kurzen Beine; ihr Gefieder ist rein weiss, nur die Schwungfedern, von welchen die letzten ein buschiges Ansehen haben, sind, wie Schnabel und Beine, schwarz. Diese Farben zeigen auch der im Alter ganz nackte Kopf und Hals, während sie in der Jugend mit zerstreuten weisslichen Federn bedeckt sind. Das Vaterland dieses Vogels ist Aegypten an den Ufern des Nils. Die alten Aegyptier achteten ihn für heilig und balsamirten ihn ein, wahrscheinlich weil sein Erscheinen und Abziehen mit dem periodischen Fallen und Wachsen des Nils im Verhältniss stand. Noch jetzt findet man in allen Grabdenkmahlen hunderte von Mumien dieses Vogels.

Fig. 9. Die Waldschnepfe (SCOLOPAX *rusticola*), ¼ der natürlichen Grösse.

Die ächten Schnepfen (SCOLOPACES) sind sehr ausgezeichnete Vögel, besonders durch ihren langen graden Schnabel, dessen Tastapparat am bedeutendsten entwickelt ist (9. a. Schnabelspitze von Sc. *lacunosa*); durch den grossen hohen Kopf, mit den sehr nach hinten gezogenen Augen; durch den kurzen Hals, den plumpen Leib und die kurzen Beine, welche freilich nicht bei allen so kurz sind, wie bei der Waldschnepfe, indess haben alle lange Zehen, und die Hinterzehe berührt völlig den Boden. Auch das Gefieder ist übereinstimmend, nehmlich hell kastanienbraun, mit dunkelbraunen Längs- und Querstreifen. Die abgebildete Art ist unter den einheimischen die grösste, und wird über 13 Zoll lang, hat aber von allen die niedrigsten Beine. Bei ihr sind alle Federn gleichmässig mit kleinen feinen, je nach der Grösse der Federn verschiedenen schwarzen Querbinden geziert, welche an dem

Vogel fast alle Differenz in der Zeichnung aufheben; weniger ist dies bei den mehr langbeinigen Sumpfschnepfen oder **Bekassinen** der Fall, von denen 3 Arten bei uns vorkommen. Unsere Waldschnepfe lebt in sumpfigen Wäldern, nistet daselbst am Boden und frisst Insekten und Würmer. Sie erscheint bei uns jährlich 2mal, zuerst im Herbst, wenn sie nach Süden wandert, dann im April, wenn sie in ihre Heimath, das südliche Schweden, zurückkehrt. Daselbst brütet sie auch an den angegebenen Orten.

Familie WASSERHÜHNER. *Fulicariae.*

Wesentlicher Charakter. Schnabel stärker, grade, seitlich stark zusammengedrückt, allermeist kürzer als der Kopf. Beine nicht sehr hoch, aber die Zehen lang, die mittlere länger als der Lauf, die hintere ganz auftreten l.

A. Zehen ohne seitliche Hautfalten.

a. Krallen kurz, gekrümmt; keine Stirnschwiele. *Rallinae.*

Fig. 10. Der Wachtelkönig (CREX *pratensis*), $\frac{1}{4}$ der natürlichen Grösse.

Der Schnabel dieser Gattung hat die in der eben bezeichneten Familie gewöhnliche Form, d. h. er ist kürzer als der Kopf, stark seitlich zusammengedrückt, zugespitzt, meistentheils von Horn bedeckt, mit langer Nasengrube, in deren Mitte das Nasenloch. Dabei ist der Kopf mässig, der Hals kurz, der Leib stark seitlich zusammengedrückt, nach hinten zugespitzt, und die Flügel reichen bis ans Ende des Schwanzes. Von den Verwandten unterscheidet sich CREX durch den Mangel aller nackten Hautstellen oder Lappen am Kopf und durch die kürzeren Zehen, von welchen besonders die äusseren am Grunde geheftet sind; dennoch ist die mittlere länger als der Lauf. Der Wachtelkönig lebt bloss auf feuchten Wiesen, und verräth sich allda jeden Abend durch seine bekannte schnarrende Stimme, daher auch **Wiesenknarre** genannt. Er ist oberhalb braun, jede Feder mit breitem dunklerem Schaftfleck; die Gegend über dem Auge, Kehle, Vorderhals und Brust sind blaugrau; die grösseren Flügeldeckfedern rothbraun, mit weissen Spitzen; Schenkel, Bauch und Steiss weiss; Schnabel und Beine fleischroth. Er wird $9\frac{1}{2}$ Zoll lang und hat seinen Namen von der alten Fabel, dass er die Wachteln auf dem Zuge anführen solle.

b Krallen sehr lang, grade.

In diese Abtheilung gehört die der heissen Zone eigenthümliche Gattung PARRA, wovon hier unter Fig. 11. die ostindische Art: P. *albiunca*, 5mal verkleinert dargestellt ist. Sie hat einen graden, etwas zierlichen, übrigens dem von CREX sehr ähnlichen Schnabel, dessen Wachshaut am Grunde gewöhnlich in nackte Hautlappen verlängert ist. Bei den Bewohnern der **neuen Welt** bilden diese Fortsätze einen freien aufrechtstehenden Hautsaum rings um den Schnabelgrund, bei denen der **alten Welt** dagegen setzt sie sich als Schwiele auf die Stirn fort, oder fehlt ganz. Ausserdem zeichnet sich PARRA aus durch kurze gekrümmte Sporen am Handgelenk der Flügel, und sehr zierliche Füsse, deren Zehen, zumal die hintere, eine enorme Länge haben. Die eigenthümliche gestreckte Form der Nägel kommt nur dieser Gattung zu. Alle Arten halten sich in Sümpfen und an Flussufern auf, nisten in Schilf, und laufen mit ihren langen Zehen über die Oberfläche des von schwimmenden Blättern bedeckten Wassers. P. *albiunca* hat eine helle orange Leibfarbe, doch sind der Schnabel, Scheitel, die Kehle und der Vorderhals bis zur Brust schwarz, Hinterhals weissgrau; die grossen Deckfedern der Flügel haben eine hell kastanienrothe Farbe, die Schwungfedern und die Beine sind braun. Sie wird 10—11 Zoll lang.

B. Zehen mit seitlichen gezackten Hautfalten.

Fig. 12. Das Wasserhuhn (FULICA *atra*), $\frac{1}{6}$ der natürlichen Grösse.

Unter den Mitgliedern dieser Familie ist die Gattung FULICA die einzige, welche mit zum Schwimmen brauchbaren Füssen ausgerüstet ist, daher dieser Umstand ihren Hauptcharakter abgiebt. So viele

Glieder die Zehe hat, das Nagelglied abgerechnet, ebensoviele bogenförmige Hautlappen hat sie an jeder Seite. Dabei sind die Krallen kurz, sanft gebogen, seitlich zusammengedrückt und spitz. Im Körperbau hat dieser Vogel etwas vom Huhn, einen kurzen dünnen Hals, kurze abgerundete fast versteckte Flügel, einen ziemlich hohen Kopf, und den schon beschriebenen stark zusammengedrückten Schnabel, dessen Wachshaut sich als weisse Schwiele über die Stirn hin fortsetzt. Das Wasserhuhn ist etwas kleiner als ein gewöhnliches Huhn, überall dunkelblaugrau, nur die Armschwungfedern sind am Grunde weiss. Der Schnabel hat eine weisse Farbe, die Füsse sind bläulich grün. Es findet sich überall auf grossen Teichen und Seen, schwimmt sehr gut, taucht äusserst geschickt, und brütet am Ufer im Schilf auf einem grossen schwimmenden aus Binsen geflochtenen Neste. Seine Eier sind gelbbraun mit ungleichen dunkelbraunen Flecken.

TAFEL 16.

2. Klasse. Vögel. Aves.

8. Ordnung. *Schwimmvögel. A. natatoriae.*

Wesentlicher Charakter. Beine bis zum Hacken befiedert, Zehen durch Schwimmhaut verbunden oder mit seitlicher Schwimmhaut versehen; beim Fluge werden sie nach hinten ausgestreckt.

Familie Möven. (*Longipennes*).

Schnabel ziemlich grade, seitlich stark zusammengedrückt, mit offenen Nasenlöchern. Beine in der Mitte des Körpers, das Schienbein bis kurz vor dem Hackengelenk befiedert, Füsse drei- oder vierzehig, die drei vorderen Zehen immer durch ganze Schwimmhaut verbunden.

Fig. 1. Die schwarze Seeschwalbe (STERNA *fissipes s. nigra*), 4mal verkleinert.

Die Seeschwalben haben die Form der Schwalben, einen langen schmalen Körper, kurze Beine, sehr lange Flügel und einen ziemlich langen gabelförmigen Schwanz. Ihr Schnabel ist grade, spitzig, so lang als der Kopf, der Kinnwinkel ragt nicht hervor. Sie leben am Ufer des Meeres, grosser Binnenseen und grosser Ströme, schweben beständig über dem Wasser, und stossen aus der Höhe pfeilschnell auf Fische herab; sie haben doppelte Mauser und eine meistens weisse Grundfarbe, dabei rothe Schnäbel und rothe Beine. Die dargestellte Art ist eine der kleinsten, kaum 9 Zoll lang, aber ganz grauschwarz, mit weisser Stirn, schwarzem Scheitel und schwarzen Schwungfedern; aber im Winter ist auch der Vorderhals und die ganze Unterseite weiss, und so ist sie hier fliegend dargestellt, besonders um die nach hinten ausgestreckten Füsse zu zeigen. Sie findet sich häufig an Binnenseen. Fig. 1 a zeigt den Schnabel v. ST. *hirundo* in natürlicher Grösse, Fig. 1 b dieselbe stark verkleinert, in schwebender Stellung und zum Stoss bereit.

Fig. 2. Die Lachmöve (LARUS *ridibundus*).

Grösser als die Vorige, sonst im Bau nicht unähnlich, aber die Flügel sind kürzer, der Leib ist plumper und der Schwanz abgerundet. Schnabel so lang als der Kopf, höher als der der Seeschwalbe, an der Spitze abgerundet, am Unterkiefer mit stark vorragendem Kinnwinkel, die Nasenlöcher mehr nach vorn gerückt (2 a). Die Möven leben gleichfalls an Meeresküsten und Ufern grösserer Landseen, brüten aber im Norden an Seeküsten, und sind besonders in kalten Klimaten zu Hause. Ihre Jungen haben ein gesprenkeltes Gefieder, nehmlich hellbraune Flecken auf weissem Grunde; die Alten sind entweder ganz weiss, oder sie haben silbergraue oder schwarze Deckfedern und schwarze Schwungfedern. Schnabel gelb, Beine röthlich. Die abgebildete Art ist am häufigsten im Binnenlande an Seen, und brütet sogar da; sie wird 15″ lang, ist weiss, der Kopf im Sommer braun, im Winter weiss mit braunem Ohrfleck, Deckfedern silbergrau, Schwungfedern weiss mit schwarzem Rande, Beine und Schnabel roth. Ihre Eier sind, wie bei allen Möven, stumpf zugespitzt, grüngrau von Farbe, mit unregelmässigen grösseren und kleineren, schwarzen und braunen Flecken.

Familie Röhrnasen. (*Tubinares*).

Gestalt der Möven, aber der Schnabel ist dicker, rundlicher, an der Spitze mit stark gewölbter Kuppe, und an den Seiten oder obenauf ragen die röhrenförmigen Nasenlöcher hervor. Füsse dreizehig, gross, mit ganzen Schwimmhäuten, statt der Hinterzehe bisweilen ein Nagel. Leben im hohen Meer.

Fig. 3. Das Albatros (DIOMEDEA *exulans*), 18mal verkleinert.

Schnabel besonders dick, seitlich geneigt, mit dachförmig über die Mundspalte erweitertem Rande, darüber an jeder Seite eine kleine Röhre, worin das Nasenloch (Fig. 3 a). Leib plump und dick, mit grossen Flügeln, besonders grossen Schulterfedern, aber kurzen Armfedern; Hinterzehe fehlt völlig. Die abgebildete Art erreicht eine Länge von 3′, und misst mit ausgespannten Flügeln an 10′. Sie ist in der Jugend weiss, mit bräunlichen Flecken, wie die jungen Möven; im Alter wird sie ganz weiss, aber die Brust- und Rückenfedern haben feine schwarzbraune Wellenlinien, die grossen Schulterfedern sind ebenfalls weiss, mit braunen Querlinien und ebensolcher Spitze, die Deckfedern braun, mit weissem Rande, die Schwungfedern braun; Schwanz weiss, am Ende mit brauner Binde. Schnabel gelb, Beine fleischroth. Im hohen Meere jenseits des Aequators, besonders häufig an den Südspitzen von Amerika und Afrika. Fliegen tagelang ohne zu ruhen, schwimmen sehr geschickt, sind aber dumm, tölpelhaft, lassen sich mit der Angel fangen, doch nicht gut schiessen, ihres dicken Federnkleides wegen, welches Schroot abhält.

Fig. 4. Der Sturmvogel (PROCELLARIA *pelagica*), 3mal verkleinert.

Nasenlöcher auf der Firste des Schnabels in einer daselbst hervorragenden Röhre (4 a), der Schnabel überhaupt verhältnissmässig kleiner und schmächtiger. Füsse sehr gross, mit unvollkommener Hinterzehe, die nur in Gestalt eines Nagels sich verräth. Die Arten lieben die hohe See, und kommen nur vom Sturm verschlagen ans Ufer; sie spritzen ihren Feinden eine schmierige Feuchtigkeit aus der Nase entgegen. Die abgebildete Art ist die kleinste, wird 6½ Zoll lang, ist ganz russschwarz, nur die Kehle etwas heller, die grösseren Deckfedern des Flügels mit helleren Spitzen, der Steiss und Bürzel weisslich, der Augenstern braun. Der Sturmvogel hält sich besonders im nördlichen atlantischen Ozean zwischen Amerika und Europa auf, kommt von da in die Nordsee und selbst bisweilen in die Ostsee. Zufällig geräth er dann an die Küsten oder gar ins Innere des Landes, woselbst man ihn bisweilen erlegt hat. Sie nähren sich von allerhand kleinen Seethieren, und folgen gern den Spuren der Schiffe, dergleichen Thiere daraus auffischend. Sie schwimmen wohl nie, sondern laufen eine Strecke mit ausgespannten Flügeln auf der wogenden See fort, ja stehen selbst in dieser Lage einige Zeit an derselben Stelle. Trotz dieser beständigen Bewegung werden sie äusserst fett, und dienen daher den Bewohnern der Farrörinseln, indem dieselben einen Docht durch die Fettschicht ziehen, als Lampe. Sie brüten auf blosser Erde am Ufer, woselbst sie sich ein Loch aushöhlen, und ohne andere Vorkehrungen die Eier hineinlegen. Das Ei ist rundlich und weiss.

Familie RUDERFÜSSER. (*Steganopodes.*)

Alle vier Zehen der Füsse sind durch Schwimmhaut verbunden, so dass der Daumen nach innen gerichtet ist. Der Schnabel gewöhnlich länger als der Kopf, die Flügel von sehr bedeutender Länge, aber schmal und zugespitzt. Sind Seevögel, welche die heisse Zone lieben.

Fig. 5. Die mexikanische Kropfganz (PELECANUS *fuscus*, *P. Thajus* MOLINA), 20mal verkleinert.

Die Gattung der Kropfgänse zeichnet sich aus durch ein nacktes Gesicht und einen langen aber flachen, nach vorn breiteren, nach hinten höheren und an der Spitze mit einem Haken bewehrten Schnabel, dessen Unterkiefer eine bis zur Spitze reichende Kehlspalte hat, an welcher ein grosser und weiter beutelförmiger Kehlsack hängt. Dieser Kehlsack dient zur vorläufigen Aufnahme von Speise und Trank, und vertritt die Stelle eines Kropfes. Die Flügel sind schmal, aber weniger lang als bei verwandten Gattungen, die Beine sind dagegen grösser und stärker, als bei anderen, alle vier Zehen völlig durch Schwimmhaut verbunden. Die abgebildete Art stammt aus Mexiko und Mittelamerika überhaupt; sie erreicht eine Länge von 4 Fuss. Schnabel am Grunde schwarzgrün, an der Spitze und an den Seiten röthlich, der Kehlsack gelb mit schwarzen Querstreifen, das nackte Gesicht fleischfarben, Kopf und Seitentheile des Halses weiss, der Nacken mit etwas längeren schwarzen Federn; Brust, ein Halsband dicht darüber, Bauch und Rücken schwärzlich, dunkel aschfarben, mit einzelnen weissen Längsstrichen, welche auf der Mitte je einer Feder stehen. Deckfedern sehr lang, lanzettförmig, hell bleigrau, am Rande des Flügels schwarz punktirt; Schwungfedern dunkel schwarzbraun, Beine fleischfarben. Die Nahrung der Pelikane besteht in Fischen, welche sie auch in dem mit Wasser gefüllten Kehlsack den Jungen zutragen, und sie dieselben aus dem Kehlsack auffischen lassen. Daraus ist die alte Fabel entstanden, dass der Pelikan sich die Brust aufreisse, um die Jungen mit dem eignen Blute zu füttern.

Fig. 6. Der weissköpfige Fregattvogel (TACHYPETES *leucocephalus*), 7mal verkleinert.

Schnabel leicht, dünn, rundlich, leicht geschweift, mit hakenförmig übergebogener Spitze (6 a) und kleinen Nasenlöchern am Grunde. Kehle nackt, der übrige Kopf und die Beine bis zu den Zehen befiedert, die Zehen klein, zart, alle vier durch halbe Schwimmhäute verbunden; Flügel von enormer Länge, so dass sie vorn über die Brust heraus ragen, nach hinten aber den ebenfalls sehr langen gabelförmigen Schwanz nicht an Länge übertreffen. Die Fregattvögel finden sich nur im hohen Meere, und fliegen beständig mit ausgezeichneter Schnelligkeit und Geschicklichkeit; ihre Hauptnahrung sind fliegende Fische, welche sie, indem sie über der Oberfläche des Wassers fortflattern, wegschnappen, sowohl mit dem Schnabel wie mit den Beinen, und mit letzteren oft zwei auf einmal. Ihr Nest legen sie auf Bäumen an einsamen Stellen in der Nähe des Ufers an; ihre Eier, 2 an der Zahl, sind fleischfarben, mit karmesinrothen Punkten. Die abgebildete Art findet sich im grossen atlantischen Ozean in der Nähe Brasiliens, hat im Körper die Grösse einer Ente, aber in sitzender Stellung, wegen der langen Flügel, eine Ausdehnung von 2 Fuss, spannt aber mit den Flügeln gegen 10 Fuss. Kopf, Hals, Brust Schenkel und Steiss sind weiss, der übrige Leib braun; die Deckfedern der Flügel heller, die Schwungfedern und der Schwanz dunkler. Der Schnabel ist gelblich-grau, die Beine sind roth.

Fig. 7. Die Scharbe oder der Kormoran (HALIEUS *Carbo s.* CARBO *cormoranus*), 8mal verkleinert.

Schnabel ein wenig länger als der Kopf, grade, dünn, nach vorn zugespitzt, mit hakig übergebogenem Ende (7 a), Gesicht und Kehle nackt, Nasenlöcher verschlossen. Hals ziemlich lang und dünn, aber die Flügel nicht sehr lang, dagegen der Schwanz etwas verlängert, aber am Ende abgerundet. Zehen gross, mit vollkommner Schwimmhaut. Die Arten dieser Gattung sind eigentlich Seevögel, kommen aber auch gern ins Innere des Landes auf Seen und grosse Ströme, in deren Umgebung sie, sowie am Meeresufer, auf hohen Bäumen schaarenweis bei einander nisten, und die Bäume mit ihrem ätzenden Koth nach und nach so besudeln, dass sie ausgehen. Die hier abgebildete Art hält sich im Norden Europas auf, und kommt im Winter nicht selten zu uns; sie ist glänzend blauschwarz, nur die Deckfedern und Rückenfedern sind braun, aber ringsum schwarz eingefasst. Im Sommer mit weisser Kehle, weissen Halsfedern und einem weissen Fleck an jeder Lende. Schnabel grünlich-grau, die nackte Kehle gelb, die Beine schwarz. Grösse $2\frac{1}{4}$ Fuss. Die Hauptnahrung dieses Vogels besteht in Aalen, welche er fortwährend aus der Tiefe herauf holt, und seinen Jungen im Maule zuträgt. Auf diese Weise können sie Teiche und Seen ganz leer fischen, daher man ihre Nähe fürchtet, und eingenistete so bald als möglich zu verscheuchen oder zu vertilgen sucht.

Eine andere in China einheimische, aber ziemlich ähnlich gefärbte, Art (H. *sinensis*) wird daselbst zum Fischfange abgerichtet. Man pflegt ihnen alsdann einen Ring um den Hals zu legen, damit sie die gefangenen Fische nicht hinunter schlucken.

Familie NAGELSCHNÄBLER. (*Unguirostres*).

Schnabel nicht gross, kaum länger als der Kopf, ganz von der weichen und dünnen Wachshaut bekleidet, aber an der Spitze eine nagelartige hornige Schuppe. Die Seitenränder des Schnabels gezähnelt, und die Zähne nach innen in häutige kammförmige Lamellen ausgedehnt (Fig. 10). Hals ziemlich lang, die Flügel minder. Die Beine bis zum Haken befiedert, vierzehig, die drei vorderen durch ganze Schwimmhaut verbunden.

In diese Familie gehören die 3 allgemein bekannten Gattungen der Enten, Gänse und Schwäne, von welchen, da ihre Gestalten gewiss Jedem gegenwärtig sind, nur die alle wesentlichen Gattungsmerkmahle darbietenden Köpfe abgebildet wurden.

Fig. 10. Kopf der Löffelente (ANAS *clypeata*)

Der geöffnete Schnabel zeigt sowohl am Rande des Ober- wie des Unterschnabels sehr deutlich die kammförmig gestellten Hautblätter, und dahinter die fleischige in der Mitte leicht vertiefte Zunge. Auch bemerkt man, dass der Kopf völlig von Federn bedeckt ist. Die Fig. 10 a zeigt den Schnabel einer anderen Entenart in fast natürlicher Grösse, woran die gleiche Breite desselben in seiner ganzen Erstreckung, die sanfte Zurundung, der kleine Nagel an der Spitze, die mittlere hervorragende Firste, und die daneben liegenden länglichen Nasenlöcher, als die besonderen Charaktere der Entengattung, wahrgenommen werden.

Fig. 8. Der Kopf des stummen Schwan's (CYGNUS *olor*).

Die Gattung der Schwäne zeigt einen Schnabel, welcher völlig so gebaut ist, wie der der Enten (8 a), doch ist derselbe verhältnissmässig breiter und in der Mitte an beiden Seiten ausgeschweift. Unterscheidend sind besonders die nackten Zügel (8), d. h. die Gegend zwischen Auge und Schnabelwurzel, welche beim stummen Schwan von einer schwarzen schwieligen Haut bedeckt ist. Diese Haut zieht sich am Rande der Stirn fort, und bekleidet einen grade vor der Stirn am Grunde des Schnabels befindlichen Fleischhöcker, welcher indess nicht allen Schwänen zukommt. Der lange Hals der Schwäne bildet ein anderes Unterscheidungsmerkmahl.

Fig. 9. Der Kopf der grauen Gans (ANSER *cinereus*).

Die Gänse haben einen nach vorn verschmälerten Schnabel (9 a), dessen ganze Spitze von dem breiteren Nagel bekleidet ist; nach hinten wölbt er sich mehr, und steigt in der Mitte plötzlich ziemlich stark aufwärts. Die Nasenlöcher liegen in einer merklichen Vertiefung jederseits in der Mitte des Oberschnabels (9), und der Kopf ist, wie bei Enten, ganz von Federn bedeckt.

Die Arten aller 3 Gattungen fressen Gewürm und Kräuter, die Gänse besonders Samen, und halten sich so gut auf dem Meere, wie auf Teichen, Seen und Flüssen auf.

Familie STEISSFÜSSER. (*Pygopodes*).

Schnabel grade, seitlich zusammengedrückt, so lang oder etwas länger als der Kopf. Flügel klein, bisweilen sogar zum Fliegen untauglich. Beine sehr nach hinten gezogen, so dass der Körper beim

Gange senkrechter getragen wird; Füsse 3- oder 4-zehig, die 3 vordern Zehen durch Schwimmhäute verbunden oder mit seitlichen Hautlappen versehen. Die meisten Glieder dieser Familie sind Meerbewohner, lieben kalte Zonen, schwimmen und tauchen sehr geschickt, gehen watschelnd und fliegen schlecht.

Fig. 11. Der Ohrensteissfuss (Podiceps *auritus*).

Schnabel grade, zugespitzt, von den Nasenlöchern an merklich feiner, die Spitze des Unterkiefers aufwärts gebogen. Nasenlöcher offen. Die Zügel nackt. Beine ziemlich gross, der Lauf sehr stark von beiden Seiten zusammengedrückt, die Zehen frei, aber mit seitlichen Hautlappen, besonders nach innen; die Nägel flach gedrückt. Die Steissfüsse, deren es mehrere Arten bei uns giebt, halten sich auf Binnenseen und am Meeresgestade auf, schwimmen und tauchen sehr geschickt, können aber nur schwerfällig fliegen, überhaupt nur vom Wasser auffliegen. Sie haben eine doppelte Mauser und ein helleres Winterkleid; ihre Jungen sind bunt, gelb und braun gestreift. Das Nest bauen sie aus Röhrig, und lassen es auf dem Wasser schwimmen, so dass die Eier halb im Wasser liegen. Ihre Nahrung sind Fische und Insekten. Die abgebildete Art ist eine der kleinsten, etwa 1 Fuss lang, schwarzbraun von Farbe, Brust, Bauch und Seiten weiss, am Rande orangefarben; über die Flügel geht eine weisse Querbinde, auf dem Kopf findet sich eine Holle, und hinter den Augen ein Büschel langer, feinstrahliger orangefarbener Federn. Schnabel und Beine graugrün. Im mittleren Europa auf Seen und Teichen.

Fig. 12. Der Papagei- oder Larventaucher (Mormon *fratercula*), 6mal verkleinert.

Schnabel kaum so lang als der Kopf, am Grunde so hoch als lang, von da allmälig im Bogen zugespitzt, an den Seiten mit tiefen Bogenfurchen; Kopf ganz befiedert, im Mundwinkel und an den Augenliedern warzige Hautlappen (12 a). Füsse 3zehig, mit ganzer Schwimmhaut, die Kralle der inneren Zehe hakenförmig nach innen gebogen. Die Arten sind nicht zahlreich, und bewohnen den höchsten Norden; sie leben paarweis und legen ihr Nest in tiefen Erdlöchern an, welche sie selbst ausgescharrt haben. Die abgebildete Art ist die bekannteste; sie wird 14 Zoll lang, ist auf dem Scheitel, dem Nacken und dem ganzen Rücken schwarz, an den Wangen, der Kehle, Brust und Bauch bis zum Schwanz weiss. Schnabel oben roth, an der Spitze gelb, am Grunde grau; Beine schön roth. Bewohnen die Küsten von Island, Norwegen und der Farröer Inseln. Fressen Krebse und Fische. Tragen den Jungen die Nahrung zu.

Fig. 13. Der patagonische Pinguin (Aptenodytes *patagonicus*), 10mal verkleinert.

Schnabel grade, spitz, am Ende meistens mehr weniger hakenförmig. Nasenlöcher offen, am Grunde in langen Gruben. Hals ziemlich lang; Leib breit, aufrecht; Flügel zum Fliegen ganz unbrauchbar, überall dicht von kleinen, zugespitzten, am Rande ausgefaserten hornigen Schuppen bedeckt (13 a). Füsse ganz nach hinten, fast unmittelbar am Ende des Körpers, 4zehig, die kleine Zehe nach innen gerichtet, undeutlich, die drei vorderen durch ganze Schwimmhaut verbunden; der Lauf nicht aus 1 sondern aus 3 Knochen gebildet, und beim Gange mit auftretend. Schwanz klein, aus wenigen fast verkümmerten Federn gebildet. Die Arten bewohnen das südliche Meer und schwimmen gesellschaftlich umher, mit dem ganzen Leibe im Wasser, so dass nur der Kopf hervorragt, und rudern dabei mit den Flügeln; gehen auch ans Land, aber bewegen sich daselbst höchst unbeholfen. Die abgebildete Art ist die grösste von allen, wird 4 Fuss hoch, ist am Bauch weisslich, an der Brust und den Seiten des Halses gelb, Kopf, Kehle und der ganze Rücken dunkel bleigrau bis schwarz, Flügel schwarz, unterhalb weiss. Am Kap Horn, der Magellansstrasse und den Schettlandsinseln.

TAFEL 17.

4. Klasse. Amphibien oder Lurche. Amphibia.

1. Ordnung. *Schildkröten, Testudinata.*

Wesentlicher Charakter. Sie haben keine Zähne. Das Skelet des Rumpfes erweitert sich, und bildet mit den Hautknochen einen Panzer, in welchem alle Organe stecken, und der äusserlich von Hornschildern oder einer schwieligen Haut bedeckt ist.

Familie Seeschildkröten. *Chelonina.*

Panzer am ganzen Umfange mit der Haut verwachsen, bildet weder vorn noch hinten eine Höhle, in welche sich der Kopf und die Gliedmassen zurückziehen könnten; letztere flossenförmig, gross, besonders die vorderen, ohne bestimmt abgesetzte Zehen und Nägel, aber mit Hornschildern bedeckt. Leben nur im Meer, und fressen Seegewächse oder Mollusken. —

Fig. 1. Chelonia *virgata. Dum.* (1. a von unten).

Panzer länglich rund, überall mit wahrhaft hornigen Schildern bedeckt, deren Hinterränder ein wenig über den Vorderrand des nächsten Schildes hervorragen; die Oberfläche wird von 13 Schildern bedeckt, wovon 5 in der Mitte, 4 zu jeder Seite liegen, ausserdem 24—26 Schilder am Umfange, jedes Schild schön braun, mit schwarzen strahligen Streifen; die Unterseite einfarbig gelbbraun. In tropischen Meeren, erreicht gegen 2 und mehr Fuss Länge. Die Seeschildkröten schwimmen bei Tage im hohen Meere, oder sonnen sich auf Sandbänken und Untiefen; gegen Abend kommen sie ans Ufer, um daselbst schlafend zu übernachten. Während dieser Zeit fängt man sie, ihres wohlschmeckenden Fleisches wegen, bei Fackelschein. Sehr geschätzt sind auch die Eier, welche in ziemlicher Anzahl von den Schildkröten in Gruben am Meeresstrande gelegt werden, woselbst sie die Sonne ausbrütet.

Familie Lippenschildkröten. *Chilotae.*

Panzer der Vorigen, d. h. ziemlich flach, ohne Gruben, nur am Rande scheibenförmig erweitert, besonders nach hinten; auf der Oberfläche keine Hornplatten, sondern eine bloss schwielige Haut. Kiefer mit fleischigen Lippen; Füsse flossenförmig, aber die drei inneren Zehen mit grossen und starken Krallen.

Fig. 2. Trionyx *aegyptiacus*, (2. a von unten).

Kopf klein, mit rüsselförmig verlängerter Nase, sehr kleiner Augenspalte und dickem Halse, welcher sich, wie der Kopf, nicht unter dem Schilde verstecken kann. Das Schild ziemlich flach, in der Mitte mehr gewölbt, mit erweitertem Rande, ganz von einer besonders auf der Oberfläche schwieligen warzigen Haut bedeckt. Beine dick und plump, die 5 Zehen unterscheidbar, aber durch Schwimmhaut verbunden, nur die drei inneren mit Nägeln; Schwanz kurz, ragt nicht über den Rand des Schildes hervor. Der Knochenpanzer ist unvollkommen, besonders der an der Brust, indem er nur aus schmalen Knochen besteht, welche an vier als hervorragende dunklere Schwielen bemerkbare Hautknochen stossen. Farbe des Rückens braungrau, weiss punktirt; Unterseite fleischroth. Länge höchstens 1′, gewöhnlich kleiner. Findet sich im Nil und nährt sich von Schnecken und Muscheln. Auch von dieser Schildkröte isst man das Fleisch, und schätzt es als sehr schmackhaft.

Familie LURCHSCHILDKRÖTEN. *Chelydrae.*

Der kleine, nur den Rumpf bedeckende, Panzer ist von deutlichen Hornplatten bekleidet, allein der übrige Leib ist nackt, weich, ohne Schilder, selbst der Kieferrand von weicher Haut überzogen. Alle 5 Zehen mit grossen Krallen, aber durch Schwimmhaut verbunden.

Fig. 5. Die Matamate (CHELYS *fimbriata*).

Der Kopf ist ziemlich gross, besonders breit; die Nase rüsselförmig verlängert; die Mundöffnung weit, mit weichen Lippen; daneben, wie auch an den Seiten des dicken Halses, gefingerte Hautlappen; die Oberfläche warzig. Der Panzer klein, in der Mitte mit 5, an den Seiten mit 4 Schildern, welche drei Reihen von Höckern bilden, am Rande viele kleinere gezackte Rücken- und Bauchplatten, durch Knochennähte mit einander verbunden; Beine ziemlich schlank, die Zehen durch eine Schwimmhaut verbunden, aber alle 5 mit sehr grossen gebogenen Krallen; Schwanz kurz, aber sichtbar. Das Thier wird gegen 2′ lang, ist bräunlich von Farbe, und lebt in Sümpfen und Flüssen, besonders stehenden Gewässern, Brasilien's und Cayenne's; seine Nahrung sind Sumpfpflanzen, sein Fleisch ist essbar und wohlschmeckend, daher dem Thiere sehr nachgestellt wird, und es schon anfängt, selten zu werden.

Familie FLUSSSCHILDKRÖTEN. *Emydae.*

Panzer noch ziemlich flach, aber vorn und hinten erweitert, zur Aufnahme der Beine und des Kopfes. Kieferrand von Hornsubstanz bekleidet. Zehen deutlich, aber durch Schwimmhaut verwachsen, an den vorderen 5, an den hinteren 4 Krallen. Rücken- und Bauchpanzer durch eine Knorpel- oder Knochennaht mit einander verbunden, aber nicht beweglich gegen einander.

Fig. 3. Die europäische Flussschildkröte (EMYS *europaea*), um $\frac{1}{3}$ verkleinert.

Kopf nicht sehr gross, aber ziemlich weit ausstreckbar, und ganz zurückziehbar. Rücken- und Brustpanzer durch eine Knorpelnaht mit einander verbunden; letzterer bedeckt die Bauchseite vollkommen, und bildet weder vorn noch hinten eine Klappe; auf seiner Fläche 12 Hornschilder, auf dem Rückenpanzer 5 in der Mitte, 4 zu jeder Seite, 25 am Umfange. Farbe des Leibes schwarz, des Panzers dunkelbraun, beide mit gelben Flecken, welche über die Schilder des Rückenpanzers strahlig vertheilt sind; Brustpanzer gelblich braun. Schwanz lang, mit 4 Reihen gelber Flecken. — Findet sich in sumpfigen Wäldern von Deutschland, wird mit dem Schwanz 1′ lang, der Panzer 7″, und nährt sich von Insekten, kleinen Wasserthieren und saftigen Kräutern.

Fig. 3. a zeigt das Skelet desselben Thieres von innen, indem der Brustpanzer fortgenommen, und nach links umgeklappt ist. Man sieht den weit ausgestreckten Kopf von unten, besonders am Vorderrande den hufeisenförmigen Unterkiefer (F), und dazwischen das Zungenbein (E), mit den vier von ihm ausgehenden Zungenbeinhörnern. Der Hals besteht bis zum Anfange des Rumpfes aus 9 Wirbeln (1 — 8), von welchen der zweite (2) sehr klein ist. An den neunten Halswirbel stösst der erste Rückenwirbel welcher mit dem zweiten innig verwachsen ist (9 u. 10). Rückenwirbel giebt es 12 (10 — 21.). Jeder dieser Rückenwirbel trägt auf seiner äusseren Fläche einen mit dem Bogen des Wirbels verwachsenen sechseckigen Hautknochen, und an diesen, wie an den Seitentheil des Wirbels selbst, stossen die flachen, mit einander verwachsenen, sechseckigen Hautknochen, und daran, wie auch an den Seitentheil des Wirbels die flachen, mit einander verwachsenen, Rippen, so dass der Rückenpanzer äusserlich nur von diesen Rippen und den auf den Wirbeln gelegenen Hautknochen gebildet wird. Vom letzten Rückenwirbel, oder richtiger von dem letzten der zwischen den Schenkeln des Beckens gelegenen 2 Kreuzbeinwirbeln (20 — 21), entspringt der Schwanz, welcher aus 34 Wirbeln (21 — 55) zusammengesetzt ist, von welcher in unserer Figur nur die ersten 12 (22 — 33) dargestellt sind. Die Knochen der Vorderglieder sind mit dem ersten Rückenwirbel durch ein starkes Band verbunden. Die Hauptstütze derselben ist das zweischenkelige, winkelförmige Schlüsselbein (A. A′), welches an der Stelle, wo beide Schenkel sich treffen, eine Gelenkfläche hat, in welcher der Oberarm gelenkt. Eben daran stösst dass flache, keilförmige, parallel an der Innensseite des Brustbeines verlaufende Schulterblatt (B), und hilft so die Gelenkgrube für den Kopf des Oberarmes bilden; auch ist es noch mit dem unteren Schenkel des Schlüsselbeins durch ein starkes Band verbunden, nicht aber an die Brustplatte unmittelbar angeheftet, ebensowenig das Schlüsselbein. Die Knochen des Arms sind die gewöhnlichen, 1 in der ersten Reihe, Oberarm; 2 in der 2ten Reihe, Elle und Speiche; 9 kleine Gelenkknochen in der Fusswurzel, und dann die 5 Zehen, davon die äusserste und innerste nur 2gliedrig, die anderen 3gliedrig. Die Hinterglieder hängen am **Becken** (C), welches wieder am 20—21ten Wirbel des Panzers befestigt ist. Es ist völlig nach vorne geschlossen, sehr stark gebaut, und stösst fast an die innere Seite der Brustplatte. Die Hinterbeine selbst stimmen mit den vorderen im Bau überein, doch hat die Fusswurzel nur 5 Knochen. Die Brustplatte (D) besteht aus 9 flachen Knochenstücken, welche untereinander durch Nähte verbunden sind, und mit zunehmenden Alter des Thieres fast ganz verwachsen.

Fig. 3. b. Kopf von der nordamerikanischen Flussschildkröte (Emys *clausa*), um die Hälfte verkleinert.

Diese Darstellung soll besonders auf die schnabelförmige Bildung der von Horn bekleideten Kiefer aufmerksam machen, und auf die Lage der Nasenlöcher vorn am Grunde des Hornüberzuges.

Familie Landschildkröten. *Chersinae.*

Panzer hochgewölbt, fast halbkugelig, beide Hälften innig mit einander verwachsen; vorn und hinten erweitert, mit tiefen Gruben, worin sich der Kopf, der Schwanz und die Beine ganz zurückziehen können; ein Theil des Brustschildes, zumal die vordere oder hintere Hälfte, klappenförmig beweglich. Kiefer nur von Hornsubstanz bedeckt; die Beine bis an die Zehenspitzen klumpfussartig verwachsen, die Nägel kurz, gebogen.

Fig. 4. Die geometrische Schildkröte (Testudo *geometrica*), um die Hälfte verkleinert.

Hintertheil des Brustpanzers in der Jugend beweglich; Vorderbeine decken, bei zurückgezogener Lage, den Eingang des Panzers zu, und sind auf der dann nach aussen gewendeten Fläche mit festen Hornschildern bekleidet. Der Rückenpanzer hat in der Mitte 5, an jeder Seite 4, am Umfange 25 pyramidale, oben abgestutzte, im Umfange konzentrisch gereifte Schilder, deren Farbe schwarz ist, allein die erhabenste Stelle ist gelb, und von ihr laufen strahlenförmige gleichbreite gelbe Streifen zu allen Ecken und der Mitte jedes Seitenrandes. Ausserdem haben die Randschilder noch einen rothen Fleck. Schwanz nicht sehr lang, aber ragt hervor. Das Thierchen wird höchstens 10″ lang, und findet sich am Vorgebirge der guten Hoffnung, auf Madagaskar und selbst in Brasilien. Seine Nahrung bilden zarte Kräuter.

In Südeuropa ist die in der Gestalt ganz ähnliche griechische Landschildkröte (Testudo *graeca*) zu Hause. —

2. Ordnung. *Eidechsen. Saurina.*

Wesentlicher Charakter. Sie haben Zähne in beiden Kiefern, der untere ist allein beweglich und vorn sind beide Hälften verwachsen. Ihr Rumpfskelet bildet keinen Panzer, obwohl das Brustbein ziemlich breit ist. Die Meisten haben Augenlieder, und alle eine von Schuppen oder Schildern bedeckte Haut.

1. Zunft. PANZEREIDECHSEN. *Loricata.*

Ihre Rückenfläche ist von dicken, mit einer Firste versehenen, viereckigen, dicht nebeneinander liegenden Knochenplatten bedeckt.

Familie Krokodile. *Crocodilina.*

Die Zähne des Kiefers sind gross, stark, und stecken in tiefen Gruben (sind eingekeilt); beim Oeffnen des Mundes wird der Unterkiefer fixirt, und der ganze Kopf mit dem Oberkiefer gehoben; Zunge an der Kehle festgewachsen, nicht ausstreckbar. Ihre Augen haben Lieder; hinter dem Auge eine ʃ-förmige, von einer Klappe verschlossene, Spalte als Ohröffnung. An den Vorderfüssen 5 freie, an den hinteren 4 durch Schwimmhaut verwachsene Zehen, von welchen nur die 3 inneren mit Nägeln bewehrt sind. Sie leben in grossen Flüssen der heissen Zone, schwimmen behände, sonnen sich am Ufer, und fressen nur thierische Nahrung. Alle riechen stark nach Moschus. Ihre Eier sind verhältnissmässig klein, haben, wie die der Schildkröten, eine harte Schale, und werden zu 20—50 in Uferlöcher gelegt, woselbst die Jungen auskriechen.

Fig. 6. CROCODILUS *biporcatus*, 20mal verkleinert.

Kopf länglich, ziemlich schmal, hinter den Nasenlöchern jederseits ein Ausschnitt am Rande, in welchen der grösste Eckzahn des Unterkiefers passt. Auf der Schnauze zwei konwergirende Knochenleisten, im Nacken zwei kleine Schilder, dahinter auf der Fläche des Halses 6 Schilder, der Rücken ganz von Schildern bedeckt, auf dem Schwanz vier Schilderreihen, von welchen die beiden äusseren einen zackigen Kamm bilden. Diese nähern sich allmälig und fliessen auf ¾ der Schwanzlänge in einen Kamm zusammen. Hinterfüsse mit ganzer Schwimmhaut; Farbe ein schmutziges Gelbbraun, der Kopf, besonders die hintere Hälfte, fleischröthlich, oberhalb mehr grünlich; die Bauchseite aller Theile heller, röthlich gelb; einzelne Rückenschilder dunkelschwarz. Dieser Krokodil findet sich in den Flüssen Südasien's, Java's und anderer Inseln, und erreicht eine Grösse von 20 Fuss. Vom Nilkrokodil, dem er sehr ähnlich sieht, unterscheidet er sich durch die Zahl der Nackenschilder, welche bei diesem 4 ist.

Fig. 7. Der Kopf eines Alligators.

Die Gattung der Alligatoren, welche auf Amerika beschränkt ist, unterscheidet sich von den Krokodilen durch den kürzeren breiteren Kopf und den Mangel eines Ausschnittes am Rande des Kopfes hinter den Nasenlöchern. Statt dessen findet sich ebenda eine Grube, in welche der Eckzahn des Unterkiefers passt. Auch haben die Hinterfüsse nur halbe Schwimmhäute.

Fig. 8. Der Kopf eines Gawial's.

Die Gawiale haben gleichfalls im Ganzen die Bildung der Krokodile, selbst ganze Schwimmhäute zwischen den Hinterzehen, aber der Kopf ist sehr schmal, und beide Kiefer sind in eine lange vorn abgerundete Schnauze verlängert. Die bekannten Arten leben im Ganges, und werden nicht sehr gross.

TAFEL 18.

4. Klasse. Amphibien oder Lurche. Amphibia.

2. Ordnung. *Eidechsen. Sauria.*

(Definition auf dem vorigen Bogen.)

2. Zunft. SCHUPPENEIDECHSEN. *Sauria squamata.*

Ihr Körper ist von Schuppen bedeckt, die als dünne Knochenplatten unter der alljährig durch Häutung erneuten Oberhaut stecken. Man unterscheidet vier Arten von Schuppen: 1) Tafelschuppen, kleine glatte oft viereckige nebeneinander liegende Schuppen, 2) Schindelschuppen, dreieckige glatte oder gekielte Schuppen, die gleich Dachziegeln über einander greifen, 3) Wirtelschuppen, länglich viereckige, meist stark gekielte Schuppen, die ringförmig um runde Theile herumliegen, 4) Schilder, grössere flache eckige Schuppen, welche nebeneinander liegen, und mit ihrer ganzen Unterseite angewachsen sind.

1. Einige Eidechsen haben eine ziemlich lange, ausstreckbare, gespaltene Zunge (2. b). *Fissilinguia.*

Familie WARNEREIDECHSEN. *Monitores.*

Ihr ganzer Leib ist gleichmässig von kleinen ovalen Tafelschuppen bedeckt. Zähne an der Innenseite der Kieferknochen angewachsen. Zunge sehr lang, tiefgespalten. Keine Schenkeldrüsen.

Fig. 1. POLYDAEDALUS *guttatus*, $\frac{1}{3}$ der natürlichen Grösse.
(TUPINAMBIS *elegans. Daudin.*)

Unter den Warnereidechsen lassen sich wieder 3 Gattungen unterscheiden, von denen eine (PSAMMOSAURUS) einen drehrunden Schwanz hat, die zwei anderen einen seitlich zusammengedrückten, oberhalb gekielten. Bei der einen von diesen (HYDROSAURUS) liegen die Nasenlöcher dem vorderen Ende des Kopfes näher, bei der anderen (POLYDAEDALUS) genau in der Mitte zwischen dem Auge und dem Kopfende. Zu dieser letzteren Gattung gehört die hier dargestellte Eidechse. Sie wird etwa einen Fuss lang, ist oberhalb schwarz mit weissen Linien am Kopf und den Seiten des Halses, und mehreren auf dem Rücken aus runden weissen Flecken gebildeten Querbinden, die am Schwanz ungetheilt sind. Auch die Schenkel und Schienen haben weisse Punctreihen. Die ganze Unterseite ist weiss, mit schmalen schwarzen Querstreifen. Man findet diese Eidechse in Süd-Africa; das nördliche Afrika dagegen bewohnt der eben dieser Gattung angehörige POLYDAEDALUS *niloticus,* welcher den Eiern des Krokodils nachstellt und daher von den alten Aegyptiern sehr verehrt wurde. —

Familie HALSBANDEIDECHSEN. *Lacertina.*

Sie haben Schilder auf dem Kopf, grössere Schilderschuppen am Bauch, kleine Schindelschuppen auf dem Rücken und Wirtelschuppen am Schwanz. Zähne an die Innenseite der Kiefer angewachsen; Schenkeldrüsen gewöhnlich vorhanden.

Fig. 2. Die gemeine Eidechse (LACERTA *agilis*), $\frac{1}{2}$ der natürlichen Grösse.

Dieses in den Gebüschen von ganz Europa einheimische, sehr behende Thierchen hat ein sehr zierliches Ansehn, und ist, wie alle kleineren Eidechsen, völlig unschädlich. Seine zoologischen Merkmahle liegen in den vollkommen entwickelten Augenlidern, dem am Hinterrande freien Halsbande grösserer Schuppen (2. a), den zierlichen nicht am Rande gezähnten Zehen und dem freien deutlich sichtbaren Trommelfell hinter den Augen. Das geöffnete Maul, welches sub 2. b dargestellt ist, zeigt uns am Boden des Mundes 4 Reihen Zähne, zwei zahlreichere am Oberkiefer, zwei minder zahlreiche kleinere am Gaumen (sogenannte Gaumenzähne). Neben diesen sind die hinteren Oeffnungen der Nasenhöhle sichtbar. Am herabhängenden Unterkiefer bemerkt man 2 Zahnreihen und zwischen diesen die nicht sehr lange breite gespaltene Zunge, auf deren obersten Ende der kleine runde offene Kehlkopf ruht. Ferner sieht man in der Detailfigur 2. a den Kopf von unten, mit den die Kieferknochen bedeckenden Schildern und dem Halsbande vor den Schultern. In Fig. 2. c ist dann das hintere Ende des Rumpfes mit der Kloakenklappe, den Schenkeln und dem Anfange des Schwanzes dargestellt. Man sieht am Bauch die 5 Reihen grosser Schilderschuppen, an den Schenkeln die Drüsenreihe, welche sub 2. d vergrössert abgebildet ist, und am Schwanz die ringförmig gelagerten Wirtelschuppen, deren scharfe vorspringende Mittelkante besonders auf der Oberfläche sichtbar wird. Von einigen verwandten Arten unterscheidet man unsere Eidechse am besten durch die mit Schildern bekleideten Schläfen und die drei fünfeckigen, zwischen Nasenloch und Auge gelegenen Zügelschilder. Sie wird $\frac{1}{2}$—$\frac{3}{4}$ Fuss lang, ist oberhalb braun, mit mehreren Reihen weisslicher Ringflecken, an den Seiten oft grün, meist eisengrau, am Bauch gelblich, theils mit, theils ohne schwarze Flecke. Sie lebt, wie alle kleineren Eidechsen, von Insekten, und legt Eier, die denen der Ufer-Schwalben an Grösse gleichkommen, indess nur eine lederartige Schaale haben. —

2. Andere Eidechsen haben eine runde, wurmförmige, mit einem Saugnapf endende, viel weiter ausstreckbare Zunge (3. a) *Vermilinguia.*

Familie Chamaeleontes.

Augenlider verwachsen bis auf eine mittlere Oeffnung, Füsse mit Handbildung. Einzige Gattung Chamaeleon.

Fig. 3. Das gemeine Chamäleon (Ch. *vulgaris*), $\frac{1}{3}$ der natürlichen Grösse.

Gewiss eins der merkwürdigsten Thiere wegen der auffallenden Eigenheiten, die fast sämmtliche Organe seines Körpers darbieten. So ist die Haut überall von kleinen, durch Falten getrennten, warzenförmigen Schuppen bedeckt, die nur am Schwanz zu regelmässigen Ringen sich gestalten. In der Mittellinie des ganzen Rumpfes, oben wie unten, bilden diese Schuppen, durch ihre beträchtliche Grösse, eine höckerige scharfe Kante, welche sich auf dem Hinterhaupt zu einem dreieckigen Helm erhebt, zwischen den Augen aber verschwindet. Dafür laufen hier 2 solche konvergirende Kanten, die vom Hinterkopf ausgehen, über den Orbitalrand bis zur Schnauze fortlaufen, und daselbst in der Nähe des Nasenloches enden. Viel trägt zu dem eigenthümlichen Ansehn die Bildung des Auges bei. Dasselbe ist eigentlich sehr gross und weit vorragend, aber die beiden Augenlider sind völlig verwachsen und lassen nur in der Mitte der Pupille eine kleine runde Oeffnung. Die Zunge (3. a) ist so lang wie der ganze Rumpf, flachrund, und endet mit einem dickeren länglichen Fleischpolster (der eigentlichen Zunge), die vorn eingedrückt und mit einer Vertiefung versehen ist, die zum Ergreifen der Beute, Insekten, besonders Raupen, bestimmt zu sein scheint. Diese Zunge ist das wichtigste Werkzeug des Thieres, denn nur durch sie kann es, bei der Langsamkeit seiner Bewegungen, die schnellen Insekten erhaschen. Mit Vehemenz schnellt es dieselbe hervor, und alsbald klebt das gefangene Insekt an ihrer Spitze fest, um so in den Mund zurückgezogen zu werden. — Der Rumpf ist übrigens viel höher als breit, und nicht sehr dick. Die Beine haben ein dürres verhungertes Ansehn und enden mit 5 dicken gleichlangen Zehen, die Handbildung zeigen. Es sind nemlich an den Vorderfüssen drei Zehen Daumen, an den Hinteren aber nur zwei; jede Zehe hat eine spitze Kralle. Auch der Schwanz nimmt an der allgemeinen Eigenthümlichkeit Theil, und bildet sich zu einem Wickelschwanz aus, mit dem das Thier sich festhält, wenn es irgendwo lauernd still steht. Auch diese Schwanzform ist, wie die Fussbildung und die Zunge, das einzige Beispiel solcher Gestalten unter den Amphibien. Unser Chamäleon findet sich schon in Spanien, häufiger jedoch in Afrika; es erreicht mit dem Schwanz $1\frac{1}{3}$ Fuss Länge, lebt in Gebüschen, klettert an Zweigen und Sträuchern umher, und hat noch die merkwürdige Eigenschaft, seine Farbe, die ein schmutziges Gelb ist, nach einer bestimmten Reihenfolge ändern zu können, indem nach und nach auf dem helleren Grunde dunkle braune, schwarze, grüne und violette Punkte, Flecken und Streifen auftreten. Indess nehmen die Beine und der Schwanz an diesem Farbenwechsel einen geringen Antheil, der bloss in dem Heller- und Dunklerwerden des einmaligen Kolorits besteht. Beide sind gelbgrau, mit rein gelben Querbinden und Strichen. —

3. Noch andere Eidechsen, und zwar eine viel grössere Anzahl, haben eine dicke, vorn abgerundete, kaum ausstreckbare Zunge (Fig. 8.). *Crassilinguia.*

Familie Baumagamen. *Dendrobatae.*

Leib stark seitlich zusammengedrückt, Zehen und Schwanz auffallend lang; Schuppen klein und flach, wenngleich in der Regel gekielt.

Fig. 4. Der fliegende Drache (Draculus *lineatus*), ½ der natürlichen Grösse.

Die Gruppe der fliegenden Drachen bewohnt ausschliesslich die alte Welt, und findet sich zumal in Ostindien, wie auf den benachbarten Inseln, in mehreren Arten. Einige derselben haben ein freies sichtbares Trommelfell hinter dem Auge, und bilden die Gattung Draco; bei Anderen ist das Trommelfell versteckt, sie heissen Draculus. Die abgebildete Art gehört dieser zweiten Gattung an. Sie hat einen kleinen, kurzen Kopf, seitliche Nasenlöcher, grosse nach oben hervorgequollene Augen, eine kurze Schnautze, und kleine, oben auf dem Kieferrande befestigte Zähne Ihr Leib ist von kleinen spitzigen gekielten Schindelschuppen bedeckt, und bildet hinter den Vorderbeinen jederseits dadurch eine Flughaut, dass 5 falsche Rippen sich nicht gegen die Brust krümmen, sondern in wagerechter Linie verbleiben und so die Körperhaut vor sich her schieben. Die Beine wie der Schwanz sind auffallend lang und zierlich, namentlich an ersteren die Zehen; beide werden von grösseren Schindelschuppen bekleidet. — Der Dr. *lineatus* wird im Rumpf bis 3 Zoll, am Schwanz bis ½ Fuss lang, ist schwärzlich grau, mit helleren unregelmässigen Querbinden und Flecken; die Flughaut ist oberhalb schwärzlich, mit weisslichen Querlinien. Er lebt auf den Philippinen, hält sich in Gebüschen, auf Bäumen auf, und bedient sich der Flughaut, um leichter von einem Zweige zum andern hinüber zu springen. Die Flughaut ist jedoch nirgends an die Beine angewachsen, kann also auch nicht mit deren Hülfe bewegt werden. Eine hängende Kehlhautfalte endlich kommt diesen Drachen, wie allen übrigen Drachen-Arten und vielen anderen Eidechsen, ebenfalls zu. —

Fig. 5. Der Basilisk von Amboina (Lophura *pustulata*), ⅙ der natürlichen Grösse.

Gleichfalls ein Bewohner der alten Welt, hat unser Basilisk mit allen Eidechsen dieser Erdhälfte die auf den obern Rand der Kieferknochen aufgesetzten Zähne und die hervorragenden Eckzähne gemein. Er besitzt ferner einen kurzen, zwischen den seitlichen Nasenlöchern vor der Schnautzenspitze erhabenen Kopf, grosse Augen, eine stark hängende Kehlwamme, und ein grofses sichtbares Trommelfell. Der ganze Rumpf ist von kleinen rhombischen gekielten Schindelschuppen bedeckt, zwischen denen an den Seiten einzelne, wellenförmig gruppirte, grössere schildförmige Schuppen eingestreut sind. Gegen den Rücken nehmen die Schuppen eine mehr quadratische Form an, und umfassen hier eine Reihe spitzdreieckiger Zacken, welche in der Mittellinie bis zum Schwanz laufen, und einen deutlichen Rückenkamm darstellen. Auf dem Schwanz erhebt sich dieser Kamm beträchtlicher, bildet daselbst ein wahres Hautsegel, und ist an seinem oberen freien Rande nicht bloss fein gezackt, sondern auch mehrmals ausgeschnitten. Indess reicht dieser Kamm nur bis auf die Mitte des Schwanzes, die zweite etwas grössere Hälfte ist ganz frei davon. An beiden sind die Schuppen kleiner, flacher, quadratischer. Dagegen werden die grossen plumpen Beine von kräftigeren, mit einem stumpfen Kiel versehenen Schuppen bekleidet, und die mit grossen Krallnägeln bewaffneten, doch nicht sehr langen Zehen sind am Rande durch eine zackige Hautfalte erweitert. Der Basilisk wird gegen 3 Fuss und darüber lang, ist grünlich grau, mit bräunlichen Flecken oder Binden, und bewohnt die südlichen Sunda-Inseln. Er lebt in Gebüschen und geht gern ins Wasser. Seine Nahrung besteht zwar in Insekten, doch frisst er auch Blätter, ja letztere vielleicht vorzugsweise. —

Fig. 6. Der Leguan (Iguana *tuberculata*), ⅙ der natürlichen Grösse.

Unter den Baumagamen der neuen Welt, welche sich anatomisch von denen der alten dadurch unterscheiden, dass die Zähne an die innere Seite der Kieferknochen wie angeklebt und besondere Eckzähne nicht bemerkbar sind, ist der Leguan sowohl wegen seiner Grösse, als auch wegen seiner allgemeinen Verbreitung über das ganze tropische Amerika diesseits der Kordilleren als ein Hauptrepräsentant zu betrachten. Freilich unterscheidet er sich in mehreren wichtigen Eigenschaften von allen andern Baumagamen seines Himmelsstrichs. So hat er einen minder stark zusammengedrückten

Rumpf; einen viel dickeren, durch eine sehr grosse Kehlwamme ausgezeichneten Hals; auffallend kleine, den ganzen Leib mit sammt den Gliedmafsen und den Schwanz gleichmässig bekleidende Tafelschuppen, und im Ganzen kürzere dickere Beine und Zehen. Dazu kommen eine kurze gewölbte Schnautze, nicht sehr grosse Augen, ein Kamm höherer dreieckiger Zackenschuppen auf der Mittellinie des Rückens und Schwanzes, der freilich auch mehreren andern Baumagamen der neuen Welt (z. B. den Gatt. CYCLURA, BASILISCUS) eigen ist, und ziemlich deutliche Gaumenzähne. Die hier abgebildete gemeinste Art hat ihren Zunamen von einer Anzahl grösserer höckerförmiger Schuppen, welche über die Seiten des Halses zerstreut sind; auch findet sich noch ein sehr grosses flaches Schild unter dem Trommelfell an den Seiten des Kopfes. Sie wird im Rumpfe allein bis 2 Fuss lang, ist im Leben bläulichgrün, frisst nicht bloss Insekten, sondern auch Blätter und Baumfrüchte, und bewohnt die feuchten Waldungen in der Nähe der Flüsse, wo sie überall in Menge angetroffen und von den Eingebornen als beliebte Speise gegessen wird. Schon bei den ältesten, längst ausgestorbenen Bewohnern St. Domingos war ihr Genuss üblich, als Kolumbus diese Insel entdeckte, und trug nicht wenig zur Erweckung der Vorurtheile bei, welche die Spanier gegen jene harmlosen Indianer fassten, und bis an ihr Ende behielten. —

Familie ERDAGAMEN. *Humivagae.*

Leib stark von oben nach unten flach gedrückt, Zehen und Schwanz kurz, doch erstere unter sich in denselben Verhältnissen wie bei allen Schuppen-Eidechsen bleibend*). Schuppen der Baumagamen.

Fig. 7. UROCENTRUM *brevicaudatum*, $\frac{2}{3}$ der natürlichen Grösse.

Auch die Erdagamen verhalten sich in ihrer Zahnbildung verschieden nach den beiden grossen Kontinenten, und entsprechen den Gruppen der Baumagamen. Die der westlichen Halbkugel, zu denen die Gattung UROCENTRUM gehört, haben die Zähne an die innere Seite der Kiefer angeheftet, sind aber äusserlich den entsprechenden Formen der östlichen Halbkugel aufs Täuschendste ähnlich, so dass es nicht nöthig schien, Gattungen von beiden Hemisphären zugleich darzustellen. Die Gattung UROCENTRUM, welche sich durch ihren auffallend kurzen, von grossen stacheligen Wirtelschuppen bekleideten Schwanz auszeichnet, hat in der alten Welt die ganz analoge Gattung UROMASTIX als Korrespondenten; indess haben die UROCENTRA kleinere glatte Tafelschuppen am Rumpfe und grössere Schilder auf dem Kopf. Derselbe ist oben etwas vertieft, hat einen vorspringenden Schnautzenrand und unmittelbar neben diesem die seitlichen Nasenlöcher. Das Trommelfell ist sichtbar, die Schenkel haben unten eine Reihe Drüsen; die Zehen sind von mässiger Länge und etwas schlanker als bei UROMASTIX. Die abgebildete Art wird wohl $\frac{1}{2}$ Fuss lang, ist schön himmelblau, mit schwarzen sammetfarbenen Querbinden, und findet sich in Surinam und dem nördlichen Brasilien. Sie lebt zwar in Gebüschen, aber auf dem Boden unter Steinen und Geröll. Ihre Nahrung sind Insekten. — Eine zweite Gattung der neuen Welt, TROPIDURUS, durch den längeren, wenngleich noch mit Wirtelschuppen bedeckten Schwanz und den Mangel der Schenkeldrüsen ausgezeichnet, entspricht der analogen Gattung STELLIO in der alten.

Fig. 8. TRAPELUS *hispidus*, $\frac{1}{3}$ der natürlichen Grösse.

Der TRAPELUS ist eine Erdagame der alten Welt, hat also Zähne, die auf der oberen Kante des Kieferknochens sitzen, und vorspringende Eckzähne, welche, wie auch die dicke abgerundete Zunge, im geöffneten Maule deutlich erkannt werden. Er gehört zu denjenigen Gattungen, deren längerer Schwanz von gekielten Schindelschuppen bedeckt ist (wohin noch PHRYNOCEPHALUS), und wird durch gleiche Schwanzbildung in Amerika von der Gattung SCELOPORUS vertreten, wie PHRYNOCEPHALUS von PHRYNOSOMA. Indess hat TRAPELUS keine Schenkeldrüsen, die der Gattung SCELOPORUS zukommen. Die abgebildete Art bewohnt das Vorgebirge der guten Hoffnung, und zeichnet sich dadurch aus, dass zwischen den kleineren Schuppen des Rumpfes einzelne grössere, stärker gekielte Schuppen hervorragen, welche auf der Mittellinie, wie an den Seiten des Kopfes, einen unregelmässigen

*) Dasselbe ist dieses: die innerste oder erste Zehe ist immer die kürzeste, und sitzt tiefer zurück am Fuss als die übrigen. Sie enthält 2 Phalangen und einen Knochen im Plattfuss. Die dann folgende 2te Zehe ist etwas länger, und enthält eine Phalange mehr; die 3te und 4te Zehe sind viel langer als die 2te, und jede enthält wieder eine Phalange mehr als die frubere, daher auch die 4te länger ist als die 3te, die 5te Zehe endlich hat so viel Glieder als die 2te, ist aber doch etwas kürzer und freier abgesetzt.

Zackenkamm bilden. Eine grössere stumpfpyramidale Schuppe erhebt sich auf dem Vorderkopf, zwischen den unmittelbar neben dem Schnautzenrande stehenden Nasenlöchern. Die Farbe des etwa ¾ Fuss langen Thieres ist ein schmutziges Gelb, auf dem sich unregelmässige dunklere Querbinden unterscheiden lassen; es lebt in trocknen Gegenden unter Steinen und Geröll, und nährt sich wieder, wie die meisten Eidechsen, von Insekten. —

Familie GECKONEN. *Ascalabotae.*

Leib drehrund oder flachrund, von warzenförmigen Schuppen bedeckt, mit grossen Augen, sehr kleinen hinter dem Orbitalrande versteckten Augenlidern, senkrechter Pupille, und allermeist erweiterten unten gefalteten Zehen. Zähne an die Innenseite der Kieferknochen angewachsen, keine am Gaumen.

Fig. 9. Der gefleckte Gecko (PLATYDACTYLUS *guttatus*), ⅓ der natürlichen Grösse.

Die Gruppe der GECKONEN umfasst gegen 50 über die wärmeren Gegenden der ganzen Erde verbreitete Eidechsen, welche in ihrer äusseren Form viel Sonderbares haben, und dadurch überall in ihrer Heimath die Aufmerksamkeit erregten. Dahin gehören ein breiterer Kopf, die sehr grossen stieren Augen, ihr mehr nacktes froschartiges Ansehn, ihre langsamen schleichenden Bewegungen, und die Fähigkeit aller mit erweiterten Zehen und Hautfalten daran versehenen Arten, an nicht bloss senkrechten, sondern sogar wagerecht schwebenden Gegenständen fortklettern zu können. Sie benutzen diese Eigenschaft, um dadurch ihre Nahrung, Insekten, zumal Fliegen, zu erhaschen, da ihnen weder eine weit fortschnellbare Zunge, wie dem Chamäleon, noch ein behender Sprung, wie den Fröschen, zu diesem Ziele behülflich ist. Dass sie, wie behauptet wurde, giftig seien und eine laute Stimme hätten, kann nicht streng bewiesen werden, und gründet sich bloss auf Aussagen des gemeinen Mannes. Die abgebildete Art bewohnt das südliche Europa, besonders die Inseln des Archipels, wird gegen 1¼ Fuss lang, und ist röthlichbraun mit Reihen von runden weissen Flecken, in deren Mitte eine grössere halbkugelige Schuppe steht. Die kurzen Zehen sind an der ganzen Seite erweitert, vorn aber viel breiter, haben mit Ausnahme des Daumens eine spitze Kralle und unten ungetheilte Querfalten (9. a). Der Schwanz reisst, wie bei vielen Eidechsen, leicht ab; ergänzt sich aber wieder, wenngleich er viel kürzer und glatter wird. Dergleichen verstümmelte Exemplare sieht man häufig in unsern Sammlungen.

4. Die noch übrigen Eidechsen haben eine kurze flache, beinahe parallelseitige, am Ende ausgeschnittene Zunge, welche nur ganz wenig ausgestreckt werden kann. *Brevilinguia.*

Familie SCINCOIDEA.

Leib gleichmässig von glatten Schindelschuppen bedeckt, nur der Oberkopf mit Schildern. Keine eingedrückte Längsfurche an den Seiten des Rumpfes, deutliche Augenlider.

In dieser Familie, wie auch in den übrigen dieser 4ten Eidechsen-Abtheilung, giebt es Gattungen, welche durch den Mangel der Gliedmafsen den Schlangen ähneln, und deshalb gewöhnlich für Schlangen gehalten werden. Eine solche Eidechse ist die hierher gehörige bei uns einheimische Blindschleiche (ANGUIS *fragilis*), welche, als ein zu gemeines unwichtiges Thier, nicht abgebildet wurde. Die Anwesenheit der Augenlider und der den Rumpf an Länge übertreffende Schwanz unterscheidet sie bestimmt von den Schlangen. — Andere Gattungen sind theils mit unvollkommenen (z. B. bloss den zehenlosen hinteren: *Bipes*), theils mit sehr kleinen unbrauchbaren (z. B. *Zygnis* oder *Seps*), theils aber mit vollkommenen Gliedmafsen versehen. Dahin gehört:

Fig. 10. Der officinelle Skink (SCINCUS *officinalis*), ⅙ der natürlichen Grösse.

Er hat einen kurzen gedrungenen Körperbau, einen flachen Kopf mit Schildern (10. a) eine scharfkantige hervorragende Schnautze, und kurze gleichlange am Aussenrande erweiterte zackige Zehen, deren er sich zum Graben bedient. Der drehrunde kegelförmige kurze Schwanz ist, wie der ganze Leib, von grossen Schindelschuppen gleichmässig bedeckt. Der Skink wird ½ Fuss lang, ist röthlich gelb, mit dunkleren Flecken, findet sich in Aegypten, und gräbt sich mit Hülfe der Schnautze und der breiten Zehen in den Sand ein. Man hielt ihn früher in Apotheken, daher sein Name.

Familie Gymnophthalma.

Diese der vorigen sehr ähnliche Familie unterscheidet sich von ihr durch den entweder völligen oder theilweisen Mangel der Augenlider, bei sonst ganz gleicher Bildung. In beiden Fällen ist vor dem Auge eine klare Kapsel, wie bei den Schlangen. Unter No. A.* habe ich den Kopf einer solchen, noch mit vollkommnen und zwar grossen Füssen versehenen Eidechse dargestellt, die den körnigen Rand der zurückgezogenen Augenlider noch rings um das Auge erkennen lässt, Ablepharus *Leschenaulti* heisst, und auf Java lebt. Eine verwandte Form ist der Abl. *pannonicus*, dessen Gliedmassen jedoch schon viel kleiner geblieben sind, während der Rumpf viel länger ist und nicht dicker als der Kopf. Sie lebt in Italien und Illyrien. Eine fusslose Gattung dieser Gruppe ist Pygopus; nur zehenlose Stummel der Hinterfüsse sind noch da.

Familie Ptychopleura.

Auch diese Familie hat die Kennzeichen der beiden vorigen, unterscheidet sich aber von der ersten durch die Anwesenheit einer tiefen Furche an den Seiten des Rumpfes, wie von der zweiten durch die Anwesenheit der Augenlider. — Es giebt in ihr nach der Fussbildung ganz analoge Gattungen. Vollkommen 5zehige Gliedmaſsen haben die amerikanischen Gattungen Gerrhosaurus und Gerrhonotus; kleine 4zehige die ostindische Gatt. Saurophis; Spuren der hinteren die hier abgebildete süd-europäische Gatt. Pseudopus, und gar keine Gliedmaſsen mehr die amerikanische Gatt. Ophiosaurus. — Von Pseudopus ist unter No. 11. (a — d) die im südlichen Russland einheimische Art Ps. *Pallasii* oder *serpentinus* nach ihren charakteristischen Körpertheilen dargestellt. In der sub c, gegebenen Zeichnung erscheint der Kopf von oben mit seinen Schildern, in der sub d eben derselbe von unten; wo die mangelnde Kehlfurche für eine Eidechse entscheidet. Fig. a zeigt den Kopf von der Seite; man bemerkt das nicht sehr tief gespaltene Maul, die mässig grossen von Augenlidern umgebenen Augen, die offene Mündung des Ohres, und bald hinter dieser den Anfang der Seitenfurche. Sub b ist die Aftergegend mit dem Ende der Seitenfurche, aus welcher der kurze Fuſsstummel hervorragt, und dem Anfange des Schwanzes dargestellt. Diese Zeichnung zeigt auch die bald hinter dem Kopf auftretenden Längskiele der Schuppen, die dem Schwanz ein vielkantiges Ansehn geben. Der Scheltopusik, denn so heisst diese Eidechse in ihrer Heimath, wird über 3 Fuss lang, wovon 2 Fuss auf den Schwanz kommen, ist 1 Zoll dick, und überall gelbbraun, nur am Bauch heller. Er lebt in den Steppen des südlichen Russlands nach Art unserer Blindschleiche, und verliert, gleich dieser, leicht die Hälfte oder die Spitze des Schwanzes, wenn man ihn schlägt oder heftig angreift.

3. Zunft. RINGELEIDECHSEN. *Sauria annulata.*

Leib lang, dünn, schlangenförmig, von kleinen länglich viereckigen, in Ringen um den Leib an einander gereihten Wirtelschuppen bekleidet.

Auch in dieser Gruppe giebt es Eidechsen mit Gliedmaſsen und ohne dieselben. Jene bilden die hier nicht abgebildete Familie der Chalcididae, diese die Familie der Wurmeidechsen (Amphisbaenea).

Fig. 12. Amphisbaena *fuliginosa,* in natürlicher Grösse.

Die Gattung der Doppelschleichen (Amphisbaena) hat ganz das Ansehn einer Schlange, auch den kurzen Schwanz (Fig. b zeigt ihn von unten in seiner ganzen Länge), allein ist dennoch eine Eidechse, wegen der Bildung des Kopfes. Man bemerkt an ihm oberhalb (c) Schilder, vorn eine stark vorragende stumpfe Schnautze (a), daneben die in der Mitte von besonderen Nasenschildern gelegenen Nasenlöcher, und in der Mitte der Wangen die Augen, welche weder Augenlider haben, wie bei den ächten Eidechsen, noch eine besondere Kapsel, wie bei den Schlangen, sondern bloss durch ein über ihnen gelegenes Schild hindurchscheinen. Auch die Ohröffnung ist versteckt. Das Maul, klein und kurz, hat stumpfe an die Innenseite der Kieferknochen angefügte Zähne, und zeigt keine Kinnfurche (d) zwischen den Unterkieferästen. Den ganzen Leib bedecken die schon beschriebenen, aber glatten (bei den Chalcididis gekielten) Wirtelschuppen. Die After- oder richtiger Kloakenklappe hat vor sich eine Reihe Drüsen (b), welche ganz den Schenkeldrüsen der übrigen Eidechsen analog sind. Unsere Doppelschleiche wird $1\frac{1}{2}$ — 2 Fuss lang, fingersdick, ist gelb, mit schwarzbraunen unregelmässigen Querbinden, bewohnt Süd-Amerika und lebt in Ameisenhaufen, von deren Einwohnern sie sich nährt. —

TAFEL 19.

4. Klasse. Amphibien oder Lurche. Amphibia.

3. Ordnung. *Schlangen.* *Ophidia.*

Wesentlicher Charakter. Von Schuppen, Schildern und Halbgürteln bedeckte, beständig fusslose Amphibien, deren Unterkieferäste vorn getrennt bleiben (siehe Taf. 1. Fig. 8.), deren Skelett kein Brustbein und kein Becken hat, und deren Augen niemals mit Augenliedern versehen sind. Alle haben nicht bloss Zähne in beiden Kiefern, sondern auch am Boden des Mundes (Gaumenzähne) (Fig. 5. d d und 17. e, r r).

Da alle Schlangen in der äussern Form des Körpers völlig mit einander übereinstimmen, und höchstens in seiner relativen Schlankheit, oder in der relativen Länge des Schwanzes von einander abweichen, so schien es hinreichend für den wissenschaftlichen Unterricht, nur diejenigen Körpertheile darzustellen, in welchen die Hauptgattungs- und Familiencharaktere ausgedrückt sind. Als Repräsentant des gesammten Schlangen-Typus kann die in allen Gegenden Deutschlands einheimische, und daher überall in Originalen vorzuzeigende Ringelnatter (TROPIDONOTUS *natrix*) dienen, und sind daher hier bloss die beiden Enden der einzigen Giftschlange Deutschlands, der VIPERA *berus*, abgebildet. Man erkennt aus Fig. 17. a den Kopf der Schlange, wie er durch eine merkliche Abschnürung vom Rumpfe gesondert ist, und den anfangs dünnen, hernach weiteren oberhalb ganz von Schuppen bedeckten Rumpf, dessen Länge an 2 Fuss beträgt. In Fig. 17. b ist dann das hintere Ende dieses Rumpfes, aber von unten, abgebildet, aus dessen anfänglichem Querdurchmesser man leicht abnehmen kann, dass der Leib noch zusehends nach hinten dicker wird, bis er sich von $\frac{3}{4}$ seiner Länge an wieder verschmächtigt und zum Schwanz verjüngt. An dieser Darstellung von unten sieht man zunächst die grossen Halbgürtel, welche den Bauch der allermeisten Schlangen bedecken. Der letzte Halbgürtel des Bauches bildet eine längere dreieckige Klappe, welche sich über die Afteröffnung (x) legt, und, da sie zugleich die Genitalienmündung mit bedeckt, den Namen Kloakenklappe führt. Hinter ihr beginnt der bei allen Schlangen sehr kurze, gewöhnlich nur den 5ten bis 10ten Theil der ganzen Länge einnehmende Schwanz. Auch er ist auf seiner untern Fläche von Gürteln bedeckt, aber in der Regel nicht von einer einfachen Reihe, sondern, wie es auch unsere Zeichnung zeigt, von einer doppelten. Die Bedeckung des Kopfes ist also hiernach das einzige Moment, in welchem die Schlangen äusserlich bemerkbare und wichtige Unterschiede darbieten; und hielt ich es aus diesem Grunde für hinreichend, bloss die Köpfe vieler Schlangen zu zeichnen, weil es bei dem beschränkten Raume anders nicht möglich gewesen wäre, eine genügende Anzahl von Formen zur Anschauung zu bringen.

Man theilt die Schlangen zunächst nach der gesammten Kopfbildung in 2 Gruppen.

I. (1. Zunft.) STENOSTOMA. *Kleinmäuler.*

Wesentlicher Charakter. Ihr sehr kleiner Kopf ist unmerklich oder gar nicht (Fig. 2. a) vom Rumpfe gesondert und dabei die Mundöffnung auffallend kurz (Fig. 2. c), so dass der Rachen nicht weit geöffnet werden kann; auch die bei allen folgenden Schlangen sehr sichtbare tief eingedrückte Längsfurche an der Kehle (Kinnfurche) fehlt hier noch oder ist sehr schwach (Fig. 2. b). Sie haben nur ganz kleine schuppenförmige Halbgürtel am Bauch. — Hierher 2 Familien:

1. Familie. TYPHLOPINA.

Wesentlicher Charakter. Die Augen haben keine eigne Schuppe, sondern scheinen durch die Haut der sie bedeckenden Schilder bloss durch. Die Kinnfurche, und eigenthümliche Schilder neben ihr fehlen ganz. Der Leib ist drehrund mit glatten überall gleich grossen Schuppen bedeckt, und der Schwanz so kurz, dass die Kloakenklappe beinahe am Ende liegt. Sie leben wühlend nach Art der Regenwürmer in der Erde.

N. B. Von dieser Familie ist kein Mitglied abgebildet.

2. Familie. Ilysina.

Wesentlicher Charakter. Die Augen etwas grösser, aber z. Thl. noch ohne eigenes Schild; Kinnfurche deutlicher, aber noch kurz. Schuppen glatt, die in der Mitte des Bauches etwas grösser. Schwanz zwar kurz, aber doch länger als bei der vorigen Familie.

Fig. 2. Ilysia *scytale;* in natürlicher Grösse.

a Kopf von oben, *b* von unten; *c* von der Seite. (So überall.)

Die bis 2 Fuss lange Schlange ist schön zinnoberroth mit schwarzen meist paarig genäherten Binden, und findet sich im ganzen Osten Süd-Amerikas. In den Abbildungen erkennt man bei Fig. 1. a das kleine Nasenloch in dem hintern Winkel des Nasenschildes, die kleinen Augen in der Mitte des sie bedeckenden Schildes, davor 2 Stirnschilder und hinter diesen das einfache Scheitelschild, an welches die anfangs etwas grösseren Schuppen stossen. Die Anzahl der Lippenschilder (2. c) beläuft sich auf fünf. Die Kinnfurche mit den daneben liegenden kleinen Rinnenschildern ist bei Fig. 2. b sichtbar. Diese Schlange nährt sich von Amphibien, und ist völlig unschädlich; man kennt in Amerika nur diese eine Art.

II. EURYSTOMA. *Grofsmäuler.*

Wesentlicher Charakter. Kopf länglicher, deutlicher vom Rumpfe getrennt, mit stark eingedrückter Kinnfurche und grossen Rinnenschildern. Mundöffnung weit, reicht bis hinter den Schädel und klafft daher sehr stark.

2. Zunft. INNOXIA. *Giftlose.*

Wesentlicher Charakter. Sie haben einen etwas schlankeren, mehr länglichen, hinten schmälern Kopf, und keine Giftzähne.

Das geöffnete Maul einer giftlosen Schlange, wie es in Fig. 5. von der Riesenschlange (Boa *constrictor*) dargestellt ist, zeigt den Hauptcharakter der giftlosen Schlangen, nehmlich den Mangel der Giftzähne. An ihrer Stelle finden sich 2 Reihen kleinerer hakiger Zähne auf dem Rande der Kieferknochen (c, c). Gewöhnlich sind diese Zähne ganz glatt, bisweilen aber bemerkt man an den hinteren, dann etwas grösseren äusserlich eine Längsfurche (Furchenzähne), welche von einigen Naturforschern für die Andeutung einer Giftdrüse gehalten wird. Dennoch behaupten Andere sowohl den Mangel einer solchen Drüse bei allen Schlangen der Art, als auch die völlige Unschädlichkeit der mit hinteren Furchenzähnen versehenen Schlangen. Ich habe daher die hiernach gebildete Gruppe der verdächtigen Schlangen *(suspecta)* nicht mehr beibehalten, und beziehe mich dabei auf *Schlegels Essai sur la physionomie des serpens T. I. pag. 27,* aus dessen Werke alle hier mitgetheilten Umrissfiguren entnommen sind. In dem geöffneten Maul der Riesenschlange (Fig. 5.) sieht man die lange gespaltene Zunge (a), wie sie aus der an die Kehle angewachsenen Scheide hervorragt, und hinter dieser Scheide die Oeffnung (b) des herzförmigen Kehlkopfes. Aeusserlich am Rande des Unterkiefers läuft die Reihe der Unterkieferzähne herum. Oben am Boden des Mundes bezeichnen c, c die Kieferzähne, d, d die beiden inneren Zahnreihen des Gaumens (Gaumenzähne); e die hintere Oeffnung der Nase und f, f die beiden grossen Kaumuskelbündel, welche den Unterkiefer anziehen und das Maul mit öffnen. Die Zeichnung ist von mir getreu nach der Natur entworfen.

3. Familie. Riesenschlangen. *Boina.*

Wesentlicher Charakter. Sie haben entweder gar keine Schilder auf dem Kopf, oder unregelmässige, schuppenförmige, die nie bis hinter die Augen reichen, so dass wenigstens der Hinterkopf immer von Schildern bedeckt ist. —

1. Acrochordea. Ohne Sporn neben dem After; keine Halbgürtel am Bauch.

Fig. 3. Acrochordus *fasciatus.*

Durch die kleinen, überall gleichen warzenartigen Schuppen ist diese Gattung sehr ausgezeichnet. Andere Eigenheiten liegen in der noch nicht sehr grossen, hermetisch verschliessbaren Mundöffnung; den oben auf der Schnautze gebogenen, röhrenartig vortretenden Nasenlöchern; den kleinen Augen; der Reihe höckerartiger Schuppen in der Mitte des Bauches (3. b); und der etwas zusammengedrückten Körperform. Die abgebildete Art ist ein beständiges Wasserthier, welches die Flüsse des südlichen Asiens bewohnt, wenig über 1 Fuss lang wird, fingerdick zu sein pflegt und eine braune Körperfarbe hat mit breiten weissen Querbinden an den Seiten. —

2. PEROPODES. Aechte Riesenschlangen. Sie haben einen Sporn neben dem After (ähnlich wie PSEUDOPUS, siehe die vorige Tafel) und Halbgürtel am Bauch.

Fig. 4. BOA *cenchria*.

Sie gehört zu denjenigen Riesenschlangen, deren Zwischenkiefer zahnlos ist (die mit Zähnen im Zwischenkiefer versehenen, äusserlich höchst ähnlichen bilden die Gattung PYTHON) und deren Kopf gar keine eigentlichen Schilder hat. Dagegen ist der Mundrand mit Lippenschildern bedeckt, und in diesen bemerkt man häufig Gruben, deren Bedeutung man noch nicht kennt. Die abgebildete Art gehört zu den kleineren Riesenschlangen und erreicht nur wenige Fuss Länge; sie ist rothbraun, oberhalb mit 2 Reihen hellerer, schwarzgesäumter runder Flecken, und 2 Reihen schmälerer an den Seiten, welche bisweilen zu netzförmigen Zeichnungen verschmelzen. Ihre Heimath ist Süd-Amerika.

4. Familie. NATTERN. *Colubrina*.

Wesentlicher Charakter. Ihr Kopf ist immer von Schildern bedeckt.

Die Zahl und Lage dieser Schilder ist bei fast allen hierher gehörigen Gattungen dieselbe, nehmlich folgende. Unmittelbar am vordersten Ende des Kopfes liegt in der Mitte des Ober- wie Unterkiefers ein einziges dreieckiges Rüsselschild. An dieses stossen von beiden Seiten die Lippenschilder. Nach oben gegen die Fläche des Kopfes hin liegen neben dem Rüsselschild die beiden Schnautzenschilder, und seitlich daneben die Nasenschilder, in denen oder an deren Rande die Nasenlöcher sich befinden. Gewöhnlich giebt es 2 Nasenschilder, ein vorderes und ein hinteres, auf deren Grenze alsdann die Nasenlöcher liegen. Auf die Schnautzenschilder folgen die beiden Stirnschilder. An diese stossen 3 Schilder, ein mittleres Scheitelschild und 2 seitliche Augendeckenschilder; und hinter diesen folgen die beiden grossen Hinterhauptsschilder. In dem Raum zwischen Stirn-, Schnautzen-, Nasen- und Lippenschildern liegen die Zügelschilder; unmittelbar vor und hinter dem Auge die Augenrandschilder, und an diese stossen hinten die Schläfenschilder, welche nach unten von den Lippen-, nach oben von den Hinterhauptsschildern begrenzt werden. Auf der Unterseite des Kopfes bemerkt man, ausser dem Rüsselschilde und den Lippenschildern, nur noch die neben der Kinnfurche gelegenen Rinnenschilder. Der Bauch hat immer einfache Halbgürtel, und der Schwanz stets doppelte. Die zahlreichen Gattungen der Colubrinen hat *Schlegel* nach ihrer Form und Lebensweise in Gruppen gebracht, welche wir annehmen wollen.

A. *Calamariae* oder Wurmnattern. Leib dünn, drehrund, wurmförmig; Kopf kaum abgesetzt, kurz; Mundöffnung klein, Bauchgürtel schmal. Schwanz kurz. Die Arten bewohnen beide Erdhälften, haben eine irisirende Oberfläche und häufig einen rothen Bauch. Sie leben auf Wiesengrund.

Fig. 1. CALAMARIA *lumbricoidea*.

Wird mehrere Fuss lang, aber nur so dick wie eine Schwanenschwungfeder; ist oben schwarzblau, unten bläulich, mit gelbem Seitenstreif. Schnautzenschilder fehlen ihr, aber nicht allen Arten. Java.

B. *Aquatica*, Süsswassernattern. Sie haben die gewöhnliche Schlangenform, und zeichnen sich nur durch ihren Aufenthalt im Wasser oder in dessen Nähe an Flussufern oder in feuchten sumpfigen Gebüschen aus.

Fig. 13. HOMALOPSIS *plumbea*.

Durch die mit den Nasenlöchern oben auf die Stirn hinaufgerückten Nasenschilder und das bei den meisten Arten einfache dreieckige oder rautenförmige Schnautzenschild unterscheidet sich diese

Gattung von allen übrigen Nattern eben so sehr, wie durch ihren beständigen Aufenthalt in Teichen und Flüssen, von deren Fischen sich die Arten nähren. Die eigenthümliche Physionomie ihres Kopfes liegt in der Kürze desselben, bei auffallender Breite und völlig abgerundeten Seitenrändern, den stark gewölbten Lippen, den kleinen sehr nach oben gerückten Augen mit runder Pupille und dem stark abgesetzten Hintertheil. Alles dieses giebt den HOMALOPSIS-Arten eine grosse Aehnlichkeit mit Giftschlangen, wofür sie auch, wegen der starken gefurchten hinteren Kieferzähne, von Einigen gehalten werden. Die abgebildete Art hat einen solchen Zahn und ist oben bleigrau, unten weiss. Sie findet sich in Java.

Fig. 14. zeigt die Unterseite des Kopfes von HOMALOPSIS *buccata*, der grössten Art von allen, hier aber um die Hälfte verkleinert, und soll auf die merkwürdige Form der Kinnfurche wie ihrer Rinnenschilder aufmerksam machen.

Fig. 6. TROPIDONOTUS *triangulígerus.* *Schleg.*

Die Gattung TROPIDONOTUS enthält die einzige Art der Nattern, welche im nördlichen Europa gefunden wird, nehmlich die gemeine Ringelnatter (TR. *natrix*). Deren Gestalt, Zeichnung und Grösse, als bekannt voraussetzend, soll hier, durch Abbildung einer grossen Javanischen Art, der Gattungscharakter erläutert werden. Derselbe besteht in einem minder schlanken, mässig gestreckten, kurzen Kopf, dessen Schnautzentheil kurz und abgerundet ist, während das Hinterhaupt breit und plump erscheint. Dazu kommt ein nicht sehr grosses Auge mit runder Pupille. Die Nasenlöcher liegen in der Mitte eines einfachen, oder vom Nasenloch aus wenigstens nach unten schwach getheilten Nasenschildes, und unmittelbar hinter dem Auge finden sich immer drei kleine Augenrandschilder; ihr Schwanz ist nicht sehr lang, und die länglichen Schuppen des Rückens haben einen erhabenen Kiel.

C. *Arborea*, Baumnattern. Zeichnen sich durch einen auffallend dünnen, zierlichen Körper und einen bald enorm langen spitzen, bald sehr kurzen breiten, immer stark abgesetzten Kopf, und im letzteren Falle durch ein grosses Auge aus. Sie leben in Wäldern auf Bäumen, und nähren sich von Vögeln oder Eidechsen.

Fig. 12. DIPSAS *bucephala.*

Die Gattung DIPSAS unterscheidet sich durch ihren auffallend kurzen, eiförmigen stark abgesetzten Kopf, ihr grosses vorgequollenes Auge mit allermeist senkrechter Pupille und ihre weit offenen Nasenlöcher leicht von den übrigen Nattern. Ihr Körper ist gewöhnlich von kurzen glatten Schuppen bedeckt, unter denen die mittleren des Rückens sich nicht selten durch etwas beträchtlichere Grösse auszeichnen (vergl. 10. a). Ihr Bauch ist gewölbt. Man kennt bloss Arten aus den Tropenzonen Amerikas und Asiens, unter denen einige mit dem hinteren Furchenzahn versehen sind. Die abgebildete ist eine der kleineren und selteneren, hat einen sehr hohen Rücken und gar keine Zügelschilder (12. c). Sie bewohnt Sumatra.

Fig. 10. DENDROPHIS *picta.*

Diese Gattung kommt der vorigen nahe, hat wie sie einen stumpfen, wenngleich längeren oben flachen Kopf, ein sehr grosses Auge mit runder Pupille, und einen hohen seitlich zusammengedrückten, von schmalen, selten gekielten Schuppen bedeckten Leib, dessen mittlere Rückenschuppenreihe mitunter grösser, breiter und schilderförmig ist. Nasenlöcher theils in der Mitte eines einfachen Schildes und dann wagerecht, länglich; oder auf der Grenze zweier Nasenschilder und dann rund. Die abgebildete Art ist in ganz Süd-Asien, Mittel-Africa und Neu-Holland zu Hause und hat sowohl doppelte Nasenschilder, als auch eine grössere mittlere Schuppenreihe, und einen platten Bauch, dessen Seiten Kanten bilden. Sie ist oben bronzefarben, unten weiss, und hat an jeder Seite einen gelben, schwarz eingefassten Streifen. Der Hals ist bisweilen schwarz gefleckt.

Fig. 11. DRYOPHIS *prasina.*

Durch den auffallend dünnen Leib und den lanzettförmigen spitzen Kopf, dessen Rüsselschild mehr oder weniger hervorragt, zeichnet sich DRYOPHIS noch mehr als DIPSAS, und zwar in entgegengesetzter Weise, vor den übrigen Nattern aus. Hierzu kommen mehrere gefurchte, z. Thl. grosse Zähne in der

Mitte und am Ende des Oberkiefers, so wie sehr schmale, lanzettliche glatte Schuppen. Die Arten bewohnen die feuchten Waldungen Asiens und Amerikas und haben eine schöne grüne, im Zorne veränderliche Färbung. Nach der Bildung des nicht sehr grossen Auges unterscheidet man 2 Sectionen.

a. Einige haben, wie die abgebildete Art, eine schmale spaltenförmige horizontale Pupille, und sehr grosse deutliche Furchenzähne. Sie bewohnen die östliche Halbkugel.

b. Bei Anderen ist die Pupille rund, aber verhältnissmässig klein. Die Furchenzähne sind niedriger. Sie bewohnen die westliche Halbkugel.

Die abgebildete, der ersten Gruppe angehörige Art ist eine der grösseren, hat einen nicht sehr schlanken Kopf, eine stumpfere, scharf kantige Schnautze, und auffallend hohe vordere Lippenschilder (11. c), welche die 2 kleinen Zügelschilder beinahe verdrängen. Sie ist grün mit gelblichem Seitenstreif, und bewohnt Süd-Asien, von Bengalen bis Java und Celebes.

D. *Terrestria.* Erdnattern. Sie stehen in ihrer Gestalt zwischen den Baum- und Wassernattern in der Mitte, sind also plumper als jene, aber schlanker als diese, haben namentlich einen gestreckteren, zierlicheren, hinten schmäleren Kopf, ein grösseres Auge, und grösstentheils eine runde zugleich sehr grosse Pupille. Eine Gattung (Heterodon) zeigt gleich Dryophis ein spitzes scharfkantiges verlängertes Rüsselschild, und bildet so den Uebergang zwischen beiden Gruppen. Die Meisten haben glatte Schuppen.

A. Mit grösserem hinteren Furchenzahn.

Fig. 8. Psammophis *moniliger, var. Schleg.*

Diese Gattung nähert sich durch ihren sehr schlanken Körperbau am meisten den Baumnattern und schliesst sich zumal an Dryophis durch die Zahnbildung, indem nicht bloss zwei hintere Furchenzähne vorhanden, sondern auch die mittleren derben Zähne des Oberkiefers eine auffallende Grösse haben: hierzu kommen noch ein Paar grosse furchenlose Zähne am Anfange beider Kiefer. Aeusserlich sind sie an dem auffallend schmalen Scheitelschilde (8. a) und den glatten Schuppen kenntlich. Sonst haben sie mit Coluber die Lage und Anzahl der Schilder gemein. Die abgebildete Art bewohnt in zahlreichen Varietäten ganz Afrika, ist olivenfarben, mit braunem Rückenstreif, und zwei Reihen seitlicher Flecke oder Streifen. Eine im südlichen Europa einheimische Art: Ps. *(Coelopeltis Wagl.) lacertina*, unterscheidet sich durch einen scharfkantigen hohlen Scheitel, und mit einer schwachen Längsfurche versehenen Schuppen. Sie ist auch olivenfarben, mit 5 Reihen brauner Flecken auf dem Rücken.

Fig. 9. Herpetodryas *aestivus.*

Diese Gattung enthält allermeistens grün gefärbte Nattern, welche auch durch eine sehr schlanke Körperform an die Baumnattern mahnen, und sich lieber in Gebüschen als auf baumlosen Stellen aufhalten. Ihr langer Schwanz macht sie nicht minder kenntlich, als die längliche Form ihrer bisweilen gekielten Schuppen. Endlich unterscheidet die Zahnbildung, welche durch einen hinteren grösseren Furchenzahn an die vorige, durch den Mangel der vorderen Fangzähne an die folgende Gattung erinnert, sie bestimmt genug. Einige Arten haben am Rande gekerbte Zähne. — Unter den grünen Arten ist die abgebildete die einzige mit gekielten Schuppen (9. b) des Rückens, und daran leicht zu erkennen. Sie bewohnt die südlichen Gegenden Nord-Amerikas. —

Andere Gattungen dieser Gruppe mit hinterem Furchenzahn sind noch Xenodon (durch den breiten Kopf und die grossen meistens glatten Schuppen ausgezeichnet) und die schon erwähnte Heterodon.

B. Ohne hintere Furchenzähne.

Fig. 7. Lycodon *Hebe.*

Ein flacher Kopf mit breitem abgerundetem Schnautzentheil, nach oben und vorn gerückte Nasenlöcher, kleine Augen mit länglich runder vertiocaler Pupille, ein kurzes, nicht dreieckiges Scheitelschild, und vordere sehr entwickelte Fangzähne in beiden Kiefern bilden die Charaktere der ausgezeichneten Gattung. Die abgebildete Art, der Hauptrepräsentant in ihr, ist oben ganz braun, unten und an den Seiten gelblich, dort mit einer Reihe unregelmässiger weisser Flecken, von denen der erste wie ein Halsband im Nacken liegt. Vaterland Bengalen und die Sunda-Inseln.

Fig. 5. COLUBER *Aesculapii.*

a Kopf von oben, *b* von der Seite.

Die grosse Gattung COLUBER enthält alle Nattern, deren Kieferzähne eine überall gleiche Grösse haben, deren Kopf von mässiger Länge, ziemlich hoch, von den Seiten deutlich abgesetzt ist; und deren grosses, nach hinten offenes Nasenloch auf der Grenze zweier Nasenschilder liegt, die es fast ganz trennt. Dabei finden sich nur zwei hintere Augenschilder und gewöhnlich glatte, seltener schwach gekielte Rückenschuppen. Die meisten Arten sind ausserdem an einer beträchtlichen Grösse kenntlich. Sie lieben trockne sonnige Gegenden. Europa besitzt mehere Arten dieser Gattung, aber nur eine, welche bis in die mittleren Gegenden desselben hinaufsteigt. Dies ist die abgebildete, mitunter 4—5 Fuss lange, COL. *Aesculapii,* von einfarbig braunem Körper, und hellerem Halsbande, und 21 Reihen glatter Schuppen.

Die ebenfalls hierher gehörige Gattung CORONELLA unterscheidet sich von COLUBER durch einen kürzeren Kopf, ein einfaches Nasenschild mit mittlerem rundem Nasenloch, stets glatten Rückenschuppen, und einen kürzeren Schwanz. Ihre Arten lieben schattige Gegenden. Europa beherbergt eine, nehmlich C. *laevis* (auch C. *austriaca* oder *thuringica*), aus der *Wagler* die Gatt. ZACHOLUS bildete.

3. Zunft. VENENOSA. *Giftschlangen.*

Wesentlicher Charakter. Sie haben im Oberkiefer 2 bewegliche durchbohrte Zähne, in welche die Ausgänge einer Gift absondernden Drüse münden, und können durch diese Menschen nicht bloss arg verletzen, sondern selbst tödten.

Das unter Fig. 17. e abgebildete offene Maul der gemeinen Viper zeigt die Bildung dieses Apparates deutlich. Man sieht an den vorderen Enden der Oberkieferknochen, dicht vor dem Auge, zwei fleischige Taschen p, p, welche die Giftzähne enthalten, und aus deren unterer spaltenförmiger Mündung sie hervortreten. Andere Zähne fehlen im Oberkiefer gewöhnlich ganz; dagegen sind die beiden Zahnreihen am Gaumen (r, r) und die des Unterkiefers vorhanden; q bezeichnet die weite Mündung des zylindrischen Kehlkopfes, unter welchem die Zungenscheide liegt, aus der die lange gespaltene Zunge s hervorragt.

Nach der Bedeckung des Kopfes kann man auch unter den Giftschlangen zwei Familien bilden.

5. Familie. GENUINA. *Aechte Giftschlangen.*

Wesentlicher Charakter. Ihr Kopf ist von Schuppen bedeckt, welche immer wenigstens die hinteren Seitentheile bis zu den Augen überziehen, sich aber in vielen Fällen auch bis zur Schnautze hin ausdehnen. Alle haben eine elliptische senkrechte Pupille und bloss Giftzähne im Oberkiefer.

A. ***Viperina.*** Die Vipern haben einen minder breiten Kopf, der gewöhnlich ganz von Schuppen bedeckt ist, und keine offene Grube am Zügel zwischen Augen und Nasenloch.

Fig. 17. VIPERA *berus.* Die gemeine Viper oder Kreuzotter.

Sie ist die einzige europäische Giftschlange, welche bis in die nördlichen Gegenden hinaufgeht. Man bemerkt an ihr noch einzelne grössere schildförmige Schuppen auf dem Vorderkopf (17. a), und ein deutliches mittleres grosses Scheitelschild, welches den andern europäischen Arten fehlt. Ihre gewöhnliche Rückenfarbe ist graugrün, mit einer breiten braunen Zickzackbinde, neben deren Winkeln seitliche braune Flecke liegen (17. a); der Bauch ist eisengrau. Indess giebt es auch ganz braune oder graugrüne (V. *chersea*), selbst schwarze (V. *prester*) Varietäten; immer aber sind die Lippenschilder weisslich und der Bauch ist heller. Gewöhnlich erreicht die in Gebüschen und auf Wiesen in manchen Gegenden Deutschlands nicht seltene Schlange eine Grösse von $1\frac{3}{4}$—$2\frac{1}{2}$ Fuss; sie nährt sich vorzugsweise von Mäusen, und ist daher, zumal da nur selten Menschen von ihr gebissen werden, kein so vertilgungswerthes Geschöpf, wie mancher zu glauben scheint. Vergl. über sie besonders: *O. H. Lenz, Schlankenkunde. 8. m. Abb.*

Fig. 18. Vipera *(Aspis) cerastes.*

Sie gehört zu den Vipern mit breitem herzförmigen, oberhalb ganz von Schuppen bedecktem Kopf, deren kurze Schuppen sehr starke Kiele haben. In der Gegend der Augen, da wo das nicht vorhandene Augendeckenschild liegen müsste, erheben sich diese Kiele zu kleinen Hörnern (18. b), und bilden eine auffallende Auszeichnung dieser Art. Sie wird bis 3 Fuss lang, ist erdfarben, oder gelbgrau, und bewohnt die Wüsten des nördlichen Afrikas. —

B. ***Crotalina.*** Klapperschlangen. Durch die Anwesenheit einer offenen Grube am Zügel zwischen Auge und Nasenloch ist diese Gruppe sehr ausgezeichnet.

a. Die Meisten haben paarige Gürtel unter dem Schwanz und keine Klapper.

Die hierher gehörigen Crotalinen haben theils grosse vollkommene Schnautzen-, Stirn-, Scheitel- und Hinterhauptsschilder, nach Art der Nattern, und bilden die asiatische Gattung Trigonocephalus; oder es fehlen alle Schilder, bis auf die der Augendecken. Zu letzteren, denen man den Gattungsnamen Lachesis gegeben hat, gehört die unter Fig. 15. a, b abgebildete L. *atrox.* Sie bewohnt Guyana, und unterscheidet sich von der verwandten, mit grösseren Schuppen am Schnautzenende begabten Arten, durch die auf 7 beschränkte Zahl der Lippenschilder des Oberkiefers. Sie ist röthlichgrau, und hat stark gekielte Schuppen. Bei c ist die Zügelgrube sichtbar.

b. Einige haben einfache Halbgürtel unter dem Schwanz und einen eigenthümlichen, aus becherförmigen lose in einander steckenden Gürteln gebildeten Anhang am Schwanz, welcher bei der Bewegung einen rauschenden Ton giebt und Klapper heisst. Sie bilden die eigentliche Gattung Crotalus, deren Arten nach der Bedeckung des Vorderkopfes mit Schildern oder mit Schuppen sich leicht unterscheiden lassen. Zu den letztern gehört

Fig. 16. Crotalus *durissus.*

Ausgezeichnet durch eine mässig zugespitzte Schnautze und 2 grössere Schnautzenschilder, während der ganze übrige Kopf von Schuppen bedeckt ist. Nur die allen Crotalinen eigenen Augendeckschilder fehlen auch hier nicht. Die Schlange bewohnt Nord-Amerika, ist dunkler als der Süd-Amerikanische Cr. *horridus* und hat schwärzliche, zu Binden verflossene Rückenflecke, welche den ganzen Schwanz schwarz färben. Die Klapper ist unter 16. c nach einem kleineren Individuum vollständig, und 16. d das letzte, z. Thl. geöffnete Glied derselben von einem grösseren Exemplar abgebildet. Man bemerkt die 2 Windungen des vorletzten Gürtels im Innern des letzten durch die Löcher.

6. Familie. Colubriformia. *Natterartige Giftschlangen.*

Wesentlicher Charakter. Ihr ganzer Kopf ist, wie bei den Nattern, von Schildern bedeckt. Sie haben hinter dem Giftzahn noch derbe Zähne im Oberkiefer, eine runde Pupille und gewöhnlich glatte Schuppen.

A. ***Elapidae.*** Kopf deutlich vom Rumpfe abgesetzt mit Schildern, völlig wie die Nattern; Rumpf oberhalb von allermeistens glatten Schuppen bedeckt, unterhalb mit Gürteln. Schwanz kurz aber rund.

Fig. 19. Naja *bungarus.*

Durch die ziemlich grossen Augen nähert sich diese Gattung am meisten den Nattern. Von ihren Verwandten unterscheidet sie sich durch den seitlich zusammengedrückten, nach oben gekielten Leib, den flachen an den Seiten kantig abgesetzten Kopf, die grossen seitlichen Nasenlöcher une drei hintere Augenschilder. Die meisten Arten können ihren Hals durch Bewegung der Rippen schildförmig ausdehnen, so auch die hier mit einer brillenförmigen Zeichnung versehenen Brillenschlange (Naja *tripudians*). Die abgebildete Art besitzt diese Fähigkeit nur im geringeren Grade. Sie ist kleiner als die Brillenschlange und bläulich, mit weissen Vförmigen Rückenflecken. Ihre Heimath ist Sumatra.

Von Naja unterscheidet sich die ebenfalls bloss der östlichen Halbkugel eigene Gattung Bungarus durch eine Reihe viel breiterer Schuppen in der Mittellinie des Rückens und zwei hintere Augenschilder.

Fig. 20. Elaps *surinamensis*.

Diese Gattung kommt auf beiden Erdhälften vor, und charakterisirt sich durch einen ganz drehrunden Körper, mit gleichgrossen glatten Rückenschuppen, sehr kleinen Augen, abgerundeten Kopfseiten, nach oben gerückte kleine Nasenlöcher, hohe schmale Lippenschilder, und paarige Gürtel unter dem Schwanz. Die abgebildete Art bewohnt Amerika; sie ist roth, mit schwarzen, einander je drei genäherten Binden und schwarzen Rändern der Kopfschilder.

B. *Hydrina.* Kopf kurz, nicht deutlich vom Rumpf abgesetzt, stumpf kegelförmig, mit abgerundeter Schnautze. Nasenlöcher ganz auf die obere Seite gerückt. Rumpf seitlich zusammengedrückt, ohne Gürtel am Bauch, höchstens mit einer Reihe breiterer schildförmiger Schuppen. Schwanz stark zusammengedrückt, flossenförmig. Sie leben im Meer an den Küsten Ostindiens, der Sunda-Inseln, Neu-Hollands und der Südsee.

Fig. 21. Hydrophis *striata*.

Durch einen schlanken zierlicheren Körper, dessen Länge bis auf 5 Fuss beträgt, unterscheidet sich diese Art von den meisten, hat aber sonst die Gesammtbildung, ja selbst die Zeichnung, mit mehreren gemein. Diese besteht aus einer grossen Menge querer brauner rautenförmiger Flecke längs des ganzen Rückens auf gelbgrünem Grunde, die sich bisweilen zu ganzen Ringen ausdehnen. Jede ihrer kleinen rautenförmigen Schuppen trägt eine Warze und die etwas breiteren in der Mitte des Bauches deren zwei. Am meisten charakterisiren diese Art die dreieckigen, zwischen die Lippenschilder des Unterkiefers eingeschobenen Platten (21. b). Sie bewohnen die Küsten der Sunda-Inseln und des Bengalischen Meerbusens.

TAFEL 20.

3. Klasse. Amphibien oder Lurche. Amphibia.

4. Ordnung. *Nackthäuter. Nuda s. Batrachia.*

Wesentlicher Charakter. Sie haben eine nackte, bloss von Schleim überzogene Haut; ihre Eier besitzen keine Schale, sind zahlreich, kommen im Wasser aus, woselbst auch die Jungen leben. Diese haben anfangs keine Füsse, athmen durch Kiemen; die Alten leben gewöhnlich auf dem Lande und athmen dann durch Lungen. Die Zehen fast Aller krallenlos.

1. Zunft. ECAUDATA s. ANURA.

Sie haben im Alter keinen Schwanz, sondern nur in der Jugend so lange sie im Wasser leben. Die Jungen bekommen die Vorderfüsse zuerst; bei den Alten vorn vier hinten fünf Zehen.

Familie RANACEA. *Frösche.*

Oberkiefer und Gaumen mit Zähnen, Unterkiefer meistens zahnlos. Keine Ohrdrüsen (*parotis*) hinter dem Auge. Hinterbeine verlängert, zum Springen brauchbar.

Fig. 1. Der grüne Wasserfrosch (RANA *esculenta*), um die Hälfte verkleinert.

Er hat eine glatte Haut, ein deutlich sichtbares Paukenfell hinter dem Auge, vorn vier freie, hinten fünf durch eine ganze Schwimmhaut verbundene spitze Zehen, und eine an den Kinnwinkel festgewachsene, im Ruhezustande von da nach hinten zurückgeschlagene, aber zum Ausklappen eingerichtete Zunge (siehe Fig. 1.a). Er erreicht über zwei Zoll Länge, hat eine auf dem Rücken grüne, am Bauch gelblichweisse Farbe, längs des Rückens drei gelbe Streifen und dort so wie an den Beinen viele schwarze unregelmässige Flecken. Hinterbeine sehr lang und stark. In stehenden Gewässern, sitzt bei Tage am Ufer, springt aber bei drohender Gefahr sogleich ins Wasser, und schwimmt unterhalb bis zur Mitte fort. wo er wieder auftaucht. Die Männchen lassen besonders gegen Abend einen lauten quakenden Ton von sich hören, wozu sie die Seiten des Halses, da wo bei den Jungen die Kiemen sassen, in eine weisse Blase auftreiben. Das Weibchen, welches das Männchen etwas an Grösse übertrifft, quakt nicht laut. Es legt seine Eier erst spät im May oder Juni in grossen Klumpen. Sie haben die Grösse mittlerer Hagelkörner, sind grau mit klarer durchsichtiger Rinde. Dieser Ueberzug, das Eiweiss, schwillt im Wasser bis zur Grösse einer Erbse an, wobei das Ei zu Boden sinkt (1.b.), aber schon nach 8 Stunden sich wieder bis zur Oberfläche erhebt. Innerhalb 8 Tage bildet sich dann aus dem runden Dotter ein anfangs in die Länge gezogener (1.c), dann etwas gekrümmter (1.d), endlich mit Augen (1. e), kleinen Kiemen und Schwanz versehene Thierkörper, welcher sich schon im Innern des Eies frei hin und her bewegt, und dann in der Grösse und Gestalt, wie er Fig. 1.f dargestellt ist, das Ei verlässt. Er hat jetzt nichts anders als einen runden Leib, woran vorne der Mund, darüber die Augen und dahinter die Kiemen, und einen dünnen aber hohen Schwanz. Diese Kiemen nehmen in der ersten Zeit noch an Grösse zu, bald aber bildet sich vor ihnen eine Hautfalte, die immer grösser wird und endlich die Kiemen ganz verdeckt, so dass nur noch eine kleine Oeffnung, welche an den Kiemen vorbei in den Mund führt, übrig bleibt; endlich verschwindet auch diese Oeffnung an der rechten Seite, und das bei der Athmung in den Mund genommene Wasser muss ganz an der linken Seite ausfliessen. Bald nach dieser Zeit, wo also die Kiemen äusserlich nicht mehr sichtbar sind, erscheinen die ersten Spuren der Hinterfüsse neben dem Schwanze (Fig. 1.g), als ein Paar zylindrischer Fortsätze, an deren Enden sich durch Theilung die Zehen bilden. Während die Hinterfüsse sich gestalten, nimmt die Larve beständig an Grösse zu, auch bilden sich die Vorderfüsse jetzt, bleiben aber noch unter der Haut versteckt (1.h). Endlich brechen sie, bei einer allgemeinen Häutung des Körpers, hervor (1.i). Von dieser Zeit an frisst die Larve weniger, indem sich jetzt auch der Darm verändert; Folge dieser schwächeren Ernährung ist nun das Einschrumpfen des Schwanzes, welcher bald nach der Bildung der Vorderbeine seinen alten Umfang verliert und in wenigen Tagen vollkommen aufgesogen wird. Dann häutet sich der junge Frosch von Neuem und verlässt, indem mit dem Schwanz zugleich auch die Kiemen immer kleiner geworden sind, das Wasser, um von nun an auf dem Lande Luft zu athmen. Dieser ganze Hergang erfolgt binnen zwei Monaten. Auch wenn er nach dieser Zeit im Wasser sich aufhält, muss er an die Oberfläche kommen und Luft schöpfen. Seine Lungen sind überhaupt ein Paar häutige, inwendig netzförmig-faltige Säcke. Seine Nahrung besteht während des ganzen Lebens in Insekten, welche er lebendig wegschnappt. Die Frösche erreichen ein bedeutendes Alter, und fallen den Winter hindurch in einen Schlaf, aus welchem sie erst im Frühjahr, wenn es wieder Insekten giebt, erwachen. Sie sitzen gewöhnlich mit erhabenem Vorderleibe und eng angezogenen Hinterbeinen lauernd da, und schleudern sich mit diesen in Sprüngen von 2 — 3 Fuss Länge behende fort. Ihre grossen Schenkel geben gebraten eine gesunde und wohlschmeckende Speise.

Fig. 2. Der Laubfrosch (Hyla *arborea*), um die Hälfte verkleinert.

Er hat die Kennzeichen des Vorigen, aber die Zehenspitzen erweitern sich nach unten in eine runde warzige Scheibe, welche der Frosch als Haftorgan zum Anklammern benutzt. Der einheimische Laubfrosch ist etwa $\frac{1}{3}$ so gross als der Wasserfrosch, hat eine auf dem Rücken grassgrüne, am Bauch gelblich weisse, Farbe und einen schwarzen Streif an jeder Seite bis zum Auge. Er lebt in lichten Gebüschen, schattigen Gärten und sitzt bei Tage an Bäumen und Sträuchern; gegen Abend geht er auf die Wiesen. Das Männchen kann seine Kehle sackförmig ausdehnen und so einen lauten Ton hervor bringen, doch sind die Weibchen keinesweges ganz stumm. Sie schreien besonders gegen Abend auf Wiesen, was sich aus der Ferne wie schwaches Schellengeläute ausnimmt. Ihre Entwickelung wie beim Vorigen; auch ihre Nahrung besteht bloss in lebenden Insekten, welche sie auch im Sprunge fangen; wozu sie noch geschickter sind, da ihre Hinterbeine eine verhältmässig grössere Länge besitzen. Man hält den Laubfrosch in Gläsern im Zimmer, füttert ihn mit Fliegen und benutzt ihn als Wetterprophet, indem er bei gutem Wetter an der Fläche des Glases ausserhalb des Wassers sitzt, bei regnigtem im Wasser selbst, welches den Boden des Glases bedeckt. Es sind jedoch diese Anzeigen unzuverlässig.

Fig. 2. a stellt den Vorderfuss von der südamerikanischen Hyla *bicolor* dar.

Familie Bufonina. *Kröten.*

Beide Kiefer ohne Zähne; hinter dem Auge eine grosse stark hervorragende wulstige Ohrdrüse *(parotis)*, die Haut uneben, warzig; hinten halbe Schwimmhäute zwischen den Zehen.

Fig. 3. Die gemeine Kröte (Bufo *cinereus*), um $\frac{1}{3}$ verkleinert.

Farbe röthlich grau, oben dunkler, an den Seiten weissliche Warzen, Bauch graugelb, Iris feuerroth. Sie findet sich in ganz Europa an feuchten schattigen Orten, unter Steinen, zwischen altem Gemäuer, unter grossen Pflanzenblättern, besonders von Salvei und Schierling, frisst kleine Insekten, auch Würmer und Schnecken. Bei Tage hält sie sich versteckt, kommt in der Dämmerung hervor, kriecht dann langsam und schreitend umher, kann nicht springen, wegen der Kürze der Hinterfüsse. Ihre Haut ist gewöhnlich schmutzig, da der zähe Schleim, welcher von den vielen Drüsen abgesondert wird, alles festklebt. Dieser Schleim soll eine scharfe ätzende Beschaffenheit haben, ist aber so wenig wie irgend ein anderer Theil des Thieres giftig. Das Weibchen giebt die Eier in 2 Schnüren von sich, die bis gegen 20′ lang werden. Die Jungen entwickeln sich wie beim Wasserfrosch, behalten aber den Schwanz länger. Stimme geben sie nicht von sich.

Es kommt bisweilen vor, dass Kröten tief in der Erde in Steinbrüchen lebendig gefunden werden, gewöhnlich aber bald nach dem Funde sterben; diese Erscheinung erklärt sich aus dem Winterschlaf, der statt auf ein, auf mehrere Jahre, ja Jahrzehnte, ausgedehnt wurde. Dass sie da von Erschaffung der Welt her, wie man sagt, gesessen haben, lässt sich nicht annehmen, sie kamen später auf irgend eine Weise an den Ort, wo sie gefunden wurden. —

Familie Aglossa.

Unterkiefer, häufig auch der obere, zahnlos; Zunge fehlt; Paukenfell nicht sichtbar. Hinterfüsse mit ganzer Schwimmhaut.

Fig. 4. Die Pipakröte (Pipa *verrucosa*), 4mal verkleinert.

Beide Kiefer zahnlos, Augen dem Kieferrande genähert, klein; keine Ohrdrüse. Vorderfüsse ohne Schwimmhaut, die Zehen mit vier Spitzen (Fig. 4. a), die hinteren mit ganzer Schwimmhaut. Farbe schmutzigbraun, überall mit kleinen weisslichen Warzen. Der ganze Leib fast viereckig, 5″ lang, 3″ breit, der Kopf breit aber kurz, sehr flach gedrückt mit grossem Maule, an dessen Winkeln ein gefranzter Hautlappen; der Halz kurz und dick, runzelig. Die Vorderbeine ziemlich schlank, besonders die Zehen, deren jede vier weiche Spitzen hat (4. a). Die Hinterbeine kurz aber sehr dick, die Zehen fast gleichlang, ganz durch Schwimmhaut verbunden. Rücken beim Männchen ganz flach, beim Weibchen mehr gewölbt, fleischiger, bei beiden rauh. Lebt in Sümpfen Südamerikas, sitzt fast beständig im Wasser. Das Männchen streicht die gelegten Eier dem Weibchen auf dem Rücken, worauf die Haut des Rückens zu einem ovalen Sattel anschwillt, in welchem viele Zellen, wie Bienenwaben; in jeder Zelle entwickelt sich aus dem Ei ein Junges, das darin, von einer Haut bedeckt, so lange sitzen bleibt, bis es seine vollständige Entwickelung, welche 3 Monate dauert, durchlaufen hat. Die Neger sollen diese Kröte essen.

2. Zunft. CAUDATA s. URODELA.

Sie behalten ihren Schwanz zeitlebens; den jungen Larven wachsen die Vorderfüsse zuerst, und die Kiemen bleiben länger dicht. Die Alten mit Zähnen im Kiefer und am Gaumen. Die Zunge ist festgewachsen.

Familie Salamandrina.

Die Kiemen gehen mit zunehmendem Alter verlohren; erwachsen haben sie vorn vier hinten fünf Zehen.

Fig. 5. Der Feuersalamander (Salamandra *maculata*), um die Hälfte verkleinert.

Leib glatt mit regelmässigen Querfurchen, Ohrdrüsen vorhanden, porös, ebenso 2 Reihen von Poren längs des Rückens, Schwanz rund. Farbe schwarz, ein Fleck neben dem Mundwinkel, die Augendecken, Ohrdrüsen und mehrere unregelmässige Flecken am Rücken, Schwanz und an den Beinen schwefelgelb, der Bauch graulich. In feuchten Gebirgsgegenden zwischen Steinen und unter Blättern, auch in Felsenritzen, woselbst sie überwintern; ihre Bewegungen langsam; bei der Berührung richten sie Kopf und Schwanz in die Höhe und spritzen aus den Poren einen milchigen Saft, welcher eine scharfe ätzende Beschaffenheit hat, und wenn er mit Wasser vermischt getrunken wird, heftige Krankheiten erregt. Ihre Nahrung besteht in Insekten, Schnecken und Würmern. Sie gebären lebendige Junge.

Die alte Fabel, dass sie unverbrennlich seien, beschränkt sich auf die Fähigkeit, durch den ausgespritzten Saft sich eine Zeit lang gegen die nachtheilige Einwirkung der Hitze sichern zu können.

Fig. 6. Der kleine Wassermolch (Triton *taeniatus*), in natürlicher Grösse.

Der Leib glatt, nicht mit Querreifen, auch keine Ohrdrüsen und Poren, sondern kleine körnige Warzen; der Schwanz stark seitlich zusammengedrückt. Farbe des Männchens blaugrau, mit grösseren runden Flecken, am Bauch orange. Das Weibchen gelbbraun, mit dunkleren Flecken in Streifen; Bauch orange. Das Männchen hat einen hohen zackigen Kamm auf dem Rücken und seitliche Hautlappen an den Hinterzehen, das Weibchen bloss eine schwache Rückenleiste. In stehenden Gewässern, besonders im Frühjahr, doch findet man die Jungen und die Weibchen nicht selten unter Steinen und auf feuchten Wiesen. Sie sind vollkommen unschädlich, können grosse Kältegrade ertragen, und abgeschnittene Theile auf eine bewundernswürdige Weise reproduziren.

Die Entwickelung der Jungen ist ähnlich wie beim Frosch. Die Eier werden Ende Aprils gelegt und kommen nach 12 Tagen aus. Das eben ausgekrochene Junge hat keine Augen, kleine Kiemen und Spuren der Vorderbeine in Gestalt eines Zapfens neben den Kiemen. Wieder nach 6 Tagen sind die Augen deutlich, die Kiemen sehr gross, die Vorderfüsse haben 3 Zehen, die Länge beträgt $\frac{1}{2}''$ (Fig. 6. a). Nach 10 Tagen fangen die Hinterfüsse an sich zu bilden, nach 14 Tagen sind sie vollständig, nun lebt die Larve noch 6—8 Tage mit Kiemen im Wasser (Fig. 6. c natürliche Grösse), streift dann die Haut ab und athmet durch die Lunge; auch verlässt sie von jetzt ab das Wasser zu Zeiten. Nach 3 Monaten vom Zeitpunkt des gelegten Eies an ist das Junge erwachsen.

Familie Ichthyodea.

Die Kiemen bleiben während des ganzen Lebens, erscheinen aber bei Manchen nur als Spalten am Halse.

Fig. 7. Der Axolotl (Stegoporus *pisciformis*), um die Hälfte verkleinert.

Drei äusserliche, beständig bleibende Kiemenbüschel an jeder Seite des Kopfes; Zehen wie bei den Molchen, vorn 4 hinten 5. Zähne am Gaumen in einem Bogen, den Kieferzähnen parallel. Wird 8—10″ lang, ist überall grau mit schwarzen Punkten. Er hat die Form eines Wassermolchs, aber der Kopf ist breiter, die kleineren Augen stehen mehr nach vorn, der Leib hat Querringe, der Rücken eine schwache erhabene Hautfalte, die auch auf beide Seiten des Schwanzes sich fortsetzt. Findet sich häufig in den Seen um Mexiko und wurde von den alten Mexikanern gegessen.

Fig. 8. Der Olm (Proteus *anguinus*), um die Hälfte verkleinert.

Dem Vorigen verwandt, aber die Augen unter der Haut versteckt, und vorn 3, hinten 2 Zehen. Das Thier wird 1′ lang, ist überall fleischfarben, nur die drei Kiemen sind im Leben schön blutroth und stehen bogenförmig am Halse in die Höhe; an ihrem Grunde sind zwischen ihnen die Kiemenspalten, aus welchen das durch den Mund eingenommene Wasser hervorströmt. Der Kopf ist länglich dreiseitig, nach vorn abgestutzt, die Oberlippe breiter als die untere, die Augen scheinen als ein Paar schwarze Punkte durch die Haut hindurch. Der Leib ist vollkommen drehrund, fingersdick, mit regelmässigen Querfurchen und kleinen Poren, besonders seitlich, welche beständig Schleim absondern; die Beine sind kurz und schwach, besonders die hintern. Der Schwanz hat die halbe Länge des Rumpfes und rings-um eine breite Flosse. Er findet sich in den unterirdischen Gewässern der Adelsberger- und Magdalenen-Grotte, beide auf halbem Wege zwischen Triest und Laibach (nicht im Zirknitzer See, wie im Grundriss steht), liegt ruhig auf dem Boden und entflieht dem Licht. Seine Nahrung sind Würmer und kleine Schnecken; er fällt in einen Winterschlaf, lebt selbst ausserhalb des Wassers eine Zeit lang, und kommt an die Oberfläche, um Luft zu schnappen.

Fig. 9. Der zweizehige Aalmolch (AMPHIUMA *didactylum*), um die Hälfte verkleinert.

Er hat äusserlich keine sichtbaren Kiemen, dagegen an jeder Seite des Halses dicht vor den Vorderfüssen eine rundliche Grube, in welcher drei Kiemenspalten wahrgenommen werden. (Fig. 9.a. zeigt den Kopf von *Amph. tridactylum* von der Seite um die Hälfte verkleinert.) Der Kopf ist mehr parallelseitig, die Schnauze ragt etwas hervor, die kleinen Augen sind frei und stehen oberhalb des Mundwinkels. Der Leib ist langgestreckt, nach hinten verjüngt, ganz rund, mit regelmässigen Querfurchen, der Schwanz flossenförmig. Die Beine sind ganz verkümmert, dienen nicht mehr zum Gehen und haben entweder drei (*Amph. tridactylum* 9.a.), oder, wie bei der abgebildeten Art, nur zwei Zehen (*Amph. didactylum*). Beide Arten haben spitze Zähne im Kiefer und zwei Reihen Gaumenzähne, eine schleimige Haut von grüngrauer Farbe, und bewohnen verschiedene Gewässer Nord-Amerika's. Der dreizehige Aalmolch wird über 2′ lang, der zweizehige 1 — 1½′. (Fig. 9.b. Seitenansicht des Schädels.)

3. Zunft. APODA.

Familie ANGUINEA, *Schlangenmolche*.

Sie haben gar keine Füsse, auch keinen Schwanz; die Kiemen sind innerlich und verrathen sich nur in der Jugend durch Kiemenspalten; haben, wie die Schlangen, nur einen Lungensack.

Fig. 10. Die wurmartige Blindwühle (COECILIA *lumbricoides*), um ⅔ verkleinert.

Sie hat einen 2′ langen, gleichmässig dicken, mit regelmässigen Querfurchen und einer vertieften Rückenlinie versehenen schleimigen Körper, an welchem sich der Kopf nur wenig verräth. Ihre kleinen Augen sitzen unter der Haut. Die Afteröffnung liegt unmittelbar am Ende des Körpers, doch mehr an der unteren Seite. Die Kiemen sind nur in der Jugend vorhanden und man bemerkt bei jungen am Vorderleibe bald hinter dem Kopf eine ganz wie bei der vorigen Gattung gestaltete Grube, in welcher die in den Mund führenden Kiemenspalten liegen; später verschwindet diese Grube, und bei älteren Individuen sieht man weder sie, noch die Spalten. Man kennt mehrere Arten dieser Gattung, unter welchen die abgebildete die häufigste ist. Sie findet sich in Amerika, wühlt in feuchter Erde wie ein Regenwurm, und nährt sich wohl von Insekten. Ihre Farbe ist dunkelgrau.

TAFEL 21.

4. Classe. Fische. Pisces.

1. Ordnung. *Knorpelfische. Chondracanthi.*

Wesentlicher Charakter. Das Skelet besteht nicht aus fester Knochen-, sondern aus weicher Knorpelsubstanz. Der Leib hat keine dachziegelförmigen Schuppen, sondern er ist entweder ganz nackt, oder mit knöchernen Warzen oder Schildern bedeckt.

Familie Haie. *Squalini.*

Leib länglich, rund oder flachrund; Kopf frei, nach vorn zugespitzt, Mundöffnung unterhalb, bogenförmig, davor die Nasenlöcher, dahinter am Halse jederseits 5 Spalten, welche in den Schlund führen, zwischen den Spalten die vier äusserlich an der Haut festgewachsenen Kiemen. Brust und Bauchflossen vorhanden, getrennt von einander, die vordere oft sehr gross. Schwanz nicht sehr lang, spindelförmig, am Ende aufwärts gerichtet mit ungleicher Flosse. Sie leben im Meer und nähren sich vom Raube, daher ihr Kieferrand mit mehreren Reihen spitzer, dreieckiger, beweglicher Zähne bewehrt ist. Das Weibchen legt viereckige flache Eier mit horniger Schale, die an jeder Ecke in einen langen geschlängelten Faden ausläuft (1. a); darin das Junge mit einem freien, hängenden Dottersack, um welchen es gebogen liegt. Einige gebären lebendige Jungen.

Fig. 1. Der Menschenfresser. Squalus *carcharias*.

Er hat scharf umgrenzte, nierenförmige Nasenlöcher und keine Spritzlöcher. Die erste Rückenflosse hoch dreieckig, eine zweite kleinere dicht vor dem Schwanz; eine Afterflosse, welche manchen Haifischen zukommt, fehlt ihm. Farbe bleigrau, Bauch weisslich; die Haut scharf wie eine Feile, wegen der vielen sandkornartigen Knochenpunkte in derselben. In allen Meeren besonders in der Tiefe, kommt um Nahrung zu suchen nach oben, frisst alles Essbare, besonders grössere Fische, selbst badende Menschen. Er erreicht eine Länge von 25 bis 30 Fuss, ist gewöhnlich aber nur 10 bis 12′ lang. Sein Fleisch ist essbar und wohlschmeckend.

Fig. 2. Der Kopf des Hammerfisches (Zygaena *malleus*), von unten gesehen.

Der Hammerfisch hat ganz den Bau des Menschenfressers, ist aber kleiner, 6 — 8 — 12 Fuss lang, dunkler grau von Farbe und am Kopf anders gestaltet. Derselbe steht nehmlich in der Quere, so dass sein grösster Durchmesser von links nach rechts läuft; die Seitentheile erscheinen als dicke Fortsätze, an deren Enden die Augen sitzen; am Vorderrande eine Querfalte, worin die Nasenlöcher, und hinter den Fortsätzen die bogenförmige, mit kleinen flachen Zähnen am Innenrande gepflasterte, Mundöffnung. Rückenflossen sind 2 vorhanden, wie beim Menschenfresser, aber unter der hinteren sitzt eine Afterflosse. Mittelmeer.

Fig. 3. Der Kopf des Sägefisches (Pristis *antiquorum*), von unten gesehen.

Der Sägefisch hat gleichfalls die Form des Menschenfressers, aber der Kopf ist in einen schwerdtförmigen Fortsatz verlängert, und dieser an beiden Seiten mit grossen kegelförmigen Zähnen besetzt. Am Grunde dieses Fortsatzes liegen die winkeligen Nasenlöcher, und dahinter, fast auf der Mitte des Kopfes, die kleine an den Lippen mit flachen Zähnen gepflasterte Mundöffnung. Die Gestalt der Flossen wie beim Haifisch, aber die vordere Rückenflosse über der Bauchflosse, die Afterflosse fehlt. Der Leib silbergrau, mit sehr feinen dicht gestellten Knochenpunkten, die ihm ein seidenartiges schillerndes Ansehen geben. Im Mittelmeer, wird bis 20′ lang; frisst kleine Fische, bedient sich der Säge um grössere Fische damit zu erlegen. —

Familie Rochen. *Rajacei.*

Leib flach scheibenförmig, wegen der grossen mit dem Rumpfe verwachsenen und bis zu den Bauchflossen reichenden Brustflossen. Lage der Nasenlöcher, des Mundes, der Kiemen und der Augen wie bei Haien; hinter den Augen zwei Spritzlöcher. Schwanz lang, sehr fein, oft drathförmig, mit 2 kleinen Rückenflossen, aber häufig ohne Endflosse. Das Weibchen legt ebenfalls nur wenige Eier, die ganz wie die der Haie gestaltet sind, aber viel kürzere, die Länge des eigentlichen Eies nicht übertreffende, Fäden haben. Alle leben im Meer und nähren sich vom Raube.

Fig. 4. Der Glattrochen (RAJA *batis*).

Leib rhombisch, auf der Oberfläche glatt, ohne Stacheln, nur mehrere kleine gekrümmte über den Augen, aber der nicht sehr lange, mit zwei Rückenflossen und der Spur einer Afterflosse versehene, Schwanz hat in der Mitte eine oder drei Reihen von Stacheln, und zwei grosse Stacheln am Grunde, einen an jeder Seite. Auf der Oberfläche bemerkt man die Augen und hinter jedem ein Spritzloch, unten ist die mit kleinen Zähnen an den Lippen gepflasterte Mundöffnung, davor jederseits eine Nasengrube, dahinter fünf Kiemenspalten an jeder Seite; Farbe des Rückens dunkel eisenblaugrau mit einzelnen schwarzen Punkten, die des Bauches gelblich weiss. Der Glattrochen bewohnt die Nordsee, ist 2 bis $2\frac{1}{2}$ Fuss breit, und kaum 4 Zoll dick, bisweilen in beiden Dimensionen das Doppelte. Man fängt ihn häufig seines wohlschmeckenden Fleisches wegen, das sich getrocknet wie das der Stockfische aufbewahren lässt.

Fig. 5. Der Zitterrochen (TORPEDO *ocellata*).

Leib kreisrund, vorn ein wenig abgestutzt, ganz nackt und glatt, auf der Rückenseite die Augen und dahinter zwei sternförmige Spritzlöcher; der Schwanz so lang als der Rumpf, rund, am Grunde mit den dreiseitigen Bauchflossen, gegen das Ende zwei kleine Rückenflossen dicht hinter einander, am Ende selbst eine ziemlich grosse Schwanzflosse. Farbe rothbraun, die Flossen heller, die Unterseite gelblich weiss; auf dem Rücken mit 2 — 6 blauen hell umsäumten Flecken. Länge 1 — 2'. Der Fisch findet sich im Mittelmeer, und im atlantischen Ozean an französischen, spanischen und englischen Küsten. Eine besondere Merkwürdigkeit des Zitterrochen ist seine Elektrizität. Berührt man nehmlich den Fisch mit der Hand, so fühlt man eine starke Erschütterung, die sich dem ganzen Arm mittheilt und um so nachdrücklicher ist, je grösser der Fisch war, den man angefasst hatte. Das Organ, von welchem diese Kraft ausgeht, liegt an der Rückenseite des Körpers vorn über den Brustflossen, und besteht aus vielen kleinen vier- bis sechseckigen, nebeneinander liegenden flachen Zellen, welche mit einer gallertartigen zähen Feuchtigkeit angefüllt sind, und zwischen welchen sich viele Nerven und Blutgefässe verbreiten. Von den Nerven besonders scheint die elektrische Wirkung auszugehen. — Sein Fleisch ist zwar essbar, aber nicht schmackhaft.

Familie STÖRE. *Sturionini.*

Leib länglich, drehrund, nackt oder theilweis mit grossen Schildern bedeckt. Mundöffnung klein, quer, etwas vorstreckbar. Eine grosse Kiemenspalte mit beweglichem dieselbe schliessendem Deckel. Brust und Bauchflossen vorhanden, Schwanzflosse ungleich. Leben im Meer und grossen Flüssen; laichen viele kleine, schalenlose Eier, wie die übrigen Fische.

Fig. 6. Der gemeine Stör (ACIPENSER *sturio*).

Leib rauh von vielen kleinen rhombischen Knochenwarzen, mit fünf Reihen grösserer, dreiseitiger auf der Mitte mit einem eben nicht starken Kiel versehener, strahlig gestreifter Schilder, eine Reihe grade in der Mitte des Rückens, eine an jeder Seite, zwei am Bauch. Der Kopf ganz mit Schildern bepanzert, nach vorn zugespitzt, mit kurzer etwas aufwärts gebogener Schnauze; an der Unterseite vier kurze Bartfäden (a), dahinter ziemlich unter dem Auge die Mundöffnung (b) an der Spitze eines kurzen Hautzylinders, inwendig zahnlos. Nasengruben an jeder Seite doppelt, dicht vor den Augen. Brust- und Bauchflossen an den gewöhnlichen Stellen, ziemlich fern von einander, weil die Bauchhöhle sehr lang ist; der Schwanz verhältnissmässig kurz, mit einer Rückenflosse, einer ähnlichen Afterflosse grade unter ihr, und einer schiefen, besonders nach oben verlängerten Schwanzflosse. Farbe bräunlich grau, der Bauch weiss, die Flossen gelblich grau. Länge 2, 10, 12 bis 18 Fuss. Er findet sich in der Ost- und Nordsee, und geht von hier aus gegen den Frühling in die grossen Ströme, woselbst er vielfach gefangen wird, seines wohlschmeckenden Fleisches wegen. Sein zahlreicher Rogen ist gleichfalls schmackhaft und unter dem Namen Caviar als Leckerbissen bekannt; seine Schwimmblase liefert die Hausenblase. Beide Substanzen kommen auch von den anderen Arten dieser Gattung, besonders vom Sterlett (*A. Ruthenus*) und Hausen (*A. huso*), beide in der Wolga, dem schwarzen und kaspischen Meere häufig.

Familie RUNDMÄULER. *Cyclostomi.*

Leib lang, rund, glatt, nackt; vorn mit runder, oft saugnapfartig erweiterter Mundöffnung. Kiemen an der Haut festgewachsen, dazwischen freie Räume, die sich einzeln oder zusammen an einer Stelle nach aussen öffnen. Brust- und Bauchflossen fehlen.

Fig. 7. Die Lamprete (PETROMYZON *marinus*).

Mundöffnung gross, weit, trichterförmig vertieft (7. a), mit strahlenförmig gestellten, von der Tiefe gegen den Umfang an Grösse abnehmenden Zähnen; tief im Grunde zwei grössere Zähne, und darunter ein Bogen von 7 dicht an einander gerückten Zähnen. Augen vorhanden und gross, zwischen ihnen auf dem Scheitel die Spritzlöcher, hinter ihnen jederseits 7 runde Kiemenlöcher. Auf dem hinteren Theile des Rückens zwei genäherte Rückenflossen, unter dem Anfange der zweiten die Afteröffnung, mit ihrem Ende die Schwanzflosse verschmolzen. Farbe braungrün, der Rücken dunkler gefleckt. Sie wird 2 — 3 Fuss lang, $1\frac{1}{2}$ bis 2 Zoll dick. In der Nordsee, geht im Frühjahr in die Elbe und deren Nebenflüsse und wird hier gefangen. Man isst sie besonders vom März bis May, und schätzt das Fleisch derselben als einen Leckerbissen.

Fig. 8. Der Schleimaal MYXINE *glutinosa* (GASTROBRANCHUS *coecus Bl.*)

Der Leib wie bei der Vorigen lang dünn, drehrund, glatt und vielen Schleim absondernd, vorzugsweise aus kleinen Drüsen, die in einer Reihe hinter einander an der Bauchseite liegen; die Augen fehlen. Das Maul ist schief, trichterförmig vertieft, am oberen am meisten vorragenden Rande das Spritzloch (8. c), von vier Fühlfäden umgeben, darunter die weite Mundöffnung mit vier Fühlfäden am Rande. Im Munde eine Zunge und an jeder Seite derselben zwei Zahnreihen (8. a. b b.), darüber ein freier isolirter, grösserer Gaumenzahn, und hinter diesem der Eingang des Spritzkanales (c. c). Im Anfange des Schlundes jederseits sechs Löcher, welche in eben soviele blasige Kiemen führen (d d d), die wieder durch einen Kanal an der anderen Seite einen Ausgang haben, und in einen Längsgang münden; dieser Längsgang mündet nach aussen an der Bauchseite auf ein Drittel der Körperlänge (f. f); dazwischen noch ein anderes Loch, welches in den Darm führen soll. Der übrige Leib ohne Auszeichnung, aber auf dem Schwanz eine mit der Afterflosse zusammenhängende Rückenflosse. Das Thier erreicht die Länge von 1 Fuss, ist fingersdick, oberhalb blau von Farbe, an den Seiten röthlicher, am Bauch weiss. Es lebt in der Nordsee, und setzt sich an Fische, ihnen das Blut aussaugend.

2. Ordnung. *Haftkiefer. Pectognathi.*

Wesentlicher Charakter. Das Skelet ist knöchern, und der Oberkiefer fest mit den übrigen Kopfknochen verwachsen, daher unbeweglich. Jederseits eine kleine Kiemenspalte vor der Brustflosse, die Bauchflossen fehlen.

Familie GYMNODONTES.

Ihr Leib ist nackt, oder mit grösseren freiabstehenden, ziemlich zerstreuten Stacheln bedeckt; der Rand der Kiefer scharf, schneidend, von Schmelz bekleidet (Fig. 16. a a. b b.). Sie haben ausser der Schwimmblase noch einen grossen zelligen Sack am Schlunde, in welchen sie Luft aufnehmen, und dadurch ihren Körper um das Mehrmale seines gewöhnlichen Umfanges ausdehnen. Leben nur im Meer.

Fig. 9. Der Mond- oder Kopffisch (ORTHAGORISCUS *mola*).

Der Kieferrand ist ungetheilt und bildet einen einzigen grossen Zahn; der Leib unförmlich, fast dreiseitig, hinten abgestutzt; die Oberfläche nackt. Eine grosse Rückenflosse und eine ihr entsprechende Afterflosse, welche durch die grosse, abgerundete Schwanzflosse miteinander verbunden sind. Die Farbe des Körpers ist braun, seine Länge beträgt 2 — 4 Fuss. Er findet sich im Mittelländischen Meere, aber auch in der Nordsee; sein Fleisch ist wegen des vielen Fettes und des thranigen Geschmackes ungeniessbar.

Fig. 10. DIODON *hystrix*.

Die Figur stellt die Umgegend des Mundes von diesem Fisch dar, und soll besonders auf die Gestaltung der Zähne aufmerksam machen, welche man als 2 grade Leisten hinter den Lippen wahrnimmt. Sonach stimmt dieser Bau mit dem beim Mondfisch überein, aber der Leib des Fisches läuft nach hinten in einen förmlichen Schwanz aus (wie Fig. 11.), und ist auf der ganzen Oberfläche mit grossen graden knöchernen Stacheln bedeckt.

Fig. 11. Der Seekröpfer (TETRODON *hispidus*).

Aehnelt in der Gestalt sehr dem Vorigen, indem der Körper meistens blasenförmig ausgedehnt und mit kleinen kurzen Stacheln besetzt ist, nach hinten aber in einen besonderen Schwanz ausläuft, welcher an seinem Anfange eine Rücken- und eine Afterflosse trägt. Der Hauptunterschied liegt in der Bildung der Kiefer, indem dieselben durch eine Längsfurche in 2 Hälften getheilt sind, so dass es aussieht, als hätte der Fisch vier Zähne (11. a). Uebrigens ragt das Maul hervor, steht fast mit dem

Rücken in gleicher Höhe, dahinter und vor dem Auge liegt jederseits ein Nasenloch; Farbe weisslichgrau, mit einigen unregelmässigen vom Rücken herablaufenden Flecken. Länge 1 — 2 Fuss. Im mittelländischen Meere, auch im grossen Ozean.

Familie Sclerodermi.

Der Leib ist auf der Oberfläche von harten Knochenstücken bekleidet, die theils zu Schildern sich ausdehnen, theils als Knochenwarzen in der Haut stecken. Die Kieferränder sind nicht mit Schmelz überzogen, sondern schicken wirkliche kegelförmige, dicht neben einander stehende Zähne in bestimmter Anzahl aus. Die übrigen Verhältnisse wie bei den Vorigen.

Fig. 12. Der Seestier (Ostracion *cornutus.*)

Der Leib mit polyedrischen, meistens sechseckigen, rauhen Knochenschildern bedeckt, welche nur den Schwanz frei lassen; die Form kantig, die Rückenfläche schmäler als die Bauchfläche, die Seiten geneigt; die Stirn senkrecht herab steigend, am unteren Ende die Mundöffnung, mit acht Zähnen in jedem Kiefer, am oberen Ende zwei starke kegelförmige Hörner, zwei andere ähnliche am Ende des Bauches und zwischen ihnen die Afterflosse; die Rückenflosse vor dieser auf der Mitte des Rückens, die Schwanzflosse sehr gross. Die Farbe des Körpers ist braungelb, die Flossen heller, und die Schwanzflosse dunkler, an der Spitze fast schwarz. Länge 8 — 10 Zoll. Ostindische See.

3. Ordnung. *Quastenkiemer. Lophobranchii.*

Wesentlicher Charakter. Die Kiemen sind kleine quastförmige Bläschen, welche in zwei Reihen an jedem der vier Kiemenbogen festsitzen (Fig. 15. ccc). Der Kiemendeckel gross, nach aussen gewölbt, aber nicht frei, sondern bis auf eine kleine Spalte am Rande mit der Körperhaut verwachsen.

Der Leib ist, wie bei den Vorigen, kantig, von grösseren in Reihen gestellten Schildern bedeckt; der Kopf schnabelförmig verlängert, aber der Oberkiefer beweglich und vorschiebbar, Leben nur im Meer.

Fig. 13. Der Seedrachen (Pegasus *draco*).

Leib würfelförmig, an der vorderen Fläche der Kopf mit der Mundöffnung, aber diese nicht am Ende, sondern am Anfange der schnabelförmigen Verlängerung. Brustflossen dicht neben dem Kopf an den Kanten des Würfels, beide von bedeutendem Umfange, mit 10 ungetheilten Strahlen. Der Rumpf auf der Oberfläche uneben von den höckerigen Schildern, die Bauchseite glatt und eben; an den hinteren Ecken ein Paar Fäden, welche die einstrahligen Bauchflossen darstellen. Der Schwanz viel enger als der Leib, vierkantig, oben schmäler als unten, mit einer kleinen Rückenflosse, einer ebensolchen Afterflosse, und einer deutlichen Schwanzflosse. Farbe braun, mit gelblichen Längs- und Querstreifen auf dem Rumpfe. Länge 2 — 3 Zoll. Ostindische See.

Fig. 14. Das Seepferdchen (Hippocampus *brevirostris*).

Kopf schnabelförmig, mit der Mundöffnung an der Spitze; der Körper stark seitlich zusammengedrückt, 7kantig, der Rumpf viel höher als der Schwanz, beide mit grossen kantigen Schildern bepanzert. Brustflossen viel kleiner, seitlich an den Leib angedrückt, kreisrund; Afterflosse länglicher und schmal; Rückenflosse gross, in die Länge gedehnt, über der Afterflosse. Bauch- und Schwanzflosse fehlen. Farbe rothbraun, überall weiss gefleckt, der Rücken mit langen Fäden besetzt, die von dem Höcker der Schilder ausgehen. Länge 3 — 4 Zoll. Im Mittelmeer.

Fig. 15. Die Meernadel (Syngnathus *acus*).

Kopf des Vorigen, d. h. die Mundöffnung an der Spitze des Schnabels, die Nasenlöcher am Grunde dicht vor den Augen (15. b). Leib lang und dünn, 7kantig, allmälig von vorn nach hinten verschmächtigt; der Theil hinter der Afteröffnung beim Männchen breiter, eine lange Höhle enthaltend, in welche die vom Weibchen gelegten Eier hineingestopft und daselbst gleichsam ausgebrütet werden. Brustflossen klein, kreisrund, in der Höhe der seitlichen Mittelkante. Rückenflosse sehr lang, aber nicht hoch, vor der Mitte des Körpers; die Bauchflossen fehlen, aber eine kleine Afterflosse und eine fast runde Schwanzflosse sind vorhanden. Farbe gelblich, einzelne Schilder in ziemlich regelmässigen Absätzen braun. Nord- und Ostsee, wird gegen 3 Fuss lang, und als Köder beim Fischfange benutzt.

TAFEL 22.

4. Klasse. Fische. Pisces.

4. Ordnung. *) *Weichflosser, Malacopterygii.*

Wesentlicher Charakter. Alle Strahlen aller Flossen, mit Ausnahme des ersten Strahles der paarigen, der Rücken- und der Afterflossen, bestehen aus gegliederten zerschlissenen Strahlen. Kiemen kammförmig; eine grosse Kiemenspalte. Skelet knöchern.

A. *Abdominales.* Die Bauchflossen stehen weit hinter den Brustflossen, theils mitten am Bauch, theils an dem Ende desselben vor dem After.

Familie Silurini.

Leib entweder schuppenlos, oder von dicken knöchernen Gürteln bekleidet; am Maule lange Bartfäden. Keine pylorischen Anhänge, aber eine grosse Schwimmblase. Erster Strahl der paarigen und Rückenflosse sehr allgemein ein dicker, zackiger Knochenstachel. Leben in Flüssen.

Fig. 1. Der gemeine Wels (Silurus *glanis*), 12mal verkleinert.

Er hat einen breiten, flachen, vorn abgerundeten Kopf, welcher, wie auch der ganze Leib, ohne alle knöcherne Bedeckung ist. Neben dem mit vielen kleinen Zähnen bewaffneten Maule bemerkt man 6 Bartfäden, 2 grosse stehen über der Oberlippe nicht weit vor den Nasenlöchern, die 4 anderen viel kleineren sitzen je 2 jederseits am Hinterrande des Unterkiefers. Der viel höhere mehr gewölbte Rücken trägt dicht hinter dem Kopf eine kleine, spitze, 5strahlige Rückenflosse, deren erster ungetheilter Stachelstrahl nur klein ist, ganz wie an den paarigen Flossen. Der übrige Rücken ist nackt. Die grosse Kiemenspalte wird durch 16 nicht grosse Kiemenhautstrahlen unterstützt. Bald hinter ihr steht die kleine ovale Brustflosse und am Ende des kurzen aber weiten Bauches, dicht vor dem After, die ebenfalls kleine stumpfeckig dreiseitige Bauchflosse; jene hat 18, diese nur 13 Strahlen. Hinter dem After beginnt der ziemlich drehrunde lange Schwanz. Er übertrifft den ganzen übrigen Leib um $\frac{1}{3}$ in der Länge und ist an seiner ganzen Untenseite mit der gleichmässig hohen, gegen 90strahligen Afterflosse besetzt, welche mit der kleinen abgerundeten 17strahligen Schwanzflosse zusammentrifft. Der gemeine Wels erreicht eine Länge von 3—16 Fuss, und wird gewöhnlich 30—50, aber auch 500 Pfd. schwer. Seine Farbe ist ein schmutziges Grün, welches am Bauch ins Gelbe und endlich ins Weisse übergeht, auf dem ganzen Rücken aber mit dunkleren, wellenförmigen Querbinden geziert ist. Er findet sich in den meisten grösseren Flüssen Europa's, besonders in der Donau, schwimmt langsam, ruht gern auf dem Boden oder hinter Steinen und andern Gegenständen, um von hier aus die andern Fische, welche er durch Spielen mit seinen Bartfäden herbeilockt, zu überfallen. Er hält sich immer einzeln oder paarweis, und jagt in seinem Revier. Sein Fleisch ist schmackhaft und wird überall gern gegessen, ist aber schwer zu verdauen. Seine dicke Schwimmblase benutzt man, wie die des Störes, zu Leim und Kleister.

Fig. 2. Callichthys *cataphractus*, $\frac{1}{3}$ der natürlichen Grösse.

Dieser merkwürdige Fisch unterscheidet sich vom Wels sowohl durch seine Bedeokung, als auch durch seine Flossen. Er hat einen im Verhältniss mehr gedrungenen Körperbau, doch sonst ziemlich ähnliche Verhältnisse, nur der Schwanz ist etwas kürzer. Der nach hinten höhere Kopf ist am Maule und den Wangen nackt, oberhalb aber von grossen Knochenschildern bedeckt. Ein solches Schild

*) Im Text der folgenden Tafel lese man Seite 1 Zeile 3 v. o. 5. Ordnung statt 6. Ordnung.

tragt auch der Kiemendeckel, aber die Kiemenhaut ist nackt, klein und arm an Strahlen. Den ganzen ubrigen Leib bedecken dagegen Knochengurtel, welche an jeder Seite 2 Reihen bilden und alternirend an einander stossen, nur die Kehle und Mittellinie des Bauches bis zum After bleiben frei. Die Flossen betreffend, so hat jede derselben am Anfange einen starken dicken zackigen Knochenstrahl, dann folgen die weichen Strahlen. Von den hier in doppelter Zahl vorhandenen Rückenflossen ist die erste die grössere; sie steht über den Bauchflossen, und hat 8 weiche Strahlen. Die 2te kleinere Rückenflosse hat bloss den einen Knochenstrahl, ist übrigens nur häutig, und steht über der Afterflosse. Brust- und Bauchflossen sind von mässiger Grösse, die Afterflosse aber ist klein, die Schwanzflosse dagegen sehr gross, zumal hoch, und abgerundet. Characteristisch sind noch die 2 langen, etwas ungleichen Bartfaden, welche jederseits im Mundwinkel an der Oberlippe sitzen. Der CALLICHTHYS wird 5 bis 6 Zoll lang, ist fleischfarben mit kastanienbraunen Gürteln, bewohnt die kleineren Flüsse Südamerikas, und hat die Lebensweise des Welses.

Familie CYPRINEI.

Leib von allermeist grossen, mitunter jedoch kleinen, in der dicken Schleimhaut versteckten Schuppen bedeckt; am Munde häufig Bartfäden, doch dann keine Zähne an den Kiefern, aber statt deren grosszahnige Schlundknochen. Eine grosse Schwimmblase, keine blinden Darmanhänge, eine Rückenflosse.

Fig. 3. Der gemeine Karpfen (CYPRINUS *carpio*), $\frac{1}{6}$ der natürlichen Grösse.

Die Gattung der Karpfen (CYPRINUS) zeichnet sich durch den ziemlich hohen, stark von beiden Seiten zusammengedrückten Leib aus, dessen Oberfläche ganz von Schuppen bedeckt ist; nur der Kopf bleibt beständig nackt. Ihre Arten haben keine Zähne im Maul, wohl aber Bartfäden. Der gemeine Karpfen gehört zu denjenigen Arten, bei welchen die Rückenflosse mit 2 starken ungegliederten einfachen Stacheln anfängt, sehr lang ist, namentlich viel länger als die Afterflosse, und deren Oberlippe am Mundwinkel einen kurzen Bartfaden trägt. Er zeichnet sich vor anderen Arten durch die Höhe seines doch runden, gewölbten Rückens, und die Grösse der Schuppen aus. Brust- und Bauchflossen sind ziemlich gleich gross, abgerundet, aber sehr verschieden in der Zahl der Strahlen, denn jene hat 19, diese nur 9. Die lange Rückenflosse besteht aus 24 Strahlen, die kurze Afterflosse nur aus 9. Auffallend gross ist auch noch die tief gespaltene, 19strahlige Schwanzflosse. Der Karpfen hat eine graulichbraune Messingfarbe, die am Rücken ins Dunkel-Olive übergeht. Alle Flossen sind blaulichgrau, die Afterflosse allein ist röthlich; ebenso der Mundrand. Er bewohnt Teiche, Flüsse und Seen, auf deren Boden er langsam umherschwimmt, und sich von allerhand fauligen organischen Substanzen nährt. Er wird bis 2 Fuss lang und an 50 Pfd. schwer, doch misst er gewöhnlich nur $\frac{3}{4}$—1 Fuss, und wiegt 5—10 Pfd. Er hat ein zähes Leben, lässt sich daher leicht versetzen und ziehen, auch lange in Fischkasten lebendig erhalten. Sein Fleisch ist äusserst wohlschmeckend und daher sehr geschätzt.

Fig. 4. Der Schlammpeitzker (COBITIS *fossilis*), $\frac{1}{3}$ der natürlichen Grösse.

Er gehört zur Gattung der Schmerlen (COBITIS), welche sich von der Karpfengattung durch den langgestreckten, fast walzenförmigen Leib, die kleinen, in der dicken Schleimhaut versteckten Schuppen, das kleinere nicht so weit vorstreckbare, aber mit längeren Bartfaden versehene Maul, und die kleine, von einer knochernen Scheide umschlossene Schwimmblase unterscheidet. Ihre Arten finden sich in Bachen und Gräben. Unter ihnen ist der hier abgebildete Schlammpeitzker eine der grössten, indem er wohl 1 Fuss lang wird, und gegen 1 Zoll hoch; sein Leib ist oberhalb braun, am Bauch roth, und hat auf dem Rücken 3—5 schwarze Längsstreifen. Die Brustflosse besteht aus 10 Strahlen, die Bauchflosse aus 8; in der Rückenflosse findet man 7, in der Afterflosse 8, in der Schwanzflosse 14 Strahlen. Diese, die Rücken- und die Brustflosse haben dunklere, unterbrochene Binden. Der Schlammpeitzker lebt in sumpfigen, morastigen Gewässern, besonders in Wiesengraben, Torfmooren, und vergrabt sich gegen den Winter in den Schlamm, woselbst er in einem halb erstarrten Zustande bis zur milderen Jahreszeit verweilt. Indess ist er auch wahrend des Sommers vom Wetter abhängig, denn bei herannahenden Gewittern steigt er in die Höhe und kündet es an, daher er auch Wetterfisch genannt wird. Merkwürdig ist noch der Umstand, dass er Luft verschluckt und verändert durch den After wieder von sich giebt, also mit der Darmoberfläche theilweis athmet. Sein Fleisch ist weich, aber nicht wohlschmeckend, wegen des moorigen Beigeschmacks. Daher essen ihn nur arme Leute, halten ihn aber gern in Gläsern, um seiner wetterverkündenden Eigenschaften willen. Sein zähes Leben lässt ihn darin lange ausdauern.

Familie Salmonei.

Leib von ziemlich kleinen Schuppen bedeckt, allermeist mit 2 Rückenflossen, von denen die hintere ein blosser Hautlappen ohne Strahlen ist. Kiefer mit vielen kleinen Zähnen; am Darm hinter dem Magen zahlreiche blinde Anhänge; eine Schwimmblase.

Fig. 5. Der gemeine Lachs (Salmo *salar*), $\frac{1}{10}$ der natürlichen Grösse.

Dieser, seines höchst wohlschmeckenden Fleisches wegen überall berühmte und geschätzte Fisch gehört zu denjenigen Salmonen, deren Kopf schuppenlos ist, und deren Kiemenhaut 10 oder mehr Strahlen enthält. Er hat die gewöhnliche Fischform, indess einen verhältnissmässig kurzen Kopf, mit weitem Maul, dessen sämmtliche Knochen mit vielen kleinen Zähnchen besetzt sind. Der Rumpf ist dagegen sehr lang, weit, und nimmt über $\frac{2}{3}$ des ganzen Leibes weg; daher der Schwanz nur kurz ist, wohl aber eine grosse, tief ausgeschnittene 20strahlige Flosse trägt. Brust- und Bauchflossen sind nur klein, denn jene besteht aus 12—14, diese aus 10 Strahlen. Die vordere hohe Rückenflosse hat 14 Strahlen, die Afterflosse deren 13. Der ganze Leib ist übrigens silberfarben, nur der Rücken dunkelblau; ähnliche kleine Flecken stehen zerstreut an beiden Seiten. Die Flossen haben eine dunkle Eisenfarbe, welche an den unteren ins Fleischrothe übergeht. Der Lachs findet sich in den Meeren um Europa, den ganzen Winter hindurch, und geht im Frühjahr in die grossen Flüsse, um daselbst zu laichen. Hier wird er, zumal an ihren Mündungen, in Menge gefangen und heisst danach Rhein-Lachs, Elb-Lachs, Oder-Lachs u. s. w. Die Lachse schwimmen alsdann in grossen Schaaren in der Mitte des Stromes, nicht tief unter der Oberfläche, weil hier der Strom am stärksten geht, und meiden die kleineren Nebenflüsse, welche langsamer fliessen. Dabei hört man wegen der Menge ein deutliches Geräusch im Wasser. Angekommen auf ihren alten Laichplätzen, welche sie viele Jahre hinter einander aufsuchen sollen, findet daselbst das Laichen im Mai statt, worauf sich die Alten im Fluss zerstreuen, aber, da sie nun sehr mager geworden sind, nicht gern gefangen werden. Gegen den Herbst schaaren sie sich aufs Neue zusammen, und ziehen wieder ins Meer, mit Hinterlassung der Jungen, welche den ersten Winter ihres Lebens im Fluss zubringen, und erst im 2ten Jahr sich den abziehenden Aeltern anschliessen. Auf diesen Zügen, besonders aber im Frühjahr während des Hinaufziehens, werden sie gefangen, und theils frisch in Sauer gekocht, theils geräuchert und weit versendet. Indess hat namentlich in Deutschland durch die vielen Nachstellungen, denen die Lachse ausgesetzt sind, sowohl ihre Zahl, als auch die Grösse der Individuen merklich abgenommen; daher grosse Lachse von 3—4 Fuss Länge und 20 Pfd. Gewicht schon sehr selten werden. Am häufigsten fängt man sie noch an den Englischen Küsten und Flussmündungen, zumal in der Themse. Gewöhnlich sind sie 2 Fuss lang, wenigstens werden kleinere Exemplare nicht sehr geachtet, taugen auch zum Räuchern nicht, wegen des wenigen Fettes, das sie enthalten. Das Fleisch der Lachse ist schön rosenroth und wird durchs Räuchern kupferfarben.

Familie Clupeacei.

Leib von allermeist grossen aber dünnen, leicht abfallenden Schuppen bedeckt; eine Rückenflosse über den Bauchflossen. Zwischenkieferknochen sehr klein, daher der obere Mundrand grösstentheils vom Oberkieferknochen gebildet wird. Zahlreiche Blinddärmchen und eine Schwimmblase.

Fig. 6. Der gemeine Häring (Clupea *harangus*), $\frac{1}{3}$ der natürlichen Grösse.

Unter allen nutzbaren Fischen der wichtigste hat der Häring eine Celebrität gewonnen, deren sich in einem solchen Grade nur wenige Naturproducte erfreuen; denn kaum möchte es in den kultivirten Gegenden unserer Erde einen Stand geben, der nicht des Härings sich zu Zeiten bediente, und an seinem wohlschmeckenden Fleische sich erfreute. Dennoch sind die naturhistorischen Eigenheiten des Härings nicht so allgemein bekannt, da grade sie durch die verschiedenen Methoden seiner Zubereitung wesentlich vernichtet werden. Hören wir also zunächst diese. Der Häring hat, wie der Lachs, einen kleinen Kopf, der ebenfalls nicht von Schuppen bedeckt ist. Indessen unterscheidet den

Haring sein grosses klares Auge, und sein mehr nach oben gewendetes Maul, das durch den grösseren, starker hervorragenden Unterkiefer so aufgeschoben wird. Man bemerkt daran keine Zahne, wohl aber einige kleine an der Zunge. Der Kiemendeckel ist sehr klein, namentlich kurz, so dass die Kiemendeckelhaut sichtbar bleibt; darin 8 Strahlen. Der übrige Leib besteht vorzugsweise aus dem Rumpf, und der Schwanz ist noch kürzer als beim Lachs, daher die Afteroffnung erst auf $\frac{3}{4}$ der Korperlange bemerkt wird. Eben deshalb steht die Afterflosse sehr weit nach hinten, die Bauchflossen aber mehr nach vorn an der Mitte des Bauches. Den ganzen Leib bedecken grosse, dünne Schuppen, welche in ihren Schleimhauttaschen so lose stecken, dass sie bei jeder Berührung abfallen, und daher den allermeisten der gefangenen Häringe ganz oder grösstentheils fehlen, bald nachdem sie aus dem Wasser gezogen sind. Nur an der Bauchkante, wo sie tiefer im Fleische stecken, und eine Reihe sägeformiger Zähne bilden, bemerkt man sie immer recht deutlich. Uebrigens ist der ganze Leib einfarbig silbern, aber der Rucken und die oberen Flossen sind blaugrün. Der Häring erreicht eine Grösse von 1 Fuss, selten darüber. In Betreff seiner Lebensweise sind manche Unrichtigkeiten im Umlauf. So ist es eine allgemeine Sage, dass der Häring im Frühjahr und Herbst aus dem Eismeer komme, sich nach Osten und Westen in die benachbarten Meere begebe, und hier an deren Küsten laiche. Allein die Zeit seines Erscheinens ist nicht so beschränkt auf gewisse Jahreszeiten, vielmehr fängt man ihn in der Ostsee sowohl in den genannten, als auch im Sommer und im Winter, selbst unter dem Eise, wie ich öfters zu erfahren Gelegenheit hatte. Dennoch ist der Häring nicht immer da, sondern erscheint nur in unbestimmten Perioden plötzlich, aber dann in ungeheurer Menge. Man muss daher annehmen, dass er, wie viele Fische, gewöhnlich das tiefe Meer bewohne, aber aus verschiedenen Ursachen, hauptsachlich wohl um zu laichen, von Zeit zu Zeit sich den Küsten nähere. Alsdann erscheint er in dicht gedrangten Schaaren von Millionen Individuen, und zieht, wie der Lachs, unaufhaltsam seinen gewohnten Brutplätzen zu. Diese erkennt man leicht an der Trübung des Wassers durch die Milch und an den vielen abgeriebenen Schupppen, die nun auf der Oberfläche des Wassers schwimmen. Ist das Geschaft des Laichens vorüber, so ziehen sich die alten Häringe ins hohe Meer zurück. Fängt man sie nun, so findet man sie mager und ohne Rogen oder Milch, und nennt sie leer; die hinziehenden wohlgenährten dagegen werden Vollhäringe genannt. Beide sind alte Individuen; die Jungen, welche später erscheinen, sehr schnell wachsen und selbst im halberwachsenen Zustande eingefangen werden, pflegt man als Samenhäringe zu bezeichnen. Die verschiedenen Methoden der Zubereitung sind bekannt. An den Küsten isst man den Häring frisch in Sauer gekocht, oder räuchert ihn sowohl aufgerissen, wie den Lachs, als auch mit geschlossenem Bauch. Letztere Methode giebt die Bücklinge. Die zum Einsalzen bestimmten Häringe werden mehr auf dem hohen Meere gefangen, namentlich in der Nordsee, ehe sie an die Küsten kommen; weil sie hier viel fetter sind. Auch bedient man sich grossmaschiger Netze, so dass nur die grössten Individuen darin bleiben, die kleineren durchschlüpfen. Man schreibt die Erfindung des Einsalzens einem Brabanter Schiffer Beukel mit Namen zu, und nennt nach ihm die eingesalzenen Häringe eingebeukelte, woraus im Laufe der Zeiten das Wort pökeln, für einsalzen, sich gebildet hat. Jener Beukel lebte in der 2ten Hälfte des 14ten Jahrhunderts, und stand in Holland noch lange in sehr gutem Andenken; selbst Karl V. afs 150 Jahre nach seinem Tode einen Häring auf seinem Grabe, um seiner Erfindung die gebuhrende Anerkennung zu zollen. Die Quantitaten Haringe, welche auf diese Weise in ganz Europa verbraucht werden, sind ungeheuer, und ihre Zubereitung beschäftigt viele Tausend Menschen. Man rechnet, dass jahrlich über 1000 Millionen eingesalzen werden, und dass die Holländer davon etwa die Halfte herbeischaffen. Sie sind es namentlich, welche mit den weitmaschigen Netzen in den oberen Theilen der Nordsee fischen, und alljahrlich die ersten und schönsten Haringe liefern. Nächst den ihrigen haben die Norweger oder Berger Häringe den meisten Ruf. — Bemerkenswerth ist es noch, dass der Häring sehr schnell stirbt, wenn er aus dem Wasser gezogen wird, welcher Umstand in dem kleinen Kiemendeckel seinen Grund hat. Dieser lässt Luft an die Kiemen kommen, wodurch sie trocknen, und dann nicht mehr zum Athmen taugen. Daher haben nur die Fischer selbst Gelegenheit, lebendige Häringe zu sehen; er verschmäht übrigens auch jede Art süssen Wassers, und meidet selbst die Flussmündungen.

Familie Esocei.

Fische von allermeist langlichem Korperbau mit flacherem Rücken, sehr lang gestrecktem Kopf, dessen sehr grosse Zwischenkiefer allein mit Zahnen bewaffnet sind, und einer Rückenflosse hinten über der Afterflosse. Schwimmblase vorhanden, aber die Blinddarmchen fehlen.

Fig. 7. Der gemeine Hecht (Esox *lucius*), $\frac{1}{8}$ der natürlichen Grösse.

Dieser in unseren Seen und Flüssen überall vorhandene Fisch wird zwar seines wohlschmeckenden Fleisches wegen geschätzt, aber auch wegen seiner Raublust, womit er den anderen Süsswasserfischen nachstellt, gefürchtet und verfolgt. Seine naturhistorischen Merkmahle hat der Hecht in dem verhältnissmässig kurzen, aber breiten und nach vorn flach gedrückten Kopf, dessen dicke Backen dicht mit kleinen Schuppen bedeckt sind; ferner in den grossen kegelförmigen Zähnen seiner Zwischenkiefer, in der langen 14strahligen Kiemdeckelhaut, und in den kleinen auffallend schmalen Brustflossen. Rücken- und Afterflosse dagegen sind hoch, und die Schwanzflosse ist ausnehmend gross. Der Hecht hat eine, je nach seinem Alter, das sich auf 100 und mehr Jahre belaufen kann, sehr verschiedene Grösse, und ändert ab von 1—4 Fuss Länge. Seine Farbe ist ein gelbliches Graugrün, auf dem hellere gelbliche Flecke sich unterscheiden lassen; der Bauch ist weiss, die paarigen Flossen sind röthlich, die unpaarigen braungefleckt. Er schwimmt einzeln umher, beständig nach Beute suchend, und schnappt selbst nach Gegenständen ausserhalb des Wassers, zumal Ratten und Vögeln, die dicht über der Oberfläche fortfliegen. Gern sonnt er sich bei schönem Wetter, indem er dicht unter der Oberfläche lange Zeit unbeweglich still steht. Ja er wagt sich selbst aus dem Wasser, und liegt wohl eine Zeit lang im feuchten Grase am Ufer, daselbst auf Beute lauernd. Seine Laichzeit fällt in den Februar und März bis April, wozu er gern aus den Seen sich in Flüsse und Bäche begiebt, und dabei sehr sorglos ist. Seine Brut ist nicht sehr zahlreich, daher man ihn nirgends in grossen Quantitäten antrifft. —

B. *Subbranchiales.* Die Bauchflossen stehen unter den Brustflossen oder sogar vor ihnen, an der Kehle, und haben gemeiniglich eine sehr geringe Grösse.

Familie Gadoides.

Leib von gewöhnlicher Fischform, doch ziemlich gestreckt, und von kleinen Schuppen bedeckt; Schwanz ziemlich lang, daher die Bauchhöhle kürzer. Kiefer ungleich, der obere länger, beide mit Zähnen. 7 Kiemenhautstrahlen, zahlreiche Blindsäckchen, eine grosse Schwimmblase.

Fig. 8. Der Dorsch (Gadus *callarias*), $\frac{1}{8}$ der natürlichen Grösse.

Die Gattung der Dorsche (Gadus) besteht bloss aus Seefischen, welche sich durch einen grossen spitzen nackten Kopf, ein sehr grosses klares Auge, einen etwas vorspringenden Oberkiefer, und durch einen Bartfaden am Kinnwinkel des Unterkiefers auszeichnen. Sie haben ferner einen ziemlich kurzen, aber dicken Bauch und einen langen stark zugespitzten Schwanz, welcher mit einer grossen nicht ausgeschnittenen Flosse endet. Beide sind von kleinen Schuppen dicht bedeckt. Auf dem Rücken stehen drei anfangs hohe spitze Flossen, denen unter dem Schwanz zwei Afterflossen entsprechen. Die Brustflossen sind lang und schmal, die Bauchflossen, welche neben der Kiemenspalte stehen, haben dieselbe Form, sind aber kleiner. Unter den ziemlich grossen, auffallend einander ähnlichen Arten, ist der Dorsch eine der bekanntesten, da er in der Ostsee häufig vorkommt, allein nicht in der Nordsee, wo ihn der Schellfisch (G. *aeglefinus*) vertritt, der dagegen in der Ostsee nicht gefunden wird. Beide sind von gleicher Grösse, nehmlich $1\frac{1}{2}$—3′ lang, indess hat der Dorsch auf seiner graulichen Grundfarbe viele kleine braune Flecken, aber der Schellfisch ist einfarbig gelbgrau und heller, nur hinter der Brustflosse zeigt sich ein brauner Fleck. Fernere Unterschiede liegen in der Seitenlinie, welche aus grösseren Schuppen gebildet ist, und die beim Dorsch eine starke Krümmung macht, beim Schellfisch grade zur Schwanzflosse geht. Auch ist beim Schellfisch die mittlere der drei Rückenflossen viel grösser als die beiden anderen, beim Dorsch dagegen ist die hinterste die längste. — Beide Fische werden in Menge gefangen, und sowohl frisch als auch eingesalzen gern gegessen. Ihr Fleisch ist zart und milde. Sie halten sich mehr in der Tiefe des Meeres auf, weil sie Krebse und Würmer verzehren, die am Grunde herumkriechen, und daher hat ihr Fang manche Schwierigkeiten. — Eine dritte, an den Küsten von Neufundland häufige Art, der Kabliau oder Stockfisch (G. *morrhua*), kommt besonders im getrockneten Zustande zu uns, und ist, zumal in katholischen Ländern, in dieser Form eine sehr allgemeine Fastenspeise.

Fig. 9. Die Aalquappe (LOTA *vulgaris*. GADUS *lota Linn.*), $\frac{1}{8}$ der natürlichen Grösse.

Sie unterscheidet sich von den ächten Dorschen durch den kleineren Kopf, dessen Verhältnisse jedoch dieselben bleiben, obwohl der Schnauzentheil kürzer ist, und das Auge viel kleiner. Die Kiefer sind gleich gross, umd haben 7 Zahnreihen; der untere besitzt am Kinnwinkel ebenfalls einen Bartfaden. Auffallender als durch die angegebenen Merkmahle unterscheidet sich die Aalquappe von den Dorschen durch den nicht so dicken, schleimigen Körper, durch die grösseren abgerundeten Brustflossen, die kürzeren stumpfen Bauchflossen, die lange niedrige ungetheilte Afterflosse, die kleinere kürzere Schwanzflosse, und endlich ganz besonders durch die Rückenflossen, deren Zahl nur zwei ist, welche beiden wieder sehr von einander verschieden sind. Zwar stimmen sie in der Höhe, die nicht beträchtlich ist, mit einander überein, allein die vordere ist nur $\frac{1}{5}$ so lang als die hintere, denn jene hat 14, diese 68 Strahlen. Dabei sind sie nur durch eine höchst unbedeutende Lücke getrennt. Die Aalquappe ist ein in den meisten Gegenden Deutschlands nicht seltener Fisch, der Flüsse und Seen bewohnt, sich vom Raube nährt, und gewöhnlich nur von der ärmeren Klasse gegessen wird, da sein Fleisch weich und fade ist. Dagegen steht die grosse Leber in hohem Ansehn. Der Fisch wird $1\frac{1}{2}$—2 Fuss lang, ist grünlich braun, mit dunkleren unregelmässigen Flecken. Der Bauch ist fast weiss, die Augen sind gelb, wie beim Dorsch. Er laicht schon im Winter.

Familie PLEURONECTOIDES.

Fische von scheibenförmiger oder blattförmiger Gestalt, ungleichen Körperhälften und scheinbarer Asymmetrie, indem der Kopf gegen den Rumpf verdreht ist, so dass beide Augen auf der einen Seite liegen, welche meistens die linke, mitunter auch die rechte ist. 6 Kiemenhautstrahlen, keine Schwimmblase.

Fig. 10. Der Steinbutt (RHOMBUS *maximus*), $\frac{1}{8}$ der natürlichen Grösse.

Er ist in dieser merkwürdigen Fischfamilie bei uns das grösste Mitglied und erreicht wohl eine Länge von 2′ und über $1\frac{1}{2}$′ Höhe, die Flossen mitgerechnet, dabei ist er in der Mitte kaum über 2 Zoll dick. — Diese Dimensionen zeigen schon an, dass sein Körper eine der Kreisform genäherte Scheibe bildet, an welcher die eine Seite hell gelblich weiss gefärbt ist, die andere dunkelbraun. Die letztere ist die linke, und trägt beide Augen dicht neben einander. Schief unter diesen steigt das Maul herab, dessen Kiefer mit zahlreichen Zähnen bewaffnet sind. Ausserdem unterscheidet diese Seite noch die Anwesenheit zahlreicher grösserer und kleinerer runder Hautknochen, deren Mittelpunct kegelförmig erhaben ist, und gleich einem Stachel aus der Haut hervorragt. Am Kopf bilden diese Knochenhöcker in dicht gedrängter Stellung kleine Felder zwischen den Augen und am Kiemendeckel; über den Rumpf sind sie zerstreut. Die scharfe Rücken- und Bauchkante ist von einer gleichmässig fortlaufenden Flosse umgeben, die beide bis dicht vor die grosse abgerundete Schwanzflosse reichen. Die des Rückens setzt sich bis auf den Kopf hin fort und endet erst vor dem oberen Auge; die des Bauches dagegen reicht nach vorn nur bis zum After, der indess vom Munde nur in einer Kieferlänge entfernt ist. Vor ihm sitzen noch an der Kehle die niedrigen 5strahligen Bauchflossen, die Brustflossen dagegen sitzen neben dem oberen Winkel der Kiemenspalte, sind dreieckig und haben 12 Strahlen. — Der Steinbutt lebt, wie alle Mitglieder dieser Familie, bloss im Meere, namentlich in der Ost- und Nordsee, und stimmt auch darin mit seinen Verwandten überein, dass er in den untersten Tiefen unmittelbar über dem Grunde sich aufhält, und so schwimmt, dass die helle Seite nach unten, die dunkel gefärbte nach oben gerichtet ist. Er kann daher nur mit der Angel gefangen werden, beisst indess sehr gut, da er ein gefrässiger Raubfisch ist, und den Köder sogleich verschluckt. Sein Fleisch ist äusserst schmackhaft und gilt sowohl frisch, als geräuchert, für einen grossen Leckerbissen.

Fig. 11. PLAGUSIA *bilineata*, $\frac{1}{3}$ der natürlichen Grösse.

Die Gatt. PLAGUSIA unterscheidet sich von PLEURONECTES und RHOMBUS durch den völligen Mangel der Brustflossen und die abweichende Bildung des Kopfes. Letzterer ist viel kleiner und auf der oberen Kante von einem, sogar über das Maul herabhängenden Fleischlappen bedeckt, der auch die, freilich sehr niedrige Rückenflosse mit sich fortzieht. Der völlige Zusammenhang der Rückenflosse mit der spitzen Schwanzflosse, mit welcher ebenso die Afterflosse innig verbunden ist, unterscheidet diese Gattung ferner nicht bloss von den oben genannten, sondern auch von ACHIRUS, bei welcher die Schwanzflosse noch frei ist, und der die Brustflossen ebenfalls fehlen. Mit dieser, wie mit SOLEA, hat sie ein gleichmässiges Schuppenkleid gemein. — Die hier abgebildete Art findet sich an den Küsten Ostindiens, wird bis 1′ lang, und ist auf der einen Seite rothbraun mit schwarzen Flecken, auf der anderen weiss; zwei helle Längsstreifen, die auf der dunklen Seite vom Kopf bis zum Schwanz neben der Mittellinie herablaufen, haben ihr den oben bemerkten Zunamen verschafft.

Familie Discoboli.

Allermeist plumpe Fische mit grossem dickem Kopf, ohne Schuppen, und an der Kehle stehenden, in einen Saugnapf verbundenen Bauchflossen.

Fig. 13. Der Seehase (Cyclopterus *lumpus*), $\frac{1}{6}$ der natürlichen Grösse.

Der kurze, aber hohe Leib dieses Fisches ist unten wie abgeplattet, und läuft nach dem Rücken zu in eine scharfe Kante aus, auf welcher 2 Flossen stehen; die vordere ist ein dreieckiger, am Umfange mit Knochenhöckern besetzter Hautlappen; die hintere besteht aus 12 dicken, wenig zerschlissenen Strahlen. Der Kopf ist höher als breit, der Kiemendeckel klein, die Kiemenhaut hat 6 Strahlen; der Mund ist von aufgeworfenen Lippen umgeben und hat an jedem Kiefer viele kleine Zähne. Dicht hinter der Kiemenspalte sitzt die grosse 20strahlige Brustflosse, und steigt so weit gegen die Kehle hinab, dass zwischen den beiden Brustflossen nur ein kleiner Zwischenraum bleibt (13. a). In diesem Raum sitzen die zu einem runden Saugnapf verwachsenen Bauchflossen. Schwanz- und Afterflossen sind gross, abgerundet, und stimmen in ihrer Bildung ganz mit der hintern Rückenflosse überein. Der ganze Leib endlich ist von einer sehr dicken aber lockeren braungrauen, am Bauch röthlichen Schleimhaut bedeckt, in welcher viele Knochenwarzen von verschiedener Grösse stecken. 2 Reihen grösserer laufen an jeder Seite vom Kopf bis zum Schwanz, eine dritte von der Kehle zum After. — Der Seehase findet sich in der Ost- und Nordsee, wird 1′ und drüber lang, lebt vom Raube, ist aber langsam und daher nicht sehr gefrässig. Mit den Bauchflossen kann er sich an Steine setzen, und sich daran sehr festhalten.

Familie Echeneidae.

Leib länglich, rund, schuppenlos, der Kopf spitz, flach, mit einer grossen kammerigen Saugscheibe auf dem Scheitel. Eine Rückenflosse über der Afterflosse.

Fig. 12. Der Ansauger (Echeneis *remora*), $\frac{1}{4}$ der natürlichen Grösse.

Die merkwürdige Gattung der **Ansauger** enthält nur wenige, in wärmern Gegenden einheimische Arten, deren auffallendstes Merkmal die Saugscheibe ist. Der flache Kopf trägt nämlich in der fleischigen Hautbedeckung mehrere (18—24) schmale Knochenplatten, welche in paralleler querer Lage einander folgen, und an dem freien, nach oben gewendeten Rande fein gezackt sind. Sämmtliche Platten umfasst gleich einer Binde ein dicker elliptischer Ringmuskel, und ausserdem stehen sie noch in der Mitte durch einen geraden, nicht sehr starken Längsmuskel in Verbindung (12. a). Diese beiden Muskeln heben und senken die Platten je nach der Willkür des Fisches, und bilden so einen starken Haftapparat, mit dem der Fisch sich bald hier bald dort festsetzen kann. Im Uebrigen ist keine besondere Bildung an ihm zu bemerken. Die Kiefer sind ungleich, der untere länger, doch haben beide fleischige Lippen und viele kleine Zähne. Die Bauchflossen stehen unter den Brustflossen und sind getrennt, die Schwanzflosse ist ausgeschnitten. Unsere Figur stellt den im Mittelmeer vorhandenen Ansauger dar, welcher bis 1′ lang wird, rauchbraun gefärbt ist, und 18 Knochenplatten in der Saugscheibe hat. Er frisst Krebse und setzt sich gern an grössere schwimmende Gegenstände, z. B. Haifische, Schiffe.

C. *Apodes.* Die Bauchflossen fehlen ganz.

Familie Anguilliformes.

Leib lang, dünn, oben und unten abgeplattet, der Kopf länglich zugespitzt, mit kleinem Kiemendeckel, aber desto grösserer Kiemenhaut, die zum Theil angewachsen ist. Brustflossen klein, fehlen mitunter. Haut dick, schlüpfrig, hüllt die kleinen Schuppen ganz ein. Keine Blindsäckchen.

Fig. 14. Der Meer-Aal (MURAENA *congener*), $\frac{1}{6}$ der natürlichen Grösse.

In der Form des Körpers von den meisten Mitgliedern seiner Familie wenig unterschieden, zeichnet ihn besonders die Länge und Form der unpaaren Flossen, welche, weit vor der Mitte des Rückens anfangend, an der ganzen Mittellinie bis zum After in gleicher Höhe und Bildung fortsetzen, vor seinen Verwandten aus. Er hat ferner einen sehr spitzen Kopf, woran vorn über dem Maule 2 Spitzen, eine sehr grosse Kiemendeckelhaut, und darin 10 lange bogenförmige Strahlen, eine kleine Kiemenspalte jederseits unterhalb der Brustflosse, und mässig grosse röthliche Brustflossen; im Uebrigen ist er schwarzgrün, nur am Bauch gelblich. Die sehr kleinen länglichen Schuppen (14. b, stark vergrössert), stecken so tief in der Haut, dass man sie nicht sieht, erst beim Trocknen werden sie in ihrer eigenthümlichen Stellung (14. a) bemerkbar. Der Meer-Aal findet sich an allen europäischen Küsten, hält sich am Grunde im Schlamm auf, wühlt sich ein und frisst kleine Fische, Gewürm und Aas. Er wird $1\frac{1}{2}$—3′ lang, doch mitunter auch 4—6′, und bis 15 Jahr alt. Sein Fleisch ist wohlschmeckend und äusserst fett, daher nicht leicht zu verdauen. — Eine andere, etwas kleinere Art lebt in den süssen Gewässern Europas (M. *anguilla*) und unterscheidet sich von dieser durch eine kürzere Rückenflosse.

TAFEL 23.

4. Klasse. Fische. Pisces.

6. Ordnung. *Stachelflosser, Acanthopterygii.*

Wesentlicher Charakter. Alle oder wenigstens die ersten Strahlen der Rückenflosse bestehen aus einfachen knöchernen Stacheln. Kiemen kammförmig; eine grosse Kiemenspalte. Skelet knöchern.

Familie Scombrini.

Leib glatt, von vielen kleinen Schuppen bedeckt, seitlich vor dem Schwanz oft grössere gekielte Knochenplatten. Schwanzflosse sehr gross, Bauchflossen unter den Brustflossen, bisweilen nicht vorhanden. Viele Blinddärmchen am Pylorus. Dahin:

Fig. 1. Die Makrele (Scomber *scomber*), 3mal verkleinert.

Vordere Rückenflosse von der hinteren getrennt, diese und die Afterflosse in eine grössere und fünf kleinere Flossen aufgelöst; zwei leistenartige Hautfalten an jeder Seite des Schwanzes. Leib lang gestreckt, Kopf spitzig, in jedem Kiefer eine Reihe spitzer Zähne, Zunge und die Mitte des Gaumens glatt. Farbe silberweiss, der Rücken bläulich grau, mit schwärzlichen, unregelmässigen Querbinden; Flossen grau. Schuppen sehr klein. Hat keine Schwimmblase. Lebt in der Nord- und Ostsee bis ins atlantische und mittelländische Meer, hält sich im Winter in der Tiefe auf, kommt gegen Frühjahr an die Küsten um zu laichen, und wird den Sommer hindurch an den europäischen Küsten zahlreich eingefangen. Die Makrele erreicht eine Grösse von 1 — 2 Fuss, ist ein räuberischer Fisch, welcher besonders den Häringen nachstellt und sich sehr stark vermehrt. Ihr Fleisch ist besonders wohlschmeckend, aber schwer zu verdauen; ausser dem Wasser lebt sie nicht lange und fault nach dem Tode leicht, daher man sie einzusalzen pflegt, am liebsten aber frisch verspeist.

Fig. 2. Der Thunfisch (Thynnus *vulgaris*), 40mal verkleinert.
Fig 2.a. Schwanz von oben betrachtet.

Von der Makrele, mit welcher dieser Fisch sehr nahe verwandt ist, unterscheidet er sich dadurch, dass die vordere Rückenflosse mit der hinteren zusammenstösst und die Knochenschilder neben dem Schwanz sehr gross sind (2.a.). Der Leib ist gross (2—7′ lang und bis 600 Pfd schwer), besonders dick in der Mitte, gegen den Schwanz hin zugespitzt, fast ganz rund. Der Kopf gross, zugespitzt, der Unterkiefer ragt hervor, beide Kiefer mit kleinen spitzen Zähnen; Zunge glatt. Farbe an den Seiten silbern, auf dem Rücken dunkel blaugrau, Flossen gelblich-grau, die Schwanzflossen dunkler; Rücken- und Afterflossen nach hinten in 7—11 kleine Flossen aufgelöst. Die Schuppen hinter dem Kopf und Rücken grösser, die an den Seiten fallen leicht ab. — Hält sich in der Nordsee, dem mittelländischen und atlantischen Meere auf, und ist ein gefrässiger Raubfisch. Er laicht im May und Juni, die Eier wie Mohnsamen gross, äusserst zahlreich. Man fängt ihn besonders an sicilianischen Küsten in grossen Netzen bei einem allgemeinen Volksfest; das Fleisch ist wohlschmeckend.

Fig. 3. Der Schwerdtfisch (Xiphias *gladius*), 70mal verkleinert.

Er unterscheidet sich von den übrigen Thunfischen auffallend durch den Mangel der Bauchflossen. In der Gestalt gleicht er dem Vorigen, aber der Oberkiefer ist in einen langen, schwerdtförmigen Fortsatz verlängert; der Leib spindelförmig, auf der Oberfläche von sehr kleinen Schuppen bedeckt, die Rückenflosse nimmt den ganzen Rücken ein, wie die Afterflosse vorn und hinten sehr hoch; an den Seiten des Schwanzes ein Hornblättchen. Farbe stahlblau, an den Seiten weisslich, auf dem Rücken sehr dunkel, Rücken- und Brustflosse gelblich, die anderen grau. Lebt in der Nord- und Ostsee, dem mittelländischen Meere, und atlantischen Ozean; laicht im May und Juni an den Küsten, wird 6 — 18′ lang. Seine Nahrung sind kleinere Fische, sein Fleisch wird in Italien gegessen.

Fig. 4. Der Sonnenfisch (Zeus *faber*), 5mal verkleinert.

Unter den Scombrinen zeichnet sich der Sonnenfisch durch einen stark zusammengedrückten, dünnen, scheibenförmigen Leib, ein weit vorstreckbares Maul und kleine nicht zahlreiche Zähne aus. Seine erste Rückenflosse hat sehr lange Stacheln und am Grunde neben ihr und neben den beiden Afterflossen bemerkt man zweispitzige Dorn-Schuppen. Farbe grünlich gelb, wie Bronze, Rücken und ein Fleck oberhalb der Brustflosse schwarz, Flossen graulich; Bauchkante stachelig, Schuppen klein.

Lebt in der Nordsee und dem mittelländischen Meere, wird 1 — 1½ Fuss lang, und gehört zu den gefrässigeren Raubfischen; sein Fleisch ist schmackhaft.

Familie SQUAMIPENNES.

Körper hoch, dünn, scheibenförmig, mit grosser Rücken- und Afterflosse, welche gewöhnlich am Grunde von kleinen Schuppen bedeckt sind, so dass man die Grenze zwischen Leib und Flosse nicht genau wahrnimmt. Darm lang mit vielen Blinddärmchen am Pylorus.

Fig. 7. CHAETODON *faber* Bl. (EPHIPPUS *faber Cuv.*), 10mal verkleinert.

Hat im kleinen Maule viele feine borstenförmige Zähne, die dicht gedrängt stehen, wie die Haare einer Bürste, aber keinen Dorn am Kiemendeckel; die Schwimmblase ist gross. Die Rückenflosse hat anfangs kurze aber dicke Stacheln, die in einer Falte am Rücken versteckt werden können, dahinter weiche Strahlen; nur dieser aus weichen Strahlen gebildete Theil ist mit Schuppen bedeckt. Afterflosse mit 3 Stacheln vorn und längeren weichen Strahlen dahinter. Der Fisch wird 11 Zoll lang und 8 Zoll hoch; seine Farbe ist silbern, Rücken, Flossen und sechs breite Querbinden dunkelblau, Iris gelb. An den Küsten Westindiens und Süd-Amerikas zwischen Steinen und Klippen, daher der Name Klippfisch.

Familie SPARINI.

Keine Zähne am Gaumen und keine Gruben in den Schädelknochen. Leib von gewöhnlicher Form, von grossen Schuppen bedeckt; eine grosse Rückenflosse, Bauchflossen dicht unter und hinter den Brustflossen. Kiemendeckelknochen am Rande ungezähnt, die Haut höchstens mit 6 Strahlen.

Fig. 5. Der Goldbrassen (SPARUS [CHRYSOPHRYS *Cuv.*] *auratus*), 5mal verkleinert.

Seitliche Zähne der Kiefer abgerundet, mahlzahnartig, im Oberkiefer wenigstens drei Reihen; vorn in beiden Kiefern einige spitze Zähne. Fig. 5.a. zeigt das offene Maul mit den Zähnen von einem jungen Fisch. Mit zunehmendem Alter bilden sich mehrere Zähne, so dass im Oberkiefer fünf im Unterkiefer vier Reihen erscheinen, worunter einige sehr grosse ovale. Der Fisch hat eine Silberfarbe, ist gegen den Rücken zu bläulich, der Länge nach mit schmalen Goldstreifen, zwischen den Augen auf der Stirn ein goldener Streif; er wird bis 1′ lang und findet sich an den Küsten des Mittelmeers. Sein Fleisch wird geschätzt. Er nährt sich von Schnecken, nicht, wie einige seiner Verwandten, von Seegewächsen.

Familie LABRINI.

Form der Vorigen, aber die Schuppen sehr gross; Kiefer vorstehend nackt, dahinter fleischige Lippen; am Schlunde drei mit Zähnen besetzte Schlundknochen; eine grosse Rückenflosse, Bauchflossen unter den Brustflossen. Keine oder kleine Blinddärmchen am Pylorus, Schwimmblase gross.

Fig. 6. Der Papageifisch (SCARUS *creticus*) 3mal verkleinert.

Er hat einen frei hervorragenden Kieferrand, hinter welchem wieder schuppenartig gestellte kleine Zähne sitzen, und der am Grunde von einer fleischigen Lippe umgeben ist. Die Schuppen sind gross, und die Seitenlinie, welche parallel dem Rücken über die Schuppen fortsetzt, ist am Anfange des Schwanzes unterbrochen. Farbe blau oder roth nach der verschiedenen Jahreszeit. Er erreicht die Grösse des Barsches, findet sich im Meere zwischen dem griechischen Archipel, und wurde im Alterthum als Nahrungsmittel sehr geschätzt.

Familie PERCINI. *Barsche.*

Haben gleichfalls die Gestalt der Vorigen, aber der Rand des Kiemendeckels oder des Knochens vor dem Rande (Vorderdeckel) ist gezähnt oder in Dornen verlängert, und nicht bloss die Kiefer, sondern auch der Gaumen, sind mit kleinen spitzigen Zähnen besetzt. Die Barschfamilie ist die zahlreichste unter allen Fischen und enthält meistens geniessbare wohlschmeckende Mitglieder. Alle leben vom Raube und finden sich vorzugsweise im Meer. Dahin:

Fig. 8. Der Flussbarsch (PERCA *fluviatilis*), 5mal verkleinert.

Er hat 7 Strahlen in der Kiemendeckelhaut, die Bauchflossen unter den Brustflossen und zwei Rückenflossen, welche sich grade berühren, die vordere mit 15 stacheligen die hintere mit 14 weichen Strahlen. Die Zähne sind ziemlich gleich gross, der Rand des Kiemendeckels mit 2 — 3 grössern Stacheln, die Zunge glatt. Farbe grünlich grau, Rücken dunkler, mit 6 — 7 schwärzlichen Querstreifen, Bauch weisslich; Brust-, Bauch-, After- und Schwanzflosse roth. Er erreicht eine Grösse von ¾ — 2′, und findet sich häufig in klaren süssen Gewässern. Er laicht zuerst im dritten Jahre seines Alters gegen Ende April oder Anfangs Mai, und giebt die Eier in langen aus Gallerte gebildeten Schnüren und Strängen von sich; in solchen Massen sind gegen 280,000 Eier enthalten. Wegen seiner geringen Grösse und kleinen Mundöffnung kann er nur kleinere Fische verschlucken, stellt daher besonders dem Laich und den Jungen nach, frisst selbst seines Gleichen, überhaupt ist er ausserordentlich gierig. Er streicht einzeln in ziemlich gleicher Höhe, und lebt lange ausserhalb des Wassers. Sein Fleisch ist wohlschmeckend und allgemein beliebt.

Fig. 9. Das Petermännchen (TRACHINUS *draco*), 4mal verkleinert.

Dieser Fisch gehört zu derjenigen Abtheilung der Barschfamilie, bei welcher die Bauchflossen an der Kehle stehen (PERC. JUGULARES), und unterscheidet sich von seinen Verwandten durch einen zusammengedrückten Kopf, nah gerückte Augen, einen aufwärts gerichteten Mund, eine sehr kleine, 5strahlige vordere, und eine zweite sehr grosse, 24strahlige Rückenflosse, so wie durch die Anwesenheit eines grossen Stachels am Rande des Kiemendeckels; in der Kiemendeckelhaut 6 Strahlen. Farbe gelbbraun, dunkler gegen den Rücken, am Bauch weiss, dort mit schiefen dunkelbraunen Querbinden; die erste Rückenflosse schwarz, die anderen Flossen gelblich. Es wird $\frac{3}{4}'$ lang, findet sich in der Ost- und Nordsee, im atlantischen Ozean und mittelländischen Meere, bewohnt die Tiefe, laicht aber im Juni an den Küsten; dann fängt man ihn. Seine Nahrung sind kleinere Fische, Schnecken und Krebse, sein Fleisch ist wohlschmeckend. Die Erzählung, dass die Stacheln dieses Fisches giftig seien und besonders gefährlich verletzen können, beruht auf einem Irrthum.

Fig. 10. Der Sternseher (URANOSCOPUS *scaber*), 4mal verkleinert.

Gehört in dieselbe Abtheilung (PERC. JUGULARES) der Barschfamilie, und unterscheidet sich von dem Vorigen durch seinen rundlichen Leib, seinen grösseren Kopf, seine ganz nach oben gerichteten Augen und Mund, und seinen nach unten gezähnten Vorderdeckel. Im Maule vor der Zunge findet sich ein dünner Hautlappen, welcher in einen Faden endigt und den der Fisch ausstrecken und wieder zurückziehen kann, wie man sagt, um kleinere Fische dadurch anzulocken. Auf der Zunge kleine Zähnchen. Er hat eine gelbgraue, auf dem Rücken braune, am Bauch weisse Farbe, und röthlichbraune Flossen; seine Länge beträgt $\frac{3}{4}'$. Man findet ihn im mittelländischen Meere, woselbst er sich zwischen den Seekräutern versteckt hält, nur mit dem Kopf hervorsehend, und die kleinen Fische, welche in seine Nähe kommen, wegschnappend; nur bei Nacht soll er umher schwimmen. Sein Fleisch wird nicht geschätzt. Unter seinen inneren Organen ist die Gallenblase wegen ihrer besonderen Grösse merkwürdig.

Familie TRIGLOIDES oder SCLEROPAREI (*Panzerwangen*).

Die Knochen des unteren Augenrandes sind gross, schildförmig, bedecken die Wangen und reichen bis zum Kiemendeckel; ihre Oberfläche ist rauh und stachelig. Bauchflossen unten zwischen den Brustflossen, diese sehr gross. Der Kopf meistens missgestaltet, mit hörnerartigen Fortsätzen.

Fig. 11. Der Seeskorpion (COTTUS *scorpio*), 4mal verkleinert.

Kopf breit, flach gedrückt, verschiedenartig mit Dornen und Stacheln bewehrt. Zähne nur in der Mitte des Gaumens. Zwei Rückenflossen, Bauchflosse schmal, mit 3 einfachen Strahlen, 6 Strahlen in der Kiemendeckelhaut; 3 Stacheln am Vorderdeckel. Keine Schwimmblase. Farbe des Rückens schwarzbraun, unregelmässig abgesetzt und in die weissliche Seiten- und Bauchfarbe eingreifend, dazwischen mit vielen kleinen bräunlichen Warzen statt der Schuppen; die Flossen hell graugelb mit dunkelbraunen schiefen Querbinden, die Strahlen stachelförmig, nur die der Schwanzflosse am Ende gespalten. Der Seeskorpion findet sich in der Ostsee, Nordsee und dem atlantischen Ozean, doch mehr nach Norden hinauf, bis an die Küsten von Grönland; er hält sich gewöhnlich in der Tiefe des Meeres auf, kommt aber im Sommer an die Küsten und giebt, wenn er gefangen und angefasst wird, einen knurrenden Ton von sich, welcher dadurch entsteht, dass er das eingesogene Wasser mit Gewalt ausstösst und in Folge dessen der Leib sich sehr zusammenzieht; daher er auch in manchen Gegenden Knurrhahn genannt wird. Er laicht im Dezember und Januar, und setzt die Eier zwischen Seetang ab. Man rechnet ihn zu den gefrässigsten Raubfischen, auch kann er, wegen der Weite seiner Mundöffnung, ziemlich grosse Fische bezwingen. Sein Fleisch wird nicht gegessen.

Fig. 12. Die Seeschwalbe (TRIGLA *hirundo*), 6mal verkleinert.

Kopf fast würfelförmig, gepanzert, die Wangen von einem grossen Schilde, welches mit dem Vorderdeckel zusammenstösst, geschützt. Zwei Rückenflossen, Brustflossen gross, vor ihnen drei freie Strahlen.

Der Leib von kleinen Schuppen bedeckt, braun, gegen den Rücken hin dunkler. Brustflossen sehr gross, abgerundet, dunkel violett, jeder Strahl viertheilig; Schwanzflosse braun, die übrigen Flossen gelblich, mit einfachen Strahlen. Am Ende des Magens gegen 12 Blinddärmchen, Schwimmblase vorhanden und gross. Lebt in der Nord-, Ostsee und mittelländischen Meere, wird über 1 bis 2′ lang, hält sich in der Tiefe auf, und schwimmt sehr schnell. Sie ist weniger gefrässig, lebt von kleinen Fischen, Krebsen, Mollusken, und giebt ebenfalls, wenn sie gefangen wird, einen knurrenden Ton von sich. Ihr Fleisch wird gegessen, besonders gesalzen und an der Luft getrocknet.

Fig. 14. Der Stichling (GASTEROSTEUS *aculeatus*), in natürlicher Grösse.

Kopf kleiner, ohne Stacheln und Dornen. Die drei Strahlen der ersten Rückenflosse frei, ohne Haut; Bauchflossen hinter den Brustflossen, von einem grossen Stachel jederseits vertreten. Leib statt der Schuppen von panzerförmigen Halbringen bedeckt. Farbe silbern, am Rücken graulich, an der Kehle und am Bauch oft röthlich; die Flossen grauweiss. Er wird bis gegen 2″ lang und findet sich zahlreich in unsern Bächen und Flüssen, seine Laichzeit fällt in den April und Juni, und seine Eier belaufen sich auf 130 — 150. Er nährt sich vom Laich anderer Fische, aber auch von Insektenlarven und kleinen Süsswasserthieren. Zur Nahrung dient er weder dem Menschen, noch anderen Fischen, da er wegen seiner spitzen Stacheln nicht ohne Verletzung hinuntergeschluckt werden kann.

Familie GOBIACEI.

Die Strahlen der ersten Rückenflosse sind dünn, fein, biegsam, die Bauchflossen vor den Brustflossen an der Kehle; der Leib der Meisten lang gestreckt, die Kiemenöffnung nicht sehr gross; der Darm gleichweit, ohne Blinddärme am Pylorus, die Schwimmblase fehlt häufig.

Fig. 13. Die Aalmutter (BLENNIUS *viviparus*), 5mal verkleinert.

Leib lanzettförmig, zusammengedrückt, schlüpfrig, der Kopf rundlich, die Nasenlöcher ragen röhrenförmig hervor. Zunge und Gaumen zahnlos. Sieben Strahlen in der Kiemenhaut; die Bauchflossen abgerundet, die Brustflossen schmal, 3strahlich, stehen vorn an der Kehle; die Rückenflosse nimmt den ganzen Rücken ein; die Schwanzflosse zugespitzt, hängt mit der Afterflosse zusammen; alle drei niedrig. Farbe gelbbraun auf dem Rücken und dessen Flosse unregelmässige dunklere Flecke, Afterflosse röthlich. Bewohnt die Ost- und Nordsee, und wird bis 1½′ lang. Im Frühjahr und Sommer findet man im Bauche des Fisches Eier, deren Entwickelung um den 10ten September beginnt und bis gegen den Januar hin fortdauert; um diese Zeit zerreissen die Eihüllen und der junge Fisch schwimmt frei in der Feuchtigkeit des Eierstocks, von welcher er sich nährt, und erst gegen Mitte des Januars verlässt. Um diese Zeit werden von einer Mutter über 200 Junge kurz nach einander gebohren. Die Aalmutter hält sich auf dem Grunde des Meeres auf, und nährt sich besonders von Krebsbrut. Ihr Fleisch ist weichlich und wird wenig geschätzt.

Fig. 15. Die Meergrundel (GOBIUS *capito Cuv.*), 4mal verkleinert.

Das zahlreiche Geschlecht der Grundeln zeichnet sich aus durch die beiden zu einer runden Saugscheibe mit einander verwachsenen Bauchflossen (Fig. 15.a.). Sie haben 5 Strahlen in der Kiemenhaut, zwei getrennte Rückenflossen, einen nicht grossen rundlichen Kopf mit nach oben gezogenen Augen, ein kleines Maul, Zähne in den Kiefern, vier rauhe Knochenplatten am Gaumen, eine kleine Kiemenspalte, und sehr kleine Schuppen, besonders am Kopf. Eine einfache Schwimmblase ist vorhanden. Die Arten leben auf dem Grunde des Meeres und nähren sich von kleinen Thieren; alle haben eine nur geringe Grösse. Die Männchen mancher Arten sollen aus Seetang eine Art von Nest bilden, darin auf die Weibchen warten, und die endlich von diesen hineingelegten Eier gleichsam bewachen. Die abgebildete Art ist kaum 1′ lang, olivenfarben, schwärzlich gefleckt; die Flossen schwarz punktirt und in die Quere gestreift. Kopf breit, die Backen wie aufgebläht. Sie findet sich im Mittelmeer.

TAFEL 24.

5. Klasse. Insekten. Kerfe. Insecta.

1. Ordnung. *Käfer. Coleoptera sive Eleutherata.*

Wesentlicher Charakter. Sie haben beissende Mundtheile, bestehend aus Oberlippe, Oberkiefern, beide ohne Taster, sowie Unterkiefern und Unterlippe, jene mit 4gliedrigen, diese mit 3gliedrigen Tastern. — Flügel ungleich, die vorderen hornige Deckschilde. Verwandlung vollkommen.

I. Phaneromera *s.* Pentamera. Mit 5 Gliedern an allen Füssen.

A. *Anisocera.* Fühlerglieder von ungleicher Gestalt und Grösse, das erste beständig länger und keulenförmig verdickt, die letzten bilden einen Knopf.

1. Familie. Fächerhörner. *Lamellicornia.*

Wesentlicher Charakter. Die 3—7 letzten Fühlerglieder sind nach der einen Seite in einen Lappen ausgedehnt, und bilden zusammen einen fächerförmigen Knopf; Larven blind, krummgebogen, mit 6 deutlichen grossen Beinen und weichhäutiger Oberfläche; leben im Mist, faulen Holze und in der Erde von Wurzeln.

Fig. 1. Der Hirschkäfer (Lucanus *cervus*), Männchen in natürlicher Grösse.

Der grösste einheimische Käfer, ausgezeichnet durch die sehr grossen stark hervorragenden, geweihartig verästelten Oberkiefer, welche am Ende 2 und in der Mitte nach innen zu 1 Zacke tragen. Beim Weibchen sind sie viel kürzer mit stumpfen Höckern statt der Zacken. Die Unterkiefer (1. b.) zeigen ein kurzes behaartes Kaustück, und darüber einen häutigen, lanzettförmigen, dicht pinselförmig behaarten Fortsatz, welchen man Helm oder inneren Taster nennt. Am äusseren Taster ist das zweite Glied das längste, das erste das kleinste. Die kreisabschnittförmige Unterlippe (1. a.) trägt eine gespaltene behaarte Zunge und daneben die Taster mit fast gleichen Gliedern. Das erste Fühlerglied ist so lang als alle folgenden zusammen; von diesen, 9 an der Zahl, bilden die 4 letzten einen kurzzackigen mehr kammförmigen Fächer. Die Schienbeine sind dornig und die Füsse tragen zwischen den beiden grossen Krallen noch eine kleine Afterkralle (*onychium*). Farbe des Käfers einfarbig schwarzbraun, Oberkiefer und Flügeldecken kastanienbraun; Rand des Vorderrückens, die Unterkiefer und die Zunge goldgelb behaart. In Eichenwäldern an Stämmen, deren ausfliessenden Saft der Käfer leckt; die grosse gelbe Larve lebt in alten hohlen Bäumen, und hat keine Querfalten an ihren Körperringen. Ist nirgends selten.

Fig. 2. Der prachtvolle Rosenkäfer (Cetonia *fastuosa*), in natürlicher Grösse.

Unter den einheimischen Rosenkäfern (Cetonia), deren gemeinste Art: Cet. *aurata,* fast an allen wilden Rosensträuchen in den Blumen sitzend angetroffen wird, ist die abgebildete die grösste und schönste. Sie hat überall eine schöne grüne metallische goldgelb schillernde Farbe, nur die Fühler sind schwarz und die Füsse stahlblau. Man findet sie in Wäldern an verschiedenen Stellen Deutschlands, aber selten. Besondere Merkmahle für die Gattung Cetonia liefern ihre nur am Aussenrande hornigen, nach innen häutigen und behaarten Oberkiefer (a. c.), ihre länglichen, am Ende des Helms mit einem unter dichten Haaren fast versteckten Haken versehenen Unterkiefer (2. a.), deren letztes Tasterglied das längste ist; und die sehr breite, herzförmige ausgeschnittene hornige Unterlippe (2. b.), welche die innen angebrachte Zunge völlig versteckt, und die kleinen Taster jederseits in einem so tiefen Ausschnitte trägt, dass man das erste sehr kleine Glied derselben nicht mehr bemerken kann. Die Fühler sind 10gliedrig, die 3 letzten Glieder bilden den Fächer. Die Flügeldecken haben am Aussenrande einen Ausschnitt, in welchem die Flügel während des Fluges sich bewegen, indem die Flügeldecken nicht, wie bei den meisten Käfern, alsdann gehoben werden; und in eben diesem Ausschnitt ragen die Hüften der Hinterbeine hervor, daher man sie von oben sehen kann. Auch die am Grunde der Flügeldecken hervorragenden Schulterstücke zeichnen die Gattung Cetonia aus. Ihre Larven leben in Ameisenhaufen, nähren sich wohl von Graswurzeln, haben einen kleinen Kopf, Querfalten an den Ringen, und ein ziemlich dichtes, aber kurzes Haarkleid.

Fig 3. Der gemeine Maikäfer (Melolontha *vulgaris*), in natürlicher Grösse.

Die Gattung der Maikäfer (Melolontha) unterscheidet sich sehr wesentlich von der vorigen schon durch den Bau des Mundes. Ihre Oberkiefer (3. a.) nehmlich sind hornig, sehr stark, ragen aber nicht über den Kopf hervor, und zeigen oben 2 scharfe meisselförmige Schneidezähne, aber einen grossen runzeligen Mahlzahn am Grunde. An den Unterkiefern (3. b.) ist sowohl das Kaustück als der Helm hornig und stark gezähnt, aber haarlos. Die Unterlippe ist am Ende schmäler als am Grunde, dort abgestutzt, und das erste Tasterglied kann wahrgenommen werden. Die Fühler haben 10 Glieder, von denen beim Männchen die 7, beim Weibchen die 3 letzten einen Fächer bilden. Die Flügeldecken haben keinen Ausschnitt, lassen aber das 3eckige zugespitzte Ende des Hinterleibes unbedeckt. An den Fussklauen sieht man einen starken Zahn am Grunde. Farbe und Zeichnung der Maikäfer sind bekannt genug, nur die Behaarung der ganzen Oberfläche, welche ihn leicht von Cetonia unterscheidet, bedarf noch einer Erwähnung. Er lebt als Käfer nur einige Monate, und nährt sich von jungen Pflanzenblättern; seine Larve dagegen (3. b.), bekannt unter dem Namen Engerling, lebt 3 Jahre ehe sie erwachsen ist, in der Erde, und nährt sich von Graswurzeln. Sie hat die gebogene Form aller Lamellikornenlarven, einen grossen braunen Kopf, braune Füsse, und Querrunzeln an den weisslichen Körperringen. Ihr Rücken ist schwach und kurz behaart, der Bauch nackt.

Fig. 4. Der heilige Pillenkäfer (Ateuchus *sacer*), in natürlicher Grösse.

Dies ist der berühmte Käfer der Alten, welcher sich so häufig auf den ägyptischen Pyramiden abgebildet findet, und auch als Amulet aus Stein geschnitten um den Hals getragen wurde. Man betrachtete ihn als Sinnbild des Sonnengottes, der älterlichen Liebe, so wie der Liebe und Sorgfalt gegen Nebenmenschen überhaupt. Er hat einen ziemlich flachen, tiefschwarz gefärbten Körper, dessen breiter Kopf vorn in 6 stumpfe Zacken ausläuft und die Mundtheile ganz versteckt. Die Fühler sind kurz, 9gliedrig; der Fächer sehr dick, rundlich, 3gliedrig. Die Oberkiefer haben nur am Grunde eine hornige Beschaffenheit, ihre dünne flache Spitze ist häutig und behaart. An den Unterkiefern ist sowohl das Kaustück, als auch der sehr flache gewimperte Helm häutig; desgleichen an der Unterlippe (4. c.) die innerhalb angebrachte aber etwas hervorragende Zunge. Die Vorderschienen sind flach und am Aussenrande gezähnt, statt des Fusses tragen sie einen einfachen Stachel; die 4 hinteren ungezähnten Schienen laufen in einen gebogenen Stachel aus; ihre Füsse sind fein und fadenförmig. Zwischen den Flügeldecken fehlt am Grunde derselben das sonst recht bemerkbare Schildchen. Sowohl der Käfer, als auch seine Larve, leben vom Mist; letztere in der Erde von einem grossen Ballen, den das Weibchen fabrizirt, dann ein Ei hinein legt, und nun verscharrt. Nachdem der Mist ziemlich verzehrt ist, verpuppt sich darin die Larve, und der Käfer kommt aus dem Ballen hervor. Er bewohnt Dalmatien, Italien, Griechenland, Syrien und Nordafrika.

2. Familie. Käulenhörner. *Clavicornia.*

Wesentlicher Charakter. Die 3 oder 4 letzten Fühlerglieder sind ringsum erweitert, und bilden vereinigt einen ei-, kugel-, oder kolbenförmigen Knopf; das erste Glied ist ebenfalls länger, stärker und kolbig verdickt. Die Larven haben Fühler, 6 Beine und häufig (vielleicht immer) Augen. Sie leben von fauligen thierischen Nahrungsmitteln.

Fig. 5. Der 4fleckige Stutzkäfer (Hister *quadrinotatus*), 4mal vergrössert.

Die Gattung der Stutzkäfer (Hister) hat einen kreisrunden oder länglich runden, oberhalb flachen nach unten gewölbten Leib, dessen Vorderrücken so gross ist, dass sich darin der ganze Kopf zurückziehen kann, und dessen Beine ebenfalls sich dicht an den Leib in dazu bestimmte Gruben verstecken lassen, wobei sich die Füsse hinter die Schienen legen, und von diesen bedeckt werden. Diese Stellung nimmt der Käfer bei jeder Berührung an, und bietet so seinem Feinde nichts dar, als seine höchst feste, glänzende, glatte Oberfläche, welche indess sowohl auf dem Kopf, als auch auf dem Vorderrücken und den Flügeldecken mit dem Rande parallelen Streifen geziert ist. Die Flügeldecken sind kürzer als der Leib, daher die letzten Ringe desselben von oben her wahrgenommen werden können; sie heben sich beim Fluge nicht, sondern bleiben, wie bei Cetonia, ruhig liegen. Alle Arten dieser Gattung leben im Mist, und manche sind darin recht häufig. Die abgebildete ist unter den einheimischen ziemlich die grösste, 4''' lang, 3''' breit, ganz glänzend schwarz, nur auf den Flügeldecken stehen 2 blutrothe Flecke, einer an der Schulter, der 2te etwas vor der Mitte nach aussen zu. Der Rand des Vorderrückens hat 2 Linien, die Flügeldecken zeigen auf der Oberfläche nur 3, wovon die innerste sehr kurz ist; die Vorderschienen haben am Aussenrande 3 grosse stumpfe Zähne, die hinteren ebenda viele feine Stacheln. — Die Mundtheile der Gatt. Hister sind, trotz der geringen Grösse der Arten, sehr stark entwickelt. Oberlippe und besonders die Oberkiefer ragen hervor; letztere haben Zähne am Innenrande. Die Unterkiefer (5. a.) haben ein häutiges behaartes Kaustück und einen ebensolchen aber grösseren Helm; der Taster ist 4gliedrig, das letzte Glied das längste und spindelförmig. Die Unterlippe (5. b.) ist nur klein, aber die grosse 2lappige, häutige gewimperte Zunge ragt stark hervor; am Grunde derselben sind die Taster befestigt; das erste Glied dieser ist sehr klein, das letzte das grösste und ebenfalls spindelförmig. Einen sehr sicheren Charakter liefern noch die

Fühler, von deren 11 Gliedern die 3 letzten in einen fast kugelrunden Knopf vereinigt sind; sie werden, wenn sich der Käfer zusammenzieht, in einer Grube hinter den Augen unterhalb am Rande des Vorderrückens versteckt.

Fig. 6. Der Speckkäfer (DERMESTES *lardarius*), $2\frac{1}{2}$mal vergrössert.

Er steht den Stutzkäfern nahe, ist aber zylindrisch, nach oben gewölbt, und seine Flügeldecken sind nicht abgestutzt. Er kann sich ebenso, wie jene, zusammenziehen, aber die Beine liegen nicht in besonderen Gruben, sondern frei am Leibe, und da die Schienbeine schmal und rund sind, so können sie die Füsse nicht verdecken. Dabei ist der ganze Leib dicht von anliegenden Härchen bedeckt, und deshalb nicht glänzend, sondern matt gefärbt. Die Fühler haben einen ähnlichen Bau, wie bei HISTER; indess ist der Kopf länglicher, eiförmig, und die Glieder desselben bleiben deutlicher getrennt. Auch die Mundtheile ähneln denen von HISTER, wenn sie gleich ebenfalls viel kleiner sind. Die Unterkiefer (6. a.) haben kürzere Taster, deren letztes grösstes Glied am Ende abgestutzt ist; die Unterlippe (6. b.) ist viel länglicher, die häutige Zunge kürzer, bloss ausgerundet, und unterhalb von 3 Hornleisten unterstützt; zwischen diesen gelenken, in ein paar Ausschnitten der Unterlippe, die kurzen Taster. Die Farbe des Speckkäfers, dessen Länge 4''' beträgt, ist oberhalb schwarz, aber am Grunde der Flügeldecken findet sich eine breite rehfarbene Querbinde, worauf 6 schwarze Flecken sich befinden; ebenso bemerkt man auf dem Vorderrücken 10 aus weisslichen Haaren gebildete, häufig abgeriebene Punkte. Die ganze Unterseite ist rehfarben, die Beine schwarz, ebenso die Fühler, doch der Knopf ist rothgelb. Der Käfer findet sich in Häusern an Speck und getrocknetem Fleisch; seine Larve lebt ebenda, sie ist 6''' lang, gelb, mit braunen Querbinden, röthlichem Kopf, und vielen langen steifen abstehenden rothbraunen Haaren. Sie stellt besonders den Präparaten der zoologischen Sammlungen nach, und zerstört dieselben sehr schnell.

Fig. 7. Der Todtengräber (NECROPHORUS *vespillo*), um $\frac{1}{4}$ vergrössert.

Dieser merkwürdige Käfer hat einen frei hervorragenden, nach hinten sogar mit einem Halse versehenen breiten Kopf, dessen Wangen und Schläfen dicht mit messinggelben Haaren bekleidet sind, ebenso die Gegend des Mundes und die Lippen. Ueber der Oberlippe, welche ausgeschnitten ist, bemerkt man einen dreieckigen rothgelben Fleck. Die Oberkiefer sind stark und ragen hervor; die Unterkiefer (7. a.) haben ein häutiges behaartes Kaustück, einen ebensolchen Helm und einen kurzen dicken Taster. An der kurzen breiten Unterlippe (7. b.) ragt die tief gespaltene 2lappige Zunge hervor, und an dieser, d. h. an dem unteren hornigen, stielförmigen Theile derselben, sitzen die kurzen dicken Lippentaster. Der Vorderrücken ist kreisrund, gewölbt, mit scharfem flachen Rande, glänzend schwarz, aber die Vorderfläche schwefelgelb behaart. Die Flügeldecken sind kürzer als der Leib, gerade abgestutzt, schwarz, mit 2 orangefarbenen ausgezackten Querbinden. Brust, Bauch und Beine schwarz, schwefelgelb behaart; die letzteren besonders an der Aussenseite der Schenkel; das letzte Paar grösser, mit einem starken spitzen dolchförmigen Stachel am Grunde, und gebogenen, gefurchten Schienbeinen, die innen am Ende einen starken Stachel tragen. Die Eühler endlich sind 10gliedrig, kurz, aber enden mit einem grossen runden Knopfe, dessen 4 Glieder etwas in einander stecken; die 3 letzten derselben sind rothgelb. Bekanntlich lebt der Todtengräber im Aase, und hat seinen Namen von der Gewohnheit, kleinere Kadaver, wie Mäuse, Maulwürfe, einzuscharren, indem er unter dieselben kriecht, die Erde darunter hervor scharrt, und sie über dem todten Körper aufhäuft. Zu diesem Ende sind die Vorderfüsse mit langen starken Haaren dicht bekleidet. Ist der Körper eingescharrt, so legt der weibliche Käfer darin seine Eier; die Larven kriechen aus, verzehren das Aas, verpuppen sich in der Erde, und der Käfer kommt endlich zum Vorschein.

Fig. 8. Der Immenwolf (TRICHODES *apiarius*), $2\frac{1}{2}$mal vergrössert.

Durch den weichen, länglichen, hinten breiteren und mit abstehenden Haaren von verschiedener Länge überall bedeckten Leib unterscheiden sich die Gatt. TRICHODES und deren Verwandte auf den ersten Blick; dazu kommt ein herzförmiger, nicht umrandeter, hinten zusammengeschnürter Vorderrücken, welcher vorn den Kopf etwas in sich aufnimmt; und ein ziemlich grosser, senkrecht gestellter Kopf, an dem weder der Hals noch der Nacken sichtbar sind. Von den nächsten Verwandten unterscheidet sich TRICHODES durch die nicht sehr stark gewölbten, aber nierenförmigen Augen; die 11gliedrigen Fühler, deren 3 letzte Glieder eine starke aber zusammengedrückte Keule bilden, und durch die Taster, von welchen die der Unterkiefer (8. a.) nur wenig gegen das Ende hin angeschwollen sind, die der Unterlippe aber (8. b.) mit einem sehr grossen 3eckigen zusammengedrückten Gliede enden. Am Unterkiefer aber sind Helm und Kaustück häutig und gefranzt, ebenso die gespaltene hervorragende Zunge an der Unterlippe. Ein wesentliches Merkmahl liefern noch die Füsse, deren Glieder erweitert und mit breiter behaarter Sohle versehen sind, doch ist das erste Fussglied bei der Betrachtung von oben wegen geringer Grösse nicht zu erkennen; unterhalb aber sieht man seine Sohle ganz deutlich. TRICH. *apiarius* findet sich auf Schirmblumen, und nährt sich von deren Honig; er ist ganz stahlblau, nur die Flügeldecken haben am Grunde, in der Mitte und vor der Spitze eine breite blutrothe Querbinde. Taster, Füsse und Fühler sind rothgelb, aber die Keule der letzteren ist schwarz. Die blutrothe Larve des Käfers lebt in Bienennestern und verzehrt, die Brut der Bienen.

Fig. 9. PARNUS *impressus Curt.*, 5mal vergrössert.

Die Gattung PARNUS steht an der Grenze der Käulenhörner, und nähert sich sowohl durch den Bau ihrer Fühler, als auch durch ihre Lebensweise, den Drehkäfern (GYRINUS. Fig. 11.). Sie hat einen zylindrischen abstehend behaarten Leib, dessen Vorderrücken mehr weniger stark gewölbt und jederseits mit einem tiefen Eindruck versehen ist. Der ziemlich breite Kopf kann in den Vorderbrustring zurückgezogen werden, und dann werden zugleich die Fühler versteckt. Diese sitzen am Rande einer tiefen, vor den Augen befindlichen Grube, in welche sie das Thier zurückzieht, sobald es seinen Kopf versteckt; alsdann legt sich das 2te grosse Fühlerglied wie ein Deckel auf die Oeffnung der Grube und versteckt die anderen. Hinter dem 2ten sehr ohrförmigen Fühlergliede (9. b.) folgen noch 9 kleine, eng zusammengedrückte (in der Zeichnung ist das erste und letzte sehr kleine Glied mit dem nächsten verbunden dargestellt), so dass die Anzahl der Glieder 11 ist. Ebenso verstecken sich die Mundtheile, wiewohl die Oberkiefer (9. a.) ziemlich gross und gezähnt sind. Die Unterkiefer (9. d.) haben einen stumpfen behaarten Helm, ein schmales spitzes Kaustück und einen kolbigen zugespitzten Taster; an der Unterlippe (9. c.) ragt die grosse Zunge hervor, und daneben sitzen die kleinen Taster, deren erstes Glied kaum zu erkennen ist. Die Beine sind zierlich, die Füsse aber lang, mit grossen Krallen; die 4 ersten Glieder sind sehr klein, das letzte länger als alle, kolbig. Die abgebildete Art lebt, gleich den andern, am Ufer von Teichen und Flüssen, am Schilf, selbst unter dem Wasser; sie ist grünlich grau, mit feinen dicht anliegenden glänzenden gelblichen Härchen bekleidet, und anderen längeren abstehenden schwarzen; die Flügeldecken sind äusserst fein punktirt, der Eindruck am Vorderrücken ist tief, die Mitte sehr hoch gewölbt, und das Schildchen heller gefärbt, weisslich. Fühler hinter dem grossen Gliede und Füsse gelbroth. Eine Merkwürdigkeit dieses Käfers ist der Umstand, dass er unter dem Wasser von einer, zwischen den abstehenden Haaren haftenden, Luftschicht umgeben ist, die ihm das zum Athmen nöthige Sauerstoffgas eine Zeit lang darbietet.

3. Familie. TASTERHÖRNER. *Palpicornia.*

Wesentlicher Charakter. Fühler der Vorigen, aber die Kiefertaster länger als die Fühler, fadenförmig, ragen weit hervor. Die Käfer leben theils im Mist, theils im Wasser und können dann gewöhnlich schwimmen.

Fig. 10. Der pechbraune Wasserkäfer (HYDROPHILUS *piceus*), in natürlicher Grösse.

Er gehört zu denjenigen im Wasser lebenden Tasterhörnern, welche schwimmen können, und daher mit breit gedrückten am Rande gewimperten Füssen versehen sind. Die Fühlhörner sind 9gliedrig, die 4 letzten Glieder bilden die Keule, und stecken etwas in einander. Die Oberkiefer sind sehr stark, aber ragen nur wenig hervor; ihre Spitze ist mit 4 scharfen Schneidezähnen bewaffnet, und am Grunde steht ein grosser breiter Mahlzahn mit glatter Kaufläche. Die Unterkiefer (10. b.) haben ein kleines häutiges Kaustück, einen dicken starken am Ende mit einem Haken bewehrten Helm und einen sehr langen Taster, dessen erstes Glied klein ist, aber das zweite sehr lang, das längste, das vierte ein wenig kürzer als das dritte. Die Unterlippe (10. c.) ist wieder sehr gross, quer vierseitig, an den beiden Vorderecken schief abgestutzt, indem hier die Taster befestigt sind; die Zunge ist fleischig, gespalten, dick, am Ende behaart und ragt etwas über die Unterlippe hervor. Der ganze Leib ist unterhalb etwas ausgehöhlt und überall mit dicht anliegenden, gelben seidenartigen Haaren bekleidet; die Mitte der Brust ist nackt, ragt kielartig hervor, und läuft nach hinten in einen starken Stachel aus. Die Beine sind ziemlich lang, besonders die hinteren, und überall zusammengedrückt; die Füsse der 4 hinteren sind eigenthümlich gebildet, indem das erste Glied sehr klein ist, und als ein Dreieck oben auf dem 2ten, grössten liegt; unterhalb sind sie mit langen Schirmborsten bekleidet. Die Männchen unterscheiden sich von den Weibchen durch das Endglied der Vorderfüsse (10. a.), welches nach innen zu in einen ziemlich spitzen Lappen erweitert ist. Die ganze Oberseite des Käfers ist hoch gewölbt, glänzend glatt polirt, von dunkelbraungrüner fast schwarzer Farbe; die Flügeldecken haben drei Linien eingedrückter Punkte. Er findet sich in Fischteichen und Seen, woselbst auch seine fingerlange tief sammetschwarze Larve sich aufhält, schwimmt nicht sehr schnell, abwechselnd mit den Füssen rudernd, wie die Hunde, und kommt zum Athmen, was er mit seinen Fühlern bewerkstelligt, an die Oberfläche des Wassers. Seine Nahrung ist faules Fleisch, Fischlaich und todte Insekten.

B. *Isocera.* Die Fühlerglieder sind von gleicher Gestalt, meistens auch von gleicher Grösse, oder sie werden gegen das Ende allmälig kleiner, sehr selten etwas grösser. Das erste Glied ist immer dicker und länger.

4. Familie. Schwimmkäfer. *Hydrocanthari.*

Wesentlicher Charakter. Leib flach gedrückt, mit ringsum erweitertem Rande; Füsse ebenfalls sehr flach, gewimpert und zum Schwimmen brauchbar. Leben im Wasser.

Fig. 11. Der Drehkäfer (Gyrinus *natator*), $2\frac{1}{2}$ mal vergrössert.

Er unterscheidet sich von den übrigen Schwimmkäfern wesentlich sowohl im Bau, als auch in der Lebensweise. So sind seine Fühler ganz kurz, dick, und am zweiten Gliede mit einem ohrförmigen Fortsatz versehen, welcher sie in der Ruhe versteckt; ferner ist jedes Auge in 2 Hälften getheilt, von denen die eine oben auf dem Kopfe sitzt, die andere unten. Die Mundtheile unterscheiden sich am Auffallendsten durch die innige Verwachsung des ganz hornigen hakigen Helms mit dem sehr kleinen hornigen Kaustück (11. d.) und durch die kurzen Taster. Dabei sind nun die Vorderbeine viel länger als die hinteren, und besonders zum Ergreifen der Beute bestimmt, die 4 hinteren Füsse dagegen sind äusserst kurz und aufs Höchste zusammengedrückt (11. e.), besonders die Schienen und Fussglieder, welche letztere wie 4 schmale Lappen neben einander liegen, von denen der letzte Lappen aus 2 Gliedern besteht. Die Flügeldecken sind kürzer als der Leib, hinten gerade abgestutzt, und streifig punktirt. — Die Drehkäfer leben auf der Oberfläche von Teichen und Bächen, halten sich gern gruppenweis bei einander, und schwimmen, sobald sie gestört werden, in den buntesten Wendungen sehr schnell hin und her; sie können auch tauchen, und nehmen alsdann eine Luftblase, die am After hängt, mit sich, um aus dieser noch ferner zu athmen. Die abgebildete Art wird kaum 3 Linien lang, sie ist glänzend schwarz, oberhalb mit grünlichem Metallschimmer, aber die Beine sind rothgelb.

Fig. 12. Der breite Schwimmkäfer (Dytiscus *latissimus*), in natürlicher Grösse.

Die ächten Schwimmkäfer (Dytiscus) haben lange fadenförmige Fühler, grosse starke hervorragende Mundtheile, deren Oberkiefer (12. a.) mit ein paar stumpfen Zähnen enden; an den Unterkiefern (12. b.) ist das Kaustück sehr gross, hornig, hakenförmig, am Innenrande mit steifen Borsten bekleidet, aber der Helm ist klein, liegt am Rücken des Kaustückes und sieht aus wie ein 2gliedriger innerer Taster. Der eigentliche Kiefertaster besteht aus 3 gleichen Gliedern, und einem 4ten kleineren Grundgliede. Die Unterlippe (12. c.) ist verhältnissmässig kleiner als die von Gyrinus (11. c.), hat aber ebenfalls in der Mitte einen tiefen Ausschnitt mit 2 stumpfen Zähnchen im Grunde, worin die dicke fleischige Zunge mit den 3gliedrigen Tastern sitzt, letztere neben den Zähnchen auf einer zylindrischen Unterlage. Der grosse Kopf hat nur 2 Augen und steckt ziemlich tief im Vorderbrustringe; die flachen Flügeldecken sind so lang als der Leib und am Aussenrande erweitert. Die Beine sind gleichmässiger, weniger zusammengedrückt und nur das letzte Paar hat zusammengedrückte mit Flossenborsten am Unterrande besetzte Füsse, deren letztes Glied mit 2 gleichen Krallen bewaffnet ist. Männchen und Weibchen unterscheiden sich auffallend im Bau der 4 vordern Füsse. Bei jenem nehmlich sind die 3 ersten Glieder erweitert und unten mit Saugnäpfen und Haaren bekleidet; an den Vorderfüssen bilden diese erweiterten Glieder eine runde Scheibe, an den Mittelfüssen eine längliche schmale Platte. Die Weibchen haben nicht diese Auszeichnungen, dafür aber sind ihre Flügeldecken gewöhnlich bis hinter die Mitte gefurcht. Die abgebildete Art, die grösste von Allen und ausserdem durch die scharfe hervorspringende Leiste am Rande der Flügeldecken auffallend unterschieden, ist oben dunkelbraungrün, unten gelb; ebenso sind das Maul, die Fühler, der Rand des Vorderrückens und der Aussenrand der Flügeldecken gefärbt; auch bemerkt man auf diesen vor der Spitze eine gelbliche, aus kleinen Flecken zusammengesetzte Bogenbinde. Es findet sich dieser Käfer besonders in grösseren Fischteichen, und nährt sich von frischem Fleisch. Er taucht und schwimmt vortrefflich und führt letzteres mit den Hinterbeinen gleichzeitig rudernd aus, wie die Frösche. Um zu athmen kommt er an die Oberfläche, und steckt die Spitze des Hinterleibes hinaus, um frische Luft zwischen den Flügeldecken und Leib aufzufangen, mit welcher er wieder untertaucht. Seine grosse gelblichgrüne Larve lebt ebenso, und nährt sich von Insektenlarven, kleinen Fischen, Fröschen und Würmern.

5. Familie. Laufkäfer. *Carabodea.*

Wesentlicher Charakter. Fühler lang, fadenförmig; Mundtheile sehr stark entwickelt, die Taster lang, ragen hervor, der Helm 2gliedrig tasterförmig. Füsse lang und dünn, zum Laufen geeignet.

Fig. 13. Der Feldsandläufer (Cicindela *campestris*), in natürlicher Grösse.

Die Sandläufer (Cicindelae) gehören zu den zierlichsten und behendesten von allen Laufkäfern, und zeichnen sich zumal durch ihre grossen hervorgequollenen Augen, ihren engen drehrunden

Vorderbrustring, so wie durch ihre sehr langen und zierlichen Beine aus. Dabei haben sie eine grünliche oder bronzene Metallfarbe, mit weissen Zeichnungen auf den Flügeldecken. Sie leben in sandigen Ebenen, sind sehr gefrässig, und können nicht bloss schnell laufen, sondern auch ausgezeichnet gut fliegen; daher sie schwer zu fangen sind. Die abgebildete Art ist bei uns häufig auf Feldern; sie wird 6''' lang, ist schön grasgrün, oben matt, unten glänzend und stahlblau, sowie bronzefarben schillernd. Am Rande jeder Flügeldecke hat sie vier weisse, z. Thl. halbmondförmige Flecke und auf der Mitte einen runden Fleck, welche alle von einem purpurfarbenen mehr oder weniger breiten Saume eingefasst sind. Die Mundtheile zeichnen sich durch ihre Grösse sehr aus; die Oberlippe (13. c.) ist dreieckig; die Oberkiefer (13. a.) ragen hervor, und haben mehrere sehr starke und spitze Zähne; die Unterkiefer (13. b.) haben am ganzen innern Rande des Kaustückes starke spitze Zähne und einen grösseren am Ende, welcher beweglich ist. An den äusseren Kiefertastern ist das 2te Glied das längste und stark borstig behaart. Die Unterlippe (13. d.) ist zweimal tief ausgeschnitten, und trägt in jedem Ausschnitte auf einer zylindrischen Stütze den Taster, dessen zweites Glied ebenfalls sehr lang ist. Die kleine hornige Zunge ragt nicht hervor. Die Männchen (siehe die Abbildung) haben an den Vorderfüssen die 3 ersten Glieder erweitert; die Weibchen dagegen ohne Auszeichnung. Eine höchst merkwürdige Form und Lebensweise hat die Larve (13. e.) dieses Käfers. Ihr Kopf ist gross und besonders nach unten dick und angeschwollen, die Mundtheile ragen ebenfalls hervor. Neben den Oberkiefern stehen die kurzen Fühler und hinter diesen 2 Augen. Die 3 ersten Leibringe tragen Füsse; von denen die beiden hinteren Paare ganz abweichend nach oben gewendet sind; am 7ten Ringe hinter dem Kopfe bemerkt man oben zwei starke Haken, welche den ganzen Ring sehr ausdehnen. Die Farbe der Thiere ist weiss, der Kopf oben schwarz, unten und die Füsse rothgelb. Die Larve lebt im Sande in Löchern, die sie sich selbst gräbt und darin vermittelst der nach oben gewendeten Füsse und der Rückenhaken schnell auf und nieder steigt; sie sitzt gewöhnlich so, dass der Kopf hervorragt, und lauert auf andere Insekten, die in ihre Nähe kommen, um sie zu überfallen und zu verzehren.

Fig. 14. Der Puppenräuber (CALOSOMA *sycophanta*), in natürlicher Grösse.

Er ist plumper gebaut, als der vorige Käfer, sonst in vielen Punkten ihm recht ähnlich. Die Fühler sind kürzer, die Augen kleiner, der Vorderrücken ist herzförmig mit aufgeworfenem scharfem Rande, die Flügeldecken in der Mitte breiter, nach hinten zugespitzt, tief gestreift, so dass erhabene Rippen entstehen, von denen die 4te, 8te und 12te von der Naht aus gezählt mit einer Reihe eingedrückter Punkte geziert sind. Die Beine unterscheiden sich bloss durch den plumperen Bau, so wie dadurch, dass beim Männchen die 4 ersten Glieder der Vorderfüsse erweitert sind. Mehr schon weichen die Mundtheile ab, denn die Oberlippe hat in der Mitte einen Ausschnitt, die Oberkiefer sind kürzer und ohne Zähne, die Unterkiefer (14. a.) plumper, das Kaustück hat feinere, zwischen dichten Haaren versteckte gebogene Zähne, einen unbeweglichen dicken Endhaken; die Taster sind ohne Borsten, aber das letzte Glied zusammengedrückt, 3eckig, mit ausgehöhlter eingetrockneter Tastgrube. Die Unterlippe (14. b.) ist schmäler und hat in der Mitte nur einen Ausschnitt, in dessen Grunde ein stumpfer Zahn steckt, neben welchem die Taster auf den kurzen Unterlagen angebracht sind. Sie gleichen den Kiefertastern, sind aber kleiner. Zwischen ihnen ragt die breite fleischige Zunge frei hervor. Der Puppenräuber ist in manchen Gegenden Deutschlands selten, in andern gemein; er wird fast einen Zoll lang, ist überall glänzend schwarz, aber der Vorderrücken stahlblau und die Flügeldecken metallischgrün, goldglänzend. Obwohl er sehr grosse Flügel hat, so fliegt er doch nur selten, klettert aber auf Bäume, um daselbst Raupen und Puppen von Nachtschmetterlingen, besonders der LIPARIS *dispar*, aufzusuchen und zu verzehren. Dieselbe Gewohnheit hat seine oberhalb ganz schwarze, von hornigen Schienen bedeckte, unterhalb weiche häutige, aber durch gleichmässig über jeden Ring vertheilte hornige Punkte unterstützte Larve (14. c). Sie wird über einen Zoll lang, hat einen flach gedrückten Leib, grosse frei hervorragende Mundtheile, ebenfalls deutliche Fühler, an deren Grunde jederseits 6 Augen stehen, und 6 grosse hornige Füsse an den drei ersten Körperringen. Der letzte Körperring, woran sich nach unten der After befindet, läuft nach hinten in eine freie hornige Gabel aus.

6. Familie. HALBDECKKÄFER. *Brachyptera.*

Wesentlicher Charakter. Fühler fadenförmig, bisweilen sehr dick und kurz; Mundtheile stark entwickelt, besonders die Okerkiefer. Beine zum Laufen bestimmt. Flügeldecken sehr kurz, reichen nur bis zum Anfange des langen schmalen Hinterleibes. Die Larven haben deutliche Beine und jederseits vier Augen.

Fig. 15. Der stinkende Staphylinus (STAPHYLINUS *olens*), in natürlicher Grösse.

Unter den Halbdeckkäfern ist die Gatt. STAPHYLINUS durch die Menge ihrer Arten ausgezeichnet, daher wir sie vor allen zur Darstellung wählten. Sie besitzt, als Gattungsmerkmahle, einen wagerechten, grossen, freien, hinten mit einem kurzen Halse versehenen Kopf, dessen elliptische Augen nur wenig hervorragen und sehr nach vorn gerückt sind. Dicht vor ihnen stehen, mehr nach der Stirn hin, die 11gliedrigen fadenförmigen Fühler, deren Grundglieder gross und sehr verlängert sind, während die letzten mehr rundlich und kugelförmig aussehen, das allerletzte aber schief abgestutzt. Der Vorderbrustring ist länger als breit, vorn gerade abgestutzt, nach hinten schmäler und abgerundet. Die Flügeldecken bilden zusammen ein Quadrat. Der Hinterleib ist länglich vierseitig, hinten zugespitzt, er zeigt oberhalb 7 Ringe, und am letzten gewöhnlich 2 kleine behaarte hervorragende oder unter Haaren versteckte Stiele. Die Beine sind kräftig und stark, etwas zusammengedrückt, und die vorderen haben erweiterte unten behaarte Füsse. Die Mundtheile sind gross und sehr hervorgezogen. Die Oberlippe hat einen tiefen Ausschnitt; die hakigen Oberkiefer sind so lang, dass sie sich in der Ruhe kreuzen. Die Unterkiefer (15. a.) haben ein grosses stark behaartes Kaustück, und einen kleineren, freien, gebogenen pinselförmigen Helm; die Taster sind kurz fadenförmig, das erste Glied sehr klein, das zweite grösser, so gross als das 3te, das 4te etwas kleiner. Die Unterlippe (15. b.) ist dreieckig, am Grunde breit, nach vorn verschmälert, und trägt hier die gespaltene häutige Zunge, an deren Stiel die beiden fadenförmigen Taster befestigt sind. STAPHYLINUS *olens* ist der grösste einheimische unter seinen Gattungsgenossen, völlig schwarz, dicht mit angedrückten Haaren bekleidet und ohne allen Glanz; er findet sich in Waldungen und lebt, wie die übrigen Arten, vom Raube, oder auch von Mist und Aas.

7. Familie. STERNOXES.

Wesentlicher Charakter. Fühler kurz, mehr weniger sägeförmig; Mundtheile versteckt; das Vorderbrustbein in einen Stachel verlängert, der besonders nach hinten stark hervorragt. Füsse nur zum Gehen brauchbar.

Fig. 16. Der Marianische Prachtkäfer (BUPRESTIS *Mariana*), in natürlicher Grösse.

Die Gruppe der Prachtkäfer (BUPRESTIS *Linn.*) hat, gleich den übrigen STERNOXES, einen ziemlich breiten, tief in den grossen Vorderbrustring zurückgezogenen Kopf, dessen Augen ziemlich bemerkbar hervortreten, und davor die sehr kurzen, 11gliedrigen, ziemlich feinen aber sägeförmigen Fühler. Die Mundtheile sind zwar gross, aber ganz versteckt, zumal die schmale Oberlippe. Die Oberkiefer (16. a.) sind stark, dick, und am Ende mit 2 entfernten stumpfen Zähnen versehen. Die Unterkiefer (16. b.) haben ein häutiges aber dickes, am Ende mit kurzen Borsten besetztes Kaustück und darüber den deutlich 2gliedrigen aber ebenfalls häutigen stark zusammengedrückten und am Ende borstigen Helm. Die Kiefertaster sind kurz, fadenförmig, und so innig an den Kiefer angezogen, dass ihr erstes Glied fast im Kiefer steckt. Die Unterlippe (16. c.) ist sehr breit, aber kurz, in der Mitte ausgebogen, mit abgerundeten Seitenlappen; auf ihr liegt an der Innenseite die dicke gewölbte mit Borsten besetzte Zunge, und vor dieser stehen die kurzen, 3gliedrigen kegelförmigen Taster. Der Vorderbrustring ist trapezisch, vorn schmäler als hinten, oben flach, nach unten gekielt und nach hinten in einen kurzen Stachel ausgedehnt, welcher in einer nach ihm geformten offenen Grube des Mittelbrustbeines steckt. Das Rückenschildchen ist sehr klein. Die Flügeldecken sind länglich, nach hinten zugespitzt, bedecken den Leib völlig, sind oberhalb runzelig und haben je 2 eingedrückte unregelmässige Gruben. An den Beinen sind besonders die breiten, mit flacher behaarter Sohle versehenen Füsse charakteristisch. Unser Prachtkäfer, der grösste aller einheimischen, ist dunkel kupferfarben, metallisch glänzend, aber in den Vertiefungen matt gefärbt und gelb bestäubt; er findet sich in Fichtenwaldungen, wo seine weisse, 3 Zoll lange, dünne, mit einem breiten und flach gedrückten Brustkasten versehene aber fusslose Larve die Stümpfe der abgehauenen Bäume bewohnt und zerstört. Der Käfer ist in manchen Gegenden Deutschlands selten, in anderen gemein.

Fig. 17. Der Nachtlichtschnellkäfer (ELATER *noctilucus*), in natürlicher Grösse.

Die Schnellkäfer (ELATER *Linn.*) unterscheiden sich von den Prachtkäfern durch ihren schlankeren Körperbau, ihre längeren, feineren Fühler, den mehr gestreckten und am Brustbein nach hinten mit einem sehr spitzen Stachel versehenen Vorderbrustring, dessen Stachel nicht in einer offenen Grube liegt, sondern in ein tiefes Loch am Mittelbrustringe hineingeschoben werden kann. Diesen Mechanismus benutzen die Käfer, um sich damit in die Höhe zu schnellen, wenn sie durch irgend einen Zufall auf den Rücken zu liegen kommen; weil sie bei ihrem flachen Rücken sonst nicht gut wieder aus dieser Lage sich erheben könnten. Ein Hauptunterschied beider Käfergruppen liegt auch noch im Bau der Füsse, welche bei den Schnellkäfern länger und von beiden Seiten zusammengedrückt, also von oben betrachtet sehr schmal sind. Die Mundtheile sind zierlicher, die Oberkiefer (17. a.) länger, am Ende hakig; an den Unterkiefern (17. b.) ist der Stamm kleiner, der Taster etwas verdickt; an der schmalen Unterlippe (17. c.) ragt die abgerundete häutige Zunge soweit hervor, dass die Taster an ihrer unteren Fläche befestigt sind. Die abgebildete Art bewohnt Südamerika, und hält sich, gleich den meisten Verwandten, in Wäldern auf; sie ist bräunlich von Farbe, aber den ganzen Leib bekleiden kleine angedrückte gelblich grüne Härchen, und so bekommt der Käfer auch eine solche Färbung. An den Seiten des Vorderrückens ist ein gelber gewölbter Fleck, welcher im Leben ganz weiss aussieht und im Dunklen einen starken Lichtschein aussendet, ganz wie bei uns die Johanniswürmchen. Dieser Eigenschaft wegen ist er in seinem Vaterlande sehr bekannt; er führt daselbst den Namen Cucujo.

8. Familie. Holzbohrkäfer. *Deperditores.*

Wesentlicher Charakter. Leib drehrund oder eirund; Vorderbrustbein ohne Verlängerung; Fühler verschieden: säge- oder kammförmig, gewöhnlich die letzten Glieder länger als die früheren. Larven fusslos, leben im todten Holze, welches sie durchbohren und an den Oeffnungen ihrer Gänge Haufen der zernagten Substanz aufwerfen.

Fig. 18. Der Diebkäfer (Ptinus *fur*), 5mal vergrössert.

Durch die langen fadenförmigen Fühler und die ebenfalls sehr langen und zierlichen Beine unterscheidet sich die Gattung Ptinus alsbald von ihren Verwandten. Der Kopf ist nur klein; er steht wagerecht, so dass das Maul grade nach unten gerichtet ist. Man bemerkt darin ziemlich starke, am Ende mit 2 stumpfen Zähnen versehene Oberkiefer (18. a.); längliche schlanke Unterkiefer (18. b.), mit häutigem behaartem Kaustück und ebensolchem Helm, und einem langen Taster, dessen 4tes längstes Glied allmälig zugespitzt ist. Die Unterlippe (18. *c.*) ist nur klein, daher die häutige abgerundete aber leicht ausgeschnittene Zunge weit darüber hervortritt, und am Grunde die beiden Taster trägt. Deren (Fig. 18. A.) erstes und zweites Glied stehen senkrecht und sind gleich lang, das 3te Glied aber steht wagerecht dagegen, ist viel länger, dicker und allmälig zugespitzt. Der Vorderbrustring ist nach hinten zusammengeschnürt und auf dem Rücken mit 4 stumpfen Höckern versehen. Der Hinterleib mit den Flügeldecken ist beim Männchen zylindrisch, bei dem hier abgebildeten Weibchen eiförmig; die Flügeldecken hüllen ihn ganz ein, haben keine Längsstreifen, und in den Streifen keine Haare, auf den Rippen zwischen den Streifen dagegen stärkere fast stachelartige Borsten in Reihen. Die Farbe des Käfers ist hell rothbraun in verschiedenen Schattirungen; auch bemerkt man bei vielen Weibchen 2 undeutliche gezackte Querbinden auf den Flügeldecken. Der Käfer findet sich in Häusern an den Wänden kriechend, besonders auf Bodenkammern, in deren Holzwerk sich die gelbe fusslose mit einem braunen Kopfe versehene Larve aufhält; indess stellt sie noch mehr getrockneten Pflanzen und Thierbälgen nach, und zerstört dieselben durch ihren Frass. Besonders in Herbarien pflegt sie grosse Verwüstungen anzurichten.

Fig. 19. Die weiche Todtenuhr (Anobium *molle s. castaneum*), 4mal vergrössert.

Durch den zylindrischen gleichmässig breiten Körper, den grossen lappenförmigen Vorderrücken, worin der sehr dicke Kopf ganz zurückgezogen werden kann, so wie durch die kürzeren Beine, unterscheidet sich die Gatt. Anobium auf den ersten Blick von Ptinus; fernere Unterschiede liegen in den Fühlern und Mundtheilen. Jene sind freilich fadenförmig, aber die 3 letzten Glieder verlängert und zusammen so lang als alle früheren. Die Mundtheile sind stärker, die Oberkiefer (19. a.) kürzer dicker, mit 3 spitzen Zähnen am Ende; die Unterkiefer (19. b.) ähneln völlig denen von Ptinus, Kaustück und Helm sind häutig, behaart, aber der Taster ist kürzer und das letzte Glied nicht zugespitzt, sondern schief abgestutzt. Die Unterlippe (19. c.) ist breiter als bei Ptinus, trapezisch, vorn schmäler und lässt die häutige tief ausgeschnittene und daher 2lappige Zunge hervortreten. Am Grunde dieser sitzen die ebenfalls gegen das Ende breiteren abgestutzten Taster. Die Füsse sind merklich kürzer, wie das ganze Bein zart gebaut, aber das vorletzte Fussglied ist herzförmig und etwas breiter als die übrigen. Die Anobien leben in altem Bauholz und Holzgeräth aller Art, besonders aber in trocknem Fichten- und Erlenholz, das ihre gelben, fusslosen mit einem braunen Kopfe versehenen Larven nach allen Richtungen durchbohren. Die Käfer kriechen in diesen Gängen aus der Puppe, verlassen aber dann dieselben und finden sich nun häufig in den Häusern. Sie haben die Gewohnheit, bei der Berührung sich todt zu stellen; die Larven aber bringen, wenn sie nagen, einen knackenden Ton hervor, der zu dem Namen Todtenuhr Veranlassung gegeben hat. Die abgebildete Art ist ganz hellbraunroth, dicht mit anliegenden ziemlich langen Haaren bedeckt, und gehört zu den grösseren und weniger häufigen Arten.

TAFEL 24. a.

5. Klasse. Insekten. Kerfe. Insecta.

1. Ordnung. *Käfer. Coleoptera sive Eleutherata.*

(NB. Fortsetzung der vorigen Tafel.)

9. Familie. Weichkäfer. *Malacodermata.*

Wesentlicher Charakter. Leib ziemlich flach, von einer sehr weichen lederartigen Hülle bedeckt. Kopf z. Thl. oder ganz unter dem breiten Prothorax versteckt. Fühler kamm-, säge- oder fadenförmig. Vorletztes Fussglied gewöhnlich herzförmig. Larven mit Füssen und Augen. —

Fig. 1. Der Leuchtkäfer (Lampyris *splendidula*). A. B. natürliche Grösse.

Dieser Käfer ist wegen des ihm eigenthümlichen Lichtes, das er im Dunkeln ausstrahlt, eine unter dem Namen Johanniswürmchen ziemlich allgemein bekannte Erscheinung. Die Charaktere seiner Gattung liegen in den schmalen zahnlosen, leicht gekrümmten Oberkiefern (1. e), den in 2 weiche gewimperte Lappen ausgehenden Unterkiefern (1. d); der schmalen am Ende ausgebuchteten Unterlippe (1. c) und den beilförmigen Tastern, die an beiden Organen sitzen (NB. die Abbildung der Mundtheile ist nach einer verwandten, Nord-Amerikanischen, noch unbeschriebenen, Art entworfen). Hierzu kommen kurze, wenig zusammengedrückte zugespitzte Fühler; ein sehr breites halbkreisförmiges Vorderbrustschild; sehr grosse halbkugelige Augen, und der Mangel der Flügel und z. Thl. auch der Flügeldecken beim Weibchen (1. a). Letzteres ist ganz blassgelb, mit dunklerer Brust, Vorderrücken und Beinen; das Männchen (1.) dagegen ist grün, mit einem klaren glasartigen Fleck am Vorderrücken, durch welchen der Kopf hindurchscheint. Am Ende des Bauches hat es einen gelben Fleck, von dem das Licht ausgeht. Die Larve (1. b) ist braun, mit einem gelben Fleck an jeder Seite jedes Ringes, und leuchtet ebenfalls, aber schwächer als die vollkommnen Insekten.

Fig. 2. Cantharis *fusca.* A. natürliche Grösse.

Die Gattung Cantharis steht der vorigen nahe durch den Bau des Mundes, und unterscheidet sich bloss durch auffallend schlanke stark gekrümmte Oberkiefer (2. b); eine breitere vorn 3mal ausgebuchtete Unterlippe, und längere Taster, deren Grundglieder schlanker gebildet sind. Hierzu kommen aber längere meist fadenförmige Fühler, die am Grunde weiter auseinander stehen; ein kleinerer Prothorax, welcher den Kopf nur z. Thl. bedeckt; und gleich grosse Flügel bei beiden Geschlechtern. Die abgebildete Art, die grösste unter den einheimischen, ist braun, matt, wegen vieler feiner anliegender Härchen, mit rothgelbem Munde, Seitensaum des Hinterleibes, und Vorderrücken, auf dem jedoch am Vorderrande ein schwarzbrauner Fleck steht. Sie findet sich, wie die übrigen Arten, in Gärten und Gebüschen auf Blättern und Schirmblumen.

II. Heteromera. Mit 5 Gliedern an den vorderen und mittleren Füssen, aber bloss 4 an den hinteren.

10. Familie. Trachelophora.

Wesentlicher Charakter. Sie haben, wie die vorige Familie, einen sehr weichen, von einer lederartigen Hulle bedeckten Leib, und einen grossen herzförmigen Kopf, der gar nicht vom Vorderbrustkasten bedeckt ist. Die Larven mit Füssen und Augen.

Fig. 3. Der Maiwurm (Meloe *proscarabaeus*), in natürlicher Grösse.

Diese Gattung erinnert, durch den Mangel der Flügel und die Verkümmerung der Flügeldecken, welche aber beiden Geschlechtern gleichmässig eigen ist, an Lampyris. Sehr merkwürdig ist es jedoch, dass die vorhandenen gewölbten Flügeldecken weit auseinander klaffen, was sonst nicht leicht bei Käfern gefunden wird. Im Bau des Mundes und der Fussklauen, welche der Länge nach gespalten sind, stimmt sie mit der folgenden Gattung überein, und unterscheidet sich von dieser besonders durch die Flügeldecken und Flügel. Die abgebildete Art ist ganz dunkel stahlblau, bloss die Fühler werden gegen das Ende schwarz. Auf dem Kopf, Vorderbrustkasten und den Flügeldecken hat sie tiefe runzelförmige Punkte; aber der Hinterleib ist glatt Die Männchen, deren eins hier abgebildet ist, unterscheiden sich vom Weibchen durch die Fühler, indem bei ersteren das 6te und 7te Glied dicker und hakenförmig gekrümmt sind, was bei den Weibchen nicht vorkommt. Der Maiwurm lebt auf Viehweiden oder trockenen Wiesen, und ist merkwürdig wegen einer ölartigen Flüssigkeit, die ihm bei jeder Berührung aus den Kniegelenken hervorquillt. Dieselbe wurde als wirksames Mittel gegen die Hundswuth empfohlen.

Fig. 4. Die spanische Fliege (Lytta *vesicatoria*), in natürlicher Grösse.

Sie ist schlanker gebaut als der Maiwurm, mehr drehrund, hat längere Beine, und keinen andern Geschlechtsunterschied an den Fühlern, als den, dass die der Männchen länger sind (die Abbildung stellt ein Weibchen dar). Die Füsse haben gespaltene Klauen. Die Mundtheile verhalten sich wie bei Meloe; die Oberkiefer (4. b) bilden einen starken hornigen Haken, welcher an der Innenseite erweitert und sichelförmig zugeschärft ist, in dieser Erweiterung aber am Grunde einen Ausschnitt hat, den eine lederartige Platte ausfüllt. Die Unterkiefer (4. c) enden mit zwei ungleichen gebogenen gewimperten Lappen, und die Unterlippe (4. d) ist am Ende ebenfalls gewimpert und leicht ausgeschnitten. Beide Taster sind kolbig, das letzte Glied ist eiförmig mit abgestutzter Tastfläche. Die spanische Fliege ist übrigens ganz grün metallisch, mit goldenem Schimmer; nur die Tarsen sind blau und die Fühler am Ende schwarz. Sie hat einen widerlichen Geruch, und findet sich auf Hartriegeln *(Ligustrum)*, Eschen *(Fraxinus)* und auf spanischem Flieder *(Syringa)*. Ihre Benutzung zu Blasenpflastern ist allgemein bekannt. Die unter 4. a abgebildete Larve kennt man bloss im ersten Lebensstadium und weiss nicht, wie sie lebt; doch wahrscheinlich aufangs als Schmarotzer, wie die ähnlichen Larven von Meloe, die man auf Bienen antrifft.

11. Familie. Stenoptera.

Wesentlicher Charakter. Kopf etwas vom Prothorax bedeckt; Körperhülle härter, aber noch nicht so fest wie in der folgenden Familie; Füsse sehr schlank, seitlich zusammengedrückt, ihr erstes Glied verlängert, die Krallen theils gezähnelt, theils mit einer Borste bewahrt.

Fig. 5. Cistela *sulphurea*. A. natürliche Grösse.

Der kleine schmale nach vorn etwas verlängerte Kopf zeichnet die Gruppe, zu welcher Cistela gehört, unter den übrigen Stenopteren aus. Hiezu kommen ziemlich lange fadenförmige Fühler; schmale am Ende ungezähnte Oberkiefer (5. b), ziemlich lange, in zwei gerade, fast häutige, am Ende gewimperte Lappen ausgehende Unterkiefer (5. c); eine am Ende tiefer ausgeschnittene gewimperte Unterlippe (5. d); fadenförmige Taster, deren letztes Glied an denen der Kiefer zugespitzt, der Lippe mehr abgestutzt ist; und einen seitlich erweiterten abgerundeten Prothorax, welcher hinten etwas schmäler ist als die Flügeldecken. Letztere sind nicht verschmälert, vielmehr hinten etwas breiter, gewölbt und völlig so lang als der Hinterleib. Die Fussklauen (5. e) haben eine Reihe deutlicher Zähne neben dem unteren Rande. Die abgebildete Art hat eine sehr schlanke Statur, eine schwefelgelbe Körperfarbe, und findet sich auf Schirmblumen in Gebüschen.

Fig. 8. MORDELLA *fasciata*. A. natürliche Grösse.

Wiewohl MORDELLA ein bestimmter Familienverwandter von CISTELA ist, so hat diese Gattung doch einen ganz anderen und höchst eigenthümlichen Bau. So ist ihr Kopf auffallend breit und kurz, besonders der Mundfortsatz. Die Fühler sind ebenfalls kurz und etwas dicker. Sehr merkwürdig sind die Mundtheile wegen der kurzen, am Ende in 2 Zähne ausgehenden Oberkiefer (8. a); der ebenfalls kurzen in zwei sehr ungleiche Lappen, von denen der innere schmal und haarlos, der äussere breit, beilförmig und gewimpert ist, ausgehenden Unterkiefer (8. b); der mit einem grossen häutigen herzförmigen Lappen endenden, übrigens kleinen Unterlippe (8. c); und der auffallend beilförmig gestalteten Taster. Fernere Charaktere liefern der kurze, hinten den Flügeldecken an Breite gleiche Prothorax; die nach hinten verschmälerten, abgestutzten Flügeldecken; und der in eine lange Spitze ausgehende Hinterleib. Die Fusskrallen sind wie bei CISTELA gezähnelt. — Die abgebildete Art ist die grösste unter den einheimischen, und findet sich ebenfalls auf Schirmblumen. Sie ist mattschwarz, mit 2 grauen Binden über die Flügeldecken, grauem Saum des Prothorax, und glänzt dabei wie Seide.

12. Familie. MELANOSOMATA.

Wesentlicher Charakter. Kopf bis an die Augen im Prothorax versteckt. Fühler meist kurz, ganz oder doch am Ende perlenschnurförmig. Füsse kurz, besonders das erste Glied, rund. Die Krallen einfach. Die Körperbedeckung meistens sehr hart, und die Farbe schwarz. Larven gelb, von drehrunder Form mit horniger Oberfläche, und mit Füssen.

A. Bei *Einigen*, welche immer schwarz gefärbt sind, greifen die Flügeldecken an der Naht so innig in einander, dass sie verwachsen zu sein scheinen, auch nie geöffnet werden, da allen diesen die Flügel fehlen. —

Hierher gehört von einheimischen Käfern besonders

Fig. 7. BLAPS *mortisaga*, in natürlicher Grösse.

Ausgezeichnet durch einen schwachen Seidenglanz bei scheinbar glatter, in der That fein liniirter Oberfläche; glattem Rücken, und am Ende zugespitzten Flügeldecken. Die harten hornigen Oberkiefer haben am Ende 2 Zähne (7. a); die Unterkiefer enden am inneren Lappen in einen hornigen Zahn (7. b), aber der äussere ist weicher, zahnlos und gewimpert. Die Unterlippe (7. c) ist breit, am Ende schmäler, ausgerundet. Beide Taster sind kolbig und abgestutzt. An den Fühlern ist das dritte Glied sehr lang, das letzte eiförmig und zugespitzt. Die Beine und besonders die Füsse sind von ziemlicher Länge. BLAPS *mortisaga* liebt, wie alle seine Verwandten, die Dunkelheit, und findet sich daher in Pferdeställen, Kellern, Kammern etc., wo Getraide aufbewahrt wird, von dem sich besonders seine Larve zu nähren scheint.

B. Bei *Anderen*, die oft eine braune, selbst metallische Färbung zeigen, sind die Flügeldecken nicht so innig verbunden, und die Flügel vorhanden.

Der Gemeinste von diesen ist

Fig. 6. Der Mehlkäfer (TENEBRIO *molitor*). A. natürliche Grösse.

Er findet sich mit seiner gelben, unter dem Namen Mehlwurm bekannten, Larve in allen Bäckerhäusern, und zeichnet sich durch einen breiteren am Vorderrande erweiterten Kopf aus, welcher die Mundtheile versteckt. Diese sind kleiner als bei BLAPS, sonst ähnlich; denn die Oberkiefer (6. a) enden mit 2 spitzeren Zähnen, aber die Unterkiefer (6. c) haben keinen Zahn am Innenlappen, vielmehr kurze steife Borsten. Auch ist die Unterlippe (6. b) schmäler, der Grundtheil (das Kinn, *mentum*) länger, vorn breiter und gerader abgestutzt. Der Vorderrücken ist bei dieser Art am Rande erweitert, und hinten so breit als die parallelen, mit 8—10 Längslinien gefurchten Flügeldecken. Die Beine sind kürzer, kräftiger, die Schienen gekrümmt, und die Füsse klein. Die Farbe des Mehlkäfers ist ein schwach glänzendes röthliches Braun von verschiedenen Nüancen; frisch aus der Puppe geschlüpfte Exemplare sehen hell rothgelb aus.

13. Familie. TAXICORNIA.

Wesentlicher Charakter. Leib der Meisten kürzer, halbkugelig, mit erweitertem Seitenrande. Fühler breit, entweder ganz oder bloss am Ende, und dann keulenförmig. Füsse kurz, schmal, mit einfachen Krallen.

Fig. 9. DIAPERIS *Boleti*. A. natürliche Grösse.

Ein zierlicher kugeliger Käfer, von Erbsen-Grösse, schwarzer Farbe mit 2 gelben Binden über die Flügeldecken, und stark polirter Oberfläche, der in Löcherpilzen lebt und folgende Gattungscharaktere hat: kolbige, im ganzen Verlauf breit gedrückte Fühler, deren zweites Glied sehr klein ist, und die unter dem erweiterten, die Mundtheile überragenden Kopfrande eingelenkt sind. Oberkiefer (9. a) mit 2 Zähnen am Ende und breiter Kaufläche am Grunde der Innenseite; Unterkiefer (9. b) an beiden Endlappen gewimpert, der innere schmal, der äussere breit, deutlich 2gliedrig; Unterlippe (9. c) fast ganz wie bei TENEBRIO, aber der Endlappen (die Zunge, *ligula*) breiter. Taster mehr fadenförmig, das Endglied länglich eiförmig, zugespitzt. Füsse unterhalb behaart, die Krallen einfach. Flügeldecken mit Punktreihen. —

Fig. 10. COSSYPHUS *Hoffmannseggii*. A. natürliche Grösse.

Dieser merkwürdige Käfer bewohnt das südliche Portugal, wie das nördliche Africa, ist graugelb von Farbe, ohne Glanz, und lebt auf trockenem Sandboden. Ganz eigenthümlich ist ihm die scheibenförmige Erweiterung des Prothorax und der Flügeldecken, welche als eine dünne durchscheinende Platte vom ganzen Aussenrande der genannten Organe ausgeht, und am Ende sich in eine aufgeworfene Leiste verdickt. Unter dieser Platte sind der Kopf und die Beine versteckt, so dass bloss die Fühler und die Füsse hervorragen. Jene bilden am Ende einen viergliedrigen, eiförmigen Knopf; diese haben an der Unterseite des letzten Gliedes einen zahnartigen Vorsprung. Die Mundtheile ähneln denen der Vorigen, aber das letzte Glied der Kiefertaster ist mehr beilförmig, und die Oberkiefer gehen in eine einfache Spitze aus. Man kennt nur noch eine zweite etwas grössere Art aus Ostindien.

III. CRYPTOMERA. Von den Fussgliedern ist eins regelmässig verkümmert, und zwar in der Regel das vorletzte, bisweilen das erste; und die scheinbare Anzahl derselben ist also vier oder gar drei. —

A. *Gracilipalma*. Füsse schmal, ohne sohlenförmige Erweiterung, kein Fussglied herzförmig oder zweilappig. — Larven theils mit, theils ohne Gliedfurchen, aber immer mit Füssen.

14. Familie. XYLOTROGEA.

Wesentlicher Charakter. Fühler gewöhnlich kurz und dann perlschnurförmig oder kolbig; selten so lang wie der Leib, fadenförmig. Mundtheile kräftig, mit am Ende 2zahnigen Oberkiefern, ähnlich denen der TAXICORNIA. Leib der Meisten flachgedruckt, seltener zylindrisch.

a. Erstes Fussglied klein, noch kleiner als die folgenden, aber 5 Glieder im Ganzen.

Fig. 18. TROGOSITA *caraboides*. A. natürliche Grösse.

Er ist unter den einheimischen das grösste Mitglied dieser Gruppe, weicht aber in mehreren Punkten von den übrigen ab; am auffallendsten in der als Abtheilungscharakter angegebenen Fussbildung. Sein flacher Leib beweist, dass er zum Aufenthalt unter der Rinde bestimmt ist, und seine grossen starken Oberkiefer (18. a), dass er am Splint nagt; doch scheint er, wie die meisten XYLOTROGEA, erst todte Bäume anzufallen. Seine Unterkiefer enden mit zwei sehr ungleichen gewimperten Lappen (18. b), und seine Unterlippe (18. c) hat ein sehr kurzes tief ausgeschnittenes Kinn, in welches die grosse herzförmige Zunge aufgenommen wird. Beide Taster sind kolbig, und enden mit einem grossen eiförmigen Endgliede. Die Fühler werden nach oben etwas dicker, kolbig. Der Prothorax ist herzförmig und die Flügeldecken haben Punktstreifen. Weil der Käfer auch Getraide frisst, und öfters in Brodschränken gefunden wird, hat er seinen Namen TROGOSITA erhalten.

b. **Erstes Fussglied viel grösser** als die folgenden, und daher nur 4 Glieder im Ganzen.

α. Mit flachem Körper.

Gatt. SILVANUS, LYCTUS, COLYDIUM, DITOMA, MONOTOMA, CERYLON, RHYZOPHAGUS.

β. Mit gewölbtem drehrundem Körper.

Gatt. PSOA, CIS, APATE.

NB. Diese Gattungen ähneln sehr der hier sub No. 17. abgebildeten Gattung BOSTRYCHUS, welche auch denselben schmalen Bau der Füsse hat, aber doch, wegen des höchst eigenthümlichen Baues der Mundtheile, der folgenden Gruppe angehört.

B. *Latipalma.* Füsse bilden eine breite behaarte Sohle, und bestehen fast immer aus 5 Gliedern, von denen aber nur 4 gesehen werden (daher TETRAMERA genannt), indem das vorletzte sehr klein, das drittletzte aber gross und herzförmig ist. (Siehe No. 13.)

15. Familie. RÜSSELKÄFER. *Rhynchophora.*

Wesentlicher Charakter. Kopf nach vorn in einen Fortsatz (Rüssel) verlängert, an dessen Ende die ganz kleinen sehr verkümmerten Mundtheile sitzen; Taster derselben kegelförmig und versteckt. Fühler am Russel (oben oder unten), allermeist gebrochen (d. h. das erste Glied viel länger und dicker), am Ende einen Knopf bildend. Larven mit Gliedfurchen aber ohne Augen und Füsse.

a. **Rüssel undeutlich, ganz kurz;** Füsse sehr schmal, das vorletzte Glied der Meisten nicht herzförmig; *Bostrychidae.*

Fig. 17. Der Borkenkäfer (BOSTRYCHUS *typographus*). A. natürliche Grösse.

Die vollkommen zylindrische Gestalt, der grosse kappenförmige Prothorax, unter welchem der Kopf ganz versteckt ist, und die sehr kleinen Füsse bilden die am meisten in die Augen fallenden Charaktere der Borkenkäfer, welche durch ihre Verwüstungen in Nadelwäldern von jeher die Aufmerksamkeit der Forstleute auf sich gezogen haben. Hiermit verhält es sich so: die theils vollkommen, theils als Puppen überwinterten Käfer erscheinen gewöhnlich Anfangs Mai schaarenweise an den Stämmen, welche sie befallen wollen (NB. immer schon kranke oder gefällte, fast nie ganz gesunde Bäume), und bohren mit ihren scharfen, mehrmals gezähnten Oberkiefern (17. a) einen schief aufsteigenden Gang durch die Rinde, den sie, noch ehe sie den Bast berühren, zu einer Höhle erweitern, in welcher die Begattung vor sich geht. Ist diese erfolgt, so sondern sie sich paarweis ab, und jedes Paar bohrt einen auf- oder abwärts in der Rinde unmittelbar am Bast verlaufenden Gang aus, an dessen Wänden das Weibchen die Eier befestigt, worauf beide Geschlechter entweder hier sterben, oder den Gang zuvor verlassen. Die meisten fusslosen, aber mit einem hornigen Kopf versehenen Larven, welche aus den Eiern kriechen, bohren sich alsdann eigne Gänge, die rechtwinklig vom Muttergange ausgehen, und in dem Maasse als die Larve wächst, weiter werden. Am Ende dieses selten über 1½ Zoll langen Ganges verpuppt sich dann die Larve, und der fertige Käfer frisst sich hier durch die

Rinde hindurch, um mit seinen Coätaneen den alten Zyklus wieder zu durchlaufen. Die ganze Entwicklung ist in mindestens 10, höchstens 16 Wochen vollendet, und hiervon hängt es ab, ob jährlich 2, oder nur 1 Brut erzeugt wird. — Unter den zahlreichen Bostrychus-Arten, deren Mundtheile kaum Gattungsmerkmahle, sondern nur Familiencharaktere (NB. kurze kegelförmige Taster, kleine, innen 1lappige und gewimperte Unterkiefer 17. b, eine schmale zugespitzte Unterlippe 17. c) darbieten, ist B. *typographus* so ziemlich die grösste, und ausserdem leicht an dem vorn körnigen feilenartigen, hinten beinahe glatten Prothorax zu erkennen, so wie an den sechs beim Männchen grösseren Zähnen, die um die Grube am Ende der Flügeldecken stehen. Dazu kommen ein spitziger 4gliedriger Fühlerknopf, eine 5gliedrige Geissel zwischen dem Knopf und dem Stiel (zusammen 10 Glieder), und weniger grob in Reihen punctirte Flügeldecken. Farbe braun in verschiedener Intensität.

b. Rüssel sehr deutlich, mehr oder weniger verlängert; Füsse fast ohne Ausnahme sehr breit. *Curculionidae.*

α. Fühler deutlich geknickt, das erste Glied beinahe so lang wie die andern zusammen.

aa. Rüssel viel länger als der Kopf, die Fühler in der Mitte desselben befestigt. (Gatt. Rhynchaenus *Fabr.*)

Fig. 16. Der Nussbohrer (Balaninus *nucum*). A. natürliche Grösse mit dem Rüssel.

Von allen einheimischen Rüsselkäfern hat dieser den längsten Rüssel, namentlich das Weibchen, bei dem er so lang ist wie der Leib; bei dem hier abgebildeten Männchen jedoch etwas kürzer. Dabei ist der Rüssel auffallend dünn, hornig, glatt, nach unten gebogen, und am Ende mit den sehr kleinen Mundtheilen besetzt. Der elliptische Körper ist oberhalb fast glatt, unten gewölbt, überall dicht mit anliegenden rehfarbenen Haaren bewachsen. und auf den Flügeldecken gestreift. Das kleine Rückenschildchen hat eine hellere Farbe. Die kräftigen Beine haben an der Unterseite der Schenkel einen Zahn und am Ende der Schienen einen stumpfen Sporn. Der Käfer findet sich auf den Blättern der Haselnussstaude, und fällt sogleich herunter, wenn man den Strauch berührt. Die Larve lebt in den reifen Nüssen, aber verlässt dieselben, wenn sie sich verpuppen will, geht in die Erde, und liegt hier noch ein ganzes Jahr ehe der Käfer erscheint. Aehnliche Arten finden sich auf der Eiche.

bb. Rüssel nicht länger als der Kopf, die Fühler neben der Spitze eingelenkt. (Gatt. Curculio *Fabr.*)

Fig. 15. Der Brillantkäfer (Entimus *imperialis*), in natürlicher Grösse.

Unter den Rüsselkäfern einer der schönsten, und nicht minder durch seine Grösse, als seine prächtige Färbung ausgezeichnet, war der Brillantkäfer früher eine sehr grosse Seltenheit in Sammlungen und stand in hohem Preise, jetzt hat beides sehr abgenommen. Seine bestimmenden Charaktere liegen in mehreren, z. Thl. sehr versteckten Eigenschaften; namentlich darin, dass das erste Fühlerglied in eine Grube an beiden Seiten des Rüssels hineinpasst; dass der dicke Rüssel fast viereckig und am Ende erweitert ist; dass der Prothorax das Ansehn eines Zylinders hat, über den die Flügeldecken mit hohen Schultern hervorragen; dass die Flügel nicht fehlen; dass die Schienbeine am Ende die bei den meisten Rüsselkäfern vorhandenen beweglichen Sporen nicht haben, und überhaupt stumpf sind; und endlich dass die 2 ersten Fühlerglieder hinter dem Grundgliede merklich vergrössert sind. Von den sehr versteckten Mundtheilen sind die Oberkiefer (15. a) sehr stark, kräftig und ganz hornig: die Unterkiefer (15. b) aber bloss häutig, am Ende zweilappig und gewimpert; die Unterlippe (15. c, von innen) herzförmig, hornig, gerade abgestutzt ohne vorragende Zunge, beide mit kurzen, gleichdicken, stumpfen Tastern. Uebrigens ist der Käfer eigentlich schwarz, hat aber in dem tiefen Eindruck des Prothorax, den reihenweis gestellten Gruben der Flügeldecken, und an den Beinen zwischen den Haaren breite, grüne, wie Gold und Silber glänzende Schuppen, die ihm ein sehr prachtvolles Ansehen geben. Er bewohnt Brasilien.

β. Fühler nicht geknickt, weil das erste Glied nicht länger ist als die folgenden. (Gatt. ATTELABUS *Fabr.*)

Fig. 14. Der rothe Kornwurm (APION *frumentarium*). A. natürliche Grösse.

Nicht sowohl der Käfer, als vielmehr seine Larve stellt dem Getraide nach, und richtet bisweilen durch allzu grosse Vermehrung beträchtlichen Schaden an. Man findet daher den Käfer in Häusern auf Kornböden, aber auch im Freien auf Blumen. Die schöne gelbrothe Farbe zeichnet ihn unter seinen Gattungsverwandten, welche fast alle schwarz oder stahlblau gefärbt und meistens noch kleiner sind, besonders aus. Die Fühler, deren eben erwähnte eigenthümliche Bildung den Charakter einer besondern Unterabtheilung der Rüsselkäfer abgiebt, stehen theils am Grunde des Rüssels, theils wie bei dieser Art, mehr nach der Mitte zu, und haben 2 etwas grössere Grundglieder vor der Geissel. Im Uebrigen ist die Form und Sculptur, namentlich die körnige Streifung der Flügeldecken, wie bei den meisten Arten. Die Augen allein sind schwarz.

16. Familie. BOCKKÄFER. *Capricornia s. Longicornia.*

Wesentlicher Charakter. Fühler stets so lang oder länger als der Leib, die Glieder gleichförmig und nie geknickt oder am Ende verdickt. Kopf ohne Rüssel mit deutlichen grossen kräftigen Mundtheilen. Larven mit Gliedfurchen, aber ohne wahre Füsse und Augen; fressen Holz.

Fig. 13. CERAMBYX *heros*, in natürlicher Grösse.

Einer der grössten deutschen Käfer, der sich in Eichen-Wäldern aufhält, deren Stämme seine fingersdicke und starke Larve anbohrt. Ausser den Familiencharakteren, welche in dieser Art sehr schön ausgeprägt sind, unterscheiden ihn der nach vorn schief geneigte Kopf; die Verdickung der unteren Fühlerglieder, die nierenförmigen Augen, der runzelige an jeder Seite in einen Stachel vorspringende Prothorax und die am Grunde tief und grob punktirten Flügeldecken. Die Mundtheile sind auffallend kräftig, besonders die grossen, aussen runzeligen, am Ende in einen Zahn auslaufenden Oberkiefer (13. a). Die Unterkiefer (13. b) enden mit 2 ungleichen stark gewimperten Lappen, von denen der äussere am Grunde verengt und am Ende in drei kleinere Lappen getheilt ist. An der Unterlippe (13. c) bemerkt man ein breites tief ausgebuchtetes Kinn, in dem die grosse, tief in 2 divergirende häutige Lappen getheilte Zunge sitzt. Beide Taster enden mit einem grossen kolbigen am Ende ausgehöhlten Gliede. Die Nahrung des Käfers besteht in Baumsäften, die er an den Stellen des Stammes, wo er hervorquillt, aufleckt, und zu diesem Endzweck besonders am Abende und in der Nacht aufsucht. Bei Tage hält er sich versteckt.

Aehnlich sieht ihm der kupferfarbene, metallisch glänzende, angenehm riechende CERAMBYX *moschatus;* der von Unkundigen auch für die spanische Fliege gehalten wird.

17. Familie. BLATTKÄFER. *Tetramera.*

Wesentlicher Charakter. Leib kugelig oder halbkugelig, seltener mehr elliptisch und nach vorn verschmächtigt. Fühler faden- oder schnurförmig, selten länger als der Leib. Füsse noch scheinbar 4gliedrig, meistens sehr breit. Larven ohne Gliedfurchen mit grossen Füssen und Augen, fressen Blätter.

a. Fühler durch eine breite Stirn weit getrennt, das letzte Fussglied länger als die Lappen des vorletzten. *Chrysomelina.*

Fig. 12. Das gestreifte Goldhähnchen (CHRYSOMELA *cerealis*). A. natürliche Grösse.

Die zahlreichen Arten dieser Gattung haben einen eiförmig kugeligen Leib, dessen breiter Kopf bis an die Augen im Prothorax steckt, übrigens aber von oben deutlich gesehen werden kann. Die Fühler stehen dicht vor den Augen, sind schnurförmig, und gegen das Ende etwas dicker, Die starken Oberkiefer (12. a) enden mit einer hakigen Spitze; die Unterkiefer (12. b) gehen in 2 sehr kleine gewimperte Lappen aus, von welchen der äussere aus 2 Gliedern besteht. Die Unterlippe (12. c) zeigt ein kurzes queres ausgeschnittenes Kinn, in welches die ebenfalls kurze, quere, abgerundete Zunge aufgenommen wird. Beide Taster sind kolbig, dick; die der Unterkiefer ziemlich lang und enden mit einem grossen fast kugeligen Gliede, an dem man die runde Tastfläche deutlich erkennt.

Offenbar ist Chr. *cerealis*, die man in sandigen Gegenden antrifft, unter den einheimischen Arten die schönste, und hat auf einem metallisch grünen Grunde stahlblaue oder purpurne Streifen, so wie ein Paar goldene neben der Naht. Füsse und Fühler sind stahlblau.

b. Fühler auf der Mitte der schmalen Stirn eingelenkt; das letzte Fussglied nur so lang wie die Lappen des vorletzten. *Cassidina.*

Fig. 11. Der grosse grüne Schildkäfer (Cassida *equestris*). **A. natürliche Grösse.**

Die Gattung der Schildkäfer (Cassida) gehört in ihren grössten und zahlreichsten Arten der wärmeren Zone an, und besitzt in Europa nur wenige Repräsentanten, unter denen der abgebildete der grösste und häufigste ist, und namentlich auf Disteln sich aufhält. Die schildförmige Erweiterung des Prothorax und der Flügeldecken erinnert an Cossyphus, ist aber minder stark, doch stark genug, dass sich der Kopf, die Fühler und die Beine darunter verstecken können. Jener ist klein, mit grossen nach oben und vorn gerückten Augen, welche die Stirn sehr einengen. Zwischen ihnen stehen die Fühler, deren erstes Glied verlängert ist, während die letzten verdickt sind. Die sehr kleinen Mundtheile bestehen aus kräftigen stark gezähnten Oberkiefern (11. b); einer am Rande ausgeschnittenen Oberlippe (11. a); kleinen Unterkiefern (11. c), die denen von Chrysomela ähneln, namentlich einen zweigliedrigen äusseren Endlappen baben; und einer schmalen Unterlippe (11. d), deren kurzes Kinn man kaum bemerkt, während die innere häutige Ausbreitung der Zunge überall hervorragt. Beide Taster sind fadenförmig, und die Endglieder etwas zugespitzt. Die abgebildete Art hat einen schwarzen Rumpf mit gelbem Rande, aber die Fühler und Beine sind gelb, und der Prothorax mit den Flügeldecken ist grün, oberhalb punktirt und am Rande fast körnig.

18. Familie. Sonnenkäferchen. *Coccinellidae s. Trimera.*

Wesentlicher Charakter. Die Füsse haben scheinbar nur drei Glieder (daher auch Trimera genannt), von denen das zweite breit und herzförmig ist (19. d). Zwischen diesem und dem Endglied ist noch ein kleines viertes Glied. Fühler kolbig verdickt, aber flach. Larven ohne Gliedfurchen mit grossen Füssen und Augen; fressen Blattläuse.

Fig. 19. Der Siebenpunkt. (Coccinella *septiespunctata*). **A. natürliche Grösse.**

Unter den vielen Sonnenkäfern oder Coccinellen, welche in unserer Gegend gefunden werden, giebt es nach der Farbe mehrere Gruppen; denn 1) Einige haben rothe Flügeldecken mit schwarzen Punkten, und sind: *a*) theils kreisrund, theils *b*) elliptisch; 2) Andere zeigen schwarze Flügeldecken mit rothen Punkten oder Flecken; noch Andere 3) rothgelbe mit weisslichen Flecken. Die abgebildete Art gehört zur ersten Abtheilung der ersten Gruppe, und ist unter diesen eine der grösseren und gemeinsten; sie ist ganz schwarz, mit 2 weissen Flecken am Rande des Prothorax, und 7 schwarzen Punkten auf den Flügeldecken. Die Mundtheile sind ziemlich kräftig; die Oberkiefer (19. a) enden mit 2 Zähnen, die Unterkiefer (19. c) mit 2 langgewimperten Endlappen; die Unterlippe (19. b) zeichnet sich durch ein langes wasenartiges Kinn, und eine breite Zunge aus, welche frei auf dem Ende des Kinnes sitzt. Die Taster sind verschieden, die der Kiefer (19. c) gross und beilförmig; die der Lippe (19. b) klein und zugespitzt. Der Käfer findet sich überall in Gärten auf Pflanzenblättern, Blumen, und ward früher als Mittel gegen Zahnschmerz in Anwendung gebracht.

TAFEL 25.

5. Klasse. Insekten. Insecta.

2. Ordnung. *Immen. Aderflügler. Hymenoptera.*

Wesentlicher Charakter. Sie haben vier ungleiche, dem Auge nackt erscheinende, also durchsichtige Flügel. Oberlippe und Oberkiefer stark, Unterkiefer lederartig, hüllen die verschieden lange, häutige, als Saugorgan benutzbare Zunge ein. Weibchen mit einem Stachel. Larven bereiten eine Hülse vor der Verwandlung.

1. Zunft. PFLANZENWESPEN. *Phytosphecces.*

Wesentlicher Charakter. Hinterleib ungestielt, 9gliederig. Fühler nie gebrochen, mit verschiedener Gliederzahl. Zwei Schenkelhalsringe. Die Larven mit Füssen, fressen frische vegetabilische Substanz.

1. Familie. BLATTWESPEN. *Tenthredonidae.*

Wesentlicher Charakter. Zunge 3lappig. Vorderschienen mit zwei ungleichen Enddornen. Legestachel des Weibchens sägeförmig zum Aufschneiden der Blätter, welche die Nahrung der Larve sind.

Fig. 1. CIMBEX *variabilis Klug.*, in natürlicher Grösse.

Fühler keulenförmig, 5—7gliedrig, die Keule 1—2gliedrig; Mundtheile stark entwickelt, Oberkiefer hakig mit starken Zähnen am Innenrande; Unterkiefer am Ende 2lappig, der untere Lappen stärker behaart, Taster 6gliedrig (1. c.); Unterlippe klein, die 3 Lappen der Zunge gleich lang, der mittlere schmäler, Taster 4gliedrig. Diese Merkmahle bilden die Charaktere der Gattung CIMBEX, welche sich ausserdem noch durch ihren grossen dicken plumpen runden Leib und die breiten Flügel, worin 2 Rand- und 3 Unterrand-Zellen sich befinden, auszeichnet. Ihre Arten sind die grössten dieser Familie. Die Larven (1. a.) ähneln Raupen, sind grün, gelbgestreift, haben jederseits ein Auge am Kopf und 20—22 Füsse, wovon die 6 vordersten hornig und gegliedert sind. Sie leben auf Weiden, Birken, Pappeln. Die abgebildete Art ist die grösste, und in der Farbe so verschieden, dass man kaum 2 gleiche Individuen findet; indess sind alle unbehaart und die Fühler 7gliedrig, Keule 2gliedrig, stets gelb; ebenso die Flügel und Füsse, das Übrige schwarz. Hinterleib mit gelben (*C. lutea*), grünlichen (*C. 10-maculata*), rothen (*C. silvarum*) Binden und Seitenflecken; die Hinterschenkel der Männchen sehr verdickt (*C. femorata*).

2. Familie. HOLZWESPEN. *Uroceridae.*

Wesentlicher Charakter. Zunge ungetheilt, sehr kurz. Vorderschienen mit einem Enddorn. Legestachel des Weibchens bohrförmig zum Eindringen in die Substanz des Holzes, wovon die Larven sich ernähren.

Fig. 2. SIREX *gigas*, in natürlicher Grösse.

Fühler borstenförmig, vielgliederig (24), halb so lang als der Leib. Kopf kugelig, mit erweiterten Backen und 3 Nebenaugen auf dem Scheitel. Oberkiefer kurz, dick, am Innenrande stumpf gezähnt. Unterkiefer (2. c.) verkümmert, mit der Unterlippe verwachsen, Taster (2. b.) 1—2gliedrig, Lippentaster (d. d.) 2—4gliedrig, letztere mit langen Borstenhaaren bedeckt. Leib zylindrisch; Flügel gross, die vorderen mit 1 Rand- und 3 Unterrandzellen. Hinterleib vollkommen drehrund, zugespitzt, beim Weibchen mit hervorragendem Legestachel. Beine lang, dünn, besonders die Füsse; am Ende des vorderen Schienbeins ein kurzer dicker, vor der Spitze hakiger Stachel, an den 4 hinteren 2 kleine spitze. Bei der abgebildeten Art, der grössten von allen, sind Fühler, Schläfen, Flügel, Schienen,

Füsse, 2 Punkte am Hinterrücken und der 1ste, 2te, 7te, 8te und 9te Hinterleibsring gelb, das Übrige schwarz. Ihre Larve (2. a.) ist gelblich, nackt, mit braunem Kopf und sehr kleinen Beinen an den 3 ersten Leibringen; sie lebt in Kieferstämmen, die Wespe in den Waldungen, woselbst sie meistens ruhig an Baumstämmen sitzend angetroffen wird.

2. Zunft. KERFWESPEN, Schlupfwespen. *Entomospheces.*

Wesentlicher Charakter. Der Hinterleib ist gestielt, und sitzt nur mit seinem engen Grunde am Brustkasten. Fühler von verschiedener Form und Gliederzahl. Die nackten fusslosen Larven leben als Schmarotzer im Inneren anderer Insekten, besonders der Schmetterlinge.

A. Zwei Schenkelhalsringe.

3. Familie. ÄCHTE SCHLUPFWESPEN. *Ichneumonidae.*

Wesentlicher Charakter. Fühler vielgliedrig (20 und mehr) borstenförmig. Kiefertaster (3. c.) fünfgliedrig, Lippentaster viergliedrig (3. c.); Oberflügel mit 1 Rand- und 2—3 Unterrandzellen, im letztern Falle die mittlere sehr klein (Spiegelzelle); an diese und an die erste Zelle stösst ein Quernerv (*nerv. recurrens*). Vorderschienen mit einem Enddorn.

Fig. 3. PIMPLA *persuasoria*, in natürlicher Grösse.

Oberkiefer mit 2 Zähnen von gleicher Länge (3. a.), zweites Tasterglied erweitert (3. c.). Hinterleib zylindrisch, 7gliedrig, das erste Glied flach gedrückt, wenig schmäler als das zweite, bildet den breiten Stiel. Legestachel des Weibchens ragt hervor. Diese Gattungsmerkmahle hat die abgebildete Art mit den übrigen gemein, sie unterscheidet sich in folgenden Punkten von den übrigen: Körperfarbe schwarz, Einfassung der Augen, 4 Seitenflecken des Brustkastens, die Flügelschuppe, das Schildchen und 2 Flecken über dem Hinterleibsstiel weiss; die Hinterleibsringe mit weissen Seitenrändern und 2 weissen Flecken am Hinterrande. Beine ganz rothgelb, auch die Hüften, von denen die 4 vorderen 1 weissen Fleck haben. Legestachel etwas länger als der Leib. Hinterleibsringe glatt, Rücken des Brustkastens mit Querleisten. In Wäldern.

Fig. 4. ICHNEUMON *grossorius*, in natürlicher Grösse.

Der obere Zahn des Oberkiefers viel kürzer als der untere; Unterkiefer, Unterlippe und Flügel wie bei PLIMPA, denn beide Gattungen haben die kleine Spiegelzelle. Beine kürzer, kräftiger, Hinterleib flach gedrückt, lanzettförmig; der Stiel sehr eng, steht aufrecht und trägt den wagerechten Hinterleib unter einem rechten Winkel. Legestachel des Weibchens ragt nicht über die Spitze des Hinterleibes hervor. Die abgebildete Art der eben charakterisirten an Arten sehr zahlreichen Gattung ist ziemlich die grösste von allen, und zwar ein Weibchen, was die aufgerollten Fühler anzeigen, indem diese bei den Männchen immer grade gestreckt sind und gewöhnlich keine weisse Binde haben. Die Grundfarbe ist schwarz; die Schienbeine, mit Ausnahme der Spitze, rothgelb, ebenso der 2te und 3te Hinterleibsring, bisweilen beim Männchen noch der vierte; Schildchen, Flügelschuppe, ein Fleck an den 4 hinteren Hüften weiss, beim Weibchen noch ein ebensolcher Fleck auf dem 5ten—7ten Hinterleibsringe; dagegen hat das Männchen ganz gelbliche Beine. Dieses wurde, wegen seiner abweichenden Zeichnung, als eigene Art beschrieben unter den Namen ICHN. *horridator Grav.*, wovon wieder ICHN. *flavolineatus Grav.* eine Varietät ist. In Wäldern.

Hierher gehören noch die Familien BRANOCIDAE, ALYSIDAE und EVANIDAE.

B. Ein Schenkelhalsring.

4. Familie. GALLWESPEN. *Cynipidae s. Gallicolae.*

Wesentlicher Charakter. Fühler fadenförmig, 13 oder 15gliedrig; Mundtheile klein, Kiefertaster (5. b.) 5gliedrig, das erste Glied sehr klein, Lippentaster (5. c.) 3gliedrig. Flügel mit 1 Rand- und 2—3 Unterrandzellen, ohne hintere Quernerven (*nerv. recurrentes*). Hinterleib kurz, stark seitlich zusammengedrückt, hüllt den Sförmig gebogenen Legestachel ein.

Fig. 5. CYNIPS *gallae tinctoriae*, 5. a. die natürliche Grösse.

Fühler bei beiden Geschlechtern gleichgliedrig (14 oder 15); Brustkasten hochgewölbt, Hinterleib linsenförmig, die scharfe Kante nach oben und unten gewendet, hinten schief abgeschnitten. Flügeladern zum Theil unterbrochen, die erste Unterrandzelle gewöhnlich nach dem Grunde des Flügels hin nicht geschlossen. Die Arten dieser Gattung leben als Larven in Pflanzenauswüchsen, sogenannten Galläpfeln, welche durch den Stich des Insekts, mit welchem das Ei zugleich in die Pflanzensubstanz gelegt wird, verursacht werden. Einige Arten sind jedoch wahre Parasiten, und leben theils in den Larven anderer Gallwespen, theils in Blattläusen, so namentlich CYN. *erythrocephala Jur.* Die abgebildete Art ist rothgelb, der Hinterleib glänzend, oben am Grunde braunschwarz. Sie bewohnt die Levante, und verursacht die bekannten offizinellen Galläpfel, welche als kugelrunde höckerige Auswüchse an den Zweigen von *Quercus infectoria Oliv.* vorkommen.

Hieher noch die Gattungen IBALIA, FIGITES, HELORUS, CODRUS (PROCTOTRUPES *Latr.*), PSILUS (DIAPRIA *Latr.*).

5. Familie. PTEROMALINA s. CHALCIDIDAE.

Wesentlicher Charakter. Fühler geknickt, das erste Glied (der Stiel, *stipes*) viel länger als die übrigen, welche zusammen den zweiten Haupttheil des Fühlers (die Geissel, *funiculus*) bilden. Kiefertaster 4—5gliedrig, Lippentaster 3—4gliedrig. Hinterleib zwar 7ringelig, aber die Ruckenseite mehrerer Ringe verwachsen.

A. Hinterschenkel verdickt. Flügel mit einigen Adern.

Fig. 7. CHALCIS *clavipes*.

Fühler sitzen in einer Grube an der Stirn, 11—12gliedrig, die Geissel zylindrisch. Stirn ohne Fortsätze. Kiefertaster 4gliedrig, Lippentaster 3gliedrig. Oberflügel mit verdickter Randader, deren Ende ein hornartiger Punkt anzeigt; ausserdem noch 2 schwache unten verbundene Längsrippen. Legestachel des Weibchens völlig versteckt. Hinterschenkel sehr dick, kugelig, unterhalb gezähnt, die Schienbeine bogenförmig. Die Arten finden sich auf Blumen, besonders Schirmpflanzen, und sind meistens nur klein; die abgebildete wird 3 Linien lang (7. a.) und unterscheidet sich sehr auffallend durch ihren langen Hinterleibsstiel und ihre verlängerten Hüften: sie ist schwarz, nur die Hinterschenkel sind roth, die Kniee der 4 Vorderbeine und alle Füsse gelblich.

B. Hinterschenkel nicht verdickt. Im Flügel nur die Randader bemerkbar.

Fig. 6. PERILAMPUS *violaceus*, 6. a. natürliche Grösse.

Fühler 11gliedrig, auf der Mitte der Stirn in einer Vertiefung eingelenkt, Geissel länglich kolbig, etwas zugespitzt; Kiefertaster 5gliedrig, Lippentaster 4gliedrig; das erste Glied klein, das letzte verlängert, kolbig. Flügel ohne Adern, bloss mit einer hornigen Ader neben dem Vorderrande, von deren Ende ein kleiner Stiel nach innen läuft. Brustkasten hochgewölbt; Hinterleib kurz, dreieckig, ohne hervorragenden Legestachel, zeigt auf der Oberfläche keine Gliederung. Beine fein, zierlich. Die abgebildete Art ist am Kopf und Brustkasten stark punktirt, grün, metallisch glänzend; der Hinterleib glatt, stahlblau. Fühlergeissel roth beim Weibchen; die Kniee und Füsse gelblich. Zeitig im Frühjahr auf den jungen Blättern von *Prunus padus*.

6. Familie. GOLDWESPEN. *Chrysodea*.

Wesentlicher Charakter. Fühler geknickt, 13gliedrig, dicht über dem Rande der Oberlippe eingelenkt; die Geissel spindelförmig, gewunden. Kiefertaster 5gliedrig (8. c.), Lippentaster 3gliedrig (8. b.). Hinterleib oberhalb mit 3 deutlichen Ringen, darunter die übrigen als fernrohrartiger Legestachel versteckt liegen. Können sich kugeln.

Fig. 8. CHRYSIS *fulgida*.

Oberkiefer länglich hakenförmig, mit einfacher Spitze und schwachem Zahn am Innenrande. Unterkiefer und Unterlippe nicht verlängert, letztere löffelförmig; Schildchen abgerundet, Hinterleib länglich, am Grunde grade abgestutzt, der Rand des letzten Gliedes häufig gezähnt. Die abgebildete Art wird $4\frac{1}{2}$ Linien lang (8. a.) und ist, wie alle anderen, auf der ganzen Oberfläche dicht und grob punktirt, doch am Hinterleibe schwächer als am Brustkasten; dieser ist metallisch grün, der Hinterleib purpurroth, nur der erste Ring, wie die Beine, stahlblau; Fühler schwarz, Flügel röthlich rauchfarben. Sie ist nicht gemein, findet sich aber, gleich den übrigen Arten, an Holz- und Lehmwänden, woselbst sie in die Löcher der Grabwespen eindringt, um in deren Larven ihre Eier zu legen.

3. Zunft. GRABWESPEN. *Fodientia.*

Wesentlicher Charakter. Sie haben, wie die Vorigen, einen gestielten, am Grunde zusammengeschnürten Hinterleib, aber, wie die Folgenden, nur einen einfachen Schenkelring. Fühler beim Männchen 13gliedrig, beim Weibchen 12gliedrig. Die fusslosen Larven werden von der Mutter mit Nahrung, getödteten Insekten, versehen; die Alten leben nie gesellig, vielmehr höhlen sie Löcher im Sande und Holze aus, wohin sie die getödteten Insekten tragen und mit Eiern befruchten.

7. Familie. Raupentödter. *Sphegodea.*

Wesentlicher Charakter. Fühler fadenförmig, die Glieder, zumal bei den Weibchen, deutlich abgesetzt, bei letzteren gekrümmt, bei den Männchen grade. Beine ungleich, die hinteren sehr lang, die Vorderfüsse meistens mit steifen Borsten besetzt.

Fig. 9. Ammophila *arenaria*, in natürlicher Grösse.

Das ausgezeichnete Merkmahl dieser Gattung ist die Bildung des Mundes, insofern die Unterkiefer und die Zunge sehr verlängert sind und eine Art Rüssel bilden, der sonst in dieser Familie nicht vorkommt. Dabei sind die Oberkiefer (c.) kurz, hakig und am Innenrande mit einem starken Zahn versehen; die Unterkiefer (b.) bilden eine lange, lanzettliche Hornplatte, in deren Mitte fast die fadenförmigen 6gliedrigen Taster eingelenkt sind; die Unterlippe (9. a.) ist am Grunde, wo sie an die Kehle stösst, breit, verengt sich dann aber bald zu einer schmalen Zunge, und trägt vor dieser jederseits einen 4gliedrigen fadenförmigen Taster. Ausser diesen Eigenthümlichkeiten hat die Gattung noch einen lang gestielten eiförmigen, nackten Hinterleib, dessen 2ter, 3ter und 4ter Ring bei der abgebildeten Art rothgelb sind, alles Uebrige schwarz. Dabei ist sie überall am Brustkasten, wie an den Beinen, dicht mit langen Haaren besetzt und der Hinterleibsstiel besteht bloss aus dem ersten Ringe. Amm. *arenaria* findet sich im Sommer überall an sonnigen Orten in sandigen Gegenden, woselbst sie mit ihren breitbehaarten Vorderfüssen Löcher in den Sand gräbt, um die getödteten Insekten, gewöhnlich Raupen, worin sie ihre Eier legt, hineinzuschleppen.

Fig. 10. Pompilus *rufipes*, 10. a. natürliche Grösse.

Pompilus unterscheidet sich von Ammophila, bei völlig gleicher Lebensweise, durch die anders gebildeten Mundtheile, nehmlich die kurze herzförmige Zunge an der Unterlippe (c.), und die ebenfalls kurzlappigen Unterkiefer, so wie durch die dickeren geknickten Taster. Dabei ist der Leib gewöhnlich nackt, der Brustkasten schlanker und der Hinterleib deutlicher zugespitzt, jedoch das erste Glied nicht ein blosser Stiel, sondern allein am Grunde zusammengezogen. Die abgebildete Art ist schwarz, der 2te und 3te Hinterleibsring haben am Grunde jederseits einen weissen Punkt, und an den 4 hinteren Beinen sind die Schienbeine und halben Schenkel rothgelb. Im Sommer an denselben Stellen, doch seltener.

8. Familie. Scoliodea.

Wesentlicher Charakter. Fühler dick, besonders die grade ausgestreckten der Männchen, die der Weibchen gewunden. Kopf kugelig, Stirn und Scheitel undeutlich getrennt; Augen gewöhnlich nierenförmig. Erstes Fussglied der Hinterbeine so lang oder länger als das kurze dicke Schienbein. Geschlechter auffallend verschieden, die Weibchen oft ungeflügelt.

Fig. 12. Scolia (Elis *Fabr.*) *interrupta*, 12. a. natürliche Grösse.

Die Gattung Scolia bildet den Hauptrepräsentanten dieser Familie, und unterscheidet sich von den übrigen auffallend durch die Bildung der Zunge, welche rund ist, fleischig, in drei behaarte Spitzen ausläuft, und in die Unterlippe (c.) zurückgezogen werden kann. Daher sind auch die Unterkiefer (b.) etwas länger, besonders der obere Lappen. Die Abbildung stellt das Männchen einer im südlichen Deutschlande nicht seltenen Art vor, welche schwarz und mit gleichfarbigen steifen Borsten überall zerstreut bedeckt ist. Beim Männchen sind die nackten graden Fühler über halb so lang als der Leib, die krummen, etwas spindelförmigen des Weibchens aber kaum $\frac{1}{3}$ so lang, jene haben 13, diese 12 Glieder, wie bei allen Grabwespen. Die durchsichtigen Flügel sind russbraun. Ausser im Bau der Fühler unterscheiden sich beide Geschlechter nicht. Die Zeichnung ist übereinstimmend, bei beiden hat das Schildchen 3, und jeder Hinterleibsring 2 gelbe Flecke, die bisweilen in einen verschmolzen sind, auch sind die 4 vorderen Schienbeine ebenso gefärbt.

9. Familie. Crabronina.

Wesentlicher Charakter. Kopf gross, mit senkrecht gestellter Stirn und nach oben gewendetem, deutlich abgesetztem Scheitel. Fühler kürzer, feiner, geknickt. Oberkiefer über einander geschlagen, halten oder verdecken die Oberlippe (11. b.). Beine gleichmäfsig, das erste Fussglied stets kürzer als das Schienbein.

Fig. 11. Crabro *cephalotes*, 11. a. die natürliche Grösse.

Kopf gross, besonders die nicht ausgeschnittenen elliptischen Augen; Fühler kurz, die Geissel zylindrisch; Mundtheile fast alle versteckt, indem die grossen hakigen sich kreuzenden Oberkiefer (b.) die übrigen ganz bedecken. Unterkiefer (d.) daher kurz, besonders der obere Lappen; Taster kurz, 6gliedrig. Unterlippe (c.) ebenfalls kurz, länglich viereckig, verdeckt die sehr kleine Zunge ganz; Taster 4gliedrig, die Glieder kurz und dick. Flügel mit 1 Rand- und 1 Unterrand-Zelle. Beine stark, die Schienen stachelig, bei den Männchen mancher Arten die vorderen in einen Lappen erweitert; Füsse kurz, borstig. Die Arten finden sich besonders auf Schirmblumen, haben sonst die Lebensweise der Vorigen, und sind alle schwarz mit gelben Zeichnungen. Die abgebildete Art, eine der grössten, unterscheidet sich durch die metallisch glänzende Gegend über dem Munde, den äusserst breiten Kopf und die ganz gelben Schienen von den Verwandten. Der Hinterleib hat 6 gelbe Gürtel, wovon die mittleren durchbrochen sind. Das Männchen hat keine erweiterten Vorderschienen.

Fig. 13. Bembex *rostrata*, in natürlicher Grösse.

Die Kennzeichen der Gattung Bembex sind folgende: Oberlippe gross, 3seitig, ragt vor (13. a.), obgleich die Oberkiefer in der Ruhe über sie weggreifen und sie zurückklappen. Unterkiefer sehr verlängert (c.), in der Ruhe einmal geknickt, Taster 4gliedrig; Unterlippe ebenfalls lang, die Zunge 3lappig, die Lappen in der Ruhe geknickt, der mittlere breiter, am Ende ausgeschnitten; Taster 2gliedrig (13. b.). Diese Gattung bildet, zumal durch den Bau der Zunge, den Uebergang zu den eigentlichen Wespen, mit denen sie in der Form des senkrecht gestellten Kopfes, so wie der kurzen gebrochenen Fühler übereinstimmt; indess sind die Augen nicht nierenförmig, wie bei den Wespen, und die Oberflügel auch nicht der Länge nach gefaltet, wie bei diesen. Der Hinterleib ist länger, gestreckter, etwas flacher, und die Basis ist nicht abgestutzt. Die Beine sind zarter, schwächer. Das hier abgebildete Männchen wird 1 Zoll lang, seine Grundfarbe ist schwarz, Kopf, Brustkasten und der Hinterleib am Anfange sind gelblich behaart. Am Kopf sind Stirn, Oberlippe, Schläfen und die Unterseite der Fühler gelb, am Brustkasten einige Seitenstreifen und 2 Punkte auf dem Schildchen; am Hinterleibe hat jeder Ring eine gelbe wellenförige Querbinde, von welchen die erste immer, bisweilen alle, unterbrochen sind, und der 2te und 6te Ring am Bauch einen Höcker; die Beine sind ganz gelb. Beim Weibchen sind die gelben Zeichnungen des Brustkasten und des Hinterleibes weiss, und die Beine am Grunde schwarz. B. *rostrata* findet sich im Sommer auf sandigen Heiden besonders am Rande der Nadelwälder, und lebt gleich den Vorigen in Erdlöchern, welche sie selbst gräbt.

4. Zunft. GESELLIGE IMMEN. *Socialia.*

Wesentlicher Charakter. Sie haben, wie die Vorigen, gebrochene, beim Männchen 13-, beim Weibchen 12gliedrige Fühler, und einen gestielten dort 7-, hier 6gliedrigen Hinterleib; aber von jeder Familie leben einzelne Gattungen gesellschaftlich und ihre Gesellschaft besteht dann aus Männchen, Weibchen und Geschlechtslosen, welche die Wohnung bauen und die Larven ernähren.

10. Familie. Aechte Wespen. *Vespina.*

Wesentlicher Charakter. Fühler kolbig, das letzte Glied beim Männchen oft hakig. Oberflügel der Länge nach gefaltet. Augen nierenförmig; erstes Fussglied rund. Hinterleibsstiel ohne Schuppe.

Fig. 16. Die Mauerwespe. Odynerus *parietinus.*

Diese Wespe gehört zu einer Gattung (Odynerus), deren Arten nicht gesellig leben, mithin auch keine besonderen Wohnungen bauen, sondern nach Art der Grabwespen in Mauerlöchern ihre Eier unterbringen, nachdem sie zuvor getödtete Insekten, von denen die Larve sich ernährt, hinein getragen haben. Die Gattungsmerkmalfle von Odynerus liegen in der Form des ziemlich runden Kopfes, in den am Ende deutlich hakigen Fühlern der Männchen (die Abbildung stellt ein Weibchen vor), in der 3lappigen Zunge (16. c.), deren mittlerer Lappen viel grösser und am Ende gespalten ist, und in dem am Anfange abgerundeten Hinterleibe, dessen erstes Glied stärker zusammengeschnürt ist. Die Unterkiefer (16. b.) sind kurz, wie bei den übrigen Wespen, ihre Taster 6gliedrig, die Taster der Unterlippe 4gliedrig. Die in der Ruhe der Länge nach gefalteten Flügel spannen sich beim Fliegen wie gewöhnlich aus. ODYNERUS *parietinus* wird 5—6 Linien (16. a.) lang, ist schwarz, Kopf und Brustkasten gelb gefleckt, der Hinterleib mit 6 gelben Binden am Hinterrande jedes Ringes. Sie findet sich häufig im Sommer, vor Lehmwänden auf und nieder fliegend, wo sie nach den Löchern sucht, um ihre Eier hinein zu legen.

11. Familie. BIENEN. *Apina.*

Wesentlicher Charakter. Augen elliptisch, Fühlergeissel prismatisch, Oberflügel nicht gefaltet, erstes Glied der Hinterfüsse sehr lang, seitlich zusammengedrückt, behaart. Zunge dreilappig, die Seitenlappen (*paraglossae*) oft sehr klein.

A. Die Zunge ist viel kürzer als das Kinn. *Anthrenodea.*

Die Mitglieder dieser Gruppe leben nie gesellig, sondern die Weibchen scharren Löcher in die Erde, wohinein sie ihre Eier legen und Blumenstaub tragen zur Ernährung der Jungen.

Fig. 14. COLLETES *succincta*, 14. a. natürliche Grösse.

Die bienenartigen Insekten gleichen einander so sehr in der äusseren Form, dass es schwer hält, die besonderen Merkmahle jeder Gattung anzugeben, auch liegen diese mehr im Bau der Mundtheile, welche merkwürdiger Weise in dieser Familie einer sehr grossen und mannigfachen Verschiedenheit unterworfen sind. Bei COLLETES findet sich, wie schon oben angegeben ist, eine kurze Zunge von herzförmiger, gegen das Ende erweiterter und hier ausgeschnittener Gestalt, woneben die beiden schmalen linienförmigen Nebenzungen hervorragen; am Grunde dieser stehen die 4gliedrigen Taster (c.). Die Unterkiefer sind kurz, abgerundet, gewimpert, und ihre Taster 6gliedrig. Sonst hat COLLETES einen behaarten mehr gewölbten Leib, an der Spitze gespaltene Oberkiefer, und einen kegelförmigen am Grunde abgestutzten Hinterleib, welcher dem der Wespen ähnelt. Die abgebildete Art findet sich bei uns, wie alle Bienen, auf Blumen, ist schwarz, überall gelbbraun behaart, nur der ziemlich nackte Hinterleib hat am Rande jedes Ringes weisse aus Haaren gebildete Querbinden, so wie 2 gelbliche dreieckige Flecke am Grunde des ersten Ringes.

Fig. 15. ANTHRENA *Kirbii*, 15. a. natürliche Grösse.

In der oben angegebenen Abtheilung der Bienen mit kurzer Zunge findet sich eine zweite Hauptzungenform, deren Repräsentant die Gattung ANTHRENA (ANDRENA *Fabr.*) ist. Wir sehen dieselbe bei 15. a. dargestellt, und finden, dass der mittlere Hauptlappen gegen das Ende hin verschmälert, zugespitzt ist, die seitlichen aber gleichfalls linienförmig; dabei hat die Mittelzunge eine Längsfurche, welche sie in zwei Hälften spaltet. Das Zahlenverhältniss und die Bildung der Taster überhaupt ist ganz wie bei COLLETUS, aber in der Körperform weicht ANTHRENA durch einen kürzeren breiteren Kopf, einen verhältnissmässig kleinen Brustkasten, und einen flachen, elliptischen, am Grunde durchaus nicht abgestutzten Hinterleib sehr von COLLETES ab. In der Lebensweise jedoch stimmen beide vollkommen überein. Die abgebildete Art ist, wie die meisten, eigentlich schwarz, aber dicht mit rothgelben Haaren am Kopf, Brustkasten und den Beinen bedeckt; nur der Hinterleib ist nackter, glänzend und am Rande der Ringe mit feinen gelben, aus Haaren gebildeten Quergürteln geziert; die Füsse allein sind kastanienbraun.

B. Die Mittelzunge ist so lang oder länger als das Kinn.

Zu dieser Abtheilung, der zahlreicheren an Gattungen und Arten, gehören die geselligen Bienen, obwohl sie bei weitem den kleinsten Theil dieser Gruppe bilden, und unter den vielen Gattungen nur drei (APIS, TRIGORA und BOMBUS) bekannt sind, deren Arten Nester bauen und gesellig wohnen. Am bekanntesten davon ist die hier abgebildete Art.

Fig. 17. Die Honigbiene (APIS *mellifica*); a. Männchen, b. Weibchen, in natürlicher Grösse.

Sie hat ihren wesentlichen Gattungscharakter im Bau des Mundes und der Hinterbeine. Ersterer besitzt 2 grosse gezähnte Oberkiefer und 2 lanzettförmige schmale Unterkiefer (17. e.), deren untere

Hälfte mit dem Kinn der Unterlippe verwachsen ist und am Ende, da wo sie frei wird, einen kurzen eingliedrigen Taster trägt. Die Unterlippe (17. c.), welche hier noch einmal so stark vergrössert ist, als der Unterkiefer, hat ein schmales kanalförmiges nach aussen horniges Kinn, das durch eine weiche Gelenkhaut mit dem Unterkiefer verbunden ist. Vom Ende des Kinnes gehen die beiden Taster (d. d.) und die Zunge aus. Erstere haben 4 Glieder, 2 sehr grosse, stark zusammengedrückte, welche zusammen der Zunge fast an Länge gleichkommen, und 2 ganz kleine vor der Spitze des 2ten Gliedes angeheftete. Die Zunge selbst ist ein runder, hohler, am Ende löffelförmig erweiterter, behaarter Faden, neben dem am Grunde noch 2 kleine Hautlappen angebracht sind. Diese Lappen, die sogenannten Nebenzungen, sind bei den Honigbienen äusserst klein; in der Abbildung (17. c.) haben sie fast $\frac{2}{3}$ der ganzen Zungenlänge, und dies ist der Fall bei vielen Bienengattungen, z. B. bei Oxaea, deren Unterlippe hier dargestellt ist. Das zweite Hauptgattungsmerkmahl der Honigbienen liegt im Bau der Beine, und besteht darin, dass diesen die Erdstacheln am Schienbein fehlen und das erste Fussglied fast so lang ist als das Schienbein, parallelseitig, mit Haaren reihenweis besetzt und einer Bürste ähnelt. Uebrigens ist es beim Männchen kleiner als beim Weibchen, und die steifen Haare fehlen bei jenem. Beide Geschlechter kann man ausserdem dadurch leicht unterscheiden, dass das Männchen (17. a.) grösser ist, besonders im Brustkasten, 1 Hinterleibsring mehr hat, und dass die Augen sich bis auf den Scheitel hin fortsetzen, ja sogar auf der Mitte desselben sich mit ihren äussersten Enden berühren. Beim Weibchen ist der Kopf mit den Augen kleiner, der Scheitel bleibt frei und trägt die 3 Nebenaugen; der Hinterleib aber ist länger, zugespitzter, mehr kegelförmig und besteht nur aus 6 Ringen. Beide sind braun, gelblich behaart, das Weibchen aber hat kastanienbraune Querbinden am Rande jedes Ringes. Der Staat der Bienen besteht aus vielen Männchen (Drohnen), einem fruchtbaren, Eier legenden Weibchen (Königin) und vielen unfruchtbaren verkümmerten Weibchen (Arbeitern), welche die ausgekrochenen Larven ernähren und die Wohnung bauen. Diese Arbeiter unterscheiden sich äusserlich von der Königin bloss durch eine geringere Grösse, und den Mangel der kastanienbraunen Querbinden. Sie sind es, welche beständig am Stock aus- und einfliegen, Nahrung für die Larven, nehmlich Blumenstaub, an den Hinterbeinen, besonders am ersten Fussgliede, herbeischleppen, und den Honig, den Vorrath für den Winter, einsammeln. Letzteren saugen sie aus den Blumen vermittelst der Zunge in ihren Kropf auf, und würgen ihn durch die Oeffnung des Schlundes, welche am Kinn innen vor dem Anfange der Zunge liegt, und von einer dreieckigen Klappe (*epiglottis* genannt) verschlossen wird, wieder hervor. Das Wachs zum Bau der Zellen, welches ebenfalls die Arbeiter herbeischaffen, sammeln sie nicht von Blumen ein, da diese kein Wachs haben, sondern sie bilden es selbst in kleinen Taschen, welche am Hinterleibe zwischen den Bauchsegmenten der 4 mittleren Ringe sich befinden. Aus diesen Taschen holen sie es mit den Füssen in Gestalt kleiner glasartiger Tafeln hervor, lösen es mit dem Speichel auf, kneten es mit den Oberkiefern und bauen mit denselben Organen die Zellen daraus auf. Bekanntlich bilden diese sechsseitigen Zellen in ihrer innigen Verbindung grosse Tafeln (Waben), welche senkrecht von der Höhe des Stocks bis zum Boden hinabsteigen, und so weit von einander entfernt sind, dass die Bienen bequem dazwischen hin und hergehen können. In diesen Waben haben die Zellen nach beiden Seiten Oeffnungen, gegen die Mitte aber stossen sie zusammen und schliessen einander. Ist eine solche Zelle mit Honig angefüllt, so wird auch die Oeffnung am freien Ende von den Bienen mit Wachs verklebt. Da die Bienen seit Jahrhunderten als Hausthiere gehalten werden, so findet man sie bei uns nicht mehr wild, auch scheint Deutschland gar nicht ihre eigentliche Heimath gewesen zu sein, sondern sie sind wohl, wie so viele Hausthiere, von Asien her mit der Kultur fortgeschritten, erst zu den Griechen, dann zu den Römern und von diesen wieder zu den Deutschen gebracht worden. In kalten Gegenden gedeihen sie nicht gut. Bei uns enthält ein guter Stock mehrere tausend Bewohner, darunter nur eine Königin und etwa 2mal so viel Arbeiter als Drohnen. Diese werden von jenen im Herbst getödtet, und mit der Königin überwintern bloss die Arbeiter. Im Frühjahr fängt die Königin ihr Geschäft des Eierlegens an, und alsbald sind dann auch die Arbeiter um die jungen Larven beschäftigt. Letztere häuten sich nicht, haben auch keinen After, und brauchen zu ihrer Entwickelung nur 4—6 Wochen. Sie sind weiss mit bräunlichem Kopfe, haben keine Beine, verlassen ihre Zelle daher nie, und spinnen sich innerhalb derselben eine Hülle, in welcher sie sich verpuppen.

12. Familie. Ameisen. *Formicina.*

Wesentlicher Charakter. Augen klein, kreisrund, fehlen einigen Arbeitern ganz. Flügel mit zum Theil ungeschlossenen Zellen, fehlen den Arbeitern beständig. Hinterleib mit deutlichem Stiel, der in eine aufrechte Schuppe erweitert oder in eine Kugel angeschwollen ist.

Fig. 18. Die rothe Waldameise (Formica *rufa*), vergrössert.

Diese Ameise lebt, gleich ihren Verwandten, gesellig, und zwar in der Erde, worin, oder in hohlen Bäumen, auch die anderen ihre Wohnung anlegen. Eine solche Wohnung besteht aus vielen, stockwerkweise übereinander angelegten, unter sich verbundenen Zellen von ungleicher Grösse, welche auf die Weise gebaut werden, dass die Ameisen den Stoff wegnehmen, und ihn nur hie und da als Scheidewände oder Träger stehen lassen. Diese Wohnung beherbergt verschiedene und auch sehr abweichend gebildete Insassen. Die Männchen sind in allen Theilen schlanker und zierlicher gebildet, ihre Fühlhörner sind bedeutend länger, der Kopf ist kleiner, der Brustkasten schmäler und der Hinterleib mehr elliptisch, dagegen beim Weibchen vollkommen eiförmig. Ersteres ist etwa 4 Linien lang (e.), ganz schwarz, glänzend, und nur die Beine sind rothgelb; die Flügel sehen wie geräuchert aus und haben einen verdickten Randpunkt. Das Weibchen, welches, da es in der Zeichnung mit der Arbeiterin übereinstimmt, hier nicht abgebildet wurde, ist etwas grösser als das Männchen, in allen Theilen plumper und anders gefärbt; nur der Kopf und der Hinterleib sind schwarzbraun, der Brustkasten mit den Beinen rothbraun, aber der Rücken ebenfalls schwarz; die Flügel haben eine noch dunklere rauchartige Färbung. Die Arbeiter (18. b.) endlich, oder richtiger Arbeiterinnen, indem es ebenfalls verkümmerte Weibchen sind, stimmen ganz mit den Weibchen, nur nicht in der Grösse des Brustkastens, welcher, da die Flügel fehlen, ein sehr verkümmertes, zusammengeschrumpftes Ansehn hat, auch oberhalb ganz rothbraun ist; ihre Grösse (18. f.) beträgt kaum 3''', die der Weibchen 5'''. Im Bau des Mundes stimmen alle drei überein, sie haben grosse hornige Oberkiefer, pergamentartige, länglich runde Unterkiefer (18. c.) mit 6gliedrigem Taster, und eine kleine Unterlippe (18. d.) mit 4gliedrigem Taster und häutiger lappenförmiger Zunge. Die Waldameise findet sich bei uns besonders in Nadelwäldern und baut eine hügelförmige Wohnung von mehr als $1\frac{1}{2}$' Höhe und mehreren Fuss im Umfange; auf und neben derselben sieht man die Arbeiter beständig geschäftig umherlaufen, wie sie Material fortschleppen, Nahrung, die in gefangenen Insekten besteht, herbeiholen, und die Wohnung gegen alle Angriffe vertheidigen. Dabei unterlassen sie es nicht, selbst auf die Bäume zu steigen, um sich hier am Safte der Blattläuse zu erquicken. Männchen und Weibchen bleiben beständig im Hause und kommen nur einmal (Juli) jährlich, dann aber zu tausenden, hervor, versuchen zu fliegen, was auch Vielen gelingt, während andere sich dabei die Flügel ausrenken und abbrechen. Diese gehen zu Grunde, die Anderen schwärmen in dicken Rauch ähnlichen Säulen in der Luft wohl stundenlang auf und nieder, bis die Nacht sie zu Boden drückt. Dann kehren die befruchteten Weibchen in die Wohnung zurück, aber die Männchen alle werden ausgeschlossen und den Vögeln zur Beute. Die Weibchen legen dann Eier, und die ausgekrochenen Larven futtern die Arbeiter, bis sie sich einspinnen und verpuppen. Diese eingesponnenen Puppen sind die sogenannten Ameiseneier. So überwintert die Kolonie, nachdem auch die Weibchen gestorben sind, und im nächsten Jahre liefern die vorhandenen Puppen neue Männchen, Weibchen und Arbeiter zur Erhaltung und Vermehrung des Staates, der nicht selten so anwächst, dass er gleich dem Bienenstaate getheilt werden und Kolonien aussenden muss, welche oft noch lange mit dem Mutterstaate in innigem Verkehr verbleiben.

TAFEL 26.

5. Klasse. Insekten. Insecta.

3. Ordnung. *Falter,* Schmetterlinge. *Lepidoptera.*

Wesentlicher Charakter. Sie haben vier ungleich grosse von Schuppen bedeckte Flügel und saugende Mundtheile. Oberlippe und Oberkiefer sind verkümmert, die Unterkiefer dagegen sehr gross, und bilden einen spiralig aufgerollten Rüssel, (Fig. 15.) der 3 Kanäle enthält (Fig. 17. von oben, Fig. 18. von unten), und im aufgerollten Zustande von der Unterlippe und deren Tastern (Fig. 16.) verdeckt wird.

1. Zunft. TAGFALTER. *Diurna.*

Wesentlicher Charakter. Fühler kolbig, mit zusammengedrückter oder runder Keule; Flügel gross, in der Ruhe aufgerichtet; Leib klein. Raupen mit 16 Füssen, leicht behaart oder stachelig.

1. Familie PAPILIONINA.

Wesentlicher Charakter. Flügel der Falter in der Ruhe ganz aufgerichtet, Kopf klein. Puppen nackt, ohne Gespinnst oder Coccon.

A. Erstes Fusspaar verkümmert, Putzfüsse genannt.

Fig. 1. Das Tagpfauenauge (VANESSA *Jo*), in natürlicher Grösse.

Dieser Schmetterling ist in unseren Gegenden eben nicht sehr häufig, aber doch jedes Jahr in Gärten und auf Feldern anzutreffen. Er hat breite, am Rande stark gezähnte Flügel, deren Grundfarbe ein lichtes Rothbraun ist, was jedoch gegen den Rand hin ins Schwarzbraune übergeht. Der Vorderrand der Oberflügel hat am Grunde gelbliche, schmale Zeichnungen und vor der Spitze einen Pfauenaugen-artigen Fleck, welcher nach aussen zu hellblau ist, nach innen gelb, in der Mitte braun, nach vorn aber schwarz mit einem helleren Wisch. An der gezackten Aussenkante des Flügels liegen 5 weisse Flecken, 3 davon noch im Rande des Auges. Das Auge der Hinterflügel liegt gleichfalls nach vorn, ist schwarz und blau gemischt, mit einem helleren Saum. Unten (1. a) ist die Farbe schwarz, mit helleren und dunkleren Querbinden und feinen Querstrichen, und einem gelben Punkt in der Mitte der Hinterflügel. Die Raupe, hier im halb erwachsenen Zustande abgebildet, ist schwarz mit weissen Punkten, und langen zackigen Dornen in 6 Reihen. Sie lebt auf Brennesseln und Hopfen. Die Puppe (1. c) ist gelb braungrau, mit zerstreuten Goldpunkten; bloss mit der Spitze des Hinterleibes befestigt, hängt sie frei herab.

B. Vorderfüsse von normaler Grösse.

Fig. 2. Der grosse Kohlweissling (COLIAS *Brassicae*), in natürlicher Grösse.

Bei uns der allergemeinste Tagschmetterling, ausgezeichnet durch seinen runden Fühlerknopf und seine grossen, oben am Rande aber nicht zackigen Flügel, welche mit leicht abgehenden Schuppen bedeckt sind. Die Grundfarbe der Flügel ist weiss, an den vorderen ist die Spitze oben schwarz und unten gelb, und auf der Mitte stehen 2 schwarze Flecke, welche den Männchen fehlen; die Hinterflügel sind oben weiss, vorn mit einem schwarzen Fleck, unten gelb mit feinen schwarzen Punkten. Der Leib ist schwarz, graugelblich behaart. Die bläulich-grüne Raupe (2. a) ist dünn behaart und fein schwarz punktirt, mit gelbem Längsstreif; sie lebt besonders auf Kohl, aber auch auf Rettig. Die Puppe (2. b) ist gelbgrün, mit schwarzen Punkten in Reihen. Sie sitzt aufrecht an Wänden, mit der Spitze des Hinterleibes befestigt und durch einen Strang quer über den Rücken gehalten.

Fig. 3. PARNASSIUS *Phoebus*, (PAP. *Phoebus Fabr.* PAP. *Delius Ochs. Esp.*), in natürlicher Grösse und sitzender Stellung.

Dieser zierliche Schmetterling lebt auf den Schweitzer Alpen, kommt aber nicht häufig vor. Seine Grundfarbe ist ein lichtes Gelb, das am Rande der Oberflügel ins Graue übergeht. Auf den Vorderflügeln stehen mehrere schwarze Flecke, darunter einer am Vorderrande, dessen Mitte schön roth ist. Die Hinterflügel sind auf der Oberseite an dem herabhängenden Rande, welcher den Hinterleib umfasst, schwarz, sonst gelb; auf der Mitte des Hinterfeldes ist ein runder, und am Vorderrande ein ovaler rother, schwarz eingefasster Augenfleck mit weisser Pupille; am Grunde 3 — 4 ähnliche Flecke, denen aber die Pupille fehlt. Die Raupe und Puppe dieses Falter sind noch nicht beobachtet, werden aber wohl mit denen von PAP. *Apollo* ebenso sehr übereinstimmen, wie die beiden Schmetterlinge es thun.

2. Familie Hesperidae.

Wesentlicher Charakter. Die Flügel der Falter stehen in der Ruhe nur halb aufrecht und klaffen etwas. Die Falter haben einen dicken Kopf und Leib; die Puppen stecken in einem leichten Gewebe.

Fig. 4. Hesperia *Tessellum Hübn. Ochsenh.* (Pap. Malvae var. maj. *Esper.*).

Unter den Hesperien oder Dickköpfen, welche, gleich den vorigen Tagfaltern, 6 gleichmässig entwickelte Beine besitzen, sich aber durch den dicken Leib und die kürzeren Flügel von ihnen auffallend unterscheiden, ist die abgebildete Art von den einheimischen eine der grösseren und seltneren, indem sie nur in Russland und im südlichen Deutschlande gefunden wird. Oben ist ihre Grundfarbe ein dunkles Braungrün, geziert mit viereckigen weissen Flecken, welche in 2 Bogenbinden dem Rande parallel laufen, aber einzelne Flecke zwischen sich liegen haben; der Rand selbst ist nicht ausgezackt, weiss und schwarz gefleckt. Die Unterseite ist weissgrau, mit zwei grünlichgrauen Binden, welche auf den Hinterflügeln deutlicher sind und gegen den Innenrand schwach zusammenhängen, auch keinen schwarzen sondern nur einen verdunkelten Rand haben. Die erste dieser beiden Binden ist stets vollständig, und hat vor sich neben dem Rande 3—4 grünlich-graue Flecke. Raupe und Puppe kennt man noch nicht, daher hier dieselben von einer verwandten Art, nehmlich von Hesperia *Malvarum Ill. Ochs.* (P. *Malvae Fabr. Hübn.*, P. *Alceae Esp.*) abgebildet sind. Die Raupe (4. a) ist aschgrau mit röthlichem Anflug, überall von feinen Härchen bedeckt, der Kopf schwarz; sie lebt auf der Feldmalve (Malva *silvestris*). Die braune, blau bereifte Puppe (4. b) steckt in einem gelblichen Gewebe.

2. Zunft. ABENDFALTER. *Crepuscularia.*

Wesentlicher Charakter. Sie haben kolbige oder prismatische dicke Fühler, einen dickeren nach hinten zugespitzten Leib, und schmale, langgestreckte, kleine Flügel, welche sich in der Ruhe dachförmig über den Leib legen. Die Raupen besitzen 16 Füsse.

3. Familie Schwärmer. *Sphingodea.*

Wesentlicher Charakter. Fühler prismatisch, am Ende zugespitzt, die Spitze meistens gebogen. Raupen nackt, mit einem Horn am vorletzten Ringe. Puppe ohne Gespinnst. Sie fliegen gegen Abend umher.

Fig. 5. Der Fichtenschwärmer (Sphinx *Pinastri Ochs.*).

Die Fühler dieses Schwärmers sind oben weiss, unten bräunlich; Kopf und Rücken aschgrau, letzterer mit 2 grossen braunen Streifen. Vorderflügel aschgrau, hier und da weiss bestäubt, mit einigen undeutlichen schwarzen Flecken und 3 schwarzen Längsstreifen in der Mitte; die hinteren sind dunkelbraungrau, gegen die Wurzel heller, der Rand weiss und schwarz gefleckt. Untenseite heller aschgrau, mit dunkleren Schatten in der Mitte. Der Hinterleib ist in der Mitte aschgrau mit schwarzem Längsstreif, die Seiten bestehen aus schwarzen, schwarzbraunen und weissen Gürteln. — Die Raupe (5. a) ist der Länge nach grün und gelb gestreift, und hat auf der Mitte des Rückens einen braunen Längsstreif. Sie lebt auf verschiedenen Nadelhölzern, besonders auf der Kiefer (P. *silvestris*) Föhre (P. *Abies*) u. a. Sie vermehrt sich mitunter stark und richtet dann grossen Schaden an. Ihre Verpuppungszeit fällt in den Herbst und der Schmetterling erscheint im nächsten Frühjahr.

3. Zunft. NACHTFALTER. *Nocturna.*

Wesentlicher Charakter. Fühler borsten- oder doppelt kammförmig, die der Männchen stärker als die der Weibchen. Raupen mit 12—16 Füssen, behaart oder nackt. Puppe in einem Gewebe oder sehr harten Coccon. Alle fliegen gleich nach Sonnenuntergange am liebsten umher.

4. Familie Spinner. *Bombycodea.*

Wesentlicher Charakter. Fühler stark gekämmt, die der Männchen grösser und mehr entwickelt. Raupen bald nackt bald behaart, stecken in einem dichten Coccon.

A. Die Hinterflügel sind durch keinen Haltapparat am Grunde des Vorderrandes mit den vorderen verbunden. (*Pseudobombyces Latr.*).

Fig. 7. Das kleine Nachtpfauenauge (Saturnia *Carpini Ochs.*).

Die Fühler sind auf beiden Seiten gekämmt und besonders beim Männchen sehr gross, von bräunlicher Farbe, beim Weibchen ockergelb. Der Rüssel ist so kurz, dass er zu fehlen scheint. Das Männchen ist auf den Vorderflügeln rothbraun und schwärzlich bestäubt, am Grunde ist eine hellere gesäumte Querbinde und in der Mitte ein Augenfleck, aus konzentrischen helleren und dunkleren Kreisen gebildet, welche auf einem weissen Felde stehen. Vor dem Aussenrande verläuft eine hellere und dunklere Zickzackbinde und neben dem Rande stehen 6 grosse weissgelbe von den Adern des Flügels getrennte Flecke. Die Hinterflügel sind in der Mitte orange, und haben gegen den Aussenrand erst eine dunklere Zickzackbinde, und dann einen schwarzen zackigen hellgesäumten Streif. In der Mitte steht ein dem der vorderen ähnlicher aber kleinerer Augenfleck. Auf der Unterseite ist die Hauptfarbe der Vorderflügel gelblich, der hinteren röthlich, und der Augenfleck steht in einem weisslichen Felde. Beim Weibchen sind alle diese Zeichnungen heller, die Farbe mehr graulich und übereinstimmender. Die Breite des Männchens ist 2″ die des Weibchens 3″ mit ausgespannten Flügeln. Die grüne Raupe (7. a) hat 16 Füsse und auf jedem Ringe einen schwarzen Gürtel, worauf 6 goldgelbe Knötchen sitzen, die mit radialen Borsten besetzt sind. Die schwarzbraune Puppe (7. b) steckt in einem eiförmigen Gewebe, dessen spitzes Ende einen offenen, innen aber durch einen leichten Haarkegel geschlossenen Eingang hat. Der Schmetterling ist in ganz Europa zu Hause, seine Raupe lebt von Schlehen-, Hainbuchen-, Eichen-, Erlen-, Birken- und wilden Rosen-Blättern.

B. Unterflügel durch einen Haltapparat mit den oberen am Grunde verbunden.

Fig. 8. Der grosse Gabelschwanz oder Bandweidenspinner (HARPYIA *Vinula Ochs.* CERURA *Vin. Latr.*), in natürlicher Grösse.

Die gekämmten Fühler haben beim Männchen einen weissen, beim Weibchen einen grauen Schaft und schwarze Zacken. Der Rüssel ist gleichfalls sehr kurz und versteckt. Der plumpe Leib gleicht dem der Schwärmer, ist jedoch hinten abgestutzt und viel länger behaart; ebenso nähern sich die Flügel durch ihre schlanke mehr gestreckte Form, besonders die unteren, denen der Schwärmer. Die Grundfarbe des Körpers wie der Flügel ist weiss, letztere zeigen viele feine graue Zickzackbinden, und eine breite schwarzblaue Querbinde am Grunde, die Hinterflügel sind überhaupt dunkelgrau. Auf dem Rücken des Brustkastens stehen mehrere schwarze Punkte, und der Hinterleib hat schwarzblaue Einschnitte und in der Mitte 2 Reihen schwarzer Flecke. — Die grüne, nackte Raupe (6. a) hat nur 14 Füsse, indem das letzte Fusspaar in eine Gabel verwandelt ist, deren Aeste hohl sind und woraus ein rother Faden hervortritt, wenn die Raupe gereizt wird. Auf dem dritten Ringe hat sie einen blutrothen Höcker und eine gleichfarbige Binde rings um den braunen Kopf, sonst ist der Rücken dunkler mit weissem Saum. Die Luftlöcher sind braun. Die braune Puppe ruht in einer harten, aus abgenagten Holzstücken zusammengeklebten Hülse. Der Schmetterling ist bei uns nicht selten; seine Raupe lebt auf allen Arten der Weiden und Pappeln, auch auf Linden.

5. Familie. EULENFALTER. *Noctuacea.*

Wesentlicher Charakter. Sie haben feine borstenförmige, schwach gekämmte Fühler, schmale Flügel, die den Leib dachartig bedecken, und einen kegelförmigen Leib, dessen Spitze mit einer Haarquaste endet. Die Raupen haben 12 oder 16 Füsse.

Fig. 8. Die Ψ Eule. (NOCTUA (ACRONYCTA) ***Psi.***) ebenso.

Dieser Schmetterling ist bei uns nicht selten, und wird besonders am Tage, an Wänden und Baumstämmen ruhig sitzend, gefangen. Die Grundfarbe seines ganzen Körpers ist ein lichtes Weissgrau, doch laufen hellere und dunklere Zickzackbinden über die Oberflügel, die eine dem Grunde nahe, die andere vor dem Aussenrande; dieser selbst ist schwarz gezackt. In dem Raum zwischen beiden Binden steht die undeutliche Zeichnung eines X, vor der ersten Binde aber befindet sich ein zackiger Längsstreif in der Mitte des Flügels, und in die zweite dringen vom Rande her zwei grade schwarze Längsstriche ein. Kleinere schwarze Punkte stehen am Vorderrande. Die Hinterflügel sind einfarbig. Die 16 füssige Raupe (8. a) ist leicht und einzeln behaart, sie lebt auf Buchen, Linden, Pappeln, ist schwarzbraun, aber der Rücken und Bauch sind gelb, die Seiten jedes Ringes zeigen 2 rothe Striche. Auf dem 4ten Ringe hinter den Kopf steht ein hoher grader Fleischzapfen.

6. Familie SPANNER. *Phalaenodea.*

Wesentlicher Charakter. Sie haben faden- oder kammförmige Fühler, deren Kammbildung am Männchen deutlicher ist, als am Weibchen, einen kleinen schlanken Leib und grosse Flügel, welche sie in der Ruhe flach ausbreiten. Raupen meist nackt, mit 10 — 12 Füssen, gehen spannend, mit gewölbtem Rücken.

Fig. 9. Der Harlekin-Spanner (PHALAENA (ZERENE *Tr.*) *grossulariata*), ebenso.

Kopf und die fadenförmigen Fühler schwarz, letztere nur beim Männchen mit kurzen Haaren. Leib gelb, mit schwarzen Flecken bestreut, welche über die Mitte der Vorderflügel eine doppelte Bogenbinde darstellen, deren Zwischenraum gelb gefärbt ist. Unten ist die Farbe weiss, und die Flecken der Oberseite sind dunkler. Die Raupe (9. a) lebt auf Stachel- und Johannisbeeren, sie ist dicker als die meisten Spannerraupen, nicht knotig, einzeln behaart, weiss, mit schwarzen Rückenflecken, gelblicher Bauchseite und 10 Füssen. Die braune Puppe hat gelbe Gürtel. Der Schmetterling ist bei uns sehr gemein.

4. Zunft. KLEINFALTER. *Microlepidoptera.*

Wesentlicher Charakter. Fühler so lang oder länger als der Leib, borstenförmig; Flügel schmal, am Rande stark gefranzt, besonders die unteren. Raupen nackt oder mit einzelnen Borsten und gewöhnlich 16 Füssen, die Puppen in leichten Geweben.

7. Familie WICKLER. *Tortricina.*

Wesentlicher Charakter. Flügel dreiseitig, liegen nach hinten ausgestreckt flach neben dem Körper (Fig. 10. a), und bedecken ihn, Hinterflügel der Länge nach gefaltet. Raupen spinnen Blätter zusammen oder leben im Innern verschiedener Pflanzentheile; sie haben 16 Füsse.

Fig. 10. Der Eichenwickler (TORTRIX (HALIAS *Tr.*) *quercana Tr.* PYRALIS *prasinaria Fabr.*), ebenso.

Die Grundfarbe dieses Schmetterlings ist ein reines Weiss, nur der Rücken des Brustkastens und die Oberflügel sind schön apfelgrün, und von zwei schiefen gelben Streifen in 3 ziemliche gleiche Felder getheilt; auch der Rand ist ringsum weiss. Die Raupe (10. b) lebt auf Eichen, ist vorn dicker und nach hinten zugespitzt; ihre Farbe ist grün, doch ziert die Seiten ein gelber Längsstreif. Die Puppe (10. c) ist hell bläulichgrün, mit schwarzem Rückenstreif, der vorn sehr breit ist. Der Schmetterling ist der grösste aller Spanner, und kommt nur selten bei uns vor.

8. Familie. MOTTEN. *Tineodea.*

Wesentlicher Charakter. Taster mitunter sehr lang, ragen stark hervor; Flügel schmal, stark gefranzt in der Ruhe an den Leib gewickelt, Raupen nackt, mit 16 Füssen und Warzen, worauf Haare; Puppen lang und schmal, stecken in engen Geweben.

Fig. 11. Die Wabenmotte (GALLERIA *mellonella Tr.*), ebenso.

Dieser kleine Schmetterling hat eine Länge von 5 Linien, ist hell braungelb von Farbe, aber die Oberflügel haben einen schwach violetten, nach hinten hell blaugrau gesäumten Wisch und kleine braune Flecken am Hinterrande; die Unterflügel sind gelblich. Die Taster ragen wenig hervor, und sind von den abstehenden Haaren des Kopfes fast verdeckt. Die nackte Raupe lebt in Bienenstöcken, bohrt Gänge in den Waben, welche sie ausspinnnt und noch mit ihrem Koth bedeckt, so dass die Bienen sie nicht angreifen können. Mitunter richtet sie auf diese Weise grosse Verwüstungen an.

Fig. 12. Die gestreifte Rüsselmotte. (CRAMBUS *retusalis Boisdv.*), ebenso.

Der Schmetterling hat eine schlanke zierliche Form, lange weit hervorragende Lippentaster (12. a), und ebenfalls ziemlich merkliche Kiefertaster (12. b). Die borstenförmigen Fühler sind unten breit gedrückt (12. c). Die Farbe ist gelblich braun, die Oberflügel schwach leberfarben, mit ausgeschweiftem Endrande, 3 weissen Längsstreifen und 2 weissen Strichen zwischen dem ersten und zweiten. Die Hinterflügel haben einen Erzschimmer. Man findet den Schmetterling auf Wiesen.

Fig. 13. YPONOMEUTA *pusiella Hübner*, ebenso.

Ein zierlicher Schmetterling von weisser Farbe, mit zackigem schwarzem Längsstrich und kleinen Pünktchen auf den Oberflügeln. Diese sind schmal, am Ende abgestutzt, die hinteren breiter und gefaltet. Die Taster der Unterlippe stehen hervor, besonders das 3te feine Glied (13. a b), sind aber nach hinten und oben zurückgebogen. Der Schmetterling kommt bei uns nicht selten vor.

Fig. 14. OECOPHORA *Linneella Tr.*, 3mal vergrössert.

Dieser kleine Schmetterling hat die schmalen Oberflügel des Vorigen, allein sie sind zugespitzt und stark gefranzt; auch die unteren sind schmal, noch stärker gefranzt und kürzer. Farbe metallisch graubraun, Oberflügel orange mit 3 Silberflecken. Die Raupe lebt in den Blättern der Apfelbäume. Auch bei diesem Schmetterlinge stehen die Taster hervor (14. a b) aber grade nach unten.

9. Familie FEDERMOTTEN. Geistchen. *Alucitae.*

Wesentlicher Charakter. Die Flügel sind der Länge nach in Lappen getheilt.

Fig. 19. Die Fächermotte (ORNEODES *hexadactyla*), 4mal vergrössert.

Die Flügel dieses kaum 3''' langen, graulichen, metallisch glänzenden und schwarz in die Quere gestreiften Schmetterlinges sind jeder in 6 Lappen getheilt, und jeder schmale Lappen ist am Rande stark gefranzt. Die Taster stehen horizontal hervor. — Die Beine sind lang und fein gebaut. Der Schmetterling findet sich in Gärten an Wänden nnd Bäumen; seine Raupe lebt auf dem Geisblatt.

TAFEL 27.

5. Klasse. Insekten. Insecta.

4. Ordnung. *Fliegen.* Zweiflügler *Diptera.*

Wesentlicher Charakter. Zwei dem Auge nackt erscheinende, klare, häutige Flügel, und hinter diesen zwei gestielte Knöpfchen (Schwingkolben) als Andeutung der beiden andern Flügel. Mundtheile ein gewöhnlich einziehbarer fleischiger Rüssel, in welchem mehrere hornige Borsten, als Reste der Kiefer. Die Larven verpuppen sich gröſstentheils in ihrer eigenen Haut.

1 Zunft. TANYSTOMATA.

Wesentlicher Charakter. Der Rüssel ist mehr oder weniger hornig, gewöhnlich vorgestreckt, und enthält 4 oder 6 (bloss beim Weibchen) Borsten. Die an ihm haftenden Taster bestehen aus 1—2 Gliedern. Die meisten Larven dieser Gruppe häuten sich zur Verpuppung.

1. Familie. BREMEN. *Tabanina.*

Wesentlicher Character. Rüssel fleischig, gröſstentheils eingezogen, enthält beim Männchen 4, beim Weibchen 6 Borsten. Taster zweigliedrig. Letztes Fühlerglied geringelt, 5—6gliedrig. — Füsse mit 3 Haftlappen am Ende. Flügel in der Ruhe nach hinten klaffend, dahinter ein paar Schuppchen. Die Fliegen saugen Blut der Säugethiere.

Fig. 1. TABANUS *bovinus*, um die Hälfte vergrössert.

Eine gemeine, im Sommer häufig auf Viehweiden sich aufhaltende Fliege und die grösste einheimische Art der Gattung; schwarzbraun von Farbe mit röthlichem Hinterleibe, dessen Ringe am Grunde mehr braun sind, und in der Mitte einen gelblichen dreieckigen Randfleck haben. Die Fühler bestehen aus 7 Gliedern, von denen das dritte das grösste ist, und oben in einen Haken ausgeht. Die grossen Augen berühren sich beim Männchen auf dem Scheitel, bleiben aber beim Weibchen getrennt. Der fleischige einziehbare Rüssel endet mit 2 grossen Fleischlappen (1. f von unten) und trägt am Grade die zweigliedrigen, beim Weibchen zugespitzten (1. c, c) Taster, welche sich in der Ruhe vorn auf den Rüssel legen. In dem Rüssel stecken die Stechborsten, welche man mit Recht für die veränderten Kiefer hält. Alsdann ist die grössere dreieckige Platte (1. d), unter welcher die Borsten liegen, die Oberlippe, die beiden grössten lanzettförmigen Borsten (1. a, a) entsprechen den Oberkiefern, die beiden schmäleren etwas gekrümmten (b, b), an welchen die Taster (c, c) sitzen, den Unterkiefern, und die noch übrige feinste Borste (1. e) ist die Zunge. Mit diesem Apparate sticht die Fliege Rindvieh und Pferde, um ihr Blut zu saugen.

2. Familie. RAUBFLIEGEN. *Asilina.*

Wesentlicher Charakter. Rüssel hornig, wagerecht vorgestreckt, zugespitzt, enthält 3 Borsten; Taster zweigliedrig, Fühler selten ohne, gewöhnlich mit zweigliedrigem Endgriffel. Flügel liegen in der Ruhe parallel über einander. Füsse mit 2 grossen Haftlappen.

Fig. 2. ASILUS *crabroniformis*, in natürlicher Grösse.

Die grösste aller einheimischen Raubfliegen, gelbbraun von Farbe, der Rücken mit dunkleren Streifen, die drei ersten Hinterleibsringe schwarz, der zweite und dritte mit weisslichen Rändern; Flügel gelblich, am Hinterrande braungefleckt. Fühler 5gliedrig, das dritte Glied das grösste, das vierte ein kleiner Knopf, welcher den feinen Endgriffel trägt. Rüssel (2. a, der Kopf um's Doppelte vergrössert) wagerecht vorgestreckt, am Ende zugeschärft, enthält (2. von unten) 2 borstenförmige Unterkiefer (c, c) an denen die Taster sitzen (b, b), und eine borstige Zunge, welche von der Unterlippe (d) oder der Rüsselscheide verdeckt ist. Die Fliege fängt andere Insekten, welche sie durch Stiche mit dem Rüssel tödtet und aussaugt.

3. Familie. SCHNEPFENFLIEGEN. *Empidodea.*

Wesentlicher Charakter. Rüssel senkrecht und vorstehend, mit aufgekrümmten Tastern. Fühler wie bei der vorigen Familie, mit feinem oft borstenförmigen Endgriffel. Flügel in der Ruhe wagerecht übereinander gelegt; zwei kleine Haftläppchen.

Fig. 3. EMPIS *tessellata,* doppelt so gross wie in der Natur.

Ebenfalls die grösste einheimische Art, grau von Farbe, das Rückenschild mit drei schwarzen Streifen, der Hinterleib schwarz gewürfelt. Flügel grau, der Grund gelblich, Beine schwarz, die Schienen rothgelb. Nicht selten in Hecken und Gebüschen auf Schirmblumen. Fig. 3. a zeigt den Kopf stärker vergrössert von der Seite mit den Fühlern (c), Tastern (b) und dem senkrecht herabhängenden Rüssel.

4. Familie. SCHWEBFLIEGEN. *Bombyliodea.*

Wesentlicher Charakter. Fühler dreigliedrig, das dritte Glied das grösste, gewöhnlich ohne Endgriffel. Rüssel fein, wagerecht, öfters sehr lang, mit 3 feinen Borsten. Taster eingliedrig.

Fig. 4. BOMBYLIUS *major,* $\frac{1}{3}$ vergrössert.

Die Gattung BOMBYLIUS zeichnet sich unter den übrigen Schwebfliegen durch ihr breit gedrücktes drittes Fühlerglied und ihren langen Rüssel aus, welcher gewöhnlich der Körperlänge wenig nachsteht. Ihr Hinterleib ist eiförmig und wie der übrige Körper dicht behaart. Die abgebildete Art gehört zu den grösseren der Gattung, ist gelbgrau von Farbe, mit braunem Rüssel, Fühlern und Füssen; dieselbe Farbe zeigt sich am Vorderrande der übrigens wasserklaren Flügel. Man findet sie im Frühjahr in Gärten und Feldern, von Blume zu Blume flatternd, und kennt sie an dem schnellen schwebenden Flug und den hohen Tönen, welche ihr Flug hervorbringt.

5. Familie. LEPTIDAE.

Wesentlicher Charakter. Fühler dreigliedrig, das dritte Glied trägt eine Borste; Rüssel fleischig, einziehbar, mit drei Borsten; Taster zweigliedrig, das Grundglied sehr klein. Flügel klaffen in der Ruhe.

Fig. 5. LEPTIS *scolopacea,* doppelt so gross wie in der Natur.

Drittes Fühlerglied spindelförmig, mit langer Endborste; Augen der Männchen oben sich berührend; der Weibchen getrennt; zwei Haftlappen am Ende der Füsse. Farbe gelb, Rücken aschgrau, mit drei braunen Streifen, Hinterleib mit drei Reihen brauner Flecke. Flügel mit braunem Fleck am Vorderrande, brauner Spitze und braunen Queradern. Gemein im Sommer auf Feldern und in Gärten.

6. Familie. WAFFENFLIEGEN. *Stratiomyidae.*

Wesentlicher Charakter. Drittes Fühlerglied geringelt, 3—5gliedrig, mit oder ohne Endgriffel. Taster zweigliedrig; Rüssel fleischig, zurückziehbar. Hinterleib flach, fünfgliedrig. Füsse mit drei Haftlappen.

Fig. 6. STRATIOMYS *chamaeleon,* um $\frac{1}{3}$ vergrössert.

Schwarzbraun, Brustkasten braungrau behaart; Kopf mit 2 gelben Stirnflecken und 2 anderen hinter dem Auge; Schildchen gelb, am Grunde schwarz, mit 2 Stacheln am Hinterrande. Hinterleib mit 2 gelben Randflecken am zweiten bis vierten Ringe, der fünfte Ring mit gelbem Mittelfleck. Beine rothgelb. Die Fliege findet sich auf Wasserschirmpflanzen, da ihre Larve im Wasser lebt, länglich lanzettförmig gestaltet ist und am Afterende einen Kranz von Borsten hat, mit dem sie an der Oberfläche haftet und so Luft athmet. Die Puppe steckt in der alten Larvenhaut.

7. Familie. Blasenfliegen. *Acroceridae s. Inflata.*

Wesentlicher Charakter. Fühler sehr klein, das dritte Glied nicht geringelt, endet mit einer Borste. Hinter jedem Flügel eine grosse Schuppe. Füsse mit drei Haftlappen.

Fig. 7. Henops *gibbosus,* 3mal vergrössert.

Schwarz, leicht behaart, Hinterleib mit weissen, seitlich erweiterten Rändern der Ringe, Schüppchen ganz weiss, Beine rothgelb, die Schenkel am Grunde schwarz. Eine seltene, einzeln auf Wiesen an Erlenbüschen sich aufhaltende Fliege.

8. Familie. Dolichopodea

Wesentlicher Charakter. Fühler dreigliedrig, das dritte Glied zusammengedrückt, mit einer Borste. Rüssel fleischig, in die Mundhöhle zurückziehbar; Taster eingliedrig, Hinterleib sechsgliedrig.

Fig. 8. Dolichopus *nobilitatus,* doppelt so gross wie in der Natur.

Kopf kugelig mit grossen oben zusammenstossenden Augen. Drittes Fühlerglied scheibenförmig, mit haariger Borste. Flügel am Grunde verengt, mit einer einzigen Querader in der Mitte, keine Schuppen über den Schwingen. Körper metallisch grün, an den Seiten schiefergrau. Beine gelb, mit schwarzen Haaren und Füssen. Flügel zur Hälfte schwarzgrau, mit weisser Spitze. Nicht selten in Hecken.

2. Zunft. ATHERICERA.

Wesentlicher Charakter. Der Rüssel ist in der Regel fleischig, zurückgezogen, enthält nur 1—3 Borsten und trägt 2 eingliedrige Taster. Die Fühler bestehen aus 3 Gliedern, von denen das dritte eine Borste trägt. Die Larven verpuppen sich in ihrer eigenen Haut.

9. Familie. Syrphodea.

Wesentlicher Charakter. Drittes Fühlerglied zusammengedrückt, mit einer Borste auf der obern Kante. Rüssel mit 3 Borsten und kurzen dicken Tastern neben denselben. Hinterleib fünfgliedrig, zwei Haftlappen.

Fig. 9. Eristalis *tenax,* um $\frac{1}{3}$ vergössert.

Eine der gemeinsten Fliegen im Spätsommer und Herbst, braun gefärbt, gelbgrau haarig, der Hinterleib mit grossen rothgelben dreieckigen Seitenflecken. Drittes Fühlerglied kreisrund, mit nackter Borste; Augen der Männchen oben verwachsen. Untergesicht höckerig. Flügel nackt, glashell, klaffen in der Ruhe. Hinterschienen gekrümmt. — Die Larve lebt im Schlamm, und hat ein langes schwanzförmiges Athemrohr, daher Rattenschwanzmade.

Fig. 10. Syrphus *Pyrastri,* um $\frac{1}{3}$ vergrössert.

Kopf dick, halbkugelig, weiss; Fühler braun, das dritte Glied kreisrund, mit fein haariger Borste. Untergesicht höckerig. Brustkasten dunkel blaugrau metallisch, das Schildchen gelblich, gelbgrau-haarig. Flügel glashell, in der Ruhe parallel auf dem Hinterleibe liegend. Hinterleib schwarz, mit 6 schneeweissen Mondflecken. Beine röthlich gelb, die Schenkel am Grunde braun. Gemein in Gärten. Die grüne Larve hat eine weisse Rückenlinie und nährt sich von Blattläusen, zwischen denen man sie antrifft.

Fig. 11. CHRYSOTOXUM *fasciolatum,* um ⅓ vergrössert.

Kopf kürzer, die Stirn mehr zugespitzt, gelb, der Scheitel schwarz. Untergesicht höckerig, nimmt in seine Mundhöhle den fleischigen Rüssel auf (11. a), dessen Taster dicht neben den Borsten (drei an der Zahl) und der breiten, am Ende ausgeschnittenen Oberlippe stehen. Fühler braun, die drei Glieder ziemlich gleich lang, das letzte schmal, mit einer nackten Borste am Grunde. Körper schwarz, gelb gefleckt, Hinterleib mit grossen dreieckigen Seitenflecken auf dem zweiten bis fünften Ringe und gelben Hinterrande am dritten und vierten. Beine gelb, Flügel gelblich, am Vorderrande bräunlich, in der Ruhe nach hinten klaffend. Die Fliege findet sich in Wäldern und ist nicht grade gemein.

10. Familie. MUSCINA.

Wesentlicher Charakter. Drittes Fühlerglied zusammengedrückt, abgestutzt, an die Stirn gelegt, mit einer Borste auf der obern Kante. Rüssel geknickt, mit einfacher Borste und zwei kolbigen Tastern, weiter rückwärts am absteigenden Rüsseltheile. Zwei Haftlappen.

Fig. 12. TACHINA *grossa.*

Die grösste einheimische ächte Fliege, tiefschwarz, borstig. Kopf gelb, schwarzborstig. Fühler schwarz, das zweite Glied länger als das dritte, am Ende breitere, dessen Borste nackt ist. Schildchen bräunlich. Flügel am Grunde gelblich, in der Ruhe klaffend, mit zwei geschwungenen schiefen Queradern am Hinterrande. Schuppchen hinter den Flügeln sehr gross, bedecken die Flügel ganz. — Man findet diese Fliege in Wäldern an verschiedenen Blumen, auch gern an Lindenblüthen; ihre Larve scheint, nach Art der meisten Tachinen, parasitisch in andern Insektenlarven zu leben.

Fig. 13. Die Schmeissfliege, MUSCA *vomitoria,* doppelt so gross wie in der Natur.

Eine unserer gemeinsten Insecten und Jedermann wohl bekannt; sie ist am Kopfe und Brustkasten schwarzgrau, stark borstig, aber das Untergesicht und die Taster haben eine röthlich gelbe Farbe. Das dritte Fühlerglied ist das längste und trägt eine starke haarige Borste. Der stahlblaue viergliedrige Hinterleib schimmert an den Seiten graulich, und ist ebenfalls stark borstig. Die kleinen Flügel haben zwei geschwungene schiefe Queradern am Hinterrande. Die Larve lebt im faulen Fleische, indem die Fliege ihre länglichen weisslichen Eier auf jedes nur einigermaassen angegangene Fleisch legt.

Fig. 14. Die Fleischfliege, SARCOPHAGA *carnaria,* doppelt so gross wie in der Natur.

Gleichfalls eine sehr gemeine Fliege, welche von der vorigen durch einen schlankeren Bau, schiefergraue Grundfarbe und schwarze Zeichnungen sich unterscheidet, die auf dem Brustkasten drei Längsstreifen, auf dem viergliedrigen Hinterleibe Würfelflecken bilden. Der Kopf ist hellgelb, mit schwarzem Scheitel und schwarzen Fühlern, deren Borste am Grunde gefiedert ist. Auch den Körper wie die Beine bekleiden lange Borsten. Hinter den Flügeln bemerkt man die grossen weissen Schuppen, unter denen die Schwingkolben stecken. Die Flügel selbst sind wasserklar und haben am Hinterrande zwei schiefe, geschwungene Queradern.

Fig. 15. Die Huflattigbohrfliege, TRYPETA (s. TEPHRITIS) *Tussilaginis,* 4mal vergrössert.

Gehört zu einer Unterabtheilung der Fliegen, welche sich durch den Mangel der Schüppchen hinter den Flügeln, den Mangel der oberen schiefen Querader am Hinterrande und die grade, ziemlich senkrecht gegen die Längsadern gestellte untere Querader des Hinterrandes auszeichnet. Die Gattung TEPHRITIS erkennt man unter diesen Fliegen an den bunt gezeichneten Flügeln, an dem nackten borstenfreien Mundrande, den am Ende stumpfen Fühlern und dem fünfgliedrigen Hinterleibe, welcher im weiblichen Geschlecht mit einer grossen Legescheide endet. Die abgebildete Art ist eine der grössten, gelblich von Farbe, mit grossem schwarzem Rückenfleck, aber ungeflecktem Hinterleibe. Ihre Flügel haben drei am Umfange dunklere, nach hinten verwaschene Querbinden, von welchen die am Flügelende fast schwarz erscheint. — Die Larven der TRYPETAE leben in Pflanzenauswüchsen, nach Art der Gallwespen, und um die Eier in die Pflanzen zu bringen, bedient sich die Fliege ihrer Legescheide als Bohrwerkzeug.

In die Familie der Fliegen gehört auch noch die merkwürdige, tropische, gröfstentheils in Afrika einheimische Gattung DIOPSIS, deren Kopf im vergrösserten Maafsstabe Fig. 17. abgebildet ist. Man bemerkt als Hauptgattungscharakter an jeder Seite des Kopfes einen langen Stiel, welcher an seiner schief abgestutzten Endfläche die Augen trägt, und dicht vor diesen an der Vorderseite die Fühler.

11. Familie. STECHFLIEGEN. *Stomoxidae.*

Wesentlicher Charakter. Rüssel verlängert, wagerecht vorgestreckt. Fühler dreigliedrig, mit einer Borste am Endgliede Flügel in der Ruhe halb offen. Hinterleib viergliedrig.

Fig. 18. STOMOXYS *calcitrans.*

Ein der gemeinen Stubenfliege zwar ähnliches, aber völlig von ihr verschiedenes Insekt, etwas kleiner, gedrungener gebaut, aschgrau, Rücken mit 8 schwarzen Linien in 2 Reihen, Hinterleib schwarz gefleckt. Fühler kurz, mit einer oberhalb haarigen Borste. Rüssel bloss am Grunde geknickt, weit vorgestreckt. Die Fliege sticht Menschen und Vieh, um deren Blut zu saugen und kommt häufig in unsere Zimmer.

12. Familie. CONOPICA.

Wesentlicher Charakter. Fühler vorgestreckt, das dritte Glied mit einer Borste. Rüssel geknickt, vorgestreckt, mit sehr kurzen Tastern. Hinterleib 5—6gliedrig.

Fig. 16. CONOPS *vittata,* um $\frac{1}{3}$ vergrössert.

Zweites und drittes Fühlerglied innig verbunden, das dritte mit einem zweigliedrigen Endgriffel. Rüssel einmal geknickt, die Endhälfte gerade vorgestreckt, Taster ganz klein. Flügel mit 2 schiefen Queradern am Hinterrande, am Vorderrande ein breiter brauner abgekürzter Streif. Hinterleib sechsgliedrig, am Grunde verengt, schwarz, jedes Glied mit gelbem Hinterrande, das zweite und dritte ausserdem mit rother Wurzel. Brustkasten braun, mit gelben Schulterbuckeln. Kopf weisslich, Scheitel und Fühler braun; Beine gelbroth. Im Frühjahr an Weidenblüthen.

13. Familie. BREMSEN. *Oestrina.*

Wesentlicher Charakter. Fühler klein, dreigliedrig, mit einer Endborste, in ein Paar Gruben an der Stirn versteckt. Mundöffnung geschlossen, kein ausstreckbarer Russel. Die Larven leben im Körper warmblütiger Thiere.

Fig. 19. Die Schaafsbremse, OESTRUS *ovis,* doppelt so gross wie in der Natur.

Unter den Bremsen, die im vollkommnen Lebensalter alle selten sind, ist diese noch die häufigste und wird in der Nähe von Schaafweiden, an Mauern, Baumstämmen und Felsenstücken sitzend angetroffen. Sie ist doppelt so gross wie eine Stubenfliege, hell seidenfarbig glänzend, überall tief schwarz punktirt und gefleckt, der Brustkasten auch leicht behaart; die dicken Backen ragen stark hervor. Die Flügel haben zwei schiefe Queradern am Hinterrande und grosse Schuppen hinter sich am Brustkasten. Der Hinterleib ist schwächer behaart, aber stärker gefleckt. Die Larve dieser Art findet sich in den Stirnhöhlen der Schaafe, und gelangt dahin, indem das Weibchen seine Eier den Schaafen in die Nasenlöcher legt. Zur Verwandlung kriechen die Larven durch die Nase heraus und begeben sich in die Erde.

Fig. 20. GASTRUS *nasalis,* doppelt so gross wie in der Natur.

Etwas kleiner und schlanker als die Schaafsbremse, braun von Farbe, Kopf und Brustkasten gelblich behaart, der Hinterleib schwarz, der erste und zweite Ring mit weisslichen Haaren bedeckt, der dritte ganz nackt, der vierte von rothgelben Haaren bekleidet. Beine bräunlich. Flügel wasserklar, ohne geschwungene Queradern am Hinterrande, aber mit zwei kleinen über einander stehenden am Grunde zwischen den drei Aesten der zweiten Hauptader. — Die Larve lebt im Schlunde der Pferde, Esel und Hirsche, gelangt dahin ebenfalls durch die Nase, an deren Oeffnung die Bremse ihre Eier legt, wird mit dem Koth ausgeleert, und verpuppt sich in der Erde. Sie ist kleiner als die hier abgebildete (20. a, $\frac{1}{3}$ vergrössert) Magenbremsenlarve, gleicht ihr aber in der Form und Bedeckung. Der Kopf (20. b) ist mit 2 kurzen Höckern (c, c, Fühler?) besetzt, und hat zwei grosse, aus dem Maule hervorragende Haken (e, e, Oberkiefer), mit denen sich die Larve in der Darmwand befestigt. Dazwischen bemerkt man noch 2 kleinere hornige Pfriemen. Jeder Körperring hinter dem Kopf hat einen, oder der 3te bis 8te sogar zwei Reihen kurzer horniger Stacheln, und das abgeplattete Ende des letzten eingezogenen Ringes (20. h) ist mit 2 grossen elliptischen Hornplatten besetzt, in welcher man 3 — 4 Einschnitte als die Hauptmündungen der Luftlöcher wahrnimmt. Ziemlich ähnlich, wenngleich schlanker und nicht mit Stacheln bekleidet, pflegen die meisten Fliegenlarven gebildet zu sein.

3. Zunft. PUPIPARA.

Wesentlicher Charakter. Fühler zweigliedrig, dicht neben dem Munde angeheftet, ohne Endborste. Mundhöhle klein, ohne Rüssel, enthält zwischen zwei scheidenförmigen hornigen Tastern die 3 Stechborsten. Die Larve bleibt im Mutterleibe bis zur Verpuppung; die Fliegen sind Schmarotzer und zum Theil ungeflügelt.

14. Familie. CORIACEA.

Wesentlicher Charakter. Kopf vorgestreckt, mit zusammengesetzten Augen; Rüssel deutlich, vorstreckbar. Flügel in der Regel vorhanden. Fussklauen gespalten.

Fig. 21. MELOPHAGUS *cervinus,* 4mal vergrössert.

Braun, Kopf mit 3 Nebenaugen auf dem Scheitel, wie die Beine röthlich, Brustkasten mit kleinen Flügelresten, Hinterleib fünfgliedrig, die Glieder bloss durch Hornplatten angedeutet, von welchen die erste den Grund mondförmig umfasst, die 4 folgenden bloss auf der Mitte des Rückens liegen. Die weiche Bindehaut ist weiss, braun behaart. Lebt auf den Hirschen, besonders in der Weichengegend.

Fig. 21. a ist der Kopf von ANAPERA *pallida* Meig., an welchem, als Gattungscharacter, der Mangel von Nebenaugen bemerkt wird, während die zusammengesetzten Augen gross und deutlich sind. Am untern Ende zu beiden Seiten eines mondförmigen Schildes sieht man die zweigliedrigen Fühler b, b, und zwischen ihnen den tief zweilappigen Mundrand, aus dem die häutige Scheide (c) hervorragt, welche die hornigen Theile des Rüssels enthält. Die Theile dd bilden ein Paar haarige Klappen, zwischen denen die Saugröhre e eingeschlossen ist; jene hält man für die Taster, die Saugröhre besteht aus 3 ungleichen Borsten, welche als Oberlippe, Unterlippe und Zunge gedeutet werden.

4. Zunft. APHANIPTERA.

Zugleich 15. Familie. PULICINA.

Wesentlicher Charakter. Kopf klein, dicht an den Brustkasten gerückt, mit einfachen Augen und kleinen, hinter dem Auge versteckten Fühlern (23. a). Körper stark seitlich eingedrückt, flügellos. Beine kräftig, zum Springen tauglich.

Fig. 22. PULEX *Ericanei,* 12mal vergrössert.

Die Flöhe leben schmarotzend auf warmblütigen Thieren und nähren sich von deren Blut, ihre Larven dagegen von allerlei fauligen thierischen Stoffen, besonders vom Mist. Früher rechnete man alle zu einer Art, es hat sich aber gezeigt, dafs jedes von Flöhen bewohnte Thier seine eigene Art beherbergt. Der hier abgebildete Floh des Igels ist hellbraun, und durch seinen dünnen schlanken Brustkasten, bei auffallender Höhe des Hinterleibes, merkwürdig. Der Kopf (23. 40mal vergrössert) zeigt 2 kleine Augen und dicht hinter jedem einen dreigliedrigen Fühler (a), dessen drittes Glied gekämmt ist. Ein von den Backen ausgehender Fortsatz verdeckt das Fühlhorn, und muss abgebrochen werden, wenn man es sehen will. (NB. bei Fig. 22. ist dieser Fortsatz vorhanden, bei Fig. 23. abgebrochen.) Der Mund bildet einen bloss aus hornigen Theilen bestehenden Rüssel, nemlich einer schmalen Oberlippe (b) und zwei lanzettförmigen (c, c), am Rande gezähnten, am Ende zugerundeten (Fig. 23. c, 150mal vergrössert) Oberkiefern, als den eigentlichen Stechwerkzeugen. Neben den Oberkiefern sitzen die kurzen dreiseitigen, mit einem 4—5gliedrigen Taster (d, d) versehenen Unterkiefer,*) und zwischen diesen ragt die Unterlippe als eine kurze Platte hervor, welche ebenfalls zwei viergliedrige, oberhalb häutige, unten hornige Taster (e, e) trägt. Der Brustkasten besteht aus 3 Ringen und trägt an jedem, vermittelst eines besonderen Bindegliedes, ein Fusspaar, deren Hüften eine auffallende Gröfse haben. Am vordersten Bein liegt dessen Hüfte dem Kopf parallel, nach vorn gerichtet, und verdeckt zum Theil den Rüssel. Die eigentlichen Füsse sind fünfgliedrig, und das vorletzte Glied an den hintersten, das dritte an den ersten ist das kleinste. Der Hinterleib ist aus 9 Ringen zusammengesetzt, der letzte aber klein. Jeder Ring hat, gleich den 3 Brustkastenringen, eine Reihe Borsten quer über den Rücken.

5. Zunft. NEMATOCERA.

Wesentlicher Charakter. Fühler vielgliedrig, gewöhnlich fadenförmig und die Glieder gleich gestaltet; Rüssel der meisten kurz, aber die Taster lang, 3—5gliedrig. Keine Schüppchen hinter den Flügeln. Hinterleib 7—8gliedrig. Die Larven streifen zur Verpuppung ihre Haut ab.

16. Familie. CRASSICORNIA.

Wesentlicher Charakter. Fühler kurz, dick, 9—16gliedrig. Drei Nebenaugen auf dem Scheitel. Hinterleib 7gliedrig. Schienen ohne Sporen.

Fig. 24. BIBIO *pomonae,* $\frac{5}{3}$ der natürlichen Grösse.

Die grösste Art dieser Gattung, ganz schwarz, mit blutrothen Schenkeln und milchweissen Flügeln, deren vordere Adern kräftiger sind. Das Männchen hat grosse, oben verwachsene Augen, das Weibchen kleine, weit getrennte. Die Fühler bestehen aus neun Gliedern, und die Füsse haben Haftlappen neben den Krallen.

17. Familie. SCHWAMMMÜCKEN. *Fungicolae.*

Wesentlicher Charakter. Fühler 16gliedrig, ziemlich lang und dünn; die Schienen haben 2 Endsporen, die Füsse keine Haftlappen neben den Krallen. Die Larven leben in Pilzen, und spinnen sich znr Verpuppung eine Hülse.

Fig. 25. MYCETOPHILA *fenestralis,* 3mal vergrössert.

Lehmgelb. Rückenschild oben bräunlich. Hinterleibsringe am Grunde dunkler, mit hellgelben Rändern. Augen schwarz, zwei kleine Nebenaugen dicht neben den Netzaugen. Flügel gelblich. Stacheln der Beine bräunlich. Diese Art findet sich im Herbste an Fenstern, wird etwas über zwei Linien lang, und ist gemein. Ihre Larve lebt in Gartenpilzen.

18. Familie. WIESENMÜCKEN. *Rostrata.*

Wesentlicher Charakter. Fühler ziemlich lang, fadenförmig, 6—17gliedrig, das zweite Glied das kleinste. Keine Nebenaugen, Vorderkopf verlängert, trägt einen kurzen Rüssel mit langen viergliedrigen Tasten. Keine Schuppen hinter den Flügeln. Beine sehr lang.

Fig. 26. TIPULA *hortorum,* um $\frac{1}{4}$ vergrössert.

Die Gattung TIPULA ist der Hauptrepräsentant unter den Wiesenmücken, indem sie die grössten und schönsten Arten enthält. Sie zeichnet sich vor den übrigen durch ihre dreizehngliedrigen Fühler, ihre in der Ruhe klaffenden nackten Flügel und ihr sehr langes fadenförmiges letztes Tasterglied aus. Ihre Larven leben auf feuchten Wiesen in der Frde, haben hintere Luftlöcher und verpuppen

*) Bei *Pulex Erinacei* habe ich bestimmt nur vier Glieder gesehen, bei *Pulex Felis, Martis* und *Canis* bestehen sie, nach Bouché, aus fünf Gliedern.

sich in senkrechter Stellung im Boden steckend, so dass das Kopfende hervorragt. Die abgebildete Art wird gegen einen Zoll lang, ist aschgrau, mit braunen Rückenstreifen, am Grunde gelblichen Schenkeln, und wolkigen Flügeln, deren Randmahl braun ist.

19. Familie. Ächte Mücken. *Culicina.*

Wesentlicher Charakter. Flügel behaart, mit grösstentheils klaren durchsichtigen Adern. Keine Nebenaugen. Fühler kurz, stark behaart. Rüssel und Taster bald lang, bald kurz. Beine zierlich und gestreckt. Larven leben im Wasser, und athmen gewöhnlich durch Kiemen.

Fig. 27. Die geringelte Stechmücke (Culex *annulatus*), um $\frac{1}{3}$ vergrössert.

Die Stechmücken (Culex) sind wegen ihrer Gewohnheit, Menschenblut vermittelst ihres langen Rüssels einzusaugen, sehr bekannte und lästige Geschöpfe; sie haben kurze Fühler, aber die Männchen sehr lange kolbige Taster, welche bei dem hier abgebildeten Weibchen nur sehr wenig neben dem Grunde des Rüssels hervorragen. Letzterer besteht aus einer hornigen Scheide, in welcher die Stechborsten stecken, und wird mit der Spitze auf der Haut befestigt, wenn das Thier Blut saugen will. Alsdann sticht es mit den Borsten ein kleines Loch in die Haut, und saugt nun durch den Rüssel das hervorquellende Blut ein. Ihre Larven (27. a) leben im stehenden Wasser, z. B. in Brunnentrögen, Löschkübeln, und hängen vermittelst eines seitlich vom vorletzten Körperringe ausgehenden Rohres an der Oberfläche, um durch das Rohr Luft einzuathmen. Sobald man ihnen nahe kommt, tauchen sie unter, steigen aber nach einiger Zeit wieder empor, um frische Luft zu schöpfen. Die Puppe (27. b) schwimmt ebenfalls, eine bei Puppen sehr seltene Erscheinung, und athmet vermittelst zweier Röhren, die aber am Brustkasten hinter dem Prothorax sitzen. Die hier abgebildete Art, unter den einheimischen die grösste, ist braun, mit weissen Ringen an den Beinen und am Hinterleibe, und mehreren braunen Punkten auf jedem Flügel; der Brustkasten hat einige Streifen auf dem Rücken.

Fig. 28. Die Federmücke (Chironomus *plumosus*), um $\frac{1}{4}$ vergrössert.

Gleichfalls eine sehr bekannte Mücken-Art, welche sich von der vorigen schon durch den kurzen, nicht hervorragenden Rüssel, und die lang behaarten federförmigen Fühler unterscheidet, deren letztes Glied fast alle übrigen zusammen an Länge übertrifft. Alle Arten sind sehr zart gebaut, weich behaart und mit auffallend langen Vorderbeinen versehen, welche sie während der Ruhe vorwärts ausstrecken und nicht mit benutzen. Die abgebildete Art, die grösste von allen, ist hell aschgrau, mit 2 braunen Streifen auf dem Rücken. Das hier dargestellte Männchen ist an den stärker behaarten fadenförmigen Fühlern kenntlich; das plumper gebaute Weibchen hat kürzere, weniger behaarte. Die blutrothe Larve lebt ebenfalls in stehenden Gewässern, athmet durch Kiemen, und schwimmt nicht.

TAFEL 28.

5. Klasse. Insekten. Insecta.

5. Ordnung. *Gymnognatha.*

Wesentlicher Charakter. Sie haben vier gleiche oder ungleiche von netzförmigen Adern durchzogene Flügel, die nur wenigen Gattungen oder Familien fehlen; freie nicht in einen Schnabel vereinigte Mundtheile mit Tastern, und eine unvollkommne Verwandlung.

1. Zunft. PLANIPENNIA.

Wesentlicher Charakter. Kaustück der Unterkiefer weich, zahnlos und gewimpert. Flügel gross und gleich. Alle Füsse mit 5 Gliedern. Larve dem vollkommnen Insekt sehr unähnlich. Puppe lethargisch.

1. Familie. MEGALOPTERA.

Wesentlicher Charakter. Flügel breit, mit zahlreichen bestimmt netzförmigen Adern, liegen in der Ruhe dachartig über dem Körper. Kiefertaster 5gliedrig, Lippentaster 3gliedrig. An der Unterlippe ein grosser, frei hervorragender ungetheilter Endlappen. Die Larven leben gewöhnlich auf dem Trocknen, und verpuppen sich daselbst immer.

Fig. 1. Der Ameisenlöwe (MYRMECOLEON *libelluloides*), in natürlicher Grösse.

Die Ameisenlöwen haben einen senkrechten Kopf mit sehr grossen Augen, kurze kolbige Fühler und nicht sehr starke Mundtheile. Die Oberkiefer (1. a von MYRM. *formica lynx,* ebenso b und c) sind hornig, haben am Innenrande einen Zahn, und enden hakig. Die Unterkiefer (1. b) haben ein länglich elliptisches gewimpertes Kaustück, einen etwas längeren am Ende pfriemenartig zugespitzten inneren Taster, und einen fadenförmigen äusseren. Die Unterlippe (c) trägt 2 oft sehr lange, wie der innere Kiefertaster gestaltete 3gliedrige Taster, und den schaufelförmigen Endlappen. Der ganze Körper des Thieres ist gelblich, aber sowohl auf dem Rücken, als auf dem Hinterleibe sieht man in Reihen gruppirte braune Flecke. Die grossen Flügel sind ebenfalls braun gefleckt. Das hier abgebildete Männchen unterscheidet sich vom Weibchen durch 2 lange behaarte Fortsätze am Ende des Hinterleibes. Diese Art ist in Europa die grösste; sie bewohnt, wie alle Arten, lichte sandige, trockene Gegenden, am liebsten in der Nähe von Nadelholz, und nährt sich von Insekten. Die Larve (1. d) weicht vom vollkommnen Insekt sehr ab, hat einen dicken herzförmigen 12gliedrigen behaarten Leib und einen grossen Kopf, mit 2 noch grösseren gezähnten Oberkiefern. Die 3 ersten Ringe hinter dem Kopfe tragen jeder 2 Füsse, von denen nur die des ersten und zweiten Ringes hervorragen. Der Kopf ist noch mit kleinen Augen am Grunde der Oberkiefer und mit kurzen Fühlern neben diesen versehen. Die Larve lebt an denselben Stellen, und gräbt mit Hülfe ihres spitzen Leibes eine trichterförmige Grube in den Sand, in deren Grunde sie sich eingräbt, so dass bloss der Kopf hervorragt. So lauert sie auf kleine Insekten, welche unversehens in die Grube gerathen, zumal Ameisen, welche sie mit den Kiefern packt, zum Munde führt, aussaugt, und dann über den Rand der Grube hinaus fortschleudert. — Aehnliche aber kleinere Arten findet man auch in Deutschland an gleichen Stellen.

Fig. 2. HEMEROBIUS *albus,* in natürlicher Grösse.

Dieses zierliche Thierchen unterscheidet sich von MYRMECOLEON besonders durch die langen fadenförmigen Fühler, durch den kleineren Kopf, die von wenigeren Adern durchzogenen, grossmaschigeren Flügel, und durch die viel geringere Grösse. Im Bau des Mundes stimmen beide völlig mit einander überein, und an den Beinen unterscheidet HEMEROBIUS das im Verhältniſs grössere erste Fussglied von MYRMECOLEON. Die abgebildete Art ist hell grünlich weiss, matt, aber die grossen Augen schillern metallisch. Sie findet sich in Gärten und Gebüschen. Ihre Larve ähnelt der von MYRMECOLEON, doch ist der ganze Bau schlanker und gestreckter. Sie lebt auch nicht im Sande, sondern kriecht an Zweigen umher, zumal an Rosen, und sucht daselbst nach Blattläusen, von denen sie sich ernährt. —

2. Familie Rhaphidiodea.

Wesentlicher Charakter. Flügel schmäler, mit wenigeren unregelmässiger vertheilten Adern und ungleichen Zellen, liegen in der Ruhe dachartig über dem Leibe. Prothorax stark verlängert.

Fig. 3. Die Kameelfliege (Rhaphidia *notata*), in doppelter Grösse.

Kopf mehr wagerecht gestellt, ziemlich breit, mit stumpfem Maule, dessen Organe in der Hauptsache mit denen der vorigen Familie übereinstimmen, indess sind alle Theile kürzer, namentlich auch das Kaustück der Unterkiefer, der Endlappen der Unterlippe und die fadenförmigen feineren Taster, deren Gliederzahl übrigens dieselbe ist. Die Fühler bestehen aus vielen kleinen runden Gliedern, sind aber nur kurz. Ueber ihnen stehen an der Stirn drei Nebenaugen. Der lange Prothorax ist zylindrisch. Die am Vorderrande ungleich gebildeten Flügel haben ein langes braunes Randmahl, und gabelige hintere Randzellen. Der zylindrische Hinterleib endet beim Weibchen mit einer Legescheide. Die Beine sind lang und die Füsse haben 5 Glieder, von denen das dritte herzförmig und das 4te sehr klein ist. Die Farbe des Thieres ist dunkelbraun, aber die Beine und drei Reihen Flecke am Hinterleibe sind gelb. — Die wurmförmige, mit einem grossen Kopf, aber nicht so grossen Oberkiefer, kurzen Fühlern und 6 Beinen an den 3 ersten Leibringen versehene braune Larve hüpft an Baumstämmen, und sucht da nach Insekten, von denen sie sich nährt.

3. Familie. Panorpina.

Wesentlicher Charakter. Kopf nach unten schnabelförmig verlängert. Mundtheile am Grunde verwachsen; die Lippe ohne freien Endlappen, mit 2 zweigliedrigen Tastern. Flügel schmal, stehen in der Ruhe schief nach hinten und liegen nicht über dem Leibe.

Fig. 4. Panorpa *communis*.

Ausser den in dem Familiencharakter angegebenen Merkmahlen unterscheidet die Gattung Panorpa die schmale Form der völlig gleichgebildeten Flügel, und die zierliche Form der mässig langen Beine, deren Füsse mit 2 gleichen unten gekerbten Krallen enden. Hierzu kommt der eigenthümliche zangenförmige Kopulationsapparat des von mir in natürlicher Grösse dargestellten Männchens. Europa besitzt nur diese eine Art, welche gelblich ist, aber sowohl am Kopf als auch am Brustkasten und dem Hinterleibe braune Flecke hat. Die Flügel haben 3 braune Querbinden und dazwischen noch braune Punkte. Der Schnabel und die Zange sind kastanienbraun. Man findet dieses wegen der Zange mit dem Namen Skorpionfliege belegte Insekt häufig in Gärten und Gebüschen; seine Larve kennt man noch nicht. —

2. Zunft. WASSERFALTER. *Trichoptera.*

Einzige Familie. Sprocken. *Phryganeodea.*

Wesentlicher Ckarakter. Mundtheile in einen weichen Saugapparat verwachsen, an dem die verkümmerten Oberkiefer keinen Antheil nehmen. Flügel ungleich und behaart. 5 Fussglieder. Larven wurmartig, leben im Wasser und verpuppen sich.

Fig. 5. Phryganea *grandis*, in natürlicher Grösse.

Die Phryganen haben einen eben nicht grossen Kopf, dessen Augen aber stark hervorragen. Vorn an der Stirn trägt er die langen vielgliedrigen borstenförmigen Fühler, und unmittelbar darüber 3 kleine Nebenaugen. Unten ragt der dicke fleischige Mundfortsatz hervor. An ihm, welcher unter Fig. 5. a etwas vergrössert abgebildet ist, bemerkt man in der Mitte der Vorderfläche die schmale lanzettförmige Oberlippe d, und neben ihr am Grunde die ganz kleinen verkümmerten Oberkiefer b, b; unter diesen neben der Spitze der Oberlippe ragt der häutige Endlappen der Unterkiefer hervor, und an dem sitzt, ziemlich in der Mitte des ganzen Mundfortsatzes, der beim Männchen aus vier, beim Weibchen aus fünf Gliedern bestehende Kiefertaster. Den Haupttheil des ganzen Mundes bildet die am meisten hervorragende, muldenförmig ausgehöhlte Unterlippe c, welche auf ihrer hinteren Wand mit zwei bei beiden Geschlechtern dreigliedrigen Tastern f, f besetzt ist. Der übrige Leib von Phryganea zeigt nichts Besonderes, nur die langen Beine sind dadurch merkwürdig, dass die 4 hinteren Schienen nicht bloss 2 grosse Endsporen, sondern auch noch 2 andere etwas höher hinauf am Schienbein sitzende tragen. Auch die Fussglieder sind hintenmit kleinen Stacheln besetzt. Phryganea *grandis* ist unter den einheimischen Arten die grösste, hat eine gelblich graue Färbung, und nur die Oberflügel haben unbestimmte dunklere Flecken mit dazwischen liegenden weissen Punkten. Der Brustkasten ist länger behaart, aber das Haarkleid der Flügel ist nur kurz. Die unten zwischen den andern Larven sub 5. a dargestellte Larve hat einen geraden cylindrischen wurmförmigen Leib, einen kleinen Kopf ohne Fühler, aber mit 2 Augen und kurzen Mundtheilen. Der erste Ring hinter dem Kopf ist kleiner, hat eine hornige Bedeckung und trägt wie die 2 folgenden, ein paar lange gegliederte Füsse. Diese beiden Ringe, wie der ganze Hinterleib, haben bloss eine häutige Oberfläche, von der an den 6 mittleren Hinterleibsringen fadenförmige, auf dem Leibe liegende hohle Kiemenfortsätze ausgehen. Uebrigens steckt der ganze Leib in einem nach ihm geformten, sehr künstlich aus Steinchen oder Holzstückchen zusammen gesponnenen Rohr, welches die Larve sich selbst baut, damit bedeckt unter dem Wasser an Pflanzenstängeln, von deren Blättern sie sich ernährt, herumkriecht, nur den Kopf und die Beine heraussteckend, und darin sich auch verpuppt. Will die Fliege ausschlüpfen, so kriecht die Puppe an einen Schilfstängel bis zur Oberfläche des Wassers und wartet, bis ihre trocken gewordene Haut berstet, worauf das Insekt dieselbe verlässt, bald seine Flügel ausbreitet, und davonfliegt. Man findet es häufig an Wänden in der Nähe von Teichen, Seen und Flüssen.

3. Zunft. AFTERFRÜHLINGSFLIEGEN. *Plecoptera.*

Einzige Familie. SEMBLODEA.

Wesentlicher Charakter. Mundtheile frei, die Oberkiefer hornig, die Unterkiefer zwar weich, aber am Ende mit hornigen Zähnen. Unterlippe am Ende gespalten. 3 Fussglieder. Larven im Wasser, verpuppen sich aber nicht.

Fig. 6. PERLA *cephalotes*, in natürlicher Grösse.

Durch den breit gedrückten flachen Körper und die nur mikroskopisch behaarten und daher durchsichtigen Flügel unterscheidet sich PERLA im Aeusseren leicht von PHRYGANEA. Dabei ist bei PERLA der Kopf breiter als lang, wagerecht gestellt, und das Maul mehr nach vorn gerichtet. In ihm sind alle Organe vorhanden, ohne mit einander mehr als gewöhnlich verwachsen zu sein. Die Kiefertaster bestehen aus 5, die Lippentaster aus 3 Gliedern. Die Fühler, neben dem Munde vor den Augen eingelenkt, sind lang borstenförmig und vielgliedrig. Nebenaugen mitten auf der Stirn. Die 3 Ringe des Brustkastens deutlich abgesetzt und gleich gross. Der Hinterleib aber nur kurz, und am Ende mit 2 langen gegliederten Fäden besetzt. Flügel auffallend ungleich, die vorderen schmäler, die hinteren mit einem breiten, bloss von Radialadern durchzogenem Felde am Grunde. Beine kurz, kräftiger, ohne Sporen und Stacheln; die Füsse bloss dreigliedrig. Die hier abgebildete Art ist über einen Zoll lang, nussbraun, mit gelblichem Kopf, gelben Flecken am Brustkasten und gelblicher Bauchseite. Ihre Larve lebt im Wasser, sieht aber nicht wurmförmig aus, sondern ganz wie das vollkommne Insekt; hat aber keine Flügel. Sie frisst andere kleine Insekten und schwimmt. Die Puppe ruht nicht, sie ernährt sich gleich der Larve. Man findet sie in unseren Flüssen, und das vollkommne Insekt an deren Ufern, doch nicht häufig.

4. Zunft. PFRIEMENHÖRNER. *Subulicornia.*

Wesentlicher Charakter. Kopf gross mit stark vortretenden Augen, aber sehr kleinen, einer kurzen feinen Borste ähnlichen Fuhlern. Flügel sehr bestimmt netzförmig. Die Larven leben im Wasser und verpuppen sich nicht.

1. Familie. LIBELLULINA. *Wasserjungfern.*

Wesentlicher Charakter. Mundtheile sehr entwickelt, beide Kiefer hornig und gezähnt; die Unterlippe in 3 Hautlappen gespalten; keine Taster. Füsse 3gliedrig.

Fig. 8. AESCHNA *grandis*, in natürlicher Grösse.

Die Aeschnen haben gewöhnlich, wie alle ächten LIBELLULAE, sehr grosse, auf der Stirn zusammenstossende Augen, und vor diesen einen Höcker, an dem die drei Nebenaugen sitzen. Neben diesem Höcker stehen die beiden kleinen borstenförmigen Fühler. Unter beiden ragt die aufgetriebene Stirn weit hervor, und an dieselbe schliessen sich nach unten die Mundtheile. — Die von ihnen sub 8. a, b, c gegebenen Darstellungen gehören der Gattung AGRION an, welche wohl im Bau der

Oberkiefer (a) und Unterkiefer (b), aber nicht in der Bildung der Unterlippe (c) mit Aeschna übereinstimmt. An den Unterkiefern bemerkt man die hakige, am Innenrande gezähnte hornige Spitze, (das Kaustück, *mando*), und den äusseren 2gliedrigen fadenförmigen Theil, welcher Helm *(galea)* genannt wird. Die Unterlippe besteht bei Agrion aus 3 schmalen Lappen, von denen die äusseren die schmälsten sind und ein bewegliches Endglied tragen, während der breitere, dreieckige mittlere am Ende gespalten ist. Bei Aeschna sind alle 3 Lappen beinahe gleich gross, die seitlichen nach aussen erweitert, und ebenfalls vor der zahnförmig ausgeschnittenen Spitze mit einem Endgliede besetzt; der mittlere Lappen aber ist kürzer, kreisförmig, und nicht so deutlich gespalten. Der Brustkasten aller Libellulinen hat die Eigenheit, dass die untere Fläche sehr nach vorn gezogen ist, die obere dagegen nach hinten. An ersterer haften die dicht bei einander stehenden kurzen langstacheligen Füsse; an letzterer die 4 grossen stark gegitterten, gleichlangen Flügel. Der Hinterleib ist bei Aeschna rund, am Grunde verdickt, am Ende abgestutzt, und mit 2 Anhängen neben dem Aftergliede besetzt, welche bei den Männchen gewöhnlich die Form von Haken haben, bei den Weibchen aber lanzettförmig sind.

Die Larven der Libellulinen leben im Wasser, und ähneln zwar den vollkommnen Insekten, sind aber immer viel kürzer, breiter und dicker. Die hier sub 8. d abgebildete gehört der Libellula *depressa* an und zeichnet sich durch ihren auffallend kurzen, breiten, rückwärts aufgebogenen Hinterleib aus. Der Kopf trägt die Augen, Fühler und ein merkwürdiges Fangwerkzeug, Maske genannt (8. e), welches am Kinn sitzt und ein herzförmiges Glied darstellt, dessen breites Ende mit zwei in einander greifenden, gezähnten Zangenflügeln besetzt ist. Mit diesem Instrument erbeutet die Larve ihren Raub, welcher in kleineren Wasserthieren besteht. Auch die vollkommnen Insekten leben vom Raube, und jagen beständig nach anderen Insekten, welche sie fliegend ergreifen und verzehren.

Die 2te Familie der Pfriemenhörner bilden die Hafte oder Eintagsfliegen *(Ephemerina)*, welche sich durch kleinere Statur, verkümmerte Mundtheile, ungleiche Flügel, lange Beine mit 4—5gliedrigen Füssen, und 2—3 sehr lange Afterfäden bestimmt und sicher von den Libellulinen unterscheiden.

5. Zunft. NAGERKERFE. *Corrodentia.*

Wesentlicher Charakter. Mundtheile kräftig, beide Kiefer hornig und gezähnt, die unteren mit Tastern. Unterlippe gespalten, allermeist mit 3gliedrigen Tastern besetzt. Die Larven leben auf dem Trocknen, benagen trockne Thier- und Pflanzenstoffe, und verpuppen sich nicht.

Fig. 7. Die Holzlaus (Pscocus *lineatus*), 3mal vergrössert.

Sie hat lange, borstenförmige, aber dennoch nur achtgliedrige Fühler, eine kreisrunde gewölbte Stirn, einen grossen Kopf, woran die Mundtheile unten hervorragen und sich durch die langen viergliedrigen Kiefertaster verrathen, während die Unterlippe tasterlos ist. Der Brustkasten ist hoch gewölbt, und zeigt nur 2 deutliche Ringe, weil der sehr kleine erste Ring vorn unter dem zweiten steckt. An den beiden grossen Ringen sitzen 2 ungleiche Flügel mit wenigen unregelmässig ästigen Adern. Der Hinterleib ist kurz und eiförmig; die langen dünnen Beine enden mit zweigliedrigen Füssen. Alle Arten leben an Bretterwänden, Baumstämmen, selbst in Häusern, und sind nur klein. Die abgebildete, eine der grössten, ist gelbgrau, mit schwarzen Flecken; die Flügel sind klar, mit braunem Randmahl, brauner Binde und weissem Fleck hinter dem Randmahl auf der hier gelegenen gabelförmigen Zelle. Man findet sie in Nadelwäldern.

Fig. 9—10. Termes *flavipes*, 3mal vergrössert.

Die Gattuung der Termiten oder weissen Ameisen ist über die Tropenzone beider Erdhälften verbreitet und wegen der Verheerungen, die sie überall in ihrer Heimath an den Wohnungen und dem Hausgeräth der Menschen anrichtet, ebenso gefürchtet, als dem Naturforscher merkwürdig wegen des geselligen Beisammenlebens vieler Tausende in künstlichen Wohnungen nach Art der ächten Ameisen. Auch unterscheiden sich die Männchen von den Weibchen durch kleinere Dimensionen und Flügel, welche letzteren fehlen. Dann giebt es noch Arbeiter, Soldaten mit grossen Köpfen und Kiefern, so wie Larven, welche zwar keine Flügel, gleich den vorigen, aber kleine Augen haben, welche den nie ans Tageslicht kommenden Arbeitern und auch den meisten Soldaten fehlen. Diese letzteren lassen sich an ihren grossen Köpfen leicht erkennen. Die hier abgebildete Art, die kleinste von allen, findet sich seit einiger Zeit in den Treibhäusern der Kaiserlichen Gärten zu Schönbrunn, und wurde mir von da durch den Kaiserl. Königl. Professor in Wien, Herrn Vincent Kollar, gütigst zur Untersuchung mitgetheilt. Das Männchen hat kaum 3 Linien Länge, ist ganz braun, nur die Beine sind gelb, wie die Fühler; die Flügel aber wasserhell. Letztere haben alle 4 eine genau gleiche Grösse, und zahlreiche nicht verhornte Längsadern, aber gar keine Queradern. Die Mundtheile sind kräftig, und bestehen aus grossen hornigen gezähnten Oberkiefern (9. a), ebenfalls gezähnten, hornigen Unterkiefern (9. b) mit fünfgliedrigem Taster, und einer in vier Lappen getheilten Unterlippe (9. c), woran zwei dreigliedrige Taster. Der übrige Körper zeigt nichts Merkwürdiges. Das viel grössere 5 Linien lange Weibchen (10.) ist ganz hellgelb, nur der Hinterleib hat auf jedem Ringe eine dunklere hornige Platte. Statt der Flügel finden sich am Brustkasten kurze dreiseitige spitze Lappen.

6. Zunft. FÄCHERFLÜGLER. *Labidura s. Dermatoptera.*

Zugleich als Familie OHRWÜRMER (*Forficulina*) genannt.

Wesentlicher Charakter. Mundtheile stark, beide Kiefer hornig und gezähnt; Unterlippe 4lappig, mit Tastern. Flügel ungleich, die vorderen lederartig, reichen nur bis zum Hinterleibe; die hinteren häutig, von der Mitte des Vorderrandes wie ein Fächer nach hinten zusammengeklappt. Füsse 3gliedrig. Am Ende des Hinterleibes eine hornige Zange.

Fig. 11. Der gemeine Ohrwurm (FORFICULA *auricularia*), in natürlicher Grösse.

Dieses bekannte und von vielen Leuten so gefürchtete Insekt ist unschädlicher, als man gewöhnlich glaubt; da es dem Menschen selbst keinen Schaden zufügen kann, auch nie anders als zufällig in eines Menschen Ohr gelangt, und höchstens an dem reifen Obst der Gärten, das der Ohrwurm gern benagt, Schaden anrichtet. Im Bau seines Mundes stimmt er ganz mit den Termiten überein, auch in den Fühlern, deren Glieder jedoch länglicher sind; unterscheidet sich aber besonders durch seine Flügel, welche man in der Zeichnung ausgespannt sieht. Man bemerkt die kleinen Vorderflügel am Grunde auf den grossen hinteren liegen, und an den grössern halbkreisförmigen hinteren die vielen radienförmigen Adern, welche von der Mitte des Vorderrandes ausgehen und vor dem ganzen Hinterrande durch eine Querader verbunden sind. Am Ende des Hinterleibes ragt dann die Zange hervor, welche eine der merkwürdigsten Eigenheiten des Ohrwurms ist. Bekanntlich findet man ihn am Tage in allen Schlupfwinkeln, Baumritzen, Astlöchern u. dgl. versteckt, da er ein Nachtthier ist, und das Licht flieht. Er ist beinahe 1 Zoll lang, braun, Flügel, Beine und Brustkasten gelb. Kopf und Zange kastanienbraun. Letztere ist beim Männchen grösser und am Grunde erst gerade, beim Weibchen sogleich gebogen und schlanker; bei beiden unten und innen gezähnt.

7. Zunft. GRADFLÜGLER. *Orthoptera.*

Wesentlicher Charakter. Mundtheile kräftig, beide Kiefer hornig und gezähnt; Unterlippe am Ende 4lappig. Taster immer vorhanden. Flügel ungleich, die vorderen lederartig, nicht gefaltet; die hinteren häutig, vom Grunde aus wie ein Fächer gefaltet.

A. Hinterbeine gross und kräftig, dienen zum Springen. *Saltatoria.*

1. Familie. GRABHEUSCHRECKEN. *Gryllodea.*

Wesentlicher Charakter. Füsse aus drei ungleichen Gliedern bestehend, das erste der hinteren länger, am Ende mit Stacheln bewehrt. Fühler der Meisten lang borstenförmig. Oberflügel gewöhnlich viel kürzer als die unteren.

Fig. 12. Die Maulwurfsgrylle (GRYLLOTALPA *vulgaris*), in natürlicher Grösse.

Sie hat ihren Namen von ihrer unterirdischen Lebensweise in Gängen, die sie, wie der Maulwurf, mit den Vorderbeinen aushöhlt. Diese sind daher sehr breit und hoch, nach unten in Zacken erweitert, und aus einer sehr festen Hornsubstanz gebildet. Aussen an dem breiten Schienbein sitzt der ebenfalls breite dreigliedrige Fuss. Beide so gebildeten Vorderbeine werden von einem sehr grossen gewölbten Prothorax (oder Vorderbrustkastenring) getragen. Dieser hat wie bei allen Insekten keine Flügel, sie finden sich erst am zweiten (Mesothorax) und dritten (Metathorax) Ringe des Brustkastens. Man bemerkt die oberen eiförmigen, welche viel kürzer sind als der Leib, und die zusammengefalteten schmalen unteren, welche über ihn hinausragen. Die Hinterbeine sind nur klein und das Sprungvermögen ist daher unvollkommen. Am Ende des grossen länglich eiförmigen Hinterleibes sitzen 2 lange vielgliedrige Fäden, welche man Raife *(cerci)* nennt. Uebrigens ist die Farbe der Maulwurfsgrille ein lichtes Braun, das an den Flügeln ins Blassgelbe, an den Beinen ins Röthlichgelbe übergeht.

Fig. 13. Das Heimchen oder die Hausgrylle (Gryllus *domesticus*), in natürlicher Grösse.

Ein sehr allgemein bekanntes, zumal in Bäckerhäusern häufiges und durch seinen lauten zirpenden Ton sich leicht verrathendes Thier. Diesen Ton lässt jedoch nur das Männchen hören, und bringt ihn durch Reiben seiner Oberflügel aneinander hervor; das hier abgebildete Weibchen ist stumm, und leicht kenntlich an seiner langen geraden, unter dem After hervorragenden Legscheide. Uebrigens sind bei dieser Grylle, welche im Bau des Kopfes der Maulwurfsgrylle ähnelt, jedoch längere Fühler hat, die 4 vorderen Beine bloss zum Gehen eingerichtet, die 2 hinteren aber starke kräftige Springbeine. Auch sie hat längere Unterflügel, die neben dem Stachel weit über den Hinterleib hinausragen, und 2 lange Fäden am After. Ihre Farbe ist ein schmutziges Graugelb, mit braunen Flecken auf dem Kopf und dem Prothorax. Sie frisst Getraide, und hält sich daher nur in dessen Nähe auf.

2. Familie. Laubheuschrecken. *Locustina.*

Wesentlicher Charakter. Fühler, wie bei den Vorigen, lang und vielgliedrig, aber die Füsse viergliedrig, das erste Glied nicht verschieden von den übrigen, aber das vorletzte in der Regel herzförmig. Die Männchen mit einem Stimmorgan, die Weibchen mit der Legescheide.

Fig. 16. Die grüne Grasheuschrecke (Locusta *viridissima*), in natürlicher Grösse.

Eine der gemeinsten Heuschrecken Europas, und in den meisten Gegenden ein Spielzeug der Knaben, wegen des noch viel lauteren zirpenden Tones, den das Männchen im August und September in Gärten, Feldern und Gebüschen hören lässt. Derselbe wird auch durch Reiben der beiden Oberflügel an einander hervorgebracht, besonders durch 2 runde fensterförmige Platten, die am Grunde im Flügel liegen. Alle anderen Eigenschaften dieser Heuschrecke sind bekannt genug und ich bemerke daher nur, dass ihre kräftigen Kauwerkzeuge, mit denen sie sehr stark beissen kann, ebenso aussehen, wie bei allen Orthopteren, und daher hier ein für allemal abgebildet sind. Fig. 16. a stellt den grossen hornigen stark gezähnten Oberkiefer dar; 16. c den Unterkiefer mit dem fünfgliedrigen Taster, und den 3 starken spitzen Zähnen am Ende, hinter und über denen bei der Ansicht von oben (hier ist der Kiefer von unten gezeichnet) eine häutige Kappe liegt, die man Helm (*galea*) nennt; 16. b die Unterlippe, aus 2 gespaltenen Lappen bestehend, die in der Mitte aus einander stehen, so dass man die inwendig auf der Lippe liegende Zunge hindurchscheinen sieht. Seitlich an der Lippe sitzt links wie rechts ein dreigliedriger Taster. Unsere Figur stellt auch von dieser Heuschrecke ein Weibchen dar, was man an der langen nach hinten ausgestreckten Legescheide, die den ebenfalls sehr langen Flügeln an Länge gleicht, erkennen kann.

3. Familie. Feldheuschrecken. *Acridiodea.*

Wesentlicher Charakter. Fühler kurz, aus viel weniger (20—30) Gliedern gebildet. Männchen ohne Stimmorgan in den Flügeln, Weibchen mit kurzer, kaum vorragender 4lappiger Legescheide. Drei Fussglieder, das vorletzte nie herzförmig.

Fig. 15. Die blauflüglige Feldheuschrecke (Oedipoda *coerulescens*), in natürlicher Grösse.

Sie ist röthlich braungrau von Farbe und hat auf den schmalen Oberflügeln oder Flügeldecken zwei schwärzliche Querbinden; ihre Unterflügel sind hellblau am Grunde, mit einer breiten schwarzen Bogenbinde, die von der Mitte des Vorderrandes quer über den Flügel zum Hinterrande geht, und an diesem eine Strecke fortläuft. Die Hinterschenkel sind inwendig schwarz, die Schienen hellblau. Sonst zeichnet sich die Gattung Oedipoda, welcher diese Art angehört, durch einen breiten senkrechten Kopf, einen flachen in der Mitte stark zusammengeschnürten, oben der Länge nach schwach gekielten Prothorax, so wie durch den Mangel des bei vielen Feldheuschrecken am Vorderbrustbein hervorragenden Stachels, aus. Auch die berüchtigte Wanderheuschrecke (Oedipoda *migratoria*) gehört in diese Gattung; sie ist grösser als die abgebildete Art, grün, auf den Vorderflügeln braun gefleckt, hat aber an den klaren Hinterflügeln keine Zeichnung. Beide Arten bewohnen trocken gelegene Felder.

B. Hinterbeine nicht grösser als gewöhnlich, dienen bloss zum Gehen. *Cursoria.*

4. Familie. RAUBHEUSCHRECKEN. *Mantodea.*

Wesentlicher Charakter. Vorderbeine zum Rauben geschickt, mit grossen Hüften, dicken Schenkeln und kurzen gekrümmten Schienen. Alle Füsse fünfgliedrig.

Fig. 17. Die Gottesanbeterin (MANTIS *religiosa*), in natürlicher Grösse.

Diese merkwürdige Heuschrecke bewohnt, wie alle Raubheuschrecken, nur wärmere Gegenden, und findet sich in Deutschland wohl gar nicht, doch schon in Süd-Frankreich und Italien. Sie ist, wie die meisten Raubheuschrecken, ganz grün, aber an der Innenseite der grossen Vorderhüften findet sich ein schwarzer glänzender Fleck. Um diese grossen Hüften sicher tragen und leichter bewegen zu können, ist der Prothorax nicht bloss auffallend lang und breiter an der Stelle, wo die Hüften sitzen, sondern das Insekt trägt ihn auch viel höher, und streckt die Vorderbeine aus, um seine Nahrung damit zu erhaschen. Diese besteht ausnahmsweise bei den Raubheuschrecken in Fliegen und anderen Inseckten, während alle übrigen Orthopteren bloss von Vegetabilien leben. Um diese Fliegen gut fangen und halten zu können, haben die dicken Vorderschenkel unten eine Reihe von Zähnen, zwischen welche die Zähne des kurzen Schienbeins hineingreifen, wenn dasselbe an den Schenkel angedrückt wird. Dadurch tödtet die Gottesanbeterin jedes Insekt sogleich, führt es nun zum Munde und verzehrt es. Beide Geschlechter unterscheiden sich bei dieser Art bloss in der Grösse, indem das Männchen etwas kleiner ist; bei anderen Arten haben nur diese vollkommene Flügel, die Weibchen bloss halbe, die bis auf die Mitte des Hinterleibes reichen.

5. Familie. SCHABEN. *Blattina.*

Wesentlicher Charakter. Alle Beine bloss zum Laufen geeignet, mit 5 Fussgliedern; Fühler lang borstenförmig bei beiden Geschlechtern; Prothorax scheibenförmig erweitert.

Fig. 14. Die Lappländische Schabe (BLATTA *lapponica*), in natürlicher Grösse.

Nicht bloss in Lappland, wo Linné diese Art zuerst fand und deshalb so benamte, sondern im ganzen mittleren und nördlichen Europa in Wäldern eine sehr gemeine Art, wohl die gemeinste von allen; aber noch nicht, wie mehrere andere grössere Arten, in unsere Wohnungen gedrungen, wo sie sich in Küchen und Vorrathskammern finden, alle vegetabilische Kost benagend. Unter den letztern ist die grosse braune BLATTA *orientalis* wegen der flügellosen Weibchen merkwürdig. Auch bei der abgebildeten Art haben die Weibchen nur halb so lange Flügel, gleichen aber sonst den Männchen; dieses ist schwarzbraun, aber der Rand des Vorderrückens und die Flügeldecken sind gelb, die Flügel graulich. Sie ist, wie alle Schaben, äusserst behende, und an der Spitze des Hinterleibes mit 2 kurzen Raifen versehen. Zwischen diesen ragt beim Weibchen der zylindrisch flachrunde Eierbehälter aus dem Bauche hervor, den dasselbe so lange mit sich führt, bis die jungen Schaben auskriechen.

8. Zunft. LAPPENSCHWÄNZE. *Thysanura.*

Wesentlicher Charakter. Ungeflügelte mit Metallfarben gezierte Insekten, deren Mundtheile denen der Orthopteren noch sehr gleichen, deren Hinterleib aber mit verschiedenen gegliederten Anhängen besetzt ist.

Fig. 18. Der gestreifte Zuckergast (LEPISMA *vittata*), doppelt so gross wie in der Wirklichkeit.

Er gleicht in der Form unserm auch in Vorrathskammern häufigen, silberglänzenden, höchst behenden gemeinen Zuckergast, unterscheidet sich aber von ihm durch eine gelbliche Farbe, und drei schmale Streifen auf dem Hinterleibe. Dabei hat er an den Seiten grosse Haarbüschel, die dem gemeinen Zuckergast fehlen, und vier Fussglieder. Am Kopf haben beide 2 lange vielgliedrige Fühler und 5gliedrige Kiefertaster daneben; am Ende des Hinterleibes aber 7 gegliederte Fäden, 2 kurze am letzten und vorletzten Bauchgürtel, 3 lange am letzten Rückengürtel. Die abgebildete Art findet sich im Süden Europa's unter Steinen, und lebt, wie die gemeine, von vegetabilischer Kost.

9. Zunft. BLASENFÜSSE. *Physopoda.*

Wesentlicher Charakter. Geflügelte Insekten, deren schmale Flügel am Rande mit sehr langen Haaren besetzt sind, deren Oberkiefer Borsten bilden und nicht kauen, und deren zweigliedrige Füsse statt der Krallen einen grossen Haftlappen tragen.

Fig. 19. Der gebänderte Blasenfuss (THRIPS *fasciata*), 15mal vergrössert.

Er unterscheidet sich von seinen Verwandten leicht durch die Bildung der Oberflügel, welche nicht bloss mit 2 schwarzen Querbinden versehen sind, sondern auch zwischen den beiden Längsadern vier Queradern zeigen, deren Verlauf aus der Abbildung ersichtlich ist. Das kaum 1 Linie lange ganz schwarze Thierchen lebt im blühenden Getraide, und saugt Säfte aus den Blüthenhüllen, die es mit seinen stachelförmigen Oberkiefern ansticht. Seine Fühler haben 5 grosse Glieder, und 3 kleine am Ende, und die Bildung seiner Füsse ist aus Fig. 19. a ersichtlich. Das hier abgebildete Weibchen besitzt unter dem zugespitzten Hinterleibe einen sägeförmigen aus 4 Stücken zusammengesetzten Legestachel.

10. Zunft. PELZFRESSER. *Mallophaga.*

Wesentlicher Charakter. Ungeflügelte Insekten mit starken hornigen hakigen Oberkiefern, welche als beständige Parasiten auf Säugethieren und Vögeln leben, und deren Haar oder Federn benagen. Ihre Füsse sind zweigliedrig und enden mit 2 oder 1 Kralle.

Fig. 20. Der Federling des Pfau (PHILOPTERUS (GONIODES) *falcicornis*), 15mal vergrössert.

Die Federlinge (PHILOPTERI) leben bloss auf Vögeln, und fressen die weichen Aeste des Daunengefieders. Sie haben 5gliedrige fadenförmige Fühler und 2 Krallen an den Füssen. Nach der Form des Kopfes bilden sie mehrere Untergattungen, von denen GONIODES sich durch einen breiten, hinten eckigen Kopf und nach dem Geschlecht verschiedene Fühlerbildung auszeichnet. Die abgebildete Art lebt auf dem Pfau und wird gegen 1''' lang, sie ist gelb, mit braunen Flecken am Rande, deren jeder einen gelben Punkt hat. Der breite Kopf hat neben dem Ausschnitt, worin der Prothorax hineintritt, an jeder Seite einen Stachel, und an den stumpfen Aussenecken 3 steife Borsten. Beim Männchen (20. a) ist das erste Fühlerglied sehr dick und hinten mit einem Zahn versehen; das zweite Glied ist nur klein, aber das dritte bildet einen grossen Haken, an dessen äusserer Seite die beiden sehr kleinen Endglieder haften. Die Weibchen (20) haben ganz einfache Fühler, deren Glieder von unten gegen die Spitze hin allmälig kleiner werden.

TAFEL 29.

5. Klasse. Insekten. Insecta.

6. Ordnung. *Schnabelkerfe. Rhynchota* s. *Hemiptera.*

Wesentlicher Charakter. Sie haben gleiche oder ungleiche Flügel, von welchen die vorderen im zweiten Falle zur Hälfte aus einer festeren Hornsubstanz bestehen; borstenförmige, in einen Schnabel (rostrum) vereinigte Kiefer (vergl. Fig. 22.) und unvollkommne Verwandlung.

1. Zunft. LANDWANZEN. *Geocores.*

Wesentlicher Charakter. Flügel in der Regel vorhanden und die vorderen alsdann zur Hälfte hornig. Fühler lang, 4—5gliedrig. Füsse zweigliedrig, das Endglied mit oder ohne Haftlappen unter den beiden Krallen.

1. Familie. SCHILDWANZEN. *Scutati.*

Wesentlicher Charakter. Schnabelscheide viergliedrig, an die Brust gelegt. Fühler grösstentheils fünfgliedrig. Schildchen gross, reicht mindestens bis zur Mitte des Hinterleibes mit seiner Spitze. Haftlappen vorhanden.

Fig. 1. TETYRA *maura,* doppelt so gross wie in der Natur.

Die Gattung TETYRA bildet unter den einheimischen Schildwanzen den Repräsentanten einer besonderen Unterabtheilung, welche durch die enorme Grösse des bis ans Ende des Hinterleibes reichenden Schildchens ausgezeichnet ist; sie hat unter diesem Schildchen versteckte Oberflügel von der Länge des Hinterleibes, mit zahlreichen parallelen Adern in dem häutigen Endtheile, fünfgliedrige Fühler, deren drittes Glied um die Hälfte kürzer ist, als das zweite *) und ganz kurze Dornen an den Kanten der Schienen. Die abgebildete Art, bei uns die gemeinste von allen, ist gelbbraun, mit zwei helleren Flecken am Grunde des Schildchens, und vielen eingestochenen dunklen Punkten. Sie wird $4\frac{1}{2}$ Linie lang und findet sich überall in Gärten und Gebüschen.

Fig. 2. CIMEX *nigricornis,* doppelt so gross wie in der Natur.

Die Gattung CIMEX *Fabr.* (oder PENTATOMA *Latreille's*) bildet unter den einheimischen Schildwanzen mit kurzem, bloss bis zur Mitte des Hinterleibes reichendem Schildchen und unbedeckten Flügeln den Hauptrepräsentanten, stimmt aber anderweitig sehr mit TETYRA überein. Die stachellosen gewimperten Schienen, ein ungekieltes Brustbein, der Mangel einer mittleren Bauchfurche, und der relativ kleine dreiseitige Kopf gehören zu ihren auszeichnenden Merkmalen. Die abgebildete Art ist rothgelb gefärbt, oben dunkel punktirt mit schwarzen Fühlern, Ecken des Vorderrückens, und 4 schwarzen Streifen am Anfange desselben. Sie wird 5 Linien lang und ist überall gemein.

Fig. 3. stellt den Kopf des CIMEX (*Aelia Fabr.*) *acuminatus* in 6facher Linearvergrösserung dar, und zeigt die Lage der Organe, worauf es bei Unterscheidung der Wanzen besonders ankommt, deutlicher. *a* ist das kleine Nebenauge, deren die Schildwanzen gewöhnlich zwei besitzen; *b* das grosse Netzauge; *c* das fünfgliedrige Fühlhorn, welches auf einen Höcker vor dem Auge unter dem seitlichen

*) In der Abbildung sind durch einen Fehler des Zeichners nur vier Glieder angegeben; das zweite sichtbare ist in zwei aufzulösen, von welchen beiden das dem Ende genäherte halb so gross sein muss, wie das dem Grunde zugekehrte.

Kopfrande befestigt ist; *f* zeigt diesen Kopfrand an, *d* den Lappen der Kehle, welche den Grund des angedrückten Schnabels umfasst; *e* den dahinter hervorragenden Schnabel selbst.

Fig. 4. giebt die Abbildung eines anderen (von *Asopus coeruleus*) Wanzenkopfes von unten in 4maliger Linearvergrösserung. *a* ist die lanzettförmige fein in die Quere gestreifte Oberlippe, welche am Grunde vorn auf dem Schnabel liegt, und *b, b* bezeichnen das erste Glied der Schnabelscheide, worauf die drei andern folgen. Man sieht, dass der Schnabel selbst wohl viermal so lang ist wie der Kopf und an der Brust liegend wohl bis zum Hinterleibe reichen wird.

2. Familie. Randwanze. *Coreodes.*

Wesentlicher Charakter. Schnabelscheide viergliedrig, das dritte Glied kürzer als das vierte. Fühler stets viergliedrig, an den Seiten des Kopfes über dem Rande eingelenkt. Schildchen klein, reicht nicht über den Brustkasten hinaus. Der häutige Theil der Flügeldecken vieladerig.

Fig. 5. Coreus (Syromastes) *quadratus*, doppelt so gross wie in der Natur.

Die grosse Gattung Coreus ist heutzutage in viele kleinere aufgelöst, von denen Syromastes mit fast allen einheimischen *Coreoden* derjenigen Unterabtheilung angehört, bei welcher die Nebenaugen entfernt von einander stehen, das letzte Fühlerglied kurz und dick ist, und der Schnabel in Feinheit und Länge dem der Schildwanzen gleicht. Syromastes zeichnet sich unter diesen Gattungen durch einen ziemlich viereckigen Kopf aus, dessen Fühlerhöcker nach vorn stark hervorragen, hat einen breiten, die Flügel weit überragenden Hinterleib und ein verlängertes zweites Fühlerglied, welches das dritte kaum oder ein wenig an Länge übertrifft. Die abgebildete Art ist an der rautenförmigen Gestalt ihres Hinterleibes, und ihrer oben bräunlichen, unten hellgelben Farbe leicht zu erkennen. Sie findet sich in Nadelwäldern.

Fig. 6. Berytus *clavipes*, doppelt so gross wie in der Natur.

Berytus gehört mit Syromastes in dieselbe Unterabtheilung der Coreoden, und unterscheidet sich von der vorigen Gattung bloss durch den viel schlankeren Körperbau, das ganz kurze zweite Fühlerglied und den öfters zugespitzten Vorderkopf. Die abgebildete Art ist unter den einheimischen die kleinste, braun von Farbe, mit schwarzem Fühlerknopf und schwarzen Knieen und Fühlern, die kürzer sind als der Körper. Sie findet sich auf Wiesen im Grase und liebt die Feuchtigkeit.

Fig. 7. stellt den Kopf einer andern Art dieser Familie dar, bei welcher das erste Fühlerglied nach vorn scharfkantig erweitert ist. a ist das Nebenauge, b das Netzauge, c der viergliedrige Schnabel in angelegter Stellung, e die Kehlleiste, welche ihn am Grunde umfasst, d das Fühlhorn.

3. Familie. Langwanzen. *Lygaeodes.*

Wesentlicher Charakter. Fühler viergliedrig, das letzte Glied dicker oder ebenso dick wie die vorigen, unterhalb der Seitenkante des Kopfes eingelenkt. Schildchen klein. Haut der Flügeldecken mit wenigen Adern. Haftlappen neben den Krallen.

Fig. 1. Lygaeus (Phyrrhocoris) *apterus*, doppelt so gross wic in der Natur.

Auch die Gruppe der Lygaeoden ist von den neuern Schriftstellern in viele Gattungen aufgelöst worden, und zerfällt zunächst in 2 Abtheilungen, von welchen die eine mit 2 Nebenaugen versehen ist, die andere nicht. Phyrrhocoris gehört der zweiten Gruppe an, hat allein von allen in dieser Sektion einen scharfen Rand am Vorderrücken und ein sehr verlängertes erstes Fühlerglied. Die abgebildete Art ist desshalb sehr merkwürdig, weil sie gewöhnlich keine Flügel und keine Haut an den Flügeldecken hat. Ihre Grundfarbe ist ein schönes Blutroth, aber Fühler, Kopf, die Mitte des Vorderrückens, das Schildchen und 2 Flecke auf den Flügeldecken sind schwarz. Man findet sie zu Tausenden in Alleen an Lindenstämmen, aber sehr selten darunter ein Individuum mit Flügeln.

Fig. 11. Xylocoris *domesticus*, 8mal vergrössert.

Diese kleine Wanze gehört zu den Lygäoden mit Nebenaugen und weichen lederartigen Flügeldecken, hat keine Stacheln an den Schienbeinen und ein etwas dickeres zweites Fühlerglied, welches den folgenden an Länge gleichkommt. Das Thierchen findet sich in Häusern, gleicht in ihrer hell rothbraunen Farbe der gemeinen Bettwanze, unterscheidet sich aber von ihr durch die geringere Grösse, die Anwesenheit von Flügeln und den schwarzbraunen, hellgesäumten Vorderrücken.

Fig. 12. Die Bettwanze (Acanthia *lectularia*) 8mal vergrössert.

Ein sehr bekanntes Thier, welches, zumal in grösseren Städten, häufig in Bettstellen und Schlafgemächern angetroffen wird. Sie ist hell rothbraun, flügellos, aber mit kleinen Resten von Flügeldecken versehen, hat keine Nebenaugen und feine borstenförmige Fühler, deren zweites Glied das längste und etwas dicker ist. Der Schnabel hat scheinbar nur drei Scheidenglieder und die Haftlappen neben den Krallen fehlen. Beide Charaktere nähern sie der folgenden Familie. Sie saugt Menschenblut und sticht empfindlich.

4. Familie. Blindwanzen. *Capsini.*

Wesentlicher Charakter. Fühler viergliedrig, borstenförmig, die letzten Glieder haarfein. Keine Nebenaugen. Flügeldeckenhaut mit einer bogenförmigen Gabelader, welche 2 ungleiche Zellen umschliesst.

Fig. 10. Miris *erraticus,* 3mal vergrössert.

Der schlanke schmale Körperbau, der dreieckige zugespitzte Kopf und die sehr langen etwas stärkeren am Rande des Kopfes eingelenkten Fühler unterscheiden die Gattung Miris von den übrigen sehr zahlreichen Capsinen. Alle leben auf Wiesen im Grase, wie auf Gebüschen und Blumen, haben helle bunte Farben und einen sehr weichen, höchst verletzlichen Körper. Die abgebildete Art ist grün oder gelb, längs dem Rücken schwarz, und auf dem Vorderrücken gewöhnlich mit 4 schwarzen Streifen geziert. Sie gehört zu den grösseren Arten der Gruppe.

Fig. 9. Phytocoris *pabulinus,* 3mal vergrössert.

Die Gattung Phytocoris bildet den Hauptrepräsentanten unter den Blindwanzen, hat einen etwas breiteren mehr gewölbten Körper, einen kleinen Kopf mit auf der Stirn eingelenkten Fühlern, dessen zweites Glied wenig oder gar nicht verdickt ist, und ungestielte Augen. Manche Arten sind, wie die abgebildete, ganz nackt, andere weich behaart; erstere ist völlig grün, mit bräunlichen Füssen und findet sich überall auf Wiesen im Grase.

5. Familie. Hautwanzen. *Membranacei.*

Wesentlicher Charakter. Schnabelscheide dreigliedrig, liegt in einer Rinne an der Kehle. Füsse scheinbar zweigliedrig, ohne Haftlappen neben den Krallen.

Fig. 13. Aradus *complanatus,* 6mal vergrössert.

Eine kleine stark flach gedrückte sehr dünne Wanze, welche, wie alle ihre Verwandten, unter Baumrinden lebt, und die düstre Farbe der Rinde hat. Kurze fadenförmige viergliedrige Fühler; am Grunde hornige Flügeldecken und ein über den Kopf nach hinten hinausreichender Schnabel gehören zu ihren Merkmalen. Sie hat keine Nebenaugen, bloss zum Gehen taugliche Füsse, einen runzeligen Körper von 2 Linien Länge, und eine schwarzbraune Farbe mit am Grunde gelblichen Flügeldecken. Die Beine sind etwas röthlich.

Fig. 14. Tingis *affinis*, 8mal vergrössert.

Die Tingiden unterscheiden sich von den Aradiden durch die längeren, mit einem verdickten eiförmigen Endgliede versehenen Fühler; sie haben gewöhnlich einen etwas mehr gewölbten Körper, welcher bei der Hauptgattung Tingis mit grossen blasenförmig aufgetriebenen, glashellen Hautsäumen oder Kappen, welche von den oberen Adern unterstützt werden, geziert ist. Die abgebildete Art wird fast 2 Linien lang, ist braun, mit glashellen, braungeaderten Hortsäumen, 5 langen Stacheln an der Stirn und einem sternförmigen Fleck auf der Mitte der Flügeldecken. Das Endglied der Fühler ist schwarz.

Fig. 15. stellt den Kopf von Piesma *marginatum* oder Tingis *crassicornis* Fallen's vor, einer andern Tingidenform, welche sich durch die gleich dicken rauhen Fühlerglieder von Tingis unterscheidet; a stellt das Auge vor, b das Fühlhorn, c die erweiterte Kehllamelle, welche den Grund des Schnabels umfafst; d den Schnabel mit der dreigliedrigen Scheide.

6. Familie. SCHREITWANZEN. *Reduvini.*

Wesentlicher Charakter. Schnabelscheide kurz, von der Kehle abstehend, dreigliedrig. Kopf nach hinten halsförmig verengt. Zwei Nebenaugen. Krallen ohne Haftlappen.

Fig. 16. NABIS *brevipennis,* zweimal so gross wie in der Natur.

Die Gattung NABIS gehört zu denjenigen Schreitwanzen, deren Vorderbeine mit einer Sohle am Ende der Schienen versehen sind. Um diese merkwürdige Bildung deutlicher zu zeigen, habe ich in Fig. 18. den Vorderfuss von PROSTEMMA *guttula*, derjenigen einheimischen Schreitwanze, bei welcher die Sohle (c) am deutlichsten ist, in stärkerer Vergrösserung darstellen lassen. a bezeichnet in dieser Figur das Ende des Schenkels, b das Schienbein mit der elliptischen polsterförmigen Sohle c am Ende, und d den dreigliedrigen Fuss. Bei NABIS ist die Sohle schmal aber noch ziemlich deutlich; der Vorderrücken hat eine schwache Quereinschnürung, welche dem hinteren Rande genähert ist; das erste Fühlerglied ist länger als der Kopf, und alle folgenden gleichen ihm so ziemlich in der Länge. Die abgebildete Art wird 4½ Linie lang, ist rothbraun, mit dunkelbraunem Hinterleibe und röthlichen Seitenpunkten; die Beine sind gräulich, dunkler bandirt und die Flügeldecken reichen nur wenig über den Anfang des Hinterleibes hinaus. Sie findet sich in sandigen Gegenden unter Heidekraut.

Fig. 17. REDUVIUS *personatus,* 2mal so gross wie in der Natur.

Gleichfalls eine Schreitwanze mit schmalen Sohlen an den Vorderschienen, aber schon durch die dem Vorderrande genäherte Quereinschnürung des Vorderrückens von der vorigen verschieden. Die dünnen Fühler haben ein ziemlich kurzes erstes Glied und sind weich behaart; dasselbe Haarkleid bedeckt den stachellosen, aber mit einer Längsfurche versehenen, vierhöckerigen Vorderrücken. Auch die Beine sind ebenso weich behaart, und auffallend dünn. Die abgebildete ganz schwarzbraune Art ist ein Nachtthier, welches deshalb sehr grosse Fazetten an den Augen hat, sich von anderen Insekten ernährt und dieselben durch seinen giftigen Speichel tödtet. Man findet diese Wanze in Häusern bei Abend nach dem Lichte fliegend, oder todt in Spinnengeweben hängend, weil die Spinnen sie fürchten und nicht anrühren, wenn sie zufällig in ihre Gewebé kommt. Die Larve ist ganz mit Kehricht bedeckt und hat daher ein sehr sonderbares Ansehn. Fig. 17. a zeigt den Kopf von der Seite in stärkerer Vergrösserung; a ist das grosse Nebenauge, b das Netzauge, c das erste Fühlerglied, d der dreigliedrige angebogene Schnabel.

7. Familie. UFERWANZEN. *Riparii.*

Wesentlicher Charakter. Schnabelscheide dreigliedrig, lang, erreicht die Brust und liegt an ihr. Nebenaugen vorhanden. Kopf ohne Hals. Krallen ohne Haftlappen, sitzen am Ende des letzten Gliedes.

Fig. 19. SALDA *elegantula,* 8mal vergrössert.

Die SALDA-Arten halten sich auf feuchten Wiesen oder an den Ufern von Bächen, Flüssen, Seen und selbst des Meeres auf, haben grosse hervorgequollene Augen, viergliedrige fadenförmige Fühler, einen flachen eiförmigen Körper und einen glatten Schnabel, dessen zweites Glied das längste ist. Die abgebildete Art ist eine der kleinsten, kaum 1½ Linien lang, matt schwarz, oberhalb mit gelblichen angedrückten Haaren bekleidet; die Beine sind gelb und auf den Flügeldecken sieht man neben dem gelben Rande 2 weisse Punkte. Die Fühler haben gelbe Ringe am zweiten und vierten Gliede.

8. Familie. WASSERLÄUFER. *Hydrodromici.*

Wesentlicher Charakter. Schnabel angedrückt, erreicht die Brust, die Scheide dreigliedrig, glänzend glatt, das zweite Glied das längste; Füsse 2—3gliedrig, ohne Haftlappen, die Krallen in einem Ausschnitt vor der Spitze des letzten Gliedes befestigt.

Fig. 20. Kopf von VELIA *currens*, stark vergrössert, a das runde halbkugelige Netzauge, b die Stirn mit dem in einer tiefen Grube am untern Seitenrande befestigten ersten Fühlergliede, c der dreigliedrige Schnabel, aus dessen drittem kurzem Gliede die Stechborsten hervorragen.

Fig. 21. HYDROMETRA *rufoscutellata,* um ⅓ vergrössert.

Man sieht häufig auf Teichen und Bächen die Arten der Gattung HYDROMETRA, woselbst sie mit ihren ausgespannten langen 4 hinteren Beinen ruhig dasitzen und lauern, bis ein Herannahender sie stört, und sie nun ängstlich nach allen Seiten stossweise hin und herlaufen und auf Bächen gern gegen den Strom fahren. Sie haben viergliedrige Fühler (auf der Tafel sind nur 3 angegeben, das letzte dem vorigen gleiche fehlt also), von deren Gliedern das erste das längste ist; stark verkürzte Vorderbeine mit zweigliedrigen Füssen, deren erstes Glied das zweite an Grösse übertrifft, und deutlich entwickelte Flügel, welche den Larven und einer Art indess fehlen. Die abgebildete ist eine der grössten und gemeinsten; oben dunkelbraungrün, das Schildchen röthlich, der Bauch von feinen silberglänzenden Haaren bekleidet.

2. Zunft. WASSERWANZEN. *Hydrocores.*

Wesentlicher Charakter. Flügel ebenfalls vorhanden und die vorderen zur Hälfte hornig oder wenigstens lederartig, Fühler klein, 3—4gliedrig, in Gruben hinter den Augen versteckt. Schnabel kurz, dick, angebogen; die Scheide dreigliedrig.

9. Familie. SKORPIONWANZEN. *Nepini.*

Wesentlicher Charakter. Vorderbeine zum Rauben geschickt, kurz und gedrungen. Hinterbeine theils bloss zum Kriechen, theils zum Schwimmen. Fühler gewöhnlich ästig; gewöhnlich Athemröhren am Hinterleibe.

Fig. 22. Der Wasserskorpion, (NEPRA *cinerěa*) in natürlicher Grösse.

Dieses in unseren Teichen und Seen häufige Insekt gehört zu denjenigen Skorpionwanzen, welche nicht schwimmen können, sondern auf dem Boden der Gewässer in der Nähe des Ufers herumkriechen; es hat daher ziemlich drehrunde Hinterbeine ohne Wimpern und kleine scheinbar eingliedrige Füsse. Der kleine Kopf hat sehr grosse Augen (Fig. 22. a), hinter denen die dreigliedrigen bei Fig. 22. b hervorgezogenen Fühler versteckt sind, und steckt selbst tief in einem Ausschnitt des Prothorax. Vorn ragt der kurze, dicke dreigliedrige Schnabel (22. d) hervor, welcher vorn am Grunde die Oberlippe (22. c) umfasst. Dieselbe ist Fig. 22. h noch stärker vergrössert dargestellt und an ihrer queren Streifung kenntlich; sie sitzt am Kopfschilde g und verdeckt die 4 im Schnabel steckenden borstenförmigen Kiefer (l, l die oberen, k, k die unteren). Das ganze Thier ist dunkel aschgrau, der Hinterleib aber unter den Flügeln roth, die Statur sehr flach, und die Länge mit dem Athemrohr wohl 1 Zoll. Letzteres steckt es bis an die Oberfläche des Wassers hervor, um dadurch Luft einzuathmen.

10. Familie. RÜCKENSCHWIMMER. *Notonectici.*

Wesentlicher Charakter. Vorderbeine gleich den hinteren zum Rudern bestimmt, mit Flossenborsten besetzt; keine Athemröhren am Hinterleibe.

Fig. 23. NOTONECTA *glauca,* um ⅓ vergrössert.

Gleichfalls ein in Teichen häufiges Insekt, welches die Gewohnheit hat, rücklings zu schwimmen, so dass der mit langen Haaren bekleidete Bauch nach oben steht; zwischen diesen Haaren befindet sich Luft, welche das Insekt athmet, und von Zeit zu Zeit ergänzt, indem es an die Oberfläche kommt. Es hat einen sehr grossen Kopf, mit auffallend grossen Augen (23. a), hinter denen die viergliedrigen Fühler (b) sitzen. Am untern Ende zeigt sich der kurze dicke Schnabel (d) mit viergliedriger Scheide, und breiter dreieckiger Oberlippe (c). Der Körper hat eine seidenartige Oberfläche, ist gelblichgrau grün, auf den Flügeldecken dunkler wolkig, die Schildchen allein rein schwarz. Die Vorderfüsse sind dreigliedrig, die hintersten zweigliedrig und haben keine Krallen. Das Insekt lebt vom Raube anderer Wasserthiere, und sticht selbst Menschen, wenn man es anfasst.

3. Zunft. ZIRPEN. *Cicadina.*

Wesentlicher Charakter. Fühler sehr fein, borstenförmig, das zweite Glied verdickt und oft sehr gross. Schnabel an die Brust gedrückt, die Scheide dreigliedrig. Füsse dreigliedrig, mit Haftlappen unter den Krallen. Weibchen mit einem Bohrstachel.

11. Familie. SINGZIRPEN. *Stridulantia.*

Wesentlicher Charakter. Fühler mässig dick, allmählig dünner, das zweite Glied nicht auffallend grösser oder dicker. 3 Nebenaugen auf dem Scheitel; die beiden ersten Fussglieder gleich gross und sehr klein. Die Männchen haben ein Stimmorgan am Anfange des Hinterleibes.

Fig. 24. CICADA (TETTIGONIA *Fabr.*) *Orni*, in natürlicher Grösse.

Die Gattung CICADA ist durch die zirpenden Locktöne, welche die Männchen im Sommer hören lassen, allbekannt, aber nur in wärmeren und tropischen Gegenden, doch hier über die ganze Erdoberfläche, verbreitet. Schon den Alten galt sie als ein Sinnbild stillen Friedens und Anakreon feierte sie als solches in seiner bekannten, häufig (z. B. von Rammler und Göthe) ins Deutsche übertragenen Ode Im südlichen Europa giebt es mehrere Arten, in Deutschland aber nur die eine hier abgebildete, und auch diese nur in den Thälern Tyrols, der Salzburger Alpen, bis hinauf zum südlichen Abhange des Thüringerwaldes. Sie ist gelbbraun, schwarz gefleckt, am Hinterleibe stellenweis wie bereift, und hat glashelle Flügel, deren Queradern braun angelaufen sind. Das Stimmorgan besteht aus 2 grossen Trommelhäuten, welche unter Schildern am Grunde des Hinterleibes stecken, und durch Muskeln willkürlich in Schwingung gesetzt werden können. Am Kopf zeichnet sich die grosse blasig aufgetriebene Stirn aus (24.a), daneben sitzen die Fühler, dahinter die Augen c, c, unter der Stirn das kleine Kopfschild (b) und daran sitzt der Schnabel (e) mit seiner kleinen, länglich dreiseitigen Oberlippe (d).

12. Familie. LEUCHTZIRPEN. *Fulgorina.*

Wesentlicher Charakter. Fühler unter den Augen befestigt. Das zweite Glied sehr gross oder dick. Die folgenden einer Borste ähnlich; Stirn mit Seitenkanten, hinter denen die zwei Nebenaugen sitzen; erstes Fussglied stark verlängert.

Fig. 25. Der afrikanische Laternträger (FULGORA *tenebrosa*), in natürlicher Grösse.

Die Laternträger zeichnen sich unter den Leuchtzirpen durch eine merkwürdige hier kolbenförmige Verlängerung des Kopfes aus, von welcher man früher meinte, dass sie im Finsteren Licht ausstrahle, welche Angabe indess neuere Beobachter nicht bestätigen. Sie haben eine breite flache Stirn (25. a), welche seitlich von ein Paar hohen Kanten begrenzt ist. Den Raum hinter diesen Kanten nennt man Wangen. Daran sitzen oben die Netzaugen (e, e), darunter die Fühler (f, f) und zwischen beiden die Nebenaugen. Unten stösst an die Stirn das in der Mitte gewölbte an den Seiten erweiterte Kopfschild (b); unter welchem der Schnabel (d) mit der schmalen Oberlippe (c) hervorragen. Vorder- und Mittelrücken bilden zusammen einen Rhombus, dessen Längsdurchmesser eben so gross oder länger ist als der quere; die Flügeldecken sind lederartig und von vielen Adern durchzogen, die kantigen Hinterschienen haben Stacheln an der Aussenkante. Die abgebildete Art findet sich in Süd-Afrika, ist hell rothbraun mit schwarzen Punkten, schwarzbraunen Hinterflügeln und schwarzem Hinterleibe. Die hellgelben Beine haben schwarze Binden.

13. Familie. BUCKELZIRPEN. *Membracina.*

Wesentlicher Charakter. Fühler vor den Augen eingelenkt, das zweite Glied mässig gross. Stirn ohne Kanten, mit 2 Nebenaugen auf der Mitte. Oberflügel von wenigen Adern durchzogen, grösstentheils lederartig.

Fig. 26. MEMBRACIS *proboscidea*, 4mal vergrössert.

Unter den Buckelzirpen zeichnet sich die Gattung MEMBRACIS durch ihren dach- oder blattförmig nach oben erweiterten Vorderrücken, welcher auch hinterwärts den ganzen Körper überragt, und ihre länglich elliptisch geformten vier vorderen Schienen aus. Ihre Oberflügel haben keinen Ausschnitt an der Innenecke, und ihre Hinterschienen Dornen. Die abgebildete Art ist ganz schwarz mit zwei rothen Binden über den Rücken; das vordere Ende des Rückens ragt rüsselartig vor. Sie stammt aus Mexiko.

Fig. 32. Centrotus *cornutus,* 4mal vergrössert.

Ist die Hauptart unter den einheimischen Buckelzirpen und leicht daran kenntlich, dass der erweiterte Vorderrücken den Mittel- und Hinterleib nicht bedeckt, sondern bloss mit einem geschwungenen Haken über ihn fortragt. An den Vorderecken hat er ein Paar Ohren. Die Flügel sind glasartig, gelblich; die Beine nicht erweitert, bräunlich, mit hellen Schienen, der übrige Körper schwarz. Lebt in sumpfigen Gebüschen auf *Epilobium angustifolium.*

14. Familie. Kleinzirpen. *Cicadellina.*

Wesentlicher Charakter. Kopf wagerecht gestellt; Fühler vor den Augen eingelenkt, Stirn ohne scharfe Seitenkanten, mit zwei Nebenaugen an den Seiten oder auf dem Scheitel. Oberflügel lederartig mit wenigen Adern.

Fig. 27. Jassus (Athysanus) *argentatus*, 4mal vergrössert.

Die Gattung Jassus bildet den Hauptrepräsentanten derjenigen Cicadellinen, deren Schienen vielstachelig sind, und deren Nebenaugen am Rande der Stirn dicht vor den Netzaugen sitzen. Sie unterscheidet sich von ihren Verwandten durch den nach vorn etwas spitzigen, aber an den Kanten abgerundeten Scheitel, und die ebenfalls stacheligen Vorder- wie Mittelschienen. Die Untergattung Athysanus enthält diejenigen Arten, deren Oberflügel keinen feinen Hautsaum hinter den Randadern haben und sich am Ende nicht über einander legen. Die abgebildete Art, die grösste unter den Athysanis, ist hellgelb mit schwarzer Scheitelbinde und bräunlichen Streifen in den Zellen der Flügeldekken. Sie findet sich auf Waldwiesen, ist aber selten.

4. Zunft. Pflanzenläuse. PHYTOPHTHIRES.

Wesentlicher Charakter. Fühler lang, 5 — vielgliedrig. Schnabel zurückgezogen, an die Brust zum Theil angewachsen. Füsse zweigliedrig. Flügel fehlen häufig, doch meistens nur den Weibchen.

15. Familie. Blattflöhe. *Psyllodes.*

Wesentlicher Charakter. Fühler borstenförmig. Zehngliedrig. Hinterbeine zum Springen tauglich. Flügel stets vorhanden.

Fig. 28. Psylla *Genistae,* 6mal vergrössert.

Die zahlreichen Arten dieser Gattung zeichnen sich durch lange, feinborstenförmige Fühler, den Besitz dreier Nebenaugen und häutige klare Oberflügel aus; die abgebildete Art lebt auf dem Ginster, ist hellgrün mit bräunlichen Streifen in den Flügelfeldern und zweihöckerigem Vorderkopf.

16. Familie. Blattläuse. *Aphidini.*

Wesentlicher Charakter. Fühler 5—7gliedrig. Hinterbeine nicht zum Springen geeignet; Beide Geschlechter oder bloss die Weibchen zum Theil flügellos.

Fig. 29. Lachnus *punctatus.* (*Aphis Salicis Curt. Linn. Trans. VI. 75. tab. 5.*). 6mal vergrössert.

Unter den Blattläusen mit Flügeln giebt es eine Gruppe, welche sich durch die kurzen Flügel und den Mangel von Honigröhren am Hinterleibe auszeichnet; aber nicht in Gallen oder Pflanzenauswüchsen lebt. Diese Gruppe nannte ich Lachnus, zu ihr gehört die abgebildete Art als eine der grössten. Sie ist aschgrau, hat statt der Honigröhren ein Paar dicke Höcker am Hinterleibe, und 4 Reihen schwarzer, sammetartiger Punkte. Ihre braunen Beine haben am Grunde gelbliche Schenkel. Sie lebt auf Weidenschösslingen am Ufer von Flüssen.

5. Zunft, zugleich 17. Familie. Scharlachläuse. COCCINA.

Wesentlicher Charakter. Männchen geflügelt, die Flügel ohne Zellen, bloss mit einer gabeligen Längsader; die hinteren fehlen häufig. Weibchen fast immer flügellos, dick, eiförmig, mit kürzern Fühlern und Beinen.

Fig. 30. Die Cochenillescharlachlaus. (Coccus *Cacti*), das Männchen 10mal, das Weibchen 8mal vergrössert.

Männchen mit 2 Augen an jeder Seite, 10gliedrigen Fühlern, gar keinen hinteren Flügeln und 2 langen Schwanzborsten; Weibchen mit 9gliedrigen Fühlern und beständig geringeltem beweglichem Körper, dessen Oberfläche von einem weissen Staube bedeckt ist. Die Larven beider langborstig, zerstreut behaart, von dichtem, weissem Filz bekleidet. Grundfarbe Aller bluthroth. Lebt in Mexiko auf der Cochenillfeige (Cactus *opuntia*) und liefert die bekannte rothe Farbe (Scharlach).

6. Zunft, zugleich 18. Familie. Thierläuse. PEDICULINA.

Wesentlicher Charakter. Beide Geschlechter stets ungeflügelt. Flügel fünfgliedrig, Füsse eingliedrig mit einfacher grosser Endkralle, welche mit dem vorspringenden Ende des Schienbeins eine Zange bildet.

Fig. 31. Die Kopflaus (Pediculus *capitis*) 12mal vergrössert.

Ein sehr bekanntes Thier, welches sich von seinen nächsten Verwandten durch den 7gliedrigen Hinterleib, dessen Seitenränder eine tief schwarze Farbe haben, unterscheidet. Das hier abgebildete Männchen ist kleiner als das Weibchen und hat ein abgerundetes letztes Körperglied, aus welchem die hornige Ruthe öfters hervorragt. Der Schnabel steckt in einer ungegliederten Scheide (31.a), welche selbst ganz eingezogen werden kann, ausgestreckt aber einen doppelten Hakenkranz am Ende hat, mit dem das Thier den Schnabel in der Haut befestigt, wenn es Blut saugen will. Aus einer mittleren Oeffnung werden die 4 borstenförmigen hornigen Kiefer hervorgeschoben. Am Grunde neben der Schnabelscheide stehen mehrere Paare steifer Borsten (31.b, b).

TAFEL 30.

6. Klasse. 1. Abtheilung. Spinnenartige Gliederthiere. Arachnoda.

Wesentlicher Charakter. Sie haben einen CEPHALOTHORAX, keine Fühler, bloss einfache Augen, vier Paar Beine und athmen Luft durch Lungensäcke oder Luftröhren.

Familie ARANEAE. *Aechte Spinnen.*

Sie haben 6 od. 8 einfache Augen, einen ungegliederten sackförmigen Hinterleib, der an seiner Spitze Warzen trägt (2. a), aus welchen die seidenartige Spinnmaterie hervor quillt, und athmen durch Lungensäcke.

Fig. 1. Die Vogelspinne (MYGALE *avicularia*), um die Hälfte verkleinert.

Sie ist die grösste aller Spinnen und gehört zu der Gruppe von ihnen, welche durch den Besitz von vier Lungensäcken ausgezeichnet ist. Ihr Cephalothorax hat eine herzförmige Gestalt, und trägt an seiner vorderen Gränze acht einfache Augen, deren Stellung Fig. 1. a angiebt. Unmittelbar am Vorderrande stehen die Oberkiefer, zwei dicke runde Körper, welche am Ende mit einem spitzen, nach unten umgebogenen Haken versehen sind. Dieser Haken ist durchbohrt, an der Spitze geöffnet, und bildet den Ausgang einer im Cephalothorax gelegenen Gift absondernden Drüse. Unter den Oberkiefern liegen die kleineren Unterkiefer, deren lange fünfgliedrige Taster unmittelbar an der Spitze eingelenkt sind, so dass sie fast sechsgliedrig erscheinen. Den Raum zwischen und unter den Unterkiefern füllt eine kleine, viereckige, tasterlose Unterlippe aus. Die Beine sitzen alle am Cephalothorax, je 2 und 2 nebeneinander; jedes besteht aus sechs Gliedern, von welchen das zweite das längste, das letzte aber das kleinste und an der Spitze abgerundet ist; hier trägt es 2 gebogene gleiche Krallen, zwischen welchen eine kleinere, dritte, welche von den auf der Unterseite des Gliedes angebrachten Sohlenhaaren ziemlich versteckt wird. Der Hinterleib ist eiförmig, verhältnissmässig klein; an der Bauchseite liegt ganz vorn der Eingang zu den Lungensäcken, die ebenda im Innern angebracht sind, vor der Spitze findet sich die Afteröffnung und neben ihr vier Spinnwarzen. Die Vogelspinne erreicht eine Länge von $1\frac{1}{2}$ — 2″ und bespannt mit ausgebreiteten Beinen einen Raum von 6″ Durchmesser; ihr Leib ist schwarzbraun, matt, überall von steifen abstehenden braunen Haaren bedeckt. Das Männchen ist etwas kleiner als das Weibchen und hat an der Spitze der Taster und am vierten Gliede der Vorderbeine einen starken Dorn. Man findet sie in Südamerika in Gebüschen, woselbst sie auf Kolibris und junge Vögel Jagd machen. Ihre Wohnung legen sie zwischen Zweigen, Blättern oder in Felsspalten an; sie besteht aus einem trompetenförmigen Gewebe von mehreren Fuss Länge.

Fig. 2. Die Kreuzspinne (EPEIRA *diadema*), in natürlicher Grösse.

Sie hat nur zwei Lungensäcke (Fig. 2. g) und unterscheidet sich dadurch wesentlich von der vorigen. Ihr Cephalothorax ist kleiner, vorn schmäler, die acht Augen haben eine andere Stellung, (Fig. 2. a); der Hinterleib ist grösser, mehr eiförmig; die Beine schlanker, schmächtiger, die beiden vorderen länger als die hinteren, alle an der Spitze mit zwei gleichen gezähnten Krallen und einer kleineren ungezähnten dazwischen (Fig. 2. e); die Beine kurz behaart, der Leib fast nackt. Die Mundtheile der Vorigen, aber der Haken der Oberkiefer ist statt nach unten nach innen umgeschlagen (Fig. 2. b.), die Unterkiefer sind grösser, nach oben in eine Platte erweitert; die Taster fünfgliedrig, beim Weibchen fadenförmig (Fig. 2. c.), beim Männchen das letzte Glied stark verdickt, ausgehöhlt, enthält mehrere Haken und Fortsätze, die zum Anklammern dienen (Fig. 2. f); die Unterlippe dreiseitig (Fig. 2. d). Die Spinne wird $\frac{1}{2}$″ lang, misst mit ausgespannten Beinen $1\frac{1}{2}$″, webt ein kreisrundes, freischwebendes, aus radialen Fäden und einem Spiralfaden gebildetes Gewebe, sitzt in der Mitte und lauert auf die Insekten, welche sich im Gewebe fangen. Das Männchen ist kleiner, schlanker und hat längere Beine. Die Farbe ist gelb oder grau, der Cephalothorax gefleckt, die Beine dunkler geringelt, der Hinterleib obenauf dunkler mit hell weissen Flecken, welche zusammen die Figur eines Kreuzes bilden. Ueberall gemein bei uns.

Fig. 3. Die Tarantel (LYCOSA *tarantula*).

Sie unterscheidet sich von den übrigen Spinnen durch den langgestreckten schmalen Cephalothorax, und bildet mit mehreren Verwandten die besondere Gruppe der Wolfsspinnen (AR. *vagabundae*), welche durch die in die Länge gezogene Figur der Augen (Fig. 3. a), und die auffallend ungleiche

Grösse derselben, so wie durch die fehlende Kunstfertigkeit, Gewebe ausführen zu können, sich von den Uebrigen unterscheiden. Bei der Tarantel bilden die Augen ein gleichseitiges Viereck (Fig. 3. a), sind sehr ungleich, besonders gross das zweite Paar. Die Unterkiefer sind schief abgestutzt an ihrer inneren Seite, die Zunge ist viereckig, aber länger als breit (Fig. 3. b). Sie lebt in Erdlöchern, welche sie mit seidenen Fäden überzieht, bringt auch darin den Winter zu, nachdem sie den Eingang verschlossen hat. Das Weibchen führt einen Eiersack mit sich, welcher an der Brust hängt, und den sie nur in der grössten Noth fahren lässt; die Jungen sitzen so lange am Leibe der Mutter, bis sie sich selbst ernähren können. Die Farbe der Alten ist grau, mit weissen Flecken und Binden, ihre Grösse beträgt 1″. Man findet sie im südlichen Italien, und fürchtet ihre Bisse als sehr giftig; die Gebissenen sollen wüthend umhertanzen, bis sie todt niederfallen; nur Musik könne sie heilen.

Familie Pedipalpa s. Scorpionina.

Sie athmen, wie die Spinnen, durch Lungensäcke, unterscheiden sich jedoch durch einen gegliederten Hinterleib. Die Anzahl der Augen ist verschieden. Gewebe oder Fäden ziehen sie nicht.

A. Bei Einigen ist der Hinterleib am Grunde zusammengeschnürt. Sie haben vier Lungensäcke, und acht Augen.

Fig. 5. Thelyphonus *caudatus Latr.*

Der Cephalothorax ist lang gestreckt, nach vorn verschmächtigt, an der Spitze mit zwei grossen Augen, an den Seiten je drei kleinere (Fig. 5. a). Die Oberkiefer sind unter dem Vorderrande versteckt, und bestehen aus einem starken, zusammengedrückten, am Ende behaarten, dornigen Grundgliede, und einem zweiten, viel kleineren hakigen Endgliede, das nach unten umgeschlagen ist. Die Unterkiefer erscheinen als dreieckige, hornige, in der Mitte verwachsene, vorn klaffende gezähnte Platten, welche zugleich den Mund von unten schliessen, und an ihrer äusseren Ecke die grossen, scheerenförmigen, fünfgliedrigen Taster tragen. Das erste Fusspaar ist viel länger, feiner und zarter gebaut, als die folgenden; es besteht aus sechs grossen Gliedern, von welchen das letzte aus acht kleinen Ringen zusammengesetzt ist. Die drei folgenden Fusspaare haben gleiche Gestalt und Grösse, ebenfalls sechs grosse Glieder, aber das letzte ist nur viergliedrig und trägt am Ende 2 Krallen (Fig. 5. b), oberhalb welcher noch ein unpaarer grader Dorn steht. Der Hinterleib besteht aus 9 Ringen, ist genau elliptisch, oder nach hinten etwas breiter, und läuft in einen vielgliedrigen, sehr feinen Schwanz aus; das zweite Glied der Bauchseite bildet eine grosse Klappe, unter welcher die Eingänge der Luftsäcke und der Ausgang des Eierstocks liegen. Die Farbe des Thieres ist ein dunkles Kastanienbraun, die Beine heller; seine Oberfläche ist nackt, die Beine borstig. Länge mit dem Schwanz 2″. Lebt auf Java.

B. Bei den Andern finden sich acht Lungensäcke und 8—12 Augen; der Hinterleib ist am Grunde nicht zusammengeschnürt.

Fig. 4. Der afrikanische Skorpion (Scorpio *afer*).

Der Cephalothorax ist klein, nach vorn schmäler, nach hinten geht er unmittelbar in den Hinterleib über; auf seiner Mitte hat er eine Längsfurche, neben welcher 2 grosse Augen stehen, sechs kleinere stehen am Vorderrande, 3 zu jeder Seite (Fig. 4. a. nn). Dicht unter dem Vorderrande stehen die scheerenförmigen, etwas hervorragenden Oberkiefer. Gleich darunter bemerkt man die Unterkiefer als 2 würfelförmige, hornige, nach innen fleischige und dort mit Borsten besetzte Körper, zwischen welchen ein kurzer Fleischlappen, die Zunge, hervorragt (Fig. 4. b). Von diesen Unterkiefern gehen die scheerenförmigen fünfgliedrigen grossen Taster aus. Die vier Fusspaare sind in der Form übereinstimmend, nehmen aber von vorn nach hinten an Grösse zu; sechs Glieder bemerkt man an jedem, welche successiv kleiner werden, das letzte trägt 2 Krallen. Die Hüften der beiden ersten Fusspaare sind beweglich, nach vorn verlängert, und bilden zusammen eine gespaltene Unterlippe (Fig. 4. c), welche den Eingang zum Munde von unten her verschliesst; die Hüften des 3ten und 4ten Paares sind unbeweglich, aber stark nach hinten verlängert, so dass die Beine erst neben den Gliedern des Hinterleibes hervorragen. Zwischen den Hüften des letzten Paares liegt der Ausgang des Eierstocks, und daneben bemerkt man zwei kammförmige Anhänge, dergleichen, aber grössere, auch die Männchen an derselben Stelle besitzen. Der Hinterleib zeigt obenauf 7 von vorn nach hinten breitere, an der Bauchseite 5 ziemlich gleiche Ringe, von welchen die vier vorderen jederseits ein Luftloch tragen. Auf den Hinterleib folgt ein sechsgliedriger Schwanz, dessen Glieder enger aber länger als die des Hinterleibes sind; am Ende des vorletzten Ringes befindet sich die Afteröffnung; das letzte ist eine runde Blase, welche den Giftsack enthält, und daher in einen durchbohrten gebogenen Stachel ausläuft, mit welchem das Thier sich vertheidigt. Seine Grösse beträgt 3—4″, seine Farbe ist dunkelschwarzbraun, seine Nahrung besteht in Insekten. Er lebt in Afrika. Andere Arten finden sich in den heissen Zonen beider Erdhälften, eine auch im südlichen Europa.

Familie Phalangodea.

Sie athmen durch Luftröhren, welche strahlenförmig von den Luftlöchern ausgehen und den ganzen Leib durchziehen. Ihr Cephalothorax ist klein, der Hinterleib durch eine leichte Einschnürung getrennt und gegliedert.

A. Die Einen haben grosse, hervorragende, scheeren- oder fussförmige Taster.

Fig. 6. Der Bücherscorpion (Chelifer *cancroides* s. Obisium *chelifer*), 8mal vergrössert.

Oberkiefer und Unterkiefer mit den Tastern wie beim Skorpion, beide scheerenförmig, der Cephalothorax oben glatt, in der Mitte zusammengeschnürt, am Vorderrande neben den Oberkiefern jederseits 1 oder 2 Augen. Beine denen des Skorpions ähnlich, sechsgliedrig, an der Spitze mit zwei Krallen; der Hinterleib zwölfgliedrig, jedes Glied, mit Ausnahme des ersten, auf seiner oberen und seiner unteren Seite mit 2 Luftlöchern. Der Bücherscorpion hat eine schmutzig braune Farbe, die Taster sind röthlich, seine Länge beträgt $1\frac{1}{2}$ Linie; er hält sich zwischen alten Papieren oder in Naturaliensammlungen auf, und ernährt sich von Milben und Bücherläusen.

B. Die Andern haben kurze, meistens fadenförmige Taster.

Fig. 7. Der Weberknecht (Phalangium *opilio*), 2mal vergrössert.

Er hat gleichfalls scheerenförmige Oberkiefer, die auf einem kurzen ersten Gliede ruhen, die Unterkiefer sind mehr blattartig und tragen einen 5gliedrigen, nur bisweilen scheerenförmige Taster; zwischen ihnen eine spitze häutige Zunge, darunter eine kurze ausgerandete Unterlippe. Der Cephalothorax ist sehr kurz und ziemlich innig mit dem Hinterleibe verbunden; auf seiner Oberfläche bemerkt man 4 Augen, 2 in der Mitte, 2 am Rande über dem ersten Fusspaar. Die sehr langen Beine bestehen aus 6 Gliedern, von welchen das vierte nur klein, das sechste aber aus sehr vielen kleinen Ringen zusammengesetzt ist. Am Grunde des letzten Fusspaares zugleich am Anfange des Hinterleibes, liegen ein Paar Spalten, von welchen die Luftröhren entspringen, zwischen und vor ihnen der Ausgang des Eierstocks; am Ende des Hinterleibes, woran man 7 schwache Ringe unterscheidet, bemerkt man den After. Der gemeine Weberknecht ist oberhalb und an den Beinen aschgrau, am Bauch weisslich; er wird 4''' lang, die Beine aber allein über 2''; er sitzt am Tage ruhig an Wänden und sucht sich bei Nacht ebenda seine Nahrung, die in Fliegen und Mücken besteht. — Er hat, wie alle Arachnoden, eine sehr bedeutende Reproduktionsfähigheit in den Gliedmassen, die aber nur bis zur letzten Häutung dauert, nach diesem Zeitpunkte aufhört.

Familie Acarina. *Milben.*

Sie athmen durch Luftröhren, deren Eingänge zwischen dem ersten und zweiten Fusspaare liegen; der Hinterleib ist ungegliedert und innig mit dem Cephalothorax verwachsen. Augen scheinen bei Vielen zu fehlen.

Fig. 8. Die Hundsteke (Ixodes *marginatus*), 10mal vergrössert.

Sie hat einen flachen weichen Leib, welcher oberhalb von einer hornigen Platte fast ganz verdeckt ist. Die Mundtheile sind schnabelförmig verlängert, und nach oben von den dicken fünfgliedrigen Tastern (8. a. dd.) verdeckt. Die hornige Oberlippe (8. ee.) ist der Länge nach gespalten, über dieselbe ragen die Kiefer (8. a. c. ff.) hinaus; sie sind dünne Hornlanzetten, welche am Ende in Zähne auslaufen und sich von innen nach aussen bewegen. Die Unterlippe (8. c, b.) ist löffelförmig, und unterhalb an der Spitze mit Zähnen besetzt (8. b). Die Beine haben eine ziemliche Länge, bestehen aus sechs Gliedern, und enden mit einer langen Kralle, woran ein Haftlappen (8. a). Die Milbe lebt in alten verolmten Baumstämmen, ist braun von Farbe, 1''' lang, und nährt sich vom Blut warmblütiger Thiere, welche sie während dieselben im Walde ausruhen, anfällt, und sich fest in die Haut einbohrt. Sie saugt nun soviel Blut, dass sie die Grösse einer Erbse erreicht, dafür aber auch jahrelang hungern muss.

Fig. 11. Die Käsemilbe (Acarus *siro*), 30mal vergrössert.

Ihr Leib ist ganz weich, hoch gewölbt, glänzend, hier und da mit langen Borsten besetzt; die Taster sehr kurz, die Oberkiefer zangenförmig; die Beine kürzer, am Ende in einen gestielten Saugnapf auslaufend (11. a). Farbe gelblich. Leben zu Millionen im alten Käse. Andere Arten findet man im Mehl.

Fig. 9. Die Cochenillmilbe (Trombidium *holosericeum*), 8mal vergrössert.

Sie hat einen fast birnförmigen, matten, hell blutrothen Leib, an welchem man vorn den Schnabel und die beiden ersten Fusspaare, in der Mitte dagegen die beiden anderen Fusspaare wahrnimmt. Der Schnabel besteht aus zwei sehr kleinen scheerenförmigen Oberkiefern, welche von der Unterlippe fast ganz eingehüllt werden; neben diesen stehen die viergliedrigen, am vorletzten Gliede mit einem Haken versehenen Taster (9. a), über ihnen 2 Augen; die Füsse enden mit 2 Krallen; zwischen den vier hinteren ist die Afteröffnung, die Respirationsöffnung jederseits zwischen dem ersten und zweiten Fusspaar.

Fig. 10. Die Wassermilbe (HYDRARACHNA *spinipes*), 16mal vergrössert.

Der fast kugelförmige weiche, schmutzig rothe Leib trägt an seiner unteren vorderen Hälfte die vier mässig von einander entfernten Fusspaare, von welchen besonders die beiden hinteren jeder Seite sehr deutlich an einer dreieckigen Hornplatte befestigt sind. Jeder Fuss besteht aus sechs Gliedern und ist mit langen Borsten der Reihe nach besetzt. Zwischen dem ersten Paare befindet sich der Schnabel, bestehend aus der lanzettförmigen Oberlippe (Fig. 10.c), zwei lanzettförmigen etwas gebogenen Kiefern (Fig. 10.b.), einer kleinen Zunge (Fig. 10.d) und den viergliedrigen, am Ende mit einem Haken bewehrten Tastern (Fig. 10[1]), welche die übrigen Theile einhüllen. Die Wassermilben leben in süssen stehenden Gewässern und nähren sich von Insekten, an welchen sie, zumal im Jugendzustande, wo sie nur 6 Füsse haben und die Gattung ACHLYSIA bilden, als Schmarotzer festsitzen.

6. Klasse 2. Abtheilung. Vielfüsser. MYRIOPODA.

Wesentlicher Charakter. Sie haben einen freien Kopf, mehrere einfache Augen, 2 Fühler, und viele Fusspaare. Ihre Athmungsorgane sind bloss Luftröhren *).

Familie CHILOGNATHA.

Ihre Fühler sind kolbenförmig und bestehen aus 7 Gliedern. Im Munde bemerkt man tasterlose, hornige, am Innenrande gezähnte Kiefer (Oberkiefer der übrigen Gliederthiere), und eine ebenfalls tasterlose breite, hornige, vorn gezackte Unterlippe (die Zunge der Krebse). Jeder Körperring mit 2 Fusspaaren. Die Luftlöcher liegen am Grunde neben den Füssen, die Luftröhren sind nicht verästelt.

Fig. 14. GLOMERIS *marginata*, ums Doppelte vergrössert.

Die Fühler sind auf der vorderen Seite des Kopfes eingelenkt, das dritte und sechste Glied grösser als die übrigen, das siebente sehr klein; acht Augen an jeder Seite neben den Fühlern (14.b); die Kiefer klein, schwach gezähnt (14.c), die Unterlippe nach vorn breiter, tief ausgerandet, jederseits mit 3 stumpfen Zähnen (14.d). Der Leib besteht aus 11 Ringen, ist nach oben gewölbt, nach unten hohl, und kann sich zusammenkugeln (14.e). Farbe braun, die Ränder der Ringe und der Bauch gelb. Unter Steinen in Gebirgsgegenden.

Fig. 13. JULUS *maximus*, in natürlicher Grösse.

Fühler (13.d) an der Seite des Kopfes eingelenkt unter den Augen, diese zahlreich, an jeder Seite 40 — 50. Die Kiefer stärker gezähnt (13.b). Der Leib ganz drehrund, kann sich spiralförmig aufrollen (13.a). Farbe braun, jeder Ring mit gelbem Rande. Das abgebildete Exemplar stammt aus Nordamerika und hat 52 Ringe, also 108 Füsse.

Familie CHILOPODA.

Ihre Fühler sind fadenförmig, 14- und mehrgliedrig; vier Augen an jeder Seite neben den Fühlern.

Fig. 12. SCOLOPENDRA *morsitans*, in natürlicher Grösse.

Der Kopf steht wagerecht, ist flach und eng an den nächsten Leibring angezogen. Im Munde bemerkt man ein Paar tasterloser horniger Oberkiefer (Fig. 12. b.) und darunter eine dicke, nach oben ausgehöhlte sogenannte Zunge (14.c von oben; ist eigentlich die Unterlippe, und entspricht demselben Theil der vorigen Familie). Dann folgen noch 3 Paar sogenannter Unterkiefer, welche aber in der Mitte mit einander verwachsen sind, (sie entsprechen den 3 Paar Kaufüssen oder accessorischen Mundtheilen am Kopf der Isopoden und Amphipoden; vergl. Taf. 31.). Das erste Paar (12.d) ist klein, und zeigt einen innern eingliedrigen und einen äusseren dreigliedrigen Lappen; beim zweiten Paar (12.e) ist der längere äussere Lappen viergliedrig; beim dritten (14.f) nur zweigliedrig, aber sehr gross, hakenförmig und zum Ergreifen bestimmt. Dies Paar verdeckt alle übrigen Mundtheile von unten. Die Glieder des flachgedrückten Leibes haben gleiche Grösse, und tragen jedes ein Fusspaar. Farbe hell kaffebraun, die Beine etwas röthlicher. Südamerika unter Steinen.

---

*) Im Grundriss steht diese Gruppe als erste Familie in der 7. Klasse, doch nur der Kürze wegen; genauer genommen muss sie eine eigene Abtheilung bilden, durch welche die Arachnoden in die Krustazeen übergehen. Sie ist ein wahres Zwischenglied zwischen beiden Klassen, das selbst an die Insekten in manchen Organen erinnert.

TAFEL 31.

7. Klasse. Krebsartige Gliederthiere. Crustacea.

1. Ordnung. *Ringelkrebse. Arthrostraca.*

Wesentlicher Charakter. Sie haben ungestielte festsitzende Augen, deren Hornhaut fazettirt ist; ihr Brustkasten besteht aus mehreren (4—7) deutlich getrennten Ringen. Sie bestehen keine Metamorphose.

1. Zunft. GLEICHFÜSSER oder ASSELN. *Isopoda.*

Wesentlicher Charakter. Sie haben 7 gleiche Fusspaare an 7 freien Brustringen; ihr Hinterleib besteht aus 1 bis 6 Ringen und trägt an den sehr verkümmerten Flossenfüssen die Kiemen. Die Jungen haben nur 6 Brustringe und ebensoviele Fusspaare.

Die Theile des Mundes, welche bei allen Krebsen einen sehr wichtigen Charakter abgeben, bestehen bei den Asseln aus einer kleinen Oberlippe (a.), starken, gewöhnlich tasterlosen Oberkiefern (b.) und 3 Paaren accessorischer Mundtheile (c. d. e.), von welchen die beiden ersten (c. d.) mehr hornigen und am Innenrande gezähnten gewöhnlich Unterkiefer genannt werden, der dritte dagegen, weil er mit seinem Gegner zu einem Organ in der Mitte verwachsen ist, Unterlippe (e.). Da die Verschiedenheiten dieser 5 Organe leichter durch den blossen Anblick, als durch eine wortreiche Beschreibung erkannt werden, so ist auf sie in der Beschreibung des Thieres keine Rücksicht genommen worden.

Familie Oniscodea.

Wesentlicher Charakter. Innere Fühler sehr klein, 2gliedrig; Hinterleib 6gliedrig. Keine beweglichen Schuppen an den Seiten des Leibes.

A. Aeussere Fühler 6—8gliedrig. Sie leben auf dem Lande.

Fig. 1. Die rauhe Kellerassel (Porcellio *scaber*); von der Bauchseite dargestellt und ums Doppelte vergrössert.

Die Gattung Porcellio unterscheidet sich von den übrigen Landasseln eines Theils durch ihre Unfähigkeit, sich zusammenkugeln zu können, anderen Theils durch die 2gliedrigen deutlicher hervorragenden Fortsätze (modifizirte Flossenfüsse) des letzten Hinterleibsringes und die 7gliedrigen äusseren Fühler. An letzteren sind die Glieder sehr ungleich: das erste ist kurz zylindrisch, das 2te etwas länger und viel dicker; die 3 folgenden dünner, aber länger, zylindrisch, das letzte dieser 3, im Ganzen das 5te, ist das längste von Allen; die beiden hinter ihm, das 6te und 7te, sind sehr klein, feiner, zugespitzt. Der ganze Umriss ist eine längliche Ellipse, die Oberfläche einfarbig dunkelblaugrau, mit vielen kleinen erhabenen Höckern; die Unterseite weisslich, beim Weibchen in der Mitte zwischen den Beinen mit mehreren Schuppen versehen, die eine Höhle für die gelegten Eier bilden, in der die Jungen auskriechen und so lange verweilen, bis sie das, anfangs noch fehlende 7te Fusspaar, erhalten haben. Alsdann verlassen sie die Mutterbrust, und suchen sich selbst ihre Nahrung, welche in fauligen Pflanzenstoffen besonders zu bestehen scheint. Man findet daher die Thiere in Mauerlöchern und Kellern, unter Steinen am Misthaufen, Mistbeeten u. dergl. m.

Fig. 2. Die Mauerassel (Oniscus *murarius*); 2mal vergrössert.

Sie hat ganz das Ansehen der Vorigen, und unterscheidet sich von ihr fast nur durch die 8gliedrigen Fühler, an denen also 3 kleinere Endglieder bemerkt werden, die übrigen Glieder sind ganz wie bei Porcellio. Die Mauerassel, die einzige Art ihrer Gattung, hat dieselbe Grösse mit der Kellerassel, ist aber etwas breiter und mehr schwarzgrau gefärbt. Jeder Leibring hat einen klaren weisslichen Seitenrand und ausserdem auf der Mitte ein Paar weisse Flecke. An den 7 ersten Ringen ist jedoch die Mitte des weissen Saumes ebenfalls grau. Aufenthalt und Lebensweise sind ganz wie bei der Vorigen.

Fig. 3. Die offizinelle Rollassel (ARMADILLO *officinarum*), 3mal vergrössert.

Die Rollasseln unterscheiden sich von den ächten Land-Asseln durch die Fähigkeit sich zusammenkugeln zu können, von welcher Fähigkeit sie auch in jedem Momente der Gefahr Gebrauch machen; sie haben ferner neben dem letzten Hinterleibsringe an jeder Seite nur einen scheinbar eingliedrigen sehr kleinen Anhang, welcher über den Hinterrand desselben Ringes nicht hervorragt. Von den übrigen Rollasseln unterscheidet sich die Gattung ARMADILLO durch 6gliedrige Fühler, und die an der Seite nicht nach hinten zurückgebogenen, vielmehr etwas nach vorn gewendeten Körperringe; doch ist der erste sehr breite Brustring hinten bloss abgestutzt. Die einzige bekannte, hier abgebildete Art dieser Gattung wird 4—5''' lang, ist graubraun, am Hinterrande jedes Ringes röthlich, und hat auf der Mitte der 7 Brustringe 2 grosse gelbliche Flecken. Sie findet sich in Syrien, Kleinasien und Griechenland unter Steinen, und wird noch jetzt in vielen Apotheken gehalten, da man ihr ehedem allerlei Heilkräfte beilegte, die sie jedoch nicht zu besitzen scheint. Die Rollasseln führen in den Apotheken den allgemeinen Namen Tausendfüsse (*Millepedes*).

B. Aeussere Fühler mit 17—36 Gliedern.

Die Mitglieder der hierhergehörigen Gatt. LIGIA und LIGIDIUM sind Meerbewohner, welche sich an den Küsten aufhalten, und in der Gefahr zusammenkugeln; dadurch gleichen sie den Rollasseln, weshalb wir keine dieser Gattungen abgebildet haben.

Familie ASELLINA.

Wesentlicher Charakter. Hinterleib eingliedrig, mit 2 langen nach hinten frei hervorragenden Flossenfüssen und mehreren kleineren unbedeckten an der Unterseite Sie leben im Wasser.

Fig. 4. Die Flussassel (ASELLUS *aquaticus*), $2\frac{1}{2}$ mal vergrössert.

Die Charaktere der Gatt. ASELLUS liegen im Bau der 4 Fühler, indem die mittleren oder oberen nur kurz und 4gliedrig sind, die äusseren oder unteren über halb so lang als der Leib aber doch nur 5gliedrig, da ihr letztes borstenförmiges Glied allein länger ist als die andern zusammen. Wahrscheinlich besteht dieses Glied bei genauer Untersuchung aus sehr vielen kleinen Gliedern oder Ringen. Der Kopf ist nur klein, aber seine Augen sind sehr gross; die 7 Brustringe sind an den Seiten durch tiefe Einschnitte getrennt, der einfache Hinterleib ist kreisrund. Die Beine sind sehr lang und dünn. Man findet die Flussassel in Bächen und Gräben, woselbst sie an Pflanzenstängeln, aber nicht sehr behende, umherkriecht; ihre Farbe ist oben schwarzgrau, unten weisslich, ihre Grösse 5—7 Linien. Das Männchen ist viel grösser als das Weibchen, und schleppt letzteres mehrere Tage lang mit sich herum; dieses hat an der Brust eine ebenfalls aus Schuppen gebildete Tasche, worin die gelegten Eier gelangen und die Jungen ausgebrütet werden. Eine solche Einrichtung besitzen indess alle weiblichen Isopoden.

Familie IDOTEIDAE.

Wesentlicher Charakter. Hinterleib 3gliedrig, aber die Ringe unbeweglich verwachsen, die Nebenflossen gleich Thorflügeln nach unten umgeschlagen, bedecken die Kiemen (5a).

Fig. 5. Die höckerige Nordpolassel (ARCTURUS *tuberculatus* Latr., IDOTEA *Baffini* Sabine), in natürlicher Grösse.

Diese merkwürdige Asselngattung unterscheidet sich höchst auffallend von allen übrigen durch die Verschiedenheit zwischen ihren Vorder- und Hinterbeinen, ein Umstand, welcher sie den Lämodipoden und auch der Gatt. PRANIZA näher bringt. Ihr Körper ist lang gestreckt, drehrund, der Kopf ebenso breit als das nächste Glied und im Ganzen grösser. Die inneren oberen Fühler sind sehr klein, 4gliedrig, die äusseren unteren dagegen sehr gross, länger als der ganze Leib, 5gliedrig, doch das letzte Glied besteht aus vielen sehr kleinen Ringen. Die beiden ersten Leibringe sind einzeln kleiner als das dritte, und das 4te ist das längste von allen, bisweilen länger als alle anderen zusammen. Jeder dieser Ringe trägt ein Fusspaar, das nach vorn gestreckt ist, aber nicht zum Gehen gebraucht werden kann, sondern wohl nur zum Schwimmen, da es mit Haaren besetzt ist; jedes hintere derselben ist um so viel länger als das vorhergehende, dass sie alle 4 gleich weit nach vorn reichen, nehmlich bis ans Ende des Kopfes. Die drei folgenden Leibringe (der 5te—7te) sind mehr abgerundet, so lang als der 3te, und tragen jeder ein Paar starker plumper Gangfüsse, die von vorn nach hinten an Grösse abnehmen, und alle 3 nach hinten ausgestreckt sind. Jeder dieser 7 Ringe, so wie noch der Kopf und die beiden ersten Hinterleibsringe, haben auf der Mitte 2 abgerundete Höcker. Das Thier ist 2 Zoll lang, so dick als ein Federkiel, und gelblich grau gefärbt; es bewohnt die Küsten der nördlichsten Theile Amerikas, und wurde bei den verschiedenen Nordpolexpeditionen gefunden; eine zweite viel kleinere Art: A. *longicornis* (LEACIA *lacertosa* Johnst.) ist an den englischen Küsten entdeckt worden.

Die beiden andern Gattungen dieser Familie, STENOSOMA und IDOTEA, zeigen keinen Unterschied im Bau der Vorder- und Hinterbeine.

Familie CYMOTHOIDAE.

Wesentlicher Charakter. Hinterleib 6gliedrig, der letze Ring sehr gross, mit 2 freien seitlichen Nebenflossen; Kiemen unbedeckt. Füsse kurz aber stark, zum Anklammern geschickt, mit stark gekrümmten Krallen.

Viele Mitglieder dieser Familie, der zahlreichsten von allen unter den Asseln, schmarotzen an Fischen, eine Gewohnheit, die sich auch dem Beobachter dadurch verräth, dass ihre Beine an besonders beweglichen Seitenschuppen der Brustringe befestigt sind. Zu diesen Schmarotzern gehört die hier abgebildete Form.

Fig. 6. Die Bremsenassel (CYMOTHOA *oestrum*), in natürlicher Grösse.

Die Gatt. CYMOTHOA ist unter den Schmarotzerasseln die zahlreichste an Arten; sie unterscheidet sich von den übrigen durch die fast viereckige Gestalt des letzten, beinahe lederartigen Bauchringes, durch die griffelförmigen, ziemlich grossen Lappen der Nebenflossen, so wie durch die an den Seitenecken abgerundeten Brustringe. Ihre 4 Fühler sind von gleicher Länge, die inneren haben vier, die äusseren sechs Glieder. C. *oestrum* wird über ein Zoll lang, ist röthlich gelbgrau, der Kopf fast viereckig, vorn etwas schmäler, die Hüften der 8 hinteren Füsse gekielt, die Kiele zugespitzt und am Grunde hoch. Sie findet sich an den Kiemen verschiedener grösserer Meerfische.

2. Zunft. HALSFÜSSER. *Laemodipoda.*

Wesentlicher Charakter. Ihr Kopf ist mit dem ersten Brustringe verwachsen und deshalb sitzt das erste Fusspaar am Halse. Hinterleib fehlt. Die Füsse kurz, aber stark, dienen zum Anklammern.

Familie PYCNOGONIDAE.

Wesentlicher Charakter. Kopf kegelförmig verlängert, am Ende mit kleiner Mundöffnung; keine sichtbaren Kiefer und accessorischen Mundtheile; nur vier Brustringe, mit ebenso vielen Fusspaaren, ein 5tes nur beim Weibchen am Halse.

Fig. 7. PYCNOGONUM *balaenarum*, ums Doppelte vergrössert.

Dieses höchst sonderbare Thier wird von vielen Naturforschern zu den Arachnoden gerechnet, weil es keine Fühler und blos einfache Augen hat, allein der ganze übrige Bau weicht zu sehr ab, um eine solche Verbindung zu gestatten. Der mit dem länglichen Kopfe verwachsene erste Körperring trägt auf seinem Rücken einen Höcker, an dem die 4 einfachen Augen sitzen; beim Weibchen finden sich auch an diesem Ringe unterhalb dicht hinter dem Kopf 2 Beine, ähnlich den übrigen, aber kleiner; das Männchen hat diese Beine nicht. Die folgenden 4 Ringe ragen nach aussen in einen kurzen Zylinder hervor, welcher das 6gliedrige Bein trägt; das letzte dieser Glieder ist eine hakige Kralle und dient ohne Frage zum Anklammern. Der Hinterleib ist ganz kurz, kegelförmig, und endet mit der Afteröffnung. Ausser dieser und dem Munde bemerkt man keine Oeffnungen, daher es nicht wahrscheinlich ist, dass diese Thiere Tracheen haben, was der Fall sein müsste, wenn sie zu den Spinnen gehörten. Man findet sie am Meeresufer zwischen Seetang; wahrscheinlich sind sie Schmarotzer an Fischen, welche nur losgespült und ans Ufer geworfen wurden. Bei den Weibchen bemerkt man Eierklumpen an den vorderen zarten Beinen.

Familie CYAMIDAE.

Wesentlicher Charakter. Kopf herzförmig, mit freien Kiefern und 3 Paar sehr kleinen accessorischen Mundtheilen. Brustkasten 6ringelig; 7 Fusspaare, das 3te und 4te ungegliedert, zylindrisch.

Fig. 8. Die Wallfischlaus (CYAMUS *ceti*), ums Doppelte vergrössert.

Die Gatt. CYAMUS bildet den einzigen Repräsentanten ihrer Familie, und unterscheidet sich leicht durch die angegebenen Merkmahle, besonders das ganz abweichende Zahlenverhältniss, von der Vorigen, welcher sie jedoch durch ihre ganze Gestalt, und besonders durch die Form der Beine, sich viel mehr nähert, als die dritte Familie (CAPRELLIDAE), von welcher wir keinen Repräsentanten haben darstellen lassen. Der kleine Kopf trägt 4 ungleiche 4gliedrige Fühler und auf dem Hinterhaupt 2 einfache Augen; unten sitzt am Halse, eigentlich an dem mit dem Kopf verwachsenen ersten Leibringe, das sehr kleine erste Fusspaar. Das 2te viel grössere hat besonders ein sehr starkes vorletztes Glied, ebenso das 5te bis 7te; aber das 3te und 4te Fusspaar ist in einen einfachen oder gespaltenen weichen gebogenen Hautzylinder verändert, welchen man wohl ohne Frage für eine Kieme halten muss. Männchen und Weibchen unterscheiden sich durch die Form der beiden Leibringe, an denen diese Kiemen sitzen; sie sind nehmlich beim Weibchen breiter, scheibenförmig, und unten mit Hautlappen versehen, unter denen die Eier aufbewahrt werden. Die Wallfischlaus wird 5—7''' lang, ist gelblich weiss, und wohnt auf der Haut der Wallfische, an welcher sie sich festklammert, und von deren obersten Schichten sie zehrt. Auf allen Wallfischen ist sie anzutreffen.

3. Zunft. FLOHKREBSE. *Amphipoda.*

Wesentlicher Charakter. Kopf frei, mit Fühlern und gewöhnlich Augen. 7 Brustringe und ebenso viele aber ungleiche Fusspaare, an deren Hüften die Kiemen. Hinterleib stets 6ringelig, mit ebenso viel Paar Flossenfüssen.

Die Mitglieder dieser Zunft besitzen sämmtlich 1 Paar Kiefer und 3 Paar accessorischer Mundtheile, welche denen der Asseln ausserordentlich gleichen und hier ebenso bezeichnet sind. Ein Hauptunterschied ist es, dass die Kiefern der Asseln gewöhnlich keinen Taster haben, die der Flohkrebse dagegen in der Regel mit einem 3gliedrigen Taster versehen sind. Auch haben alle Amphipoden freie Seitenschuppen an den Brustringen, welche die Füsse tragen, wie unter den Isopoden die Schmarotzer.

Familie HYPERINA s. PARASITICA.

Wesentlicher Charakter. Leib kürzer, mehr drehrund, Kopf sehr gross; das letzte Paar der accessorischen Mundtheile bedeckt, die übrigen nicht. Alle Seitenschuppen von mässiger Grösse, und gleich.

Fig. 9. Der Medusen Flohkrebs (HYPERIA *medusarum*), 8mal vergrössert.

Dieser kleine 5—6''' lange Krebs findet sich in den Eierhöhlen der Medusen, namentlich häufig bei MEDUSA *aurita*. Er hat einen grossen kugelförmigen Kopf, dessen kurze 4 Fühler an der Stirn stehen, jedes mit 3 grösseren Grundgliedern und einfacher Geissel. Die Füsse sind alle ganz gleich gebildet, aber von ungleicher Länge, die 4 vorderen Paare sind nach vorn gerichtet, die 3 anderen nach hinten, jeder Fuss endet mit einfacher kurzer Kralle. Der Brustkasten ist sehr dick und besonders beim Weibchen angeschwollen, wenn er die unter Schuppen versteckten Eier trägt; das Männchen ist schlanker. Die Farbe dieses kleinen Krebses ist hell fleischroth, sein Aufenthalt alle Meere um Europa, wo MEDUSA *aurita* sich findet. Er scheint von deren Hautschleim sich zu ernähren.

Fig. 10. TYPHIS *ferox*, ebenso.

Die Gatt. TYPHIS unterscheidet sich von der vorigen, bei ziemlich gleicher allgemeiner Körperform, durch die Stellung der Fühler, von denen die äusseren nicht vorn am Kopf stehen, sondern unten dicht neben dem Munde. Die oberen Fühler sind kurz, 5gliedrig, geknickt, das 2te Glied sehr dick und gross; die unteren sind ebenfalls 5gliedrig und geknickt, aber die Glieder gleich dick und vom 2ten an, welches das längste ist, allmählig kürzer. Die 5 Fusspaare des Brustkastens sind ungleich; die beiden ersten oder nur das zweite, haben unten am 4ten Gliede einen kurzen Fortsatz, gegen den das 5te und 6te Glied sich bewegen und so eine Scheere bilden; die beiden folgenden sind einfach, länger, sehr dünn; das 5te und 6te Paar haben ein sehr grosses Grundglied, aber die folgenden Glieder sind fein und zylindrisch; das letzte 7te endlich besteht bloss aus einem langen gebogenen Grundgliede, an dessen Ende noch ein kleines Gliedchen hängt, und bleibt hinter dem 6ten, welches von allen das grösste ist, versteckt. Der Hinterleib hat nichts Ausgezeichnetes. Bei der abgebildeten Art, welche an der französischen Küste gefunden wird, ist auch das erste Fusspaar scheerenförmig; bei einer anderen im Mittelmeer (T. *rapax*) nur das 2te.

Familie AMBULATORIA.

Wesentlicher Charakter. Leib lang, dünn, halbrund; die Seitenschuppen der Brustringe sehr klein, doch alle gleich, daher auch die Hüften aller Beine gleiche Grösse haben. Halten sich am Ufer auf, und kriechen mit Hülfe der untern Fühler.

Fig. 11. COROPHIUM *Bonellii.*

Die Gatt. COROPHIUM gehört zu derjenigen Unterabtheilung dieser Familie, bei welcher die Fühler nicht in eine gegliederte Geissel ausgehen, sondern in ein einfaches wenngleich langes und feines Glied. Sie unterscheidet sich von ihren Verwandten durch die Bildung der Beine, indem dieselben alle bloss zum Gehen brauchbar sind, wenngleich das erste das Ansehen einer kleinen Scheere hat. Ausserdem besitzt COROPHIUM einen sehr langen und schmalen Leib, 4gliedrige obere und 5gliedrige untere Fühler, letztere von der Länge des Leibes; kleine kaum bemerkbare Augen, schlanke Beine mit sehr langen Hüften und erweitertem dreieckigem drittletztem Gliede am 1sten, 2ten, 5ten und 6ten Paar. Der Hinterleib ist so breit als der Brustkasten und grade ausgestreckt. Die abgebildete Art hat keinen Zahn am Ende des dritten Fühlergliedes und findet sich an den Küsten von Frankreich.

Familie SALTATORIA s. GAMMARINA.

Wesentlicher Charakter. Leib stark seitlich zusammengedrückt, gekrümmt; letztes Paar der accessorischen Mundtheile lang, bedeckt die früheren. Seitenschuppen der 4 ersten Brustringe grösser, bedecken die Hüften ihrer Beine ganz; an den 3 hinteren Ringen sind die Schuppen klein, aber die Hüften sehr gross.

Fig. 12. Der Bachflohkrebs (GAMMARUS *pulex*), ums Doppelte vergrössert.

Dieser kleine Krebs ist der einzige Bewohner süsser Gewässer in dieser Familie, und eben deshalb auch der alleinige Repräsentant derselben im Binnenlande. In der allgemeinen Form seines gebogenen stark zusammengedrückten Leibes stimmt er mit den übrigen hüpfenden Amphipoden überein. Alle diese schwimmen sehr geschickt, und zwar gewöhnlich so, dass der Leib auf der einen Seite liegt. Diese Bewegung führen sie besonders durch Schlagen des Hinterleibes und der daran befindlichen 6 Paar Flossenfüsse aus, wodurch sie auch beständig frisches Wasser an die an den Brustfüssen haftenden Kiemensäcke treiben. Indess unterstützen die drei hinteren, nach hinten ausgestreckten, Brustfusspare das Schwimmen ebenfalls, und sind daher stets anders geformt als die vorderen, entweder flach gedrückt wie Ruder, oder nach unten mit langen Flossenborsten besetzt. Bei der Gatt. GAMMARUS ist, wie die Abbildung zeigt, die letztere Form vorhanden. Fernere Merkmahle derselben liegen in den Fühlern, von denen die oberen länger sind als die unteren, und am Ende des 3ten der 3 grösseren Grundglieder 2 Geisseln tragen, die unteren dagegen nur eine. Die Oberkiefer haben einen Taster. Von den 4 vorderen Fusspaaren enden die beiden ersten als Raubfüsse, d. h. das letzte Glied ist gegen das vorletzte zurückgeschlagen, und dieses sehr stark verdickt; die beiden folgenden sind ohne Auszeichnung, aber etwas länger. G. *pulex* wird einen halben Zoll lang, und ist einfarbig grünlich grau; er findet sich in allen Bächen von ganz Europa und Sibirien.

Fig. 13. ORCHESTIA *littoralis*, ums Doppelte vergrössert.

Die Gatt. ORCHESTIA unterscheidet sich von den meisten Amphipoden durch den Mangel des Tasters am Oberkiefer, ein Charakter, den sie nur noch mit TALITRUS gemein hat. Letztere hat keine Raubfüsse, wohl aber ORCHESTIA am 1sten und besonders 2ten Fusspaare, was sie eben von jener Gattung unterscheidet. Auch ist bei ORCHESTIA der Kopf kleiner, die oberen Fühler sind viel kürzer als die unteren; diese haben eine einzige aber lange Geissel und 3 sehr grosse Grundglieder. Von den Beinen hat das 2te Paar die Form sehr starker Raubfüsse, das dritte ist das längste, wie das 4te ohne Auszeichnung; die 3 letzten Fusspaare sind zusammengedrückt, und haben alle eine sehr grosse schildförmige Hüfte, das letzte ausserdem ein zweites rundes Schild statt des drittletzten Gliedes. Der Hinterleib ist gross, kräftig und stark gekrümmt, und ebendaher sind die Bewegungen des Thieres äusserst schnell und gewandt. O. *littoralis* ist graulich, ziemlich klar, $\frac{1}{2}$ Zoll lang, und bewohnt die flachen Sandküsten der Ost- und Nordsee.

2. Ordnung. *Panzerkrebse. Thoracostraca.*

Wesentlicher Charakter. Augen auf beweglichen Stielen, mit fazettirter Hornhaut. Der Brustkasten ganz oder z. Thl. von einem grossen Panzer bedeckt, mit welchem der Kopf immer unbeweglich verwachsen ist (*Cephalothorax*).

4. Zunft. HEUSCHRECKENKREBSE. *Stomatopoda.*

Wesentlicher Charakter. Von den 10 Paar Bewegungsorganen des Brustkastens sind 2 oder seltner 3 in accessorische Mundtheile verwandelt, so dass nur 8 oder 7 Paar wahrer Füsse übrig bleiben. Hinterleib sechsringelig, mit Flossenfüssen und grossen Endflossen.

Familie BIPELTATA.

Wesentlicher Charakter. Brustkasten von 2 Panzerstücken bedeckt, das vordere über dem Kopf, dem Maule und den accessorischen Mundtheilen, das hintere über den hinteren 5 Brustkastenringen, trägt die gespaltenen Ruderfüsse.

Fig. 14. PHYLLOSOMA *commune.*

Dieser merkwürdige Krebs hat eine hell himmelblaue Farbe und ist dabei ganz durchscheinend, wie mattgeschliffenes Glas. Aber nicht bloss in dieser Färbung, auch in seinen Körpertheilen zeigt er höchst auffallende Eigenschaften. So stehen seine 4 Fühler in einer Querlinie vorn am Kopf dicht neben einander, die inneren sind kürzer, haben aber 3 längere Grundglieder und 2 Geisseln, die äusseren haben 4 Grundglieder und eine Geissel von verschiedener Länge. Ueber diesen Fühlern sitzen die Augen auf sehr langen Stielen. Weit hinter den Fühlern und Augen, noch hinter der Mitte des vorderen elliptischen Brustpanzers, liegt der Mund, und unmittelbar hinter ihm finden sich die 2 Paar sehr kleinen accessorischen Mundtheile. Auf diese folgen die beiden ersten Fusspaare, gleichfalls noch so kurz, dass sie über den Rand des vorderen Brustpanzers nicht hinausreichen können. Die folgenden 6 Fusspaare sind viel grösser, und sitzen nicht mehr unter dem ersten, sondern unter dem 2ten quervièreckigen Panzerstück des Brustkastens, über welches sie, besonders die 5 vorderen Paare, weit hinausreichen. 3 Paare dieser 5, an unserer Art das 1ste, 2te und 4te Paar, haben am drittletzten Gliede einen langen gegliederten Fortsatz, welchen man als eine Art Flosse betrachten kann. Das letzte Fusspaar ist wieder sehr klein, und noch kürzer als der ebenfalls kleine mit kurzen abgerundeten Endflossen versehene Hinterleib. Die abgebildete Art unterscheidet sich von den übrigen durch die äusseren Fühler, welche nur 2mal so lang sind als der Augenstiel, durch das länglich elliptische vordere Brustschild, und dadurch, dass das 2te und 3te der hinteren Fusspaare die längsten sind. Sie findet sich an der Küste Guineas im Meerbusen von Praya, ist langsam in ihren Bewegungen und lässt sich vom Wellenschlage forttreiben.

Familie SQUILLINA.

Wesentlicher Charakter. Brustkasten nur auf der vorderen Hälfte von einem einzigen Panzerstück bedeckt, die hintere Hälfte geringelt. Vorderbeine von den hinteren verschieden, jene zum Rauben, diese zum Schwimmen.

Fig. 15. Der gemeine Heuschreckenkrebs (SQUILLA *mantis*), um die Hälfte verkleinert.

Die Gatt. SQUILLA bildet die Hauptform von allen Stomatopoden, und eignet sich daher besonders zur Darstellung der Charaktere dieser Ordnung. Die hier gewählte Ansicht des Thieres von unten giebt über die Anheftung und Lage der verschiedenen Organe bei diesem, wie auch bei allen anderen Krebsen, eine genaue Auskunft. Vorn erkennt man zuvörderst den Kopf, mit den 4 Fühlern und 2 gestielten Augen, letztere auf der oberen, erstere mehr auf der unteren Seite desselben eingelenkt. Die 4 Fühler stehen ziemlich in einer geraden Linie, und die inneren sind viel länger als die äusseren. Jene haben 3 sehr lange zylindrische Grundglieder, von welchen das letzte 3 ungleiche vielgliedrige Geisseln trägt; die äusseren Fühler zeigen nur 1 Geissel und 2 Grundglieder, doch am untersten derselben eine grosse länglich elliptische, freiabstehende gewimperte Schuppe. Hinter den Fühlern folgt an der Unterseite des grossen, etwas herzförmigen und nach hinten breiteren Brustpanzers ein freier Raum, welcher kielartig hervorragt und mit seinem abgeplatteten Ende auf die Mundöffnung stösst, deren Eingang hier von dem 2ten Paar der accessorischen Mundtheile, der sogenannten Unterlippe, geschlossen erscheint. Im Munde selbst befindet sich ein grosses starkes Kieferpaar, mit 3gliedrigem Taster (15. a.), eine sehr kleine Unterlippe dahinter, Zunge genannt, und hinter dieser das erste Paar der accessorischen Mundtheile (15. b.), worauf sogleich das schon erwähnte zweite Paar (15. c.) folgt. An dieses schliessen sich die Beine, deren Anzahl jederseits 8 ist; doch sitzen von diesen 8 nur noch 5 unter dem Brustpanzer, die übrigen an 3 freien Brustringen. Von den vorderen 5 Fusspaaren ist das erste sehr klein, und wird von oben gar nicht erkannt, weil es beständig eingezogen unter dem Brustpanzer in dem Raum neben dem Munde liegt. Dafür ist aber das nächste Paar desto grösser, und übertrifft alle übrigen an Umfang. Es hat den Charakter eines sehr ausgebildeten Raubfusses, sehr lange zylindrische Hüften, einen kurzen gebogenen zusammengedrückten Schenkel, und ein gebogenes, stark und lang stacheliges Schienbein, welches gegen den Schenkel zurückgebogen, und in eine Furche an seiner Innenseite hineingeklappt werden kann. Auch diese Furche ist am Grunde mit starken Stacheln bewehrt. Die 3 nächsten Fusspaare sind ebenfalls Raubfüsse, aber von geringer Bedeutung, indem nur das letzte hakige und kleine Fussglied gegen das vorletzte, mehr oder weniger vergrösserte, allermeist linsenförmige Glied zurückgebogen ist. Die 3 freien Brustkastenringe tragen jeder ein Fusspaar, das jedoch mehr zum Rudern als zum Gehen oder Ergreifen bestimmt ist. Man erkennt dies einmal aus der breitgedrückten Form des letzten am Rande gewimperten Gliedes, und dann aus dem fadenförmigen Anhange am vorletzten. Der Hinterleib endlich hat bei der Gatt. SQUILLA einen sehr bedeutenden Umfang, obwohl er ebenfalls nur aus 6 Ringen und der Endflosse besteht. Er wird, gegen alle Regel in dieser Klasse, nach dem Ende zu immer breiter, und schliesst mit einer sehr grossen kreisförmigen Endflosse. Oberhalb ist er mit 6 erhabenen Längskielen versehen, unten trägt er ebenso viel Paare abgerundeter Flossenfüsse, von welchen das letzte und grösste ganz nach hinten gerichtet ist, um an der Bildung der grossen Endflosse Theil zu nehmen. Das Grundglied dieses letzten Flossenpaares läuft in 2 starke Stacheln aus, die Endflosse selbst hat in der Mitte 2 Stacheln, 3 grössere an jeder Seite und viele kleinere Zähne am ganzen Umfange; ihre Oberfläche zeigt nur einen einzigen erhabenen Mittelkiel. — Es findet sich dieser Krebs im Mittelmeer; er wird 4—6 Zoll lang, ist hell grün gefärbt, und bewohnt tiefe Stellen am Ufer; man pflegt ihn daher nur mit den Netzen beim Fischfange hervorzuziehen.

5. Zunft. ZEHNFÜSSER. *Decapoda.*

Wesentlicher Charakter. Von den 10 Paar Bewegungsorganen des Brustkastens sind immer die 5 ersten in accessorische Mundtheile verwandelt, die 5 letzten allein wahre Füsse. Diese und das letzte Paar der accessorischen Mundtheile tragen die Kiemen unter einem Seitenlappen des grossen einfachen Brustpanzers.

A. *Langschwänze, ächte Krebse.* MACRURA.

Wesentlicher Charakter. Hinterleib mit deutlichen Flossen unterhalb und am Ende, im Leben nach hinten ausgestreckt.

Familie HOMOEOPODA.

Wesentlicher Charakter. Alle Füsse von gleicher Form, keine Scheeren.

Fig. 16. Der Bärenkrebs (SCYLLARUS *arctus*).

Dieser Krebs ist sehr merkwürdig wegen seiner äusseren Fühler, die keine Geissel haben, sondern bloss aus 4 sehr breiten, flachgedrückten schuppenförmigen Gliedern bestehen; die inneren Fühler, gleichfalls kurz, sind doch etwas länger als jene äusseren, und bestehen aus 2 kleinen gleichlangen vielgliedrigen Geisseln, welche von einem 5gliedrigen Stiel getragen werden. Im Übrigen hat der Bärenkrebs das Ansehen des gemeinen Flusskrebses, ist aber durch seinen flachen Körperbau und seine überall feinkörnige und daher rauhe Oberfläche sehr leicht von ihm zu unterscheiden. Noch auffallender jedoch entfernt beide der oben angegebene Familiencharakter, indem beim Bärenkrebs alle 5 Fusspaare völlig gleiche Gestalt und Grösse haben, ja das erste noch etwas kürzer ist, als die folgenden vier. Die hier abgebildete Art findet sich im Mittelmeer und wird mehrere Zoll lang, sie ist gelbbraun und matt auf der Oberfläche. Von ihren Verwandten unterscheidet sie sich durch ihren etwas gestreckteren Körperbau, die am Rande stark gezähnten Fühlerglieder und den in der Mitte gekielten und mit 3 Stacheln auf der Fläche bewehrten Brustpanzer, sowie durch die am Aussenrande nicht gekerbten Hinterleibsringe.

Fig. 17. Die Languste (PALINURUS *locusta*), 6mal verkleinert.

Wiewohl mit dem Bärenkrebs sehr nahe verwandt, unterscheidet sich die Languste doch höchst augenfällig von ihm durch die enorme Grösse ihrer äusseren Fühler, deren starke und am Grunde federkielsdicke Geissel 2mal so lang ist als der ganze Leib. Natürlich sind daher die inneren Fühler kürzer als die äusseren, obwohl sie aus einem sehr langen 3gliedrigen Stiel, und aus zwei nur kurzen Geisseln bestehen. Die Beine zeigen keinen Unterschied als nur in der Grösse welche bei der Languste beträchtlicher ist; dasselbe gilt von den accessorischen Mundtheilen, von denen der rechte des 5ten Paares hier (17. a.) abgebildet erscheint. Man bemerkt seine Zusammensetzung aus 2 Gliederreihen, welche von einem gemeinsamen Grundgliede ausgehen und ungleich sind. Die innere Reihe besteht aus 6 grossen starken, successiv kleineren Gliedern, die äussere aus einem langen aber dünneren 1sten Gliede, einem viel kleineren zweiten, und hinter diesem aus sehr zahlreichen kleineren, eine Geissel bildenden. Im Körperbau ähnelt die Languste völlig dem Hummer, d. h. sie ist lang gestreckt, seitlich etwas zusammengedrückt und auf dem Rücken abgerundet. Die hier abgebildete Art bewohnt das Mittelmeer, wird 1 bis $1\frac{1}{2}$ Fuss und darüber lang und gegen 12—14 Pfd. schwer. Ihr Brustpanzer ist rauh, stachelig und vorn mit grossen Dornen bewehrt, die Ränder der Hinterleibsringe sind gezähnt, aber die Oberfläche derselben ist glatt. Das letzte kegelförmige Fussglied trägt reihenweis gestellte Büschel und Streifen kurzer steifer Haare. Die Farbe und Zeichnung dieses Krebses ist überaus schön, nehmlich tief grünlich braun, mit vielen gelben Flecken und Längsstreifen an den Füssen. Nach dem Tode wird die Grundfarbe immer mehr bläulich. Man isst das Fleisch dieses Krebses und schätzt besonders das der Weibchen; er war schon den Griechen und Römern, letzteren als *locusta maris*, sehr wohl bekannt.

Familie ASTACINA.

Wesentlicher Charakter. Vorderfüsse scheerenförmig, alle 4 Fühler in gleicher Ebene. Hinterleib (Schwanz genannt) gross, stark, mit kalkiger Schaale und breiten kalkigen Endflossen.

Fig. 18. Der Hummer (ASTACUS *marinus*), 8mal verkleinert.

Dieser bekannte Krebs findet sich an den Küsten der Nordsee und des atlantischen Oceans, und ist der grösste Repräsentant der ganzen Krebsklasse, indem er 1 bis 1½ Fuss Länge erreicht und wohl an 20 Pfd. schwer wird. Er hat vollkommen den Bau des gemeinen Flusskrebses, ist jedoch länglicher, mehr seitlich zusammengedrückt, daher höher, und auf der ganzen Oberfläche glatt. Seine Grundfarbe ist ein dunkles Violetbraun, welches am Bauch ins Weissliche übergeht; auf dem Rücken hat er einige rostrothe Flecke. Besondere Charaktere seiner Gattung liegen in folgenden Eigenschaften. Die äusseren Fühler sind länger als der Leib, haben nur eine Geissel und unten am ersten Gliede eine freie zugespitzte Schuppe; die inneren Fühler sind kurz und bestehen aus 2 Geisseln. Die Oberlippe (18. a.) ist klein, herzförmig, gewölbt; die Oberkiefer (18. b.) sind sehr stark, mit breiter Kaufläche und darum gebogenem 3gliedrigem Taster; die Unterlippe (18. c.), Zunge genannt, ist 2lappig und sehr klein. Die beiden ersten Paare der accessorischen Mundtheile (18. d. und 18. e.) sind häutige in mehrere fingerförmige am Ende gefranzte Lappen getheilte Blätter; die 3 hinteren Paare dagegen (18. f., 18. g. und 18. h.) sind von horniger oder kalkiger Hülle bedeckt und bestehen aus 2 ungleichen Gliederreihen, von welchen an den vorderen die innere, an den hinteren die äussere Reihe kleiner ist. Von den 5 grossen Fusspaaren sind die 3 ersten Scheeren, die beiden letzten Gangfüsse; das erste Paar viel grösser, stärker und beständig ungleich, nehmlich die rechte Scheere viel grösser dicker und stärker als die linke. Die Flossenfüsse des Hinterleibes sind nur klein, wenigstens die vorderen 5 Paare, von welchen die beiden ersten des Männchens eigenthümlich gestaltet, fleischig und vorwärts gerichtet sind; beim Weibchen sind sie gleichförmig und tragen die gelegten Eier. Das letzte Paar, welches neben der Endflosse nach hinten gestreckt liegt, ist kalkig, jederseits 2lappig und der Aussenlappen in 2 Glieder getheilt, von welchen das Endglied keine lederartige Beschaffenheit hat. — Der Hummer bildet in Gegenden, wo er häufig ist, einen wichtigen Erwerbszweig der Fischer, da sein Fleisch sehr wohlschmeckend ist und allgemein gesucht wird. Man bringt ihn, wie den Flusskrebs, lebendig auf den Markt; nach dem Tode wird er, wie dieser, hell blutroth.

B. *Kurzschwänze, Krabben.* BRACHYURA.

(Siehe die folgende Tafel und deren Erklärung.)

TAFEL 32.

7. Klasse. Krebsartige Gliederthiere. Crustacea.

2. Ordnung. *Panzerkrebse. Thoracostraca.*

Wesentlicher Charakter. Sie haben gestielte bewegliche Augen, deren Hornhaut fazettirt ist; den Brustkasten bedeckt ein einziger grosser Panzer, mit welchem gemeiniglich auch der Kopf verwachsen ist.

5. Zunft. KRABBEN. *Brachyura.*

Wesentlicher Charakter. Sie haben einen Cephalothorax und zehn Fusspaare, von welchen aber die 5 vorderen in accessorische Mundtheile verwandelt sind, das sechste (erste wahre) ist scheerenförmig und sehr gross. Ihr Hinterleib ist gegen die Brust zurückgeschlagen und am Ende ohne Flossen.

Einer besonderen Darstellung bedürfen noch die Kauwerkzeuge und accessorischen Mundtheile dieser Gruppe. Der eigentliche Mund besteht aus Oberlippe, Kiefern und Unterlippe. Die Oberlippe ist eine kleine kreisabschnittförmige Platte (1. a), welche den Eingang des Mundes von oben und vorn verschliesst. Hierauf folgen die Kiefer (1. b), starke aus fester Kalksubstanz gebildete, und an den gegeneinander gewendeten Rändern meist gezähnte Haken, welche an der Aussenseite einen 3gliedrigen gebogenen Taster tragen. Unter und hinter diesen Kiefern liegt eine aus 2 gleichen, häutigen, am Rande oft gefranzten Lappen bestehende Unterlippe (1. c), welche von allen früheren Schriftstellern mit dem Namen Zunge belegt ist, allein mit Unrecht, da sie ausserhalb des Mundes hinter den Kiefern liegt. Zwischen diesen drei Organen ist der Eingang in den Schlund. Die folgenden fünf paarigen, von mir mit dem Namen der accessorischen Mundtheile belegten, von Anderen Unterkiefer und Kaufüsse genannten, Organe befinden sich ebenfalls ganz ausserhalb des Mundes, und sind daher keine Kiefer, sondern eigentlich Beine. Die beiden ersten Paare (Unterkiefer genannt, 1. d 1. e) sind dünn, häutig und bestehen aus zwei am Rande gefranzten und mitunter wieder gespaltenen Lappen; die drei letzten Paare dagegen (Kaufüsse, 1. f 1. g 1. h) sind von festerer Substanz gebildet, enthalten Kalkerde, und nehmen von vorn nach hinten an Grösse zu, besonders ist das hinterste und letzte (1. h) so lang, dass es alle übrigen und selbst die Mundöffnung verdeckt. Jeder besteht gleichfalls aus 2 Lappen, einem äusseren fadenförmigen und tasterartigen, meist vielgliedrigen, und einem inneren, breitgedrückten und aus mehreren (3 — 5) Gliedern zusammengesetzten.

Familie Schwimmkrabben. *Natatores.*

Die Hüften aller Beine stehen in gleicher Höhe, die Endglieder der vier letzten, oder bloss des letzten Paares, sind zusammengedrückt, flossenartig und zum Schwimmen brauchbar. Hinterleib der Männchen 5-, der Weibchen 7-gliedrig.

Fig. 2. Matuta *victrix.*

Die Endglieder aller vier hinteren Fusspaare zum Schwimmen geschickt, das Bruststück ziemlich flach, undeutlich kreisrund, vorn abgestutzt, an jeder Seite ein starker Dorn. Scheeren gleich gross, hökerig und gezähnt, am Innenrande gekerbt. Die Augen ziemlich lang gestielt, aber in Gruben am Vorderrande versteckt. Das Thier erreicht eine Grösse von 15 Linien, ist also hier in fast natürlicher Grösse dargestellt; seine Farbe ist weisslich, hier und da mit rothen runden Flecken besäet, die Oberfläche des Brustschildes uneben warzig und höckerig aber glatt. Im rothen Meere und an den Küsten Ostindiens; frisst, wie alle Krabben, kleinere Meerthiere, besonders wohl kleine Würmer und Mollusken.

Familie Bogenkrabben. *Arcuata.*

Bruststück am Vorderrande bogenförmig, nach hinten verschmälert, ganz hinten abgestutzt; alle Füsse nur zum Gehen eingerichtet, mit gebogenem zugespitztem Endgliede. Augen klein und kurz gestielt. Hinterleib der Männchen 5-, der Weibchen 7-gliedrig.

Fig. 3. Der gemeine Taschenkrebs (Cancer *pagurus*), 3mal verkleinert.

Fühler kurz, zwischen Augenrand und Stirn eingelenkt, die inneren in kleinen Gruben auf der Mitte des Stirnschildes. Das dritte Glied des inneren Lappens des letzten accessorischen Mundtheiles viereckig, kurz, am Ende ausgerandet. Scheeren von gleicher Grösse, ohne scharfen Rand. Brustschild viel breiter als lang, oben ziemlich flach, am Vorderrande mit 9 stumpfen Kerben an jeder Seite; über der Stirn ein tieferer Ausschnitt, worin drei kleine Zähne. Die vier letzten Beine undeutlich kantig, reihenweis mit Haarbüscheln besetzt. Der Krebs erreicht eine Breite von 9 — 10 Zoll, und ein

Gewicht von 5 Pfd.; seine Oberfläche ist glatt, glänzend; seine Farbe ein schmutziges Violett, die Beine heller, die Spitzen der Scheeren schwarz. Er bewohnt die Küsten Europas, aber nicht die Ostsee, und wird überall gegessen.

Familie Viereckskrabben. *Quadrilatera.*

Beine, wie bei den Vorigen, nur zum Gehen eingerichtet, das Brustschild undeutlich viereckig oder herzförmig und hinten abgestutzt, so dass der Längs- und Querdurchmesser fast gleiche Grösse haben. Hinterleib besteht bei beiden Geschlechtern aus 7 Ringen.

Fig. 4. Ocypoda *ceratophthalma,* um die Hälfte verkleinert.

Augen auf langen Stielen, einander genähert, versteckbar in grossen Gruben am Vorderrande; ein Theil des Stieles über die Stelle, wo das Auge sitzt, hinaus verlängert. Drittes Glied des inneren Lappens des letzten accessorischen Mundtheiles trapezoidal, so lang als breit. Scheeren ungleich, die linke sehr gross, beide zusammengedrückt, mit scharfem gezähneltem Rande; die vier letzten Fusspaare lang und schlank. Brustpanzer deutlich viereckig, wie die Scheeren und Beine mit kleinen Körnern besäet, vorn jederseits in einen kurzen Dorn verlängert. Farbe hell bleigrau. Grösse im Querdurchmesser kaum 2 Zoll. In Ostindien. Diese Krabbe hält sich, wie manche andere, mehr auf dem Lande auf, steckt bei Tage in Erdlöchern, und kommt erst nach Sonnenuntergang zum Vorschein. Ihre Bewegungen sind behende, ja sie läuft sogar geschickt und schnell.

Fig. 5. Die Landkrabbe (Gecarcinus *ruricola*), um die Hälfte verkleinert.

Augen gross, aber auf kurzen Stielen, am Grunde entfernt von einander, und in Gruben am Vorderrande des Brustschildes versteckbar. Dessen Form gewölbt, herzförmig, aber hinten abgestutzt, ringsum ohne scharfen Rand, stark abgerundet, und auf der Oberfläche glatt. Zweites und drittes Glied des inneren Lappens des letzten accessorischen Mundtheiles fast von gleicher Grösse und blattförmig. Scheeren gleich gross, ohne scharfen Rand; die vier hinteren Fusspaare reihenweis stachelig, das zweite derselben das längste. Querdurchmesser 2 — 3 Zoll. Farbe roth, der Brustpanzer sehr dunkel, mit symmetrischen gelblichen Flecken. Die Landkrabben bewohnen die antillischen Inseln, und halten sich den grösseren Theil ihres Lebens in Erdlöchern versteckt auf dem Trocknen auf. Einmal jährlich, zur Zeit des Eierlegens, wandern sie in grader Linie zur Küste, ohne sich durch entgegenstehende Hindernisse aufhalten zu lassen, wenn gleich viele von ihnen beim Versuche, sie zu überwinden, das Leben verlieren. Nachdem sie die Eier ins Meer gelegt haben, kehren sie sehr ermattet an ihre früheren Aufenthaltsorte zurück.

Fig. 6. Pinnotheres *pisum.*

Augen gross und vorragend; Brustschild fein, biegsam, kreisrund, flach, gerandet. Scheeren gleich gross. Hinterleib des Männchens schmal, mit zwei blattförmigen Anhängen am Grunde (6 a); der des Weibchens gross, breit, kreisrund (6 b), reicht bis zum Munde. Beine an der Unterseite mit einer Reihe kurzer steifer Haare. Durchmesser ½ Zoll. Farbe gelblichroth. Wegen der geringen Härte ihres Brustpanzers ist diese kleine Krabbe genöthigt, einen sicheren Aufenthaltsort zu suchen, und wählt dazu die Gehäuse lebender Muscheln, besonders *Mytilus*-Arten. Sie nährt sich alsdann von den kleinen Thierchen, welche die Muscheln beim Athmen mit in die Schale ziehen. Nicht selten an den Küsten der Nordsee.

Familie Dreieckskrabben. *Trigona.*

Brustpanzer dreieckig, gewölbt, uneben; die lange Spitze nach vorn gerichtet, so dass der Längsdurchmesser der grösste ist. Die vier hinteren Fusspaare bloss zum Gehen geschickt; Hinterleib besteht bei beiden Geschlechtern nur aus 6 Ringen.

Fig. 7. Leptopodia *sagitta,* um die Hälfte verkleinert.

Augen nicht vorstreckbar; äussere Fühler kurz. Spitze des Panzers sehr lang, einfach, stachelig. Beine ebenfalls lang und fein, das erste Paar scheerenförmig, kürzer und dicker als die übrigen, das zweite das längste von allen, die folgenden allmälig kleiner. Die Krabbe erreicht eine Länge des Panzers von 1½ Zoll, das zweite Fusspaar allein über 4 Zoll, dieses wie alle übrigen an den mittleren Gelenken reihenweis mit feinen Stacheln besetzt. Farbe gelblich. Findet sich im mexikanischen Meerbusen.

Familie Rückenfüsser. *Notopoda.*

Die Hüften der Beine stehen nicht in einer Ebene, sondern einige, besonders die hinteren, höher; diese sind auch kleiner und zum Gehen unbrauchbar; alle übrigen nur für den Gang bestimmt, das erste Paar scheerenförmig, mit gleich grossen Scheeren.

Fig. 8. Dorippe *lanata*.

Viertes und fünftes Fusspaar erhaben, das letzte vollständig auf dem Rücken. Aeussere Fühler lang, borstenförmig; drittes Glied des inneren Lappens des letzten accessorischen Mundtheiles schlank, und in eine Spitze auslaufend. Scheeren klein, zweites und drittes Fusspaar sehr stark und lang, das vierte und fünfte klein, zart gebaut, das letzte Glied klappenförmig gegen das vorletzte zurückgeschlagen. Brustpanzer herzförmig, mit der Spitze nach vorn, etwas flach gedrückt, aber uneben, mit 4 Zähnen zwischen den Augen und einem grossen Dorn ausserhalb daneben, ein kleinerer an jeder Seite des Panzers über den Scheerenfüssen. Oberfläche mit gelben Haaren dicht bedeckt, ebenso die Schenkel und Schienen. Im mittelländischen und adriatischen Meere.

3. Ordnung. *Schildkrebse. Aspidostraca.*

Wesentlicher Charakter. Der Leib ist entweder von einer oder mehreren, nur an einer Stelle befestigten, Schalen bedeckt, oder ganz nackt, mit weicher pergamentartiger Oberfläche. Beine theils gespaltene Ruderfüsse, theils hakige Haftfüsse, theils, wiewohl selten, zum Gehen brauchbar. Sie bestehen eine Metamorphose.

6. Zunft. STACHELFÜSSER. *Poecilopoda.*

Der Leib von zwei Schildern bedeckt, das vordere hufeisenförmig, das hintere kleinere unregelmässig fünfeckig, am Ende ausgerandet und mit einem starken Stachel bewehrt. Auf der Mitte des vorderen jederseits ein unbewegliches Auge.

Einzige Familie und Gattung dieser Gruppe ist:

Fig. 9. Der Molukkische Krebs (Limulus *polyphemus*), 6mal verkleinert.

Die vordere Schale in der Mitte flach, an den Seiten herabgebogen, mit scharfen Kanten zwischen Mitte und Seiten, daneben die Augen. An der Unterseite über dem Munde die scheerenförmigen Fühler (b b), darunter die kleine herzförmige Oberlippe (c), und dann die Mundöffnung, von 5 Gangfusspaaren umgeben, deren Hüften (9 a) am Innenrande mit Stacheln besetzt sind und die Stelle der Kiefer vertreten, besonders das am stärksten entwickelte dritte Paar. Alle am Ende scheerenförmig; hinter dem letzten Paare die kleine ausgerandete Unterlippe (e). Die hintere, unregelmässig 5eckige Schale passt mit dem Vorderrande in den Ausschnitt der vorderen, ist an jeder Seite mit 6 Dornen, und am Ende mit dem grossen Stachel bewehrt; an ihrer Unterseite sitzen die von Klappen bedeckten (d d d) Kiemen. Der Krebs erreicht einen Längsdurchmesser von $1\frac{1}{2}$ Fuss mit dem Stachel, ist überall glatt, glänzend, braun von Farbe, und findet sich an den Küsten der molukkischen und Sunda Inseln.

7. Zunft. KIEMENFUSSER. *Branchiopoda.*

Ihr Leib hat eine pergamentartige schildförmige, oder zwei seitliche klappenförmige, oder gar keine Schale. Ihre Füsse sind nicht sehr lang, in 2 Lappen gespalten, und am äusseren mit 1 oder 2 blasenförmigen Kiemen versehen. Leben vorzugsweise im süssen Wasser.

Familie Blattfüsser. *Phyllopoda.*

Das Maul mit 3 Kieferpaaren, das erste sehr stark, die beiden folgenden klein und blattförmig; zwei zusammengesetzte Augen und ein einfaches dazwischen. Mehr als sechs blattförmige ungegliederte Fusspaare.

Fig. 10. Apus *productus*, um $\frac{1}{3}$ vergrössert.

Leib von einer einzigen Schale bedeckt, welche nur am Kopf fest gewachsen, also ein wahres Kopfschild ist, das sich über den übrigen Leib nur ausgedehnt hat. Auf der Mitte des Vordertheiles die beiden Augen dicht neben einander, und dahinter das einfache Auge; auf der Unterseite ebenda die Mundöffnung, von der Oberlippe (h) bedeckt, daneben die kurzen Fühler (11). Im Maule 3 Kieferpaare, das erste (b) gross, stark, hornig, am Innenrande gezähnt; das zweite (c) dünner, blattartig, einfach, gebogen, am Innenrande mit kurzen Borsten; das dritte (d) ganz häutig, in 2 Hauptlappen getheilt, der innere wieder gespalten und mit Borsten besetzt. Von den Fusspaaren ist das erste (e) am grössten, aber auch von den folgenden ganz verschieden; man bemerkt drei Hauptglieder; von welchen das erste und zweite einen Faden trägt, das dritte deren zwei, dieses und das vorhergehende an der Aussenseite mit einer kleinen Kieme (*, **). Die folgenden sechs Fusspaare (f) sind stärker gebaut, haben ebenso viele Glieder, aber statt der Fäden kürzere, lanzettförmige Lappen und viel grössere Kiemen (*, **). Hierauf folgen wieder zehn unter sich gleiche, aber von den vorherigen abweichende Fusspaare; und dann wieder zehn gleiche; viel kleinere, deren einer unter g dargestellt ist. Die Kiemen (*, **) sind verhältnissmässig viel grösser, aber aus den lanzettförmigen Blättern sind 5 kleine lang behaarte Hautläppchen geworden. Jeder dieser Füsse wird von einem besonderen Ringe des Körpers getragen, und hinter diesen folgen noch neun fusslose Ringe, deren letzter mit zwei langen Fäden und dazwischen mit einer Klappe ausgerüstet ist. Hiernach besteht also der Leib ohne den Kopf aus 36 Ringen. Der ganze Krebs wird einen Zoll lang, hat eine grünlich graue Farbe, findet sich bisweilen häufig in Pfützen, Gräben, Bächen, und schwimmt mit der Schale nach unten, die vielen Füsse nach oben gerichtet. —

Familie Büschelfüsser. *Lophyropoda.*

Die Bildung des Maules ist noch nicht genau genug dargestellt, doch findet sich wahrscheinlich nur ein horniges Kieferpaar. Hinter dem Maule höchstens 6 Fusspaare, jeder 2lappig und an jedem Lappen gegliedert, auch mit einer Kiemenblase und langen Schwimmborsten.

Fig. 11. Cyclops *quadricornis*, 20mal vergrössert.

Leib nackt, ohne Schale, besteht aus einem grossen elliptischen Cephalothorax, worauf fünf schmale Ringe und ein 3-gliedriger am Ende mit 2 Schwimmlappen versehener Schwanz folgen. Vorn am Cephalothorax 1 Auge und jederseits 2 Fühler; dahinter an der Unterseite die Mundöffnung mit den Kiefern und Tastern, hinter der Mundöffnung noch 2 einfache gefranzte und gegliederte Fusspaare am Cephalothorax, und hinter diesen 4 gespaltene, gegliederte und gefranzte Fusspaare an den 4 Ringen hinter dem Cephalothorax; an dem fünften grössten Ringe finden sich die Geschlechtsöffnungen, an welchen das Weibchen 2 grosse Eiersäcke (a a) trägt. Darauf folgen 3 kleine Ringe, alle drei ohne Füsse, aber am letzten gegliederte und gefranzte Schwimmblätter. Farbe röthlich, Eier grünlich. Länge $\frac{7}{12}$ Linien. In stehenden süssen Gewässern. Die Jungen (11. b) haben nur 3 Fusspaare, von welchen die 2 hinteren gespalten sind. Nach mehreren Häutungen nehmen sie die Form der Alten an.

Fig. 12. Der Wasserfloh (Daphnia *pulex*).

Der Leib des Thieres ist von einer einzigen, lederartigen Schale bedeckt, welche nur mit dem Kopf verwachsen ist, im Uebrigen den Leib frei umgiebt. Am Kopf bemerkt man ein Auge und unter einer kappenförmigen Verlängerung des Schildes die Mundöffnung, worin eine Oberlippe, ein Paar horniger Kiefer ohne Taster; davor ein Paar an der Spitze gezähnter Fühler. An der Bauchseite des ungegliederten Leibes sitzen die 6 Paar Beine. Das erste Paar ragt aus einem Ausschnitt der Schale hinter dem Kopf weit hervor; jeder Fuss besteht aus einem langen Grundgliede, welches zwei gleiche, dreigliedrige Fortsätze trägt, deren jeder mit langen gewimperten Haaren besetzt ist; die nachfolgenden fünf Fusspaare sind in der Schale versteckt, bestehen aber aus einem inneren und äusseren Lappen, die beide mit langen Wimperhaaren zum Schwimmen besetzt sind, und aussen am Grunde eine grosse blasige Kieme tragen. Der gebogene Hinterleib hat einen kurzen Schwanz. Die Farbe des Thierchens ist gelblich grau, der Darm scheint braun, die am Rücken unter der Schale gelegenen Eier grün durch. Länge $\frac{1}{2}$ Linie. Ueberall gemein in stehenden Gewässern.

Fig. 13. Cypris *fusca*.

Der Leib ist von einer zwei-klappigen Schale ganz bedeckt; dazwischen ragen, wenn sie geöffnet wird, die Fühler und die Spitzen der Beine hervor. Spaltet man die Schale aus einander, so bemerkt man den Leib des Thieres, welcher am Rücken mit der Schale verwachsen ist. Vorn am Körper sitzt das Auge (l), und darunter die sogenannten Fühler (b), welche man indess, nach der Analogie der vorigen Gattung, für das erste Fusspaar halten muss; dann finden sich auch hier 6 Fusspaare (b. c. d. e. f. g.), welche aber einfach, gegliedert, und theils mit langen Borsten besetzt sind. Zwischen dem zweiten und dritten Fusspaar liegen die Kiefer (m), und am fünften bemerkt man eine grosse gefranzte Kieme (i); k zeigt den Muskel, welcher beide Schalen zusammenhält, h den Schwanz. Das Thier ist $\frac{2}{3}$ Linie lang, gelblich und findet sich in stehenden Wassern, besonders Löschkübeln. Fig. 13. a giebt die Ansicht einer anderen Art (C. *unifasciata*) von oben, b. Fühler oder erstes Fusspaar.

8. Zunft. HAFTKREBSE. *Prothesmia.*

Ihr Leib hat eine aus mehreren kalkigen Stücken zusammengesetzte Schale, oder gar keine, sondern eine bloss pergamentartige Haut. Die Meisten sind nur in der ersten Jugendzeit beweglich, und haben alsdann alle ein Auge; im späteren Alter sitzen sie unbeweglich fest und zeigen kein Auge mehr. Ihre Füsse, nie mehr als sechs, sind gespaltene Schwimmfüsse, oder z. Th. einfache Klammerfüsse, mit welchen sie sich festsetzen und halten.

Familie Rankenfüsser. *Cirripedia.*

Sie haben kalkige Schalen, welche den ganzen Leib verdecken. Diese Schale entsteht erst nach und nach, und verwächst unbeweglich mit dem Gegenstande, worauf das Junge sich niedergelassen hat. Alle haben im Alter 3 Paare Kiefer und 6 Paare gespaltener, vielgliedriger, rankenförmiger Füsse, aber keine Fühler. Sie sind Zwitter und leben nur im Meer.

Fig. 14. Die gemeine Entenmuschel, (Lepas *laevis*), Fig. 14. ½ verkleinert, Fig. 14 a—d 20mal vergrössert, Fig. 14 e—f natürliche Grösse.

Die höchst merkwürdige Metamorphose, welche dieses Thier, wie alle seine zahlreichen Verwandten, durchläuft, wurde von Thompson zuerst in einer Lebensperiode beobachtet, und später von mir in allen Stadien auseinander gesetzt, worüber meine Abhandlung: Beiträge zur Naturgeschichte der Rankenfüsser. Berlin 1834. 4. das Ausführliche enthält.

Das eben gebohrne Junge (14 a) hat noch keine Schale, ist ganz nackt, zeigt einen eiförmigen Leib, woran vorn ein Auge, daneben ein einfaches Fusspaar, darüber 2 lange Fühler, und dahinter an beiden Seiten des Leibes zwei gespaltene Schwimmfüsse. So schwimmt es im Meer umher, bis es eine dünne pergamentartige Schale bekommen hat, und dann setzt es sich mit den auffallend veränderten, dickeren Fühlern (14 b) fest. Es hat noch alle Organe, und besonders ein grosses Auge. Bald darauf häutet es sich im Innern der Schale, und streift mit der alten Haut auch die Augen und die Fühler ab, welche beide noch, mit den Resten der Haut, an der Schale hängen bleiben (14 c). Das aus der Schale genommene Thierchen (14 d) hat einen dicken gebogenen Leib, an dessen unterer Seite das Maul in Gestalt eines Fortsatzes hervorragt, und dessen Hinterende die sechs Paar gegliederten mit Borsten besetzten Füsse und einen kurzen ähnlich gestalteten Schwanz trägt. Die innere Oberfläche der Schale wird um diese Zeit von einer lockeren Haut ausgekleidet, welche am stumpfen Vorderende der Schale einen kleinen, mit gelblicher Masse gefüllten, Sack bildet, in welchem der Eierstock liegt. Dieser Sack verlängert sich immer mehr nach vorn, durchbricht die Schale an der Stelle dicht über den Fühlern, wächst aus der Schale hervor, und verwächst mit der Oberfläche des Gegenstandes, woran das Thierchen von den Fühlern noch festgehalten wird. Sobald diese Verwachsung geschehen ist, werden die Reste der Fühler und Augen weggespült, die Schale erhebt sich und wird von dem Sack als Stiel getragen. Seit dieser Zeit vergrössern sich Schale und Stiel zusehends, erstere wird kalkig und zerfällt in 5 Stücke, wovon 3 bei Fig. 14 (1. 2. 3) sichtbar sind; letzterer wird lederartig, bekommt Querrunzeln, und kann sich durch eine besondere Vorrichtung nach Belieben des Thieres ausdehnen. Der Eierstock bleibt am Anfange des Stieles liegen, bis die Eier hier befruchtet werden; dann treten sie durch Spalten in 2 Taschen, welche an der Schalenhaut festhängen (o o o). In diesen Taschen finden sich mehrere Tausend Eier, meistens mit reifen Embryonen. Das alte Thier (14. e f) zeigt sechs gegliederte gespaltene Rankenfüsse (r r), ein Paar zipfelförmiger Kiemen (k k), und einen sehr dicken Vorderleib, woran der Maulfortsatz (n), aber sonst kein Organ wahrgenommen wird. Es steckt verkehrt in der Schale, die Beine nach oben gerichtet, das stumpfe Vorderende nach unten, und ist hier durch Muskeln an einer Stelle mit der Schale und der Haut, welche die Schale auskleidet (m m), verwachsen. Viele Naturforscher haben diese Haut Mantel genannt, und mit demselben Organ der Muscheln verglichen; sie findet sich indess, völlig ebenso die Schale auskleidend, bei den übrigen mit Schalen versehenen Krebsgattungen (*Daphnia*, *Cyclops*, *Apus*), und hat mit dem fleischigen Mantel der Mollusken nichts zu schaffen. — Die jungen Thiere findet man selten, die Alten dagegen in verschiedener Grösse je nach ihrem Alter auf allen möglichen Gegenständen festgewachsen. Sie fressen Wasserthiere, welche der durch die zuckende Füsse angeregte Wasserstrudel in die Schale grade zum Munde führt.

Familie Schmarotzerkrebse oder Lernäen. *Parasita.*

Sie haben keine Schale, sondern einen von theils feiner, theils pergamentartiger Haut bedeckten Leib. Maul gewöhnlich schnabelförmig verlängert, mit 1 Paar Borsten statt der Kiefer im Innern. Sie haben theils gar keine deutlichen Füsse, sondern blosse Fleischzacken, theils gegliederte Fühler und 4 bis 6 Fusspaare, wovon die beiden vorderen hakig, die übrigen gespalten und 3gliedrig sind. Alle haben in der Jugend ein Auge, die festsitzenden im Alter keins, die beweglichen 1 oder 2. Sie schmarotzen an Fischen und sind getrennten Geschlechtes.

Fig. 15. Pandarus *Carchariae*, von der Bauchseite, 8mal vergrössert.

Der Leib zeigt einen Cephalothorax, woran vorn zwei 3gliedrige äussere (b^1) und 2 hakenförmige innere (b^2) Fühler. Dann folgt der Schnabel (a) mit den Tastern (bei 15 a ist er 20mal vergrössert dargestellt; man sieht die beiden Lippen, die weiss durchscheinenden Kieferborsten, und die 3gliedrigen

Taster), und hinter diesem zwei starke hakige Klammerfusspaare (d^1 und d^2). Auf den Cephalothorax folgen vier freie Ringe, deren jeder ein gespaltenes, 2gliedriges Fusspaar (e^1, e^2, e^3, e^4) trägt. Ein dann folgender herzförmiger Ring enthält die Geschlechtsorgane, und an ihm hängen 2 hier nicht abgebildete, wurstförmige Eiersäcke. Ein kleinerer kreisrunder Ring stellt den Hinterleib dar, und trägt noch jederseits einen gebogenen Stachel. Das Thierchen ist gelblich, jeder Leibring auf dem Rücken dunkelbraun; Grösse 3'''. Lebt in der Nordsee auf Haifischen. —

Fig. 16. ANCORELLA *uncinata*, 8mal vergrössert.

Der Leib besteht aus 2 Theilen; einem langen Halse, an dessen oberem Ende der Schnabel sitzt, und daneben ein Paar scheerenförmiger Klammerfüsse, und einem geigenförmigen fusslosen Hinterleibe; an der Vereinigungsstelle beider ein saugnapfförmiges Haftorgan; am Ende des Leibes zwei längliche Eiersäcke. Das Thier ist mit dem Halse 3 Linien lang, weisslich von Farbe, und bewohnt die Kiemen und Flossen des Dorsches.

Fig. 16a stellt das eben ausgekrochene Junge einer anderen, nah verwandten, Gattung (TRACHELIASTES) vor in 80maliger Vergrösserung. Man bemerkt am Vorderende das einfach rothe Auge und dahinter jederseit 2 Füsse, wovon der hintere gespalten ist. Fig. 16b zeigt dasselbe Thierchen nach der ersten Häutung in eben so starker Vergrösserung. Es hat nun 2 feine Fühler, dazwischen das einfache rothe Auge, dahinter jederseits 3 hakige Klammerfüsse, am Ende des Leibes vor dem deutlicher gewordenen Schwanz 2 Paare gespaltene gegliederte Schwimmfüsse. In dieser Lebensperiode setzt sich das Thier an Fischen fest, häutet sich dann wieder, und nimmt nach und nach die Form des Alten an.

Fig. 17. LERNAEOCERA *cyprinacea*, 3mal vergrössert.

Der Leib besteht ebenfalls aus 2 Theilen; am dünneren Vordertheile befinden sich 2 grosse, dicke, in 2 ungleiche Fortsätze auslaufende, fleischige Arme, und dazwischen zwei kleinere einfache, zwischen welchen der kleine knotenförmige Schnabel sich befindet, umgeben von 2 Klammerfüssen und 2 Tastern. Das dickere Hinterende enthält den weiten Darm, ist schief abgestutzt, und trägt vor der Spitze zwei wurstförmige Eiersäcke. Das Thierchen schmarotzt auf Karpfen-Arten, steckt bis zum dickeren Hintertheile im Fleisch des Fisches, und saugt dessen Säfte. Die Jungen sind denen unter Fig. 16a abgebildeten ähnlich, haben aber ein Fusspaar mehr, nehmlich 3.

TAFEL 33.

8. Classe. Würmer. Vermes.

Wesentlicher Charakter. Leib weich, deutlich oder schwach gegliedert, langgestreckt, rund oder flach, an verschiedenen Stellen mit symmetrischen, paarigen Saugnäpfen, Haken, Borsten, oder mit Borsten besetzten Fleischhöckern als Bewegungsorganen.

1. Ordnung. *Ringelwürmer. Arthrodes s. Annulati.*

Leib drehrund, mit Borsten oder beborsteten Fleischhöckern als Bewegungsorganen, bisweilen keine von beiden; Mundöffnung dem vordern, Afteröffnung dem hinteren Ende genähert. Darm so lang als der Leib, einfach. Blut der Meisten roth.

Familie Fühlerwürmer. *Antennati s. Dorsibranchii.*

Der erste Leibring bildet einen Kopf, woran gegliederte Fühler und Augen. Im Munde hornige Kiefer; an jedem Ringe Warzen mit graden Borsten statt der Füsse und faden- oder büschelförmigen Kiemen daneben. Blut roth. Zwitter. Leben nur im Meer.

Fig. 1. Nereis (Lycoris) *nuntia Sav.*

Vier Augen auf der Mitte des Kopfes, davor 2 feine und 2 dicke mit einem Knopf endende fleischige Tentakeln (1. a), zwei hakige am Rande gezähnte Kiefer (d. d) in einer rüsselförmigen Scheide und 4 gegliederte Fühler an jeder Seite des Kopfes (ebenda). Fusswarzen gespalten, das erste Paar hinter dem Kopf (1. b) 5zackig, wovon die drei borstenlosen Kiemen darstellen, die beiden mit Borsten die Füsse; die folgenden Paare (1. c) ebenso, aber mit einem langen Gliedfaden, der gleichfalls Kiemenfunktion zu haben scheint. Der Leib des Thieres ist 5 Zoll lang, hat 118 und mehr Ringe, von welchen der erste oder Kopf grösser ist als die beiden folgenden zusammen. Der Gliedfaden lang, fein, 4 bis 5 mal so lang als die unter ihm befindliche Kieme; am Ende des Leibes zwei lange Schwanzfäden. Leib perlmutterartig glänzend, hellfleischröthlich durchschimmernd; das Thierchen findet sich an den Küsten des rothen Meeres zwischen Steinen, und nährt sich von kleineren Würmern, seines Gleichen und anderen kleinen Meerthieren.

Familie Röhrenwürmer. *Tubicolae.*

Der erste Leibring bildet keinen eigentlichen Kopf, sondern bloss einen etwas grösseren Ring, an welchem in vielen Fällen die Kiemen sitzen. In andern Fällen stehen sie auf verschiedenen Ringen in der Mitte des Leibes. Bewegungsorgane Fleischhöcker mit hakigen (Bauchhöcker) oder graden (Rückenhöcker) Borsten. Blut roth. Zwitter. Leben gleichfalls nur im Meer und stecken in Röhren.

Fig. 2. Serpula *contortuplicata.*

Grosse kammförmige Kiemen mit 30 — 34 Strahlen stehen an jeder Seite neben der Mundöffnung (d d), und zwischen diesen zwei fleischige Fortsätze (c, c′), von welchen der eine sich zu einem keulenförmigen am Ende trichterartig vertieften Organ (c.) ausbildet, der andre (c′) sehr klein bleibt. Mit diesem grossen Fortsatz schliesst das Thier die kalkige, mit ihrem gewundenen unteren Ende an verschiedenen Gegenständen im Meere festsitzende, oben freie quergestreifte Röhre, in welcher es steckt, und in die es sich, durch irgend eine Störung veranlasst, ganz zurückziehen kann. Diese Röhre wird von der Oberfläche des Körpers abgesondert, und ist ganz frei, nirgends mit dem Thier verwachsen. Die ersten Ringe des Körpers sind grösser, mehr abgesetzt von den übrigen, und jeder an jeder Seite mit einem Borstenhöcker (e. e. f. f.) versehen. Der ganze Leib besteht aus 90 bis 95 Ringen, ist 1 bis 1½ Zoll lang, und die Röhre 1 bis 1½ Linie weit. Häufig an deutschen Küsten.

Familie Borstenwürmer. *Chaetopodes.*

Der erte Leibring bildet keinen besonderen Kopf, doch hat er bisweilen Augen und Fühlfäden, an jedem folgenden Ringe vier Reihen von Warzen, worauf Borsten. Keine äusseren Kiemen. Zwitter; manche vermehren sich durch Theilung. In süssen Gewässern und im Meere; stecken im Schlamme und bohren Gänge darin.

Fig. 3. Der Regenwurm (Lumbricus *semifasciatus*)

Leib fast rund, nur an der Bauchseite etwas abgeplattet, an beiden Enden zugespitzt, mit vier Borstenreihen, (1 an jeder Seite, 2 an der Bauchfläche) deren jede aus 2 nebeneinander verlaufenden Reihen kurzer steifer auf einem Fleischhöcker stehender Borsten besteht (Fig. 3 c. d d). Der Kopf ist nicht abgesetzt, sondern am Vorderende (3. a) bemerkt man eine grössere Oberlippe, und eine kleinere Unterlippe, sonst weder Augen noch Fühlfäden. Auf ⅓ der Körperlänge findet sich eine Wulst mehrerer (4 — 8) breiterer Ringe (Sattel, Gürtel), in deren Nähe die Fortpflanzungsorgane liegen; im Uebrigen bietet der Körper nichts Besonderes dar, nur dass auf der Rückenseite zwischen je 2 Ringen sich eine kleine Oeffnung (Fig. 3. a. ff) befindet, welche durch einen Kanal in das Innere des Leibes führt, wodurch Luft in die Höhle des Leibes gelangen, und den graden, gleichweiten Darm (Fig. 3. c. e), welcher überall von vielen, rothes Blut enthaltenden, Gefässen umsponnen ist, rings umgeben kann. Die abgebildete Art erhielt ich aus der Umgegend von New York, sie hat 98 — 104 Ringe, 25 vor dem Sattel, der Sattel selbst aus 7 gebildet, die übrigen dahinter. Die Farbe des Leibes ist hell fleischroth, allein jeder Ring hat auf der Rückenseite eine bunte braune Querbinde, welche in der Mitte sich als Kiel erhebt (Fig. 3. b), der Leib selbst misst 2 — 3 Zoll, und ist hier um $\frac{1}{3}$ vergrössert dargestellt. — Beim gemeinen Regenwurm fehlen diese Querbinden, der Leib hat gegen 150 Ringe von welchen der Sattel den 28sten bis 34sten einnimmt. Beide leben in feuchter Gartenerde und nähren sich von dem Erdsafte; sie legen Eier von der Grösse starker Stecknadelknöpfe mit weicher häutiger Schale, jedes Ei enthält 2 Keime, doch kommt gewöhnlich nur einer zur Entwickelung.

Fig. 4. NAIS (STYLARIA) *proboscidea.*

Leib klar, durchsichtig, schwach gegliedert, aber die einzelnen Glieder grösser; an jedem 4 Borstenreihen, zwei auf beiden Seiten des Rückens bestehen an jeder Stelle aus 2 Borsten von ungleicher Länge, die beiden andern Reihen laufen an der Bauchseite, und jede Stelle hat vier gleiche an der Spitze hakige Borsten, die aus- und eingezogen werden können. Der erste längere Ring bildet den Kopf, (4. b) woran die etwas nach unten gezogene Mundöffnung mit grosser Oberlippe, von welcher ein langer Fühlfaden entspringt, neben demselben am Grunde jederseits ein Auge. Im Innern des Körpers sieht man den braunen Darm und in jedem Ringe eine Erweiterung desselben; an seiner oberen und unteren Seite verläuft ein pulsirendes Blutgefäss, welche beide durch einen Ring vorn in der Umgebung des Schlundes zusammenhängen. Die Fortpflanzungsorgane sind nicht immer sichtbar, bei reifen Individuen bemerkt man sie in der Gegend hinter dem Schlunde am Anfange des Darmes; sie zeigen Zwitterbildung. Das Thier legt Eier, pflanzt sich aber auch durch Theilung fort, indem sich an einer besonders dazu vorgebildeten Stelle des Leibes hinter der Mitte ein Kopf entwickelt (Fig. 4. c. von der Seite), woran Augen und Fühlfäden nach und nach sichtbar werden. Nachdem er seine völlige Grösse erreicht hat, reisst der hintere Theil des Leibes vom vorderen ab, und jeder ist ein selbstständiges Individuum. Das Thier wird $\frac{1}{2}$ Zoll lang (4. a), kaum $\frac{1}{2}$ Linie dick, und findet sich in kleinen Teichen zwischen Wasserlinsen.

Familie STRUDELWÜRMER. *Turbellarii.*

Der Leib ist gewöhnlich flach, rund, undeutlich oder gar nicht geringelt, ohne Borsten und andere Bewegungsorgane, aber auf der ganzen Oberfläche mit zurückziehbaren Wimpern besetzt, welche bei der langsamen Bewegung einen beständigen Strudel im Wasser erregen. Wahrscheinlich Zwitter mit vorderer, an der Bauchöffnung befindlicher, Geschlechtsöffnung. Leben im Meer und süssen Gewässern, bewegen sich nur kriechend, aber langsam.

Fig. 5. NOTOGYMNUS *drepanensis Ehrenb.* (NOTOSPERMUS *drep. Huschke.*)

Leib ziemlich rund, nur der Bauch platt, Mundöffnung unmittelbar am Vorderende, daneben jederseits gegen 10 Augen, und unter diesen neben dem Munde eine feine Längsfalte (Fig. 5. a b b), welche den Eingang eines weissen Gefässes bildet; eine andere grosse Oeffnung (wahrscheinlich Mündung der Fortpflanzungsorgane) liegt dahinter an der Bauchseite (5. a c), und aus dieser entleert der Wurm den vielen Schleim, worin er eingehüllt ist. Afteröffnung unmittelbar am Hinterende. Leib 3 — 4 Zoll lang, 2 Linien breit, weisslich, Rücken grün mit 15 weissen Querbinden, zwischen der ersten und zweiten ein rother Punkt. An den Küsten Siziliens auf Korallenstöcken.

Familie FADENWÜRMER. *Nematodes.*

Leib drehrund, ziemlich deutlich aber sehr fein geringelt, ohne alle äusseren Organe; vorn die Mundöffnung, oft zwischen Knoten oder Flügeln, hinten der After. Geschlechter getrennt. Blut weiss. Alle leben parasitisch im Körper anderer Thiere, und sind weissgelb gefärbt.

Fig. 6. Der Spuhlwurm (ASCARIS *lumbricoides*).

Leib gegen beide Enden gleichmässig verschmächtigt, die Mundöffnung zwischen 3 runden Knötchen (6 a u. b), die Afteröffnung ein wenig vor der Spitze; davor eine zweite Oeffnung bei den kleineren schmächtigen Männchen, bei den grösseren Weibchen fehlt diese Oeffnung hier, und findet sich auf $\frac{1}{3}$ der Körperlänge. Die Länge des Körpers beträgt 5 — 6 Zoll, seine Dicke 2 — 3 Linien. Der Wurm findet sich im Dünndarm des Menschen, und ist zumal bei Kindern gar nicht selten.

Fig. 7. Der Peitschenwurm (TRICHOCEPHALUS *dispar.*)

Leib am Vorderende sehr dünn, das hintere Drittel plötzlich viel dicker, beim Männchen spiralförmig eingerollt (7. a), beim Weibchen krumm ausgestreckt. Mundöffnung vorn am dünnen Ende, Afteröffnung hinten am Ende des dicken, daneben beim Männchen eine zweite Oeffnung in einer Glocke von Haut, beim Weibchen die zweite Oeffnung am Anfange des dicken Körpertheiles (7. b). Der Wurm wird 2 Zoll lang und lebt im Blinddarm des Menschen, er hat die weissgelbe Farbe der meisten Eingeweidewürmer.

2. Ordnung. *Saugwürmer. Trematodes.*

Leib flachrund oder ganz flach, fein oder gar nicht geringelt, an der Bauchseite Sauggruben, besonders eine um den Mund. Darm verästelt, theils mit After und dann rothes Blut, theils ohne diesen, gabelförmig, und dann weisses Blut. Alle sind Zwitter.

Familie Egelwürmer (*Hirudinei*).

Leib sichtlich geringelt, 2 Sauggruben, eine vorn worin der Mund, die andere am Hinterende. Darm mit Afteröffnung; Blut der Meisten roth. Sie leben frei im Wasser, haben 2 — 10 Augen, und bewegen sich spannend kriechend, mit Hülfe der Sauggruben, oder schwimmend durch Schlängeln des Leibes.

Fig. 8. Der medizinische Blutigel (Hirudo *medicinalis*).

Der im ausgestreckten Zustande (8) lanzettförmige 3 — 4 Zoll lange Leib besteht aus 98 — 100 feinen Ringen, in dem vordersten, saugnapfförmig erweiterten, die Mundöffnung (8. a); im Munde drei zugeschärfte, am gebogenen Rande fein gekerbte Zähne (8. b), darüber auf dem 1sten vier, 2ten, 4ten und 7ten Ringe je 2, im Ganzen also 10 Augen (8. c); die hintere Sauggrube ist frei abgesetzt, ganz kreisrund, flach und über ihr am Rücken findet sich der After. Der Darm sehr weit, so lang als der Leib, jederseits bis auf $\frac{2}{3}$ seiner Länge mit 9 Blindsäcken, wovon die beiden letzten sehr gross sind und bis zum After reichen (8. d). Die Farbe des Rückens ist grünlich braun, mit sechs gelben, schnurförmigen, schwarzgefleckten Streifen, der Bauch grünlich grau, schwarz gefleckt. Der Blutigel lebt in klaren schattigen Teichen, und nährt sich vom Blute warmblütiger Rückgratthiere. Er pflanzt sich durch Eier fort, und legt jedesmal ein Ei von der Grösse einer Haselnuss, in welchem viele Keime stecken, und das auf der Oberfläche mit einem schwammigen Gewebe bekleidet ist. Durch seine Gier nach Menschenblut wird er als äusseres Heilmittel von der grössten Wichtigkeit, und daher überall in eigens dazu angelegten Teichen gehegt, in Polen und Russland aber besonders eingefangen, und in die mehr bevölkerten Gegenden Europa's, zumal nach Frankreich, versandt. Ein vollgesogener Blutigel fasst etwa das Doppelte seines Gewichtes (1 — $1\frac{1}{2}$ Unze, 4 — 5 Loth), und lebt von diesem Nahrungsquantum über ein Jahr ohne frische Nahrung. Deshalb ist der einmal benutzte vor dieser Zeit nicht wieder zu brauchen, keineswegs aber zum Saugen überhaupt unfähig.

Familie Plattwürmer. (*Planariei*).

Leib ganz flach, nicht geringelt, ohne Sauggruben, aber an der Bauchseite statt deren eine Grube, worin ein ausstreckbarer Rüssel mit der Mundöffnung. Auf der Oberfläche viele feine Wimper, durch deren Hülfe das Thier, ohne den Leib zu bewegen, ziemlich schnell im Wasser fortschwimmt. Darm ästig, ohne After.

Fig. 9. Der weisse Plattwurm (Planaria *lactea*).

Der Leib ist fast $\frac{1}{2}$ Zoll lang und 1 Linie breit, vorn mit 2 schwarzen Augen, sonst milchweiss von Farbe, aber der ästige Darm scheint violett hindurch; er besteht aus 3 Hauptstämmen welche in der Mitte des Bauches vom Munde entspringen und von denen einer nach vorn geht, zwei an beiden Seiten des Mundes sich umbiegend nach hinten. Die Mundöffnung (9. b) ist rüsselförmig verlängert, allein dieser Rüssel bleibt im Ruhezustande in einer grossen saugnapfartigen Grube versteckt, und wird aus ihr durch Zusammenziehung des Grundes gegen die Oeffnung hin hervorgeschoben. Hinter dieser Oeffnung, welche etwas hinter der Mitte des Körpers liegt, befindet sich eine zweite (9. c), von welcher ein birnförmiger Körper ausgeht, und von diesem wieder zwei geschlängelte gelbe Kanäle, die sich an ihren Enden neben der Höhle des Rüssels zu zwei dicken gelben Körpern, den Eierstöcken (9. b. b.), erweitern. Oberhalb des ersten Körpers neben der Oeffnung liegt ein zweiter Körper (d. NB. er ist irrthümlich hinter dem Körper c dargestellt, und müsste in dem freien Raum links daneben liegen.), von welchem noch feinere Gefässe auszugehen scheinen, und der wahrscheinlich mit dem Körper c eine gemeinschaftliche Mündung hat, mithin als männliches Organ zu betrachten wäre. Der Wurm findet sich in süssen Gewässern, an Schilfwurzeln, Holzwerk, setzt sich bisweilen Badenden an die Haut, und nährt sich von kleinen Wasserthieren, die er mit dem Rüssel fängt und verschluckt. Ausser der grade schwimmenden Bewegung, kann er auch eine schreitende durch Anstemmen des Vorder- und Hinterendes ausführen.

Familie Schmarotzersaugwürmer. *Endozoi.*

Leib ungegliedert, flach oder rund, mit einer Sauggrube am Vorderende, worin der Mund, und einer oder mehreren am Bauch, worin keine Oeffnung. Darm gabelig, ohne After. Blut weiss.

Fig. 10. Die Egelschnecke oder der Leberegel (Distomum *hepaticum*.)

Leib ganz flach, blattförmig, 1 Zoll lang, vorn breiter mit stumpfer Spitze, nach hinten allmälig verschmälert. Mundöffnung in der vorderen Sauggrube (10. a. a), klein; davon entspringt ein gabeliger stark verästelter Darm, welcher an der Rückenseite des Körpers als schwarzes Gefäss durchschimmert (10). Hinter der Mundöffnung eine zweite kleinere Oeffnung (c), wodurch die Eier gebohren werden; dann die zweite grosse Sauggrube (b). Farbe gelblichweiss. Findet sich in den Gallengängen der Schaafe, Ziegen, Rinder, Pferde und selbst des Menschen.

Fig. 11. Amphistomum *conicum*.

Leib drehrund, kegelförmig, vorn spitz, hinten stumpf, krumm gebogen (11) und 3 — 4 Linien lang, aber mehr weniger ausstreckbar. Vorn eine kleine Sauggrube von birnförmigem Umfange (11. a. b) worin der Mund. Von dieser entspringt ein gabeliger, weiter, unverzweigter hinten geschlossener Darm (d d), und am Anfange desselben liegt hinter der Sauggrube ein grosser Nervenknoten (k), von welchem ausgehend 2 Nerven (i i) an der inneren Seite des Darms herablaufen. Zwischen den Darmschenkeln liegen die beiden grossen Hoden (g g) mit dem *vas deferens* und dem weiten Ausgange (h); an der äusseren Seite des Darmes dicht unter der Körperhaut bemerkt man den Eierstock (e e), welcher mit seinem Ausgange in den neben den Hoden gelegnen weiten Eierbehälter (ff) einmündet. Dieser Eierbehälter mündet gemeinschaftlich mit dem Ausgange der Hoden (h) an der Bauchseite vorn dicht hinter dem Munde. Am stumpfen Ende des Körpers findet sich eine zweite grosse fast kugelförmige Sauggrube (c). Die Farbe des Thierchens ist die gelblichweisse der Eingeweidewürmer, sein Aufenthaltsort der erste Magen (Wanst oder Pansen) der Wiederkäuer, besonders der Rinder. —

3. Ordnung *Eingeweidewürmer. Helminthes.*

Leib lang gestreckt, rund oder flach, undeutlich oder deutlich gegliedert, vorn ein Kopf, ohne Sinnesorgane, aber mit Haken oder Sauggruben. Darm undeutlich, vielleicht gabelförmig, kein After. Leben nur im Inneren der Rückgratthiere, besonders der Fische und Säugethiere. —

Familie Kratzer. *Acanthocephali.*

Leib drehrund, nicht geringelt. Kopf klein einstülpbar in den Leib, mit Haken besetzt, aber ohne Sauggruben. Geschlechter getrennt; die Mänchen mit einer häutigen Glocke am Hinterende, aber kleiner als die Weibchen. Nur im Darmkanal.

Fig. 14. Der Riesenkratzer (Echinorhynchus *gigas*).

Leib von der Dicke einer Federspuhle, Weibchen 1 Fuss lang, Männchen 3—4 Zoll, vorn am dicksten, nach hinten verschmächtigt; der Kopf (14. a. b) klein, kugelrund, mit vielen Häkchen, dahinter einen Hals und ein etwas weiterer Ring, in welchen der Kopf, allmälig sich einstülpend, zurückgezogen wird; Mundöffnung fehlt entweder, oder findet sich an der Spitze des Rüssels, oben in der Mitte. Die Geschlechtsöffnung am Hinterende. Im Darm der Schweine. —

Familie Bandwürmer. *Cestodes.*

Leib flach bandförmig, allermeistens deutlich gegliedert, nach vorn schmäler, hinten breiter. Das erste Glied ein eckiger Kopf mit 2 oder 4 Sauggruben, Hakenkränzen oder mit Haken besetzten Anhängen (Rüsseln). Zwitter, jedes reife Glied mit besonderen Fortpflanzungsorganen.

Fig. 12. Der schmale Bandwurm (Taenia *solium*).

Kopf viereckig, so gross wie ein Stecknadelknopf, an jeder Ecke eine runde Sauggrube (12. c c), in der Mitte ein Hakenkranz, worin die Mundöffnung sich befinden soll. Die folgenden Glieder viel kleiner, aber allmälig gegen das Ende hin grösser werdend, die reifen (12. a) einen halben Zoll lang und ein drittel Zoll breit, abwechselnd bald an der rechten bald an der linken Seite mit einer Oeffnung (d d d) und im Innern mit den verzweigten Eierstöcken, welche braun hindurch scheinen, übrigens die Farbe gelblich weiss. Der ganze Wurm wird an 30 Fuss lang, und findet sich im Darm der Deutschen, Schweden, Engländer, Franzosen und Spanier (also bei Nationen germanischen Stammes). Er schadet nicht durch die Nahrungsstoffe, welche er dem Menschen entzieht, sondern durch seine Anwesenheit, als die eines fremden Körpers innerhalb der Eingeweide. Die reifen Glieder, d. h. diejenigen, welche sich der Eier entledigt haben, reissen in Stücken von 4—6 und mehr Zoll Länge ab und werden ausgeleert, der Wurm aber ist nicht eher entfernt, als bis das Vorderende mit dem Kopf abgeführt worden.

Fig. 13. Der breite Bandwurm (Bothriocephalus *latus*).

Der Kopf länglich, eine Linie lang, jederseits mit einer schmalen Sauggrube (13. b), dann kurze aber allmälig breiter werdende Ringe, die reifen (13. a) ein drittel Zoll breit, aber nur eine Linie lang, jedes auf der Bauchseite in der Mitte des Vorderrandes mit einem Höcker (c c), worauf 2 kleine punktförmige Oeffnungen; die hintere führt in den grossen verästelten braun durchschimmernden Eierstock, die vordere zum Hoden. Im Darm der Polen, Russen, Böhmen, Ungarn, (also Nationen slavischen Stammes), bisweilen, z. B. bei Schweizern und Franzosen, mit dem vorigen gemeinschaftlich. Ist nicht schädlicher als jener, geht meist nur in einzelnen Gliedern oder sehr kurzen Stücken ab, und ist erst als entfernt zu betrachten, wenn das schmälere Vorderende mit dem Kopf ausgeleert worden; auch er erreicht eine Länge von 20 und mehr Fuss.

Familie Blasenwürmer. *Cystici.*

Leib wie bei den Vorigen, allein er endet hinten in eine Blase, an welcher theils einer, theils viele Köpfe hängen. Der ganze Körper von einer zweiten Blase umschlossen, und diese von der Oberfläche des Organs, worin das Thier hauset, frei umgeben. Nie im Darm, sondern nur in Organen, zu welchen sich kein Eingang von aussen nachweisen lässt, daher stets ohne Fortpflanzungsorgane.

Fig. 14. Die Finne. Cysticercus *cellulosae*.

Der ganze Leib ist von der Grösse eines starken Stecknadelknopfes, und besteht aus einer Blase, an welcher ein kurzer Bandwurmleib mit ähnlichem Kopf hängt (15. a); der Kopf (15. b) eckig, oktaedrisch, mit 4 Sauggruben (c c) an den 4 Ecken, und oben mit einem Hakenkranz (d). Dieser Leib kann sich in die Blase ganz zurückziehen (15). Die Blase übrigens klar und voll wässeriger Feuchtigkeit. Eine zweite Blase umschliesst frei das ganze Thier, und diese sitzt fest im Muskelfleisch der Schweine, aber auch gar nicht selten beim Menschen ebenda, oder in fast allen organischen Geweben.

TAFEL 34.

9. Klasse. Schalthiere, Weichthiere. Mollusca.

1. Ordnung. *Kopffüsser. Cephalopoda.*

Wesentlicher Charakter. Ihre am Vorderende des Kopfes gelegene Mundöffnung ist von 8, 10 oder vielen Fangarmen umgeben. Alle haben 2 grosse Augen.

6. Zunft. MONOTHALAMIA.

Wesentlicher Charakter. Sie haben gar keine, oder eine einkammerige äussere Schale und 8 — 10 Fangarme.

Familie LOLIGINA.

Wesentlicher Charakter. Die äussere Schale fehlt ihnen; 10 Fangarme.

Fig. 1. Der gemeine Dintenfisch (SEPIA *officinalis*), 5mal verkleinert.

Der sackförmige Körper dieses Thieres wird von einem freien oben offenen Mantel umhüllt, aus dessen vorderer Oeffnung der Kopf hervorragt. Auf der äusseren Fläche ist der Mantel mit zahllosen sehr kleinen punktförmigen Warzen bedeckt, welche beständig ihre Form und damit auch ihre Farbe verändern, so dass dadurch das Thier in verschiedenen Farben spielt, und oft sehr prächtig aussieht. Auf dem Rücken, woselbst der Mantel am Leibe angewachsen ist, liegt unter dem Mantel eine länglich elliptische poröse Kalkplatte (das *os Sepiae* der Apotheker), und die Seiten des Mantels sind als Flossen ausgedehnt. Der freie grosse Kopf trägt jederseits ein grosses Auge und vorn um den Mund 10 Arme. Zwei derselben sind länger als der Leib, zylindrisch, aber am Ende scheibenförmig erweitert und hier an der einen Seite mit Saugnäpfen besetzt; die anderen 8 Arme haben eine grössere Dicke, aber eine sehr längliche kegelförmige Gestalt. Sie tragen, wie auch der Kopf, an der Aussenseite die vielen kleinen Wärzchen, und auf der Innenfläche viele grössere Saugnäpfe, von denen einer in Fig. 1. a und b in natürlicher Grösse dargestellt ist. Der Leib des Thieres wird 4 — 6 Zoll lang und über 2 Zoll dick. Der Dintenfisch findet sich an den Küsten von ganz Europa, nur nicht in der Ostsee; er hat seinen Namen von einer dunkelbraunen Farbe, die wieder nach ihm Sepia heisst, und die er bei jeder Gefahr ins Wasser lässt. Er kricht vermittelst seiner Arme auf dem Meeresgrunde, den Kopf und den Mund nach unten gerichtet. Hier, im Munde, hat er 2 papageischnabelförmige hornige Kiefer zum Kauen, und unter dem Mantel 2 grosse Kiemen zum Athmen.

Familie OCTOPODA.

Wesentlicher Charakter. Sie haben keine oder eine äussere Schale und 8 Fangarme.

Fig. 2. Der Papiernautilus (ARGONAUTA *argo*), 3mal verkleinert.

Im Körperbau hat dieses Thier viel Aehnlichkeit mit dem Vorigen, nur dass der Leib kleiner ist, aber die Arme eine viel grössere Länge haben. Auch hier umschliesst den Leib der sackförmige Mantel, aus welchem unter dem Kopf eine Röhre hervorragt, worin der After mündet. Von den 8 Armen haben die beiden nach oben gegen den Rücken gestellten an der Spitze eine Hautausbreitung (b. b), welche das Thier als Segel benutzt. Es steckt nehmlich in einer kahnförmigen Schale (2. c), die sehr fein gebaut, weiss gefärbt und auf der Oberfläche mit vielen stumpfen Querrippen versehen ist. Diese Schale enthält ausser dem Thier noch Luft, und schwimmt daher auf der Oberfläche des Wassers. Das Thier steckt seine 8 Arme aus der weiten Schalenmündung hervor, richtet die beiden oberen wie Segel in die Höhe und rudert mit den 6 anderen sich von der Stelle. Alle 8 sind mit 2 Reihen von Saugnäpfen besetzt (2. a) welche in der Stellung mit einander abwechseln; sein übriger Leib hat gleichfalls die vielen, in der Farbe veränderlichen Warzen, und wechselt nicht minder mannigfach sein Ansehen. Er findet sich im Mittelmeer, und seine Schale ist 5 — 7 Zoll lang, der Körper des Thieres kaum 3 Zoll.

2. Zunft. POLYTHALAMIA.

Wesentlicher Charakter. Das Thier hat zahlreiche aber kürzere Fangarme und steckt in der letzten grössten Höhle einer vielkammerigen Schale.

Fig. 3. Das Perlboot (NAUTILIUS *pompilius*), 6mal verkleinert.

Die Schale hat äusserlich grosse Aehnlichkeit mit der Vorigen (2. c), aber enthält, wie der Längendurchschnitt 3. a zeigt, viele hinter einander liegende Kammern, deren Scheidewände grade in der Mitte durchbohrt sind (Sipho), damit durch diese Oeffnungen die Luft in die Kammern gelangen könne und dadurch die Schale erleichtert werde; mit der letzten Scheidewand hängt dann das Thier durch einen Fortsatz des Mantels zusammen. Die Schale ist etwa 8 Zoll lang, aussen gelblich, mit orangenfarbnen Querwellen und schwarzem Buckel, innen perlmutterfarben. Das Thier hat am Munde 88 kurze hohle Fangarme, aus deren Mündung ein weicher Fühler willkührlich hervorgeschoben werden kann; seine Haut hat keine Warzen und also auch kein Farbenspiel. Es findet sich im Meere zwischen den Philippinen und Sunda Inseln.

2. Ordnung. *Bauchfüsser, Schnecken. Gastropoda.*

Wesentlicher Charakter. Sie haben einen ziemlich deutlichen Kopf mit 2 — 4 einziehbaren Fühlern, deren hintere grössere gewöhnlich jeder 1 Auge tragen. Alle kriechen auf dem sohlenförmig ausgedehnten Bauche.

1. Zunft. LUNGENSCHNECKEN. *Pulmonata.*

Wesentlicher Charakter. Diese Schnecken athmen vermittelst eines grossen faltigen Sackes, in welchen durch die an der rechten Seite des Leibes gelegene Oeffnung Luft eindringt. Sie sind Zwitter.

Familie LIMACINA.

Wesentlicher Charakter. Sie haben keine oder eine so kleine Schale, dass sich das Thier nicht in dieselbe zurückziehen kann. Alle besitzen 4 Fühler und leben auf dem Lande.

Fig. 5. Die schwarze Waldschnecke (LIMAX *ater*).

Diese in unseren Wäldern an feuchten Stellen so gemeine Schnecke zeigt uns die in der obigen Charakteristik angegebene Merkmahle deutlich, wir sehen den abgerundeten Kopf mit den 4 Fühlern, von welchen die beiden längeren an der Spitze die kleinen Augen tragen. Gleich hinter dem Kopf folgt der wie ein elliptisches gewölbtes Schild den Vorderrücken bedeckende glatte Mantel, unter welchem der Lungensack sich befindet, dessen weite Mündung bei a bemerkt wird. Der übrige Körper ist allmälig zugespitzt, auf der Oberseite runzelig, unten glatt, am Rande mit einem gefalteten Saume versehen; überall bedeckt den Leib ein zäher Schleim, welcher in einer besonderen, dicht über der Sohle gelegenen Höhle abgesondert wird. Die Waldschnecke nährt sich von Blättern weicher, saftiger Gewächse, und besitzt zum Abbeissen und Zermalmen derselben in Munde 2 grosse kalkige Zähne. Sie wird gewöhnlich 3 Zoll lang und fingersdick; ihre Farbe ist tief schwarz, doch giebt es auch solche mit braunem Rande, ganz braune, ja bisweilen selbst rothe.

Familie HELICINA.

Wesentlicher Charakter. Sie haben 4 Fühler, ganz wie die Vorigen, und eine grosse Schaale, worin sie sich ganz zurückziehen können.

Fig. 4. Die Weinbergsschnecke (HELIX *pomatia*).

Diese grösste unter den einheimischen Schnecken findet sich besonders häufig im mittleren und südlichen Deutschlande, ist aber auch bei uns in Gärten und feuchten Gebüschen anzutreffen. Sie hat ganz die Form und Grösse der Vorigen, aber statt des Mantelschildes trägt sie eine spiralig aufgewundene kalkige Schale, welche den ebenso gestaltenen Mantel umschliesst und auch den Lungensack mit dem Eingange dazu in sich aufgenommen hat, daher man diesen nicht bemerken kann. Dagegen sieht man die Geschlechtsöffnung bei a. Sie lebt ganz wie die Waldschnecke, hat 2 Zähne, frisst besonders Salatblätter und legt viele kugelrunde Eier von der Grösse mittelmässiger Schrotkörner, deren Oberfläche von einer dünnen Kalkschicht bedeckt ist. Ihr Rumpf hat eine graugelbe Farbe, die Schale ist gelbbraun mit undeutlichen weissen Längsstreifen; die weite Mündung hat einen aufgeworfenen Rand ohne Ausschnitt und ohne Falten. In Schwaben mästet und isst man sie, besonders die aus ihr gekochte Brühe, welche sehr nahrhaft sein soll.

Familie Deckellungenschnecken. *Operculata.*

Wesentlicher Charakter. Schale verschieden, mit kreisförmiger oder halbkreisförmiger Mündung, welche durch einen Deckel verschlossen wird. Die Thiere sind getrennten Geschlechtes und leben auf dem Boden.

Fig. 5. Helicina *neritella.*

Schale halbkugelig, ungenabelt, mit halbkreisförmiger Mündung, deren Innenlippe sich als schwielige Wulst über die Spindel ausbreitet, während die Aussenlippe verdickt ist. Das Thier hat nur 2 lange dünne Fühler und am Grunde hinter diesen die Augen, der Deckel ist hornig; es lebt bloss zwischen den Tropen. Die Schale der abgebildeten Art ist gelbbraun, die Form etwas kegelförmig. Sie findet sich auf den Antillen und hat ½ Zoll Längendurchmesser.

2. Zunft. KAMMKIEMENSCHNECKEN. *Ctenobranchia.*

Wesentlicher Charakter. Sie haben in der ebenso wie bei den Vorigen gelegenen Athemhöhle kammförmige Kiemen, und nehmen darin nicht Luft, sondern Wasser auf. Alle haben eine gewundene Schale und sind getrennten Geschlechtes.

Familie Potamophila.

Wesentlicher Charakter. Schale dünn mit weiter runder Mündung ohne Ausschnitt; das Thier trägt den hornigen Deckel und hat 2 oder 4 Fühler, am Grunde der grösseren die Augen.

Fig. 8. Ampullaria *guyanensis.*

Schale kugelig, bauchig mit weiter offener Mündung und einem Nabel (N.B. So heisst der Eingang in die hohle Achse, um welche die Schale gewunden ist). Der Saum der Mündung aufgeworfen, umgebogen, orange, die übrige Schale grünlichgrau mit dunkel schwarzbraunen unregelmässigen Längsstreifen und 6 Windungen; Länge 3½″. Das Thier hat 4 Fühler, von welchen die hinteren am Grunde auf kleinen Höckern die Augen tragen, und einen halbröhrigen Mantelfortsatz, der in die Kiemenhöhle führt (Athemkanal); diesen streckt es weit hervor, wenn es schwimmt, und nimmt dadurch das Wasser in die Kiemenhöhle. Es bewohnt die Ufer der Flüsse Guyanas und schwimmt vermittelst einer in der Kiemenhöhle enthaltene Luftblase an der Oberfläche des Wassers; auch trägt es einen freien hornigen Deckel, womit es den Eingang der Schale verschliessen kann.

Fig. 4. Paludina *vivipara.*

Schale länglich, fast kegelförmig mit runden Windungen und weiter nach unten zugespitzter nicht aufgeworfener Mündung; Nabel klein, sichtbar oder versteckt. Farbe grüngrau, die Windungen mit 3 rothbraunen Längsstreifen; Länge 1 Zoll. Das Thier hat einen grossen abgerundeten Fuss, welcher an seiner hinteren Spitze den hornigen Schalendeckel trägt, und zwei dicke Fühler, hinter denen die Augsn sitzen; seine Farbe ist dunkel stahlblau, mit vielen unregelmässigen orangefarbenen Querflecken. Es ist sehr gemein in unseren Flüssen; die Weibchen gebären lebendige Jungen.

Familie Kreiselschnecken. *Trochoidea.*

Wesentlicher Charakter. Gehäus kreiselförmig, mit runder Mündung ohne Ausschnitt. Thier mit 2 Fühlern, an deren Grunde die Augen; ohne Athemrohr.

Fig. 6. Die ächte Wendeltreppe (Scalaria *pretiosa*).

Schale länglich kreiselförmig, mit gewölbten deutlich abgesetzten sich nicht berührenden Windungen, deren Oberfläche glatt ist, aber von Abstand zu Abstand erhabene Querleisten hat, die an einander stossen. Mündung völlig elliptisch; Nabel vorhanden und weit. Das ganze Gehäuse 1½ Zoll lang, sehr zart gebaut, einfarbig weiss. Das Thier hat 2 lange Fühler, die am Grunde verdickt sind, und am Ende des dicken Theiles die Augen tragen, hinter diesen aber in einen langen Faden übergehen. Vaterland die Küsten von China und Ostindien, aber nicht häufig, daher schöne Exemplare in hohem Preise stehen.

Fig. 7. Turbo *rugosus.*

Die Schale hat mehr ein kreiselförmiges Ansehen, aber die Windungen ragen noch hervor, und sind gewölbt, besonders die letzte; die Mündung kreisrund, etwas nach oben gezogen. Bei der abgebildeten, im Atlantischen Ozean und Mittelmeer häufigen, 1 Zoll langen Art findet sich kein Nabel, die Schale ist auf der letzten Windung mit Längswülsten und feinen Querfurchen dazwischen versehen, die untere Seite derselben und die feinen früheren Windungen haben undeutliche reihenweis gestellte Höcker. Farbe grünlich grau, schillernd; Mündung orangefarben. Das Thier hat die Augen auf besonderen Höckern am Grunde der Fühler und an den Seiten des Fusses Hautlappen, bald einfache, bald zerschlissene; hinten trägt es einen sehr dicken kalkigen, innen körnig rauhen Deckel.

Familie SCHNAKENKÖPFE. *Involuti.*

Fig. 10. Die getigerte Porzellanschnecke (CYPRAEA *tigrina*), $\frac{2}{3}$ der natürlichen Grösse.

Die Porzellanschnecken unterscheiden sich von allen übrigen Schnecken sehr leicht durch die Schalenbildung, insofern sie nehmlich die einzigen sind, bei welchen die letzte Windung alle vorhergehenden so vollständig umschliesst, dass man Nichts von ihnen erkennen kann. Sie haben alle eine nach oben gewölbte, unten flache, nach vorn etwas mehr zugespitzte Schale, deren Mündung auf der unteren Fläche liegt, und sich hier als eine nicht breite Längsspalte darstellt, deren Rand an beiden Seiten gezähnt ist (Fig. 11). Die Oberfläche dieser Schalen ist glatt, wie polirt, mit den schönsten Farben und Zeichnungen geziert, die untere dagegen meist weiss oder einfarbig braun. Von dem Thier tritt ausser dem schmalen langen Fuss, der keinen Deckel trägt, noch ein grosser Theil des Mantels aus der Schalenmündung hervor, schlägt sich nach oben um (Fig. 10. d) und bedeckt so einen grossen Theil der Schale. Bei der abgebildeten Art ist dieser freie Mantellappen mit vielen zackigen Fortsätzen bekleidet; am Vorderende sieht man ausserdem noch die beiden Fühler (b. b), und am linken das Auge, so wie den hervorragenden Mund (a). Die getigerte Porzellanschnecke ist die grösste von allen, und erreicht fast den Umfang einer Mannsfaust; oben ist sie bläulich weiss, mit vielen helleren und dunkleren braunen Tropfen und einem etwas freieren Mittellängsstreif. Sie findet sich, wie die meisten Arten dieser Gattung, an Ostindien und den nahe gelegenen Küsten bis zum rothen Meere hin. Man benutzt ihre Schale zu Kunstsachen, besonders zu Tabacksdosen, aber meidet das Thier, da sein Genuss heftige Entzündung der Eingeweide verursacht, die nicht selten mit dem Tode endet.

Fig. 11. Das Drachenköpfchen (CYPR. *stolida*).

Diese kleine, in natürlicher Grösse dargestellte Porzellanschnecke zeigt uns die Unterfläche mit der gezähnten Längsmündung. Sie hat alle Eigenschaften der vorigen, ist aber ganz weiss von Farbe und hat auf dem Rücken einen unregelmässigen braunen Fleck. Sie wird gleichfalls an Ostindien, aber ziemlich selten, gefunden.

Familie KEGELSCHNECKEN. *Conoidea.*

Wesentlicher Charakter. Gehäus kegelförmig mit Windungen, die ziemlich in einer Ebene liegen, aber hervorgezogener Spindel. Mündung schmal, oben mit einem Ausschnitt, aber ohne Falten an den Lippen.

Fig. 9. CONUS *acuminatus.*

Die Gattung der Kegelschnecken (CONUS), die einzige dieser Familie, ist leicht an den angegebenen Merkmahlen zu erkennen, und enthält ebenfalls eine sehr grosse Menge von Arten, die mit Ausnahme einer (des CONUS *ignobilis* s. *mediterraneus*), nur in den Meeren der heissen Zone angetroffen werden. Alle sind auf der äusseren Schalenoberfläche von einer rauhen schmutzigen Oberfläche bedeckt; allein unter dieser folgt eine bei den meisten Arten sehr prachtvoll gefärbte und gezeichnete Schicht, welche man durch Abschleifen der Oberhaut vorher darstellt, wenn man dieselben in Sammlungen aufbewahren will. Das Thier hat wieder einen schmalen langgezogenen hinten abgerundeten Fuss, aber keinen freien Mantellappen, dagegen einen häutigen Halbkanal (a), eine Fortsetzung des Mantels, welcher im Ausschnitt der Mündung liegt, über den Kopf des Thieres hervorragt, und das Wasser beim Athmen grade in die Kiemenhöhle führt. Der Kopf ist klein und hat 2 Fühler (b. b.), die am Grunde sehr dick sind; am Ende der Verdickung sitzen die Augen. Bei der abgebildeten Art ist der Fuss des Thieres braungelb, mit schwarzem Streif vor dem Rande, die Schale aber röthlich weiss, mit vielen feinen Längswellenlinien, die einander absatzweise genähert sind und in einander fliessen. Die Windungen sind nicht merklich abgesetzt, und die Spitze ragt hervor. Sie findet sich, aber selten, an den Küsten Ostindiens. Andere haben so flache Windungen, dass die Schale darauf stehen kann, so C. *marmoreus*, eine der grössten Kegelschnecken, von mehr als 3 Zoll Länge.

Familie WALZENSCHNECKEN. *Volutacea,*

Wesentlicher Charakter. Schale bauchig, ei- oder birnförmig, das Gewinde am dicken Ende, aber wenig sichtbar; Mündung weit, oben mit einem Ausschnitt und Falten an der Innenlippe.

Fig. 12. Die Mohrenkrone (CYMBIUM *aethiopicum*), 12mal verkleinert.

Diese Schnecke, von welcher bloss das Thier abgebildet wurde, ist eine der grössten von allen. Die dünne glatte Schale wird wohl 1 Fuss lang, hat eine schwach rothgelbe Farbe und eine sehr weite Mündung, deren Innenlippe an der Spindel nur wenige schwache Falten zeigt. Die Windungen sind wenig sichtbar, vertieft, und tragen dreikantig pyramidale, an der Vorderseite offene Zacken, welche mit der Windung allmälig grösser werden. Das Thier zeichnet sich aus durch einen sehr grossen dicken Fuss (d), den es nur mit Mühe in die Schale zurückziehen kann, und einen nach Verhältniss kleinen Mantel (a), der die Eingeweide nur so eben umhüllt; am Vorderende desselben ragt die kurze Athemröhre (b) wie bei der Vorigen hervor. Der Kopf ist wieder ziemlich breit, trägt 2 kurze Fühler und vor diesen am Grunde die Augen, in der Mitte aber zwischen ihnen das rüsselförmig hervorragende Maul (c), welches wieder von einem schleierförmigen Lappen bedeckt ist. Man findet diese Art, wie mehrere Verwandte, an der Küste des westlichen Afrikas von Kongo bis Senegambien.

Fig. 13. MARGINELLA *nubeculata,* um die Hälfte verkleinert.

Die länglich eiförmige glatte Schale zeigt eine etwas schmälere Mündung, deren Aussenlippe einen schwielig verdickten Saum hat, während am oberen Ende der Spindel einige ziemlich gleiche Falten hervortreten. Sie wird etwas über einen Zoll lang, hat eine schmutzig weissgelbe Farbe und mehrere, unregelmässige Zickzacklinien; an der Spindel sitzen 4 Falten, die Windungen ragen hervor und sind glatt. Das Thier unterscheidet sich wenig von dem Vorigen, nur der Fuss ist kleiner, reicht aber doch nach hinten über die Schale hinaus. Beiden fehlt der Deckel und diesem auch der Schleier am Kopf.

Familie FLÜGELSCHNECKEN. *Alata.*

Wesentlicher Charakter. Schale meist spindelförmig, nach beiden Enden zugespitzt; Windungen deutlich. Mündung gross, mit abstehender erweiterter Aussenlippe und tiefem bisweilen kanalartigem Ausschnitt nach oben, vor welchem am Rande ein zweiter Ausschnitt bemerkt wird. In diesem liegt der Kopf des Thieres.

Fig. 14. Der Pelikansfuss (POSTELLARIA *pes Pelecani*).

Diese Schnecke hat, wie die übrigen Flügelschnecken, eine sehr dicke kalkige Schale, deren Oberfläche uneben, höckerig und niemals besonders schön gefärbt ist. Ihre Schale zeigt nach oben statt des Ausschnittes einen zugespitzten Halbkanal, welcher als lange Zacke hervortritt und am Grunde daneben einen bemerkbaren aber flachen Ausschnitt für den Kopf; hinter diesem läuft die Aussenlippe noch in 3 Zacken aus, von welchen die untere die kleinste ist und mit der Schalenspitze gleiche Länge hat. Diese Zacken setzt das Thier erst an die Aussenlippe an, wenn es ausgewachsen ist, daher von ihnen auf den früheren Windungen keine Andeutung wahrgenommen wird. Die ganze Schale ist gegen 2 Zoll lang, gelblich, mit glatter glänzender Mündung, deren oberer Zacken und Eingang gelbbraun angelaufen ist. Das Thier hat einen mässigen Fuss mit Deckel, einen langen Athemkanal am Mantel und 2 Fühler mit Augen. Im Mittelmeer, besonders häufig nach Stürmen; wird gegessen, zumal in Venedig.

Fig. 18. Die falterförmige Fahnenschnecke (STROMBUS *papilio*).

Diese Schnecke unterscheidet sich von der Vorigen besonders im Bau der Schale, indem diese an der Aussenlippe keine Zacken und statt des Kanales am oberen Ende der Mündung bloss einen Ausschnitt hat, neben welchem nach aussen der zweite kleinere für den Kopf liegt. Das Thier trägt einen langen, schwerdtförmigen Deckel. Die abgebildete Art ist auf der Aussenfläche überall höckerig, weisslich, mit lehmgelben Flecken; auf der letzten Windung besonders stehen die Höcker deutlich in 3 Reihen. Die Mündung ist dunkel orangebraun, an der Innenseite glatt und weiss, sonst gestreift. Sie wird fast 2 Zoll lang und findet sich in tropischen Meeren.

Familie KANALSCHNECKEN. *Canalifera.*

Wesentlicher Charakter. Schale mehr weniger birnförmig, nach oben statt des Ausschnittes an der Mündung ein Kanal. Windungen deutlich abgesetzt, stachelig oder höckerig. Das Thier trägt einen hornigen Deckel, kurze Fühler und im Munde einen weit ausstreckbaren Rüssel.

Fig. 17. Das Brandhorn (MUREX *brandaris*).

Diese Schnecke ist sehr gemein an den Küsten von Italien und zeichnet sich aus durch einen Kanal, der so lang ist als die ganze übrige Schnecke und dessen Kanten in die Lippenränder übergehen. Beide Lippen sind umgeschlagen, die äussere bildet einen verdickten wulstigen Rand, die innere eine glatte Ausbreitung über die faltenlose Spindel. Das Thier macht den aufgeworfenen Rand jedesmal neu, und man kann die früheren noch als Querwülste auf den Windungen erkennen; diese zeigen ausserdem mehr weniger hervortretende Stachel oder Höcker in einfacher Reihe. Die Schale ist weissgrau, die Höcker, Lippen und der Kanal sind gelblich, die Mündung braun. Das Thier hat einen breiten runden Fuss, der sich besonders unter dem Kopf sehr ausbreitet, und ein kurzes Athemrohr im Kanal; seine Fühler sind kaum halb so lang als der weit ausgedehnte fleischige Rüssel. Es wird an den Küsten Italiens häufig eingesammelt und gegessen, heisst aber ganz mit Unrecht Purpurschnecke, da es durchaus keinen Purpursaft absondert.

Familie Purpurschnecken. *Purpurifera.*

Wesentlicher Charakter. Schale kürzer, bauchiger, ohne Kanal, mit allermeist scharfer Aussenlippe und Falten an der Spindel. Thier mit 2 Fühlern, woran die Augen in der Mitte, und langem Rüssel; der breite Fuss trägt einen Deckel.

Fig. 16. Die getäfelte Sturmhaube (Cassis *decussata*).

Bei den Sturmhauben hat die Schale eine eiförmige Gestalt und eine durch die verdickte umgeschlagene Aussenlippe verengte Mündung, deren beide Ränder gezähnt sind; oben hat die Mündung einen tiefen Ausschnitt, welcher in einen kurzen zurückgebogenen Kanal übergeht; die Windungen sind bemerkbar, aber oft kurz und fast in einer Ebene. Das Thier hat keine besondere Auszeichnung als den langen, schmalen gezähnten Deckel. Die abgebildete Art ist auf der ganzen Oberfläche mit feinen Längs- und Querstreifen versehen und zeigt auf der letzten Windung noch die aufgeworfenen Ränder der früheren Mündungen; ihre Farbe ist hell bläulich weiss, die Windungen mit bräunlichen Querstreifen; Mündung weiss, der umgeschlagene Rand aussen orange, die Tiefe schwarzbraun. Sie wird 2 Zoll lang und findet sich im Mittelmeer.

Fig. 15. Die Harfenschnecke (Harpa *ventricosa*).

Die eiförmige Schale hat eine weite Mündung mit scharfem hervortretendem Rande und nicht sehr tiefem Ausschnitt am oberen Ende. Auf der äusseren Fläche ist sie glatt, glänzend, wie polirt, und mit dicken flachen dem Aussenrande parallelen erhabenen Rippen geziert, welche an den früheren, sehr kleinen Windungen weniger bemerkt werden. Ihre Hauptfarbe ist ein schwaches Fleischroth, mit gelb und braun in der Mischung; auf den Rippen wie in den Zwischenräumen stehen halbkreisförmige, gelbliche, bläuliche, bräunliche, weiss eingefasste Flecken in Reihen, Das Thier hat eine gelbrothe Färbung, mit mehr rothen Streifen und Flecken; sein Fuss breitet sich sehr aus, und reicht über die Fühler (b. b.) und das Ahemrohr (a) hervor; die Küsten von Ostindien sind seine Heimath.

Anm. Der Purpursaft, den manche Mitglieder dieser Familie bereiten, wird von dem verdickten drüsigen Rande des Mantels, welcher den Eingang der Schale umgürtet, abgesondert. Solche Arten des Mittelmeeres wurden von den Alten zum Rothfärben benutzt.

3. Zunft. FREIKIEMENSCHNECKFN. *Heterobranchia.*

Wesentlicher Charakter. Die Kiemen sitzen nicht in einer besonderen Athemhöhle im Mantel, sondern in dem Raum zwischen Mantel und Leib, oder frei auf dem Mantel; ihre Form ist theils kamm-, theils blatt-, theils büschelförmig.

Familie Schildkiemenschnecken. *Aspidobranchia.*

Wesentlicher Charakter, Kiemen kammförmig, bald an der einen Seite bald an beiden unter dem Mantel; dieser sondert eine napfförmige Schale ab. Das Thier scheint bloss weiblich zu sein.

Fig. 19. Das gefurchte Meerohr (Haliotis *canaliculata*).

Die Schale dieser Gattung zeigt noch eine deutliche Windung, ist aber dabei so flach, dass sie mehr einem Napf ähnelt; an der Aussenkante finden sich eine Reihe Löcher, wodurch das Thier Fortsätze seines Mantels hervorstreckt. Auf der Aussenfläche zeigt die Schale der abgebildeten Art feine Längsstreifen, welche von einzelnen Querstreifen durchbrochen sind, und ziemlich in der Mitte eine erhabene Längswulst; ihre Farbe ist gelblich roth, mit unregelmässigen braunrothen Flecken. Innen ist sie perlmutterfarben und wo aussen die Wulst verläuft, ist hier eine Rinne. Das Thier (Fig. 19. a) zeigt uns einen elliptischen am Rande tief gezackten und gefranzten Fuss, vorn 2 Fühler, an deren Grunde die Augen auf besonderen Stielen, und dazwischen den kegelförmigen Mund (e). Die Kiemen (b. b.) liegen links in einer Tasche des Mantels, zwischen ihnen ist die Mündung des Mastdarms (c) bemerkbar; ein breiter Muskel (d) heftet das Thier an die Schale, und hinter diesem scheint durch die gewundene Spitze des Mantelsackes (f.) die braune Leber hindurch. Die Schale wird fast 2 Zoll lang und findet sich an den Küsten des indischen Ozeans.

Fig. 21. Gattung Fissurella.

Dieses Bild giebt die Umrisszeichnung der genannten Gattung, deren Hauptcharakter darin liegt, dass die napfförmige Schale im Gipfel eine Oeffnung hat, die zu den an beiden Seiten gelegenen Kiemen führt, zugleich aber dem Mastdarm (a) den Durchtritt verstattet, so dass der After dieser Schnecke mitten auf dem Rücken liegt.

Familie Kreiskiemenschnecken. *Cyclobranchia.*

Wesentlicher Charakter. Die Kiemen bestehen aus Blättern, welche dicht neben einander rings um den Leib zwischen Mantel und Sohle sitzen. Der Mantel sondert eine Schale ab; das Thier bloss weiblich.

Fig. 20. Die Trauernapfschnecke (Patella *lugubris*).

Ihre Schale ist nur ein einziges Stück, und liegt bloss auf dem Mantel des Thieres, welcher sie mit seinem freien gezackten Saume umgiebt. Dieser hat vorn einen Ausschnitt, worin der Kopf liegt. Die Schale ist graubraun, mit vielen radialen erhabenen Rippen von schwarzbrauner Farbe, innen weiss. Die Schnecke findet sich in tropischen Meeren, und hält sich gern an Felsen in der Nähe der Küsten auf.

Fig. 23. Die Käfermuschel (Chiton *squamosus*).

Die Käfermuscheln haben ihren Namen von der Aehnlichkeit ihrer Schale mit einem Insekten-Leib, indem dieselbe nicht einfach ist, sondern aus 6 — 8 Kalkstücken besteht, welche an dem besonders im Umfange lederartigen Mantel festsitzen. Unter ihm liegen ringsherum die Kiemen (Fig. 23. e. b. b.) und darunter der Leib mit der schmalen Sohle (c); der Mund ist vorn (d) von einem Hautlappen bedeckt, aber ohne Fühler und Augen. Die Arten leben in allen Meeren, und sitzen gleich den Vorigen, an Steinen und Klippen so fest, dass man sie kaum losreissen kann. Bei der abgebildeten Art besteht die Schale aus 8 Stücken, wovon jedes beiderseits Streifen hat; der lederartige Theil ist wie mit Schuppen bedeckt und behaart. Sie wird 2″ lang, ist gelbbraun und bewohnt das Mittelmeer.

Familie Dachkiemenschnecken. *Pomatobranchia.*
Les tectibranches Cuv.

Wesentlicher Charakter. Schale klein, z. Thl. vom Mantel bedeckt, allermeist dünn, hornartig. Kiemen kammförmig, an der rechten Seite unter oder in einer Falte des Mantels. Sie sind Zwitter.

Fig. 22. Der punktirte Meerhase (Aplysia *punctata*).

Der Körper dieses Thieres ist fast ganz vom fleischigen Mantel bedeckt, nur der Kopf ist frei; an diesem bemerkt man 4 Fühler, 2 kürzere über dem Munde, 2 längere (b. b.) hinten auf dem Kopf, am Grunde dieser sitzen die Augen. In der Mitte des Mantels findet sich ein tiefer Ausschnitt (a), welcher bis auf die Mitte des Rückens reicht, und ausser einer dünnen zarten Schale auch die Kiemen zum grossen Theile verdeckt. Der ganze Leib ist schmutzig grün, mit kleinen weissen Punkten in Gruppen, die Sohle allein hat eine weissliche Färbung. Das Thier bewohnt die Küsten des Mittelmeeres und wird mehrere Zoll lang.

Familie Nacktkiemenschnecken. *Gymnobranchia.*
Les nudibranches Cuv.

Wesentlicher Charakter. Schale fehlt, der schildförmige Mantel bedeckt den ganzen Rücken, und trägt frei auf seiner Fläche oder an seinem Rande die verschieden gestalteten meist büschelförmigen Kiemen.

Fig. 25. Doris *atromarginata*.

Der langgestreckte, lanzettförmige Leib hat vorn das rüsselförmige Maul, und darüber 2 kolbige Fühler (b. b.). Der Mantel bedeckt seinen Rücken fast vollständig, und trägt vor seiner Spitze den Kiemenbüschel (b), in dessen Mitte sich auch die Afteröffnung befindet. Die abgebildete Art ist gelb, der Mantel bräunlich mit schwarzem Rande und weissem Vorstoss. Die Spitze der Sohle ist stark verlängert. Die Schnecke bewohnt die Meere an Indien.

Fig. 22. Thetis (Thethys) *leporina Lam.*

Der fleischige Leib ist sehr flach und durchscheinend, von lanzettlicher Form, hinten zugespitzt, vorn aber mit einem breiten, halbmondförmigen, sehr grossen Mantellappen versehen, welcher den Mund überdeckt. Der darunter liegende Mund ist rüsselförmig verlängert, die beiden kurzen Fühler (a. a.) stehen über ihm, am Grunde auf dem Rücken des Segels. Dieses ist am Rande stark gefranzt; der übrige glatte Leib trägt auf seiner Rückseite büschelförmige Kiemen (b. b.) in 2 Reihen, und der After liegt an seiner rechten Seite. Die Länge des Thieres beträgt 6 — 8 Zoll und sein Aufenthaltsort ist das Mittelmeer.

4. Zunft. RÖHRENSCHNECKEN. *Tubicola*.

Wesentlicher Charakter. Der dünne wurmförmige Leib steckt in einer nach ihm geformten Schale, die entweder bloss gebogen ist, oder so gewunden, dass die Windungen nicht oder nur z. Thl. an einander stossen.

Fig. 26, Die Wurmschnecke (Vermetus *lumbricalis*).

Die gewundene Schale, deren letzte Windungen nicht an einander stossen, ist fast so dick wie ein Federnkiel, auf der Aussenseite gestreift, und bis 6 Zoll hoch. Der Leib des Thieres (Fig. 27.) ragt aus der Mündung der Schale hervor, und zeigt uns einen kolbigen Fuss (d), welcher im zurückgezogenen Zustande den Eingang der Schale schliesst. Neben dem Fuss liegt der Kopf des Thieres (b) mit den kurzen Fühlern, und darüber das in der Zeichnung nicht angedeutete Athemrohr, was zur Mantelhöhle führt, in welcher die kammförmigen Kiemen stecken. Mehrere mit einander innig verbundene Röhren bilden eine Gruppe, die an Gegenständen im Meere festsitzt. Man findet sie an der Küste von Afrika.

Fig. 28. Die Zahnschnecke (Dentalium *entale*).

Die Schale dieser Schnecke ist gar nicht mehr gewunden, sondern bloss gebogen und an beiden Enden offen, doch steckt das dickere mit dem Thier im Schlamm. Sie ist über einen Zoll lang und so dick wie eine Rabenfeder und drüber. Das Thier (Fig. 38. a in natürlicher Grösse von der Bauchseite dargestellt, bei Fig. 28. f. um das Doppelte vergrössert) zeigt einen röhrigen Mantel (c), welcher es ganz umschliesst, so dass nur die Spitze des Fusses (d) hervorragt. Nimmt man den Mantel weg, so erscheint der zylindrische Fuss (d), mit welchem sich das Thier tief in den Sand einbohrt, und am Grunde desselben der Kopf (e), woran vorn kurze Tentakeln, aber keine Augen bemerkt werden; zwei dunklere Flecke an ihm sind die durchscheinenden Zähne der Mundhöhle. Hinter dem Kopf sitzen am Leibe die büschelförmigen Kiemen (b. b.), worauf der übrige Rumpf folgt, der die vom Mantel bedeckten Eingeweide, als Magen, Darm, die symmetrische zweilappige Leber, das Herz und den durchscheinenden Eierstock (h) enthält; am Ende desselben liegt in einem Trichter (g) die Afteröffnung. Die abgebildete Art hat eine glatte rosenfarbene Schale, und findet sich an den Küsten von Frankreich, $\frac{1}{2}$ im Sande steckend; einmal herausgeworfen, kann sie nicht wieder in den Sand eindringen.

TAFEL 35.

9. Klasse. Schalthiere. Mollusca.

2. Ordnung. *Bauchfüsser, Schnecken. Gastropoda.*

3. Zunft. FREIKIEMENSCHNECKEN. *Heterobranchia.*

(NB. Die Definitionen dieser Gruppen siehe im Text der vorigen Tafel.)

Von den 6 hierher gehörigen Familien sind bereits 4 auf der vorigen Tafel durch einzelne Repräsentanten erörtert, mithin bleiben noch 2 zu erläutern, welche hier nachgeliefert werden.

5. Familie. VERSTECKTKIEMENSCHNECKEN. *Hypobranchia.*

Wesentlicher Charakter. Schale fehlt, oder napfförmig; die Kiemen blattförmig, stecken in dem Raume zwischen Mantel und Sohle, theils an einer, theils an beiden Seiten des Körpers.

Fig. 6. DIPHYLLIDIA *lineata.*

Die Gattung DIPHYLLIDIA gehört zu den schaalenlosen HYPOBRANCHIEN, deren Kiemen den ganzen Raum zwischen Mantel und Sohle anfüllen und blattförmig gestaltet sind. Sie gleicht in der Form einer schaalenlosen Gartenschnecke, ist aber kürzer, breiter und der lederartige gestreifte Mantel bedeckt den ganzen Leib. Vorn ragt der kurze dicke Kopf hervor und an ihm ein Paar Fühler und ein zweites Paar unter der Form von Warzen. Zwischen dem erhabenen Mantelsaum und der Sohle erkennt man oberhalb die schiefen Kiemenblättchen, und unter diesen vorn die Geschlechtsmündung, hinten den After. Beide liegen also an der rechten Seite. Das Thier lebt im Mittelmeer und hat einen dunkelgrünen, gelbgestreiften Mantelrücken.

Familie SEEGELFÜSSER. HETEROPODA.

Wesentlicher Charakter. Schale fehlt oder mützenförmig; das Thier mit rüsselförmigem Kopf, woran meistens Fühler und Augen (b), und einer scharfkantigen, oft segelartig (o) ausgedehnten Bauchkante. Sie leben im Meer und sollen rücklings schwimmen, den Bauch nach oben (?).

Fig. 4. FIROLA *Adamaster.*

Leib lang gestreckt, rundlich, aufgebläht vom Wasser ziemlich klar, fast gallertartig, mit scharfkantigem Flossenschwanz am Ende und hohem kreisrunden Seegel, dicht vor dem Schwanz am Ende der Bauchseite des Rumpfes. Kopf mit langem Rüssel (a), an dessen Grunde ein Paar verkümmerte Fühler und Augen (b). Am Ende des Rückens ein kegelförmiger schalenloser Mantelsack (d), worin Kiemen, Herz, Leber und Eierstock stecken. Zu ihm begiebt sich der Darm vom Munde durch den ganzen Leib; After neben dem Sack. Die abgebildete Art wird 10—15 Zoll lang, ist gelblich weiss mit röthlichem Darm und unregelmässigen Warzen an beiden Seiten, die auf dem Schwanz kleiner sind und Reihen bilden. Sie lebt in den Meeren am Kap der guten Hoffnung.

4 Zunft. RÖHRENSCHNECKEN. *Tubicola.*

(Siehe die vorige Tafel).

3. Ordnung. *Flügelfüsser. Pteropoda.*

Wesentlicher Charakter. Ihr Leib ist sackförmig, nackt oder zum Theil von einer Schaale bedeckt, aus welcher ein Kopf mit Fühlern und Augen (die jedoch auch fehlen können) hervorragt. Neben ihm sitzen zwei grosse flügelförmige Hautlappen, die als Ruder benutzt werden; alle leben im Meer.

Familie Clioiden. *Clioidea.*

Wesentlicher Charakter. Mit deutlichem Kopf, aber sackförmigem Mantel ohne Schale.

Fig. 1. Das Wallfischaas. *(Clio borealis)*, in natürlicher Grösse.

Der länglich sackförmige Mantel ist nach unten zugespitzt und nach oben kopfartig abgeschnürt, eine zweilappige Kappe bildend, die den eigentlichen Kopf umgiebt. Auf der Rückenseite des Halses stehen 2 kleine Augen und auf den Seiten der Kopfkappe 2 Fühler (l). Biegt man die Kappen aus einander, so trifft man auf den von sechs einziehbaren Tentakeln umgebenen Mund. Jede Tentakel trägt an ihrer Oberfläche viele scheibenförmige Wärzchen, von denen eine bei 1. e. in 30maliger Vergrösserung dargestellt ist, und jedes Wärzchen ist noch wieder mit Saugscheibchen besetzt, die Fig. 1. f. einzeln in 900maliger Vergrösserung zeigt. Auf der Unterseite des Halses ragt ein glockenförmiger, dreilappiger Halskragen (q) vor, neben welchem rechts die Ruthenöffnung (t) sich befindet, während die weibliche Geschlechtsöffnung (p) weiter unten an derselben Seite liegt; zwischen beiden entspringt die grosse rechte Flosse (r, abgeschnitten) und dicht hinter ihr mündet der gabelförmige After. Beide Flossen gehen also von der Bauchseite am Halse neben dem Kragen aus und überragen den Rumpf nach links und rechts beträchtlich. Im Rumpfe stecken der Darm, die Leber und die Genitalien, welche oben am Rücken durch den Mantel hindurch scheinen. Das Thier lebt in den nordischen Meeren bei Island, Grönland, Spitzbergen und ist die Hauptnahrung der Wallfische. Fig. 1. c. zeigt einen vergrösserten Durchschnitt des Kopfes, h, h. ist die durchschnittene Kopfkoppe; g, g sind die eingezogenen Tentakeln, i, i, i die eingezogene Ruthe mit ihrer Mündung b, und k ist der Schlundkopf.

Familie Hyaleacea.

Wesentlicher Charakter. Kein Kopf und keine Augen, aber gewöhnlich eine Schale.

Fig. 2. Hyalea *longirostris*, in natürlicher Grösse.

Die Gattung Hyalea ist der Hauptrepräsentant ihrer Familie und unterscheidet sich von Clio, so weit wir sie kennen, nur durch den Mangel eines Kopfes mit Augen, und die Anwesenheit einer Schale. Letztere wurde hier allein dargestellt und zwar 2 a. von unten, 2 b. von oben und 2 c. von der rechten Seite. Sie besteht aus einer dünnen, fast papierartigen, perlmutterigen Substanz, ist oben flach, unten stark gewölbt, an beiden Seiten bis über die Mitte hinaus gespalten und am Hinterende mit einem stumpfen offenen Rohr versehen. Die flache Oberseite hat eine starke Längswulst, zwei Seitenwülste, eine scharfkantigen Seitenrand, dessen hinteres Ende zackenartig vorspringt und einen zweilappigen, stark vorspringenden vordern Anhang, welcher sich etwas vor den Eingang in die Schale biegt. Unter ihm liegt die Mundöffnung, neben welcher beiderseits die grossen Ruderflossen ausgehen und durch die seitlichen Spalten der Schale hervortreten. Die stark gewölbte untere Fläche hat einen herzförmigen Umriss und bei allen Arten eine intensive Farbe. Die abgebildete bewohnt südliche Meere und ist an ihrem langen vorderen Vorsprung kenntlich. Sie hat eine bläuliche Farbe, aber die concentrisch gestreifte Wölbung der Unterseite ist braun.

4. Ordnung. *Armfüsser. Brachiopoda.*

Wesentlicher Charakter. Der Körper ist von einen zweiklappigen senkrecht zusammengedruckten Schale bedeckt, hat keine Augen, keine Tentakeln, aber zwei grosse gefranzte einrollbare Arme neben dem Munde. Er wird von einem gefässreichen Mantel umhüllt, der zugleich Respirationsorgan ist.

Familie Lingulina.

Wesentlicher Character. Schalenhälften gleich geformt, am Schlossende von einem langen Stiel getragen, der beide zugleich verbindet und sich mit seinem Grunde festsetzt.

Fig. 5. Lingula *Audebarti*, in natürlicher Grösse.

Lingula ist die einzige Gattung ihrer Familie und hat daher alle oben erwähnten Eigenschaften; die abgebildete Art ist an ihrer langgestreckten, gegen das Ende verschmälerten Form und an ihre mehr abgeplattete Mitte kenntlich, sie hat eine gelbliche, gegen das Ende grünliche Farbe, aber der Stiel ist braun und nach unten dicker. Sie findet sich an den Küsten Peru's. — In Fig. 5. a. ist das aus der Schale genommene Thier vergrössert dargestellt; man sieht den am ganzen Umfange gewimperten häutigen Mantel, worin bei g und g sich die Kiemengefässe mit ihren Aesten verbreiten; b ist ein Muskel, welcher die beiden Schalen an ihrem Grunde verbindet; c, c bildet ein zweites Verbindungsmuskelpaar; e, e ein drittes, und f einen Muskel, der sich nur an die eine Schalenseite heftet, das Thier damit verbindend. Zwischen den beiden mittleren Muskelpaaren scheint die Leber (d d) hindurch, bei h der Darmkanal, unter i, i liegen die Eierstöcke.

Familie Terebratulina.

Wesentlicher Charakter. Schalenhälften ungleich, die eine von beiden hat einen Ausschnitt, oder eine Oeffnung, durch welche der Stiel geht, mit dem das Thier festsitzt.

Fig. 6. Orbicula *lamellosa*, in natürlicher Grösse.

Beide Schalen ziemlich flach, die obere etwas mehr gewölbt, mützenförmig mit übergebogener Spitze; die untere (6. a) etwas napfartig mit tiefem, von fibröser Haut erfülltem Ausschnitt am Schlossende, welcher trichterartig zum Stiel nach unten verlängert ist. Beide Schalen braun, concentrisch lamellirt, zart gebaut. An den Küsten Perus gruppenweis an Steinen befestigt.

Fig. 7. Terebratula *chilensis*, ebenso.

(7a von unten gesehen; 7b untere Schale von innen).

Obere Schale stark gewölbt, grösser als die untere, überragt dieselbe am Schlossrande mit einem durchbohrten Buckel, aus welchem der Stiel hervortritt. Untere Schale innen (7 b) mit einem frei schwebenden, aus 2 concentrischen, verbundenen, von einem mittleren Stiel getragenen Kalkbogen gebildetem Gerüst, an welches sich die Muskulatur der Arme heftet. Fig. 7 c. stellt das aus der Schale genommene Thier von oben dar, an welchem die obere Mantellage bis ziemlich auf den Grund weggeschnitten ist; man sieht darin die durchschnittenen Stämme der Kiemengefässe, neben welchen die beiden Muskelpaare (h, h und i, i) hervorragen, die beide Schalen mit einander verbinden; g ist der abwärts gewendete Stiel; d d bezeichnen die beiden Arme, zwischen welchen unten im Grunde sich der Mund befindet; der linke Arm ist eingerollt, der rechte künstlich grade ausgestreckt, was das Thier nicht vermag, wegen der Spiralbildung, denn nur in dieser Form kann es ihn ausstrecken; h zeigt ein Kiemengefäss im untern Mantellappen, b ist ein Eindruck, welchen der Längsstiel der untern Schale verursacht, und daneben verläuft ein Muskel, der das Thier an die Mitte der untern Schale anheftet. — Die Terebrateln sind in den heutigen Meeren selten und leben nur in grossen Tiefen; in den früheren Erdperioden waren sie ungemein häufig; die abgebildete findet sich an den Küsten von Chili, ist braun adial gefurcht, mit einigen dunklen concentrischen Linien.

5. Ordnung. *Kielfüsser* oder *Muscheln. Cormopoda (Acephala Cuv.).*

Wesentlicher Charakter. Körper ganz oder grösstentheils von einer zweiklappigen Schale bedeckt, stets von beiden Seiten zusammengedrückt, mit mehr oder weniger vorragender scharfkantiger Sohle (Fuss). Kein Kopf, aber ein grosser den Leib umhüllender Mantel, zwischen dem und dem Leibe die Respirationsorgane (Kiemen) frei hängen.

1. Zunft. ROHRMUSCHELN. *Periclista* *).

Wesentlicher Charakter. Schalen klein, bedecken den Leib nicht, der Mantel hinterwärts in ein langes Rohr verlängert, das sich mit einer Kalkhülle bekleidet und hinten offen bleibt. Die Thiere bohren sich in feste Substanzen ein.

Familie GIESKANNENMUSCHELN. ASPERGILLINA.

Wesentlicher Character. Schale ganz klein, mit dem vom Mantel abgesonderten Kalkrohr verschmolzen, letztere vorn weiter, von einer porösen Platte geschlossen, hinten offen.

Fig. 8. ASPERGILLUM *javanum,* in natürlicher Grösse.

Die Kalkscheide, welche bisher allein von dieser Art bekannt ist, stellt ein keulenförmiges Rohr dar, dessen dicke gewölbte Endplatte von einem Kranze einfacher Röhrchen umgeben, selbst aber von zahlreichen runden Löchern durchbohrt ist und in der Mitte eine durchgehende Spalte hat. In der Richtung des oberen Endes dieser Spalte sitzt an einer besonders bauchigen Stelle die kleine geöffnete Schale im Rohr fest. Hinten ist es frei und offen. Nach der Analogie verwandter Arten stecken die Röhren mit dem dicken Ende im Meeresboden, das dünne offene herauslassend; die poröse Platte und die Röhrchen werden von Zacken des Mantels gebildet, welche durch die Röhrchen und Poren heraustreten und das Einbohren in den Grund bewirken; aus der Spalte tritt wohl der eigentliche Fuss des Thieres hervor.

Familie BOHRMUSCHELN. *Teredina.*

Wesentlicher Charakter. Das vom Mantel abgesonderte Kalkrohr ist sehr zart und verschmilzt nicht mit der Schale.

Fig. 9. Der Schiffsbohrwurm. TEREDO *navalis,* ebenso.

Schale klein, umgiebt den vorderen dicken Theil des länglich kalkigen Mantelrohrs, klafft nach vorn und lässt hier den stempelförmigen Fuss heraustreten. Sie hat ein winkliges kleines Schloss, und darunter einen löffelartigen Vorsprung (9. b, c), der sie mit dem Thier verbindet; ihre äussere Oberfläche ist stark gestreift und ihr vorderer Rand zugeschärft, beides Eigenschaften, die das Einbohren der Schale in Holz möglich machen, wenn das Thier sie durch drehende Bewegungen fortschiebt. Weit hinter die Schale hinaus reicht der Mantel, welcher zwar ganz nackt ist, aber doch im Leben eine dünne Kalkschicht absondert, die das ausgebohrte Rohr überzieht. An seinem Ende trägt er zwei kleine löffelförmige Schalen (9. d), zwischen denen (die obere ist in der Abbildung entfernt) das Athem- (e) und das Afterrohr (f) hervorragen. Dieses merkwürdige Thier findet sich in den Europäischen Gewässern, Schiffe und Pfahlwerk der Küsten anbohrend, und sie schwammartig durchlöchernd; es hat durch Zerstörung der Deiche und Bollwerke schon mehrmals, namentlich in Holland, bedeutenden Schaden angerichtet. Um die Schiffe dagegen zu schützen, beschlägt man sie jetzt gewöhnlich mit Kupferplatten.

Fig. 10. Der Steinbohrer. PHOLAS *dactylus,* ebenso.

In dieser Gattung ist die Schale grösser als das Mantelrohr und bekleidet den Leib ziemlich vollständig; indess klafft sie vorn wie hinten so weit, dass dort der Fuss, hier das Mantelrohr (f) hervorragt. Sie ist bei der abgebildeten Art an ihrem vordersten, ohrartig hervorgezogenen Rande mit Zakken versehen und auf ihrer ganzen Oberfläche mit zackigen concentrischen Streifen, und hat so das Ansehen einer rauhen, zum Einbohren brauchbaren Feile. Statt des Schlosses finden sich zwei abgerundete Wölbungen, die von Oeffnungen durchbohrt sind (10. b und c), und unter dieser ragt wie bei TEREDO ein Löffel hervor (10. c, d), den ich bei allen meinen Exemplaren dieser Art an der rechten Schale vermisse (10. b). Um nun dennoch beide Schalen inniger zu verbinden, schlägt sich ein Fortsatz des Mantels vom Rücken ausgehend über die Schlossgegend nach aussen fort (e) und heftet dadurch beide Schalen an einander. Auch er sondert eine kleine Kalkplatte ab, die also über der Schlossgegend liegt. Die abgebildete Art findet sich an Europäischen Küsten und bohrt sich tief in Kalk- und Sandsteine. Meine Exemplare stammten von Helgoland.

*) Im Text der folgenden Tafel setze man Zeile 5 von oben 2. Zft. statt 1. Zft.

2. Zunft. DIMYIA.

Wesentlicher Charakter. Muscheln, deren Schale den Leib grösstentheils oder ganz bedeckt, und mit ihm durch zwei Schliessmuskeln, einen am Vorderrande, den andern am Hinterrande, in Verbindung steht.

A. Crassipedia. Die Schale klafft vorn und hinten, dort um den dicken stempelförmigen Fuss, hier um das After- und Athemrohr durchzulassen.

Familie Solenacea.

Wesentlicher Charakter. Schale mit äusserem Bande über dem Schloss.

Fig. 19. Solen *vagina,* halbe natürliche Grösse.

Die Schalenform der Gattung Solen (Messerscheide) ist theils lang, schmal, parallelseitig und zylindrisch, wie die hier abgebildete Art; theils länglich elliptisch, wie bei der folgenden Gattung, von der sie sich durch die Anwesenheit von kleinen, ineinander eingreifenden Schlosszähnen (e und d) unterscheidet. Diese Schlosszähne liegen bei den zylindrischen Arten ganz am Vorderende, bei den elliptischen näher der Mitte. Bei der abgebildeten Art finden sich drei Schlosszähne, alle anderen elliptischen Arten haben zwei oder vier. Sie ist mit einer bräunlichen Oberhaut bekleidet, die aber längs der Mitte jeder Schale sich abreibt, und hat am Rande der einzelnen Schalenschichten einen röthlichen Ton. Man findet sie an Europäischen, Amerikanischen und Indischen Küsten.

Fig. 11. Glycymeris *siliqua,* ebenso.

Diese Gattung hat die Form der elliptischen Solen-Arten unterscheidet sich aber von ihnen durch den Mangel aller Zähne im Schloss (11. c.). Die Schale klafft übrigens nicht bloss vorn und hinten, sondern grösstentheils auch unten (11. a.) Das Thier hat bloss vorn eine kleine Oeffnung im Mantel, aus welcher der zylindrische Fuss hervortritt, hinten ist der Mantel in ein einziges dickes Rohr verlängert, an dem man erst am Ende beide Mündungen unterscheidet. Das aus der Schale genommene Thier (11. b) zeigt bei d den vorderen, bei e den hinteren Schliessmuskel und bei f den faltigen Mantelrand, mit dem es an der Schale haftet. Letztere ist aussen, gleich allen sichtbaren Theilen des Thieres, rabenschwarz; innen weiss. An nordischen Küsten.

Familie Myacea.

Wesentlicher Charakter. Schale mit innerem Bande und ohrförmigen Schlosszähnen.

Fig. 13. Mya *truncata,* ebenso.

Die Myen sind elliptisch gestaltete Muscheln, deren hinteres Ende nur bei der abgebildeten Art abgestutzt ist, zum Durchgange des langen gemeinsamen Mantelrohres, welches innig an der Schale haftet. Das Schloss besteht an der linken Hälfte aus einem flachen, schief abwärts geneigten, concentrisch gestreiften Vorsprunge (13 b. c), welcher sich unter eine ähnliche Vertiefung der rechten Hälfte schiebt; zwischen Beiden sitzt das Band ganz im Innern unter dem Buckel. Die abgebildete Art findet sich im Atlantischen Ocean an Europäischen Küsten, ist aussen rothgelb, das Rohr aber bräunlich, und bohrt sich, wie die vorigen Gattungen, in den Ufersand ein.

B. Tenuipedia. Die Schale klafft nur wenig oder gar nicht, der Fuss ist klein und zusammengedrückt: Mantel wenig oder gar nicht nach unten geschlossen.

a. Band innerlich, unter oder neben dem Schloss.

Familie Mactracea.

Wesentlicher Charakter. Schalenhälften gleich gestaltet, Thier mit kleinem Fuss zum Kriechen.

Fig. 14. Mactra *lactea*; in natürlicher Grösse.

Schalenumriss länglich dreiseitig oder elliptisch, am Endrande ein wenig klaffend. Das Schloss besteht aus einem starken Zahn, hinter welchem unmittelbar das Band (c) in einer dreieckigen Grube steckt; vor und hinter dem Zahn jederseits eine hohe Längsleiste (b). Die abgebildete Art ist mit schwachen, auf den Buckeln gewöhnlich abgeriebenen concentrischen Streifen versehen, milchweiss von Farbe, ziemlich dünn, am Buckel meist violett, und findet sich im Mittelmeer.

Fig. 15. Amphidesma *solida*, ebenso.

Schalenumriss ziemlich kreisförmig; nirgends klaffend, das Schloss ohne Zahn, aber mit einem dicken starken Bande in der Mitte (a), vor und hinter welchem eine kurze, stumpfe Leiste sich befindet; über der hinteren ein zweites schmales äusserliches Band (b). Die abgebildete Art findet sich an den Küsten von Chili, ist dickschaalig, aussen concentrisch gestreift, gelblich weiss; die Schlossgegend innen und besonders die Leisten schön rosenroth.

Familie Corbulacea.

Wesentlicher Charakter. Schalenhälften ungleich, die eine greift über die andere beträchtlich hinüber.

Fig. 20. Corbula *donacina*, ebenso.

Schalenumriss elliptisch oder länglich dreiseitig, gewöhnlich die rechte Hälfte grösser als die linke. In dieser ein breiter Vorsprung am Schloss, auf welchem das Band sitzt, und der in einen tiefen Ausschnitt der andern Schale hineinpasst; davor und dahinter eine stumpfe Leiste. Die abgebildete Art ist stark gewölbt, nach hinten verlängert, dreiseitig unregelmässig concentrisch gestreift und von einer schwarzgrauen Oberhaut bekleidet, die an den Buckeln und auf der Mitte gewöhnlich abgerieben ist; die rechte Schale greift bloss in der Mitte des unteren Randes über die linke fort. Sie bewohnt die Küsten von Brasilien.

b. Band äusserlich.

Familie Lithophaga.

Wesentlicher Charakter. Kleine etwas klaffende Muscheln, welche sich in Felsen einbohren.

Fig. 16. Petricola *ochroleuca*, ebenso.

Schalenumriss fast dreiseitig elliptisch, vorn abgerundet, hinten mehr verlängert, stark klaffend; Schloss mit 2 kleinen Zähnen in der linken, einem in der rechten Hälfte; darüber das kurze dicke Band. Aussenfläche radial gestreift, Farbe lehmgelb. Im Mittelmeer.

Fig. 17. Saxicava *gallinacea*, ebenso.

Schalenumriss länglich elliptisch, das Schloss zahnlos, eine Querschwiele, darüber das schmale gewölbte Band; rechte Schale etwas grösser als die linke, greift über. Die abgebildete Art bewohnt die Küsten Frankreichs, ist weiss, hat concentrische blattartige Streifen; 17 a stellt sie in ihrem Bohrgange von oben dar.

Familie Nymphacea.

Wesentlicher Charakter. Schalen klaffen in der Regel nicht, oder nur wenig. Das Schloss mit 1—2 Zähnen. Keine Bohrmuscheln.

Fig. 18. Tellina *radiata*, ebenso.

Schalen länglich elliptisch (oder kreisrund bei anderen Arten) flach gewölbt, glänzend polirt (bei anderen rauh und höckerig); Schloss an der rechten Seite mit einem, an der linken mit zwei Zähnen, dahinter eine Leiste, über welcher das Band sitzt. Die abgebildete Art gehört zu den glänzendsten und schönsten, ist durchscheinend, weiss, mit 3—5 rothen breiten durchbrochenen Strahlen, die schmälere zwischen sich fassen. — Sie findet sich an Europäischen Küsten.

Fig. 19. Danax *scortum*, um die Hälfte verkleinert.

Schalen dreiseitig, am Hinterende scharfkantig abgesetzt, zugespitzt; Schloss wie bei Tellina, aber neben den Zähnen jederseits ein scharfer Höcker. Das Band elliptisch, kurz. Die abgebildete Art hat eine sehr scharf abgesetzte Hinterfläche. Feine concentrische Streifen, die an der Kante der Hinterfläche in Zacken hervortreten, und noch feinere radiale Leisten, besonders am Vorderende; sie ist aussen weiss, innen und am Hinterende violet, und findet sich an den Küsten Ostindiens.

C. Lamellipedia. Schale klafft nicht; der Fuss ist ein seitlich zusammengedrückter, pflugscharförmiger, oft sehr langer Fortsatz, der aus dem Vorderrande mehr oder weniger hervortritt.

(NB. Die Familien auf der folgenden Tafel.)

TAFEL 36.

9. Klasse. Schalthiere. Mollusca.

5. Ordnung. *Kielfüsser, Muscheln. Cormopoda. Acephala* Cuv.

(Die Definition siehe Tafel 35.)

1. Zunft. DIMYIA.

Wesentlicher Charakter. Sie haben zwei Muskeln, wodurch die Schale geschlossen wird, den einen am Vorderende über dem Munde, den andern am Rücken, oder ganz hinten unter dem After.

Familie Conchina. *Lam.*

Wesentlicher Charakter. Die Schalenhälften sind gleich gestaltet, und haben äusserlich eine gefärbte hornige Epidermis; am Schloss nur 3 Zähne. Das Thier hat einen geschlossenen Mantel, mit einer Spalte nach unten zum Durchgange des Fusses und 2 langen Röhren am Hinterende, wovon die obere dem After entspricht, die untere aber zum Einathmen dient.

a. Einige leben in süssen Gewässern und haben eine dünne leicht zerbrechliche Schale.

Fig. 8. Cyclas *cornea*, in natürlicher Grösse.

Die Schalen haben einen elliptischen Umfang und ragen mit den Buckeln merklich über das Schloss hervor, am Schloss finden sich 3 schief gegen einander gestellte Zähne, von denen sich zumal die hinteren berühren, daneben scharfe leistenförmige Seitenzähne. Das Thier hat einen langen schmalen, stark zusammengedrückten Fuss, welchen es aus dem vordern stumpfen Ende der Schale weit hervorsteckt, und 2 kurze am Grunde etwas verwachsene Athemröhren am Hinterende. Man findet diese kleine Muschel bei uns nicht selten in Gräben, Bächen und Flüssen; sie wird 5—6''' lang und 4''' hoch. Die Farbe der Schale ist aussen hellbraun, doch scheint zumal an der Lichtseite grün durch, der Rand ist gelblich, die inwendige Fläche weiss. Das Thier ist hell fleischroth.

b. Die Meisten leben im Meer, und haben eine sehr dicke, feste Schale.

Fig. 9. Venus. Dombeii. *Lam.*

Die Mitglieder der Gattung Venus gehören zu den schönsten Muscheln überhaupt, und zeichnen sich besonders durch ihre glänzende, polirte, allermeist bunt gefärbte Oberfläche aus. Die Charaktere der Gattung liegen in der völligen Gleichheit beider Schalenhälften, woran auch das Schloss Theil nimmt, indem beide Seiten mit 3 dicken konvergirenden lamellenartigen Zähnen versehen sind, hinter welchen eine starke Leiste am Rande fortläuft, und über dieser ist das ganz äusserliche Band befestigt.

Die Arten haben bald hervorragende konzentriche Leisten, bald vertiefte Linien, bald sind sie ganz glatt. Zur zweiten Form gehört die seltene, hier abgebildete Art, deren Merkmahle noch ferner in der fast kreisrunden Form, in dem dicken starken Schloss und den feinen radialen Streifen begründet sind. Aussen ist sie braun, innen weiss; der Rand undeutlich gekerbt, die Gegend aussen neben dem Rande scharf höckerig. Küste von Peru.

Fig. 10. CYTHERRA *exoleta*. *Lam.*

Die Gattung CYTHERRA unterscheidet sich von VENUS dadurch, dass die rechte Schalenhälfte 4 Zähne am Schloss hat, wovon 3 genähert sind, und nach oben fast zusammenstossen, der vierte dagegen mehr entfernt und frei ist; im Uebrigen haben die Arten eine bald mehr dreieckige, bald elliptische, nach hinten mehr zugespitzte Gestalt und auf der äusseren Oberfläche sehr allgemein konzentrische Furchen oder Leisten. Bei der abgebildeten Art sind diese Leisten sehr schwach und abgerieben, auch hat sie einen fast kreisrunden Umfang. Auf der Aussenfläche ist sie weisslich, mit radienförmigen aus rothen Flecken zusammengesetzten Streifen; die Innenseite ist ganz weiss. Hier sieht man die verschiedenen Eindrücke, welche durch die Bildung des Thieres bedingt sind, sehr deutlich; nehmlich den kleinen Muskeleindruck über dem Munde (b), den grösseren über dem After (a) und den mit dem äusseren Umfange konzentrischen Manteleindruck, d. h. die Stelle, wo der Mantel an die Schale angeheftet ist, worin der tiefe, in die Mitte der Schale vordringende Ausschnitt (c) auffällt. In diesem liegen die Muskeln, welche die beiden hintern Mantelröhren zurückziehen und vorschieben, im zusammengezogenem Zustande des Thieres bei geschlossener Schale, und haben dadurch diesen Eindruck hervorgerufen. Diese Muschel findet sich ziemlich häufig im Mittelmeer und atlantischen Ozean; sie zeigt grosse Abweichungen in der Form der Flecken, sowie in der Ausbildung der konzentrischen Streifen.

Familie HERZMUSCHELN. *Cardiacea. Lam.*

Wesentlicher Charakter. Die Schalenhälften sind einander gleich und das Schloss hat in jeder 2—4 Zähne; äusserlich sind sie mit erhabenen Radien geziert, aber der schön gefärbten hornigen Epidermis beraubt. Thier wie bei der vorigen Familie. Alle sind Meerbewohner.

Fig. 3. CARDIUM *fimbriatum*. *Lam.*

Die Schalen der Gattung CARDIUM sind genau gleich, bauchig, und erscheinen bei der Betrachtung von vorn oder hinten herzförmig; die Buckel sind nach innen gebogen und stossen fast zusammen; äusserlich sind sie tief gefurcht, die Furchen und Rippen gegen den Rand hin breiter und hier in ineinander greifende Zacken ausgedehnt. Das Schloss hat in jeder Schalenhälfte 4 Zähne, wovon je 2 und 2 einander genähert sind; und die beiden seitlichen mehr entfernt stehen; das Band ist kurz, ganz ausserhalb. Der Mantel des Thiers hat einen weiten Schlitz, zum Durchgange des langen, mehr runden, hakenförmig gebogenen Fusses; die hinteren Mantelröhren sind kurz. Die abgebildete Art, welche an den Küsten Ostindiens gefunden wird, hat gleich den übrigen eine weisse Farbe, unterscheidet sich jedoch besonders durch die am Rande zackenförmig hervorragenden Rippen, deren Anzahl 36 ist. Jede Rippe ist glatt, nicht lamellirt, ohne konzentrische Streifung. Die Buckel bläulich. Schale innen röthlich.

Familie ARCACEA.

Wesentlicher Charakter. Schale dick, gewöhnlich in die Quere verlängert, mit gefärbter horniger Epidermis. Das Thier hat einen dicken aber nicht sehr langen kielförmigen Fuss und einen unten ganz offenen Mantel mit kurzen Röhren.

Fig. 7. TRIGONIA *pectinata*. *Lam.*

Die Schalenhälften haben eine gleiche Gestalt, sind undeutlich dreieckig, mit mehr hervorragendem Hinterrande; bisweilen auch ziemlich kreisförmig. Das Schloss hat einen sehr eigenthümlichen Bau, nehmlich in der rechten Schale zwei grosse konvergirende Zähne, deren Seiten gekerbt sind, in der linken hier abgebildeten Schale dagegen zwei den beiden Zähnen der rechten Schale entsprechende Vertiefungen, deren Seitenwände ebenso durch viele kleine Zähne gekerbt sind. Diese Kerben greifen von beiden Seiten in einander, und bilden so eine feste Verbindung, welche durch das äussere Band noch vermehrt wird. Die abgebildete Art unterscheidet sich ziemlich auffallend durch ihren kreisförmigen Umriss, wodurch sie sich, wie auch durch die radialen Furchen und Rippen auf der Aussenfläche, den CARDIUM-Arten nähert. Diese Rippen sind rauh von vielen kleinen auf ihnen sitzenden Höckern, und laufen am Rande in kurze Zacken aus. Ihr inneres Ansehen ist perlmutterig. Sie findet sich an der Küste von Neu-Holland lebend, die übrigen mehr dreieckigen Arten finden sich nur fossil.

Fig. 6. Arca *granosa. Lam.*

Schalenhälften ziemlich gleich, aber sehr in die Quere ausgedehnt, das Schloss eine grade Linie, über welche die von einander stehenden Schalenbuckel hervorragen; das Charnir besteht aus sehr vielen kleinen aber unter sich gleich grossen Zähnen, über welche äusserlich das Band in derselben Ausdehnung angebracht ist. Das Thier zeichnet sich durch sehnige Fasern am Fuss aus, welche zum Festsetzen dienen. Die abgebildete Art ist noch ziemlich rund, bauchig, mit starken Rippen und weit hervorragenden Buckeln, die nur wenig gegen einander gebogen sind. Die Rippen haben in bestimmten Absätzen hervorragende Querleisten, welche zusammen konzentrische Linien darstellen; die Anzahl der Rippen wechselt von 18—26, ebenso variirt die Entfernung der Querleisten von einander, nimmt aber gegen den Rand hin immer zu. Die Farbe der Aussenseite ist graulich olivengrün, wegen des hornigen auf der Wölbung abgeriebenen Ueberzuges, die daher weisser ist; die innere Seite ist gelblich, schwach perlmutterartig glänzend, besonders am Rande. Im grossen Ozean an den Küsten von Amerika und Ostindien.

Familie Flussmuscheln. *Najades. Lam.*

Wesentlicher Charakter. Schalenhälften einander gleich, mehr in die Quere ausgedehnt und besonders nach hinten zugespitzt; äusserlich von glatter horniger Epidermis bekleidet. Das Thier hat einen ganz offenen Mantel, woran hinten zwei kurze Röhren, und einen dicken kielförmigen Fuss. Sie bewohnen Teiche und Flüsse.

Fig. 1. Die Malermuschel. Unio *pictorum*, in natürlicher Grösse.

In dieser Gattung ist die quer gestreckte Form besonders auffallend, doch ist das Vorderende vollkommen abgerundet und das hintere zugespitzt; an diesem sieht man die beiden kurzen dicken Röhren des Mantels hervorragen, von welchen die untere gefranzte grösser ist, und zum Eindringen des Wassers dient. Vorn ragt der dicke fleischige etwas nach oben gebogene Fuss hervor. Die Schalen haben eine ziemliche Dicke, besonders dann, wenn die Art in grossen Flüssen sich findet, und 3 grosse sehr starke Schlosszähne, 2 in der linken, 1 in der rechten Hälfte, und hinter diesen der Richtung des Bandes parallele Leisten, ebenfalls 2 in der linken, 1 in der rechten Schale. Die Buckel ragen ziemlich stark hervor und sind gewöhnlich abgerieben, die übrige Aussenfläche ist glatt, braungrün, mit konzentrischen Streifen. Länge 2½ Zoll. In Flüssen überall.

Fig. 2. Anodonta *cygnea*, um die Hälfte verkleinert.

Die Gattung Anodonta unterscheidet sich bei grosser Aehnlichkeit mit der vorigen von ihr durch die stets dünnere Schale, die grössere Höhe derselben, den Mangel aller Zähne und Leisten am Schloss, das kielförmig hervorragende Band, und die flachen, nicht über das Band hervorragenden Buckel. Aussen sind die Arten ebenfalls grünlich braun, innen perlmutterig. In der hier gegebenen Abbildung der bei uns in allen Teichen und Flüssen gemeinsten Art ist die rechte Schalenhälfte mit dem rechten Mantellappen weggenommen, um die Lage aller äusseren Organe der Muschel dadurch zur Ansicht zu bringen. Man bemerkt zuvörderst den Mund (i) und unmittelbar darüber den vorderen Schliessmuskel (c), gleich unter diesem ist der Rand des abgeschnittenen Mantellappens sichtbar, welcher am ganzen Leibe in einer Bogenlinie nach hinten sich fortsetzt, und ebenso unter dem hinteren Schliessmuskel (d) endet. Der noch vorhandene linke Mantellappen (g) liegt zunächst an der Schale, und hat einen wulstig verdickten, dem Schalenumfange konzentrischen Saum, welcher an die Schale angeheftet ist, aber bis zum Rande derselben sich ausdehnen kann. Neben dem Munde liegen jederseits 2 Hautlappen (b), hinter welchen die beiden Kiemenlappen (k) hervortreten, und sich nach hinten bis zur unteren Mantelröhre (f) fortsetzen; über dieser liegt die kleinere obere Mantelröhre (e und 2, a. e), welche der Afteröffnung gegenüber steht. Zwischen den Kiemen ragt der dicke Fuss (h) hervor, m bezeichnet die Stelle des Schlosses.

Familie Miesmuscheln. *Mytilacea Lam.*

Wesentlicher Charakter. Schale dreiseitig oder schmal elliptisch, das Band an der ganzen Oberseite, das Vorderende spitz, wegen der hervorragenden Buckel. Das Thier hat einen kegelförmigen Fuss, aus dem ein Byssusbüschel hervorragt.

Fig. 5. Tichogonia *polymorpha Rossm.*, in natürlicher Grösse.

Diese in unsern Flüssen und Seen sehr gemeine Muschel stand früher unter *Mytilus*, ist aber neuerdings, und mit Recht, davon gesondert worden, indem sich nicht bloss die Schalen, sondern auch die Thiere wesentlich unterscheiden. Freilich hat die Schale bei äusserlicher Betrachtung ganz die Form von *Mytilus*, d. h. die flache Unterseite mit dem Ausschnitt zum Durchgange des Byssus, das ganz nach vorn gerichtete Schloss, an welchem nur ein Paar kleine Zähnchen bemerkt werden, die kurze, geneigte, ebenfalls abgeplattete Vorderseite, und die lange hochgewölbte Hinterseite; allein ein wesentlicher Unterschied liegt darin, dass sich bei *Tichogonia* der vordere Schliessmuskel an eine vom Schloss herabsteigende Lamelle (a.) ansetzt, nicht an die Schale selbst. Ueber dieser Lamelle ist das ganz äusserliche Band hingezogen. Das Thier, welches hier ohne den vordern linken Mantellappen dargestellt ist, dessen abgeschnittenen Rand man unter der Lamelle beginnen, und sich ziemlich parallel der Rückenkante (b) des Thieres nach hinten hin unter dem grossen halbirten Rückenmuskel (c d) fortsetzen sieht, hat im Allgemeinen dieselben Verhältnisse der Organe, wie das von *Anodonta*. So sieht man ganz vorn unter der Lamelle (a) den Mund, bald dahinter den einen der neben dem Munde hängenden Hautlappen, und bald hinter diesem beginnen die Kiemen (k), welche sich am ganzen Leibe bis nach hinten fortsetzen. Der zweite grössere Rückenmuskel ist ∞förmig, und gewöhnlich vollkommen in 2 Hälften (c d) geschieden. Die beiden Mantellappen sind unten bei (g) zusammengewachsen und lassen vorn eine grosse Spalte, woraus der zungenförmig zugespitzte Fuss (h) hervorragt. An diesem bemerkt man einen Büschel brauner Fäden (i), welche aus einer an der untern Seite des Fusses gelegenen Spalte hervortreten. Diese Fäden sind der Byssus, und werden von einem im Fuss verborgenen drüsigen Apparat gebildet. Hinten hat der Mantel zwei runde Oeffnungen, die als Röhren etwas aus der Schale hervorragen, hier aber in zurückgezogener Lage erscheinen. Die obere kleinere Oeffnung (e) entspricht dem After, die untere grössere (f), welche auch als Rohr mehr hervorragt, und am Rande gefranzt ist, dient zum Eingange des Respirationswassers, welches die Muschel in Absätzen einnimmt, und aus der kleinern Oeffnung wieder hervortreibt. Die Farbe betreffend, so ist das ganze Thier hell orange, die Schale aber innen perlmutterig, aussen braungrün mit eckigen weissen Flecken und konzentrischen Streifen. Die Buckel sind sehr spitz, die Hälften stark kahnförmig gewölbt.

Familie Nagelmuscheln. *Chamacea.*

Wesentlicher Charakter. Schale dick, die Hälften gleich oder ungleich, Schloss mit einem grossen Zahn und einer Leiste dahinter, das Band ganz äusserlich. Thier mit unten geschlossenem Mantel und Röhren, einem kleinen Fuss, worin gewöhnlich eine sehr grosse Byssusdrüse. Alle im Meer.

Fig. 4. a. Hippopus *maculatus s. vulgaris*, um $\frac{2}{3}$ verkleinert.

Diese Gattung gehört zu denen mit gleichen Schalenhälften, wie die Betrachtung der Umrisszeichnung unter Fig. 4. ergiebt, und unterscheidet sich sehr auffallend durch den Mangel des Byssusausschnittes, obwohl ihr Fuss eine, wenngleich kleine Byssusdrüse besitzt. Sie hat, wie alle Nagelmuscheln, eine sehr dicke Schale, deren äussere Oberfläche von einer glatten, gefärbten Epidermis bekleidet ist; aber vom Schloss aus, dessen Buckel nach innen gegen einander gebogen sind, entspringen erhabene Wülste und tiefe Furchen, welche gegen den Umfang hin immer breiter werden und sich radial ausdehnen. Das Vorderende ist vor dem Schloss sehr tief eingedrückt, und dann fast eben, hinter dem Schloss liegt am ganzen Rande das Band. Vom innern Bau ist merkwürdig, dass die beiden Schliessmuskeln nicht mehr an entgegengesetzten Enden, sondern in der Mitte des Thieres so dicht neben einander stehen, dass sie die Form der Zahl ∞ annehmen. *Hipp. vulgaris*, oder der Rosshuf, findet sich an den Küsten von Ostindien, wird 1 Spanne lang, und ist aussen hell rosenroth mit blutrothen Querflecken und einigen zerstreuten Zacken auf den Wülsten.

In diese Familie gehört auch die Riesenmuschel (Tridacna *gigas*), ausgezeichnet durch die äussere lamellirte rauhe Oberfläche, den grossen Byssusausschnitt und ihren bedeutenden Umfang. Sie wird 2 Fuss lang, $1\frac{1}{2}$ Fuss breit, 500 Pfd. schwer, und findet sich ebenfalls an Ostindien.

3. Zunft. *Monomyia.*

Wesentlicher Charakter. Die beiden Schliessmuskeln sind in einen grossen, aus zwei verschiedenen Hälften zusammengesetzten Muskel vereinigt, und stehen gerade in der Mitte der Schale.

Familie Kammmuscheln. (*Pectinea.*)

Wesentlicher Charakter. Schalenhälften ungleich, die eine flach, die andere gewölbt; Band klein, 3eckig, halb innerlich. Thier mit freiem Mantel und Fuss; theils mit, theils ohne Byssus.

Fig. 12. Die amerikanische Lazarusklappe. (Spondylus *americanus.*)

Die Gattung Spondylus zeichnet sich vor allen Muschelgattungen dadurch am auffallendsten aus, dass die Schalenhälften noch nach dem Tode des Thieres zusammenhängen bleiben, weil die beiden grossen hakigen Zähne der gewölbten Schale den mittleren sehr dicken Zahn den platten charnirartig umfassen; hinter diesem Zahn liegt das Band. Die Schale selbst ist breiter als lang, am Schloss schmal, und schief abgestuzt, besonders an der gewölbten Hälfte; ausserhalb haben beide in konzentrischen Kreisen gestellte sehr starke ungleiche Stacheln von verschiedener Grösse. Das Thier gleicht dem von Pecten, hat dicke Muskelstreifen im Mantel und einen sehr gewimperten, mit grünen Augenflecken gezierten Mantelsaum. Der Fuss ist becherförmig und lässt einen kolbigen Körper heraustreten; Byssus fehlt. Die abgebildete Art findet sich an den westindischen Küsten, sie ist gelb, nur ein grosser Fleck neben dem Schloss orange. Die sehr ungleichen Stacheln sind flach, mitunter ausgehöhlt und am Ende blattartig. Ihre Farbe ist bisweilen purpurn.

Fig. 11. Die höckerige Kammmuschel. (Pecten *gibbus.*)

Von der vorigen Gattung unterscheidet sich Pecten, bei gleicher Gesammtbildung, doch leicht durch die dünne radial gefurchte Schale, durch das schmale zahnlose Schloss, und die flügelförmigen Fortsätze daneben. Das Thier ist dem von Spondylus ganz ähnlich, hat auch in vielen Fällen keinen Byssus und die Schale also keine Klaffung; ist Byssus da, so tritt er unter dem vorderen Ohr aus einer Spalte hervor. Diese Arten sind angeheftet, die anderen schwimmen im hohen Meere, mit den Schalen rudernd. Zu den bekanntesten Arten gehört die an den Küsten des Mittelmeers gemeine, bis 3 Zoll breite Pilgermuschel (Pect. *Jacobaeus*), welche bei uns von Materialisten gewöhnlich zur Schau ausgestellt, und sonst zu Geschirren mancher Art benutzt wird. Die hier abgebildete findet sich im atlantischen Ozean und ist, wie manche andere, an beiden Schalenhälften gewölbt, doch an der untern stärker. Die Ohren neben dem Schloss sind ungleich, das hintere nehmlich viel grösser, und beide am Rande gekerbt. Oberhalb haben beide Schalen 20—30 radienförmige Rippen, und in den Furchen, so wie am Rande der Rippen, zahlreiche Querrunzeln. Die ganze Aussenfläche ist schön blutroth, die innere weiss mit durchscheinendem Roth.

Familie Hammermuscheln. (*Malleacea.*)

Wesentlicher Charakter. Schalenhälften fast gleich, jede unregelmässig geformt, uneben, in der Richtung senkrecht gegen das Schloss am breitesten. Das Thier ohne Fuss, aber mit Byssus, daher die Schale klafft.

Fig. 18. Die Husarentasche. (Perna *ephippium.*)

Diese Muschel hat vollkommen das Ansehn einer Husarentasche, und daher ihren Namen. Es ist nehmlich die aufwärts gebogene Gegend des Schlosses die schmalste Stelle des Umfanges und der ihr gegenüberstehende sehr scharfe Rand am breitesten und gebogen; die beiden anderen dazwischen liegenden Randviertel sind ziemlich gerade und stossen mit dem Schlossende unter stumpfen, mit dem andern unter spitzen Winkeln zusammen. Die Schalen selbst sind dünn, tafelförmig, aussen blätterig, innen perlmutterig und so flach, dass für das Thier nur ein sehr schmaler Raum bleibt. Das Schloss besteht aus vielen (etwa 12) Kerben, die am ganzen Schlossrande in gleichen (18. a) Abständen hinter einander folgen, in jeder Lücke zwischen 2 Vorragungen sitzt ein Band, so dass das Band in eben so viele einzelne Bänder getheilt ist, als das Schloss Kerben hat. Das Thier hat einen Byssus, und die Oeffnung desselben an der Schale liegt unter dem Schloss. Diese Muschel wird über eine Spanne breit, und findet sich an der Küste von Ostindien.

Fig. 14. Die ächte Hammermuschel. (MALLEUS *vulgaris.*)

Auch dieser Muschel hat ihre merkwürdige hammerartige Form den Namen gegeben. Sie besteht aus 2 schmalen in der Richtung gegen das Schloss am meisten ausgedehnten, ziemlich dicken, ausserhalb blättrigen und am Rande wellenförmig gebogenen Schalen, deren Schloss keine Zähne hat, aber ein starkes einfaches ziemlich langes Band hinter dem Schloss. Am Schloss ragen die Buckel der Schalen nur wenig hervor, aber vor und hinter ihm entspringt ein langer schmaler Flügel, welcher mit der Schale einen rechten Winkel bildet, und die beide zusammengenommen oft länger sind, als die Schale selbst. Das Thier ist dicker, länglich, und hat einen ziemlich starken Byssus, der aus einer Oeffnung der Schale unter dem Schloss hervortritt. Die Farbe der Hammermuschel ist ausserhalb grau, und unansehnlich, inwendig schön grauschwarz, matt, hie und da bläulich oder purpurn schimmernd. Sie findet sich gleichfalls an Ostindien.

Familie AUSTERMUSCHELN. (*Ostreacea.*)

Wesentlicher Charakter. Schalen gleich oder etwas ungleich, doch gewöhnlich flach. Das Thier mit ganz offenem Mantel, ohne Fuss und ohne Byssus.

Fig. 17. Schloss von PLACUNA *placenta.*

Die Gattung PLACUNA gehört zu denjenigen Austermuscheln, deren Schale ausserhalb glatt ist, und dabei dünn, fast papierartig, wenigstens chartenartig. Farbe und Ansehn auf beiden Seiten perlmutterig. PL. *placenta* ist ganz flach, vollkommen kreisrund, mit gleichen Schalenhälften und merkwürdigem Schloss; nehmlich mit zwei gegen den Rand hin konvergirenden scharfen Leisten (18) in der oberen und zwei ebensolchen Furchen in der unteren Schale. Sie ist weiss, ausserhalb mit fleckigen Streifen, und findet sich an Ostindien.

Fig. 13. Die essbare Auster (OSTREA *edulis*).

Die ächten Austern haben etwas ungleiche, durch eine Art Kitt angeheftete, aussen blättrige Schalen, von welchen die obere flache gewöhnlich von einer starken lamellirten hornigen Epidermis bekleidet ist. Die Gegend des Schlosses ist etwas mehr hervorgezogen, der übrige Umfang kreisförmig; das Schloss selbst hat keine Zähne, aber ein dickes starkes halb innerliches Band (m). Das Thier hat das Ansehn einer Husarentasche, dessen obere schmale Seite unter dem Bande liegt und von allen am dicksten in der Masse ist, weil hier der grosse Eierstock und unter ihm die braune Leber sich befindet. Am gegenüberstehenden breitesten Ende sitzt der aus 2 Hälften (c und d) zusammengesetzte Schliessmuskel, und am ganzen Umfange der vollkommen freie am Rande braun gefranzte Mantel (g g). Dieser bedeckt von beiden Seiten die bis zu seinem freien Rande hinabhängenden Kiemen (k k) und vorn die 4 Franzen am Munde (b), so wie an der entgegengesetzten Seite den hier verlaufenden Mastdarm mit dem After. Die essbare Auster findet sich an den Küsten von ganz Europa auf weit ausgedehnten Untiefen, und war seit den ältesten Zeiten ein beliebtes Nahrungsmittel. Sie ändert ab in der Grösse von $1\frac{1}{2}$—3 Zoll Durchmesser, und ist angekittet durch Schleim und Schlamm, so dass dem Thiere keine andere Bewegung verstattet bleibt, als das Oeffnen und Schliessen seiner Schalen. Von diesen ist die untere mehr gewölbte die angekittete, die obere flache frei; doch sitzen gewöhnlich auf ihr andere Individuen mit der untern Schale fest. Man fängt Austern besonders an holsteinischen, holländischen, französischen, englischen und norwegischen Küsten, und bringt sie von da nach den grösseren Seestädten auf den Markt, von wo sie im Herbst und Winter selbst ins Innere des Landes verschickt werden. Der Fang wird gewöhnlich mit starken Netzen ausgeführt, die man über die Austerbänke fortzieht, und dadurch die hineingerathenen losreisst; an tiefern Stellen dagegen werden sie mit der Taucherglocke hervorgeholt. Die schmackhaften müssen wenigstens 4—5 Jahre alt sein, daher man die kleinern zufällig mitgefangenen wieder ins Meer wirft; recht grosse und schöne haben ein Alter von 7—8 Jahren. Im Frühjahr ist die Brutzeit, vom Mai bis in den August, dann fängt man keine Austern. Sie haben alsdann eine ungeheure Menge Eier und Jungen bei sich, erstere in Form eines gelblichen zähen Milchsaftes, diese als kleine 2lappige Muscheln von $\frac{1}{10}$ Linie Länge, die mittelst des anfangs vorhandenen Byssus überall am Leibe der Mutter hängen, bis sie ausgestossen werden. Diese Jungen, deren Anzahl von einer Mutter sich auf 1 780 000 belaufen soll, wachsen dann schnell, da sie schon nach 2 Jahren 1 Zoll im Durchmesser halten; alsdann sollen sie schon fruchtbar sein.

6. Ordnung. *Nacktmuscheln. Perigymna s. Tunicata.*

Wesentlicher Charakter. Der Mantel sondert keine Schale ab, sondern umschliesst allein das Thier, weshalb seine Substanz häufig lederartig ist. Das Thier hat eine besondere, vom Mantel mit eingehüllte, Kiemenhöhle, worin wenigstens der Mund, oft auch der After mündet.

1. Zunft. LUCIAE. *Savigny.*

Wesentlicher Charakter. Die Thiere oder Thiergruppen sind frei beweglich; die Kiemenhöhle hat 2 Oeffnungen nach aussen, aber die Darmöffnungen münden beide in die Kiemenhöhle.

Familie SALPINAE.

Wesentlicher Charakter. In der Kiemenhöhle findet sich eine von ihr gesonderte Kieme. Die Thiere sind frei oder willkürlich aneinandergeheftet.

Fig. 15. SALPA *pinnata Forsk.* (*S. cristata Cuv.*)

Die zahlreichen Mitglieder der Gattung SALPA sind Bewohner des hohen Meeres und schwimmen darin, theils einzeln, theils zu Gruppen vereinigt umher. Die abgebildete Art findet sich häufig im atlantischen Ozean wie im Mittelmeer, und ist hier umgekehrt dargestellt, so dass die im Leben nach oben gewendete Seite nach unten liegt. Das Thier ist kolbenförmig, vorn (a) abgerundet, mit weiter 2lippiger Mündung, hinten (b) mehr zugespitzt, mit kleinerm kreisrundem Ausgange. Bei der Betrachtung unterscheidet man bald die dunklere, von den bandförmigen Muskelstreifen (m m) umfasste Kiemenhöhle, von dem klaren durchsichtigen Mantel, welcher den Leib und die Kiemenhöhle mit einschliesst. In der Kiemenhöhle liegt die Kieme. Sie entspringt mit sternförmiger Mündung (g) hinter der vordern Oeffnung von der Decke der Kiemenhöhle, und steigt in diagonaler Richtung durch die Kiemenhöhle bis zum Boden neben der hinteren Mündung hinab, hier wendet sie sich wieder nach vorn, und läuft in der Mitte der unteren Kiemenhöhlen-Wand bis zur vorderen Oeffnung zurück (g). Sie besteht aus 2 in einander greifenden, an den Rändern verbundenen, quergestreiften Halbkanälen, und zeigt innerlich eine beständige oszillirende Wimperbewegung, wodurch das Wasser in sie hineingeführt und wieder in ihr fortgeleitet wird. Neben der Umbiegungsstelle der Kiemen am hintern Ende der Kiemenhöhle liegt der Mund (e), von welchem der Darmkanal (c) ausgeht, und sich nach vorn wendet, unter der Kieme in der Körperhöhle fortlaufend; der After (d) liegt also vorn, neben dem Ende der Kieme. Ausserdem bemerkt man im Innern des Körpers eine Blase (f), welche man für die Gallenblase oder Leber hält, und an der oberen Seite 2 symmetrisch gelagerte rothe Eierstöcke (h). Die am Bauch des Thieres unter der Gallenblase und mehr nach vorn unter den Kiemen hervorragenden Hautlappen dienen den Individuen zum Anheften aneinander, welches kreisförmig geschieht, so dass diese Lappen gleich Radien gegen den Mittelpunkt des Kreises hinreichen und sich hier berühren. Uebrigens ist das Thier im Leben ganz klar, gallertartig; nur der Darm und die Leber verrathen sich durch ihre braune Farbe, wie die Eierstöcke durch ihre rothe.

Die unter Fig. 15. a. dargestellte SALPEN-Gruppe, zeigt die zweite Art der Verbindung der Individuen, nehmlich die bandförmige. In diesem Fall haben die einzelnen Thiere neben der vordern und hintern Oeffnung parige Mantelfortsätze mit welchen sie sich, gleichsam wie mit Armen, aneinander fassen. Es giebt jedoch wieder zwei Fälle, indem die Individuen entweder, wie hier, in der Querachse neben einander liegen, oder in der Längenachse, wodurch natürlich sehr lange bandartige Streifen entstehen. Die abgebildete Gruppe stellt S. *pyramidalis. Quoy et Gaim.*

Familie LUCIAE *illucentes.*

Wesentlicher Charakter. Die Wand der Kiemenhöhle ist selbst das Respirationsorgan, und die gesonderte Kieme fehlt.

Fig. 16. PYROSOMA *giganteum*, mehrmals verkleinert.

Die Thiere sind vermittelst ihres weichen gallertartigen Mantels so mit einander verwachsen; dass die ganze Gruppe einen oben offenen unten geschlossenen Zylinder darstellt, in dessen Wand die einzelnen Individuen unregelmässig zerstreut stecken. Die Länge des Cylinders beträgt 3 Zoll bis 1 Fuss und seine Weite dann 1 bis 3 Zoll; er schwimmt senkrecht im Meere hat eine hellgelbe fast durchsichtige Färbung, und leuchtet im Finstern sehr stark. Die von seiner Aussenfläche hervorragenden Zotten sind veränderlich, bald mehr bald weniger ausgestreckt, und jede deutet ein Individuum an, da an der Unterseite jeder Zotte die eine Mündung der Kiemenhöhle liegt. Bei Fig. 16. a. sind 3 Thiere vergrössert dargestellt, das obere und untere mit ausgestreckter, das mittlere mit eingezogener Zotte. Die Mündung der Kiemenhöhle bezeichnet die Oeffnung bei a, die Kiemenhöhle mit den Respirationsfalten ist e, und c die hintere Mündung derselben, welche in den innern hohlen Raum des Cylinders führt. Vor dieser hintern Mündung ist eine besondere Höhle, in welcher die Jungen aus den Eiern entwickelt werden, und eben dahin mündet der Darm mit beiden Oeffnungen. Am Darm hängt ein turbanartiger Körper (d), welchen man für die Leber hält; und von diesem geht das funkelnde Licht der Pyrosomen besonders aus. Sie finden sich in wärmeren Meeren, und die abgebildete Art im Mittelmeer.

2. Zunft. ASCIDIAE. *Cuv.*

Wesentlicher Charakter. Die Thiere oder Thiergruppen sind unbeweglich angewachsen; ihre Kiemenhöhle hat nur eine Oeffnung nach aussen, welche zugleich die Mundöffnung ist, da der Darm von der Kiemenhöhle ausgeht, mit dem After aber von der Kiemenöffnung gefernt nach aussen mündet.

Familie Ascidiae *simplices.*

Wesentlicher Charakter. Die Thiere sind einzeln, nicht zu Gruppen verwachsen.

Fig. 19. Boltenia *ovifera.*

Der eiförmige Körper dieses Thieres hat eine rauhe lederartige Oberfläche (Mantel), welche am spitzeren Ende sich in einen langen Stiel ausdehnt, dessen Ende irgendwo angewachsen ist, und den Körper in schwebender Stellung trägt. An der einen Seite befinden sich 2 vierlappig sternförmige Oeffnungen; die obere (a) ist der Eingang in die Kiemenhöhle und zugleich der Mund, die untere (b) ist der After. Die Kiemenhöhle ist ein weiter faltiger Sack, dessen Falten das Respirationsorgan sind, vom Grunde des Sacks entspringt der Darm, welcher gewunden durch den Leib bis zur Afteröffnung fortgeht; neben dem After münden auch die Eierstöcke. Das ganze Thier mit dem Stiel wird 1′ lang, so dass der Rumpf die Grösse eines Hühnereies hat, und findet sich an der Küste von Amerika.

Familie Ascidae *compositae.*

Wesentlicher Charakter. Die Thiere sind zu Gruppen vereinigt, und stecken meistens in einer gemeinsamen, oft gallertartigen, festgewachsenen Hülle.

Fig. 20. Polyclinum *constellatum.*

Die unter Fig. 20. in natürlicher Grösse dargestellte Thiermasse hat das Ansehn einer Kugel, welche mit irgend einer Stelle ihrer Oberfläche angewachsen ist; die übrige Zone bedecken sternförmige Thiergruppen, von denen eine unter Fig. 20. a vergrössert dargestellt ist. Sämmtliche Mitglieder dieser Gruppen sitzen in ungleichen Abständen um eine mittlere Höhle, wohin die runden Afteröffnungen aller münden, die Kiemenöffnungen dagegen sind 6lappig, und liegen ganz an den Spitzen der Strahlen, wovon jeder 1 Thier ist. Ein solches Thier stellt Fig. 21. in stärkerer Vergrösserung dar; man bemerkt bei a den 6lappigen Mund, bei b den Mastdarm mit der Afteröffnung, c ist die faltige Kiemenhöhle, aus deren Grund der Darmkanal entspringt, d endlich ist der Eierleiter mit reifen Eiern, welcher neben der Kiemenhöhle zum After hin fortläuft, und der untere anfangs dicke später fadenförmige Anhang ist der Eierstock mit den noch unreifen Eiern. Polyclinum *constellatum* findet sich in südlichen Meeren, z. B. bei Isle de France, ist dunkel violet bis purpurroth, aber die Thiergruppen, deren jede 20—50 Individuum umfasst, sind gelblich.

TAFEL 37.

10. Klasse. Strahlthiere. Radiata.

Wesentlicher Charakter. Thiere von regulärer Grundform, mit stern-, scheiben-, kugel- oder rohrförmigem Körper. Sie haben deutliche Fortpflanzungsorgane, sind getrennten Geschlechts, vermehren sich nicht durch Keime oder Knospen, und bilden nie zusammengesetzte Familien, sondern bloss einzelne Individuen. —

1. Ordnung. *Sternwürmer. Scytodermata. Holothuriae autor.*

Wesentlicher Charakter. Leib zylindrisch oder spindelförmig mit Mund und After; ersterer von zahlreichen radialen, einziehbaren Tentakeln umgeben. Die Haut lederartig, häufig mit Kalksubstanz in ihrer Masse, aber ohne regelmässige Skeletbildung.

1. Familie. HOLOTHURIDAE.

Wesentlicher Charakter. Ihr dicker allermeist halbrunder Körper hat kurze Tentakeln um den Mund und auf der gan- Oberfläche zahlreiche gestielte einziehbare Saugscheiben, welche an der einen Seite (Bauchfläche) viel dichter stehen als auf der übrigen Oberfläche.

Fig. 8. HOLOTHURIA. *nov. spec.* um die Hälfte verkleinert.

Die Gattung Holothuria, wie sie von den neuesten Beobachtern bestimmt ist, zeichnet sich durch einen halbzylindrischen, an beiden Enden zugerundeten Körper aus, dessen flache Bauchseite dicht mit gestielten Saugscheiben, so genannten Füsschen, besetzt ist, während auf der hochgewölbten Rükkenseite andere warzenförmige Füsschen wahrgenommen werden. Die am vorderen Ende befindliche Mundöffnung (a) ist von 18 oder 20 ziemlich kurzen einziehbaren Tentakeln umgeben, welche sich am Ende in Warzen oder Zacken ausbreiten; am entgegenstehenden hinteren Ende findet sich eine zweite, runde Oeffnung (b), welche zugleich After und Eingang des grossen baumförmig verzweigten Respirationsorganes ist, in welches diese Thiere Wasser aufnehmen und, wenn sie aus dem Wasser gehoben werden, dasselbe in einem langen Strahl ausstossen. Deshalb nennt man sie auch Spritzwürmer. Die abgebildete Art wird $\frac{3}{4}$ lang, hat 18 Tentakeln, und lebt im rothen Meer; ihre Farbe scheint, wie bei den meisten, ein röthliches oder grünliches Braun zu sein. Sie ist noch nicht genau beschrieben und hier nach der sehr genauen Abbildung in der Description de l'Egypte. Echinod. pl. 8. f. 3. kopirt.

2. Familie. PENTACTIDAE.

Wesentlicher Charakter. Der gewöhnlich drehrunde oder stumpffünfkantige, an beiden Enden zugerundete Körper ist mit fünf Reihen durchbohrter Warzen besetzt, aus denen die gestielten Saugscheiben hervortreten.

Fig. 7. PENTACTES (CLADODACTYLA.) *Dicquemarii*, in natürlicher Grösse.

Die Gattung PENTACTES enthielt früher alle Sternwürmer, auf welche der eben mitgetheilte Familiencharacter anwendbar ist; neuerdings hat man sie jedoch nach der Form der Tentakeln, die Verschiedenheiten zeigen, in mehrere Gattungen aufgelöst. Die abgebildete Art gehört zur Gruppe CLADODACTYLA, bei welcher die 10 Tentakeln baumartig gestaltet sind, d. h. aus einem Stamm mit Aesten bestehen, die wieder federartige feine Nebenäste haben. Von den zehn Tentakeln sind zwei viel kleiner als die übrigen acht, können aber alle ganz eingezogen werden, in welchem Falle die Mundöffnung einem fünfstrahligen Sterne gleicht; die Afteröffnung ist rund. Der spannlange Rumpf hat eine braune Farbe und ist mit fünf Doppelreihen durchbohrter Warzen in gleichem Abstande von einander

besetzt; die Stiele der Tentakeln sind hell gefärbt, die feinen Nebenäste aber dunkel. Die hier nach der Natur abgebildete Art findet sich an den Küsten der Nordsee und wurde zuerst von Dicquemare im Journal de phys. Vol. XII. P. 2. pag. 283. unter dem Namen La fleurilarde beschrieben; spätere Beobachter haben sie nach ihrem ersten Entdecker benannt; sie ist eine der häufigsten Arten unter den Pentactiden, und in meiner Figur nach einem Weingeist-Individuum dargestellt; weshalb der Leib zusammengezogen erscheint und die Tentakeln ziemlich kurz.

2. Ordnung. *Stachelhäuter. Echinodermata.*

Wesentlicher Charakter. Leib stern-, scheiben- oder blasenförmig, mit Mund, aber nicht immer mit einem After versehen; unter der fleischigen Haut steckt ein kalkiges, regelmässiges Gerüst, welches an vielen Stellen mit kalkigen, die Haut durchbohrenden Stacheln von verschiedener Grösse bekleidet ist.

7. Familie. Seeigel. *Echinoidea.*

Wesentlicher Charakter. Der Körper hat keine Strahlen, ist bloss scheiben- oder blasenförmig und enthält unter der Haut ein aus regelmässigen Platten zusammengesetztes Gerüst, welches in die Höhle des Körpers kein inneres Skelet ausschickt. Alle haben Mund und After.

Fig. 2. Der essbare Seeigel. Echinus *esculentus*, in natürlicher Grösse.

In dieser Abbildung des gemeinen, an den Nordsee-Küsten häufigen Seeigels ist die linke Seite von der Haut und dem Stachelkleide entblösst dargestellt, um die Zusammensetzung der Schaale aus ihren einzelnen Platten zu zeigen. Man bemerkt zunächst am obersten Ende eine Oeffnung, den After, und um dieselbe fünf weisse (der Deutlichkeit wegen wurden sie im Stich nicht weiter ausgeführt), Platten mit einer kleineren Mündung, den Oeffnungen eben so vieler Eierstöcke. Von diesen Platten gehen zehn abwechselnd breitere und schmälere Reihen von Doppelplatten aus, die durch schmale Streifen, auf denen paarig in schiefer Richtung neben einander stehende Poren sich befinden, von einander getrennt werden. Diese Streifen (a, a) gehen vom After zum Munde, der unten in der Mitte liegt, wie Meridiane um die Erdkugel, und heissen ambulacra. Aus ihren Poren treten die gestielten Saugscheiben (Füsschen) hervor, welche dem Seeigel als Bewegungsorgane dienen, und daher ihren Namen führen. In Fig. 3. erkennt man sie bei a, a, a zwischen den Stacheln. Die zehn abwechselnd gleichen Plattenreihen theilen sich also in fünf breitere (b, b) und fünf schmälere (daneben). Jede dieser Reihen besteht aus 2 Reihen fünfseitiger Platten, die mit einer schmalen geraden Seite an die Ambulacra stossen, mit den langen Seiten neben einander liegen, und mit den zwei schmälsten Seiten so aneinander stossen, dass jede der 2 Seiten einer Platte zwei andere Platten berührt. Auf diesen Platten erheben sich Höcker, und auf den Höckern sitzen die Stacheln (c). Durch die Haut, welche die ganze Schale überzieht, festgehalten, können sie mittelst Muskelfasern auf den Höckern, die sie mit ihrem vertieften Grunde umfassen, hin und her gedreht werden. — Die in der Mitte der Unterseite gelegene Mundöffnung ist an der Schaale viel grösser als der After, wird aber von einer weichen lederartigen Haut verengt, so dass für den eigentlichen Mund nur eine sehr kleine Oeffnung übrig bleibt. In derselben bemerkt man fünf von Schmelz bekleidete Zähne (Fig. 3.), die von einem grossen Knochengerüste getragen werden. Dieses unter dem Namen der laterna Aristotelis bekannte Gerüst ist Fig. 4. a von der Seite, Fig. 4. b von unten dargestellt, und hat folgenden, höchst complicirten Bau. Jeder Zahn (D) ist ein schmaler, dreikantiger, leicht gebogener, von Schmelz bekleideter Griffel, welcher von einem Paar Scheiden (C, C) umfasst wird, ähnlich wie die Messerschale das Heft umfasst. Die Scheidenhälften zusammen sind als ein Fünftel eines zuckerhutförmigen Kegels zu betrachten, der in seiner Achse durchbohrt ist, oben aber von den hervorragenden Spitzen der Zähne geschlossen wird. Nach unten ruhen beide Hälften der Zahnscheide auf ein Paar Trägern (B, B), welche sich mit einer schiefen Endfläche an die ebenso geformte Grundfläche der Scheidenhälften anlegen, mit einem stumpfen kolbigen Fortsatze aber sich gegen einander biegen und so zusammen einen Bogen unter der Zahnscheide beschreiben. In der Jugend sind die Scheidenhälften leicht von einander zu trennen, und noch leichter lösen sich die Stützen der Scheide von einander, wie von letzterer, ab; aber mit zunehmendem Alter des Thieres wird die Verbindung der Scheidenhälften unter sich und mit den Stützen immer inniger, und bei einem recht alten Seeigel erkennt man kaum noch die frühere Trennung als leichte Furche. Ein solches Zahngerüst eines recht alten Individuums ist bei Fig. 4. a. dargestellt, Fig. 4. c. und d. sind von jüngeren genommen. Niemals aber verwachsen die einzelnen Scheiden der fünf Zähne mit einander. Diese bleiben vielmehr getrennt und hängen bloss durch weiche Theile an einander. Um aber, vermittelst dieser verbunden, doch in der gehörigen Entfernung zu bleiben müssen, ist unten zwischen den Schneidestützen zweier Zähne eine wagerechte Knochenplatte (Fig. 4. b. A, A) eingeschoben, welche fünf sich rund um die offene Aehse des Kegels berühren und dem Oesophagus hier einen Durchgang verstatten. Auf diesen fünf Knochenplatten ruht gleichsam das ganze Gerüst, und indem jeder Zahn mit einer Platte an der Seite zwischen den Scheidenstützen gelenkt, machen diese fünf Grundplatten auch die Bewegung jedes einzelnen Zahnes, wie aller fünf gegen einander, erst möglich. Bei alten Individuen wächst der Zahn selbst auch bis auf die Scheidenstützen herunter, und heftet sich an 2 kleine Knötchen, welche nach innen neben ihrer Verbindungsnaht von den beiden Scheidenstützen ausgehen. Dies ist bei Fig. 4. a. und b. deutlich zu sehen; bei Fig. 4. c bemerkt man das noch frei schwebende Ende des Zahnes, weil das Präparat von einem jüngeren Individuum genommen wurde.

Fig. 3. ECHINUS *pallidus, Lam.*

Diese Figur zeigt einen Seeigel von unten, mit der Mundöffnung, aus welcher die 5 Zähne hervorragen, und den 10 mit gestielten Saugscheiben besetzten ambulacris. —

Fig. 5. SPATANGUS *Crux Andreae, Lam.*, in natürlicher Grösse.

Die Gattung SPATANGUS gehört zu denjenigen Seeigeln, bei welchen die reguläre Form in die symmetrische übergegangen ist, was besonders durch Verschiebung der After- und Mundöffnung aus der Mitte der Hauptflächen bewirkt wird. Wir finden demnach einen eiförmigen oder besser birnförmigen Körper, dessen obere Seite (5. a.) mehr gewölbt, dessen untere (5. b.) ziemlich flach ist. Auf letzterer befindet sich die mondförmige Mundöffnung mehr dem stumpfen Ende genähert, während der After ganz an das spitze Ende versetzt ist. Jenes ist also das vordere, dieses das hintere. Oben zeigt die Schaale eine tiefe, vom stumpfen Vorderende herkommende Furche, die in der Mitte endet. Hier finden sich die Oeffnungen der Genitalien noch an der alten Stelle. Um dieselben (4 an der Zahl) stehen 4 Paare von ambulacris, welche zusammen ein vorn stärker klaffendes Kreuz beschreiben. Jedes ambulacrum ist vertieft und mit einer doppelten Porenreihe versehen. Uebrigens ist die ganze Schale fein granulirt, hat aber an den Seiten, zumal unten, zahlreichere grössere Höcker, welche grössere Stacheln tragen, während die kleinern Höcker mit feinen, kürzeren, fast borstenförmigen Stacheln bekleidet sind. Die Art findet sich im rothen Meer und an den Indischen Küsten. Fig. 5. c. giebt eine Ansicht der Schaale von hinten, welche zeigt, dass die Afteröffnung doch der oberen Fläche noch etwas näher liegt als der unteren.

2. Familie. SEESTERNE. *Asteroidea.*

Wesentlicher Charakter. Der Körper ist sternförmig in Strahlen getheilt und enthält ausser den Kalkabsonderungen unter der Haut noch ein frei in der Körperhöhle stehendes Gerüst. Die Kalkplatten der Haut tragen einfache Stacheln oder Körnchen. After fehlt öfters.

Fig. 1. ASTERIAS (ASTROPECTEN) *polyacanthus.*

Der hier abgebildete Seestern gehört zu der Gruppe der Afterlosen ächten Asterien und ähnelt den gewöhnlichsten Arten sehr. Die Figur zeigt das Thier in halber Grösse, und zwar 4 Strahlen von oben, den fünften abwärts gewendeten von der unteren Seite. Oben hat jeder Strahl eine Reihe Randplatten, auf welchen je ein grösserer Stachel sitzt; ausserdem ist die ganze Rückenfläche von kurzen Kalkwarzen besetzt, die mit einer Gruppe feiner nadelförmiger Stacheln gekrönt sind. Zwischen den beiden rechten Strahlen bemerkt man auf der Mittelscheibe eine kreisrunde Stelle, die so genannte Madreporenplatte. Der von unten gezeichnete Strahl zeigt am Rande ebenfalls eine Reihe von Kalkplatten, und auf jeder Platte 4 Stacheln, die von innen nach aussen grösser werden, in der Mitte sitzt die doppelte Reihe der kegelförmigen Saugscheiben, welche auch hier Füsschen heissen und dem Thiere zum Kriechen dienen. Um den Mund, welcher in der Mitte der Unterfläche liegt, stehen 5 grosse von Stacheln bekleidete Kalkplatten, deren zwei hier zur Hälfte sichtbar sind.

Fig. 1. a. zeigt den Durchschnitt eines Strahls in stärkerer Vergrösserung; b, b sind die Flächen, mit welchen die dicken Rückenrandplatten an einander stossen, c, c dieselben Flächen der Bauchplatten, an diese grenzen die kleinen Furchenrandplatten d, d, deren Zahl doppelt bis dreimal so gross ist, wie die der Hauptrandplatten. Von ihnen und den unteren Randplatten geht das aus zwei Hälften dachartig gebildete innere Kalkskelet aus; dieses trägt an seiner unteren freien Seite die weichen kegel förmigen Saugscheiben (e), darüber breitet sich in mässiger Entfernung die kalkhaltige Körperhaut aus, auf welcher die mit borstenförmigen Stacheln gekrönten Kalkwarzen sitzen. Dieser Durchschnitt zeigt ausserdem die Stellung der grossen Stacheln und zahlreiche kleinere, welche die übrige Oberfläche aller Randplatten bedecken.

3. Familie. HAARSTERNE. *Crinoidea.*

Wesentlicher Charakter. Der Körper besteht aus einer von Kalkplatten, die unter der Haut liegen, gebildeten becherförmigen Centralhöhle, die gegliederte Strahlen in bestimmter Zahl aussendet. Alle Arten haben After und Mund, und heften sich fest.

Fig. 6. COMATULA *mediterranea*, in natürlicher Grösse.

In dieser Figur erscheint das Thier von der Oberfläche, in deren Mitte der Mund (a) sich befindet, seitlich daneben ragt zwischen 2 Armen das Afterrohr (b) hervor. Vom Rande der Becherscheibe gehen 10 am Grunde paarig verbundene Strahlen aus, die in sich gegliedert, aber nicht hohl sind, und jederseits feinere gegliederte Fortsätze haben. Auf jedem Strahl bemerkt man eine vertiefte Zickzacklängsfurche, deren zackige Räder sich gegen einander schliessen und wieder öffnen können; diese Furchen verbinden sich am Grunde der Arme paarweise, und laufen mit 5 Stämmen zum Munde. Auf der unteren Seite (6. e) befindet sich in der Mitte eine Scheibe, deren Oberfläche vertieft punktirt ist. Am Umfange trägt diese Scheibe gegen 30 gegliederte Ranken (f), von denen hier nur 8 dargestellt sind; jede Ranke endet mit einem starken Haken und hat noch am vorletzten Gliede einen Zahn (6. h.). Mit einigen dieser Ranken hält sich der Haarstern an Felsen im Meere fest, andere biegt er nach oben gegen den Mund hin und ergreift damit seine Beute. Vom Rande der Scheibe gehen Kalkplatten aus, welche den Strahlen des Bechers zur Stütze dienen. Anfangs bilden diese Platten 5 Reihen, bald aber theilt sich jede und es entstehen 10 (c) für die 10 Strahlen. Die Räume zwischen den Platten sind bis zur Theilungsstelle von der kalkhaltigen Becherhaut (g) erfüllt. Das hier in natürlicher Grösse abgebildete Thier lebt im Mittelmeer, hat eine schön blutrothe, aber hellere Farbe, schwimmt und kriecht mit dem Maule nach oben durch Schlängelung der Strahlen oder Anheftung der Ranken, und hält sich nur im tieferen Meere auf, daher es seltener ist in Sammlungen als Asterien und Echinen.

TAFEL 38.

11. Klasse. Quallen oder Medusen. Acalepha.

Wesentlicher Charakter. Leib weich gallertartig von verschiedener Form, mit Verdauungsorganen und allermeistens 4, 8, oder zahlreichen Fangarmen und Fangfäden. Alle leben im Meer und können sich nicht durch Theilung, sondern nur durch Eier, vermehren. —

1. Ordnung. *Rippenquallen, Ctenophora.*

Sie besitzen auf der Oberfläche ihres Körpers reihenweiss gestellte sehr kleine Blättchen (Rippen), welche in einer beständigen Bewegung begriffen sind und das Schwimmen bewirken. Alle haben einen einfachen Magen, worin ein weiter Mund führt, welcher beim Schwimmen nach vorn gerichtet ist. Eiersäcke und Nerven wurden bei ihnen zuerst von *Grant* (transact. of the zool. soc. of Lond. I. 1.) beobachtet.

Familie Beroidae.

Leib eiförmig, mit acht Rippen, aber ohne Fangfäden. Magen sehr gross, ebenso der Mund, jener am anderen Ende geschlossen; von ihm entspringen Gefässe, welche den Nahrungssaft im Leibe verbreiten. Dahin:

Fig. 1. Beroe *elongata* (Idya *elongata Cuv.*), um die Hälfte verkleinert.

Der Körper hat eine eiförmige Gestalt und ist auf seiner Oberfläche von sechs (bei anderen Arten finden sich gewöhnlich acht) Reihen Schwimmblätter besetzt, welche von einem Ende zum anderen verlaufen, aber das vordere Ende nicht ganz erreichen; je zwei und zwei Reihen sind einander genähert. Die Schwimmblätter in den Reihen liegen offen und frei da; sie bewegen sich nur langsam. Die vordere Oeffnung ist sehr weit, der Rand ragt lippenartig hervor, das Thier kann ihn verändern, wie überhaupt den Leib kugelförmig zusammenziehen oder in der Mitte zusammenschnüren. Um den Rest der genossenen Nahrungsmittel auszuleeren, stülpt es sich fast um. Die Farbe ist blass opalartig, die Masse beinahe durchsichtig. Das Thier erreicht eine Grösse von $2\frac{1}{2}''$ und findet sich im Mittelmeer bei Nizza.

Familie Mnemidae.

Leib kleiner, ebenso die Magenhöhle, aus welcher ein kurzer enger Kanal, dem Munde gegenüber, nach aussen führt. Vom Körper entspringen grosse Lappen, besonders neben dem Munde, oder an gegenüber-stehenden Seiten, und an diesen bemerkt man Rippen. Alle bewegen sich langsam. Z. B.

Fig. 2. Alcinoe *vermiculata*, um die Hälfte verkleinert.

Der cylindrische Körper ist an seinem vorderen Ende mit 2 grossen, ihm an Länge gleichen, Lappen versehen, welche neben dem Leibe herabhängen. Auf diesen Lappen laufen vier Reihen Schwimmblätter, auf jedem zwei, und acht ebensolche Reihen sind in gleichen Abständen von einem Ende des Leibes bis zum anderen so gezogen, dass vier dieser Reihen unter den Lappen versteckt bleiben. Neben der hinteren ziemlich weiten Oeffnung stehen vier kurze gefranzte Fortsätze. Das Thier erreicht eine Grösse von 2 — 4″, hat eine hell bläuliche Färbung mit feinen rothen Strichelchen; die Reihen der Schwimmblätter spielen in Regenbogenfarben. Man findet es an der Küste von Brasilien, am Eingange in die Bai von Rio Janeiro.

Familie Callianiridae.

Sie haben, wie die Vorigen, eine kleine Magenhöhle, aus welcher, dem Munde gegenüber, ein Kanal nach aussen führt. Die grossen Lappen fehlen, und statt ihrer finden sich lange ästige Fangfäden. Dahin:

Fig. 3. Cydippe *elliptica*.

Leib eiförmig, äusserlich mit acht Reihen von Schwimmblättchen; 2 grosse Fangfäden, welche mit kurzen Fäden an einer Seite besetzt sind, ragen am Hinterende aus 2 Röhren hervor, welche neben dem Munde in der Wand des Körpers ihren Anfang nehmen. Fig. 3.a. zeigt einen Längsdurchschnitt des Thieres, woran man oben die Mundöffnung bemerkt, welche in den Magen führt, aus welchem dem Munde gegenüber der enge Kanal nach aussen führt. Neben dem Magen laufen die beiden Kanäle herab, in welchen die Fangfäden sitzen. Jeder Fangfaden entspringt am oberen Ende dieses Kanales mit einer länglichen Blase, durch deren Zusammenziehung der Faden ausgestreckt wird. Jeder Faden hat kurze feine Nebenfäden. Das Thier hat $1\frac{3}{4}''$ Länge, ist durchsichtig, fast ungefärbt, nur die Reihen der Schwimmblättchen und die Fangfäden sind weisslich. Die Fangfäden haben das Ansehn kleiner Röhren, die Schwimmblättchen sind kurz, der Mund ist etwas hervorgezogen und gelappt, der Magen hat vier weisse krause Längslinien. Man findet das Thier in der Südsee in der Nähe des Aequators.

Anmerk. Die im Grundriss aufgeführte Art Beroe *pileus* gehört in diese Gattung (Cydippe), und unterscheidet sich von der abgebildeten durch einen kürzeren, 1″ langen, fast kugelrunden Körper. Sie findet sich in der Nordsee.

2. Ordnung. *Scheibenquallen, Discophora.*

Der Leib hat eine scheiben- oder glockenförmige Gestalt, und besitzt eine bald grosse, bald nur aus Gefässen gebildete Verdauungshöhle. Von der unteren Seite des Leibes entspringen theils Fangarme (4 oder 8), theils Fangfäden (gewöhnlich viele), theils in der Mitte ein stielförmiger Mund. Sie bewegen sich durch rhythmische Kontraktion der Scheibe oder Glocke (des Hutes), und haben nicht selten deutliche Eiersäcke.

1. Zunft. PHANEROCARPA.

Sie haben immer entweder vier, oder, wiewohl selten, acht Säcke in der Umgebung des Magens, in welchen die Eier enthalten sind. Diese zeichnen sich durch eine konsistentere Beschaffenheit vor den übrigen Theilen aus.

Familie RHIZOSTOMIDAE.

Sie haben keine einfache Mundöffnung, sondern die Fangarme, welche von der unteren Seite des Hutes entspringen, sind auf der Oberfläche durchlöchert und inwendig von Kanälen durchzogen, die von den Löchern entspringen und in den Magen münden. Durch diese saugen sie die Nahrungsmittel aus. Fangfäden am Rande des Hutes haben sie nicht, wohl aber Eiersäcke. Sie bewohnen blos die Küsten. Z. B.

Fig. 4. RHIZOSTOMA *Cuvieri*, 6mal verkleinert und im Durchschnitt dargestellt.

Die Qualle hat einen einfachen, umgekehrt pyramidenförmigen, vierseitigen Magen, in welchen die Hauptgefässe der acht Arme münden und die Nahrung ihm zuführen; sechszehn andere Gefässe entspringen aus dem Magen, laufen zum Rande des Hutes, bilden dort in sechszehn parabolischen Figuren ein dichtes Gefässnetz und führen den Nahrungssaft in alle Theile des Körpers. Acht kleine dunkle nierenförmige Körper, die am Rande des Hutes, welcher gezackt ist, liegen, dürften Augen sein (*Ehrenberg* in *J. Müllers* Archiv I. 572.); zwischen je zweien bemerkt man eine Oeffnung (After), deren gleichfalls acht vorhanden sind. Die vorderen Mündungen (Mäuler), finden sich an der Spitze und am Rande der dort knopfförmig verdickten, übrigens dreikantig prismatischen, an den Kanten gefranzten Arme. Andere Fangfäden fehlen. In der Umgebung des Magens finden sich vier Höhlen, von welchen zwei in der Abbildung sichtbar sind, und die sich nach aussen an der unteren Seite des Hutes öffnen; in diesen Höhlen sind die Eier enthalten. — Das Thier findet sich an europäischen Küsten in der Nordsee, dem atlantischen Ozean und Mittelmeer, erreicht einen Durchmesser des Hutes von 1′, und hat eine milchweisse, durchscheinende, bisweilen ganz bläuliche Farbe; die kleineren Zacken am Rande sind beständig blau, häufig erscheinen die krausen Ränder der Arme violett. In den kleineren Eier tragenden Individuen ist diese Farbe am schönsten, bei alten Eier tragenden schimmert alles ins Röthliche.

Es erregt diese Meduse, wie alle Hutquallen, bei der Berührung ein brennendes Gefühl, selbst Entzündungen, welche Eigenschaft sie einem ätzenden Stoffe verdankt, den sie im Magen bereitet und zur Verdauung der eingesogenen Nahrungssäfte nöthig hat.

Familie MEDUSIDAE.

Sie haben vier Eiersäcke und an der unteren Seite des Hutes einen weiten Mund, welcher unmittelbar in den Magen führt und meistens von Fangarmen umgeben ist; viele haben noch Fangfäden am Rande oder an der Fläche des Hutes.

Fig. 5. MEDUSA *aurita*, um die Hälfte verkleinert; 5.a. Ansicht des halben Thieres von unten.

Von dem einfachen in vier Nebentaschen erweiterten Magen entspringen 16 Hauptgefässe, welche zum Rande gehen, 8 geben während dieses Laufes zahlreiche Aeste ab, die anderen 8 öffnen sich zwischen ebensovielen gelben Körnchen (Augen) am Rande, alle verbindet ein Ringgefäss. Auch entspringen die zahlreichen feinen und kurzen Fäden am Rande der Scheibe. Die vier Fangarme um die Mundöffnung haben die Länge des Scheiben-Radius, sind nach oben glatt, nach unten mit zwei gefranzten Rändern versehen und inwendig hohl. Die Höhlen führen in den Magen. Zwischen den Grundenden der Fangarme liegen die Eiersäcke, vier elliptische Höhlen mit queren maulartigen Mündungen; in ihnen sind die bogenförmig gelagerten violetten Eierhaufen sehr sichtbar. Das Thier findet sich in der Ost- und Nordsee, erreicht einen Durchmesser des Hutes von 3 Zoll, hat eine hellröthlich weisse, selten bläuliche Färbung, und schwimmt beständig in schiefer Stellung, so dass die obere Fläche des Hutes nach vorn und oben, die Mundöffnung nach unten und hinten gerichtet ist, indem es den Hut rhythmisch glockenförmig zusammenzieht und wieder flach ausbreitet.

2. Zunft. CRYPTOCARPA.

Sie haben keine Eiersäcke; ihre Magenhöhlen senden z. Th. Gefässe aus, welche blind enden, daher die acht kleinen Körner am Rande der Scheibe fehlen, zwischen welchen die vom Magen ausgehenden Gefässe münden. Ebenso wenig haben sie grosse Fangarme, aber wohl einen Stiel. Sie sind im Allgemeinen nur klein.

Familie GERYONIDAE.

Sie haben einen dicken Stiel, welcher vom Mittelpunkt der Scheibe an der unteren Seite ausgeht. In ihm sind Kanäle, an der Spitze aber Saugöffnungen, wodurch die Nahrungssäfte aufgenommen werden. Ein einfacher Mund fehlt also. Dahin:

Fig. 6. GERYONIA *proboscidalis*, in fast natürlicher Grösse.

In der durchsichtigen Scheibe liegen sechs (bei anderen Arten vier oder acht) flache, herzförmige, gefärbte Magenhöhlen, von welchen ebensoviele Röhren ausgehen, durch den Stiel bis zu seiner Spitze, fortlaufen, und sich daselbst öffnen. Am Ende des Stiels ein Faltenkranz mit so vielen Falten, wie viele Magen in der Scheibe. Am Rande des Hutes läuft noch ein feiner, gleichbreiter, herabhängender Saum, und ebenfalls vor diesem Saum entspringen in gleichen Abständen acht ziemlich starke Fangfäden. Das Thier hat im Hut bis $2\frac{1}{2}$ Zoll Durchmesser, ist fast wasserklar, völlig durchsichtig, mit einem leichten rosenfarbenen Anflug. Man findet es im Mittelmeer.

Familie OCEANIDAE.

Sie haben einen kleinen, an der Unterseite des Hutes frei liegenden, Magen, welcher nach unten häufig in einen trichterförmigen Mund verlängert ist. Vom Magen entspringen Kanäle, die sich blind enden. Gestalt des Huts meist glockenförmig.

Fig. 7. THAUMANTIAS *cymbaloidea*, 4mal vergrössert.

Der Mund ist nicht mit Fangarmen versehen, sondern ganz frei; der Magen reicht kaum in die Scheibe hinein, aus ihm entspringen vier Kanäle, welche zum Rande der Scheibe kreuzweis fortsetzen und sich jeder in eine langgestreckte Blase erweitern. Am Rande der Scheibe sitzen 18—20 Fangfäden, welche am Grunde mit einer blasigen Erweiterung versehen sind, und sich stark verlängern und verkürzen können. Die Scheibe hat $\frac{1}{2}''$ im Durchmesser, ist klar, durchsichtig, der Rand gelbbräunlich, die Fangfäden sind roth; ebenso sind der Magen, die Röhren und die vier Blasen gefärbt. An der Küste von Holland.

Familie AEQUORIDAE.

Mund nicht stielförmig, steht weit offen, und führt in einen grossen Magen, von welchem nur in seltenen Fällen Kanäle nach dem Scheibenrande hin fortsetzen, welche aber, wenn sie vorkommen, sehr zahlreich sind; meistens erscheinen diese Fortsetzungen des Magens als blinde weite Säcke.

Fig. 8. AEQUOREA *Forskaliana*, 9mal verkleinert; von der Bauchseite gesehen.

Diese Gattung ist grade diejenige, bei welcher zahlreiche kanalartige Fortsetzungen vom Magen zum Rande der Scheibe laufen. Der Mundrand ragt etwas vor, ist aber nicht mit Fäden besetzt, dagegen finden sich Fäden am Rande der Scheibe, deren Anzahl sich jedoch nicht nach den vom Magen ausgehenden Kanälen richtet. Die Länge der Randfäden ist kaum geringer. Die Anzahl der Kanäle beläuft sich bis auf 100; an der Bauchseite verläuft unter jedem Kanal eine geschlängelte Hautfalte. Das Thier ist ungefärbt, ziemlich klar, Magen und Kanäle dunkler. Sehr gemein im atlantischen Ozean und Mittelmeer.

Familie BERENICIDAE.

Sie haben keine eigentliche Magenhöhle, sondern vom Mittelpunkt der flachen Scheibe ausgehende, verzweigte Kanäle, in welche sie durch eine Anzahl von Oeffnungen, oder vielleicht kurze Saugröhren, die Nahrungssäfte aufnehmen.

Fig. 9. BERENICE *rosea*, in natürlicher Grösse. Fig. 9.a. die Scheibe von oben gesehen, um $\frac{1}{3}$ verkleinert.

Die Scheibe kreisrund, glatt, rosenfarbig, am Rande mit gelben kugelförmigen Knöpfen, von welchen die langen und feinen Randfäden ausgehen. Im Innern der Scheibe bemerkt man ein Kreuz blauer Röhren, die sich in drei Aeste spalten, deren jeder wieder in drei Zweige mit gefiederten Nebenzweigen getheilt ist. Südmeer in der Nähe des Aequators.

3. Ordnung. *Röhrenquallen*, *Siphonophora*.

Der Leib ist ohne mittlere Verdauungshöhle, sondern an der unteren Seite mit vielen kurzen Saugröhren versehen, welche die Nahrungsstoffe einsaugen. Alle haben Höhlen am Leibe, in welche sie theils Luft (Schwimmblasen), theils Wasser (Schwimmhöhlen) aufnehmen, und dadurch sich fortbewegen.

Familie VELLELLIDAE.

Der flache scheibenförmige Leib trägt an der Rückenseite eine knorpelige oder kalkige Platte, in deren Zellen sich Luft befindet. Unten in der Mitte bemerkt man eine grosse Saugröhre, in deren Umfange viele kleinere, und am Rande der kalkigen Platte viele aber nicht sehr lange Fangfäden.

Fig. 11. VELLELLA *indica*, in natürlicher Grösse; 11.a. von unten gesehen.

Die Schale am Rücken ist knorpelig und aus 2 gleichen Hälften zusammengesetzt; sie bildet eine elliptische Platte, welche sich in der Mitte etwas erhebt, und deren Theilungslinie sich in der kurzen Axe befindet; in der Richtung der langen Axe sitzt auf der Schale ein knorpeliger aufrechter Kamm, welcher von Haut überzogen und eingefasst ist. Bei der abgebildeten Art ist der Leib $1\frac{1}{2}''$ lang, am Rande eingeschnitten, oberhalb fein braun punktirt; das Segel ist niedrig, von blauen ästigen Gefässen durchzogen. Saugröhren grau mit weisser Spitze, Fangfäden blau. Im südlichen indischen Meere. Die Thiere schwimmen fast unbeweglich auf der Oberfläche des Meeres, und lassen sich durch das Segel, in welches der Wind fasst, treiben.

Familie PHYSOPHORIDAE.

Der weiche sehr verschieden gestaltete Leib ist an seinem oberen Ende mit einer Schwimmblase versehen; nach unten hängen Fangfäden, Saugröhren und z. Th. auch Schwimmhöhlen, nicht selten in grosser Zahl, herab; letztere gewöhnlich in knorpeligen Stücken.

Fig. 10. PHYSALIA *Arethusa* (PHYS. *caravella Eschh. atlantica Less.*), 4mal verkleinert.

Der Leib besteht aus einer einzigen grossen Blase von länglicher, nach vorn verengter Gestalt, und ist an diesem Ende mit einer deutlichen, gewöhnlich geschlossenen, Oeffnung versehen. Auf dem Rücken der Blase erhebt sich ein häutiger gefalteter Kamm, in welchen auch Luft enthalten ist, und an der entgegengesetzten Bauchseite bemerkt man viele Saugröhren, zwischen welchen längere Fangfäden von verschiedener Form hervorragen. Die Fangfäden sind mit nierenförmigen Saugnäpfen besetzt und dienen zum Ergreifen und Festhalten der Beute, während die Saugröhren sie aussaugen. An der Wurzel des Fangfadens befindet sich eine Blase mit Flüssigkeit; die nierenförmigen Saugnäpfe mögen zugleich die scharfe Flüssigkeit absondern, wodurch die gefangenen Thiere sogleich erstarren. Die Seeblasen scheinen sich durch sprossenartige Bildungen, welche zwischen den Saugröhren sitzen, und sich nach der Reife ablösen, zu vermehren. Die abgebildete Art findet sich im atlantischen Ozean und erreicht eine Länge von $8''$. Sie von oben betrachtend bemerkt man, dass die linke Seite fast grade, die rechte, in der Abbildung uns sichtbare, Seite dagegen, nach aussen gebogen ist und vor der Spitze einen tiefen Ausschnitt hat; der hohe Kamm ist in dieser Gegend etwas ausgeschnitten. Die Farbe der Blase ist ein helles Fleischroth mit dunklem Rande und etwas Roth in den Falten des Kammes; die Saugröhren sind hell violett mit rothen Spitzen, die zahlreichen grossen Fangfäden auch hell violett mit dunkel purpurfarbenen Saugnäpfen.

Familie DIPHYIDAE.

Das Merkwürdigste im Bau dieser Thiere ist die Zusammensetzung ihres Leibes aus zwei völlig getrennten Stücken, von welchen das vordere den Magen, eine oder mehrere Saugröhren und ebensoviele Eiersäcke, das hintere nur eine grosse Schwimmhöhle enthält. Beide Stücke sind einander in Form und Grösse theils ähnlich, theils sehr verschieden.

Fig. 12. DIPHYES *regularis*, um die Hälfte verkleinert. 12.a., ein Stück des Saugröhrenfadens.

Die beiden Stücke des Leibes sind sich in Gestalt und Grösse ähnlich, länglich dreiseitig, stark zusammengedrückt, nach oben mit dreikantigem Rücken. In dem vordern Stück bemerkt man 4 Höhlen, nehmlich 3 am Hinterrande, die vierte an der Spitze. In die obere der drei hinteren passt die Spitze des zweiten Stücks, in die mittlere der fadenförmige Kanal mit den Saugröhren, die dritte ist eine leere Schwimmhöhle; mit der vierten vorderen hängt der Kanal im Inneren des Fadens, woran die Saugröhren sitzen, unmittelbar zusammen. Diese Höhle enthält eine anders gefärbte Flüssigkeit, und soll zur Ausstreckung und Bewegung des Fadens dienen, je nachdem sie die Flüssigkeit in denselben drückt, oder nicht. Das zweite Stück enthält nach oben eine grosse, nach hinten offene, leere Schwimmhöhle und ist darunter in zwei Blätter gespalten, zwischen welchen der Faden mit den Saugröhren fortläuft. Fig. 12.a. zeigt einen kleinen Theil dieses Fadens vergrössert; man bemerkt daran den mittleren Kanal, woran nach unten vier verschieden ausgestreckte Saugröhren hängen, jede an der einen Seite mit einem ästigen Fangfaden, an der andern von einem körnigen Eiersack begleitet. Diese Röhren mit ihren Anhängen bedecken dünne häutige, hier senkrecht gestellt abgebildete Schuppen. Der Kanal mit den Saugern, Eierstöcken und Fangfäden ist in der Länge sehr veränderlich, und kann sich fast ganz bis an das vordere Stück zurückziehen; die Farbe des Thieres ist milchig, die Eiersäcke sind gelb; seine Grösse beträgt 2 Zoll.

TAFEL 39.

12. Klasse. Polypen. Polypina.

Wesentlicher Charakter. Fixirte reguläre Thiere mit nach oben gewendetem Munde, beiderlei Fortpflanzungsorganen und Knospenbildung oder Halbirungsfähigkeit, die beide aber nie bis zum wirklichen Ablösen kommen.

1. Abtheilung. Moosthiere BRYOZOA.

Wesentlicher Charakter. Ihr Darmkanal ist ausser dem Munde noch mit einer zweiten oder Afteröffnung versehen. Das Zahlenverhältniss ihrer Arme ist ein unbestimmtes.

1. Familie. Cellariea. Zellenmoosthiere.

Wesentlicher Charakter. Die Thierchen haben eine unbestimmte Anzahl einen Trichter beschreibender Tentakeln (2 b.) und stecken in einzelnen abgeschlossenen Zellen, deren seitliche Mündung eine gebogene Querspalte neben dem oberen Ende ist, welche durch die bewegliche Unterlippe geschlossen werden kann.

Fig. 1. Flustra *foliacea*; die Umrissfigur in natürlicher Grösse.

Länglich sechsseitige Zellen, die aus einer weichen lederartigen Membran bestehen, sitzen in regelmässiger Anordnung neben einander, theils einseitig Gegenstände überziehend, theils (wie eben bei Fl. *foliacea*) zweiseitig neben einander aufsteigend, unregelmässige Lappen bildend. Jede Zelle (1 a. 30mal vergrössert) zeigt ein poröses Gefüge in ihrer Membran, das sich oben neben der gebogenen Mündung verliert. Das in ihr steckende Thier ist ganz wie bei der folgenden Art gebaut.

Fig. 2. Membranipora *pilosa*, ebenso.

Die Zellen sind ganz wie bei der vorigen Gattung geformt, aber am untern Theile der Aussenfläche und an den Seiten aus einer etwas solideren, mehr kalkigen Substanz gebildet; der Rand dieser festeren Masse ist da, wo er in die weiche Haut der Aussenfläche übergeht, ausgezackt. Das Thier (2 b. 60 mal vergrössert) hat 12 einfache gewimperte Tentakeln um den Mund, einen zylindrischen Vorderleib, welcher durch eine Einschnürung vom eigentlichen Rumpfe (d) getrennt ist. Dahinter scheint der sackförmige Magen (e) hindurch, welcher aufwärts in den Darm übergeht, aus dem der ovale Mastdarm (g) mit dem After, der in die eine Ecke der Zellenmündung sich öffnet, entsteht. Ein eigenthümlicher Körper f neben dem Darm scheint dem Fortpflanzungsorgane anzugehören. Zwei Muskeln m, m schliessen den beweglichen Mündungsrand, wenn das Thier sich zurückzieht. Die abgebildete Art ist durch einen langen Stachel am Rande des härtern Theils der Aussenfläche leicht kenntlich.

Fig. 4. Eschara *foliacea,* ebenso.

Diese Gattung unterscheidet sich von den beiden vorigen, mit denen sie die Form der Zellen gemein hat, dadurch, dass die Zellen einander genau gegenüberstehen (4 b.), also immer 2 eine gemeinschaftliche Innenwand haben, und dass alle Zellenwände, besonders aber die äusseren, mit zunehmendem Alter immer mehr verkalken, und zuletzt so verschwinden, dass nur noch die Mündung der Zelle ihre Stelle verräth. Auch ihre Wände haben anfangs ein poröses Gefüge (4 a.), das aber nach und nach verschwindet, wenn die Kalkerde häufiger wird. Von dieser Verdickung ist indess der Lappen, der die bogenförmige Mündung umschliesst, ausgenommen, er bleibt weicher, biegsamer und bildet eine Art von Deckel (4 c). Unter ihm ist fast immer eine zweite runde Oeffnung sichtbar (e, e). Die Thiere gleichen ganz denen der vorigen Gattung; auch finden sich die Escharae ebenfalls im Meer an verschiedenen Gegenständen, theils Lappen bildend, wie E. *foliocea,* theils ästige Formen.

2. Familie. Tubuliporina.

Wesentlicher Charakter. Die Polypen haben ebenfalls trichterförmige Tentakeln, stecken aber in runden, becherförmigen, oben abgestutzten, offenen Zellen, die an einer gemeinsamen stammförmigen, oft verzweigten Basis haften.

Fig. 3. Bowerbankia *densa.* $\frac{1}{1}$ einer Gruppe in natürlicher Grösse, $\frac{8}{1}$ dieselbe achtmal vergrössert, 3a ein 60mal vergrössertes Individuum.

Der Gattungscharakter von Bowerbankia liegt in einem wagrecht fortkriechenden, unregelmässig ästigen Stamme, aus welchem sich bloss nach oben in unregelmässiger Anordnung länglich zylindrische Polypenzellen erheben. Jede Zelle besteht, wie der Stamm, aus einer lederartigen Hülle, die oben weicher wird, Falten schlägt, und an ihrem äussersten Rande mit 16 langen steifen Borsten (a, a) besetzt ist. Hinter diesen beginnt der weiche Thierkörper, der noch über die Borsten hinausragt, hier sich zurundet und um seinen Mund 10 — 12 gewimperte Tentakeln hat; unterhalb dieser nach aussen mündet der After (h), der lange Schlund (c) führt in einen kleinen kugeligen, innen mit Zähnchen besetzten, muskulösen Kaumagen (d), auf welchen die sackförmige eigentliche Verdauungshöhle (e) folgt; beide sind durch Muskeln (m und n) an der Zellenwand befestigt. Aus der Verdauungshöhle entspringt oben der lange dünne Darm (f). Im Meere, auf verschiedenen Gegenständen an den englischen Küsten.

3. Familie. Halcyonellina (*Hippocrepia*).

Wesentlicher Charakter. Die Polypen haben zahlreiche, hufeisenförmig gestellte Tentakeln, in deren Ausschnitt die Afteröffnung mündet. Sie stecken in lederartigen, verästelten Röhren, an welchen Stamm und Polypenzelle nicht verschieden sind.

Fig. 5. Halcyonella *reptans*, natürliche Grösse.

In manchen Flüssen Deutschlands mit klarem Wasser trifft man an Schilfstengeln, Binsen oder hineingesteckten Holzenden moosartige Ueberzüge, welche bei genauerer Untersuchung aus einfachen oder verästelten lederartigen braunen Röhren bestehen, die fortwachsend sich vermehren und die Federbusch-Polypen enthalten. Bei der hier abgebildeten Art sind die Röhren nach beiden Seiten verästelt, und enthalten in jedem kurzen Aestchen einen Polypen. Fig. 5 a. zeigt denselben 30mal vergrössert; man bemerkt das obere Ende des zugerundeten Rohres (dd), aus welchem der Polyp hervorragt; seine Tentakeln bilden ein Hufeisen, zwischen dessen beiden Reihen die Mundöffnung sich befindet, während der After (h) unter den Tentakesn an der Seite der Einbiegung liegt; g ist der Schlund, b der lang herabhängende Magen, von dem seitlich der birnförmige Darm ausgeht. Hinter dem Magen ist ein Körper c, den man für den Eierstock ansieht. Die Eier (5 f. von der Fläche, 5 k von der Kante gesehen) sind linsenförmig, flach und haben am Umfange 2 Reihen langer, radialer Doppelhaken.

3. Abtheilung. Blumenthiere ANTHOZOA.

Wesentlicher Charakter. Die Verdauungshöhlen dieser Thiere haben keinen Darm und keinen After, sondern bilden einen einfachen Schlauch, der, wenn er unten auch offen ist, doch nicht nach aussen mündet.

4. Familie. OLIGACTINIA.

Wesentlicher Charakter. Die einfachen, den Mund umgebenden Tentakeln sind in mannigfaltigen, meistens bei jeder Art sehr schwankenden Zahlenverhältnissen vorhanden.

Fig. 6. Der braune Armpolyp. HYDRA *fusca*, 5mal vergrössert.

Der länglich kolbenförmige Körper ist an seinem Ende um den kegelförmig zugespitzten Mund mit 5, 6, 7 oder 8 einfachen, sehr beweglichen und veränderlichen, auch ganz einziehbaren Armen umgeben, die inwendig hohl sind. Jeder Arm (6c. ist die Spitze eines Armes, sehr stark vergrössert) ist mit Gruppen Wimpern tragender Warzen besetzt, in deren Mitte sich eine grössere Zelle mit dem Nesselorgan befindet. Ein solches Organ, bei 6e sehr stark vergrössert, besteht aus einem Bläschen, welches an seinem Ende von 3 Zacken umgeben ist und an einem langen Faden hängt, durch den es eingezogen und hervorgeschleudert werden kann. Mit diesen Nesselorganen fangen die Armpolypen ihre Beute. Sie sind getrennten Geschlechtes und die Weibchen bilden Eier in Taschen unten am dicken Theile des Rumpfes. Ein solches Ei (6 a stark vergrössert) ist mit Zacken und Haken überall bekleidet. Die Thiere finden sich in Teichen und Flüssen an Schilfstengeln, Pflanzenwurzeln und Röhrig angeheftet, können aber ihren Standpunkt nach Willkür verändern.

Fig. 7. CAMPANULARIA *dichotoma*.

Die Polypen sind Meerbewohner und bilden kleine, dichotomisch verästelte Stämme (7. in natürlicher Grösse; 7a 12mal vergrössert) deren Rinde hornig, aber dünn und biegsam ist und am Ende jedes Zweiges sich in eine becherförmige Zelle erweitert, die den Polypen enthält. Derselbe hat einen trichterförmigen Mund (e), unter den 16, 18—24 Arme stehen, die von Absatz zu Absatz mit einem Wimperkranze (h) bekleidet sind. In den Achseln der Verzweigung wachsen später andere grössere Zellen (b) hervor, und in diesen bilden sich die Eier (c, c). Letztere Zellen hält man für weibliche, jene an den Enden der Zweige für männliche; f und g sind solche in verschiedenen Entwickelungsstadien begriffene männliche Zellen, d eine reife.

5. Familie. OCTACTINIA.

Wesentlicher Charakter. Die Polypen haben acht breite, am Rande gezackte Arme (10) rund um den Mund; einen einfachen Magen und acht Fortpflanzungsorgane (männliche oder weibliche) hinter denselben, deren Ausgänge in den Magengrund zu münden scheinen.

Fig. 8. GORGONIA *flabellum,* in natürlicher Grösse.

Die Gattung GORGONIA gehört zu den OCTACTINIEN, deren verästelter Polypenstock aus einem hornigen Kern besteht (an der unteren Hälfte der Figur ist er frei sichtbar), über den sich eine ziemlich dicke Kalkschicht ausbreitet (wie an der oberen Hälfte der Figur), worin viele kleine Poren zur Aufnahme der Polypen sich befinden. Ueber diese Kalkschicht verbreitet sich noch die lebendige thierische Rinde und von dieser gehen die Polypen gleichsam wie Blumen vom Stengel aus. Die abgebildete Art bildet einen grossen, bis 2 Fuss hohen, unregelmässig maschigen Fächer und findet sich in vielen Meeren nahe den Küsten angeheftet. Ihre Achse ist braun, ihre Kalkschicht gelb oder röthlich.

Fig. 9. CORALLIUM *rubrum,* ebenso.

Der allbekannte rothe Korall ist die blutfarbige, kalkige Achse eines baumförmig verzweigten Polypenstockes, welche eine fleischige thierische Rinde überzieht, aus der an warzenartigen Stellen die Polypen hervorragen. Die Achse (an der unteren Hälfte der Figur ist sie von der Rinde entblösst) hat feine parallele Längsfurchen und regelmässig vertheilte Grübchen, die den Polypenwarzen in der Rinde entsprechen. Im Mittelmeer an den Küsten, auf verschiedene Gegenstände aufgewachsen.

Fig. 11. TUBIPORA *Chamissonis*, ebenso.

Dieser unter den Namen Orgelwerk bekannte Corall besteht aus zahlreichen, blutrothen Kalkröhren, die parallel neben einander stehen, und von Zeit zu Zeit durch kalkige Querplatten verbunden sind. Jedes Rohr ist die mit zunehmendem Alter verkalkende Rinde eines Polypen, der in ihm steckt, und aus seiner oberen freien Mündung hervortreten kann. Bei 11 a. ist ein solches Rohr mit seinem Polypen 10mal vergrössert und geöffnet dargestellt. Man sieht die acht gezackten Tentakeln (e), die nach oben ausgestreckt neben einander liegen, und von einer häutigen Scheide (f, f) umgeben sind, die unter den Tentakeln mit dem Rumpfe zusammenhängt. Diese Scheide wird nach oben allmälig dicker, schlägt sich nach aussen um (d, d) und geht nach und nach in die kalkige Rinde unmittelbar über. So lange sie fleischig ist, hat sie eine grüne Farbe, durch den Kalk wird sie roth. c, c ist ein Theil der kalkigen Querplatte. Diese Art findet sich in der Südsee, gleichfalls in der Nähe der Küsten.

6. Familie. DODECACTINIA.

Wesentlicher Charakter. Die Polypen haben zwölf einfache zylindrische, öfters ganz kurze, warzenförmige Tentakeln (12) um den Mund; sie sondern alle ein kalkiges Gerüst unter sich ab, dessen Oberfläche mit runden oder sternförmigen Zellen bedeckt ist.

Fig. 1. MADREPORA (HETEROPORA) *abrotanoides*, in natürlicher Grösse

Die Gattung MADREPORA umfasste früher alle Dodekaktinien, deren Kalkgerüst einen hohlen Achsenkanal besitzt, mit dem die einzelnen Polypenzellen durch andere Kanäle in Verbindung stehen. Ist dieser Achsenkanal weiter als die seitlichen Zellenkanäle, so ist auch die ihm entsprechende Endzelle grösser als die Seitenzellen der Zweige, und dieser Umstand liefert den Charakter der hier dargestellten neueren Gattung HETEROPORA. Bei 13a. ist die Achsenzelle von oben gezeichnet, um die 12 radialen Lamellen zu zeigen, welche von ihrem Umfange zur Mitte vordringen. Solche Lamellen finden sich bei allen Madreporen. Die abgebildete Art hat einen aufrechten, ästigen, rauhen Polypenstock, dessen Seitenzellen zackig hervorragen und eine schiefe, einwärts gewendete Mündung haben. Daher sieht man diese Münde in der Figur nur bei kleinen, nachgewachsenen Zellen, die noch nicht vollständig ausgebildet sind. Die viel grössere Endzelle ist kolbig geformt. Die Art bewohnt die Küsten Ostindiens und ist nicht selten.

Fig. 14. POECILLOPORA *clavaria*, ebenso.

Diejenigen Dodekaktinien, deren Polypenstock entweder gar keine Röhren enthält, oder doch kein Achsenrohr, sondern unzusammenhängende, durch quere Scheidewände getheilte (wie hier), bilden die alte Gattung MILLEPORA. Gewöhnlich sind die Zellen viel kleiner und ohne sternförmiges Gefüge, weil den Polypen die Tentakeln fehlen. Unter diesen MILLEPOREN nennt man POECILLOPORA diejenigen, deren Polypenstock viele kleine, einfache, dicht aneinander gedrängte Zellen bildet, die über Röhren mit Querscheidewänden sitzen. Die abgebildete gemeine Art hat einen aufrechten, vielfach verästelten Polypenstock, dessen kurze Aeste dick rundlich und kolbig sind.

7. Familie. LITHOPHYTA.

Wesentlicher Charakter. Die Polypen haben eigentlich keine Tentakeln, sondern zahlreiche radiale Lamellen, welche vom Mundrande ausgehen; sie setzen unter sich Kalkmasse ab, die von der weichen Thiersubstanz (dem Mantel) überzogen wird, und ein sehr festes Gerüst bildet.

A. Bei Einigen stirbt der Mantel von unten her ab, daher die Kalkgerüste unbeweglich festsitzen.

a. Daedalinen. Die Polypen halbiren sich, und bilden daher halbkugelige Massen, mit gleich weit vom Anfangspunkte abstehenden Zellen auf der äussersten Oberfläche.

Fig. 15. Maeandrina *labyrinthica,* ebenso.

Die Mäandrinen sind massige halbkugelige kalkige Polypenstöcke, deren Zellen nicht in sich geschlossen sind, sondern nach zwei oder mehreren Richtungen fortwachsend unregelmässige Windungen auf der Oberfläche beschreiben, die durch hohe, scharfkantige, seitlich mit feinen Lamellen besetzte Erhabenheiten (den zusammengewachsenen Rändern zweier sich berührenden Polypenzellen) getrennt werden. Alle Arten dieser merkwürdigen Gattung leben in tropischen Meeren und unterscheiden sich an den Gestalten der Wälle zwischen den Zellen. Bei der abgebildeten Art bildet die ebene Kante der Wälle einen einfachen zackigen Kamm. An amerikanischen Küsten.

Fig. 16. Favia *uva,* in natürlicher Grösse.

Diese Gattung hat mit der vorigen die halbkugelige, massige Form ihres Gerüstes gemein, unterscheidet sich aber von ihr durch die in sich geschlossenen runden oder eckigen Polypen-Zellen. Stossen dieselben dicht an einander, ohne besondere Zwischenräume (Mantel) zu lassen, so giebt dies die Gattung Astraea; lassen sie aber Lücken zwischen sich, wie hier, so erhält man die Gattung Favia. Bei der abgebildeten Art sind die Lücken erhaben und körnig-gestreift, die Zellen haben 4—5 Linien Durchmesser und schmale radiale Lamellen, deren innerste Ecke zackenartig hervorragt, eine sogenannte Krone bildet. Sie findet sich im rothen Meer.

Fig. 19. Caryophyllia *corymbosa,* ebenso.

Der Polypenstock der Gattung Caryophyllia hat keine massige, halbkugelige Form, sondern eine frei verästelte baumartige; aber die Aeste entspringen immer alle in gleicher Entfernung von der Stammbasis, und die Polypenzellen befinden sich immer nur am Ende der Zweige. Daher hat auch hier der ganze Polypenstock eine kugelige, wenn auch nicht zusammenhängende Form. Die Zweige entstehen immer durch Theilung einer einfachen Zelle, gewöhnlich zu drei, wie in unsrer Figur, und die Zellen haben viele vertiefte radiale Lamellen, während die Aussenfläche der Zweige fein gestreift ist. Die abgebildete Art wird gegen 1 Fuss hoch und ihre Zellen haben, so lange sie noch einfach sind, gegen 1 Zoll, später in der Verästelung begriffen bis 2½ Zoll Durchmesser. Die Lamellen der Zelle sind dick und leicht gezähnt. Sie findet sich im rothen Meer.

b. Oculinen. Die Polypen bilden Knospen, und verästeln sich daher nicht regelmässig. Die Gerüste haben rasen- oder buschförmige Gestalten.

Fig. 17. Oculina *prolifera,* ebenso.

Der Gattungscharakter von Oculina liegt in der unregelmässigen Form des Polypenstockes, dessen Knospen und Zweige immer unmittelbar am Rande der früheren Polypenzellen zu 1, 2, 3, oder noch zahlreicher hervorwachsen. Die Zellen selbst haben viele radiale Lamellen; die Aussenfläche der Zweige ist glatt oder körnig. Die abgebildete Art wird gegen 1 Fuss hoch, hat bis ½ Zoll weite elliptische Zellen, eine weisse Farbe, und eine feinkörnige Oberfläche der Zweige. An den Küsten der Nordsee.

B. Bei Anderen bleibt der Mantel immer auf der ganzen Oberfläche des Kalkgerüstes, hüllt dasselbe ein, und befestigt sich allein an den Gegenständen, worauf die Thiere sitzen. Sie lassen sich leicht von diesen abheben. *Funginen.*

Fig. 12. Fungia *agariciformis*, ebenso.

Eine einzige, mit zunehmendem Alter sich immer mehr vergrössernde Polypenzelle bildet in ihrem fleischigen Mantel einen grossen, flach kegelförmigen Kalkstock, der auf seiner Oberfläche vom Munde des Polypen ausgehende, radiale, gegen den Rand hin sich vermehrende Lamellen besitzt, während die Unterseite dicht höckerig ist. Bei der abgebildeten Art ist der Umfang dieses Polypenstockes kreisförmig und die radialen Lamellen haben einen fein zackigen Rand. Sie findet sich in der Südsee. Der thierische Mantel ist schön blutroth gefärbt, der Kalkstock aber weiss.

8. Familie. Polyactinia.

Wesentlicher Character. Die Polypen haben zahlreiche, gewöhnlich einfache, kurze, einziehbare Tentakeln um den Mund und bestehen bloss aus fleischiger Substanz, ohne jemals Kalkmasse abzusondern.

Einige Mitglieder dieser Familie, (die Zoanthinen) bilden noch verzweigte Polypenstöcke, an welchen mehrere Polypenzellen von einem gemeinsamen Stamme getragen werden, die meisten sind einfache Individuen, die zwar festsitzen, aber ihren Ort verlassen können, so die nachfolgende Art.

Fig. 20. Actinia *novae Hiberniae*, natürliche Grösse.

Die in allen Meeren, besonders aber im tropischen, heimische Gattung Actinia enthielt früher diejenigen Polyactinien, deren kegelförmiger Körper bloss ein Individuum ist. Neuere Beobachter haben diese Gattung nach der Form der Tentakeln in mehrere aufgelöst, von welchen der Name Actinia denjenigen Arten geblieben ist, deren Tentakeln einfache sind, denen Saugscheibchen fehlen, und die keine Poren im Mantel haben. Zu ihnen gehört die abgebildete schöne Art aus der Südsee. Sie wird mehrere Zoll hoch, ist zinnoberroth, mit bräunlicher Mundgegend, deren Rand von einer doppelten Reihe einfacher zugespitzter Tentakeln umgeben ist. Diese Tentakeln haben unten eine grünliche, an der Spitze eine weissliche Farbe und auf dem dunklern Theile gelbe Flecken.

TAFEL 40.

13. Klasse. Infusionsthiere. Infusoria.

(NB. Da diese sogenannte Klasse keine natürliche Abtheilung des Thierreichs ist, so kann sie auch nicht definirt werden; sie besteht vielmehr aus dreierlei ganz verschiedenen Gruppen, welche ich hier als Abtheilungen aufführe, die Leser über ihre natürliche Stellung im System auf mein Handbuch der Naturgeschichte. Berl. 1837. 8. verweisend.)

1. Abtheilung. Räderthiere. ROTATORIA.

Wesentlicher Charakter. Gegliederte Thiere, mit eigenthümlichen, bloss am Vorderende des Körpers angebrachten, ungegliederten Bewegungsorganen (sogenannte Räder), die aus Fleischwarzen bestehen, deren Rand strudelerregende Borsten trägt. Sie leben im Wasser, sind Zwitter und legen einzelne grosse Eier. Sämmtliche Arten sind hier etwa 150mal im Durchmesser vergrössert.

(NB. Nach meiner Ansicht gehören diese Thiere zu den Crustaceen.)

1. Familie. ZYGOTROCHA.

Wesentlicher Charakter. Die Räderorgane bilden zwei gegenüberstehende Hauptlappen, oder es sind ihrer überhaupt nur zwei vorhanden.

Fig. 1. BRACHIONUS *urceolaris.*

Die Gattung BRACHIONUS gehört zu den gepanzerten Zygotrochen und unterscheidet sich von ihren Gruppengenossen durch den Besitz eines einfachen Auges und eines langen, gegliederten Schwanzes. Der Panzer, welcher bloss den Rumpf bedeckt, ist ziemlich flach, aber an den Seiten nicht scharfkantig, vorn etwas enge und hinten bauchig zugerundet; der vordere Endrand ist gezackt, und hinter einem tieferen Ausschnitt, aus dem ein einfacher Tentakel hervorragt, liegt das Auge. Darauf folgt der Schlundkopf mit den 5 Zähnen an jeder Seite (1. a), hinter ihm der Magen mit seinen beiden seitlichen Drüsentaschen (Leber) am Anfange und dann der zweite zurückgewundene Darmabschnitt, neben dem zu beiden Seiten die kurzen taschenartigen weiblichen und die langen, kanalartigen männlichen Genitalien wahrgenommen werden. Der rechte Eierstock enthält einen Eikeim, der linke ist entleert und sein reifes Ei hängt hinten am Panzer. Der kurze, vielgliedrige Schwanz endet mit 2 Flossenstrahlen. Der Räder sind fünf; 2 seitliche links und rechts, ein kleineres mittleres, neben welchem jederseits ein borstenförmiges Fühlhorn sich bemerkbar macht. Das Thierchen ist $\frac{1}{6}$ Linie lang und findet sich häufig in klaren Teichen.

Fig. 2. PTERODINA *elliptica.*

Eine mit BRACHIONUS in dieselbe Gruppe der gepanzerten Zygotrochen gehörige Form, deren Panzer aber viel flacher ist (2. b) am Umfange scharf zugerundet und dabei einen elliptischen Umriss hat. Das Räderorgan besteht aus zwei elliptischen Scheibchen, die durch einen Wimperbogen verbunden sind; dahinter stehen hier zwei Augen. Die innere Organisation ist ganz ähnlich, aber die Kiefer haben nur zwei Zähne an jeder Seite (2. a), die in einer halbkreisförmigen Platte sitzen. Der Schwanz ist etwas kürzer, und endet statt der Flossen bloss mit Wimpern. Das Thierchen wird $\frac{1}{9}$ Linie lang und lebt in Teichen bei Berlin.

Fig. 8. PHILODINA *erythrophthalma.*

Die Gattung PHILODINA gehört zu den panzerlosen Zygotrochen, und ist unter ihnen durch den Besitz zweier Nackenaugen ausgezeichnet. Ihr Räderorgan besteht, wie bei PTERODINA, aus zwei Ellipsen, die neben dem Munde stehen; über ihm, doch mehr nach hinten zu, zeigt sich im Nakken ein Tentakel und an seinem Grunde bemerkt man die beiden rothen Augen. Der nun folgende Rumpf besteht deutlich aus sechs Ringen, welche durch schwache Muskelgürtel von einander geschieden und wieder durch noch schwächere Muskellängsstreifen verbunden sind. Er enthält ganz dieselben Organe, welche wir bei BRACHIONUS kennen lernten, aber der Kiefer hat jederseits drei in einer Halbscheide steckende Zähne. Der dreigliedrige Schwanz hat an jedem Gliede einen zackenartig vorspringenden Endrand. Das Thierchen wird $\frac{1}{10}$ — $\frac{1}{4}$ Linien lang, und lebt in Gesellschaft der vorigen.

2. Familie. POLYTROCHA.

Wesentlicher Character. Die zahlreichen kreisförmigen Räderorgane bilden einen Ring um den Mund oder am stumpfen Vorderende des Körpers.

Fig. 3. METOPODIA *triptera.*

Diese und die beiden folgenden Gattungen bilden mit mehreren andern eine natürliche Gruppe (EUCHLANIDOTA), welche sich durch den Besitz eines einfachen, den ganzen Rumpf bedeckenden Panzers auszeichnet, der ähnlich wie bei BRACHIONUS bloss eine vordere und hintere Oeffnung zum Durchgange des Räderorganes und Schwanzes hat. METOPODIA ist unter diesen Gattungen durch den Besitz zweier Augen und zweier Flossen am Ende des Schwanzes ausgezeichnet, sie hat einen frei hervorragenden kopfartigen Vordertheil, hinter dem die Räderorgane sitzen, einen flachen, oben mit einem Kamm versehenen Panzer, und zweizahnige Kiefer. Die abgebildete Art $\frac{1}{18}$ Linien lang.

Fig. 4. EUCHLANIS *triquetra.*

EUCHLANIS, die Hauptgattung der eben bezeichneten Gruppe, ist an dem einfachen Auge und dem flachen, seitlich scharfkantigen, unterhalb häutigen, oben mit einem hohen Kamm (4. b.) versehenen Panzer kenntlich; sie stimmt darin zum Theil mit METOPODIA überein, hat wie diese zwei Flossenborsten am Ende des Hinterleibes, aber ein stumpfes, von 6 Räderorganen umgebenes Vorderende und fünf freie Zähne in jedem Kiefer (4. a). Im Innern des Rumpfes treten, ausser den schon erwähnten Organen, die beiden grossen, zum Räderorgane sich begebenden Muskelstreifen hervor, und der hier sehr entwickelte, mit einem fast reifen Ei versehene Eierstock. Die abgebildete Art ist eine der grössten und erreicht $\frac{1}{4}$ Linie Länge.

Fig. 5. SQUAMELLA *oblonga.*

SQUAMELLA ist die einzige Gattung unter den Euchlanidoten, welche vier Augen besitzt; in den übrigen Punkten stimmt sie ziemlich mit EUCHLANIS überein, aber der Panzer hat keinen Kamm, und das Räderorgan ist einfacher, dem von PTERODINA ähnlich. Die Kiefer haben zwei freie Zähne (5. a). Die abgebildete Art hat nur $\frac{1}{18}$ Linie Länge.

Fig. 6. POLYARTHRA *trigla.*

Unter den ungepanzerten Polytrochen giebt es zwei Gattungen, welche sich durch den Besitz paariger Flossenborsten auszeichnen, und als eine besondere Unterabtheilung angesehen werden müssen. Beide haben einen seitlich zusammengedrückten, ungegliederten Rumpf, nach Art der Daphnien (Taf. 32. Fig. 12.), und keinen gegliederten Schwanz. Die eine, POLYARTHRA, hat ein einfaches Auge, an jeder Seite 6 Flossenborsten in 2 Gruppen, aber keine Endflosse; ihre Kiefer tragen einen einfachen Zahn. Die abgebildete Art wird $\frac{1}{12}$ Linie lang, und hat glatte Flossenborsten.

Fig. 7. TRIARTHRA *mystacina.*

Die andre Gattung, TRIARTHRA, hat vorn blofs eine einfache grosse Flossenborste an jeder Seite, aber eine dritte am Körperende. Sie besitzt ferner zwei Augen, zwei Zähne an jedem Kiefer, die in einem Gerüst stecken, und einen längeren mehrgestreckten Körper. Die abgebildete Art misst $\frac{1}{12}$ Linie und ihre Flossenborsten überragen den Körper nur wenig.

Fig. 9. NOTOMMATA *collaris*.

Die noch übrigen ungepanzerten Polytrochen sind hier durch die Gattung NOTOMMATA repräsentirt, weil sie die grössten Arten von allen enthält. Ihre Charaktere liegen in dem deutlich aus sechs Gliedern zusammengesetzten spindelförmigen Rumpfe, den äusseren langgestielten Räderorganen, der Anwesenheit eines einfachen Nackenauges, vor dem bei manchen Arten (aber nicht, wie es scheint, bei der abgebildeten) ein beweglicher Tentakel steht, dem einfachen breiten Zahn in jedem Kiefer und dem kurzen eingliedrigen Schwanze, welcher eine doppelte Endflosse hat. Die innere Organisation ist ganz wie bei den übrigen Räderthieren und recht deutlich zu erkennen. Die abgebildete Art zeichnet sich durch ihren abgeschnürten ersten Rumpfring aus und erreicht eine Länge von $\frac{1}{4}$ — $\frac{1}{2}$ Linie. Sie lebt einzeln in Torfseen bei Berlin, und hat eine glatte Oberfläche.

3. Familie. SCHIZOTROCHA.

Wesentlicher Charakter. Das Räderorgan bildet eine einfache grosse, oft scheibenförmig ausgebreitete Wimperreihe, die durch Einschnitte in mehrere Lappen getheilt zu sein pflegt.

Fig. 10. MEGALOTROCHA *albo-flavicans*.

Die meisten Schizotrochen sind fixirte Räderthiere, welche mit ihrem mehr oder weniger verlängerten vielgliedrigen Schwanze sich festsetzen und häufig gruppenweis neben einandersitzen, theils ganz unbedeckt, wie eben MEGALOTROCHA, theils von einer Gallertkugel umgeben, worin sich die einzelnen Individuen zurückziehen, wie LACINULARIA. Das Thier besteht dann aus einem sechsringeligen Rumpfe, an dessen Ende, wie immer bei Räderthieren, After und Genitalien mit einer gemeinsamen Oeffnung münden, worauf ein vielgliedriger Schwanz folgt; am Vorderende breitet sich dagegen der Rumpf in ein grosses, hufeisenförmiges Räderorgan aus, dessen Einschnitt zum Munde führt. In ihnen 2 Kiefer, jeder mit funf Zähnen (10. a.), die in einem Gerüst sitzen. Die Jungen haben, so lange sie schwimmen, 2 Augen, später setzen sie sich neben den Alten fest, und verlieren die Augen. Hier sind 2 alte Individuen dargestellt, das eine ausgestreckt, das andere (d) zusammengezogen; jenes trägt 2 Eier. In geringerer Vergrösserung ist bei b. eine ganze Gruppe der LACINULARIA *socialis* gezeichnet. Beide Arten sind fast die grössten Räderthiere und messen $\frac{1}{3}$ Linie in der Länge.

Fig. 11. LIMNIAS *Ceratophylli*.

Die Gattung LIMNIAS gehört zu den einzeln festsitzenden Schizotrochen, welche von einer festen Scheide umgeben sind. Diese Scheide ist bei LIMNIAS strukturlos. Das Räderorgan ist ∞förmig, zweilappig und die Kiefer enthalten drei Zähne. Der übrige Bau ist ähnlich wie bei MEGALOTROCHA. Man kennt nur die eine hier abgebildete Art, welche fast $\frac{2}{3}$ Linien lang wird, und an den zarten Stielen oder Wurzeln verschiedener Wasserpflanzen zu haften pflegt.

4. Familie. MONOTROCHA.

Wesentlicher Charakter. Das Räderorgan besteht aus einem einzigen, in sich geschlossenen Wimpernkreise.

Fig. 12. CONOCHILUS *Volvox*.

Auch die MONOTROCHEN sind grösstentheils fixirte Räderthiere, welche theils in einer gemeinsamen Gallertscheide stecken, wie eben CONOCHILUS, theils jedes Individuum in einer besonderen. Die Gruppen der CONOCHILI sehen ganz so aus wie die der LACINULARIA, aber die Thiere unterscheiden sich auffallend, wie die Abbildung zeigt. Das einfache elliptische Räderorgan ist kleiner, und aus seiner Mitte ragen neben dem Munde zwei Fühler hervor, die Kiefer haben 5 Zähne, die in einer Scheide stecken. Der Magen ist geschwungen, und die Genitalien bilden schmale gewundene Schläuche. Man kennt nur diese eine Art, welche gleichfalls an Wasserpflanzen haftet, und deren Individuen $\frac{1}{2}$ Linie lang werden.

Wesentlicher Charakter. Gliederlose, allermeistens unsymmetrische Thiere, deren Körperoberfläche meistens mit Wimpern oder analogen Bewegungsapparaten besetzt ist, während die inneren Organe aus zahlreichen runden Magentaschen zu bestehen scheinen. Alle vermehren sich durch Theilung, einige auch durch Knospenbildung.

I. Enterodela.

Sie haben nicht bloss einen Mund und Magentaschen, sondern auch einen Darm nebst After.

1. Familie. ANOPISTHIA.

Wesentlicher Charakter. Mund und After, die beide vorhanden sind, liegen in einer Grube dicht neben einander.

Fig. 13. VORTICELLA *nebulifera.*

Die Gattung VORTICELLA bildet den Repräsentanten einer besondern Gruppe unter den Anopisthien, welche durch die Anwesenheit langer Stiele, die die einzelnen Thierleiber tragen, und öfters sogar zu Familien verbinden, merkwürdig ist. Bei VORTICELLA sind die Individuen immer einzeln gestielt, wenn sie gleich gruppenweis dicht neben einander sitzen, und der kleine Stiel enthält in seinem Innern einen Muskelfaserbündel (c.), vermittelst dessen er sich spiralig aufrollen und theilweis oder ganz ausstrecken kann (a). Der Leib des Thieres ist becherförmig, am oberen Rande mit Wimpern besetzt, und hat hier an einer Stelle, wo der Wimpernkranz sich nach innen biegt, den Mund. Jedes Individuum kann sich halbiren (f.), oder auch Knospen bilden (b.) ja ganz vom Stiel ablösen. Solche schwimmende Individuen enthalten auch hinten Wimpern (d), oder zeigen bloss diese und ziehen die vorderen ein (e). Der Körper allein wird $\frac{1}{24}$ Linie lang.

Fig. 14. STENTOR *Roeselii*, $\frac{1}{3}$ Linie lang.

STENTOR unterscheidet sich von VORTICELLA besonders durch den Mangel eines Stieles, wenngleich der länglich trichterförmige Körper sich dennoch mit dem spitzen Ende festsetzen, aber auch schwimmen und dabei elliptisch zusammenziehen kann (b). In seinem Innern bemerkt man 2 grössere Blasen und ein langes geschlängeltes Organ, die beide, doch letzteres kürzer und bloss gebogen, auch bei VORTICELLA vorhanden, ihrem wahren Wesen nach aber noch nicht gehörig erkannt sind.

2. Familie. CATOTRETA.

Wesentlicher Charakter. Mund und After, die beide vorhanden sind, liegen zwar an einer Seite, oft ziemlich dicht neben einander, sind indess durch einen gewissen Abstand getrennt

Fig. 15. EUPLOTES *monostylus*, $\frac{1}{24}$ Linie lang.

Mehrere CATOTRETA haben ein panzerartiges Rückenschild, welches glashell ist und auch bei EUPLOTES sich findet. Der weiche Rumpf ist am Munde gewimpert, aber unterhalb mit wellenförmigen Haken in doppelter Reihe bedeckt, die dem Thierchen als Füsse zum Kriechen dienen. Hinten hat es einen schwanzförmigen Fortsatz. Fig. 6. stellt den leeren Panzer dar.

Fig. 16. STYLONYCHIA *mytilus*, $\frac{1}{8}$ Linie lang.

STYLONYCHIA ist der vorigen Gattung sehr ähnlich, aber schalenlos. Der nackte Leib ist länglich elliptisch, nach vorn breiter und am eingebogenen Rande gewimpert. An der Bauchseite bemerkt man eine doppelte Reihe gewundener Stiele, wie bei EUPLOTES, die als Füsse zum Kriechen dienen, und hinten bildet eine Gruppe grader Stacheln eine Art Schwanz (c.), hinter dem, vom Rande, noch drei längere Borsten hervorragen. Im Innern des Thieres sieht man den Darm mit den Magentaschen, eine kleinere helle, kreisrunde Blase (a), und zwei länglich elliptische dunklere (b.)

Fig. 17. PARAMAECIUM *aurelia*, $\frac{1}{12}$ Linie lang.

Diese und die folgende Gattung sind von beiden Seiten zusammengedrückt, schalenlos, überall mit Wimpern bekleidet, und fast nierenförmig gestaltet. Bei PARAMAECIUM hat die Niere eine langgestreckte Form, und einen schwächeren seitlichen Einschnitt, worin der Mund (a) sich befindet; der

After ist nahe am Hinterende. Im Innern der Thiere bemerkt man zahlreiche Magentaschen, von denen mehrere mit Farbestoff erfüllt sind, einen grossen elliptischen Körper (c), und zwei sternförmige (b. b.), welche sich abwechselnd zusammenziehen und wieder ausdehnen.

Fig. 8. Colpoda *cucullus*, $\frac{1}{24}$ Linien lang.

Die Gattung Colpoda ist kürzer gebaut als Paramaecium, stärker eingekrümmt, schwächer gewimpert, theilweis nackt, und hat beide Oeffnungen in einem Seitenausschnitt (a), woselbst sie aber durch einen vorspringenden Zapfen getrennt sind. Im Innern bemerkt man zahlreiche, zum Theil angefüllte Magentaschen und den schon bei Paramaecium erwähnten elliptischen Körper (6.) —

2. Familie. Allotreta.

Wesentlicher Charakter. Mund und After sind beide vorhanden, liegen aber weit getrennt von einander, und zwar einer von beiden am Ende des Körpers selbst.

Fig. 19. Chilodon *cucullulus*, $\frac{1}{12}$ Linie lang.

Der Körper dieser Gattung ist flach elliptisch, überall gewimpert, doch am Umfange stärker, panzerlos, und am Vorderende schief zugespitzt. Der Mund (a) befindet sich an der Bauchseite und ist mit sechszehn nadelförmigen Zähnen eingefasst (16. a.), der After ist am Hinterende. Im Innern des klaren Thieres sieht man die Magenblasen, einen grossen eiförmigen dunkleren Körper (c), und zwei kleinere ungleiche klare Blasen (b, d).

Fig. 20. Trachelius *ovum*, $\frac{1}{6}$ Linie lang.

Trachelius *ovum* gleicht im Umriss ganz der vorigen Gattung, andere Arten sind indess länger gestreckt und lanzettförmig gestaltet; das Vorderende ist in einen spitzen Lappen ausgedehnt, hinter dem der trichterförmige Mund (a) sich befindet. Der Darm (c) ist ein weiter Längskanal, von dem paarige Seitenäste ausgehen, die aber nicht in Magentaschen enden. Der After (d) hat eine Art Sphinkter. Ausserdem sieht man noch den dunklen Körper b, und viele kleine klare Blasen im Innern.

4. Familie. Enantiotreta.

Wesentlicher Charakter. Beide Darmmündungen liegen am Körperende, der Mund am vorderen der After am hinteren.

Fig. 21. Coleps *hirtus*, $\frac{1}{36}$ Linie lang.

Coleps ist die einzige Gattung unter den Enantiotreten, welche einen harten tonnenförmigen Panzer hat, der vorn und hinten offen, am Rande gezähnt und auf der Oberfläche getäfelt ist. Daher erkennt man vom innern Bau bloss die mit Farbestoff erfüllten Magentaschen. Der Mund hat einen Wimpernkranz und der Panzer ist ebenfalls der Quere nach halbirbar, wenn das Thierchen sich durch Theilung vermehren will.

Fig. 22. Leucophrys *patula*, $\frac{1}{8}$ Linie lang.

Leucophrys hat keinen Panzer, einen allgemeinen Wimperbesatz, einen eiförmigen Körper mit schief abgestutztem Vorderende, woran der Mund. Die abgebildete Art wird $\frac{1}{8}$ Linien lang, ist bräunlich, ziemlich durchsichtig und lässt deutlich einen gewundenen Darm und davon ausgehende Magentaschen erkennen.

Fig. 23. Enchelys *pupa*, $\frac{1}{12}$ Linie lang.

Enchelys unterscheidet sich von Leucophrys durch den Mangel einer Wimperbekleidung auf der Oberfläche, einen länglich kolbigen Körper, eine enge, grade abgestutzte, von Wimpern umgebene Mundöffnung und einen graden Darm, dessen Magentaschen viel zahlreicher und kleiner sind als bei Leucophrys.

Fig. 24. Podophrya *fixa*, $\frac{1}{36}$ Linie lang.

Dies merkwürdige Thierchen hat einen kugeligen Leib, von dem an einer Seite ein zarter dünner Stiel ausgeht, mit welchem es sich festsetzt und dann seine Stelle nicht wieder ändert Am Körper bemerkt man den rechtwinklig gegen den Stiel gerichteten Mund, und eine ziemliche Anzahl langer dünner geknopfter Borsten. Der After liess sich noch nicht mit Sicherheit erkennen.

II. Anentera.

Sie haben weder Darm noch After, aber Mund und Magentaschen.

5. Familie. ALLOCETA.

Wesentlicher Charakter. Ihr Körper hat gar keine bleibende Form, sondern verändert sich unaufhörlich in seinen Umrissen innerhalb gewisser Grenzen. Allen fehlen die Wimpern.

Fig. 25. EUGLENA *viridis*, $\frac{1}{24}$ Linie lang.

Ein spindelförmiger, hinten zugespitzter, vorn stumpfer Körper, hat am Vorderende über dem Munde einen langen Faden, durch dessen Schlängelung sich das Thierchen von der Stelle bewegt. In dem farblosen Vordertheile ist ein rother Fleck, der für ein Auge gilt. Während der schnellen Bewegungen dreht und ändert sich der Körper unaufhörlich und nimmt dabei die verschiedenen, unter a, b und c dargestellten Formen an.

Fig. 26. DISTIGMA *proteus*, $\frac{1}{36}$ Linie lang.

Der Körper ist flach, klar, im Innern getrübt und mit hellen Blasen versehen, ändert seine Form unaufhörlich, ist aber ungeschwänzt und an dem vorwärts gewendeten Ende mit 2 dunklen Randpunkten versehen, die für Augen gelten.

Fig. 27. AMOEBA *diffluens*, $\frac{1}{24}$ Linie gross.

Der Leib dieses Thierchens hat durchaus keine bestimmte Form, zerfliesst gleichsam nach jeder Richtung hin und ändert sich unaufhörlich, wie die beiden Figuren andeuten. In jeder ist bei a der Mund sichtbar; bei der einen sieht man mit Farbestoff gefüllte Magentaschen, bei der andern befinden sich Bacillarien im Innern des Körpers.

Fig. 28. ARCELLA *vulgaris*, $\frac{1}{26}$ Linien im Durchmesser.

Diese Gattung gleicht im Bau ganz der vorigen, da aber der Leib von einer napfartigen, radial gestreiften Schale bedeckt ist, so ändert sich wenigstens der Umriss seiner Mitte nicht. Ueber die Schale ragen nach allen Seiten die veränderlichen Fortsätze hervor; der Mund ist bei a sichtbar, und im Innern erkennt man die mit Farbestoff gefüllten Magentaschen.

6. Familie. EPITRICHA.

Wesentlicher Charakter. Der kegel- oder scheibenförmige Körper hat Wimpern als Bewegungsorgane.

Fig. 29. CYCLIDIUM *glaucoma*.

Die verschiedenen Figuren dieses Thierchens zeigen, dass dasselbe einen elliptischen Umriss, einen flachen Bauch und einen gewölbten Rücken hat, dass sein Rand mit Wimpern bekleidet, der übrige Körper aber nackt ist, und dass es sich durch Quertheilung (c) vermehren kann. Im Innern erkennt man mit Farbestoff gefüllte Blasen. Sein Rücken ist ohne harte Hülle. Es ist sehr gemein in fast allen Aufgüssen, hat aber nur $\frac{1}{120}$ Linie Länge.

7. Familie. SPHAERIDIOTA s. *Gymnica*.

Wesentlicher Charakter. Der sehr kleine, kugel- oder eiförmige Körper ändert seine Form nicht, er ist ohne Wimpernbesatz, hat aber gewöhnlich 1 oder 2 Mundfäden als Bewegungsorgane.

a. Gruppirte Familienleiber. VOLVOCINA.

Fig. 30. Das Kugelthier. VOLVOX *globator*.

Viele kugelförmige Thierleiber, deren jedes (30. a) mit 2 Mundfäden, einem rothen Auge, zwei grösseren weisslichen Blasen und zahlreichen Magentaschen versehen ist, stecken in einer gemeinsamen blasenförmigen Hülle und sind in ihr unter sich durch Ausläufer zu einer Familie verbunden. Die Familie treibt nach innen 8, je 2 und 2 einander gegenüberstehende Knospen, welche durch Theilung in Individuen zerfallen, sich aber nie vollständig trennen, sondern ebenfalls familienartig verbunden bleiben. Zerreisst die alte Familie, so treten die Knospen heraus, dehnen sich aus und bilden nach und nach neue Familien, die fortwachsen, wieder Knospen treiben, und den früheren Gang in sich wiederholen.

Fig. 31. EUDORINA *elegans*.

Diese Gattung unterscheidet sich von VOLVOX darin, dass die Individuen der Familie frei in einer Gallertmasse liegen, nur einen Mundfaden haben, und dass die Familie keine Knospen treibt.

b. Einfache Individuen. MONADINA.

Fig. 32. TRACHELOMONAS *volvocina*.

Thiere, völlig wie die Individuen der EUDORINA gebildet, stecken einzeln in harten, klaren, knisternd zerspringenden Schalen (c) und bewegen sich durch Schlängelung des Mundfadens.

Fig. 33. LAGENELLA *euchlora*.

Der Leib des Thierchens ist wie bei EUDORINA gebildet, aber der Mundfaden fehlt. Die klare Schale, worin es steckt, hat eine kurze, halsartig verlängerte Oeffnung, wodurch sie einer Reiseflasche ähnlich wird.

Fig. 34. MONAS *guttula*.

Der nackte Leib hat kein Auge und bloss einen einfachen Mundfaden. Die Abbildung zeigt mit Farbestoff gefüllte Magentaschen. Unter den Monaden von runder Form ist die abgebildete Art eine der grössten, und doch nur $\frac{1}{102}$ Linie lang.

3. Abtheilung. AGASTRICA.

Die Organismen dieser Gruppe haben gar keine oder eine höchst langsame einförmige Bewegung, keinen deutlichen Mund, keinen After, keine Magentaschen, keine Augen, Wimper und Fäden, sondern bestehen aus regelmässig geformten Gliedern, deren klare Hülle einen körnigen, bestimmt begrenzten Inhalt umschliesst. Sie vermehren sich durch Theilung und werden von vielen Naturforschern nicht ohne Grund für Pflanzen gehalten.

1. Familie. VIBRIONINA.

Wesentlicher Charakter. Fadenförmige Gestalten, die durch mehrfache Quertheilung, welche aber nicht ganz zum Ablösen kommt, eine scheinbare Gliederung erhalten, keine harte Hülle besitzen und in ihrem wenig getrübten Innern gar keine bestimmte Organisation erkennen lassen.

Fig. 36. VIBRIO *prolifer*.

Gehört zu den Formen die sich bloss krümmen, nicht spiralig rollen, und aus mehr als 6 Gliedern bestehen. Bei der abgebildeten Art sind die Glieder elliptisch.

2. Familie. SCLEROTA.

Wesentlicher Charakter. Sie haben einen klaren, Kieselerde haltigen Panzer, und eine körnige, weiche, davon ganz verschiedene Substanz im Innern.

Fig. 35. CLOSTERIUM *moniliferum*

Mondförmig gestaltete, in der Mitte etwas angeschwollene Thierchen, welche sich bloss in die Quere theilen, und dabei paarig, nach Art der Conjugaten, verbinden, indem sie ihren Inhalt in eine gemeinsame Kugel zusammenschiessen. Derselbe besteht zuvor aus 2 Partien, in denen man dunklere Streifen und Flecken unterscheidet. In den beiden Spitzen sieht man kleine Kügelchen sich im Kreise drehen (a, a).

Fig. 37. Navicula *fulva.*

Einzelne von einer klaren Schale bekleidete Individuen, welche sich nicht anheften und in der Schale sechs Oeffnungen besitzen, 2 an jedem Ende, 2 in der Mitte. Der Inhalt ist braun oder grün.

Fig. 41. stellt die Nav. *viridis* vor, von beiden Seiten erkennt man die Oeffnungen deutlich, so wie die Structur der Schale, welche aus 96 Streifen an jeder Seite in doppelter Reihe besteht. Bei A ist die Schale leer, bei B mit dem Inhalt dargestellt, und man erkennt darin auch Farbestoffkugeln, die Ehrenberg für gefüllte Magentaschen ansieht. Mir scheinen es von anderen Thierchen ausgeworfene Farbestoffkugeln zu sein, welche in die Navicula zufällig durch die Oeffnungen gelangten. Um die Schale bemerkt man einen Strom in der Richtung der Pfeile.

Fig. 38. Bacillaria *paradoxa.*

Diese Gattung unterscheidet sich von Navicula hauptsächlich darin, dass die Individuen an einander hängen, sich aber neben einander verschieben können, wie es bei b der Fall ist; bei a ist ein einzelnes Individuum von der andern Seite dargestellt und erscheint daher elliptisch.

Fig. 40. Cocconema *cistula.*

Die Kümmelförmig gestalteten Leiber stehen auf weichen Stielen, die unbeweglich festsitzen, theilen sich der Länge nach und der Stiel mit ihnen in zunehmendem Grade, wie der Unterschied in den Figuren andeutet.

Fig. 39. Micrasterias *hexactes.*

Die Individuen sind zu Scheiben aneinandergefügt, aber nicht angeheftet; bei der abgebildeten Art finden sich acht Individuen, 2 bilden in der Mitte ein Sechseck, um welches die 6 anderen herumsitzen. Jedes hat eine Oeffnung, von den 6 äusseren noch jedes 2 klare Zacken. Ihre Farbe ist grün.

Taf. I.

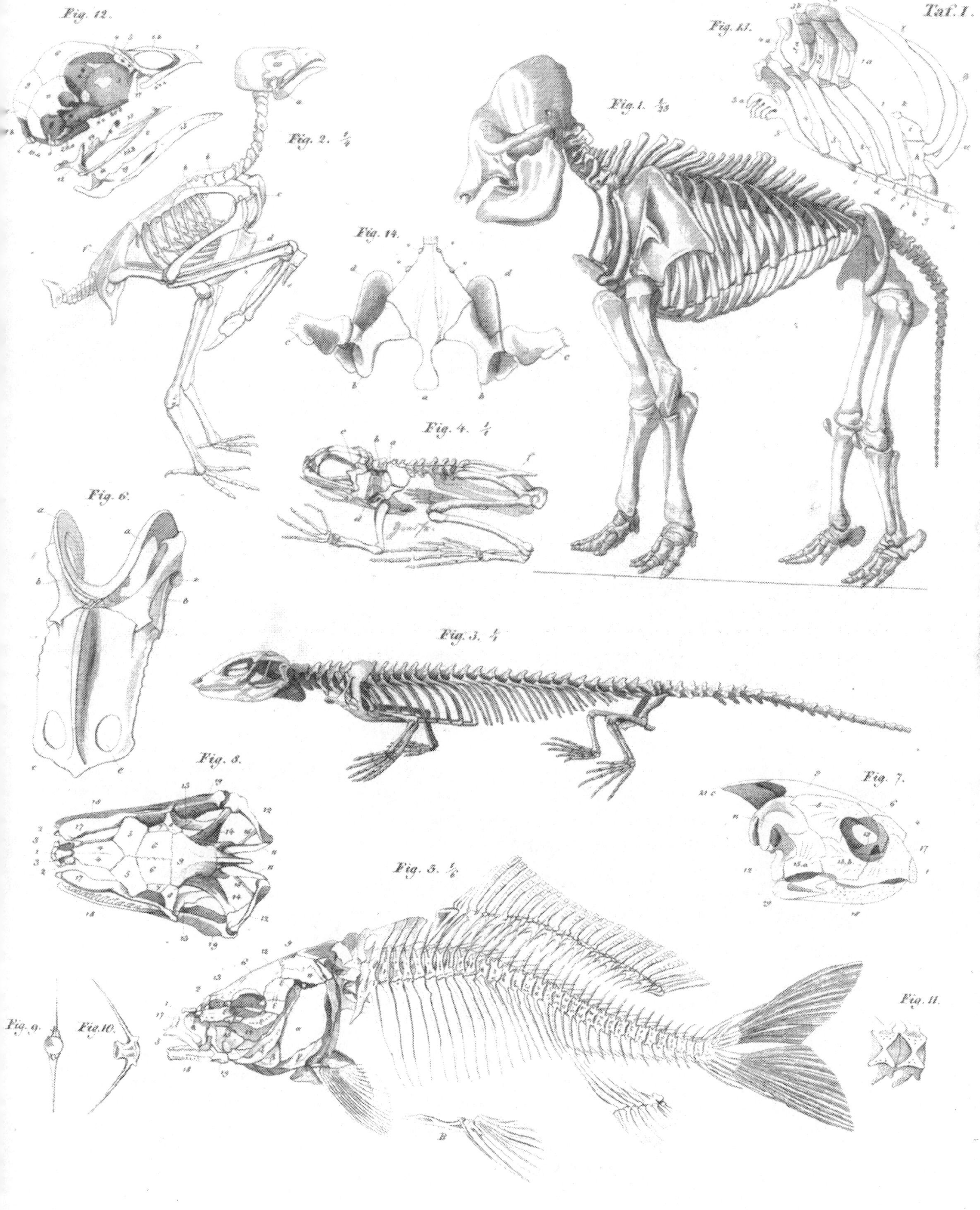

G. Sturm sc.

1. 1/16
2. 1/16
5. 1/8
9. 1/4
9. a.
9. b.
3. 1/10
4. 1/8
5. a.
6. 1/6
8. 1/8
7. 1/4
8. b.
8. a.
2. a.

4.
1. 1/6.
7.
7. b.
7. a.
5. b.
5. a.
1. a.
8. a.
8.
6.
5.
10.
9.
10. a.
2. 1/4.
3. 1/4.
12.
11. a.
11. 1/3.
14. a.
14. b.
13. a.
13.
15.
14. 1/2.
16. a.
16. 1/10.
18. 1/24.
17. 1/4.
18. a.
C. E. Weber sc.

gest. v. J. C. Rubner.

1.b
1.a
4.b
4.a
6.b
6.a
5.a
5.b
9.a
8.a
9.b
8.b
12.a
15.a
16.

gest. v. I. C. Richter in Berlin

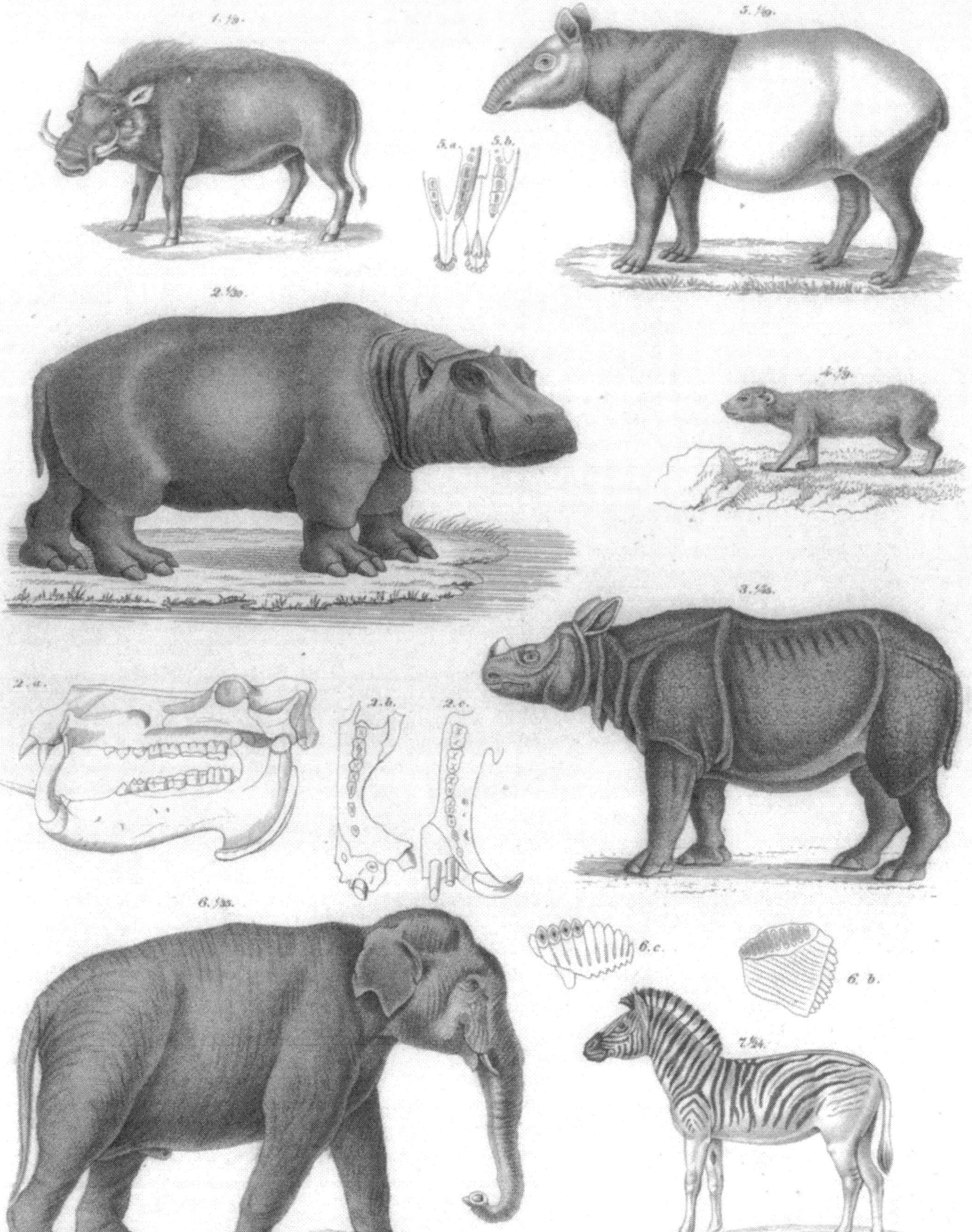
5. a.
5. b.
2. a.
2. b.
2. c.
6. c.
6. b.

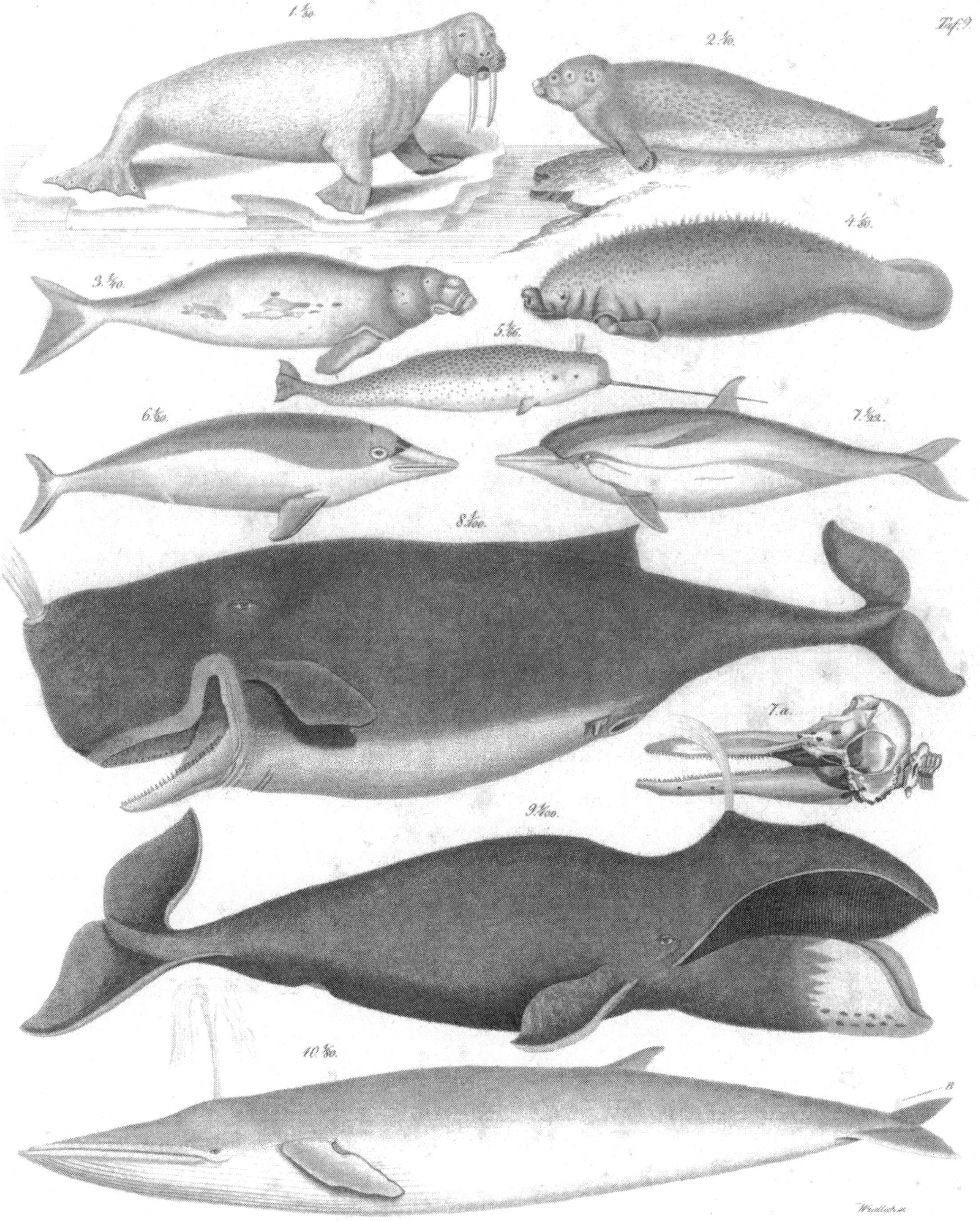
Taf. 9.
7.a.

Taf. 10.

gest. v. I. C. Richter in Berlin.

gest. v. I. C. Richter in Berlin.

gest. v. I. C. Richter in Berlin.

C. E. Weber sculp.

gest. v. I. C. Richter in Berlin.

gest. v. I. C. Richter in Berlin.

gest. v. I. C. Richter in Berlin.

C. E. Weber sc.

C. E. Weber sc.

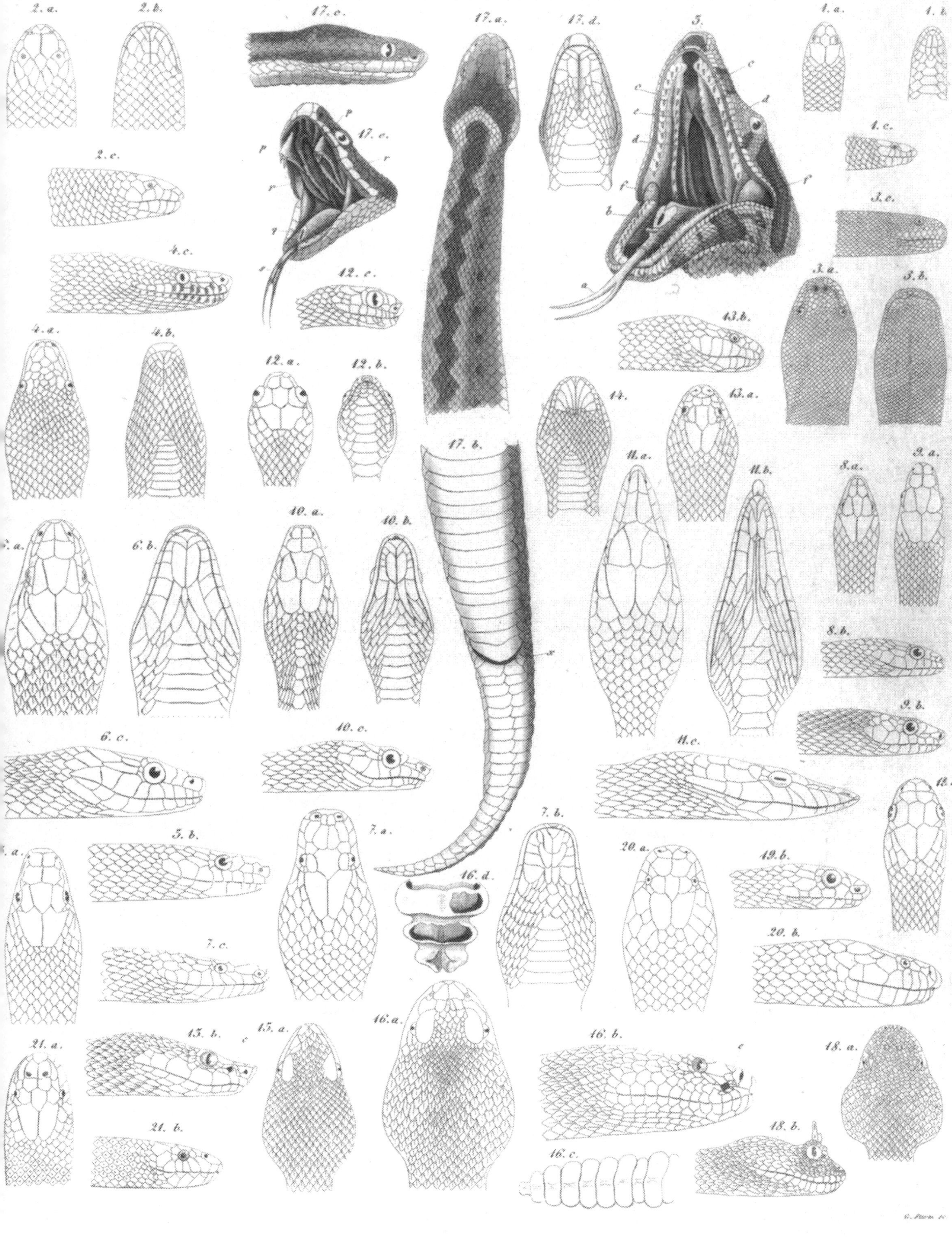
2. a.
2. b.
17. c.
17. a.
17. d.
5.
1. a.
1. b.
2. c.
17. e.
1. c.
3. c.
4. c.
12. c.
3. a.
3. b.
13. b.
4. a.
4. b.
12. a.
12. b.
14.
13. a.
17. b.
11. a.
11. b.
8. a.
9. a.
6. b.
10. a.
10. b.
8. b.
9. b.
6. c.
10. c.
11. c.
18. a.
5. b.
7. a.
7. b.
20. a.
19. b.
16. d.
7. c.
20. b.
21. a.
13. b.
15. a.
16. a.
16. b.
18. a.
21. b.
18. b.
16. c.

G. Sturm sc.

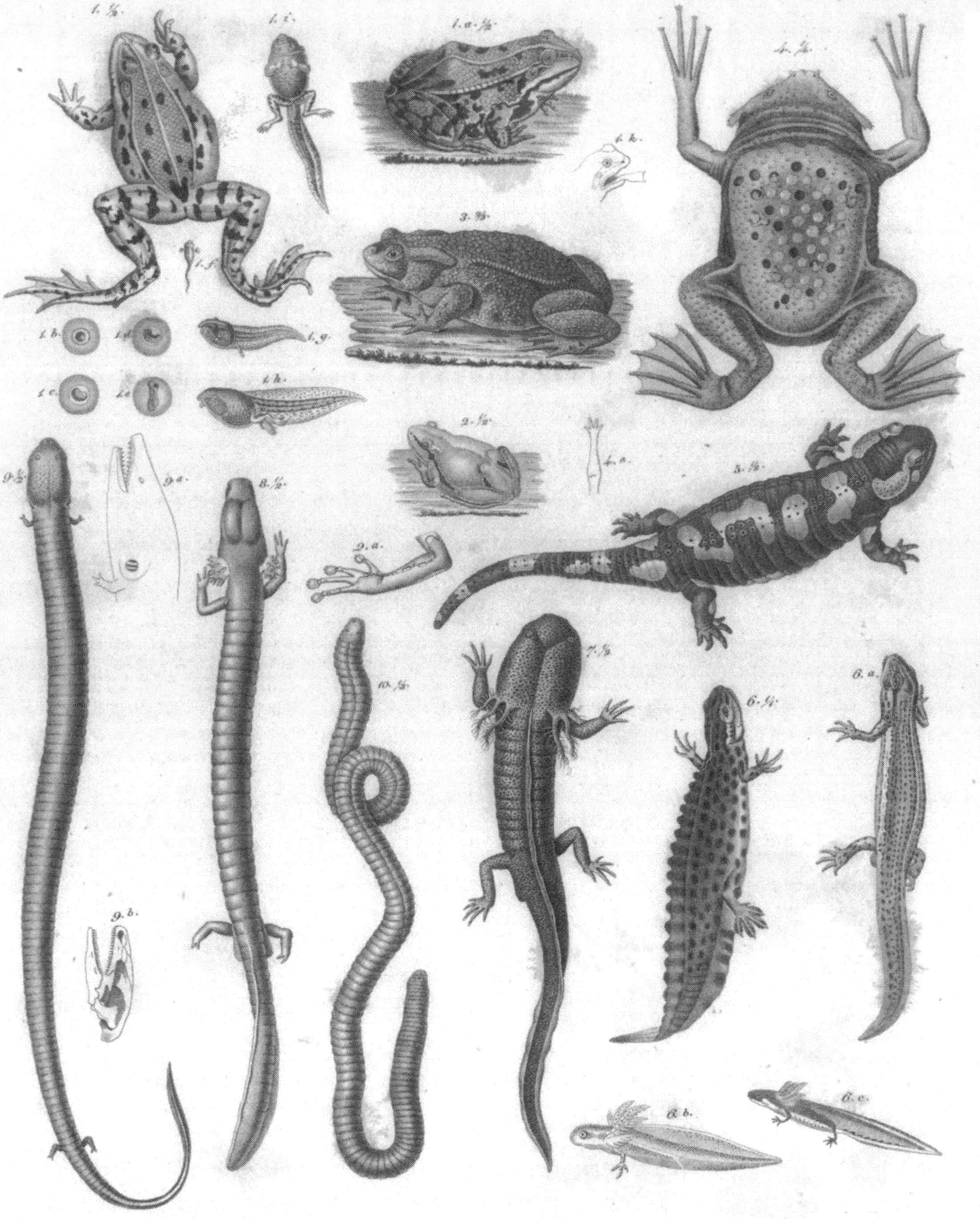

Sieglich sclp.

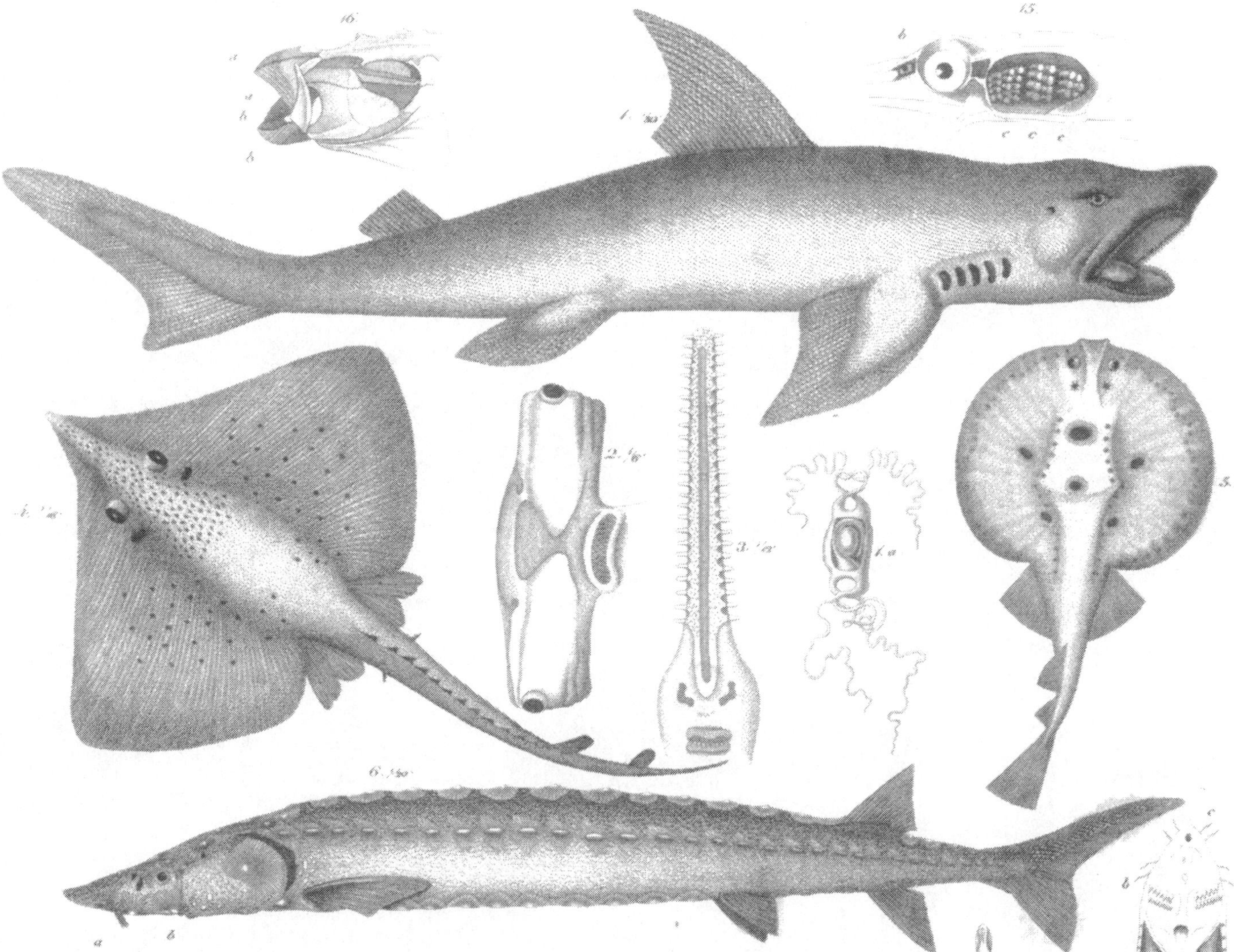

Franz. fr.

Taf. 22.

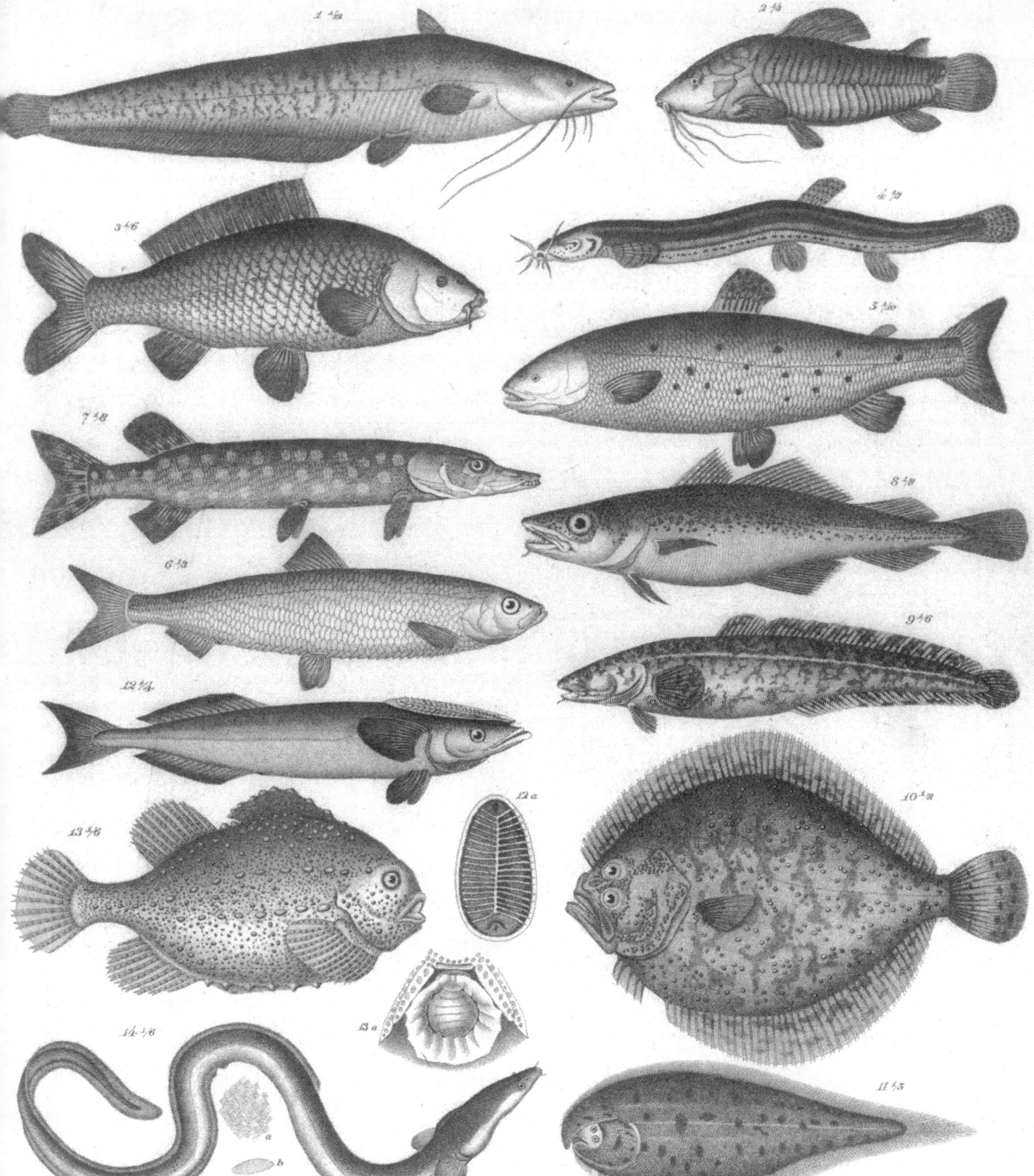

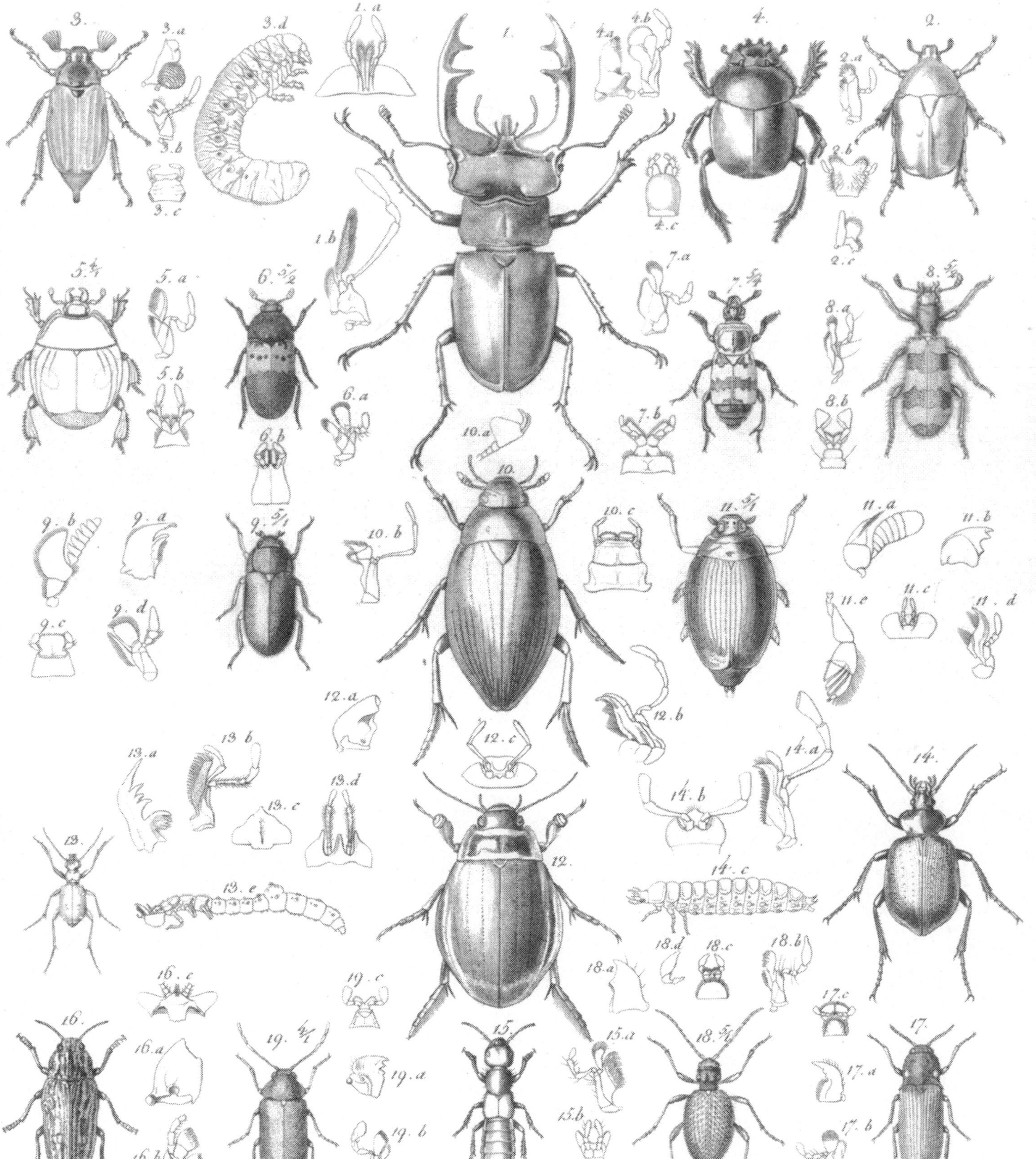

gez. u. gest. v. B. Wienker.

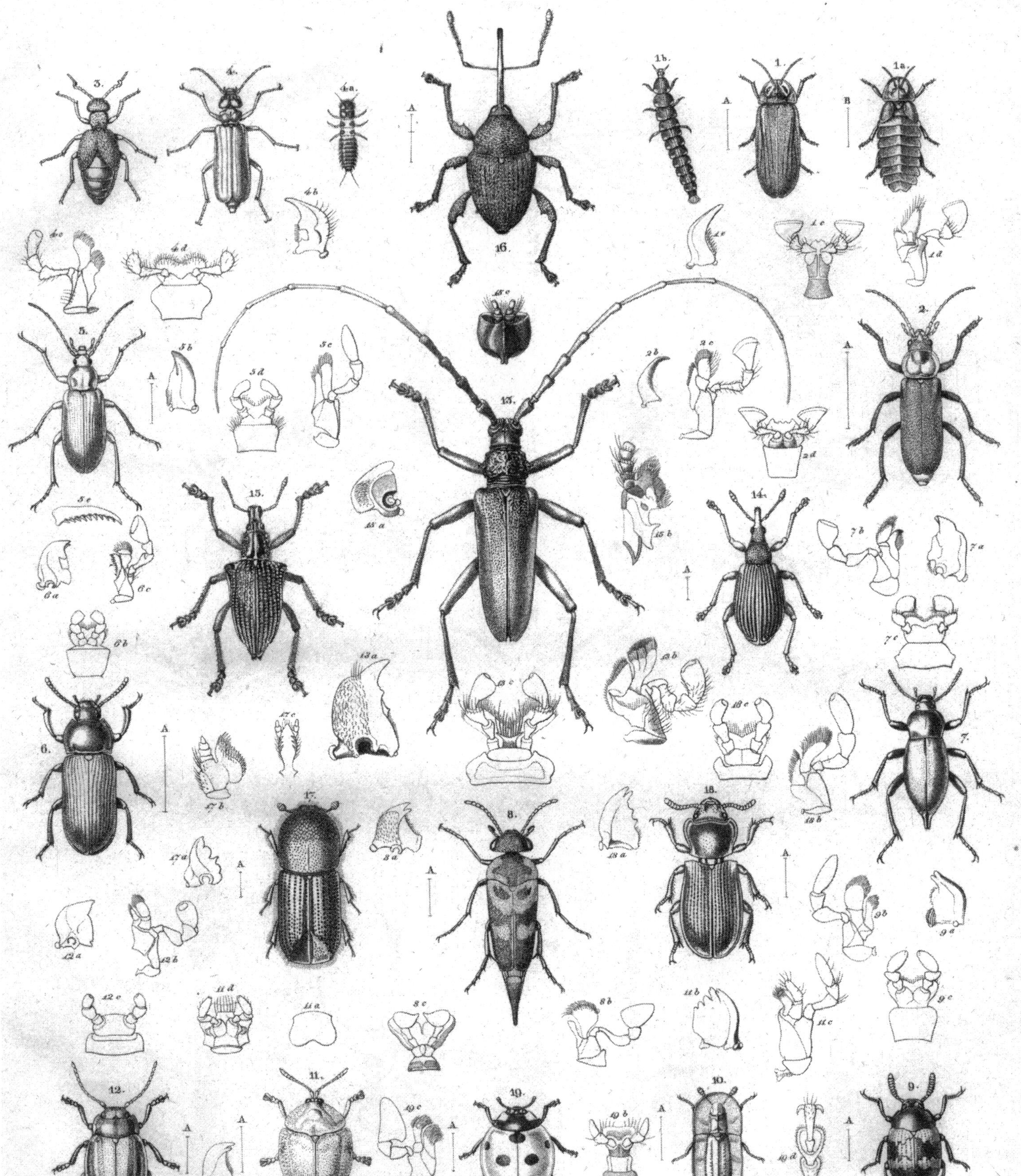

B. Wienker sc.

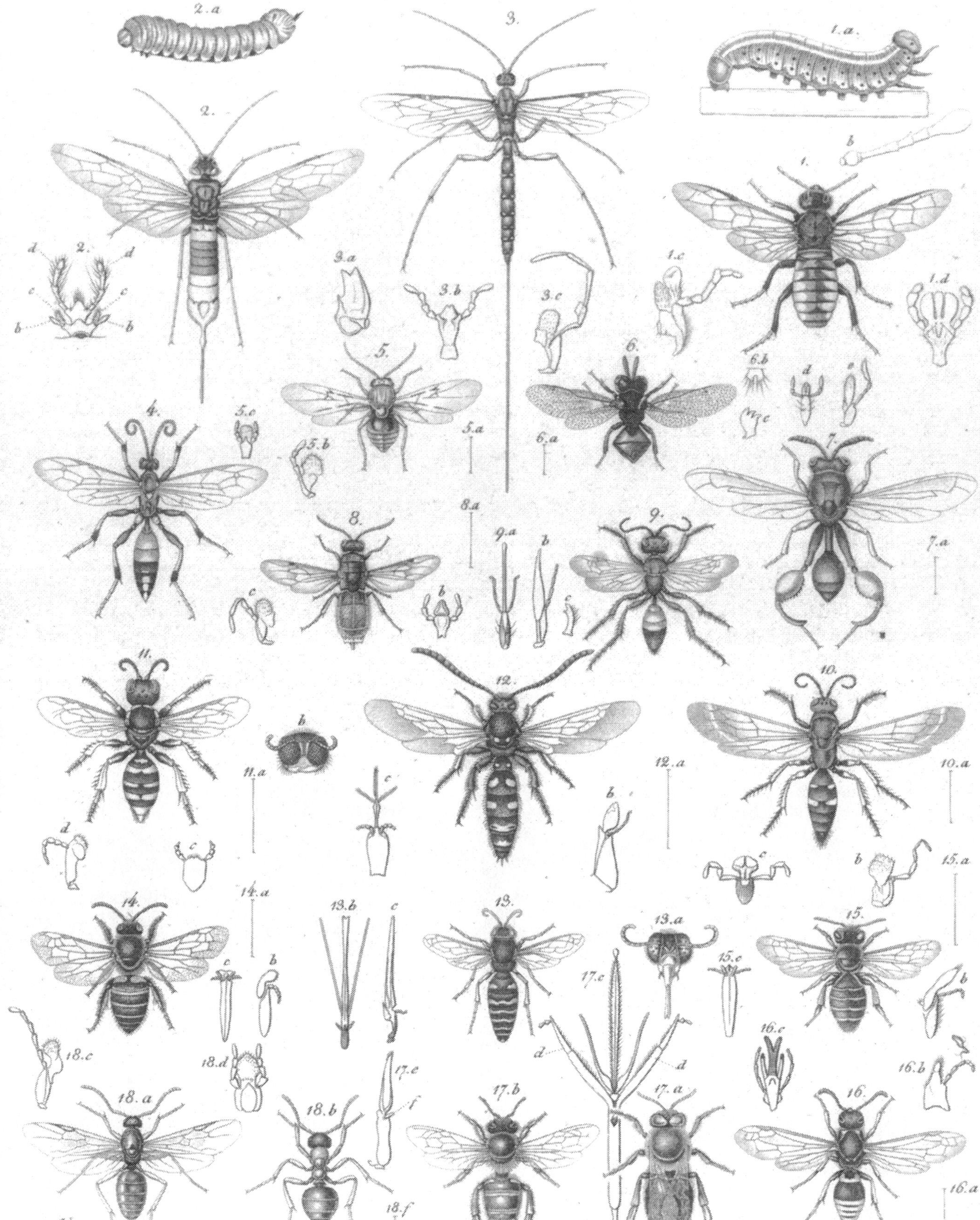

Taf. 27

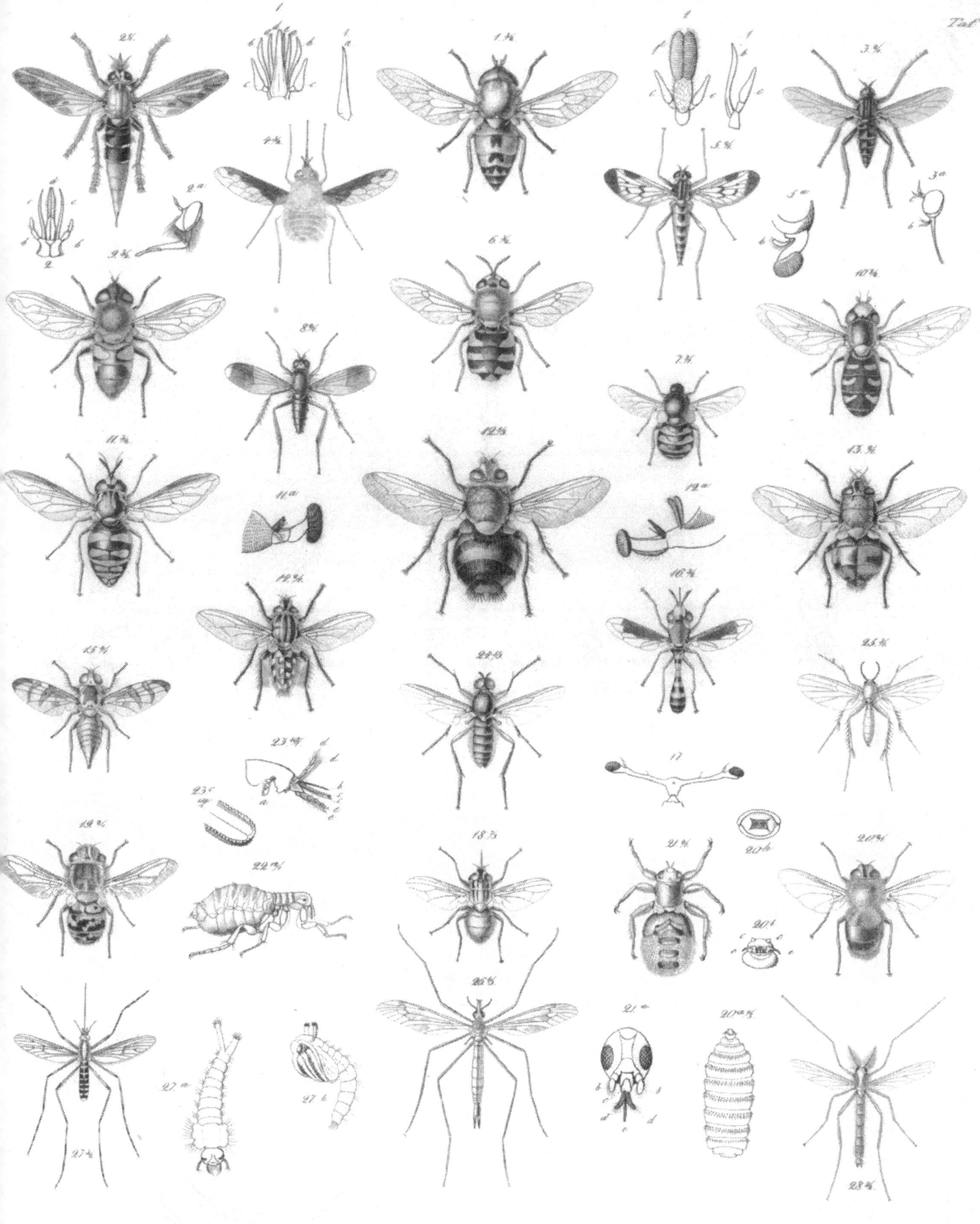

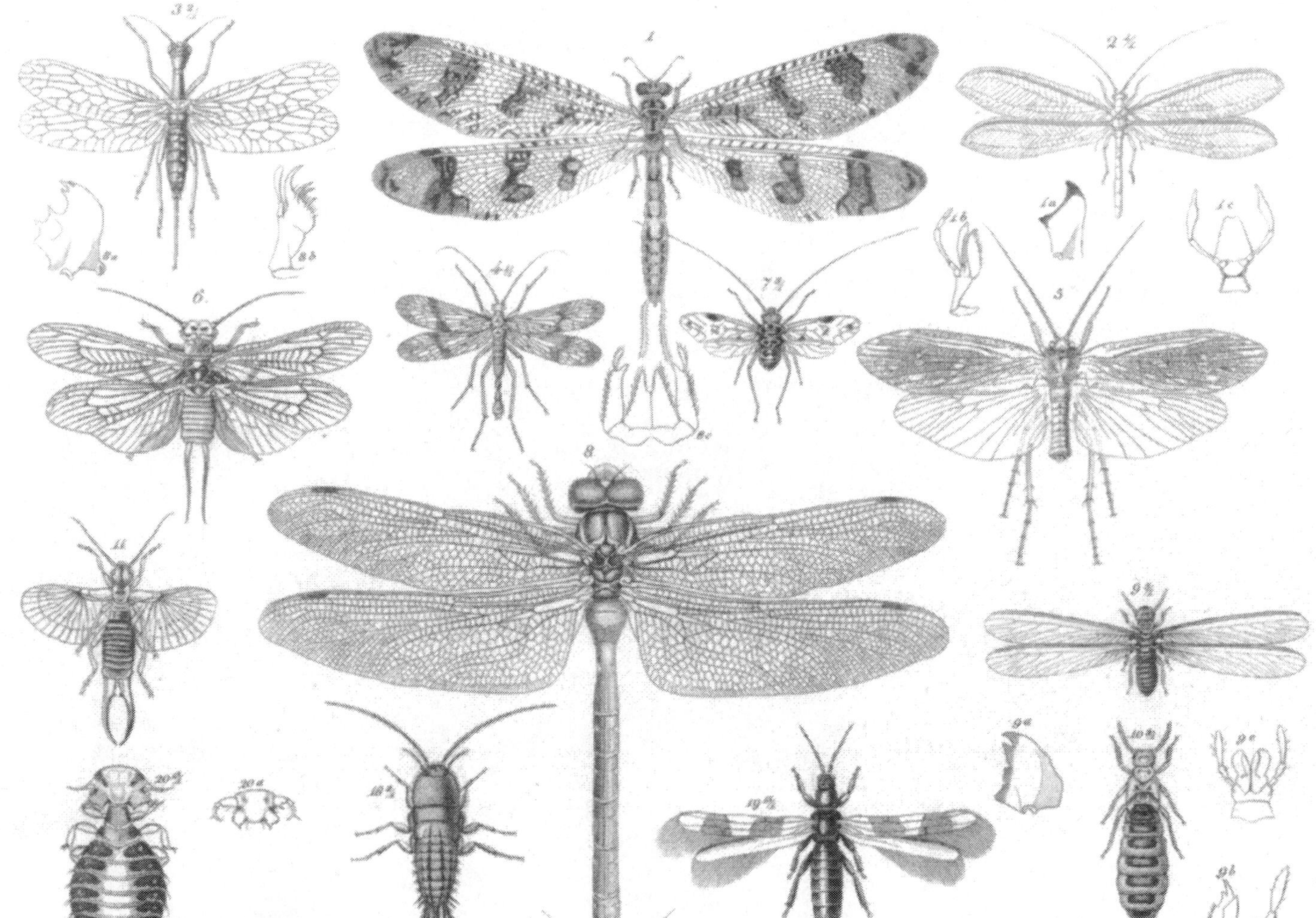

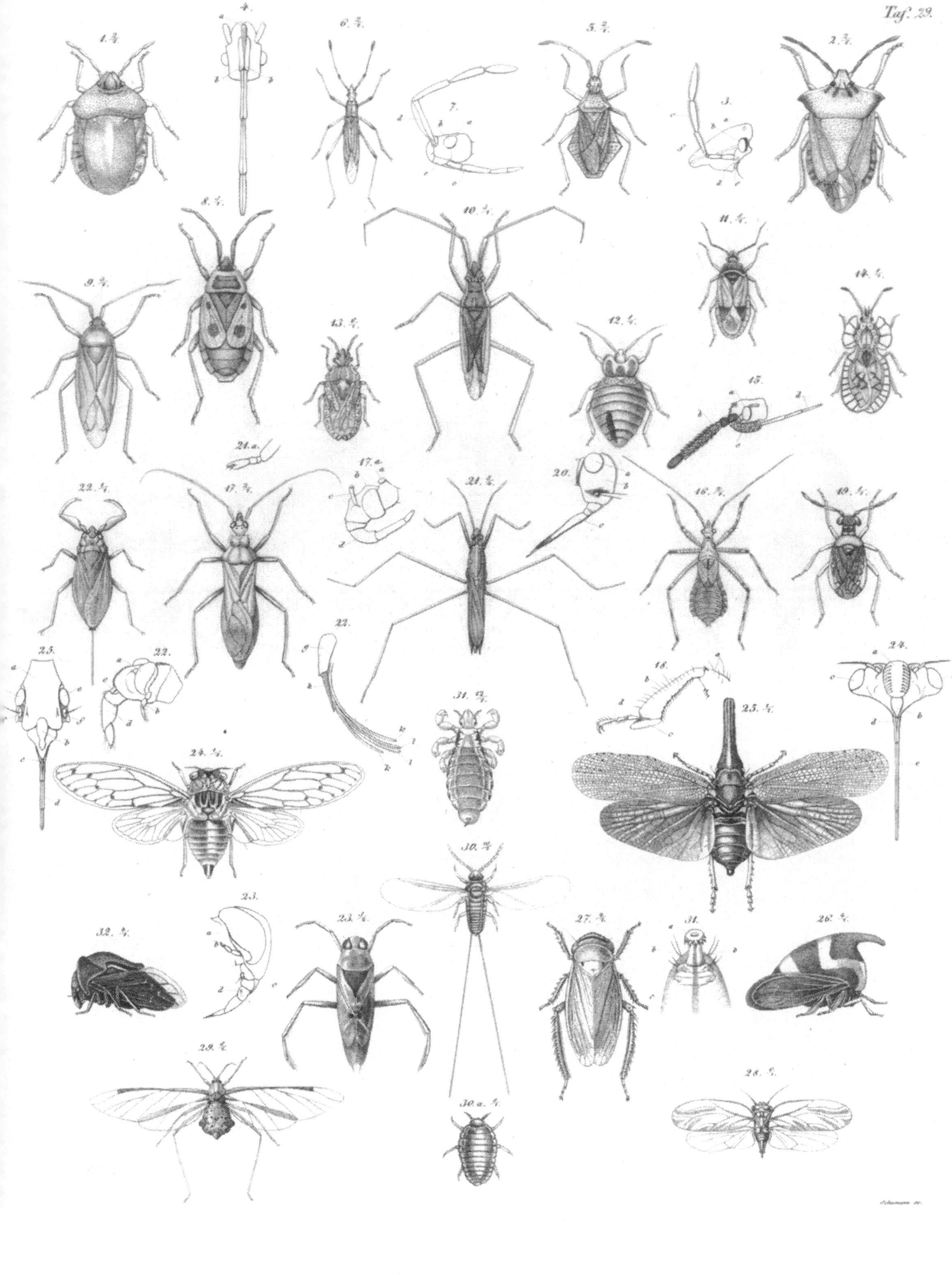

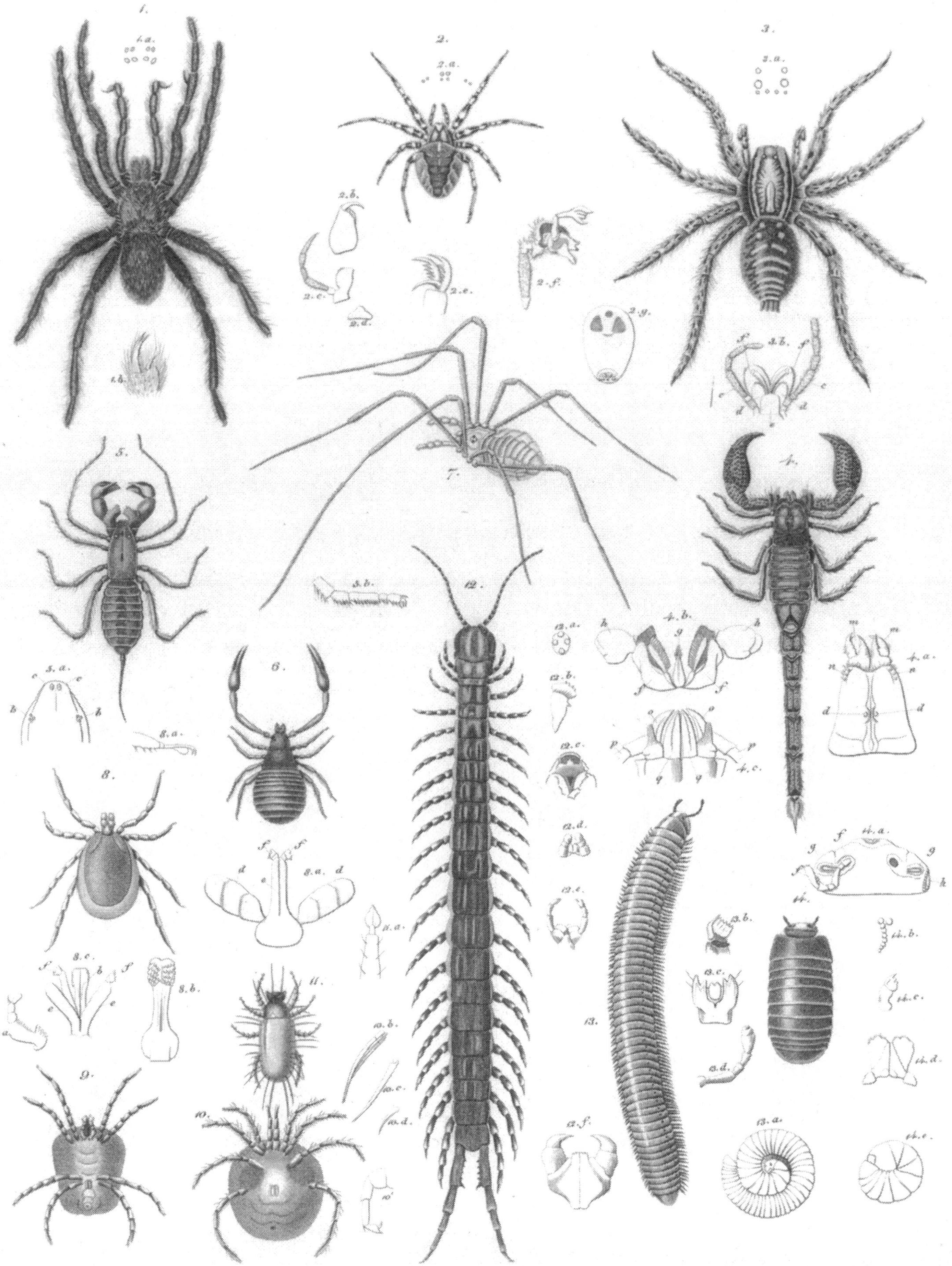

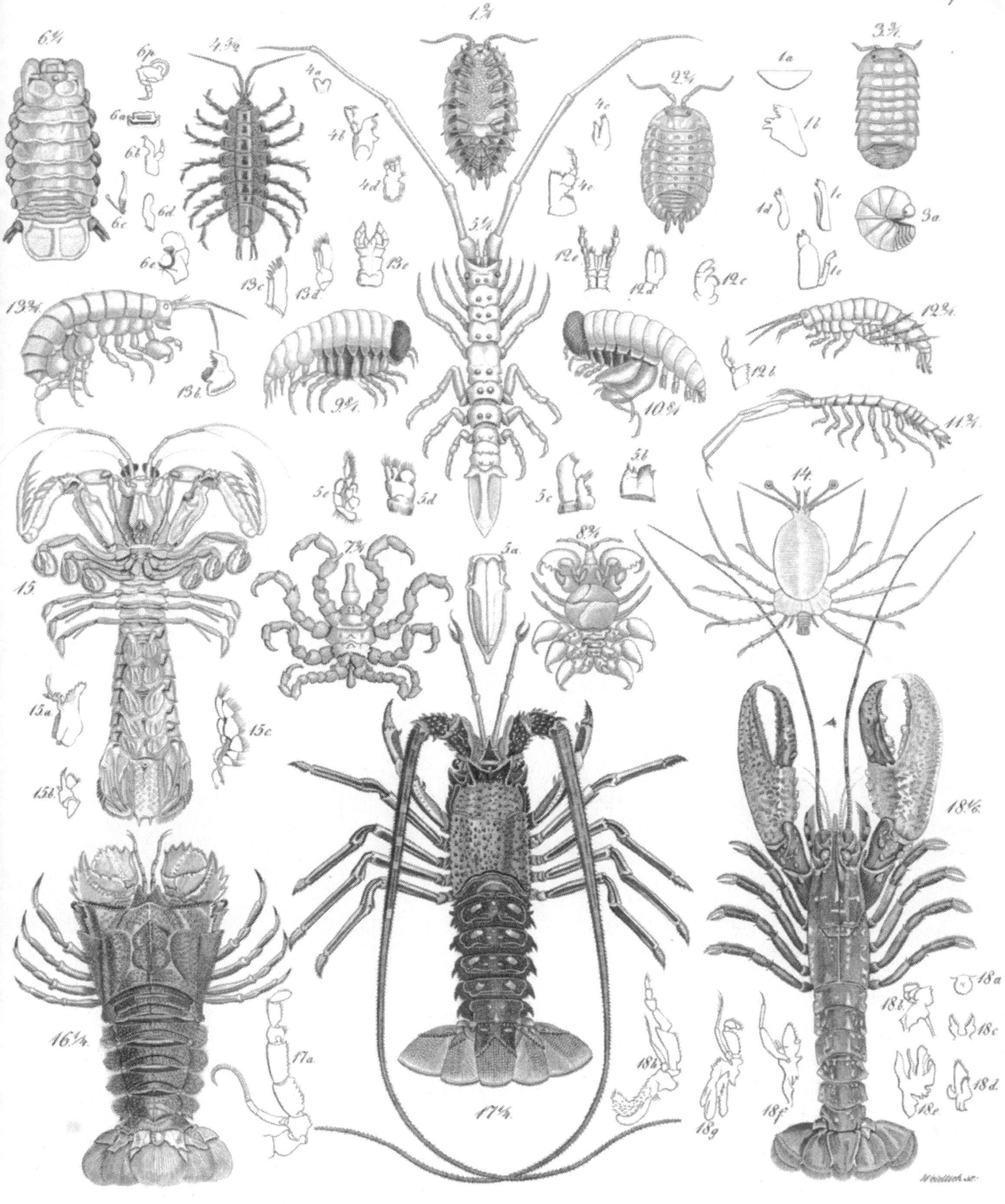

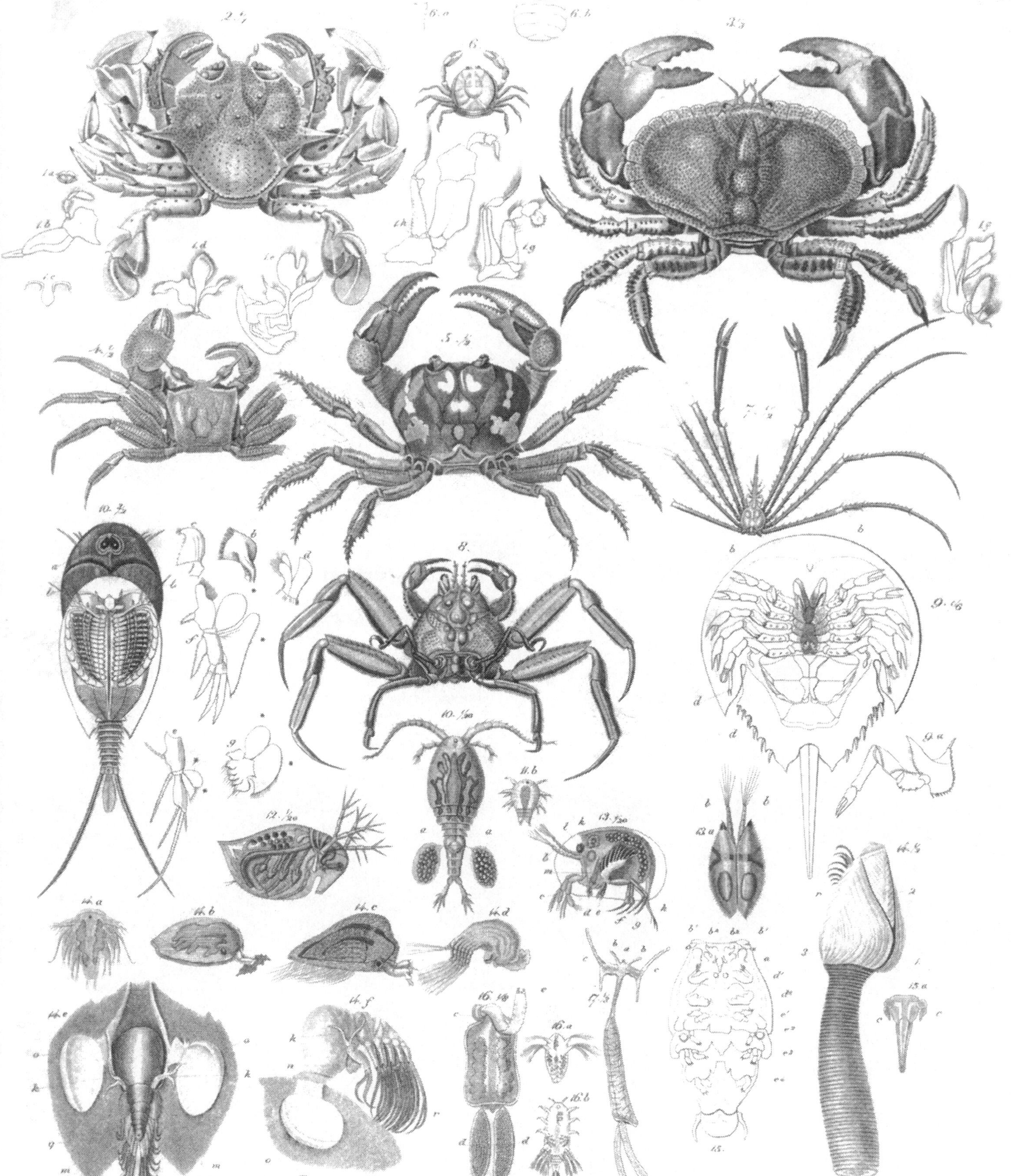

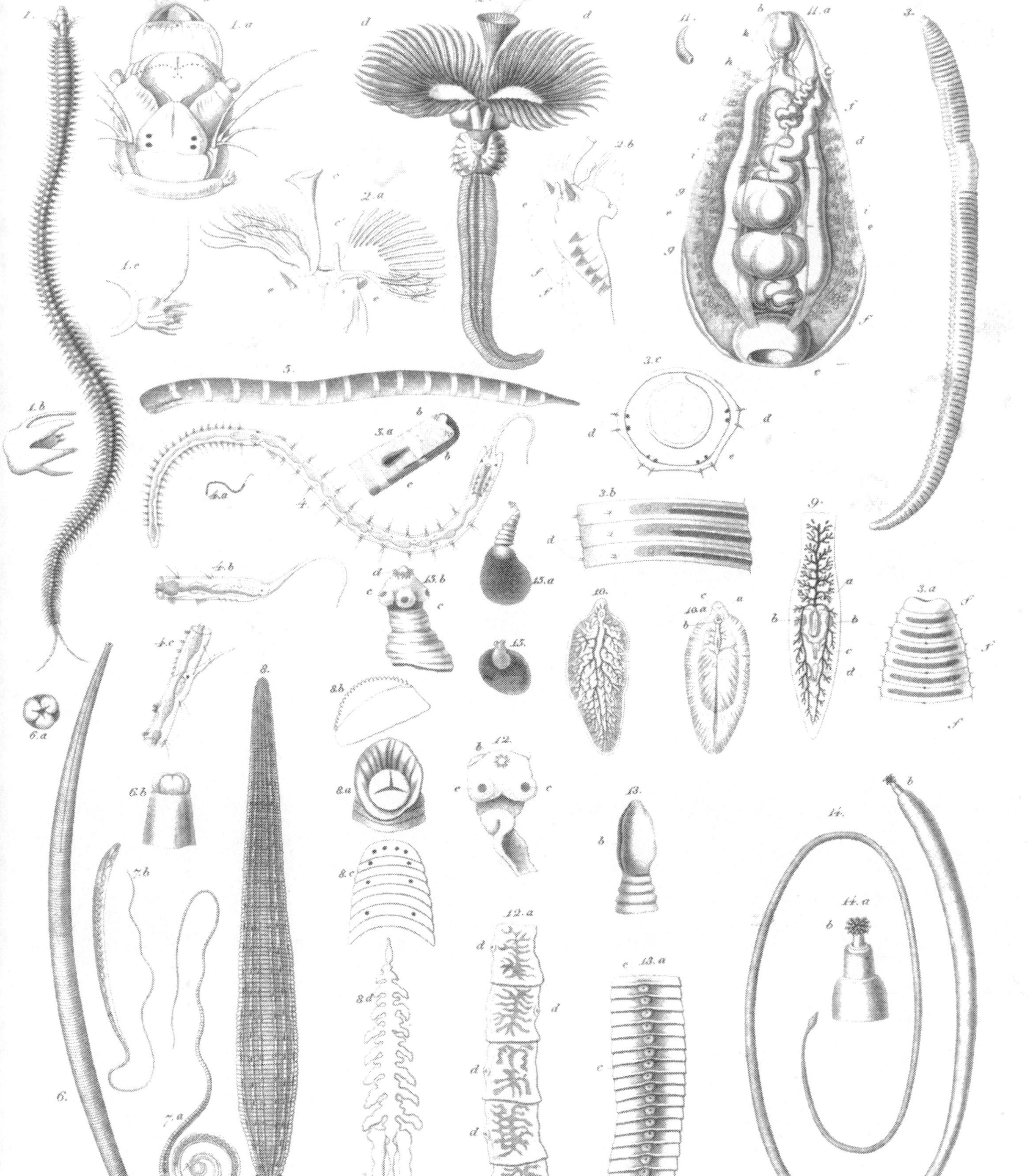

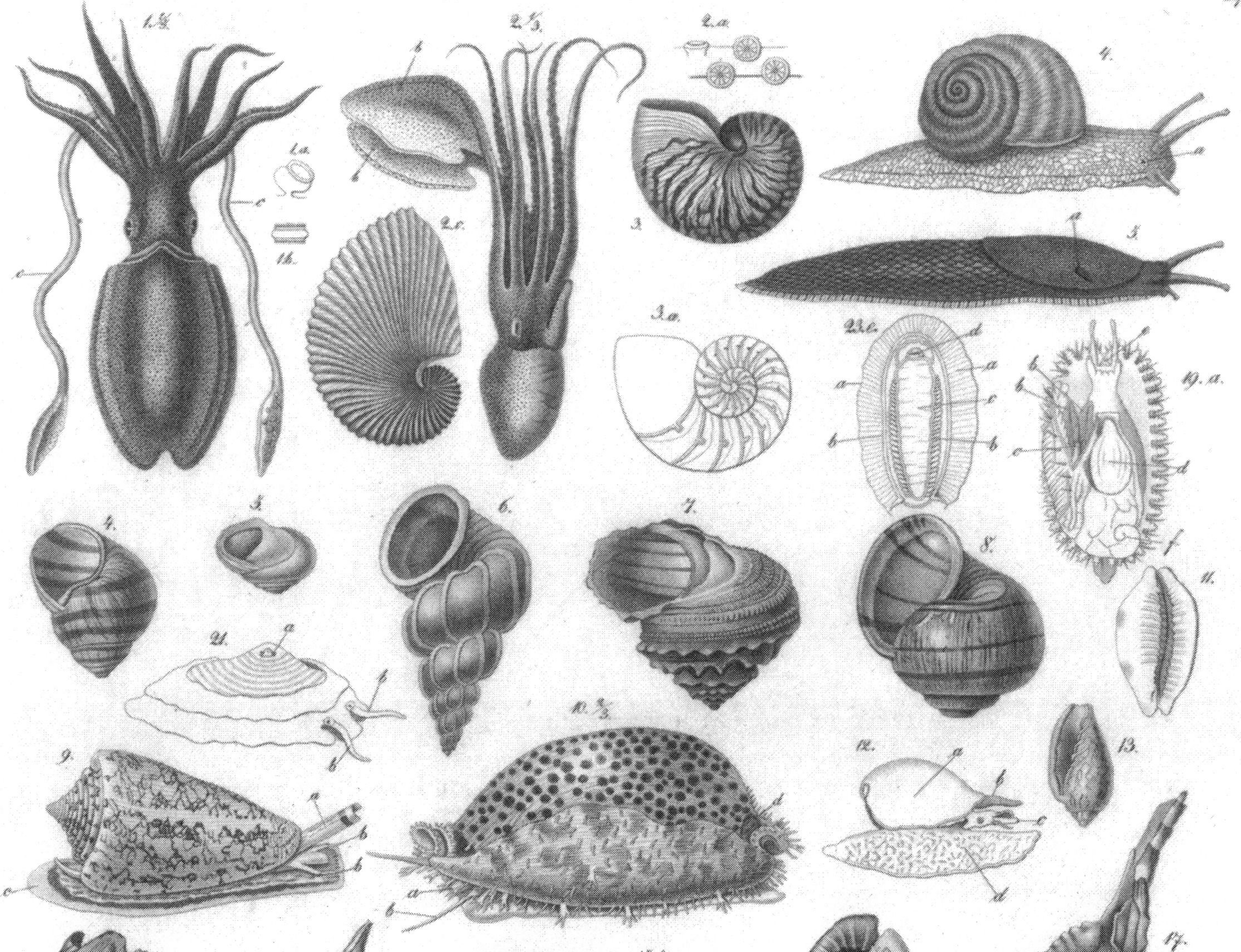

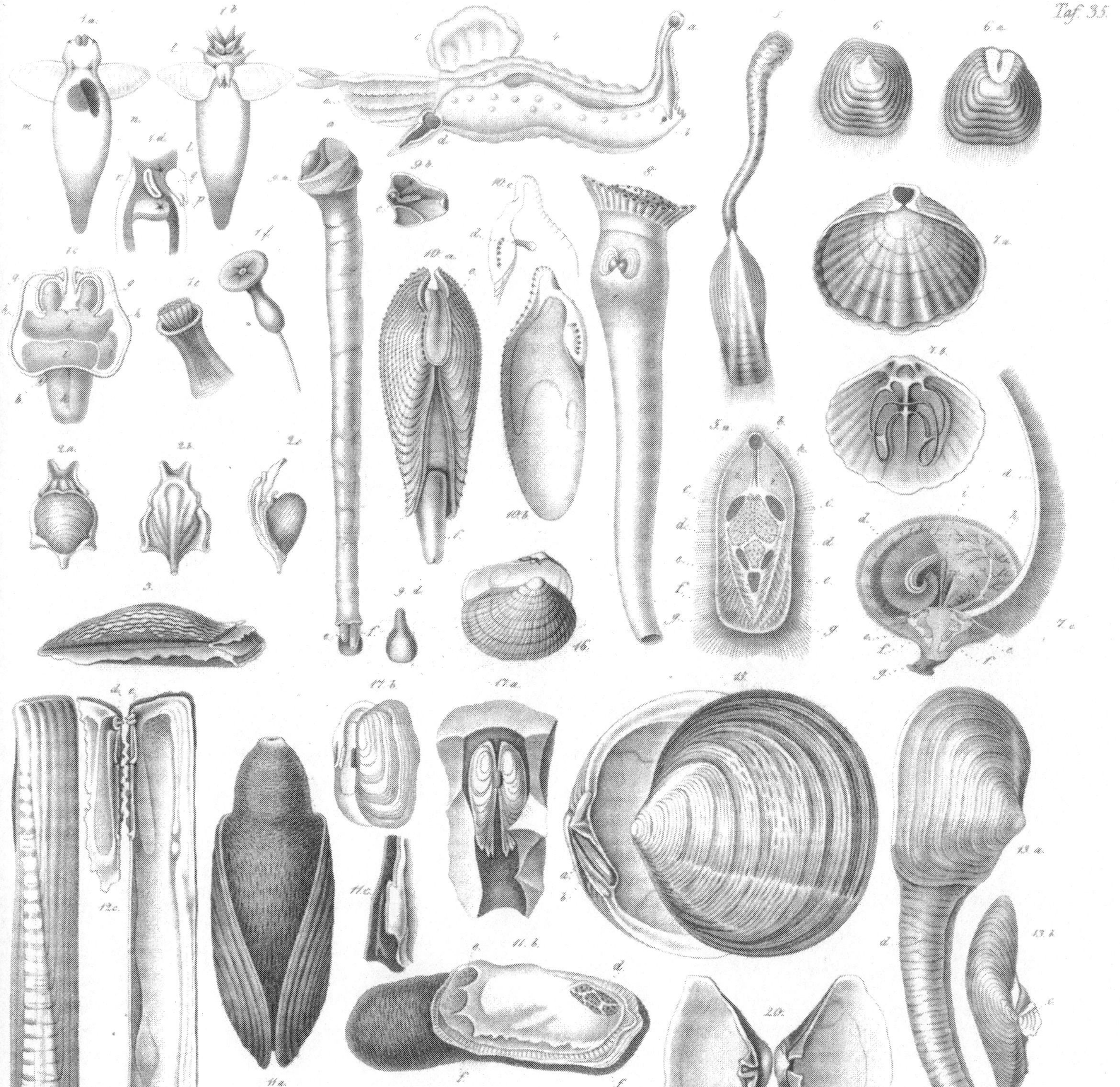

Steglich sculp.

Taf. 36.

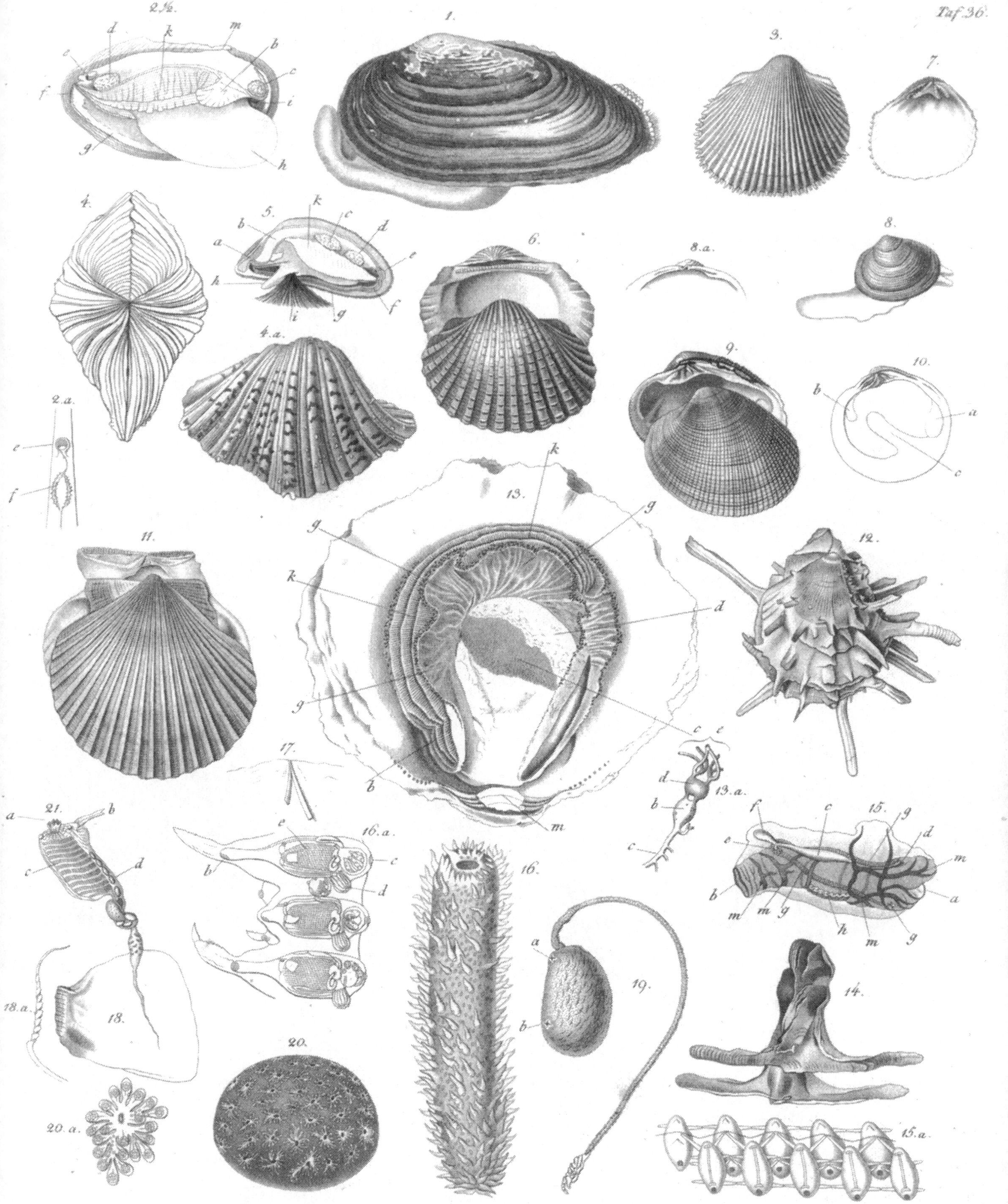

1.
2½.
2.a.
3.
4.
4.a.
5.
6.
7.
8.
8.a.
9.
10.
11.
12.
13.
13.a.
14.
15.
15.a.
16.
16.a.
17.
18.
18.a.
19.
20.
20.a.
21.

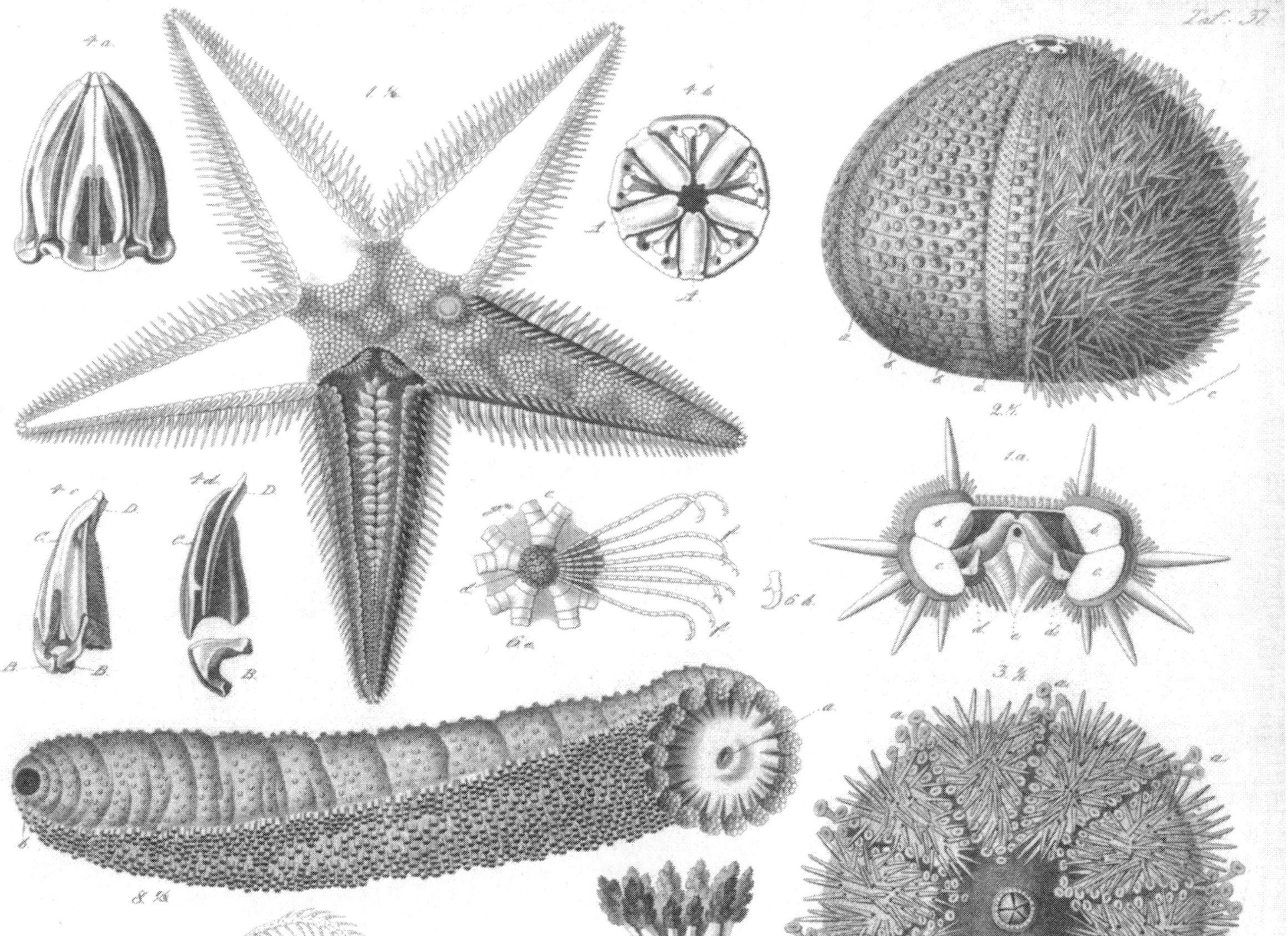
Taf: 37
4.a.
4.b.
4.c.
4.d.
1.a.
5.a.
5.b.
5.c.
6.a.

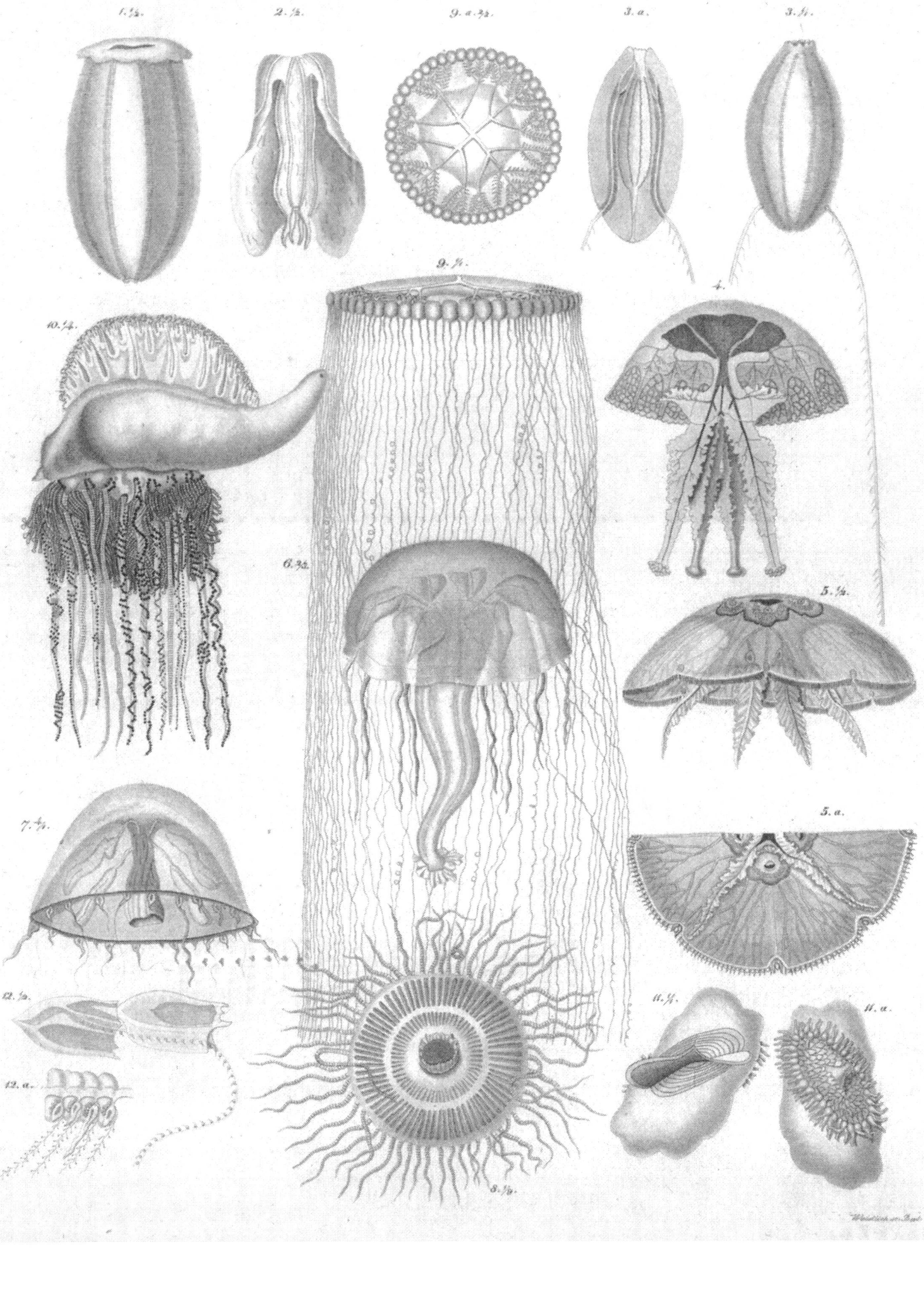

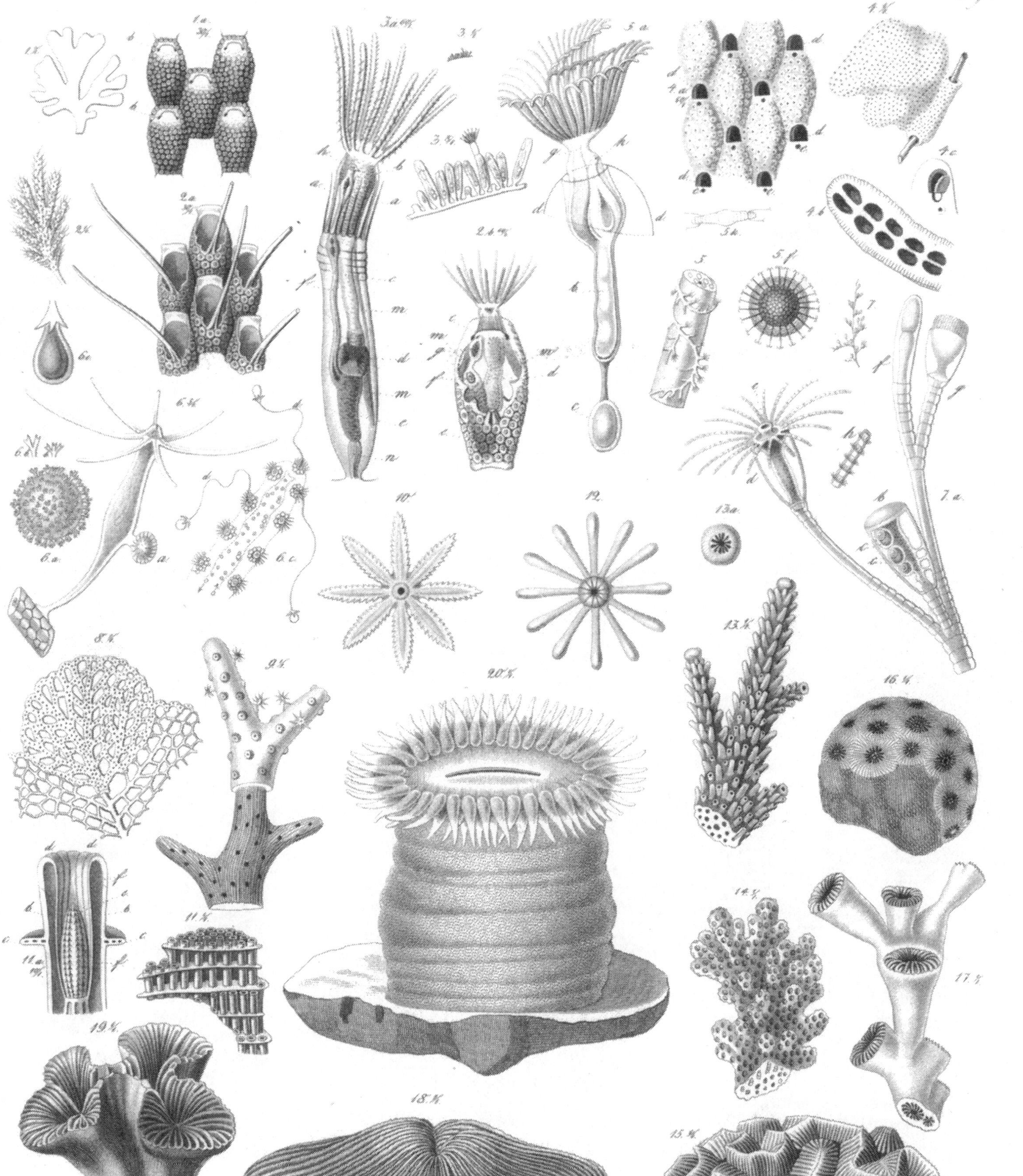

Taf. 40.

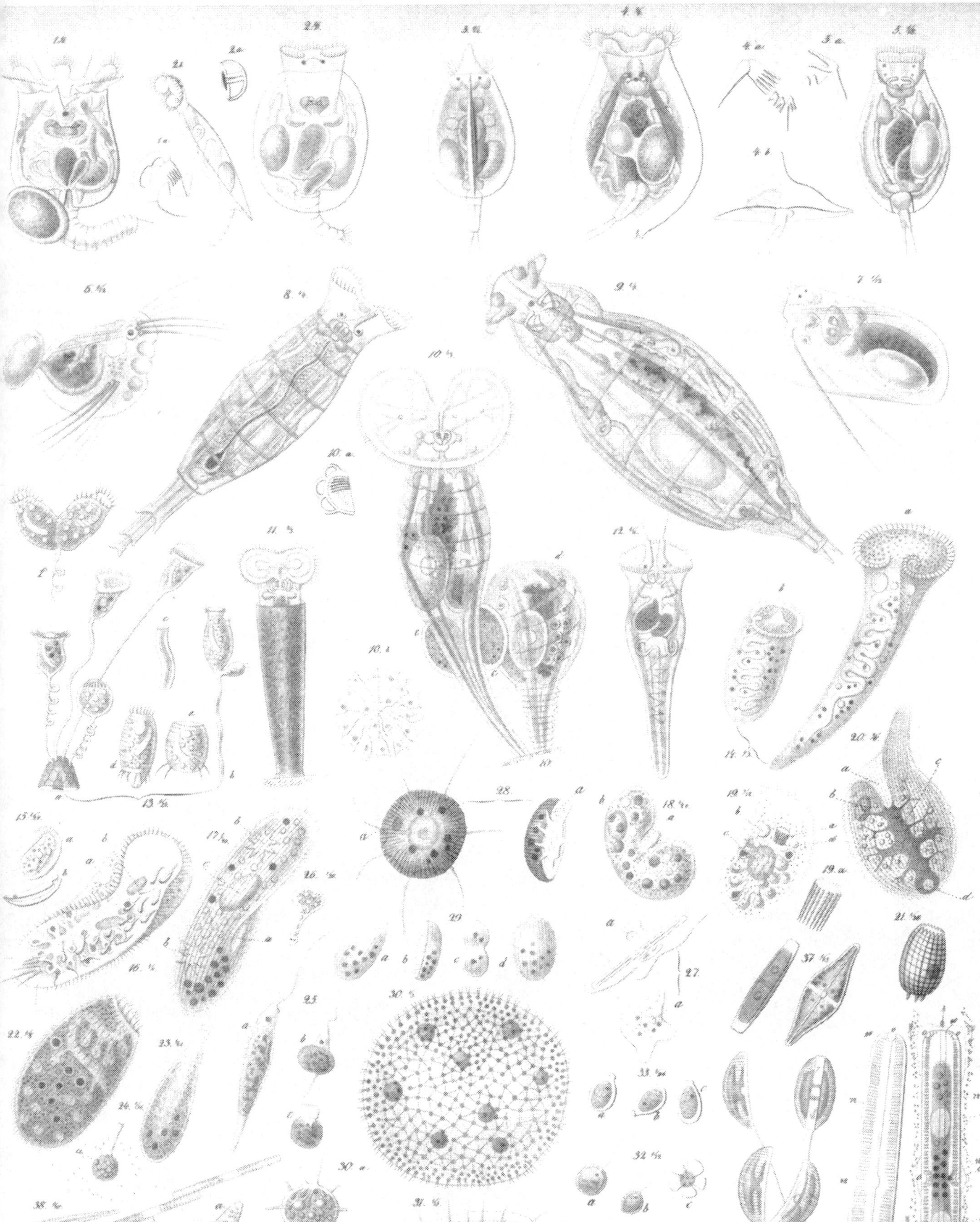

Kolibri 360 GmbH
Ferdinand-Jühlke-Straße 7
99095 Erfurt, Deutschland
produktsicherheit@kolibri360.de